"十五"国家重点图书

材料科学与工程系列教材 研究生用书

# 生物医用材料学

BIOLOGICAL MEDICAL MATERIALS

郑玉峰 李莉 著

哈尔滨工业大学出版社

## 内 容 提 要

《生物医用材料学》是材料科学与工程系列教材研究生教学用书之一,是交叉学科的著作。主要阐述生物医用材料的概念、分类和发展趋势,包括人体解剖生物学基础和人体对生物医用材料的生物学反应,金属生物医用材料,无机非金属生物医用材料,高分子生物医用材料,生物医用复合材料,生物医用材料的表面改性,组织工程相关的生物医用材料,以及纳米生物医药材料等内容。

本书可作为材料科学与工程、生物医学工程、临床医学、药学类专业硕士和博士研究生教材,也可作为材料、医学等相关专业科技人员的参考书。

### 图书在版编目(CIP)数据

生物医用材料学/郑玉峰,李莉著.—哈尔滨:哈尔滨工业大学出版社,2005.8(2006.8重印)

材料科学与工程系列教材研究生用书

ISBN 7-5603-2232-8

Ⅰ.生… Ⅱ.①郑… ②李… Ⅲ.生物医学工程-生物材料-研究生-教材 Ⅳ.R318.08

中国版本图书馆 CIP 数据核字(2005)第 124888 号

| | |
|---|---|
| 策划编辑 | 张秀华 杨 桦 |
| 责任编辑 | 张秀华 费佳明 杨明蕾 |
| 封面设计 | 卞秉利 |
| 出版发行 | 哈尔滨工业大学出版社 |
| 社　　址 | 哈尔滨市南岗区复华四道街10号 邮编150006 |
| 传　　真 | 0451-86414749 |
| 网　　址 | http://hitpress.hit.edu.cn |
| 印　　刷 | 肇东粮食印刷厂 |
| 开　　本 | 787mm×960mm 1/16 印张33.5 字数620千字 |
| 版　　次 | 2005年8月第1版 2006年8月第2次印刷 |
| 定　　价 | 46.00元 |

(如因印装质量问题影响阅读,我社负责调换)

# 前　言

生物医用材料学课程具有明显的学科交叉性，涉及材料科学、物理、化学、医学、生物学等学科专业知识，编写本书的目的是使读者在了解材料学和人体组织生物学的基本概念和基础知识后，系统学习各种生物医用材料(金属材料、无机非金属材料、高分子材料)的组织、结构、性能、加工、体外和体内试验以及临床使用情况，掌握生物医用材料的生物相容性及其检测评价方法，建立起材料的化学成分、组织结构、加工工艺与其生物学性能之间的内在本质联系，搞清楚最有前途的未来发展方向(复合生物材料、生物材料的表面改性、组织工程相关生物材料、纳米生物材料)。

作者结合近年来为"材料科学与工程"和"生物医学工程"两个专业的研究生与本科生开设"生物医用材料学"课程所整理的讲义文稿，收集并整理了相关专题的千余篇文献、书籍和网页报道信息，进行归纳总结，撰写了本书。

本书撰写分工如下：第1、4、6章由李莉(哈尔滨工程大学)撰写，第5章由郑卫(哈尔滨工程大学)撰写，第7章由成艳(北京大学)撰写，第2、3、8、9章由郑玉峰(北京大学、哈尔滨工程大学)撰写，最终由郑玉峰统稿。此外，在整个书稿的完成过程(文献收集、内容整理、打字、绘图、排版)中得到了哈尔滨工程大学生物医学材料与工程研究中心和北京大学工学院生物医学材料与器械实验室研究生的鼎力帮助：王彦波(第3、4章)、徐晓雪(第6、9章)、李姗姗(第2章)、韩薇(第8章)、王本力(第3章)，对他们的辛勤劳动表示感谢。

在本书编写过程中，始终得到哈尔滨工业大学赵连城院士的关怀、鼓励和指导，特此感谢。

感谢哈尔滨工程大学研究生教材建设资金的资助，本书在他们的大力支持下才得以高质量地出版。

三人行必有吾师，我们深感才疏学浅，书中有不正确之处，盼请读者指出。

郑玉峰
yfzheng@pku.edu.cn
2005年8月

# 目 录

**第1章 绪论** (1)
  1.1 生物医用材料的概念 (1)
  1.2 生物医用材料的分类 (2)
  1.3 生物医用材料的发展趋势 (4)
  参考文献 (8)

**第2章 人体组织生理学基础** (9)
  2.1 人体组织的组成 (9)
  2.2 人体组织的分类 (17)
  2.3 人体组织的结构 (32)
  2.4 生物医用材料对人体的生物学反应 (44)
  2.5 生物医用材料的生物学评价标准和试验方法 (49)
  参考文献 (68)

**第3章 金属生物医用材料** (70)
  3.1 概述 (70)
  3.2 医用纯金属材料 (73)
  3.3 医用不锈钢材料 (87)
  3.4 医用钴合金材料 (106)
  3.5 医用钛镍合金材料 (112)
  3.6 医用钛合金材料 (121)
  参考文献 (151)

**第4章 无机非金属生物医用材料** (157)
  4.1 惰性无机非金属生物医用材料 (157)
  4.2 表面活性无机非金属生物医用材料 (178)
  4.3 可降解无机非金属生物医用材料 (217)
  参考文献 (228)

**第5章 高分子生物医用材料** (240)
  5.1 概述 (240)

5.2 非生物降解性高分子生物医用材料……(241)
5.3 天然生物降解性高分子生物医用材料……(252)
5.4 合成生物降解性高分子生物医用材料……(261)
参考文献……(287)

## 第6章 生物医用复合材料……(301)
6.1 概述……(301)
6.2 金属基生物医用复合材料……(303)
6.3 无机非金属基生物医用复合材料……(307)
6.4 高分子基生物医用复合材料……(316)
参考文献……(335)

## 第7章 生物医用材料的表面改性……(342)
7.1 生物医用材料的机械式表面改性……(342)
7.2 生物医用材料的物理表面改性……(345)
7.3 生物医用材料的化学表面改性……(366)
参考文献……(398)

## 第8章 组织工程相关生物医用材料……(412)
8.1 概述……(412)
8.2 干细胞……(413)
8.3 生长因子……(420)
8.4 组织工程支架的制备技术……(425)
8.5 结构类组织工程相关生物医用材料……(435)
8.6 代谢类组织工程相关生物医用材料……(447)
参考文献……(461)

## 第9章 纳米生物医药材料……(470)
9.1 概述……(470)
9.2 无机纳米生物医药材料……(471)
9.3 高分子纳米生物医药材料……(488)
9.4 分子凝胶纳米生物医药材料……(498)
9.5 生物传感相关纳米材料……(502)
9.6 基因转导相关纳米材料……(511)

**参考文献**……(518)

# 第1章 绪 论

## 1.1 生物医用材料的概念

生物医用材料是用来对生物体进行诊断、治疗、修复或替换其病损组织、器官或增进其功能的材料[1]。它是研究人工器官和医疗器械的基础,已成为材料学科的重要分支,尤其是随着生物技术的蓬勃发展和重大突破,生物医用材料已成为各国科学家竞相进行研究和开发的热点。

人类利用生物医用材料的历史与人类历史一样漫长。自从有了人类,人们就不断地与各种疾病做斗争,生物医用材料是人类同疾病做斗争的有效工具之一。追溯生物医用材料的历史,公元前约3500年古埃及人就利用棉花纤维、马鬃作缝合线缝合伤口。而这些棉花纤维、马鬃则可称之为原始的生物医用材料。墨西哥的印第安人(阿兹台克人)使用木片修补受伤的颅骨。公元前2500年前中国、埃及的墓葬中就发现有假牙、假鼻、假耳。人类很早就用黄金来修复缺损的牙齿。有文献记载,1588年人们就用黄金板修复颚骨;1775年,就有用金属固定体内骨折的记载;1800年有大量有关应用金属板固定骨折的报道;1809年有人用黄金制成种植牙齿;1851年有人使用硫化天然橡胶制成人工牙托和颚骨;20世纪初开发的高分子新材料促成了人工器官系统研究的开始,人工器官的临床应用则始于1940年。由于人工器官的临床应用,拯救了成千上万患者的生命,减轻了病魔给患者及其家属带来的痛苦与折磨,引起了医学界的广泛重视,加快了人工器官的研究步伐。目前,除了脑以及大多数内分泌器官外,从天灵盖到脚趾骨,从内脏到皮肤,从血液到五官,大多有了代用的人工器官。

依据生物医用材料的发展历史及材料本身的特点[2],可以将已有的材料分为三代,它们各自都有自己明显的特点和发展时期,代表了生物医用材料发展的不同水平。20世纪初第一次世界大战以前所使用的医用材料可归于第一代生物医用材料,代表材料有石膏、各种金属、橡胶以及棉花等物品,这一代的材料大多被现代医学所淘汰。第二代生物医用材料的发展是建立在医学、材料科学(尤其是高分子材料学)、生物化学、物理学及大型物理测试技术发展的基础之上的。研究工作者也多由材料学家或主要由材料学家(与医生合作)来承担。代表材料有羟基磷灰石、磷酸三钙、聚羟基乙酸、聚甲基丙烯酸羟乙基酯、胶原、多肽、纤维蛋白等。这类材料与第一代生物医用材料一样,研究的思路仍然是努力改善材料本身的力学、生化性能,以使其能够在生理环境下有长期的替代、模拟生物组织的功能。第三代生物医用材料是一类具有促进人体自身修复和再生作用的生物医学复合材料,它以对生物体内各种细胞组织、生长因子、生长抑素及生长机制等结构和性能的了解为基础建立起生物医用材料的概念。它们一般是由具有生理"活性"的组元及控制载体的"非活性"组元所构成,具有比较理想的修复和再生效果,其基本思想是通过材料之间的复合,材料与活细胞的融合,活体材料和人工材料的杂交等手段,赋予材料具有特异的靶向修复、治疗和促进作用,从而达到病变组织主要甚至全部由健康的再生组织所取代。骨形态发生蛋白(BMP)材料是第三代生物医用材料中的代表材料。

  在不同的历史时期,生物医用材料被赋予了不同的意义,其定义是随着生命科学和材料科学的不断发展而演变的。但是,它们都有一些共同的特征,即生物医用材料是一类人工或天然的材料,可以单独或与药物一起制成部件、器械用于组织或器官的治疗、增强或替代,并在有效使用期内不会对宿主引起急性或慢性危害。但由于生命现象是极其复杂的,是在几百万年的进化过程中适应生存需要的结果,生命具有一定的生长、再生和修复精确调控能力,这是目前所有人工器官和生物医用材料所无法比拟的。因此,目前的生物医用材料与人们的真正期望和要求相差甚远。

## 1.2 生物医用材料的分类

  生物医用材料按用途可分为骨、牙、关节、肌腱等骨骼-肌肉系统修复材料,皮肤、乳房、食道、呼吸道、膀胱等软组织材料,人工心瓣膜、血管、心血管内插管等心血管系统材料,血液净化膜和分离膜、气体选择性透过膜、角膜接触镜等医用膜材料,组织粘合剂和缝线材料,药物释放载体材料,临床诊断及生物传感器材料,齿科材料等。

  生物医用材料按材料在生理环境中的生物化学反应水平分为惰性生物医用材料、生物活性材料、可降解和吸收的生物医用材料。

  生物医用材料按材料的组成和性质可以分类如下[2]:

  (1)生物医用金属材料。生物医用金属材料是用做生物医用材料的金属或合金,又称外科用金属材料或医用金属材料,是一类惰性材料。这类材料具有高的机械强度和抗疲劳性能,是临床应用最广泛的承力植入材料。该类材料的应用遍及硬组织、软组织、人工器官和外科辅助器材等各个方面。除了要求它具有良好的力学性能及相关的物理性质外,优良的抗生理腐蚀性和生物相容性也是其必须具备的条件。医用金属材料应用中的主要问题表现在,由于生理环境的腐蚀而造成的金属离子向周围组织扩散及植入材料自身性质的退变,前者可能导致毒副作用,后者常常导致植入的失败。已经用于临床的医用金属材料主要有纯金属(钛、钽、铌、锆等)、不锈钢、钴基合金,以及钛基合金等。

(2)无机非金属生物医用材料或称为生物陶瓷。包括陶瓷、玻璃、碳素等无机非金属材料。此类材料化学性质稳定,具有良好的生物相容性。一般来说,生物陶瓷主要包括惰性生物陶瓷、活性生物陶瓷和功能活性生物陶瓷三类。

(3)高分子生物医用材料。高分子生物医用材料是生物医用材料中发展最早、应用最广泛、用量最大的材料,也是一个正在迅速发展的领域。它有天然产物和人工合成两个来源。该材料除应满足一般的物理、化学性能要求外,还必须具有足够好的生物相容性。按高分子生物医用材料的性质可分为非降解型和可生物降解型两类,对于前者,要求其在生物环境中能长期保持稳定,不发生降解、交联或物理磨损等,并具有良好的物理机械性能,虽不要求它绝对稳定,但是要求其本身和少量的降解产物不对机体产生明显的毒副作用,同时材料不致发生灾难性破坏。该类材料主要用于人体软、硬组织修复体、人工器官、人造血管、接触镜、膜材、粘接剂和管腔制品等方面。这类材料主要包括聚乙烯、聚丙烯、聚丙烯酸酯、芳香聚酯、聚硅氧烷、聚甲醛等。而可降解型高分子生物医用材料主要包括胶原、线性脂肪族聚酯、甲壳素、纤维素、聚氨基酸、聚乙烯醇、聚己丙酯等。它们可在生物环境作用下发生结构破坏和性能蜕变,其降解产物能通过正常的新陈代谢或被机体吸收利用或被排出体外,主要用于药物释放载体及非永久性植入装置。按使用的目的和用途,高分子生物医用材料还可分为心血管系统、软组织及硬组织等修复材料。用于心血管系统的高分子生物医用材料着重要求其抗凝血性好,不破坏红细胞、血小板,不改变血液中的蛋白并不干扰电解质等。

(4)生物医用复合材料。生物医用复合材料又称为生物复合材料,它是由两种或两种以上不同材料复合而成的生物医用材料,并且与其所有单体的性能相比,复合材料的性能都有较大程度的提高。制备该类材料的目的就是进一步提高或改善某一种生物医用材料的性能。该类材料主要用于修复或替换人体组织、器官或增进其功能以及人工器官的制造。它除应具有预期的物理化学性质之外,还必须满足生物相容性的要求。这里不仅要求组分材料自身必须满足生物相容性要求,而且复合之后不允许出现有损材料生物学性能的性质。按基材,生物复合材料可分为高分子基、金属基和无机非金属基三类。它们既可以作为生物复合材料的基材,又可作为增强体或填料,它们之间的相互搭配或组合形成了大量性质各异的生物医用复合材料。利用生物技术,一些活体组织、细胞和诱导组织再生的生长因子被引入了生物医用材料,大大改善了其生物学性能,并可使其具有药物治疗功能,已成为生物医用材料的一个十分重要的发展方向。根据材料植入体内后引起的组织反应类型和水平,它又可分为生物惰性的、生物活性的、可生物降解和吸收的三种类型。人和动物中绝大多数组织均可视为复合材料,生物医学复合材料的发展为获得真正仿生的生物医用材料开辟了广阔的途径。

(5)生物衍生材料。生物衍生材料是由经过特殊处理的天然生物组织形成的生物医用材料,也称为生物再生材料。生物组织可取自同种或异种动物体的组织。特殊处理包括维持组织原有构型而进行的固定、灭菌和消除抗原性的轻微处理,以及拆散原有构型、重建新的物理形态的强烈处理。由于经过处理的生物组织已失去生命力,生物衍生材料是无生命力的材料。但是,由于生物衍生材料或是具有类似于自然组织的构型和功能,或是其组成类似于自然组织,在维持人体动态过程的修复和替换中具有重要作用。生物衍生材料主要用于人工心瓣膜、血管修复体、皮肤掩膜、纤维蛋白制品、骨修复体、巩膜修复体、鼻种植体、血浆增强剂和血液透析膜等。

## 1.3 生物医用材料的发展趋势

迄今为止,被详细研究过的生物医用材料已有一千多种,医学临床上广泛使用的也有几十种,涉及材料学的各个领域。人口老龄化、中青年创伤的增多、疑难疾病患者的增加和高新技术的发展促使生物医用材料得以迅猛发展[1]。人口老龄化进程的加速和人类对健康与长寿的追求,激发了对生物医用材料的需求。目前生物医用材料研究的重点是在保证安全性的前提下寻找组织相容性更好、可降解、耐腐蚀、持久、多用途的生物医用材料。

当代生物医用材料的发展不仅强调材料自身理化性能和生物安全性、可靠性的改善,而且更强调赋予其生物结构和生物功能,以使其在体内调动并发挥机体自我修复和完善的能力,重建或康复受损的人体组织或器官。结合南开大学俞耀庭教授的观点[1]和2004年中国新材料发展报告[3],可以将目前国际上生物医用材料领域的最新进展和发展趋势概括如下。

**1.组织工程材料面临重大突破**

组织工程是指应用生命科学与工程的原理和方法,构建一个生物装置,来维护、增进人体细胞和组织的生长,以恢复受损组织或器官的功能。它的主要任务是实现受损组织或器官的修复和再建,延长寿命和提高健康水平。首先将特定组织细胞"种植"于一种生物相容性良好、可被人体逐步降解吸收的生物医用材料(组织工程材料)上,形成细胞-生物医用材料复合物,在这种条件下生物医用材料为细胞的增长繁殖提供三维空间和营养代谢环境,随着材料的降解和细胞的繁殖,形成新的具有与自身功能和形态相应的组织或器官,这种具有生命力的活体组织或器官能对病损组织或器官进行结构、形态和功能的重建,并达到永久替代。近10年来,组织工程学已逐渐发展成为集生物工程、细胞生物学、分子生物学、生物医用材料、生物技术、生物化学、生物力学以及临床医学于一体的一门交叉学科。

生物医用材料在组织工程中占据非常重要的地位,同时组织工程也为生物医用材料提出问题和指明发展方向。由于传统的人工器官(如人工肾、肝)不具备生物功能(代谢、合成),只能作为辅助治疗装置使用,研究具有生物功能的组织工程人工器官已在全世界引起广泛重视。构建组织工程人工器官需要三个要素,即"种子"细胞、支架材料、细胞生长因子。最近,由于干细胞具有分化能力强的特点,将其用做"种子"细胞进行构建人工器官成为热点。组织工程学已经在人工皮肤、人工软骨、人工神经、人工肝等方面取得了一些突破性成果,展现出美好的应用前景。

当前软组织工程材料的研究和发展主要集中在研究新型可降解材料,例如,用物理、化学和生物方法以及基因工程手段改造和修饰原有材料,用材料与细胞之间的反应和信号传导机制促进细胞再生的规律和原理,细胞机制的作用和原理等,以及研制具有选择通透性和表面改性的膜材,发展对细胞和组织具有诱导作用的智能高分子材料等。

当前硬组织工程材料的研究和应用发展主要集中在碳纤维/高分子材料、无机材料(生物陶瓷、生物活性玻璃)、高分子材料的复合研究。

### 2.生物医用纳米材料初见端倪

纳米生物医用材料,在医学上主要用做药物控释材料和药物载体。从物质性质上可以将纳米生物医用材料分为金属纳米颗粒、无机非金属纳米颗粒和生物降解性高分子纳米颗粒;从形态上可以将纳米生物医用材料分为纳米脂质体、固体脂质纳米粒、纳米囊(纳米球)和聚合物胶束。

纳米技术在20世纪90年代获得了突破性进展,在生物医学领域的应用研究也不断得到扩展。目前的研究热点主要是药物控释材料及基因治疗载体材料。药物控释是指药物通过生物医用材料以恒定速度、靶向定位或智能释放的过程。具有上述性能的生物医用材料是实现药物控释的关键,可以提高药物的治疗效果和减少其用量和毒副作用。由于人类基因组计划的完成及基因诊断与治疗不断取得进展,科学家对使用基因疗法治疗肿瘤充满信心。基因治疗是导入正常基因于特定的细胞(癌细胞)中,对缺损的或致病的基因进行修复,或者导入能够表达出具有治疗癌症功能的蛋白质基因,或导入能阻止体内致病基因合成蛋白质的基因片断来阻止致病基因发生作用,从而达到治疗的目的。这是治疗学的一个巨大进步。基因疗法的关键是导入基因的载体,只有借助于载体,正常基因才能进入细胞核内。目前,高分子纳米材料和脂质体是基因治疗的理想载体,它具有承载容量大、安全性高的特点。近来新合成的一种树枝状高分子材料作为基因导入的载体引起了关注。

此外,生物医用纳米材料在分析与检测技术、纳米复合医用材料、与生物大分子进行组装、用于输送抗原或疫苗等方面都有良好的应用前景。纳米碳材料可显著提高人工器官及组织的强度、韧度等多方面性能;纳米高分子材料粒子可以用于某些疑难病的介入诊断和治疗;人工合成的纳米级类骨磷灰石晶体已成为制备纳米类骨生物复合活性材料的基础。该领域未来的发展趋势是,纳米生物医用材料"部件"与纳米医用无机材料及晶体结构"部件"的结合发展,如由纳米微电子控制的纳米机器人、药物的器官靶向化;通过纳米技术使介入性诊断和治疗向微型、微量、微创或无创、快速、功能性和智能性的方向发展;模拟人体组织成分、结构与力学性能的纳米生物活性仿生医用复合材料等。

### 3.生物活性材料还待发展

生物活性材料是一类能在材料界面上引发特殊生物反应的材料。这种反应导致组织和材料之间形成化学键合。该概念是1969年美国人L.Hench在研究生物玻璃时发现并提出,进而在生物陶瓷领域引入了生物活性概念,开创了新的研究领域。经过30多年的发展,生物活性的概念在生物医用材料领域已建立了牢固的基础,如β-磷酸三钙可吸收生物陶瓷等,在体内可被降解吸收并为新生组织代替,具有诱出特殊生物反应的作用;羟基磷灰石由于是自然骨的主要无机成分,故植入体内不仅能传导成骨,而且能与新骨形成骨键合,在肌肉、韧带或皮下种植时,能与组织密合,无炎症或刺激反应。生物活性材料具有的这些特殊的生物学性质,有利于人体组织的修复,是生物医用材料研究和发展的一个重要方向。

### 4.生物医用金属材料的开发势在必行

金属生物医用材料发展相对比较缓慢,但由于金属材料具有其它材料不能比拟的高机械强度和优良的疲劳性能,目前仍是临床上应用最广泛的承力植入物。目前的研究热点在镍钛合金和新型生物医用钛合金两个方向。发展方向主要体现在用生物适应性优良的 Zr、Nb、Ta、Pd、Sn 合金化元素取代钛合金中有毒性的 Al、V 等元素。

**5. 材料表面改性的新方法和新技术还应探索**

表面改性研究,以大幅度改善生物医用材料与生物体的相容性为目标。生物相容性包括血液相容性和组织相容性,是生物医用材料应用的基本要求。除了设计、制造性能优异的新材料外,通过对传统材料进行表面化学处理(表面接枝大分子或基团)、表面物理改性(等离子体、离子注入或离子束)和生物改性是有效途径。材料表面改性的新方法和新技术是生物医用材料研究的永久性课题。目前流行的一些方法包括等离子体表面改性、离子注入表面改性、表面涂层与薄膜合成、自组装单分子层、材料的表面修饰等。这个领域已成为生物医用材料学科最活跃、最引人注目和发展迅速的领域之一。

**6. 介入治疗材料研究异军突起**

介入治疗是指在医学影像技术(如X线透视、CT、超声波、核磁共振)引导下,用穿刺针、导丝、导管等精密器械进入病变部位进行治疗。介入治疗能以微小的创伤获得与外科手术相同或更好的治疗效果。介入治疗材料包括支架材料、导管材料及栓塞材料等。置入血管内支架是治疗心血管疾病的重要方法,当前冠脉支架多为医用不锈钢通过雕刻或激光蚀刻制备,在体内以自膨胀式、球囊扩张式扩张固定在血管内壁上。虽然经皮冠状动脉介入性治疗取得了较好的成果,但经皮冠状动脉成型术后6个月后再狭窄发生率较高(约30%),是介入性治疗面临的重要问题。近年的研究方向有药物涂层支架、放射活性支架、包被支架、可降解支架等。管腔支架大多采用镍钛形状记忆合金制备。主要用于晚期恶性肿瘤引起的胆道狭窄;晚期气管、支气管或纵隔肿瘤引起的呼吸困难的治疗,支气管良性狭窄等;不能手术切除的恶性肿瘤引起的食管瘘及恶性难治性食管狭窄等。制作导管的材料有聚乙烯、聚氨脂、聚氯乙烯、聚四氟乙烯等。导管外层材料多为能够提供硬度和记忆的聚脂、聚乙烯等,内层为光滑的聚四氟乙烯。栓塞材料按照材料性质可分为对机体无活性、自体材料和放射性颗粒三种。理想的栓塞材料应符合无毒、无抗原性,具有良好相容性,能迅速闭塞血管,能按需闭塞不同口径、不同流量的血管,易经导管运送,易得,易消毒等要求。更高的要求是能控制闭塞血管时间的长短,一旦需要可经皮回收或使血管再通。常用栓塞材料包括自体血块、明胶海马、微胶原纤维、胶原绒聚物等。

**7. 血液净化材料重在应用**

采用滤过沉淀或吸附的原理,将体内内源性或外源性毒物(致病物质)专一性或高选择性地去除,从而达到治病的目的,是治疗各种疑难病症的有效疗法。尿毒症、各种药物中毒、免疫性疾病(系统性红斑狼疮、类风湿性关节炎)、高脂血症等,都可采用血液净化疗法治疗,其核心是滤膜、吸附剂等生物医用材料。

血液净化材料的研究和临床应用,在日本和欧洲成为生物医用材料发展的热点。

### 8. 复合生物医用材料仍是开发重点

作为硬组织修复材料的主体,复合生物医用材料受到广泛重视。它具有强度高、韧性好的特点,目前已广泛应用于临床。通过具有不同性能材料的复合,可以达到"取长补短"的效果。可以有效地解决材料的强度、韧性及生物相容性问题,是生物医用材料新品种开发的有效手段。提高复合材料界面之间结合程度(相容性)是复合生物医用材料研究的主要课题,根据使用方式的不同研究较多的是:合金、碳纤维/高分子材料、无机材料(生物陶瓷、生物活性玻璃)/高分子材料的复合研究。

### 9. 口腔材料仍在发展

口腔材料学是口腔医学与材料学之间的界面学科,其品种及分类方法很多,可以分为口腔有机高分子材料、口腔无机非金属材料、口腔金属材料、口腔辅助材料,也可分为烤瓷材料、种植材料、充填材料、粘结材料、印模材料、耐火包埋材料。近年来组织工程技术在口腔临床开始应用,主要是膜引导组织再生技术、牙周外科治疗和即刻植入修复中的应用。口腔材料中的生物化仿生材料尚待今后研究和探讨。陶瓷材料脆弱的挠曲强度一直困扰着牙科医生和患者,而牙科修复学中颜色的再现问题是影响牙齿及修复体美观的一个重要因素。因此牙科陶瓷技术正沿着克服材料的脆性,精确测定牙齿的颜色并提供组成、性能稳定的陶瓷材料的方向发展的。

### 10. 生物相容性评价标准在不断改进和发展

新的生物相容性内容的研究对材料的生物学评价提出新的要求,除了目前的 ISO10993 标准外,新的评价方法将从以下几个方面展开:①生物医用材料对人体免疫系统的影响;②生物医用材料对各种细胞因子的影响;③生物医用材料对细胞生长、凋亡的影响;④降解控释材料对人体代谢过程的影响;⑤智能材料对人体信息传递和功能调控的影响;⑥药物控释材料、净化功能材料、组织工程材料的生物相容性评价。

## 参考文献

[1] 俞耀庭,王连永,王深琪.生物医用材料发展状况与对策//2003高技术发展报告[M].北京:科学出版社,2003.

[2] 李爱民,孙康宁,尹衍升,等.生物医用材料的发展、应用、评价与展望[J].山东大学学报(工学版),2002,32(2):287-292.

[3] 国家新材料行业生产力促进中心等编.中国新材料发展报告(2004)[M].北京:化学工业出版社,2004.

# 第 2 章　人体组织生理学基础

由于疾病、意外伤害等原因,人体某部分组织或器官受到损害,造成缺损或功能丧失,影响人的正常工作和生活。生物医用材料研究的最终目的是用它来代替和修复人体的组织和器官,并实现其生理功能。因此有必要了解人体组织生理学,以达到最佳的治疗效果。

## 2.1　人体组织的组成

人体大约由一百万亿个细胞组成,它们按照一定的规律有机地组织在一起成为一个统一的整体。许多形态相似、功能相近的细胞,借细胞间质结合在一起构成组织。

### 2.1.1　细胞

细胞是由英国科学家罗伯特·虎克于 1665 年发现的。当时他用自制的光学显微镜观察软木塞的薄切片,放大后发现一格一格的小空间,就以英文的 cell 命名之。而这样观察到的细胞早已死亡,仅能看到残存的植物细胞壁。事实上真正首先发现活细胞的,是荷兰生物学家雷文·霍克。

细胞是人体构造和功能的基本单位,细胞最明显的特征是在一个极小的体积中形成极为复杂而又高度组织化的结构,是实现人体新陈代谢、生长、发育、繁殖及衰老等生命活动的基础。人体中大约有 200 多种不同类型的细胞(典型的如图 2.1 所示[1]),根据其分化程度可分为 600 多种。它们的形态结构与功能差别都很大,但都是由一个受精卵通过分裂与分化而来。身体最大的细胞——卵细胞约为针尖大小(0.25 mm),肉眼刚可看见,最小的细胞不到它的 1/60。神经细胞细长的突起肉眼不能看见,但有的却长达 1 m。细胞的形状各异,呈球形、椭圆形、立方形、扁平形、梭形、星形和多角形等。人体的细胞有一定的寿命,衰老的细胞不断脱落或被机体清除。通过细胞分裂产生新的细胞,代替死亡衰老的细胞。

细胞的基本功能主要包括:①自我增殖和遗传:细胞能够以一分为二的分裂方式进行增殖,动植物细胞、细菌细胞都是如此;②新陈代谢:细胞内有机分

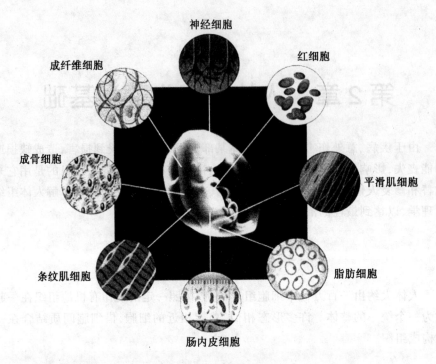

图 2.1 人体的细胞[1]

子的合成和分解反应都是由酶催化的,即细胞的代谢作用是由酶控制的,细胞代谢包括物质代谢和能量代谢,这也是细胞的基本特性;③运动性:所有细胞都具有一定的运动性,包括细胞自身的运动和细胞内的物质运动。

细胞是由化学物质组成的,其化学成分基本相同,由 50 多种元素构成,其中 C、H、O、N 占细胞总重量的 90% 以上。宏量元素有 C、H、O、N、S、P、Na、K、Ca、Cl、Mg、Fe 等 12 种元素,占细胞总重量的 99.9% 以上;微量元素有 Cu、Zn、Mn、Mo、Co、Cr、Si、F、Br、I、Li、Ba 等。由上述元素构成了水、蛋白质、糖类、脂类、核酸、无机盐和各种微量的有机化合物,它们是构成细胞的主要成分。其中水占总鲜重的 80%~95%,其主要功能是作为溶剂、反应介质和与大分子结合构成细胞结构组分。蛋白质是细胞的主要成分,在细胞生命活动中的作用包括:决定细胞的形状结构、参与细胞运动、控制细胞膜的通透性、调节物质运输、催化生化反应、进行分子识别和遗传调控。

无机盐能够维持渗透压,调节 pH 值,直接与蛋白质或脂类结合。由于细胞的生命活动是高度有序的,所以细胞内的化学物质不可能杂乱无章地堆集在一起,而是有规则地分级组装成复杂的细胞结构。

细胞尽管非常之小,但它是一团有生命的物质,在细胞质里也特化形成许多具有一定形态结构并担负不同生理功能的小"器官",称为细胞器。如细胞的消化器官,溶酶体;细胞的氧化供能站,线粒体;细胞的运动器官,微丝微管;细胞的代谢器官,内质网。此外,还有高尔基复合体、核糖体、中心体等。其中溶酶体、线粒体、高尔基复合体、内质网等都是细胞内的一些膜性结构。这些膜性细胞器都是由与细胞膜结构相类似的生物膜所组成。另一部分细胞器则是非膜性的细胞器包括微丝、微管、核糖体、中心体等。

人体的细胞由细胞核、细胞质和细胞膜构成。

**一、细胞膜**

细胞膜是指覆盖在细胞表面的外周膜和在细胞内包围着细胞核、细胞器的内膜系统。它是一个具有特殊结构和功能的半透性膜,允许某些物质或离子有选择地通过,但又能严格地限制其它一些物质的进出,保持了细胞内物质成分的稳定。对于人体细胞,细胞膜约占细胞干重的70%~80%。

细胞膜的生理功能主要包括以下几个方面:①保护和识别作用:它能够保护支持细胞,把细胞内容物和细胞周围环境(主要是细胞外液)分隔开来,使细胞能相对地独立于环境而存在。因为细胞要维持正常的生命活动,不仅细胞的内容物不能流失,而且其化学组成必须保持相对稳定,这就需要在细胞和它所处的环境之间有起屏障作用的结构。②控制物质进出细胞:控制细胞的物质交换,包括吸收、分泌、排泄。细胞膜控制物质进出细胞的主要方式有自由扩散和主动运输两种方式。自由扩散是由高浓度一侧向低浓度一侧扩散,不需载体和不消耗细胞内的能量,如 $O_2$、$CO_2$、甘油、乙醇等。主动运输是由低浓度一侧向高浓度一侧转运,需载体协助并消耗细胞内的能量。如氨基酸、葡萄糖、被选择吸收的离子和小分子等。③选择透过性:水分子自由通过,被选择的小分子、离子可以通过,不被选择的离子、小分子以及大分子不能通过。④免疫作用:膜除了有物质转运功能外,还有信息传递和能量转换功能,这些功能的机制是由膜的分子组成和结构决定的。

细胞膜厚约7~10 nm,由脂质、蛋白质和糖类三种物质组成,如图2.2所示[2]。蛋白质和脂类分子是组成细胞膜的主要化合物,一般二者的比例在1:1左右。在光镜下不能分辨细胞膜结构,但在电镜下,可以发现细胞膜是由三层构成,类似于"三明治",即分别与细胞外液和与细胞质相邻的内层电子密度高的致密层,及两层之间电子密度低的透明层。

关于细胞膜的分子结构,目前较公认的是"液态镶嵌模型"学说,即体温下呈液态的磷脂双分子层构成细胞膜的基本骨架,蛋白质分子或镶嵌或贯穿其中。磷脂分子,具有一个亲水的头端和两个疏水的尾端。磷脂分子的头端朝外(即朝向细胞外液或细胞质),两个尾端相对。磷脂的头端电子致密度高,尾端电子致密度低,因此呈现电镜下的"三明治"结构。磷脂双分子层组成细胞膜的

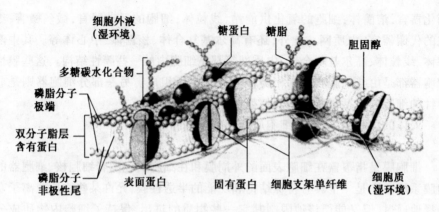

图 2.2 细胞膜的模式图[2]

中层,形成细胞膜的基本骨架,磷脂双分子层的两侧布满蛋白质分子,有的蛋白质游离在表面,有的蛋白质镶嵌在磷脂双分子层之中,有的蛋白质贯穿磷脂分子的双分子层。

通过磷脂分子的性质我们可以推测,细胞膜的磷脂双分子层只能允许一些脂溶性的小分子物质通过,那么与细胞新陈代谢等生命活动有关的一些非脂溶性分子和离子是怎样进出细胞的呢?这就有赖于细胞膜上的各种蛋白质。

细胞膜的蛋白质占细胞膜质量的 55%。细胞膜蛋白质按其与磷脂双分子层结合的位置,可分为表面蛋白质和内在蛋白质。表面蛋白质粘附于磷脂双分子层的表面,与细胞膜结合较疏松,占全部细胞膜蛋白质质量的 20%~30%。内在蛋白质贯穿于细胞膜之中,与膜结合紧密,占全部细胞膜蛋白质质量的 70%~80%。细胞膜蛋白不仅参与细胞内外的物质转运,还执行细胞内、外化学反应的催化和细胞之间的连接等功能。

细胞膜蛋白质按其功能,可分为:①骨架蛋白:负责细胞膜之间的粘附或细胞内外结构与细胞膜的附着;②识别蛋白:免疫细胞膜上负责识别衰老和病变细胞的蛋白质;③酶:催化细胞内、外的化学反应;④受体蛋白:与细胞外液特异性受体结合,引起一系列受体后反应;⑤载体蛋白:负责运载细胞外溶质进入细胞;⑥通道蛋白:负责细胞内外的离子转运。

细胞膜少量的糖类主要以糖脂、糖蛋白的形式存在,其含量不到 10%,主要是由数个至一二十个单糖残基连接起来的。具有分支和糖链,末端一般是带负电荷的岩藻糖或唾液酸。糖类一般与膜蛋白和膜脂结合。

## 二、细胞质

细胞质是指细胞膜以内细胞核以外的全部原生质,由基质、细胞器、细胞骨架和包含物组成。

**1. 基质**

基质又称细胞液,是细胞膜和细胞核之间液态、透明的不定形物质。基质含有80%的水、14%的蛋白质和2%的脂质,其余为无机离子、核酸及多糖组成。基质为生物体细胞的新陈代谢提供所需的物质和一定的环境条件。

**2. 细胞器**

细胞器是细胞内一系列具有特定形态的结构,如图2.3所示[3],它们各自执行着不同功能。细胞器分为两种:有膜细胞器和无膜细胞器。线粒体、内质网、高尔基复合体、溶酶体和过氧化酶体为有膜细胞器;核糖体和中心体为无膜细胞器。

(1)线粒体。分布于细胞质中,呈杆状或颗粒状,是活细胞有氧呼吸的主要场所。线粒体由双层单位膜构成,其外膜平整,内膜向内折叠成嵴。线粒体内含有DNA、RNA及酶系,能够生成ATP,为细胞进行各种生命活动提供能量。

(2)核糖体(又称核蛋白体)。游离于细胞液中或附于粗面内质网或核膜上。核糖体呈颗粒状,是最小的细胞器,其外无单位膜包绕,一个核糖体由一个大亚基和一个小亚基构成。大亚基和小亚基在一般情况下呈游离状态,仅在mRNA翻译成蛋白质的时候,它们才结合成一个完整的核糖体,核糖体是利用氨基酸合成蛋白质的场所。

(3)内质网。由膜结构连接成的网状物,与核膜相延续。根据有无核糖体附着,可将其分为粗面内质网和滑面内质网。粗面内质网主要合成蛋白质,其合成作用与其表面的核糖体有关;滑面内质网主要参与脂质的合成、解毒及钙离子的储存和释放。

(4)高尔基复合体。位于细胞核附近,由多层的扁平囊、大泡和小泡构成。主要负责蛋白质的修饰、分类与输送,从粗糙内质网合成的蛋白质被包在小囊泡中首先送到高基氏体,在这里一些酶会将蛋白质修饰,例如加上一段特别的糖类标记,而许多脂质、糖类也会在这里合成并且修饰,随后再利用小囊泡往外运输。

(5)溶酶体。有单位膜包绕,是单层膜的囊状胞器,内部含有数十种从高基氏体送来的水解酶,这些酶(或称为酵素)在弱酸的环境下(通常pH值为5.0)能有效分解生命所需的有机物质,许多透过细胞吞噬的物质,会先形成食泡,然后跟溶体融合并且进行消化。另外溶体也对老旧、损坏的胞器和细胞质进行分解,产生的小分子随后可再次被细胞利用,一旦溶体破裂释放出水解酶,细胞就会被分解,许多细胞凋亡的程序都与溶体有关。溶酶体负责吞噬自身衰老、损伤的结构及外源性物质。根据溶酶体所经历水解反应阶段的不同,可将其分为三种:初级溶酶体、次级溶酶体和残余体。尚未发生水解反应的溶酶体称为初

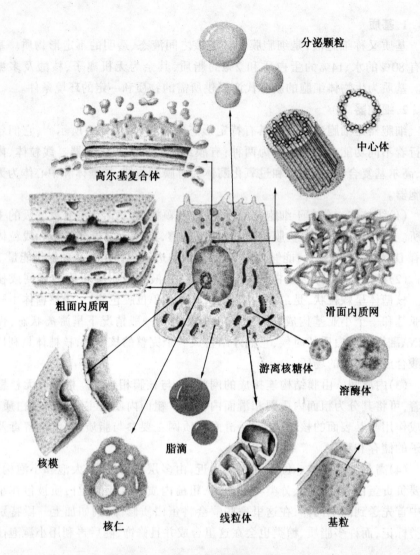

图 2.3 细胞及细胞器的模式图[3]

级溶酶体;正在进行水解反应的溶酶体称为次级溶酶体;经过次级溶酶体水解后,残留在细胞中的物质称为残余体。

(6)过氧化物酶体。呈球形,含有包括过氧化氢酶等 40 多种酶,其主要功能是参与过氧化氢的合成和分解。

(7)中心体。位于细胞核周围,由一对互相垂直的中心粒及周围的基质构成。中心粒为 9 组三联微管结构。中心体在细胞分裂的过程中起重要作用。

**3. 细胞骨架**

细胞骨架由微丝、微管和中间丝组成。微丝直径约 6 nm,纤维状,为肌动蛋白丝,参与细胞收缩运动;微管为细长的管状结构,外径约 24 nm,内径约 15 nm,主要作用为维持细胞的形状和参与细胞运动;中间丝因直径介于微丝和微管而得名,中间丝具有组织特异性,故常作为肿瘤标志物。

**4. 包含物**

包含物是细胞质中的代谢产物和贮存物质,其中有糖原、脂滴及分泌颗粒。葡萄糖在体内主要以糖原的形式贮存,常见于肝细胞和肌细胞。脂类在体内主要以脂滴的形式贮存,HE 染色呈空泡状,常见于脂肪细胞、分泌类固醇激素的细胞。活性物质(酶、激素等)在体内主要以单位膜包绕的分泌颗粒形式贮存,常见于腺细胞。

**三、细胞核**

细胞核是细胞的重要组成部分,它的功能是复制 DNA 及合成各种 RNA。人体内绝大多数细胞只有一个细胞核,但某些细胞也可有多个细胞核。1/4 的肝细胞可有两个核,骨骼肌细胞的核可多达数百个。而发育成熟的红细胞却没有细胞核。

细胞核通常呈圆形或卵圆形,位于细胞中央,但有些细胞的细胞核形状特殊,如白细胞的核有的呈肾形,有的呈分叶状。细胞核的化学成分主要是核蛋白,由核酸和蛋白质结合而成。核酸有两种,脱氧核糖核酸(DNA)和核糖核酸(RNA),其中以 DNA 为主,是细胞核最重要的结构成分。

细胞核由核膜、染色质、核仁和核质组成。核膜是分隔细胞质与细胞核的一层薄膜,在电镜下核膜是一双层膜。核膜是包绕细胞核的薄膜,其上有核孔,是细胞核与细胞质之间进行物质交换的通道。经过固定、染色以后,核内可见细丝状的结构和某些被碱性染料深染的颗粒状结构,称为染色质。染色质存在于细胞间期,包括染色较淡的常染色质和染色较深的异染色质。常染色质有 RNA 转录活性,而异染色质没有。染色质在分裂期浓缩为染色体,染色质和染色体是同一种物质在细胞的不同时期(分裂间期和分裂期)所呈现的不同形态。染色质由核酸和蛋白质组成,是遗传物质贮存和复制的场所。染色质的主要成分是 DNA 分子。核仁则由丝状纤维结构与致密颗粒结构组成,呈球形,数目、大小不一。核仁参与合成 rRNA 和核糖体亚基前体。核质由核液和核骨架组成。核液为核内的不定形物质,是一种粘稠性的透明液体,主要成分是水、酶和无机盐。核骨架的结构类似于细胞骨架。

## 2.1.2 细胞间质

细胞间质是由细胞产生的不具有细胞形态和结构的物质,它包括基质和纤维。细胞与细胞之间存在着细胞间质,人体组织内的细胞都浸润在细胞间质液中。细胞间质对细胞起着支持、保护、联结和营养作用,参与构成细胞生存的微环境。细胞间质是人体细胞所生活的液体环境。细胞间质液含有细胞在代谢时所需要的全部物质。同样,细胞间质液也会接受细胞的代谢产物,或未被利用的物质。细胞和液体之间不断地进行着物质交换:吸取氧和养料,排出二氧化碳等废物。为了不使细胞本身被产生的废物所破坏,细胞间质液会不断地更新。

### 一、基质

基质是填充于细胞和纤维间的不透明凝胶状物质。基质主要包括蛋白多糖和糖蛋白两种成分。

(1)蛋白多糖是由蛋白和大量线状多糖结合成的化合物,其中蛋白包括核心蛋白和连接蛋白;其中多糖有透明质酸,硫酸软骨素 A、C,硫酸角质素,硫酸乙酰肝素等,总称为糖胺多糖。蛋白多糖是以长链的透明质酸作为其主干,其它糖胺多糖连接在核心蛋白上构成其侧链,主干和侧链通过连接蛋白相连(见图 2.4[4])。蛋白多糖曲折盘绕形成具有许多微孔的分子筛,具有选择通透性。另外,糖胺多糖含有大量的羟基和硫酸基(具有亲水性),可结合大量的水。

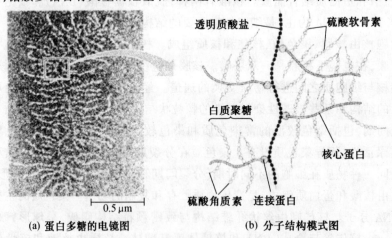

(a) 蛋白多糖的电镜图　　(b) 分子结构模式图

图 2.4　蛋白多糖的电镜图及分子结构模式图[4]

(2)糖蛋白是由蛋白和分枝状的多糖结合成的化合物。相对于蛋白多糖,它以蛋白为主,主要包括纤维粘连蛋白,层粘连蛋白和软骨粘连蛋白。糖蛋白不仅参与分子筛的构成,在细胞的附着和迁移过程中也起重要作用。

## 二、纤维

纤维包括胶原纤维、弹性纤维和网状纤维,其中胶原纤维和网状纤维是由胶原蛋白形成,弹性纤维是由弹性蛋白形成。

(1)胶原纤维。数量最多、分布最广,又称白纤维,因为大量的胶原纤维在新鲜时呈白色(如肌腱)。胶原纤维 HE 染色时呈浅红色,波浪形,粗细不等,直径为 1~20 μm,电镜下可见胶原纤维由胶原原纤维粘合而成,胶原原纤维呈现周期约 64 nm 左右的横纹。胶原纤维主要由Ⅰ型和Ⅲ型胶原蛋白形成。胶原纤维不具弹性,但有很强的张力。

(2)弹性纤维。又称黄纤维,因为大量的弹性纤维在新鲜时呈黄色。弹性纤维 HE 染色时,不易与胶原纤维区分,直径为 0.2~1.0 μm。在蕾锁辛品红、醛复红和地衣红染色时呈紫色、黑色或深蓝色。电镜下可见弹性纤维由微原纤维和弹性蛋白组成。弹性纤维的特性是弹性大,形变后可迅速复原。

(3)网状纤维。直径为 0.5~2.0 μm,彼此交织成网。网状纤维又称嗜银纤维,其 HE 染色时不易显示,但在银染色时可呈黑色。电镜下也可见周期为 64 nm 左右的横纹。网状纤维主要由Ⅲ型胶原蛋白形成。

# 2.2　人体组织的分类

人体的组织是由纵横交错的纤维、不定性的基质和电解质溶液组成的网络系统,细胞附着于其中。根据其形态、功能不同,可分为上皮组织、结缔组织、肌肉组织和神经组织;根据其机械性能的不同,可分为硬组织、软组织和弹性组织。在生物医用材料研究中,我们通常采用后一种分类方法。

### 2.2.1　硬组织

为了制备和研究生物医用材料,了解人体硬组织的物理、化学及力学性能非常重要。只有替代材料的各方面性能尽量接近人体本身固有硬组织的性能指标,才能更好地满足人体的需要。人体硬组织材料(主要是骨和牙齿)基本上是结构复杂的陶瓷－有机物复合体。

## 一、骨骼

骨骼是身体的支架,肌肉附着在骨骼上,它们具有支持身体、保护体内器官和进行各种运动的功能。人之所以能像模像样地站在大地上,或者走来走去,或者跋山涉水,全赖于体内有一个支撑全身的支架——骨骼系统。在这个大系统中共有 206 块骨头,其中头骨、脊椎骨和肋骨占 80 块,形成骨骼的中轴,也是这个系统的主干;其余则是附属骨骼,包括肩、臂、手、髋、足等部位。头骨共有23块,起着保护脑部的作用。颅底有一个大洞,当中是脊柱的顶端。肩膀包括肩胛骨和锁骨。24块肋骨左右对称,成对地固定在脊柱上,与胸骨一起保护心、肺。下身的骨头从骨盆开始,最下面的是脚踝和足部的26块骨头。成年人骨骼的质量大约只有9 kg左右,就其所占的体重来说,似乎无足轻重,但是骨头不仅使人能够站立和行走,而且保护着体内的器官。例如颅骨保护脑子,肋骨保护心脏和肺脏。有些骨头里的骨髓能生产红细胞,用来向体内各部分传输氧气和养料;另一些骨头的骨髓则生产千千万万的白细胞,以消灭有害的细菌。骨头受伤之后,能自行修补,折断之处可自行愈合。所以,骨骼并不单单是一个机械式的框架,而且还是很重要的生命细胞制造基地。

### 1. 人体骨骼的分类

人体的骨架叫做骨骼,人体骨骼按身体部位大致可分为躯干骨、颅骨和四肢骨三部分。

骨按形态可分为长骨、短骨、扁骨和不规则骨四类。长骨分布于四肢,在运动中起杠杆作用;短骨形似立方体,分布于承受压力较大而运动较复杂的部位,如腕骨。扁骨呈板状,主要构成腔的壁,保护腔内脏器,如颅盖骨。不规则骨,顾名思义即是形状不规则的骨,如椎骨。

### 2. 骨的物理特性和化学成分

成人的骨坚硬有弹性。新鲜的骨可经受15 MPa的压力。骨是最理想的等强度优化结构,不仅在某些不变的外力环境下显示出其承力的优越性,而且在外力环境发生变化时,也能够通过内部调整,以新结构形式适应外力环境。骨的力学性能受很多因素影响,包括人的年龄、性别、职业、生活方式等。另外,由于骨结构的不均匀性,骨在压缩和拉伸时的强度极限、极限应变、弹性模量各不相同。以股骨为例,对于年龄在20~39岁的人,抗拉伸强度极限约为124 ± 1.1 MPa,抗压缩强度极限为170 ± 4.3 MPa,拉伸时的弹性模量为17.6 GPa。

骨的物理特性与化学成分有关,其主要成分是水、有机物和无机物。新鲜骨中,它们的质量百分比为10:25:65。干燥骨中有机物与无机物的质量百分比为23.96:76.04。有机物中90%以上为胶原蛋白,还有少量的非胶原性蛋白、多糖和脂类等。其中蛋白多糖的糖胺聚糖侧链以硫酸软骨素和硫酸角质素为主;糖蛋白包括骨钙蛋白、骨桥蛋白和骨粘连蛋白,它们分别在骨的钙化、钙离子的转运及细胞与骨基质的粘连中起重要作用。有机物的存在使骨具有韧性与弹性。

无机物主要是以钙磷化合物为主,包括磷酸钙、碳酸钙、柠檬酸钙、磷酸镁、磷酸氢钠等。无机物中磷酸钙类矿物占骨质量的60%~70%,以羟基磷灰石(HA)为主要的存在形式。骨组织除了主要的离子(钙离子、磷酸根离子)外,还含有许多其它的离子。其中阳离子有镁离子、钠离子和很少的钾离子。镁离子和钠离子虽然在骨组织中的含量很少,但其在人体阳离子总量中所占的比例很大。阴离子有碳酸根离子、柠檬酸根离子和很少的氯离子和氟离子。这些离子吸附于羟基磷灰石结晶上,但由于其易脱落,不将其视为骨组织的基本组成成分。

骨骼中的无机成分主要分布于有机物中,骨的无机成分决定了骨的硬度。成人骨的有机物与无机物比例适当,不但有很大的坚硬性,又有一定的弹性。幼儿骨的有机物相对多些,韧性较大,不易发生骨折,但如受姿势不正等因素的影响易致弯曲变形。老年人骨无机物的比重大,较脆,受外力打击或跌倒时容易发生骨折。

### 3. 骨的微观结构

人体的每一块骨,都是由骨膜、骨质和骨髓三部分构成,其中骨膜属结缔组织,位于骨的表面(除关节面覆盖部位)。骨膜分为骨外膜和骨内膜。骨外膜又分为内外两层:内层为疏松结缔组织,富含血管神经,起营养作用;外层为致密结缔组织,主要起支持、固定作用。骨内膜位于骨髓腔面及中央管和穿通管内面,与成骨过程有关。骨质分为松质骨和密质骨。松质骨主要分布于长骨的骨骺和骨干内侧,由针状的骨小梁连接而成的网状结构,其排列与骨所承受的压力和张力的方向一致,因而能承受较大的重量。密质骨是由层层紧密排列的骨板构成,主要分布于长骨的骨干和骨骺的外侧面,质地致密,抗压、抗扭曲力强,力学性能具有明显的各向异性。骨髓则充满骨髓腔和松质骨隙内,分以造血功能为主的红骨髓和以脂肪组织为主的黄骨髓,成人的骨髓约占体重的5%。

图 2.5 给出了人体长骨的基本组成示意图[5]。两端为骨骺,由松质骨构成;中间为骨干,由密质骨构成。密质骨是由骨板构成的,而骨板是由平行排列的胶原纤维、羟基磷灰石和基质共同形成的。骨板层层排列形成板层骨,板层骨是成人骨组织的结构形式。同一层的胶原纤维彼此平行,邻近层的胶原纤维相互垂直。骨板可分为三种:环骨板、骨单位和间骨板,如图 2.6[6]所示。

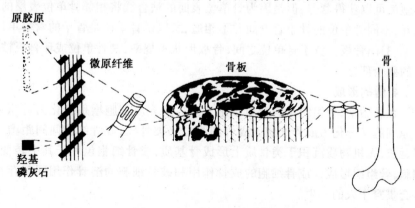

图 2.5 长骨的分级结构[5]

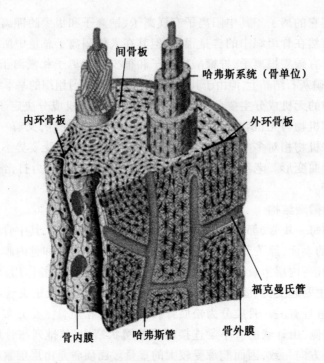

图 2.6 骨板的结构模式图

(1)环骨板。分为外环骨板和内环骨板,外环骨板位于骨干的外侧,有 10~40 层,排列较规则;内环骨板位于骨干的内侧,较外环骨板薄,仅有数层,排列不规则。其间有横穿骨板的穿通管,又称福克曼氏管,其内有血管和神经。

(2)骨单位。又称哈弗斯系统,位于内、外环骨板之间。骨单位由 10~20 层的骨板呈同心圆排列,其轴线为纵形的中央管,又称哈弗斯管。中央管与穿通管相通,其间有血管、神经进出。同一骨单位骨板之间通过骨小管(骨细胞之间的突起相连形成)相通连,骨单位最内层骨板的骨小管与中央管相通,各层骨细胞都可以获得营养,但是因为骨单位表面的粘合线将相邻骨单位表层的骨板隔开,不同骨单位的骨小管之间并不相通,所以说骨单位是骨干的营养单位。

(3)间骨板。位于骨单位之间,骨板形状不规则,是骨单位或环骨板被吸收后的剩余部分。

**4. 骨的形成**

在胚胎期,骨组织由间充质细胞发生。间充质细胞增殖分化为骨原细胞,骨原细胞又分化为成骨细胞。成骨细胞分泌类骨质,成骨细胞间间距增大,突起延长,无机物质沉积于类骨质上形成骨基质,成骨细胞包埋于其中转变为骨细胞,骨组织形成。成骨细胞的成骨作用和破骨细胞的溶骨作用同时存在,并将会贯穿于人的一生。

**5. 骨的修复**

骨组织具有很强的再生能力,骨折后如果处理措施得当,一般可以完全愈合。骨折的愈合通常可分为三个时期,即急性炎症期、修复期和重建期。成年人骨折后,首先血肿形成,炎症细胞浸润为骨原细胞分化提供所需细胞因子。一周后血肿转化为假骨质软组织,起到固定作用但不能承重。成骨细胞快速分泌类骨质,形成纤维排列不规则的网织骨。随后间充质细胞在骨折周围形成透明软骨,透明软骨骨化骨痂形成,钙化的骨痂即可承重。最后,胶原排列规律,骨痂变为成熟骨板。

## 二、牙齿

牙齿是人体中最坚硬的器官,人的一生有两副牙齿:乳牙(稚齿)和恒牙(恒齿),乳牙共有20只,恒牙共有32只,恒牙在6周岁时长出,终身不换。从外部观察,整个牙齿是由牙冠、牙根及牙颈三部分组成。平时我们在口腔里能看到的部分就是牙冠,只是牙齿的上1/3,它是发挥咀嚼功能的主要部分,依据咀嚼功能不同,形态各异。牙根固定在牙槽窝内,是牙体的支持部分,其形态与数目随功能的不同而有差异,分为单根牙和多根牙。每一个牙根的末端有一个小孔,叫根尖孔。牙冠与牙根的交界处叫牙颈。

如果把牙齿纵向剖开观察,可见牙齿是由牙釉质(俗称珐琅质)、牙本质和牙骨质三层硬组织及最里层的一种牙髓软组织构成的。图2.7为牙齿的结构示意图[7]。

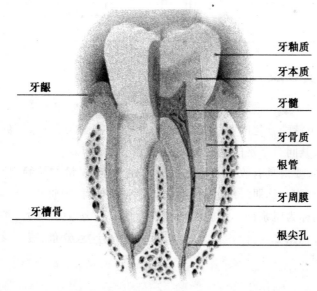

图 2.7 牙齿的结构示意图[7]

牙釉质是牙冠外层白色半透明且钙化程度最高的坚硬组织,其硬度仅次于金刚石。硬化完全的牙釉质仅含4%的有机物,无机物则可高达96%(以羟基磷灰石为主)。此外,其上有少量的氟吸附,可以起到抗酸和抑酶(细菌产生的酶)的作用。一般说来,它是没有感觉的活组织,其新陈代谢过程缓慢。

牙本质构成牙齿的主体,位于牙釉质和牙骨质的内层,也是牙髓腔及根管的侧壁,颜色淡黄,大约含有30%的有机物和水,70%的无机物,硬度低于牙釉质。若用显微镜观察,可见到牙本质内有许多排列规则的细管,称为牙本质小管,管内有神经纤维,当牙本质暴露后,能感受外界冷、热、酸、甜等刺激,而引起疼痛。

牙骨质包绕牙根的外层,较薄,颜色较黄,大约有45%~50%的无机物,硬度类似于骨组织,具有不断新生的特点。

牙髓则位于髓腔及根管内,主要由结缔组织、血管和神经构成,后两者通过根尖孔与身体的血液循环系统和神经系统相连接。牙髓组织的功能是形成牙本质,具有营养、感觉、防御的能力。牙髓神经对外界的刺激特别敏感,可产生难以忍受的剧烈疼痛。牙的一些物理性质见表2.1[7]。

表2.1 牙的物理性质

| | 密度 /(g·cm$^{-3}$) | 弹性模量 /GPa | 压缩强度 /MPa | 热膨胀系数 /($\times 10^{-6}$℃$^{-1}$) | 导热系数 /(W·m$^{-1}$·K$^{-1}$) |
|---|---|---|---|---|---|
| 牙釉质 | 2.2 | 48 | 241 | 11.4 | 0.82 |
| 牙本质 | 1.9 | 138 | 138 | 8.3 | 0.59 |

### 2.2.2 软组织

**一、肌肉**

肌肉组织由特殊分化的肌细胞构成,许多肌细胞聚集在一起,被结缔组织包围而成肌束,其间有丰富的毛细血管和神经纤维分布。

肌肉组织主要由具有收缩和舒张机能的肌细胞、少量的结缔组织、血管和神经组成。肌细胞又称肌纤维,大都细而长,其细胞膜称为肌膜,其细胞质称为肌浆,其内质网称为肌浆网。细胞通常叫肌纤维。肌肉组织分为三类:骨骼肌、心肌和平滑肌,如图2.8所示[8]。三类肌肉组织的分类、分布、结构及功能比较由表2.2列出[8]。

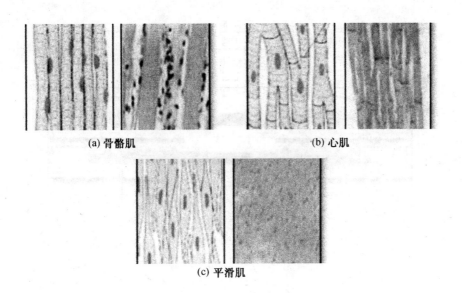

图 2.8 三种肌肉组织结构[8]

表 2.2 肌肉组织的分类、分布、结构及功能比较[8]

| 分 类 | 骨骼肌组织 | 心肌组织 | 平滑肌组织 |
|---|---|---|---|
| 分 布 | 骨骼肌 | 心壁肌层 | 内脏、血管壁肌层 |
| 形 态 | 长圆柱型 | 短圆柱型 | 长梭巡型 |
| 肌原纤维 | 多,横纹显著 | 少,横纹不显著 | 多,无横纹 |
| 细 胞 核 | 多个 | 一或两个 | 一个 |
| 神经支配及控制 | 躯体性运动神经,随意 | 植物性神经,不随意 | 植物性神经,不随意 |
| 收缩特点 | 快,有力 | 有节奏,力较大 | 缓慢,力小 |
| 机 能 | 实现位移,保持姿势 | 实现心搏,推动血流 | 实现内脏蠕动,维持血管张力 |

**1. 骨骼肌**

在光镜下,肌纤维细长,有多个细胞核,细胞核分布于胞膜下。肌纤维由肌原纤维组成,肌原纤维具有明暗交替的横纹。暗带又称 A 带,A 带的中部有一稍亮的部分称为 H 带,H 带的中间有一稍暗的线称为 M 线。明带又称 I 带,I 带的中间有一暗线称为 Z 线,两条 Z 线之间称为一个肌节。肌原纤维由粗、细两种肌丝组成。细肌丝一端连于 Z 线上,另一端游离。粗肌丝插入细肌丝之间,中间附着于 M 线上。I 带只含有细肌丝,A 带含有粗、细两种肌丝,H 带只含有粗肌丝(图 2.9[9])。

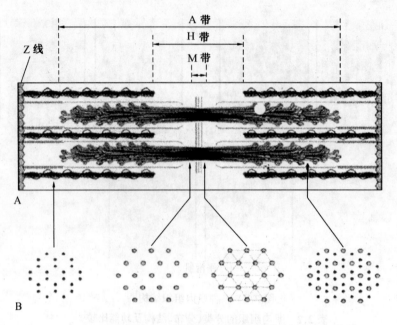

图 2.9 骨骼肌结构模式图[9]

关于骨骼肌收缩的机理,目前广泛认同的是"肌丝滑动学说"(图 2.10[9])。粗肌丝由肌球蛋白构成,其形状类似于高尔夫球杆,头端称为横桥,不仅可以发生形变,还具有 ATP 酶活性。所有粗肌丝头端都背离 M 线。细肌丝由肌动蛋白、原肌球蛋白和肌钙蛋白组成。肌动蛋白分子呈球形,彼此连接,构成两条互相缠绕的球链状结构。每个肌动蛋白分子上都有肌球蛋白结合位点,但通常为原肌球蛋白所覆盖。原肌球蛋白为两条互相缠绕的多肽链,镶嵌在肌动蛋白链两侧的浅沟内。肌钙蛋白由 TnT(与原肌球蛋白相连)、TnI(抑制肌动蛋白和肌球蛋白结合)和 TnC(与钙离子结合)三个球形亚单位构成。在神经冲动传导至骨骼肌时,肌浆网释放出钙离子,释放的钙离子与肌钙蛋白的 TnC 亚单位结合,

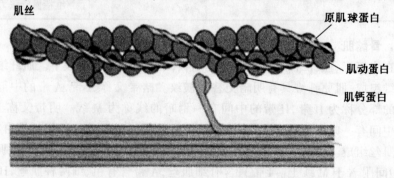

图 2.10 粗、细肌丝分子结构模式图[9]

导致肌钙蛋白构象改变,肌动蛋白的肌球蛋白结合位点暴露。肌动蛋白与肌球蛋白的横桥结合,激活其 ATP 酶活性,ATP 被分解为 ADP 和磷酸,同时释放能量。肌球蛋白的横桥向 M 线屈曲,细肌丝向肌节中心滑动,骨骼肌收缩。

### 2. 心肌

心肌主要分布于心脏及与其相连的大血管近段。心肌不同于骨骼肌的是:①闰盘,心肌纤维的连接结构,在 HE 染色时呈阶梯状;②心肌纤维的细胞核位于中央,通常为 1~2 个;③横纹不如骨骼肌明显。

### 2. 平滑肌

平滑肌主要分布于脏器和血管的管壁。平滑肌纤维呈梭形,其核为杆状,位于细胞中央。

## 二、皮肤

### 1. 皮肤的组织结构

皮肤是人体表面一层柔软、均匀可延伸的保护膜,它的质量约为体重的 15%,成人皮肤总面积约 16 000 $cm^2$。将皮肤切开后,由其断面来看,皮肤由外而内分别是表皮(厚度为 0.07~2 mm)、真皮(厚度 0.03~3 mm)和皮下组织(厚度因人而异)三层,如图 2.11 所示[8]。

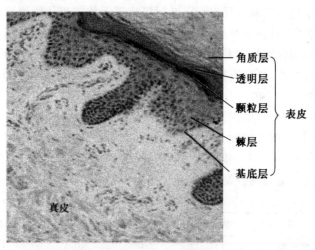

图 2.11 皮肤的组织结构[8]

(1)表皮。表皮位于皮肤最上层,厚度约为 0.1 mm,担负着细胞自我更新的重要功能,亦即细胞的新陈代谢作用。根据与表皮角化过程有关与否,可将表皮细胞分为两类:角质形成细胞和非角质形成细胞,其中以角质形成细胞为主,非角质形成细胞散布于其间。

角质形成细胞一般可分为五层,由外向内依次为:角质层、透明层、颗粒层、棘层和基底层。各层的形态特点见表2.3[8]。表皮的细胞由基底增殖并逐渐向表面分化：细胞逐渐由立方变为扁平；细胞核和细胞器逐渐消失；板层颗粒逐渐与细胞膜融合，并向细胞间隙释放脂类物质。通常来讲，表皮的角质形成细胞包括五层，但薄的表皮只包括基底层、棘层和角质层三层。

表2.3 皮肤角质形成细胞各层的形态特点[8]

| | 细胞层数 | 细胞形态 | 细胞核 | 细胞质 | 细胞间隙 | 特殊结构 |
|---|---|---|---|---|---|---|
| 角质层 | 多层 | 扁平 | 无 | 角蛋白丝 | | 细胞膜内面不溶性蛋白 |
| 透明层 | 1~2层 | 较颗粒层更扁的梭形 | 无 | 角蛋白丝 | | |
| 颗粒层 | 3~5层 | 梭形 | 无 | 角蛋白丝,透明角质颗粒 | 糖脂、胆固醇 | |
| 棘 层 | 5~10层 | 多角形,表面有棘状突起 | 有,略嗜碱性 | 角蛋白丝,游离核糖体 | 桥粒 | 板层颗粒 |
| 基底层 | 1层 | 矮柱状或立方形 | 有,强嗜碱性 | 角蛋白丝,游离核糖体 | 桥粒、半桥粒 | |

角质层是表皮最外层，由4~8层极扁平无核的角化细胞组成，含有角蛋白和角质脂肪，无血管和神经。外层的角化细胞到一定时间会自行脱落，同时会有新形成的角化细胞来补充，美容上称为死皮。角质层最能表现皮肤是否健美坚韧而富有弹性，并且有抗摩擦、防止体内组织液向外渗透。也可防止体外化学物质和细菌侵入的作用，它的再生能力极强，应保持10%~20%的水分，使皮肤丰满及富有弹性，当水分小于10%，皮肤即干燥甚至开裂。角质层中含有天然润湿因子（英文缩写为N.M.F,其组成见表2.4[8]），细胞脂质和皮脂等油性成分与天然润湿因子相结合或包围着天然润湿因子，防止N.M.F的流失，对水分挥发起着适当的控制作用。

表2.4 天然润湿因子的组成[8]

| 成 分 | 质量分数/% | 成 分 | 质量分数/% |
|---|---|---|---|
| 吡咯烷酮酸 | 12 | 钾 | 4 |
| 氨基酸类 | 40 | 镁 | 1.5 |
| 乳酸盐 | 12 | 磷酸盐 | 0.5 |
| 尿素 | 7 | 氯化物 | 6 |
| 氨、尿酸、肌酸 | 1.5 | 柠檬酸盐 | 0.5 |
| 钠 | 5 | 糖、有机酸、肽 | 8.5 |
| 钙 | 1.5 | 未确定物 | |

透明层是由2~3层扁平无核细胞组成,可控制皮肤的水分,防止水分流失,细胞在这层开始衰老、萎缩,只有手掌、足底等角质层厚的部位才有此层,呈无色透明状,能够阻挡阳光中的紫外线。

颗粒层是呈锤形的颗粒细胞,常为1~3层,胞浆内有粗大的透明角质颗粒,对形成角质层有主要作用。角鲨烷、蜡脂、甘油酯和脂肪酸为主要成分。

棘层与基底层合称生长带,也称种子层。由厚度为4~8层带棘的多角形细胞组成,细胞棘突特别明显,是表皮中最厚的一层,它可以不断地制造出新细胞,从而一层层往上推移,具有细胞分裂增殖的能力。各细胞间有空隙,充满淋巴液,以输送细胞营养。

基底层位于表皮最深处,由一层圆柱状细胞组成,它经常分裂,以补充表面角质层细胞脱落和修复表皮的缺损。1个细胞裂变成2个细胞需要时间为19天,这层圆柱状细胞是表皮中唯一可以分裂复制的细胞,每当表皮破损时,基底层细胞就会增长修复而皮肤不留瘢痕。

非角质形成细胞不参与表皮的角化过程,包括三种细胞:黑素细胞、郎格汉氏细胞和梅克尔细胞,分别具有生成黑色素、呈递抗原、感受触觉和机械刺激的功能。每10个基底细胞中有1个透明细胞,细胞核很小,是黑色素细胞,它位于表皮与真皮交界处,镶嵌于表皮基底细胞。它的主要作用是产生黑色素颗粒,呈树枝状,深入到10个基底状及棘状细胞中。黑色素颗粒数量的多少,可影响到基底层细胞和棘细胞中黑色素含量的多少。细胞繁殖再生及部分新陈代谢均在此层进行。

黑色素细胞产生的黑色素是皮肤的染色剂,在人体的皮肤内约有400万个黑色素细胞,不管是何人种,他们的黑色素细胞的数量是相同的,但黑色素细胞产生的黑色素颗粒的大小是不一样的,黑种人颗粒大,白种人颗粒小。

(2)真皮。真皮内含血管、淋巴管和神经,主要由结合纤维束形成。真皮位于皮肤中央,含人体所需的蛋白质——胶原蛋白,使肌肤富于弹性,并增强皮肤的柔韧度及适应能力。真皮分为乳头层、网状层、皮脂腺。乳头层位于真皮的上层,维系表皮和真皮使其不易分开。乳头体中有毛细血管,藉而对表皮补给营养。网状层是位于乳头层的下方,内含胶原纤维,保持皮肤的硬度与伸张度,与弹性纤维保持皮肤的弹性,年岁增长渐渐衰退,易生皱纹。皮脂腺的功能是分泌油脂来供给皮肤表面的油分,使皮肤光泽滋润,它的分泌状况将影响皮肤的性质,皮脂分泌异常时容易产生面疱粗皮肤及癣等现象。

(3)皮下组织。包括结缔组织和脂肪组织,其厚度取决于其中的脂肪量,个体差异很大。皮下组织对于维持体温的恒定、缓冲机械压力和储存人体多余的能量起到重要作用。

(4)皮肤附属器。皮肤附属器主要包括毛发、皮脂腺、汗腺和指(趾)甲。图2.12示出了毛发的组织结构[8]。皮脂腺由腺体和导管两部分构成,是一种全浆分泌腺,没有腺腔,整个细胞破裂即成为分泌物。大多数皮脂腺与毛囊密切相关,皮脂腺导管开口于毛囊漏斗处,少数皮脂腺与毛囊无关。皮脂腺的发育及分泌活动主要受雄性激素的影响。

**2. 皮肤的作用**

皮肤具有保护、感觉、调节温度、分泌及排泄、吸收、呼吸、调节血压、贮藏、表现、反应身体健康状况的作用。①保护作用:皮肤即使受伤也有治愈及再生力,角质层可防止细菌侵入,皮脂腺可抑制细菌发育和繁殖。皮肤包住人体外部

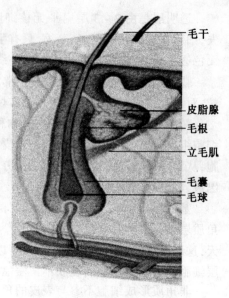

图2.12 毛发的组织结构[8]

而保护内脏器官,皮肤的面积很大,故对外部的抵抗大于其它器官。②感觉作用:皮层的神经末梢使皮肤可以对冷、热、疼痛、压力和触抚产生反应。③调节温度作用:人体温度以肝脏最高,其次是血管、肌肉,皮肤温度最低。除肺、肠及膀胱在呼吸和排泄时散发一些热量外,80%是皮肤散热。人体常温在摄氏37度左右,假如受外来气温影响,皮肤血管和汗腺会自动调节体温。④分泌及排泄作用:是皮肤的重要功能之一,对整个人体都是极为重要的。皮肤通过汗腺和皮脂腺进行分泌和排泄。皮脂腺的分泌,不仅能滋润皮肤和毛发、保护角质层,并有抑菌和排出体内 $CO_2$、尿素、尿酸的代谢作用,汗腺与肾脏有协作关系,调节出汗与排尿,相互补偿,此外,汗液能柔化角质层,调节皮肤表面的 pH 值,从而达到抑菌的作用。⑤吸收作用:油溶性物质溶于皮脂而通过毛囊的皮脂腺,被吸收于真皮中,但不吸收水溶性物质。⑥呼吸功能:皮肤对氧的呼吸占肺呼吸的1/80,二氧化碳的呼吸占1/220,皮肤的氧消费量相当于全体肺氧消费量的20%。⑦调节血压功能:皮肤含有大量的血管网,可影响血压的调节。⑧贮藏作用:皮肤内藏大量水分、脂肪、维生素、糖类和蛋白质等,必要时可供利用。⑨表现作用:人类喜怒哀乐的情感,很容易表现于外表皮肤。⑩反应身体的健康状况:对于一部分体内的疾病,可借皮肤的变化而助于疾病的诊断。此外,皮肤参与整个机体的新陈代谢,是人体内主要储水库之一,大部分水分储存在真皮内,其含水量占全身的18%~20%。皮肤还是一个重要的免疫器官,许多传染病的预防接种、变态反应观察,以及对某些疾病的诊断性皮肤试验、药物过敏

试验等,都是通过皮肤进行的。此外皮肤还是一个表情的器官,面部表情肌收缩舒张牵动皮肤产生各种表情,因此,面部皮肤的健美对于表情尤为重要。

### 2.2.3 弹性组织

弹性组织是指弹性蛋白含量较多的组织和器官。本节主要介绍几种典型的弹性组织:血管、韧带和肺组织。

#### 一、血管

血管是输送血液的管道,并通过毛细血管与组织细胞进行物质交换与气体交换。血管为中空性器官,可分为动脉、静脉和毛细血管,分布于全身的血管如图 2.13 所示[8]。

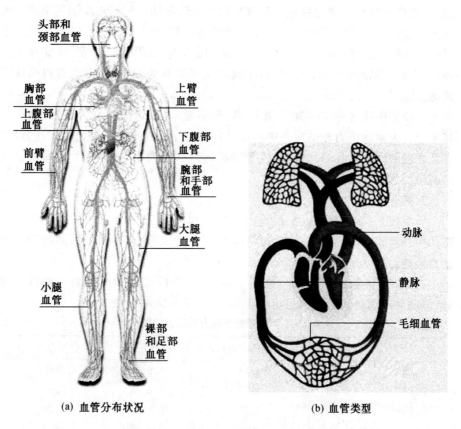

(a) 血管分布状况　　　　(b) 血管类型

图 2.13　全身血管分布状况及血管类型[8]

#### 1.毛细血管

毛细血管直径平均为 $6\sim8~\mu m$。器官壁有一层内皮细胞和基膜构成。根据其内皮结构的不同,可以将毛细血管分为三种类型:连续毛细血管、有孔毛细血管和血窦三种,其特征见表 2.5[8]。

表 2.5 毛细血管的类型及分布[8]

| 毛细血管类型 | 内皮细胞是否连续 | 内皮细胞是否有孔 | 分　　布 |
|---|---|---|---|
| 连续毛细血管 | 是 | 否 | 结缔组织、肺和中枢神经系统 |
| 有孔毛细血管 | 是 | 是 | 胃肠粘膜、某些内分泌腺和肾血管球 |
| 血　窦 | 否 | 是 | 肝、脾、骨髓 |

**2. 动脉**

管壁由内向外可分为内膜、中膜和外膜三层。内膜:最薄的一层,又可分为内皮、内皮下层和内弹性膜。内皮由长轴与血管纵轴一致的内皮细胞组成。内皮下层为薄层的结缔组织。内弹性膜是由多层的弹性纤维环形排列而成。中膜:较厚,约占管壁厚度的 1/2,由环形排列的平滑肌组成。外膜:厚度与中膜相近,由疏松结缔组织组成。在与中膜的交界处有外弹性膜,但没有内弹性膜发达。

大动脉中膜含有 40~70 层弹性膜,而不是平滑肌,故又称为弹性动脉,与其承受较大血液压力相适应。中小动脉特别是小动脉平滑肌层比较发达,可在神经体液的调节下收缩和舒张,改变管腔的形状和大小,影响局部的血流量和血流阻力,借以维持和调节血压。

**3. 静脉**

管腔较大,管壁较薄,也分为内膜、中膜和外膜三层,但分界不清。静脉管壁的弹性组织较少。静脉具有瓣膜结构,它在逆血流方向时关闭,其功能是防止血液逆流。

表 2.6[8] 和表 2.7[8] 分别示出了不同血管管壁张力和压力的关系以及动脉、静脉和毛细血管的机构与功能。

表 2.6 不同血管管壁张力和压力的关系[8]

| 血　管 | 半径 | 平均压力/kPa | 内压/$10^4$ Pa | 管壁张力/Pa |
|---|---|---|---|---|
| 大动脉 | >1.3 cm | 13.3 | 1.5 | 17 000 |
| 中动脉 | 0.5 cm | 12.0 | 1.2 | 6 000 |
| 小动脉 | 62~150 μm | 8.0 | 0.8 | 50~120 |
| 毛细血管 | 4 μm | 4.0 | 0.4 | 1.6 |
| 小静脉 | 10 μm | 2.67 | 2.6 | 2.6 |
| 静脉 | 2 mm | 2.0 | 0.2 | 40 |
| 腔静脉 | 1.6 cm | 1.33 | 0.13 | 2 100 |

表 2.7 动脉、静脉和毛细血管的机构与功能比较

| 类别 | 动脉 | 静脉 | 毛细血管 |
|---|---|---|---|
| 结构特点 | 管壁厚,肌肉多,弹性大,管腔小 | 管壁薄,肌肉少,弹性小,管腔大,有瓣膜,可防止血液倒流 | 比毛发还细小,管壁很薄,由一层上皮细胞构成 |
| 运动的血液 | 含氧多,含二氧化碳少 | 含二氧化碳多,含氧少(肺静脉、脐静脉除外) | 血管内血液和组织细胞之间进行物质交换 |
| 压力和血流 | 管壁压力高,有明显的搏动,血流快 | 管壁压力低,没有搏动,血流慢 | 管壁压力低,血流速度很慢 |
| 分布位置 | 多分布于身体较深部位,得到较好的保护。在体表的个别部位也能摸到动脉的搏动 | 大的静脉与动脉伴行,位置较深;小的静脉位置较浅,在体表可以看到,如手臂上的一道道的"青筋" | 连通于最小的动脉和静脉之间,广布于全身各器官、组织中 |

## 二、韧带

韧带是一种纤维结缔组织短带,由胶原、弹性蛋白和基质构成。其弹性蛋白占韧带干重的60%~70%,因而韧带具有很好的弹性。正常韧带内胶原纤维沿长轴以平行方式排列,偏光下表现波浪状的排列方式。韧带有机械感受器,传递本体感受至神经中枢。韧带具有对时间和历史依赖性的粘弹性特征。对负荷也显示出非线性机械行为。韧带起着引导关节面的正常运动、限制过度运动、增强关节稳固性的作用。另外,韧带还在保持关节面的生理压力和免疫防卫方面起作用。

## 三、肺组织

肺组织是人体气体交换的场所。肺组织分为肺实质和肺间质,肺实质是肺组织功能的主要执行者,包括肺内各级支气管和肺泡;肺间质主要负责营养、支持肺实质,包括结缔组织、血管、淋巴管。

肺实质可分为导气部和呼吸部。导气部包括叶支气管、段支气管、小支气管、细支气管和终末细支气管,其管腔逐渐变细,管壁逐渐变薄,粘膜上皮由假复层纤毛柱状上皮转变为单层纤毛柱状上皮,杯状细胞、腺体和软骨减少至消失,平滑肌成分逐渐增多。呼吸部包括呼吸性细支气管、肺泡管、肺泡囊和肺泡。肺泡上皮由Ⅰ型肺泡上皮细胞和Ⅱ型肺泡上皮细胞组成。Ⅰ型肺泡上皮

细胞主要参与构成气血屏障(肺泡与血液之间进行气体交换所要通过的结构)，Ⅱ型肺泡上皮细胞分泌表面活性物质，它可以降低肺泡的表面张力，对于维持肺泡大小恒定起重要作用。

## 2.3 人体组织的结构

人体经过几十亿年的演化，其组织结构已经达到至精、至美的程度。人体组织的结构与性能取决于人体组成成分的物理和化学性质，以及相对含量的多少。其中蛋白质在生物体内具有广泛的和重要的生理功能，它不仅是各种器官、组织的主要化学成分，而且生命活动中各种生理功能的完成大多是通过蛋白质来实现的。而结构蛋白质又可与多糖和生物矿化物质结合获得多种结构功能。以下重点介绍结构蛋白质与多糖。

### 2.3.1 结构蛋白质

蛋白质是生物体的基本组成成分之一，也是含量最丰富的高分子物质，蛋白质含量占人体固体成分的45%，分布广泛，体内所有的器官组织都含有蛋白质。生物体结构越复杂其蛋白质的种类和功能也越繁多。一个真核细胞可有数千种蛋白质，各自有特殊的结构和功能，如酶、抗体、大部分凝血因子、多肽激素、转运蛋白、收缩蛋白等都是蛋白质，但结构和功能截然不同。在物质代谢、机体防御、血液凝固、肌肉收缩、细胞信息传递、个体生长发育、组织修复等方面，蛋白质发挥着不可替代的作用。蛋白质是生命的主要体现者，没有蛋白质就没有生命。

**一、氨基酸**

所有的蛋白质分子都含有碳、氢、氧、氮、硫等元素，有的蛋白质还含有磷、硒和其它金属元素。蛋白质的氮元素含量较为稳定，多种蛋白质的平均含氮量约为16%，因此测定生物样品中的蛋白质含量时，可以用测定生物样品中氮元素含量的方法间接求得蛋白质的大致含量。

蛋白质的基本结构单位是氨基酸。氨基酸的基本结构为一个羧基和一个氨基连接在一个 $\alpha$-碳原子上(图2.14[12])。$\alpha$-碳原子的四个价键呈四面体排列，因此，除甘氨酸(R为H)外，R基相同的氨基酸有两种不同的分子空间构象(图2.15[12])，$L$-氨基酸(从氢原子向 $\alpha$-碳原子看，氨基、羧基、R基呈顺时针排列)和 $D$-氨基酸(从氢原子向 $\alpha$-碳原子看，氨基、羧基、R基呈逆时针排列)。

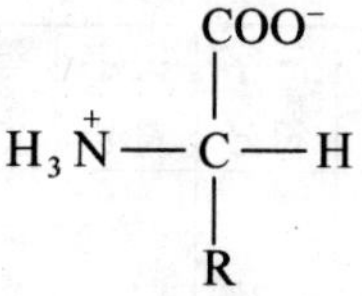

(a) L-氨基酸　　　　(b) D-氨基酸

图 2.14　氨基酸分子通式[12]　　　图 2.15　氨基酸的同型异构体[12]

组成蛋白质的 20 种氨基酸(表 2.8[7])都是 L-氨基酸。蛋白质分子中的氨基酸之间是通过肽键相连的,一个氨基酸的 $\alpha$-羧基与另一个氨基酸的 $\alpha$-氨基脱水缩合,即形成肽键,含有三个以上氨基酸的肽,统称为多肽。

表 2.8　组成蛋白质的 20 种编码氨基酸[7]

| 种类 | 结构式 | 中文名 | 英文名 | 三字符号 | 一字符号 | 等电点 pI |
|---|---|---|---|---|---|---|
| 非极性疏水性氨基酸 | 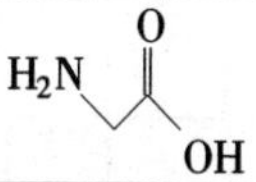 | 甘氨酸 | glycine | Gly | G | 5.97 |
| | 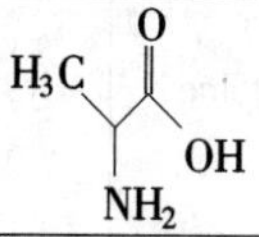 | 丙氨酸 | alanine | Ala | A | 6.00 |
| | 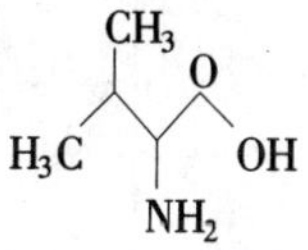 | 缬氨酸 | valine | Val | V | 5.96 |
| | 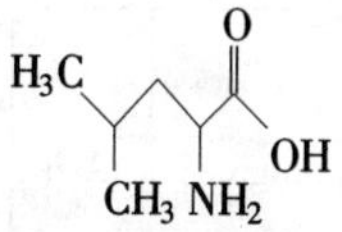 | 亮氨酸 | leucine | Leu | L | 5.98 |
| | 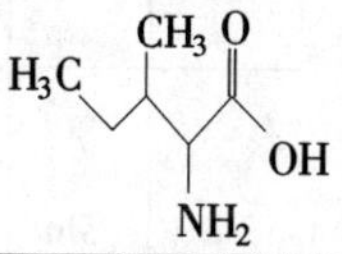 | 异亮氨酸 | isoleucine | Ile | I | 6.02 |
| | 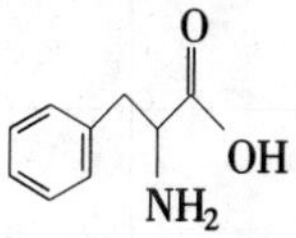 | 苯丙氨酸 | phenlalanine | Phe | F | 5.48 |
| | 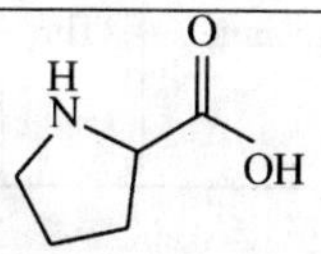 | 脯氨酸 | proline | Pro | P | 6.30 |

续表 2.8

| 种类 | 结构式 | 中文名 | 英文名 | 三字符号 | 一字符号 | 等电点 pI |
|---|---|---|---|---|---|---|
| 极性中性氨基酸 | (色氨酸结构式) | 色氨酸 | tryptophan | Trp | W | 5.89 |
| | (丝氨酸结构式) | 丝氨酸 | serine | Ser | S | 5.68 |
| | (酪氨酸结构式) | 酪氨酸 | tyrosine | Tyr | Y | 5.66 |
| | (半胱氨酸结构式) | 半胱氨酸 | cysteine | Cys | C | 5.07 |
| | (蛋氨酸结构式) | 蛋氨酸 | methionine | Met | M | 5.74 |
| | (天冬酰胺结构式) | 天冬酰胺 | asparagine | Asn | N | 5.41 |
| | (谷氨酰胺结构式) | 谷氨酰胺 | glutamine | Gln | Q | 5.65 |
| | (苏氨酸结构式) | 苏氨酸 | threonine | Thr | T | 5.60 |

续表 2.8

| 种类 | 结构式 | 中文名 | 英文名 | 三字符号 | 一字符号 | 等电点 pI |
|---|---|---|---|---|---|---|
| 酸性氨基酸 | 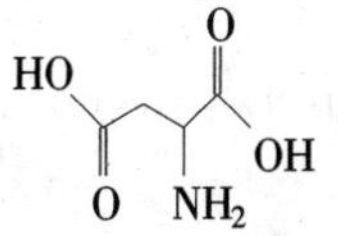 | 天冬氨酸 | aspartic acid | Asp | D | 2.97 |
| | 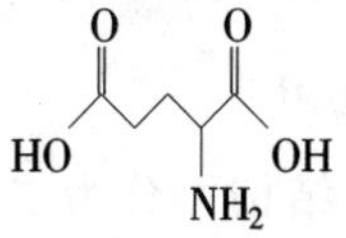 | 谷氨酸 | glutamic acid | Glu | E | 3.22 |
| 碱性氨基酸 | 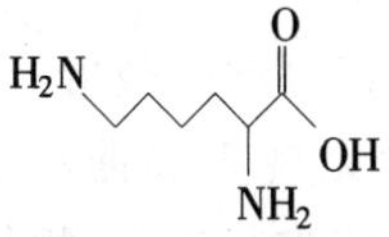 | 赖氨酸 | lysine | Lys | K | 9.74 |
| | 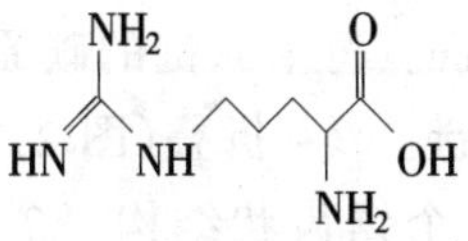 | 精氨酸 | arginine | Arg | R | 10.76 |
| | 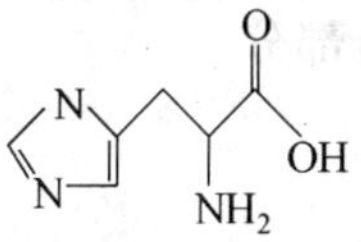 | 组氨酸 | histidine | His | H | 7.59 |

对某种氨基酸来讲,当溶液在某一特定的 pH 值时,氨基酸以两性离子的形式存在,正电荷数与负电荷数相等,净电荷为零,在直流电场中,既不向正极移动,也不向负极移动。此时溶液的 pH 值称为该氨基酸的等电点,用 pI 表示。

**二、蛋白质的分子结构**

蛋白质的分子结构可分为一级结构、二级结构和三级结构。多肽链的蛋白质分子具有四级结构。三级结构和四级结构又称为蛋白质分子的空间结构。

**1. 蛋白质分子的一级结构**

蛋白质的一级结构为在多肽链中氨基酸残基的排列顺序以及它们之间的连接方式(包括共价键,主要是肽键,还有二硫键),见图 2.16[7]。蛋白质的一级结构是其空间结构的基础。

**2. 蛋白质分子的高级结构**

并非如一级结构那样是完全展开的"线状",而是处于更高级的水平。天然蛋白质可折叠、盘曲成一定的空间结构(三维结构)。蛋白质的空间结构指蛋白质分子内各原子围绕某些共价键的旋转而形成的各种空间排列及相互关系,这

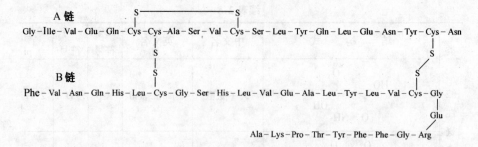

图 2.16 人胰岛素的一级结构[7]

种空间结构称为构象。按不同层次,蛋白质的高级结构可分为二、三和四级结构。

蛋白质的二级结构为肽链上主链骨架原子的相对空间位置。蛋白质的二级结构主要包括 α-螺旋、β-折叠、β-转角和无规则卷曲。α-螺旋(图2.17[9])指蛋白质肽段上的骨架原子以右手螺旋方式进行反复、规律、周期性的排列。每 3.6 个氨基酸上升一圈,螺距为 0.54 nm。每个肽键的碳原子与从这个肽键开始计算的第五个肽键的羰基氧形成氢键。β-折叠(图2.18[9])指肽键充分伸展,以 α-碳原子为旋转点,形成的一个锯齿状结构。β-转角(图2.19[9])是指在球状蛋白分子中,肽链出现 180°回折部分。

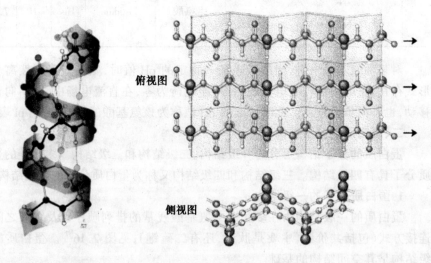

图 2.17 α-螺旋[9]     图 2.18 β-折叠[9]

多肽链内顺序上相邻的二级结构相互作用形成规则的二级结构聚集体结构,称为超二级结构。有三种形式:α-螺旋组合($\alpha\alpha$)、β-折叠组合($\beta\beta$)、α-螺旋与β-折叠组合($\beta\alpha\beta$)。

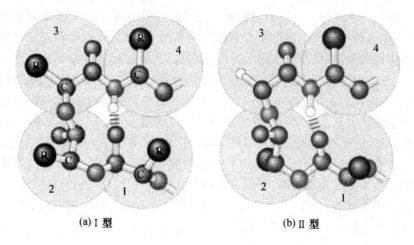

(a) Ⅰ型　　　　　　　(b) Ⅱ型

图 2.19　β-转角[9]

蛋白质的三级结构是指一条多肽链中所有原子在三维空间的整体排列。三级结构主要靠非共价键和二硫键维持。蛋白质的四级结构是指两个或两个以上具有独立的三级结构的多肽链,彼此借次级键相连形成的空间结构。

### 三、人体结构蛋白质

人体的结构蛋白质主要包括胶原蛋白、角蛋白、弹性蛋白和肌蛋白等。虽然这些结构蛋白大分子的具体结构和性能各不相同,但是它们都具有与其性能相适应的分级结构。

**1.胶原蛋白**

(1)胶原蛋白的基本性质和作用

胶原是一种白色、不透明、无支链的纤维蛋白质,是结缔组织极重要的结构蛋白质,起着支撑器官、保护机体的功能。胶原是哺乳动物体内含量最多的蛋白质,占体内蛋白质总量的25%～30%,相当于体重的6%。

胶原蛋白是细胞外基质(EMC)的主要化合物,随着生物化学、分子生物化学和细胞生物化学的进展,人们对胶原蛋白的认识逐渐提高,现在已经肯定胶原蛋白并不是一个蛋白质的名称,而是和免疫球蛋白一样,富有多样性和组织分布的特异性,是与各组织、器官机能有关的功能性蛋白。根据它们在体内的分布和功能特点,可将胶原分成间质胶原、基膜胶原和细胞外周胶原。

胶原是一个蛋白质家族,现在已发现18或19个成员,从皮肤和骨骼中分离出了Ⅰ型胶原,从软骨组织中分离出了Ⅱ型胶原,从胚胎皮肤中分离出了Ⅲ型胶原,从细胞基底膜中分离出了Ⅳ型胶原,这些都是通过蛋白质水平上的一级结构分析发现的,其它是通过在核酸水平上胶原域的相似性分析发现的。

胶原基材料与宿主细胞及组织之间良好的相互作用,并成为细胞与组织正常生理功能的一部分。胶原基材料除了可增加细胞的粘结外,还能改善细胞的生长、分化和移动。胶原蛋白作为细胞外间质的主要成分,与其它成分以特定的形式排列结合,形成细胞外间质的网状结构,这种结构对细胞起到锚定和支持作用,并为细胞的增殖生长提供适当的微环境。在生理或病理机制的调控下,胶原蛋白有机地参与细胞迁移和代谢,从而使细胞更准确地发挥其功能。

由于胶原及其水解物与人皮肤胶原的结构相似,相容性好,存在着离子键、氢键等相互作用,对人的皮肤有很好的营养作用;其分子中含有大量的羟基,因此它有着相当好的保湿作用;其分子中的氨基和羧基又赋予它一定的表面活性。若皮肤中缺乏胶原蛋白,胶原纤维就会发生联固化,使细胞间粘多糖减少,皮肤便会失去柔软、弹性和光泽,发生老化,同时真皮的纤维断裂、脂肪萎缩、汗腺及皮脂腺分泌减少,使皮肤出现色斑、皱纹等一系列老化现象。

(2)胶原蛋白形成机制

图2.20为胶原蛋白的生物合成示意图[10]。首先在细胞核内转录形成前α-多肽链所需的mRNA,mRNA经由核孔出核,于粗面内质网的核糖体上翻译为前α-多肽链,在内质网中,进行脯氨酸和赖氨酸的羟化,然后进行赖氨酸残基的糖基化,三条前α-多肽链缠绕形成前胶原分子,两端未缠绕,呈螺旋状。随后进入高尔基复合体内附加碳水复合物后出胞。在细胞外,前胶原分子两端的螺旋状结构经酶切后形成原胶原蛋白分子,原胶原蛋白聚合成胶原纤维。胶

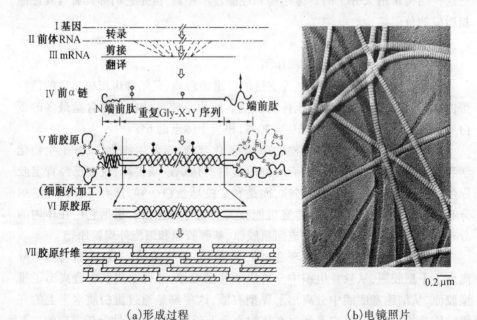

(a)形成过程　　　　　　(b)电镜照片

图2.20　胶原蛋白的生物合成示意图[10]

原纤维是胶原蛋白行使生理作用的基本形态,在生物体内胶原纤维交织成富有机械强度和弹性的网状结构成为结缔组织中最基本的组成成分。在胶原纤维中,原胶原蛋白在水平方向上,首尾相接并间隔一定距离;在竖直方向上,平行排列且相邻两行错开1/4分子的长度。由于在重叠区保留较少的染料显示为明带,陷窝区保留较多的染料显示为暗带,所以胶原原纤维在电镜下呈现周期性的横纹。

(3)胶原蛋白存在形式

胶原蛋白主要存在于动物的皮、骨、软骨、牙齿、肌腱、韧带和血管中,其中腱属于结缔组织,肌肉借其附着于骨上。在关节运动的过程中,腱将肌肉产生的动力传导至骨。胶原纤维凝聚成纤维,多条胶原纤维形成一根纤维束,最后有两到三根纤维束共同构成腱,如图2.21所示[9]。腱的这种多层结构使其具有很大的韧性,又可以把很大的能量逐级分配,不会因某一部分承受过大的能量而导致损伤。纤维束在排列时互成一定的角度,使胶原纤维呈波浪形。这种波浪形的结构在腱沿轴向拉伸的过程中伸直,又使腱具有一定的弹性。

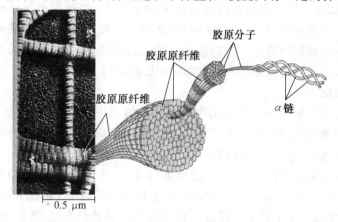

图2.21 腱的电镜像及结构示意图[9]

图2.22为腱在拉伸时的应力-应变曲线[10],曲线的起始部分为非线性区,应力的变化小于应变的变化,这是由于弹性结构伸直的缘故。当所有的弹性结构都已伸直,应力-应变变为线性。这时胶原纤维被弹性拉长,如在这时撤去外力,胶原纤维束可恢复至初始的弹性结构。如果在外力的作用下,应变不断增加,超过腱可承受的状态,腱则表现为屈服,这时胶原纤维已经发生结构性变化(胶原纤维分解为亚纤维或微纤维),撤去外力,胶原纤维束也不可能恢复至初始的弹性结构。然而,由于腱的多层次结构,它是作为一个整体承受不可逆的损伤,不会出现部分纤维束损伤过重而致断裂。

另外,肠壁的结构中有一层也是由胶原纤维构成,不同于腱的是胶原纤维

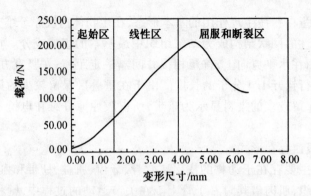

图 2.22 腱在拉伸时的应力－应变曲线[10]

束在层与层之间不是平行排列,与长轴方向一致,而是两层之间的胶原纤维束呈 ±60°,交叉盘旋,并各自与层的轴向呈 ±60°角。肠的胶原纤维,与腱同样具有多层次的结构,胶原纤维在其轴向(即与层的轴向呈 ±60°角)具有很大的韧性,并具有一定的弹性。但胶原纤维在垂直其轴向的方向(即与层的轴向呈 90°角)具最小韧性。所以沿与层的轴向呈 ±30°角的方向,肠最不易拉伸,使肠不至于折弯造成肠梗阻;沿与层的轴向呈 90°角的方向,肠的可拉伸性最好,与肠管容纳食物的功能相适应。肠的胶原纤维也具有弹性,但可拉直的程度有限,因为其拉长的长度为胶原纤维弯曲部分在层的轴向上的分量。

**2. 角蛋白**

相对分子质量约 40～70 KD,出现在表皮细胞中,在人类上皮细胞中有 20 多种不同的角蛋白,分为 $\alpha$ 和 $\beta$ 两类。$\beta$ 角蛋白又称胞质角蛋白,分布于体表、体腔的上皮细胞中。$\alpha$ 角蛋白为头发、指甲等坚韧结构所具有。

根据组成氨基酸的不同,亦可将角蛋白分为:酸性角蛋白(Ⅰ型)和中性或碱性角蛋白(Ⅱ型),角蛋白组装时必须由Ⅰ型和Ⅱ型以 1∶1 的比例混合组成异二聚体,才能进一步形成中间纤维。角蛋白质由氨基酸组成,各种氨基酸原纤维通过螺旋式、弹簧式的结构相互缠绕交联,使角蛋白的伸缩性很好。角蛋白所吸附的水的含量对其机械性能影响较大。

**3. 弹性蛋白**

弹性蛋白是弹性纤维的主要成分,其延伸率高而弹性模量低,主要存在于结缔组织中。弹性蛋白由两种类型短肽段交替排列构成:一种是疏水短肽赋予分子以弹性;另一种短肽为富丙氨酸及赖氨酸残基的 $\alpha$ 螺旋,负责在相邻分子间形成交联。弹性蛋白的氨基酸组成似胶原,也富含甘氨酸及脯氨酸,但很少含羟脯氨酸,不含羟赖氨酸,没有胶原特有的 Gly－X－Y 序列,故不形成规则的三股螺旋结构。弹性蛋白分子间的交联比胶原更复杂。通过赖氨酸残基参与的交联形成富于弹性的网状结构,如图 2.23 所示[11]。

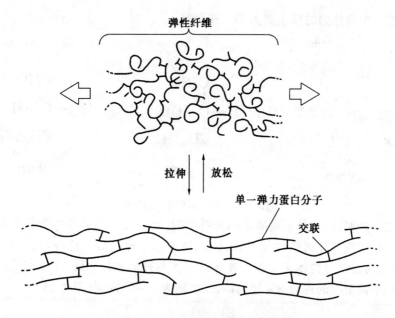

图 2.23 弹性蛋白结构模型[11]

在弹性蛋白的外围包绕着一层由微原纤维构成的壳。微原纤维是由一些糖蛋白构成的。在发育中的弹性组织内,糖蛋白微原纤维常先于弹性蛋白出现,似乎是弹性蛋白附着的框架,对于弹性蛋白分子组成的弹性纤维具有组织作用。

### 2.3.2 结构多糖

糖类不仅是人体的主要供能物质,而且是人体的重要组成物质,如核糖及脱氧核糖分别是 RNA 及 DNA 的结构成分;蛋白多糖和糖蛋白为基质的主要成分;糖脂和糖蛋白是生物膜的组成部分。

**1. 主要成分**

糖主要由碳、氢、氧三种成分构成,它的结构为多羟基醛或酮。糖类根据其水解情况可分为四类:单糖、双糖、低聚糖和多糖。单糖不能被水解成更小分子的糖,所以可以将其看成糖类的基本结构单位。

**2. 单糖**

单糖是最简单的碳水化合物,易溶于水,可直接被人体吸收利用。最常见的单糖有葡萄糖、果糖和半乳糖。葡萄糖主要存在于植物性食物中,人血液中的糖是葡萄糖。单糖的化学式是$(CH_2O)_n$,它含有酮或醛官能基。单糖存在对映异构体,如图 2.24 所示[12]。目前通常用 $D/L$ 构型标记法,将距离羧基最远的手性碳的构型与 $D$ - 甘油醛相比,构型相同的为 $D$ - 构型糖,相反的为 $L$ -

构型糖。生物体内的糖主要为 $D$-构型糖。

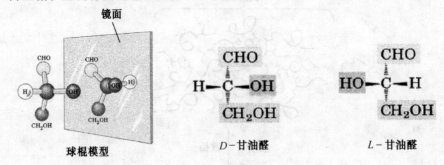

图 2.24 糖的对映异构体[12]

实验证明,糖类并不是简单的开链结构,而是分子内的醛基和羟基缩合形成的环状结构与开链结构相互转化,保持动态平衡。由于这种环状结构的存在,使每对对映异构体又可各自被分成 $\alpha$、$\beta$ 两种端基异构体,半缩醛(酮)羰基位于环平面上方的称为 $\beta$-异构体,反之则为 $\alpha$-异构体(图 2.25[12])。

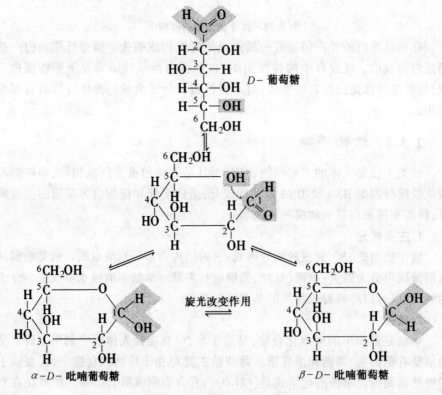

图 2.25 环状糖的端基异构体[12]

### 3. 多糖

多糖是由 20 个到上万个单糖组成的大分子。多糖无甜味,不溶于水,各种生物体都含有多糖,最普遍的如淀粉、糖原和纤维素等都具有重要的生物学功能。糖原也叫动物淀粉,是动物体内贮存葡萄糖的一种形式,主要存在于肝脏和肌肉内。当体内血糖水平下降时,糖原即可重新分解成葡萄糖满足人体对能量的需要。

多糖分子由多个单糖分子以糖苷键相连而成,是一类分子机构复杂且庞大的糖类物质。糖苷键是由两个单糖分子在任意羟基之间发生缩聚反应形成的。糖苷键的两端为单键,可自由旋转,见图 2.26[12]。另外,单糖分子之间除了有糖苷键连接之外,两分子任意的氢和氧原子还可以形成氢键。单糖之间的氢键使得多糖分子更加稳定,见图 2.27[12]。多糖的单体不止一种,且单体之间的连接方式也不是固定不变的,其中单体的连接方式主要有周期式(ABABAB…)和嵌段式(AAABBABA…),即便以一种顺序连接的多糖分子,其分子构象也各不相同。

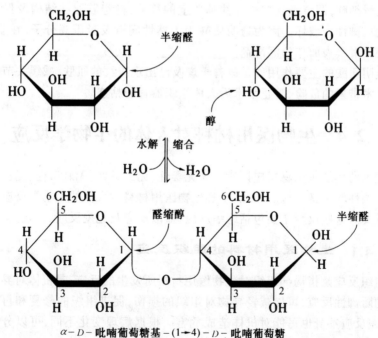

$\alpha$-D-吡喃葡萄糖基-(1→4)-D-吡喃葡萄糖

图 2.26　糖苷键[12]

透明质酸是结构多糖的一种,由葡萄糖胺及葡萄糖酸重复组成,有强大的锁水能力,形成高浓度的胶质状体。透明质酸又名"结缔组织聚糖"或"粘多糖"。透明质酸本身带有负电荷,存在于动物体内软结缔组织中。透明质酸分

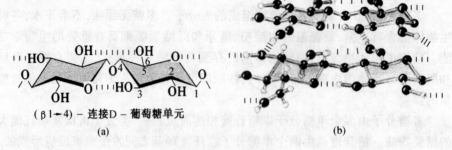

图 2.27 氢键[12]

子为双螺旋结构,分子内存在不同长度的交联链。交联不够稳定,使其表现为粘弹性。交联链中含有大量的水,使透明质酸可起到承载和润滑的作用。此外,透明质酸还具有剪切变稀性(即随剪切速率的上升,粘性下降)。这种性能有助于在剪切速率上升的情况下,降低移动所消耗的能量。透明质酸填充在细胞与胶原纤维空间之中且覆盖在某些表皮组织上。在体内的主要作用就是保护和润滑细胞,调节细胞在粘弹性基质上的移动,稳定胶原状结构及保护它免于受到机械性的破坏。因为透明质酸为天然性润滑及吸震高分子,在肌腱、肌腱鞘及粘滑膜表面作为润滑剂。

透明质酸的主要作用就是改善干燥及已出现皱纹的肌肤,减缓关节疼痛和眼科手术带来的危险,防止手术后人体组织器官的粘连。

## 2.4 生物医用材料对人体的生物学反应

理想的生物医用材料应该对人体无毒性、无致敏性、无刺激性、无遗传毒性和无致癌性等不良反应。因此,了解生物医用材料对人体的生物学反应就显得至关重要。这些反应主要包括组织反应、血液反应及免疫反应。

### 2.4.1 生物医用材料的组织反应

组织反应是指局部组织对生物医用材料所发生的反应,是机体对异物入侵产生的防御性反应,可以减轻异物对组织的损伤,促进组织的修复和再生。然而,组织反应本身也可能对机体造成危害。根据病理变化不同,可以分成以下两种反应:

**一、以渗出为主的组织反应**

多见于植入初期和植入材料的性质稳定等情况。以中性粒细胞、浆液、纤维蛋白原渗出为主。如植入物周围组织出现中性粒细胞聚集;长期植入的、稳定的材料周围,可由于纤维蛋白原的渗出而出现纤维囊。

## 二、以增生为主的组织反应

多见于植入物长期存在并损伤机体的情况。以巨噬细胞为主,也可见淋巴细胞、浆细胞和嗜酸性粒细胞,并伴有明显的组织增生,可逐渐发展为肉芽肿或肿瘤。

在生物医用材料的使用过程中,由组织反应引起的两种严重的并发症是炎症和肿瘤。炎症包括感染性炎症和无菌性炎症,感染性炎症可能是由于材料植入的过程中损伤组织,使病原体趁虚而入,也可能是由于植入物本身未经严格的消毒灭菌处理,成为了病原体的载体;无菌性炎症不是由于病原体侵入引起,而是由于影响机体内的炎症和抗炎系统的调节而引发的炎症反应。生物医用材料植入引起肿瘤是一个缓慢的过程,可能是由于材料本身释放毒性物质,也可能是由于材料的外形和表面性能所致。因此,在应用长期植入物之前,进行植入物的慢性毒性、致突变和致癌的生物学试验是十分必要的。

### 2.4.2 生物医用材料的血液反应

生物医用材料血液相容性包含不引起血液凝聚和不破坏血液成分两个方面。在一定限度内即使在材料表面张力的剪切作用下,对血液中的红细胞等有一定的破坏(即发生溶血),由于血液具有很强的再生能力,随时间的推移其不利影响并不显著;而如果在材料表面有血栓形成,由于有累计效应,随着时间的推移,凝血程度越来越高,对人体造成严重的影响。因此,材料在血液中最受关注的是其抗凝血性能。材料与血液接触导致凝血及血栓形成的途径如图2.28所示。正常人体心血管系统内的血液保持液体状态,环流不息,并不发生凝固。当医用材料与血液接触时会引起血液一系列变化。首先是血浆蛋白在材料表面的吸附,依材料表面结构性能不同,1分钟甚至几秒钟内,在材料表面就会产生白蛋白和球蛋白,以及各种蛋白质的竞争吸附,在生物医用材料表面形成复杂的蛋白质吸附层。当材料表面吸附γ球蛋白、纤维蛋白原时易于使血小板粘附表面,进而导致血小板变形聚集,引发凝血。蛋白表面也可引起红细胞的粘附。虽然红细胞在凝血中的作用仍然不十分清楚,但是如若红细胞发生细胞膜破裂,即出现溶血,红细胞释放的血红蛋白和二磷酸腺苷简称ADP(促血小板聚集物质),可能引起血小板的粘附、变形和聚集,进而导致凝血。

抗凝系统包括抗凝作用和纤溶作用。抗凝作用主要是通过一些抗凝因子(如抗凝血酶Ⅲ、肝素)来实现,纤溶过程包括纤溶酶原转化为纤溶酶,纤溶酶降解纤维蛋白。

血栓形成是常见的生物医用材料植入后引发的局部血液循环障碍。内皮细胞的损伤、血流动力学的改变和血液的高凝状态,其中任何一个因素都可以

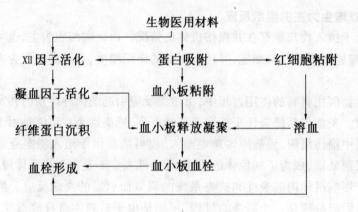

图 2.28 凝血机制[7]

导致血栓形成。完整的内皮细胞可以通过表达肝素样分子与抗凝血酶Ⅲ结合使Ⅱa、Ⅹa、Ⅸa失活,合成 $PGI_2$、NO、ADP 酶抑制血小板聚集及合成 tPA 使纤维蛋白降解等作用抑制血栓形成。血流动力学的改变可以诱发血栓形成。正常血流是分层流动的,当血流减慢或层流被破坏时,血小板与内膜接触并激活,凝血因子也可以在局部聚集。当处于创伤、手术等情况时,血液的凝血系统亢进和(或)抗凝系统减弱也可导致血栓形成。

### 2.4.3 生物医用材料的免疫反应

免疫系统是人体的"军队"和"警察",它可以识别自己和非己。免疫系统的主要功能包括针对病原微异原分子免疫防御功能、针对自体衰老和病变细胞的免疫自稳功能,以及针对肿瘤细胞的免疫监视功能。免疫系统由天然免疫系统和获得性免疫系统组成。天然免疫系统包括肥大细胞、巨噬细胞、自然杀伤细胞、中性粒细胞和补体等。天然免疫系统可以早期识别、清除病原体,然而它对于病原体的识别不具有特异性。在受到病原体刺激后,再次接触病原体时能够有针对性地作出反应的免疫系统成为获得性的免疫系统。获得性免疫系统又可分为由 B 细胞介导的体液免疫和由 T 细胞介导的细胞免疫。

由于生物医用材料造成免疫系统的功能(包括免疫识别和反应程度)紊乱,可以发生以下免疫反应。

**一、免疫抑制**

由于有些生物医用材料造成免疫防御功能不足,使得机体抵抗病原微生物的能力降低。

**二、变态反应**

由于有些生物医用材料造成免疫防御功能亢进,免疫反应过于强烈损伤人体。如残留乳胶、双酚 A、丙烯酸添加剂等低相对分子质量的有机分子或单体。

### 三、自身免疫

由于有些生物医用材料造成免疫自稳功能亢进,免疫系统不能识别自己和非己,对自体正常组织产生免疫反应,如聚四氟乙烯、聚酯等。

#### 2.4.4 生物医用材料与人体组织作用的界面

界面是一个有一定厚度(通常小于 0.1 μm)的区域,物质的能量可以通过这个区域从一个相连续地变化到另一个相。根据植入材料的不同,与生物体组织作用的界面可分为:惰性材料与生物体组织作用的界面和活性材料与生物体组织作用的界面。

### 一、惰性材料与生物体组织作用的界面

生物惰性材料的特点是在生物体内保持稳定,几乎不参加生物体的化学反应。长期植入惰性材料,植入物与机体发生渗出性组织反应,其中以纤维蛋白原渗出为主,形成纤维包囊。如果材料无毒性物质渗出,包囊将逐渐变薄,淋巴细胞消失,钙盐沉积。这一类的材料有氧化铝、碳纤维、钛合金等。如果材料持续释放金属离子或有机单体等毒性离子,会促使局部组织反应迁延不愈,转变为慢性炎症。纤维薄膜逐渐变厚,淋巴细胞增多,钙盐沉积,可发展为肉芽肿,甚至肿瘤。

### 二、活性材料与生物体组织作用的界面

生物活性材料可以与机体发生化学反应,与组织之间形成化学键。这里我们主要介绍表面活性材料与生物体组织作用的界面、可降解生物陶瓷与生物体组织作用的界面和杂化生物医用材料与生物体组织作用的界面。

(1)表面活性材料与生物体组织作用的界面。表面活性材料的表面成分与组织成分相近,能与组织结合形成稳定的结合界面。这种材料与组织亲合性好,如表面含羟基磷灰石的生物医用材料。

(2)可降解生物陶瓷与生物体组织作用的界面。陶瓷可在组织内释放组织所需的成分,加速组织的生长,并逐渐为新生的组织所取代。如 $\beta$-磷酸三钙陶瓷可在体液中释放 $Ca^{2+}$、$PO_4^{3+}$ 离子,促进骨组织的生长,并逐渐取代之。

(3)杂化生物医用材料与生物体组织作用的界面。杂化材料由活组织和非活体组织复合而成。由于活体组织的存在使材料的免疫反应减轻,使材料具有很好的相容性。这类材料有各种人工材料与生物高分子的复合物,合成材料与细胞的复合物等。

### 三、界面理论及其研究方法

(1)界面润湿理论。主要研究液体对固体表面的亲合状况。材料植入首先是与由血浆、组织液组成的液体环境接触,所以材料与机体组织的亲合性与液

体和材料表面的润湿作用密切相关。此外,通过研究固体表面润湿临界张力和液体在固体上的润湿角测定界面能。

(2)界面吸附理论。通过研究界面对水分子、各种细胞、氨基酸、蛋白质和各种离子的吸附作用,为材料界面改性提供参考。此外运用生物流变学的原理和方法,了解材料的形态表面对细胞吸附作用的影响。

(3)界面化学键合理论。理论上讲,植入物与人体组织同处于人体的内环境中,存在形成各种化学键的可能性。主要采用电子探针、电子能谱、质谱、核磁共振、拉曼光谱等分析界面元素及化合态。

(4)界面分子结合理论。植入材料由于其表面极性、表面电荷及活性基团不同,对人体组织的作用也存在差异。通过测量生物压电材料所产生的微电流,评价其对于细胞界面形成的影响。

(5)界面酸碱理论。由于界面细胞的生长与界面局部的酸碱度直接相关,所以可通过研究界面酸碱度了解并改善生物医用材料与组织的亲合性。在离体实验中,通常采取常规的 pH 值测定法和纳米级超微电极测定界面 pH 值。

(6)界面物理结合理论。植入体与人体组织的结合首先是物理结合,组织细胞通过微孔长入植入体以增加其结合强度。微孔的大小关系着组织细胞能否长入植入体,微孔的比率决定着植入体的强度。主要采用各种传感技术及光弹应力分析法、有限元计算分析法等测定界面结合强度与应力。

另外,界面研究方法还包括界面的形态学研究,主要通过透射电镜、扫描电镜及各种立体成像技术观察界面处的形态。

### 2.4.5 生物医用材料在人体内的代谢产物和途径

一般来讲,材料在体内首先与体液接触,通过水解作用,材料由高分子聚合物转变为水溶性的小分子物质。这些小分子物质经由血液循环,运输到呼吸系统、消化系统、泌尿系统,经呼吸、粪、尿的方式排出体外。在代谢的过程中,可能有酶参与其中。材料经过一系列的反应,可能完全降解由体内排出,也可能会有部分材料或其降解产物长期存在于人体内。材料在体内代谢的中间产物和最终产物可能对人体有利也可能有害,因此对于材料在生物体内的代谢产物和途径的研究具有十分重要的意义。

材料在体内的代谢受很多方面因素的影响,如材料本身的因素、植入环境的因素等。目前,材料在体内代谢的研究方法主要分为体外试验和体内试验。体外降解试验主要是在体外模拟体内的环境条件,从外形、力学性能、质量等方面进行评价,这种试验主要用于研究固体生物医用材料。体内试验主要是在动物体内进行,是将生物医用材料植入动物体内观察材料的改变。具体可以通过解剖、X线、放射性标记示踪等方法。这种试验方法的优点是可以获得更接近人体的试验结果。

## 2.5 生物医用材料的生物学评价标准和试验方法

### 2.5.1 生物医用材料的生物学评价标准

生物医用材料的生物学评价是对与患者接触的生物医用材料安全性的评价。生物医用材料的安全性主要包括两个方面：产品是否安全和产品的功能是否正常。我们在这里论述的生物医用材料的生物学评价标准主要针对前者。

目前，我国生物医用材料的生物学评价采用的是根据世界标准化组织 ISO10993 系列标准转化而来的 GB/T16886 系列标准，如表2.9所示。

表2.9 GB/T16886系列标准目录

| ISO标准号 | GB标准号 | 标准名称 |
| --- | --- | --- |
| ISO10993-1:1997 | GB/T16886.1-2001 | 评价与试验 |
| ISO10993-2:1992 | GB/T16886.2-1997 | 动物保护要求 |
| ISO10993-3:1992 | GB/T16886.3-1997 | 遗传毒性、致癌性和生殖毒性试验 |
| ISO10993-4:1992 | GB/T16886.4-2003 | 与血液相互作用试验选择 |
| ISO10993-5:1999 | GB/T16886.5-1997 | 体外细胞毒性试验 |
| ISO10993-6:1994 | GB/T16886.6-1997 | 植入后局部反应试验 |
| ISO10993-7:1995 | GB/T16886.7-2003 | 环氧乙烷灭菌残留量 |
| ISO/FDIS 10993-8:2000 | GB/T16886.8-2001 | 生物学试验参照样品的选择和定性指南 |
| ISO10993-9:1999 | GB/T16886.9-2001 | 潜在降解产物的定性和定量框架 |
| ISO10993-10:1995 | GB/T16886.10-2000 | 刺激与致敏试验 |
| ISO10993-11:1993 | GB/T16886.11-1997 | 全身毒性试验 |
| ISO10993-12:1996 | GB/T16886.12-2000 | 样品制备和参照样品 |
| ISO10993-13:1998 | GB/T16886.13.2000 | 聚合物医疗器械的降解产物的定性与定量 |
| ISO/DIS 10993-14:2001 | GB/T16886.14-2003 | 陶瓷制品降解产物的定性与定量 |

续表 2.9

| ISO 标准号 | GB 标准号 | 标准名称 |
|---|---|---|
| ISO/FDIS 10993-15:2000 | GB/T16886.15-2003 | 金属与合金降解产物的定性与定量 |
| ISO10993-16:2000 | GB/T16886.16-2003 | 降解产物和可溶出物的毒代动力学研究设计 |
| ISO10/DIS.2 10993-17 | | 用健康风险评价建立可溶出物质允许限量方法 |
| ISO10993-18:1997 | | 材料化学定性 |
| ISO10993-19 | | 材料物理、机械和形态特征 |
| ISO10993-20 | | 生物医用材料免疫毒理学试验原理和方法 |
| ISO10993-21 | | 生物医用材料生物学评价标准编写指南 |

## 一、生物医用材料评价的基本原则

(1)兼顾有效性和安全性。一种理想的生物医用材料不仅要具有好的生物相容性,还必须以其它性能良好作为基础,因为生物医用材料的首要目的是用于诊断、治疗、修复或替换人体的组织、器官或增进其功能。生物医用材料的性能包括材料的化学性能、生物学性能、物理学性能、电学性能、形态学性能、力学性能等,而生物学性能只是其中的一个方面。我们通常首先保证材料满足物理和化学性能之后,再对它的生物性能进行评价。

(2)选择最终产品作为试验样品。除材料本身的性能外,加工过程中的一些因素也会影响到最终产品的安全性,其中包括生产时所用的添加剂及其代谢产物,灭菌过程中所产生的毒性物质等。因此,应当选用最终产品作为试验样本(具体内容参见 2.5.2)。

(3)试验顺序。先进行基本评价试验再进行补充评价试验;先进行体外试验再进行体内试验;先进行敏感性高的溶血试验和细胞毒性试验。

(4)具有可重复性。生物医用材料的评价试验必须在专业实验室由专业人员完成,以保证可重复性。

## 二、生物医用材料的分类

图 2.29 为利用接触性质和接触时间作为分类标准对生物医用材料的具体分类[13]。同种材料按与机体接触的途径不同可归属到不同类别,在进行生物学评价时每种类别的试验方法都应进行。

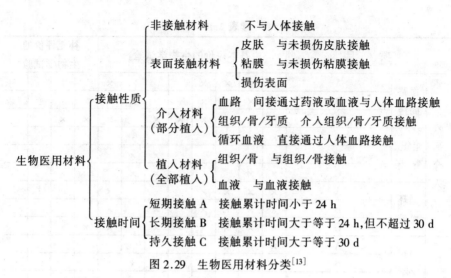

图 2.29 生物医用材料分类[13]

### 三、生物医用材料的生物学评价

对于一种新的产品,在进行生物学评价之前,应首先查阅是否有同类的已上市产品。如果产品与上市产品的材料、加工工艺、与人体的接触途径和灭菌方法都一致的时候,不必进行生物学评价,直接写出最终评价即可。如果不一致再根据其分类进行生物学评价。方法见材料生物学评价试验指南,表2.10[13]所示。

表 2.10 材料生物学评价试验指南[13]

| 接触部位 | 项目 | 基本评价的生物学试验 | | | | | | | | 补充评价的生物学试验 | | | |
|---|---|---|---|---|---|---|---|---|---|---|---|---|---|
| | A 一时接触(≤24 h)<br>B 短中期接触(>24 h, <30 d)<br>C 长期接触(>30 d) | 细胞毒性 | 致敏 | 刺激或皮内反应 | 全身性毒性 | 亚慢性亚急性毒性 | 遗传毒性 | 植入 | 血液相容性 | 慢性毒性 | 致癌性 | 生殖与发育毒性 | 生物降解 |
| 表面接触 | 皮肤 A | × | × | × | | | | | | | | | |
| | 皮肤 B | × | × | × | | | | | | | | | |
| | 皮肤 C | × | × | × | | × | | × | | | | | |
| | 粘膜 A | × | × | × | | | | | | | | | |
| | 粘膜 B | × | × | × | | | | | | | | | |
| | 粘膜 C | × | × | × | | × | | | | | | | |
| | 损伤表面 A | × | × | × | | | | | | | | | |
| | 损伤表面 B | × | × | × | | | | | | | | | |
| | 损伤表面 C | × | × | | × | × | | | | | | | |

续表2.10

| 项目 | | | 基本评价的生物学试验 | | | | | | | 补充评价的生物学试验 | | |
|---|---|---|---|---|---|---|---|---|---|---|---|---|
| 外部介入 | 血路间接 | A | × | × | × | | | | × | | | |
| | | B | × | × | × | × | | | × | | | |
| | | C | × | × | | × | × | | × | × | × | |
| | 组织/骨/牙 | A | × | × | | | | | | | | |
| | | B | × | × | × | | | × | × | | | |
| | | C | × | × | | | | | | × | | |
| | 循环血液 | A | × | × | × | × | | | × | | | |
| | | B | × | × | × | × | × | | × | × | × | |
| | | C | × | × | × | × | × | × | × | × | × | |
| 体内植入 | 组织/骨 | A | × | × | | | | | | | | |
| | | B | × | × | × | | | × | × | × | | |
| | | C | × | × | | | | × | | × | | |
| | 血液 | A | × | × | × | | | × | × | | | |
| | | B | × | × | × | × | × | × | × | × | | |
| | | C | × | × | × | × | × | × | × | | | |

注:"×"为应做项目

**四、上市后的生物学评价**

如果最终产品的一些条件发生变化时,需要对产品重新进行生物学评价。这些条件的改变包括:产品的材料来源或技术条件,产品的配方、工艺、初级包装或灭菌条件,贮存期内产品发生变化,产品的用途,有迹象表明产品可能对人体产生的副作用等。

### 2.5.2 生物医用材料的生物学评价标准试验方法

**一、生物医用材料的生物学评价标准试验方法的分类**

生物医用材料的生物学评价标准试验方法,根据其与药物毒理学试验的关系,一般可分为三种:

(1)由药物毒理学试验发展而来的试验。包括致敏试验、刺激试验、热源试验、遗传毒性试验、致癌试验、生殖和发育毒性试验等。

(2)与药物毒理学试验相近但不完全相同的试验。包括全身急性毒性试验、全身亚急性(亚慢性)毒性试验、全身慢性毒性试验等。

(3)与药物毒理学试验完全不同的试验。包括细胞毒性试验、血液相容性试验、植入试验、降解试验等。

**二、生物医用材料的生物学评价标准试验样品的制备**

**1.原则**

(1)试验能直接用生物医用材料作为试验样品,就直接用。

(2)不能直接选用最终产品作为试验样本,可选用最终产品中有代表性部分。

(3)如果最终产品中没有代表性部分,可选用相同配方材料的有代表性样品,与产品经过相同的工艺过程进行预处理后,再进行试验。

**2.浸提液的制备**

如上述原则所述,试验尽量直接应用生物医用材料作为试验样品,然而如果试验要求必须用溶液作样品或其它不能直接应用生物医用材料作为试验样品时,就涉及浸提液的制备。

浸提的过程受很多因素的影响,其中包括浸提的时间、温度、材料表面积与浸提介质体积的比、浸提介质以及浸提液的浓度。浸提时一方面要使条件与临床使用的条件接近,另一方面要浸提出最大的可滤出的物质。浸提液的制备原则主要包括以下几个方面:

(1)介质。浸提介质可分为极性溶剂(如生理盐水)、非极性溶剂(如植物油)和其它介质(如乙醇/水,体积比为5%)。介质选择的原则:尽量接近于临床使用部位的浸提情况;能够浸提出最大的浸提物质;适应要进行的生物学评价试验。

(2)温度。温度选择的原则,模拟临床使用可能经受的最高温度;能够浸提出最大的浸提物质;根据材料的理化性质进行选择,如聚合物的浸提温度应低于玻璃化温度。5种常见的浸提温度和持续时间见表2.11[14]所示。

表2.11 浸提温度和持续时间[14]

| 温度/℃ | 持续时间/h |
| --- | --- |
| 36~38 | 22~26 |
| 36~38 | 70~74 |
| 48~52 | 70~74 |
| 68~72 | 22~26 |
| 119~123 | 0.8~1.2 |

(3)浸提介质与试验样品表面积(或质量)的比例。对于无基本参数的生物医用材料,建议按表2.12[14]比例进行浸提。介质应浸没样品,因为这样剂量体系中浸提物质的量达到最大。另外,浸提介质应接近生理条件。

(4)要求。容器应洁净、化学惰性、封闭(顶部空间尽量小)。

(5)方法。应注明在制备过程中采用的方法。

(6)浸提液应现配现用。室温下存放超过24 h,应检查其稳定性。

**三、生物学评价试验的参照材料**

生物学评价试验的参照材料可以用来判断试验结果、证实试验过程的可靠程度、保证实验室之间的可比性。参照材料可分为阳性参照材料和阴性参照材料。阳性参照材料是指含有二甲基或二丁基-二硫代氨基甲酸锌链段的聚氨酯膜,含有有机锡添加剂的聚氯乙烯、专用增塑聚氯乙烯、含有乳胶成分或锌的盐溶液、酚醛和水的稀溶液等。阴性参照材料是指高密度聚乙烯、低密度聚乙烯、无二氧化硅的聚二甲基硅氧烷、聚醚聚氨酯等(使用者可以通过具体的试验确定不同的参照材料)。

表2.12 试样表面积(或质量)和浸提介质的比例[14]

| 材料形状 | 材料厚度/mm | 试样表面积(或质量)/浸提介质($cm^2 \cdot mL^{-1}$) |
|---|---|---|
| 薄膜或片状 | <0.5 | 6① |
|  | 0.5~1 | 3 |
| 管状 | <0.5 | 6② |
|  | 0.5~1 | 3 |
| 平板或管状 | >1 | 3③ |
| 弹性体片状,不规则形状 | >1 | 1.25④ |
|  | 按质量 | 0.1(g/mL) |
| 不规则形状 | 按质量 | 0.2(g/mL) |

注:①为双面面积的和;②内层和外层面积的和;③总接触表面积的和;④总接触表面积,并不再分割。

### 四、生物医用材料生物学评价试验方法

生物医用材料生物学评价试验方法包括基本评价的生物学试验和补充评价的生物学试验。基本评价方法又分为细胞毒性试验、皮肤致敏试验、刺激试验、全身急性毒性试验、植入试验、血液相容性试验和热原试验。补充评价的生物学试验分为遗传毒性试验、致癌试验和生殖毒性试验。它是在生物医用材料完成基本评价的生物学试验后,根据材料的特性和用途,考虑是否进行补充评价的生物学试验。

**1. 细胞毒性试验**[15~17]

(1)试验目的。检测生物医用材料或其浸提液可滤出成分是否具有急性细胞毒性。

(2)试验方法。体外细胞培养。

(3)试验条件。①细胞毒性试验可使用已建立的细胞株,L929(小鼠结缔组织成纤维细胞)和V79(中国地鼠肺成纤维细胞)目前在我国应用较多。从20世纪90年代起越来越多的学者根据材料植入体内的不同部位及使用目的选择人体不同部位或/和组织来源的细胞作为试验细胞,使体外细胞培养对机体内环境的模拟更趋真实,其结果更为准确与客观。②培养基的pH值在7.2~7.4范围,所有的培养用液应保持无菌。培养基贮存不能超过一定时间,如含有血清和谷氨酰胺的培养基(2~8℃)不能超过1周,含有谷氨酰胺不含血清的培养

基(2~8℃)不能超过1个月。如果培养基内含有血清,其浓度应适宜所选细胞株的生长。培养基内含的抗生素的浓度以不引起细胞毒性为宜。

(4)试验方法。根据 GB/T16886.5 标准,推荐使用以下方法:琼脂覆盖法、分子滤过法、直接接触法和细胞生长抑制法(MMT法)。

①琼脂覆盖法。将含有培养液的琼层平铺在有单层细胞的培养皿中,再在固化的琼脂层上放上试样进行细胞培养,观察样品下和周围的脱色区范围。具体评分见表 2.13[14]。此法的优点是不管试验材料是什么形态(膜、粉末或油脂状等)都适用。但该法的敏感性受试样溶出物琼脂层上扩散程度的影响。当溶出物相对分子质量小,易溶于水,其毒性发现早且较强。反之即使有毒的材料,如溶出物相对分子质量大并难溶于水,使用该法时材料毒性就难以表现出来。

表 2.13 琼脂覆盖法结果评分表[14]      $R = Z/L$

| 区域指标 $Z$ | 区域内情况 | 溶解指标 $L$ | 脱色区内情况 |
|---|---|---|---|
| 0 | 样品下面和周围无可观察到的脱色区 | 0 | 未观察到细胞溶解现象 |
| 1 | 脱色区局限于样品下面 | 1 | 脱色区内细胞溶解在20%以内 |
| 2 | 从样本边缘扩散脱色区≤5 mm | 2 | 脱色区内细胞溶解在20%~40%之间 |
| 3 | 从样本边缘扩散脱色区≤10 mm | 3 | 脱色区内细胞溶解在40%~60%之间 |
| 4 | 从样本边缘扩散>10 mm,但不满整个培养皿 | 4 | 脱色区内细胞溶解在60%~80%之间 |
| 5 | 脱色区域布满整个培养皿 | 5 | 脱色区内细胞溶解在80%以上 |

\* 在阴性样品周围和下面的细胞单层达到标准的反应,即 $R = 0/0$;
在阳性样品周围和下面的细胞单层达到标准的反应,即 $R = 2/2$;
一个试验共三个样品以上指标值,取平均值。

②分子滤过法。在单层细胞上覆盖一层丙烯盐制成的微孔滤膜,将试样材料放在滤膜上,使材料毒性成分通过滤膜作用于其下的细胞。观察膜片的染色情况,具体评分见表 2.14[14]。

表 2.14 分子滤过法结果观察及评价[14]

| 评分 | 评价 | 解释 |
|---|---|---|
| 0 | 与单层细胞的其它部分比较染色无差异 | 无细胞毒性 |
| 1 | 存在染色前或未染色区,其直径小于样品的直径(7 mm) | 轻度细胞毒性 |
| 2 | 未染色区域直径为 7~11 mm | 中度细胞毒性 |
| 3 | 未染色区直径为 12 mm 以上 | 明显细胞毒性 |

③直接接触法。将细胞直接放在生物医用材料上进行细胞培养。当有毒性物质释放时,由细胞形态变化和数量增减检测细胞毒性程度,同时可以直接观察到细胞在材料表面贴附情况。直接接触法不仅能直接检测材料溶出物的细胞毒性,同时也是考察材料与组织细胞相容性的重要手段。通常"材料生物相容性好",很多场合都是指细胞容易贴壁且能迅速繁殖生长。因此可根据直接接触法,细胞依据培养的结果推测材料植入人体后与机体细胞的反应。但是,对于与血液接触的循环系统来说,为了避免引起血栓形成,就希望细胞难以贴壁且不易增殖。因此应根据材料的使用目的,做出相应的生物相容性判断。

Tsuchiya 等[9]于 1994 年对琼脂法、分子滤过法、浸出液和直接接触法对材料的细胞毒性敏感程度的差异性进行比较。他们认为浸出液法适合检测材料溶出物毒性,并与动物毒性试验结果相符合。直接接触法对材料的细胞毒性敏感性最高,可测出材料微弱的细胞毒性。琼脂法适合对毒性大的大批量材料进行筛选。分子滤过法适合毒性成分相对分子质量小的材料进行生物相容性评价。

④细胞生长抑制法。即四甲基偶氮唑盐微量酶反应色法(MTT 法),由 Mosroann 在 1983 年提出,最初应用于免疫学领域,近年一些学者将该法应用到生物相容性评价中。其原理是线粒体琥珀酸脱氢酶能催化四甲基偶氮唑盐形成蓝色甲替。形成数目的多寡与活细胞数目和功能状态呈正相关,该法简便迅速,不接触同位素,而敏感性与同位素法接近。该法的缺点是甲替有时易聚集成团影响结果的准确性,该流程见图 2.30。

培养条件:$37 \pm 2℃$,$5\% CO_2$ 培养箱。

细胞悬液的制备:用浓度为每毫升一万个的细胞悬液分别注入 96 孔塑料培养皿中,100 μm/孔,每组至少 8 孔。

⑤细胞增殖度法。即计算细胞相对增殖率,根据其均值进行评分。评分标准见表 2.15[14]。

表 2.15 细胞相对增殖率评分[14]

| 评 分 | 0级 | 1级 | 2级 | 3级 | 4级 | 5级 |
|---|---|---|---|---|---|---|
| 相对增值率/% | ≥100 | 75~99 | 50~74 | 25~49 | 1~25 | 0 |

在体外细胞培养中还有一些能更敏感地反映细胞活力和细胞增殖的实验室评价方法。如放射性位素($^3H$-胸腺嘧啶,$^3H$-亮氨酸等)摄入法、荧光染色法(如乙酰乙酸荧光素)、流式细胞光度术等。这些方法各有其优缺点及适用范围。

**2. 皮肤致敏试验[14]**

(1)试验目的。评价生物医用材料对皮肤致敏的潜在性。

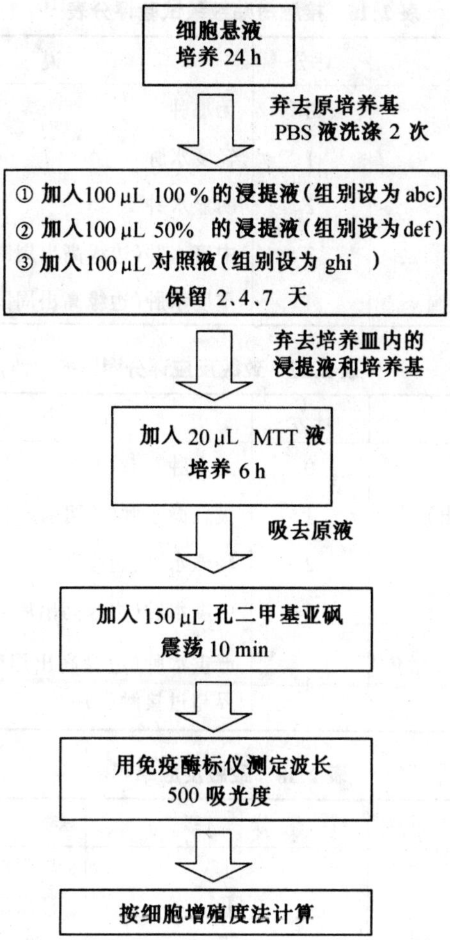

```
        ┌─────────────┐
        │  细胞悬液    │
        │  培养 24 h   │
        └──────┬──────┘
               │ 弃去原培养基
               ▼ PBS 液洗涤 2 次
┌──────────────────────────────────┐
│ ① 加入 100 μL 100% 的浸提液(组别设为 abc) │
│ ② 加入 100 μL 50% 的浸提液(组别设为 def)  │
│ ③ 加入 100 μL 对照液(组别设为 ghi)       │
│         保留 2、4、7 天                   │
└──────────────┬───────────────────┘
               │ 弃去培养皿内的
               ▼ 浸提液和培养基
        ┌─────────────┐
        │ 加入 20 μL MTT 液 │
        │   培养 6 h        │
        └──────┬──────┘
               │ 吸去原液
               ▼
        ┌──────────────────┐
        │ 加入 150 μL 孔二甲基亚砜 │
        │    震荡 10 min         │
        └──────┬──────┘
               ▼
        ┌──────────────────┐
        │ 用免疫酶标仪测定波长 │
        │    500 吸光度       │
        └──────┬──────┘
               ▼
        ┌──────────────────┐
        │   按细胞增殖度法计算  │
        └──────────────────┘
```

图 2.30 细胞生长抑制法(MTT 法)流程

(2)试验方法。将一定量的生物医用材料浸提液与豚鼠皮肤接触,包括接触斑贴致敏试验和最大剂量致敏试验。

① 接触斑贴致敏试验

致敏:试验组记分 >1,且对照组织积分 <1,接触斑贴致敏试验评分表见表 2.16[14]。

② 最大剂量致敏试验

观察时间:敷贴物取下后 1 h、24 h、48 h。

致敏:试验组分级大于等于 Ⅱ 需重复试验;大于 50% 的阴性对照组动物评分为 1;需更换动物;大于 60% 的阳性对照组动物评分小于 2,致敏反应评分见表 2.17[14]和表 2.18[14]。

表 2.16　接触斑贴致敏试验评分表[14]

| 反　应 | 评分 | 说　明 |
|---|---|---|
| 无红斑 | 0 | 无水肿 |
| 轻度红斑 | 1 | 轻度水肿 |
| 明显红斑 | 2 | 明显水肿 |
| 中度红斑 | 3 | 中度水肿(边缘高出周围皮面约 1 mm) |
| 中度红斑伴有轻度焦痂 | 4 | 重度水肿(边缘高出周围皮面 1 mm 以上) |

表 2.17　致敏反应评分[14]

| 反　应 | 评分 | 说　明 |
|---|---|---|
| 无红斑 | 0 | 无水肿 |
| 极轻微红斑(刚可看出) | 1 | 极轻微水肿(刚可看出) |
| 局限性红斑(淡红色) | 2 | 轻微水肿(边缘和高度均局限) |
| 中度到重度红斑(鲜红色) | 3 | 中度水肿(边缘高出周围皮面约 1 mm) |
| 重度红斑(紫红色到轻微焦痂形成) | 4 | 严重水肿(边缘高出周围皮面 1mm 以上,边界超过接触区) |

表 2.18　致敏反应率[14]

| 致敏率/% | 分　级 | 分　类 |
|---|---|---|
| 0~8 | Ⅰ | 与阴性对照无差别 |
| 9~28 | Ⅱ | 轻微反应 |
| 29~64 | Ⅲ | 中度反应 |
| 65~80 | Ⅳ | 强烈反应 |
| 81~100 | Ⅴ | 极强反应 |

### 3. 刺激试验

刺激试验包括皮肤刺激试验、眼刺激试验和皮内刺激试验。

(1)皮肤刺激试验

试验目的:评价生物医用材料对局部皮肤的刺激性。

试验方法:在规定的时间内,将生物医用材料浸提液与完整的皮肤接触。

结果观察:观察时间为移去斑贴物后 24 h、48 h、72 h,皮肤反应评分见表 2.19[14]。

每只动物对材料的原发刺激指数(PⅡ)为皮肤在 24 h、48 h 和 72 h 红斑、水肿的总分除以观察的总数。平均原发刺激指数(APⅡ)为所有试验动物的原发刺激指数(PII)的和除以试验动物的总数;0.0~0.4分为无刺激,0.5~1.9分为轻度刺激,2.0~4.9分为中度刺激,5.0~8.0分为强刺激。

表2.19 皮肤反应评分表[14]

| 反 应 | 说　　　明 | 评分 |
|---|---|---|
| 红斑和焦痂 | 无红斑 | 0 |
| | 极轻微的红斑 | 1 |
| | 边界清晰的红斑(淡红色) | 2 |
| | 中等的红斑(红色,与周围界限分明) | 3 |
| | 严重的红斑(紫红色,伴有轻微的焦痂形成) | 4 |
| 水肿 | 无水肿 | 0 |
| | 极轻微的水肿(刚可看出) | 1 |
| | 轻度水肿(边缘明显高出周围皮面) | 2 |
| | 中度水肿(边缘高出周围皮面约1 mm) | 3 |
| | 严重水肿(边缘高出周围皮面1 mm以上,边界超过接触区) | 4 |
| 总的刺激评分 | | 8 |

(2)眼刺激试验

试验目的:评价生物医用材料对眼的刺激性。

试验方法:将一定量的生物医用材料浸提液(单次或多次)滴入动物眼内,在规定的时间内,将生物医用材料浸提液与眼接触。

结果观察:单次滴入时观察时间为滴入后1 h、24 h、48 h、72 h;多次滴入时观察时间为滴入前、后1 h。眼刺激评分见表2.20[14]。

表2.20 眼刺激评分表[14]

| 反 应 | 说　　　明 | 评分 |
|---|---|---|
| 角膜 | 透明 | 0 |
| | 角膜云翳或弥散浑浊区,虹膜清晰 | 1* |
| | 肉眼可见易识别的半透明区,虹膜模糊 | 2* |
| | 角膜混浊,呈乳白色,看不见虹膜及瞳孔 | 3* |
| | 角膜白斑,完全看不见虹膜 | 4* |
| | 角膜受累范围: | |
| | 0~1/4 | 0 |
| | 1/4~1/2 | 1 |
| | 1/2~3/4 | 2 |
| | 3/4~1 | 3 |

续表 2.20

| 反应 | 说明 | 评分 |
|---|---|---|
| 虹膜 | 正常 | 0 |
|  | 超出正常皱襞,充血水肿,角膜缘充血(其中一种或全部)对光反射存在,但反射减弱 | 1* |
|  | 光反射消失,出血或严重结构破坏(其中一种或全部) | 2* |
| 结膜 | 充血: |  |
|  | 　　变红(累及睑结膜和球结膜) | 0 |
|  | 　　血管明显充血 | 1 |
|  | 　　充血弥散,呈暗红色,结膜血管纹理不清 | 2* |
|  | 　　弥散性严重出血 | 3* |
|  | 水肿: |  |
|  | 　　无水肿 | 0 |
|  | 　　轻度水肿(包括瞬膜) | 1 |
|  | 　　明显水肿伴部分睑外翻 | 2* |
|  | 　　水肿使眼睑呈半闭状 | 3* |
|  | 　　眼睑水肿,眼呈半闭合到全闭合状 | 4* |
| 泪溢 | 无泪溢 | 0 |
|  | 轻度泪溢,任何超过正常量的情况 | 1 |
|  | 泪溢累及眼睑和眼睑邻近的睫毛 | 2 |
|  | 泪溢湿润眼睑、睫毛和眼周围相当区域 | 3 |
| 涂片 | 无炎性细胞 | 0 |
|  | 少量炎性细胞 | 1 |
|  | 较多炎性细胞 | 2* |
|  | 大量炎性细胞 | 3* |

\* 为阳性结果。

注意事项:①如有持续的损害,为确定损伤的程度或可逆程度,需长期观察的一般不应超过21天;②试验结束后,留取试验组和对照组动物的结膜(睑结膜和球结膜)表皮细胞涂片,每只眼至少留取2张。伊红染色后在光镜下观察;③需重复试验的,急性接触,任何观察期内,试验组1/3眼睛出现阳性反应或反应可疑(需更换动物)。

结果评价:具有眼刺激性的结果是指急性接触(单次滴入),任何观察期内,试验组2/3眼睛出现阳性反应;反复接触(多次滴入),任何观察期内,试验组1/2动物出现阳性反应。

(3)皮内刺激试验。

试验目的:评价生物医用材料对局部皮肤的潜在刺激性。

试验方法:将生物医用材料浸提液注入表皮和真皮之间,在规定的时间观察注射部位及周围的反应,观察时间分别为注射后即刻、24 h、48 h、72 h。

结果评价:方法同皮肤刺激试验。皮内刺激反应评分见表2.21[14]。

表2.21 皮内刺激反应评分表[14]

| 反应 | 说明 | 评分 |
|---|---|---|
| 红斑 | 无红斑 | 0 |
| | 轻度红斑(几乎看不出) | 1 |
| | 明显红斑 | 2 |
| | 中度红斑 | 3 |
| | 重度红斑伴轻度焦痂 | 4 |
| 水肿 | 无水肿 | 0 |
| | 轻度水肿(几乎看不出) | 1 |
| | 明显水肿(边缘明显高出周围皮面) | 2 |
| | 中度水肿(边缘高出周围皮面约1 mm) | 3 |
| | 重度水肿(边缘高出周围皮面1 mm以上,面积超过红斑区的面积) | 4 |
| 总刺激评分 | | 8 |

**4. 全身急性毒性试验[14]**

试验目的:评价生物医用材料的急性毒性作用。

试验方法:将生物医用材料浸提液注射到动物(小鼠)的静脉或腹腔,观察其生物学反应。观察时间为注射后24 h、48 h、72 h。

结果观察:见毒性试验反应观察表2.22[14]。

表2.22 毒性试验反应观察表[14]

| 中毒程度 | 中毒症状 |
|---|---|
| 无毒 | 未见毒性症状 |
| 轻度毒性 | 轻度症状,但无运动减少、呼吸困难或腹部刺激症状 |
| 明显毒性 | 有运动减少、呼吸困难、腹部刺激症状、腹泻、眼睑下垂、体重下降(降至15~17 g) |
| 重度毒性 | 呼吸困难、严重腹部刺激症状、眼睑下垂、衰竭、发绀、震颤、体重下降(降至15 g以下) |
| 死亡 | 注射后死亡 |

结果评价:①材料符合全身毒性试验要求:72 h 观察期内,试验组的动物反应不大于对照组。②材料符合不全身毒性试验要求:72 h 观察期内,试验组有 2 只以上死亡,或 3 只以上出现明显中毒症状,或所有试验组动物均出现进行性的体重下降。

需重复试验:72 h 观察期内,试验组有 2 只以上出现轻度中毒症状或只有 1 只出现明显中毒症状,或死亡,或试验组 5 只动物的体重均下降,不伴有其它中毒症状。

**5. 植入试验**[14]

试验目的:评价生物医用材料的组织反应。

试验方法:①试验样品:样品的大小和形状应与试验动物的大小、植入部位的形状相适应。如植入兔的骨骼常用底面直径 2 cm、高 6 mm 的圆柱体。试验材料与对照材料选用相同的形状和尺寸。②试验动物:选择试验动物的时候应考虑:植入物的大小,观察时间和动物种属之间软、硬组织生物反应的差异。皮下或肌肉试验(短期)可选用小鼠、大鼠、仓鼠、豚鼠或兔;肌肉或骨骼试验(长期)可选用兔、狗、绵羊、山羊或其它寿命较长的动物。③植入部位:皮下、肌肉(常规试验方法)、骨骼。试验材料与对照材料应植入相同的解剖位置。

结果观察:植入试验根据观察时间的不同可分为短期(亚慢性)和长期(慢性)试验。短期:不超过 90 天。长期:超过 90 天。

**6. 血液相容性试验**[14]

试验目的:评价生物医用材料的血液相容性。

试验方法:原则包括:①模拟临床应用的条件(接触时间、方式、温度、无菌状态和血流状况等)。②选用已在临床使用或已公认的材料作为对照材料。③选用最终产品作为试验材料,但可用其构成材料作为初筛试验的材料。④不与血液接触或与血液接触时间极短(如采血针),不需进行血液相容性试验。⑤尽量选用人血。结果分析时应考虑到物种之间血液相容性的差异。此外,应排除由于人类试剂盒可能与其它物种发生的交叉反应。⑥尽量避免使用抗凝剂,若必须使用,应在临床抗凝剂范围内进行评估。⑦应考虑试验设备的影响。⑧按统计学方法要求,重复足够次数。⑨材料的改性(尺寸、多孔性、化学成分等)应考虑到其对于血液相容性的影响。在上述原则下,对与循环血液接触的生物医用材料血液相容性评价分类和选择,见表 2.23[14]。在进行血液相容性试验评价分类后,我们可以根据材料与人体接触的性质选择具体的试验方法,见表 2.24[14]和表 2.25[14]。

表 2.23 与循环血液接触的生物医用材料血液相容性评价分类和选择[14]

| 生物医用材料 | 血栓 | 凝血 | 血小板 | 血液学 | 补体系统 |
|---|---|---|---|---|---|
| 瓣环成型术环,机械心瓣 | × |  |  | ×* |  |
| 粥样斑切除术材料 |  |  |  | ×* |  |
| 血液监控器 | × |  |  | ×* |  |
| 血液贮存和管理设备,血液收集装置,延伸设备 |  | × | × | ×* |  |
| 心肺旁路系统,体外膜式充氧器系统,血管内充氧器,血液透析/过滤装置,经皮循环辅助装置 | × | × | × | × | × |
| 大动脉内气囊泵 | × | × | × | × | × |
| 导管,导线,血管内窥镜 |  |  |  |  |  |
| 血管内超声、激光系统,逆行冠脉灌注导管 | × | × |  | ×* |  |
| 细胞回收器 |  | × | × | ×* |  |
| 完整人工心脏、心室辅助装置 | × |  |  | × |  |
| 血液特定物质吸收装置 |  | × | × | × | × |
| 捐献者和治疗血浆去除设备 |  | × | × | × | × |
| 栓塞装置 |  |  |  | ×* |  |
| 血管内植入物 | × |  |  | ×* |  |
| 可植入除颤器和心脏复律器 | × |  |  | ×* |  |
| 血管内暂时或持久性起搏电极,起搏器引线绝缘体 | × |  |  | ×* |  |
| 白细胞移动过滤器 |  | × | × | ×* |  |
| 修复(合成)血管植入物和补块,包括动静脉分流器 | × |  |  | ×* |  |
| 血管支架 | × |  |  | ×* |  |
| 组织心瓣 |  |  |  | ×* |  |
| 组织血管植入物和补块,包括动静脉分流器 | × |  |  | ×* |  |
| 腔静脉过滤器 | × |  |  | ×* |  |

*仅溶血试验(具体请参见前)× 表示应做。

**表 2.24 介入材料血液相容性评价试验方法**[14]

| 试验类别 | 评价试验方法 | 备注 |
|---|---|---|
| 血栓形成 | 堵塞百分率<br>流速降低<br>质量分析(血栓质量)<br>光学显微镜(粘附的血小板、白细胞、聚集物、红细胞、纤维蛋白等)<br>通过材料产生的压力降<br>血栓成分的标记抗体<br>扫描电镜(血小板粘附和聚集、血小板和白细胞形态、纤维蛋白) | 对于 PR* 材料不建议使用压力降 |
| 凝血 | PTT(未激活)<br>凝血酶一族<br>特异性凝血因子测试:FPA,D-dimer,F1+2,TAT | |
| 血小板 | 血小板计数/粘附<br>模板流血时间<br>血小板功能分析<br>PF-4,β-TG,凝血恶烷 $B_2$<br>血小板激活标记<br>血小板微粒<br>同位素标记的血小板 γ 成相,$^{111}$铟标记血小板存活 | 铟标记仅推荐使用于 PR |
| 血液学 | 白细胞计数或分类计数<br>白细胞激活<br>溶血<br>网织红细胞计数<br>外周血细胞的特定激活释放产物(如粒细胞) | 外周血细胞的特定激活释放产物(如粒细胞)仅推荐使用于 PR |
| 补体系统 | C3a,C5a,TCC,Bb,iC3b,C4d,SC5b-9,CH50,C3 转换酶,C5 转化酶 | |

\* PR:长期或重复接触,24 h~30 d;另外还有 LI,<24 h;PC,持久性接触,>30 d。

**表 2.25 植入材料血液相容性评价试验方法**[14]

| 试验类别 | 评价试验方法 |
|---|---|
| 血栓形成 | 扫描电镜(血小板粘附和聚集,血小板和白细胞形态,纤维蛋白)<br>堵塞百分率<br>流速降低<br>血栓成分的标记抗体<br>材料剖检(肉眼观察和显微镜观察)<br>远侧器官剖检(肉眼观察和显微镜观察) |

续表 2.25

| 试验类别 | 评 价 试 验 方 法 |
|---|---|
| 凝血 | 特异性凝血因子测试:FPA,D-dimer,F1+2,TAT<br>PTT(未激活),PT,TT<br>血浆纤维蛋白原<br>FDP |
| 血小板 | PF-4,$\beta$-TG,凝血恶烷 B2<br>血小板激活标记<br>血小板微粒<br>同位素标记的血小板 $\gamma$ 成相,$^{111}$铟标记血小板存活<br>血小板功能分析<br>血小板计数/粘附<br>血小板聚集 |
| 血液学 | 白细胞计数或分类计数<br>白细胞激活<br>溶血<br>网织红细胞计数<br>外周血细胞的特定激活释放产物(如粒细胞) |
| 补体系统 | C3a,C5a,TCC,Bb,iC3b,C4d,SC5b-9,CH50,C3 转换酶,C5 转化酶 |

注意事项:①体外试验应在采集血液后 4 h 内进行,因血液成分很容易受到外界环境的影响而发生改变。体内试验可用于评价接触时间超过 24 h 的材料的血液相容性。②材料的血液相容性评价结果不仅受材料本身性能的影响,还受血液参数、顺应性、多孔性和植入物设计等很多因素的影响。而体内试验可减少其它因素的影响。

具体方法:

①体外试验(以溶血试验为例)

试验目的:通过测定红细胞溶解和血红蛋白的游离程度,评价材料的体外溶血性。

试验方法:将 定量的供试品加到体积分数为 2% 的血生理盐水混悬液中观察有无溶血现象

结果观察:

溶血率/% = $(D_t - D_{nc})/(D_{pc} - D_{nc}) \times 100$

($D_t$:试验组样品吸收度;$D_{nc}$:阴性对照吸收度;$D_{pc}$:阳性对照吸收度)

结果评价:材料符合溶血试验要求:溶血率≤5%;材料不符合溶血试验要

求:溶血率>5%

②半体内试验:半体内试验是指从人体活动物体直接引出一部分血液至体外的测试管进行评价的一种试验方法。可用于评价血栓形成/血栓栓塞、凝血、血小板的数量及功能。

**7. 热原试验**[14]

主要包括兔法和细菌内毒素检查法。

(1)兔法

试验目的:评价生物医用材料的浸提液中的热原含量是否符合人体应用要求。

试验方法:将一定量的生物医用材料的浸提液注入家兔的静脉。

结果观察:以体温作为观察指标(将所有体温下降计为无体温上升)。

结果评定:材料浸提液符合热原检查要求为初试的3只家兔体温升高均在0.6℃以下,且3只家兔体温升高总数在1.4℃以下;复试的5只家兔中,只有1只家兔体温升高大于等于0.6℃,且初复试的8只家兔体温升高的总数不超过2.5℃。

材料浸提液不符合热原检查要求为初试时体温升高大于等于0.6℃的家兔超过1只;复试时,体温升高大于等于0.6℃的家兔超过1只;初复试的8只家兔体温升高的总数超过2.5℃。

需重复检查(复试):3只家兔体温升高均在0.6℃以下,但3只家兔体温升高总数大于等于1.4℃(另取5只家兔)。

(2)细菌内毒素检查法

试验目的:评价生物医用材料中细菌内毒素的限量是否符合规定。

试验方法:取8支试管(内有0.1 mL鲎试剂溶液)或8个复溶后的0.1 mL/支规格的鲎试剂原安瓿;2支加入0.1 mL按最大有效稀释倍数稀释的样品溶液-样品管;2支加入0.1 mL 2λ内毒素工作标准品溶液*-阳性对照管(*-阳性对照液是用最大有效稀释倍数稀释的样品溶液与内毒素工作标准品溶液配置而成,浓度为2λ,λ为鲎试剂灵敏度测定值。保温和取放过程中动作要轻,以免因震动造成假阴性。);2支加入0.1 mL细菌内毒素检查用水-阴性对照管;然后轻轻混匀,封口,垂直放入(37±1)℃的水浴(60±2)min。将试管从水浴中拿出,倒转180度。

结果观察:阳性(+):内凝胶不变形,不从管壁滑脱。阴性(-):内凝胶变形,并从管壁滑脱。

结果评定:①试验有效:阳性对照为(+),阴性对照为(-)。②生物医用材料中细菌内毒素的限量符合规定:初试样品两管都为(-)。③生物医用材料中细菌内毒素的限量不符合规定:初试样品两管都为(+),复试有 1 管(+)。④需重复试验(复试):样品两管中 1(+),1(-)(另取 4 支样品)。

**8. 遗传毒性试验**[14]

适用条件:与粘膜、损伤皮肤表面接触 30 d 以上的生物医用材料;与血液间接接触 30 d 以上的生物医用材料;介入体内与组织、骨、血液接触 24 h 以上的生物医用材料;植入体内与组织、骨、血液接触 24 h 以上的生物医用材料。

试验目的:评价生物医用材料的遗传毒性。

试验方法:生物医用材料的遗传毒性包括对 DNA 的影响、基因突变和染色体畸变三个方面,故每个试验组至少应包括三项试验。

试验样品:最终产品的浸提液(NS 或能溶解材料的溶剂,如 DMSO);浸提温度:37℃、24h(DMSO)。

可选用的具体方法:①体外试验:微生物回复突变试验、哺乳动物培养细胞染色体畸变试验(参照中国新药审批办法)。②体内试验:啮齿类动物微核试验(参照中国新药审批办法)。

**9. 致癌试验**[14]

适用条件:遗传毒性试验(+)的生物医用材料;类似已知致癌物的结构的生物医用材料;介入体内与组织、骨、血液接触 30 d 以上的生物医用材料;植入体内与组织、骨、血液接触 30 d 以上的生物医用材料。

试验目的:评价生物医用材料及其降解产物的致癌性。

试验方法:①试验样品:固态材料(将材料制成圆形膜片,厚度≤0.5 mm,直径 10 mm,两面光滑)。灭菌:材料耐热:NS 煮沸 30 min(24 h 内有效);材料不耐热:选用其它灭菌方式。②试验动物:大鼠(体重在 60~80 g),试验组和对照组雌雄各 50 只以上,试验结束时至少有 16 只以上。③植入部位:背部两侧皮下。④植入时间:2 年。

结果观察:①观察时间:动物整个或大部分生命期间。②观察指标:肿瘤(数量、类型、发生部位、发生时间)。

**10. 生殖毒性试验**[14]

适用条件:与生殖系统接触的生物医用材料;与胚胎或胎儿接触的药物控释体系;用于计划生育的生物医用材料。

试验目的:评价生物医用材料的生殖毒性。

试验方法:包括一般生殖毒性试验、致畸胎试验和围产期毒性试验。①试验样品:应用剂量多倍于拟用于人体剂量的材料。②植入部位:与临床应用部位相同。③试验剂量:至少有 2~3 种剂量,并另设对照组,高剂量可有轻度毒性反应,低剂量应为拟议中的治疗量的某些倍量。

具体试验过程:

(1)一般生殖毒性试验

试验动物:小鼠或大鼠每组雌雄各20只以上。

植入时间:雌性动物交配前14 d,雄性动物交配前60 d以上。

结果观察:试验动物同笼交配过夜后,以适当方法检查其交配成功与否(阴栓或精子的有无)。同笼饲养期限最多两周。必要时试验动物可以和对照动物分别交配,已交配的雌性动物,推定其妊娠末期及时解剖,观察妊娠的确立、胎儿的吸收和死亡及子宫内活胎的发展情况,并进行形态学检查(性别、外表及内部器官的形态学观察及骨骼透明染色标本的检查),必要时进行组织学和组织化学的详细检查。试验雄性动物及未交配上的雌鼠均作剖检,必要时进行病理组织学检查。

(2)致畸胎试验

试验动物:至少一种动物,一般采用小鼠或大鼠,每组15~20只孕鼠,家兔每组8~12只孕兔。

植入时间:胚胎的器官形成期。

结果观察:全部动物在妊娠末期剖检,观察妊娠的确立,有无死胎和吸收胎及子宫内活胎的发育情况,并进行形态学检查(性别、外表及内部器官的形态学观察及骨骼透明染色标本的检查),必要时进行组织学和/或组织化学的详细检查。某些材料需要观察其对子代的影响,相应增加孕鼠10只,使其自然分娩,观察其下一代直至成年。检查新生动物的存活、生长及发育情况,包括行为、生殖功能及其它异常症状。必要时还可对处理的雌性动物长期观察其生殖、受孕、分娩及次子代的情况。

(3)围产期毒性试验

试验动物:小鼠或大鼠每组15~50只孕鼠,家兔每组8~12只孕兔。

植入时间:妊娠后期及整个泌乳期。

结果观察:所有雌性动物自然分娩,观察下一代直至成年的存活、生长和发展情况,其中包括行为、生殖功能及其它异常症状。必要时还可对雌性动物长期观察其生殖、受孕、分娩及次子代的情况。

## 参 考 文 献

[1] GERALD KARP. Cell and Molecular Biology[M]. 2nd ed. John Wiley and Sons, Inc., 1996.

[2] 阮建明,邹俭鹏,黄伯云.生物医用材料学[M].北京:科学出版社,2004.

[3] 刘斌,吴江声.组织学与胚胎学[M].北京:北京医科大学出版社,1999.

[4] 范少光,汤浩,潘伟丰.人体生理学[M].北京:北京医科大学出版社,2000.

[5] 崔福斋,冯庆玲.生物医用材料学[M].北京:清华大学出版社,2004.

[6] 刘斌,吴江声.组织学与胚胎学[M].北京:北京医科大学出版社,1999.
[7] 顾汉卿,徐国风.生物医用材料学[M].天津:天津科技翻译出版公司,1993.
[8] 王世希,陈德皓,徐志宏.基础组织学[M].台北:艺轩图书出版社,1989.
[9] LESLIE P GARNER,JAMES L HIATT. Color Textbook of Histology[M]. W. B. Company,1997.
[10] 翟中和,王喜忠,丁明孝.细胞生物学[M].北京:高等教育出版社,2000.
[11] 细胞生物学教程[M/OL].http://www.cella.cn/book.
[12] 吕以仙.有机化学[M].5版.北京:人民卫生出版社,2001.
[13] 李世普.生物医用材料导论[M].武汉:武汉工业大学出版社,2000.
[14] 李玉宝.生物医用材料[M].北京:化学工业出版社,2003.
[15] SGOURAS D,DUNCAN R. Methods of evaluation of biocompatibility of spluble synthetic polymers which have potential for biomedical use. The tetrazolium-based assay (MTT) as a preliminary screen for evaluation of in vitro cytotoxity[J]. Mater Sci,1990(1):61.
[16] WALLACE L,GUESS S,ALAN ROSENBLUTH, et al. Agar difusion method for toxicity screening of plastics on culture cell monolayers[J]. Journal of Pharmaceutical Science,1965,54(10): 1 545.
[17] SABITA STIVASTAVA,STEPHEN DG. Screening of in vitro cytoxicity by the adhesive test[J]. Biomaterials,1990,11(3):133.
[18] TSUCHIYA T. Study on the standardization of cytotoxicity tests and new standard reference materials useful for evaluating the safety of biomaterials[J]. Biomaterials,1994,9(2):138.

# 第3章 金属生物医用材料

## 3.1 概 述

金属生物医用材料历史悠久,是人类最早使用的生物医用材料之一,甚至可以追溯到公元前400～公元前300年,腓尼基人用金属材料修复牙缺损。1546年纯金薄片被用于修复缺损颅骨[1],1775年Icart等报道了用铁丝固定断骨[2],1829年Levert等[2]进行动物体内植入试验,检验了多种金属材料与组织的相容性,得出铂丝对组织的刺激性最小的结论。后来也有许多关于金属材料在医学上应用的例子,然而直到19世纪末,人们才开始对金属医用材料进行系统的研究。1912年Sherman介绍了钒钢,发现钒钢的综合性能比较好。1913年Hey Groves和1924年Zierold通过动物体内植入试验取得数据,用耐腐蚀性能及组织反应性两项指标来评价所试验的各种金属材料,寻找性能最好的、可以安全使用的金属植入材料,最终Zierold得出Stellite钴铬合金的性能最好的结论[2],到了20世纪30年代,随着钴铬合金、不锈钢和钛及钛合金的相继开发成功并在齿科和骨科中得到广泛的应用,金属生物医用材料以其优良的力学性能、易加工性和可靠性,奠定了金属以及合金材料在生物医用材料中的重要地位。

金属生物医用材料与工业用金属材料不同,它用量小,品种多,规格不一,要求严格。不论何种材料要植入到人体内,便处于人体生理环境当中,其复杂程度是在实验室几乎无法再现的,而且处于动态反应系统之中。人体对于异物是非常敏感的,所以植入材料除了要达到很好的修复和治疗目的,首先必须保证对人体安全无害,符合"医用级"标准,对周围的组织和血液,对人体都不能产生不利的影响。金属材料在组成上与人体组织成分相距甚远,所以,金属材料很难与生物组织产生亲合作用,一般不具有生物活性,对于金属生物医用材料的一般要求可以归纳为:材料与人体的生物相容性要求、材料在人体环境中的耐腐蚀性要求和材料的力学性能要求[2]。

### 3.1.1 生物相容性要求

植入材料对人体的适应性和亲合性主要指生物相容性,围绕生物相容性开

展的研究工作比较多,将生物相容性具体化,可列出8个方面的要求[2],即

①化学稳定性、无毒性和变态反应;②良好的生物组织适应性;③无致癌性和抗原性;④不引起血栓和溶血;⑤不引起新陈代谢异常;⑥在人体中无降解和分解;⑦无析出物;⑧不产生吸附和沉淀物。

### 1. 毒性反应

毒性反应与材料释放的化学物质和浓度有关。金属生物医用材料植入人体内,一般要求永久或者半永久(15 a 以上)地发挥生理功能[1],在这样一个相当长的时间内,金属表面或多或少会有离子或原子团因腐蚀或者磨损进入周围生物组织,因此,材料是否对生物组织有害就成为选择材料的必要条件。

元素周期表中70%的元素是金属,但大部分金属不宜作为生物医用材料,因为它们与生物体不相容,或太软或太脆,或有毒性。

纯金属的毒性与它在元素周期表中的位置有关。第ⅡA族的铍(Be)、镁(Mg)、钙(Ca)、锶(Sr)、钡(Ba)、锌(Zn)、镉(Cd)、汞(Hg)毒性强,第ⅢA族的铝(Al)、镓(Ga)、铟(In)、第ⅣA族的锡(Sn)、硅(Si),第ⅣB族的钛(Ti)、锆(Zr)完全无毒,第Ⅵ族的铬(Cr)、钼(Mo)、钨(W)也无毒性。在第Ⅰ、Ⅴ、Ⅷ族中,同族中原子量小的铜(Cu)、钒(V)、砷(As)、锑(Sb)、铁(Fe)、钴(Co)、镍(Ni)有毒,而同族中原子量大的金(Au)、钽(Ta)、铂(Pt)未发现毒性[3]。

金属的毒性主要作用于细胞、可抑制酶的活动,阻止酶通过细胞膜的扩散和破坏溶酶体。然而在有毒的纯金属当中加入某些金属形成合金,可以减小甚至消除毒性,例如不锈钢当中含有毒的铁、钴、镍,加入有毒的铍(2%)可减小毒性;加入铬(20%),则毒性消失,且抗蚀性增强。

### 2. 化学稳定性

要求金属材料高度惰性,不因体液而有变化,结构稳定:①抗化学性和电离性腐蚀;②抗溶解和膨胀;③无毒;④无热原反应;⑤无磁性;⑥耐久性,即在使用、贮存和消毒时不被破坏,不因长期植入而丧失性能。另外应具备可消毒性,消毒后不引起材料性能的改变。

### 3. 生物相容性评价

材料植入人体后,会引起种种组织反应,首先是外科手术引起的软组织和硬组织损伤反应、植入件表面氧化、材料的水解降解、反复应力下材料的疲劳、损坏、表面磨损、腐蚀等。严重时不仅植入体周围组织异常,在血和尿中也能检出溶解的元素浓度上升。为了检验植入材料的生物相容性,在研究中提出了许多检验方法,下面简要列举几种常用实验方法[2]:

①急性安全试验;②局部刺激试验;③细胞培养;④过敏试验;⑤皮下或肌肉包埋试验;⑥热原试验;⑦急性毒性试验;⑧溶血反应;⑨凝血时间;⑩Ames

突变试验;⑪常染色体畸变试验;⑫动态组织学观察;⑬蛋白吸附测定;⑭血小板粘附测定;⑮白细胞免疫功能测定;⑯显性致死试验;⑰长期植入试验;⑱形态致畸试验;⑲体内外代谢动力学观察;⑳体内或体外模拟血液相容性试验;㉑对各种特定要求的生物学试验。

### 3.1.2 耐腐蚀性能要求

金属材料的主要缺点是腐蚀问题。金属生物医用材料植入体内后处于长期浸泡在含有有机酸、碱金属或碱土金属离子($Na^+$、$K^+$、$Ca^{2+}$)、$Cl^-$离子等构成的恒温(37℃)电解质的环境中,加之蛋白质、酶和细胞的作用,其环境非常复杂,会对金属材料产生腐蚀,腐蚀产物可能是离子、氧化物、氯化物等,它们与邻近的组织接触,甚至渗入正常组织或整个生物系统中,对正常组织产生影响和刺激,因此对于金属材料耐腐蚀性能的要求在某种意义上讲是相当重要的。

金属材料在人体内生理环境中发生的腐蚀主要有八种类型[1,3]:①均匀腐蚀;②点腐蚀;③电偶腐蚀;④缝隙腐蚀;⑤晶间腐蚀;⑥磨蚀;⑦疲劳腐蚀;⑧应力腐蚀。均匀腐蚀属于一般性腐蚀,它是在化学和电化学作用下发生在暴露表面上或者大部分暴露表面上的腐蚀,它会影响到材料的生物相容性,其它的情况都属于局部腐蚀情况,它们是由于成分的不纯(点腐蚀)、组织的不均匀(晶间腐蚀)、材料的混用(电偶腐蚀)、结合处磨损(缝隙腐蚀)、应力集中(应力腐蚀)、疲劳性断裂(疲劳腐蚀)等因素引起的。

腐蚀不仅产生腐蚀产物,对人体有刺激性和毒性,还会降低或破坏金属材料的机械性能,甚至导致断裂引起植入失败。为了检测金属的抗腐蚀性能,一般采用体外和体内实验。体外实验包括浸泡法和电化学法测定腐蚀速率及电化学特性,并且结合现代分析测试手段分析腐蚀机制。体内埋藏试验则用金相学、光谱分析和组织学观察。

作为金属生物医用材料一方面必须具有良好的钝化性能、合适的成分与结构,另一方面在设计和加工金属植入器械的时候,注重改善材料的表面质量,如提高光洁度等,避免制品在形状、力学设计及材料匹配上出现不当,造成局部腐蚀的发生。

### 3.1.3 力学性能要求

金属生物医用材料在体内主要是作为受力器件植入的,如人工关节、人工椎体、骨折固定装置、螺钉、骨钉、牙种植体等,这些情况都需要承受一定的应力。某些受力状态相当恶劣,如人工髋关节,每年需要经受约$3.6 \times 10^6$次几倍于人体体重的载荷冲击和磨损,若要使人工髋关节的使用寿命得到保证,材料必须具有优良的力学性能和耐磨损性。因此金属生物医用材料具有适当的力学性能是至关重要的,对其要求主要有以下几个方面[3]。

①足够的强度和韧性,包括静力和动力学强度,能承受人体某些部位机械作用力,不因生理环境而降低强度;②弹性疲劳、变形;③磨损及摩擦性能与组织相容,即耐磨性要好;④硬度与组织植入区相近或适应;⑤弹性与组织相容;⑥表面光洁度根据具体情况决定,如人工髋关节对此要求较高,而埋入组织时需要获得附着或固定的植入物则较低。

评价金属生物医用材料的力学性能最重要的指标有:抗压强度、抗拉强度、屈服强度、弹性模量、疲劳极限和断裂韧性等。人体骨的强度和弹性模量不是很高,如股骨头的抗压强度仅为143 MPa,纵向弹性模量约为13.8 GPa,径向弹性模量为纵向的1/3,因此,允许较大的应变,其断裂韧性较高。通常要求材料的强度高于人体骨的3倍以上。与人体骨相反,金属生物医用材料通常具有较高的弹性模量,一般高出人体骨一个数量级。弹性模量是生物医用金属材料的重要物理性质之一,其值过高或过低都会呈现生物力学不相容性。如果金属生物医用材料的弹性模量过高,在应力作用下,承受应力的金属和骨将产生不同的应变,在金属与骨的接触界面处出现相对的位移,从而造成界面处的松动,影响植入器件的功能,或者造成应力屏蔽,引起骨组织的功能退化或吸收;金属生物医用材料的弹性模量过低,则在应力作用下会产生较大的变形,起不到固定和支撑的作用。因此,一般希望金属生物医用材料的弹性模量要稍高于人骨的弹性模量。金属生物医用材料的硬度能够反映材料的耐磨性,材料的硬度不够高,在体内容易磨损产生有害的金属微粒或碎屑,这些微粒处于较高的能量状态,容易与体液发生化学反应,导致磨损局部组织的炎症、毒性反应等。对于人工关节用金属材料来说,抗疲劳和耐磨损是主要问题。

## 3.2 医用纯金属材料

### 3.2.1 医用纯钛

**1. 纯钛的性能**

钛位于元素周期表中ⅣB族,原子序数为22,原子核由22个质子和20~32个中子组成,钛的密度为3.506~3.516 g/cm³(20℃),只相当于钢的57%,属轻金属。它的熔点较高,约为1 668±4℃,沸点约为3 260±20℃,临界温度4 350℃,临界压力1 130大气压。它的导电性差,热导率和线膨胀系数均较低,热导率只有铁的1/4,铜的1/7。钛无磁性,在很强的磁场下也不会磁化,用钛制人造骨和关节植入人体内不会受到雷雨天气的影响[4,5]。表 3.1 所示为金属钛的主要物理性能。另外在 −253~600℃ 范围内，它的比强度在金属材料中几乎最高。

表 3.1 金属钛的主要物理性能[5]

| 名 称 | 数 值 | 名 称 | 数 值 |
|---|---|---|---|
| 原子序数 | 22 | 转变潜热 | 2 838 kJ |
| 相对原子质量 | 47.9 | 热膨胀系数 | $8.2 \times 10^{-6}$/℃(0~100℃) |
| 克原子体积 | 10.7 cm³/克原子 | 弹性模量 | 10 850 kg/mm² |
| 密度(20℃) | 4.505 g/cm³ | 拉伸强度 | 10 340 kg/mm² |
| 熔点 | 1 668 ± ℃ | 压缩强度 | 10 550 kg/mm² |
| 沸点 | 3 535℃ | 剪切强度 | 4 500 kg/mm² |
| 熔化潜热 | 20.9 kJ | 导热系数 | 0.15 J/cm·s·℃ |
| 汽化潜热 | (471.02 ± 0.3) kJ | 电阻系数 | $47.8 \times 10^{-6}$ Ω·cm |
| 同素异晶转变温度 | 882℃ | 转变时体积的变化 | 5.5% |
| 转变时熵的变化 | 0.587℃ | 磁化率 | $3.2 \times 10^{-6}$ cm³/g |
| 比热容 | J/(kg·K) | | |

钛有两种同素异构体，在 882℃ 以下稳定，非合金化的钛为密排六方晶格（hcp）结构，称为 $\alpha$-Ti；在 882℃ 与熔点 1678℃ 之间稳定存在，非合金化的钛具有体心立方晶格（bbc）结构，称为 $\beta$-Ti。在 882℃ 发生 $\alpha \leftrightarrow \beta$ 转变。$\alpha$-Ti 的点阵常数为 $a = 0.295\ 0$ nm(20℃)，$c = 0.468\ 3$ nm，$c/a = 1.587$；$\beta$-Ti 的点阵常数为 $a = 0.328\ 2$ nm(20℃) 或 $a = 0.330\ 6$ nm(900℃)[2,4]。

非合金化的纯钛被称为商业纯（C.P.）钛，也叫工业纯钛。工业纯钛在冷变形过程中，没有明显的屈服点，其屈服强度与极限强度相近，具有较高的屈/强比（$\sigma_{0.2}/\sigma_b$），而且钛的弹性模量小，约为铁的 54%。工业纯钛与高纯钛（99.9%）相比，具有较高的强度，较低的塑性，二者的力学性能列于表 3.2[4]中。

表 3.2 纯钛的力学性能[4]

| | 抗拉强度/MPa | 屈服强度/MPa | 延伸率/% | 断面收缩率/% | 弹性模量/GPa | 泊松比 | 冲击韧性/(MJ·m⁻²) |
|---|---|---|---|---|---|---|---|
| 高纯钛 | 250 | 190 | 40 | 60 | 108 | 0.34 | 2.5 |
| 工业纯钛 | 300~600 | 250~500 | 20~30 | 45 | 112 | 0.32 | 0.5~1.5 |

一般认为制作人造股骨头的金属材料强度不应低于539.37 MPa,其余关节部位可略低些。工业纯钛的强度为343.23~539.37 MPa,适用于制造人造股骨头以外的任何接骨材料[6]。

纯钛的力学性能严重依赖于其中的微量元素含量。因此,在技术上为了区分,规定了四种级别的纯钛作为医用材料。ISO 5832-2(1999)外科植入-金属材料-第二部分当中规定了纯钛植入材料的化学成分和力学性能。在ASTM F67当中也有类似的规定[7]。

表3.3所示为ISO 5832-2规定的四种级别纯钛的化学成分。在1999年这个版本当中又额外增加了一种低空隙级别ELI。表3.4所示为相应的力学性能要求。对于级别4规定了退火态(4A)和冷加工态(4B)两种状态。可以很明显地看出来,随着微量元素的增加(特别是氧元素),纯钛的拉伸强度提高,延伸率降低。对于大多数AO ASIF(国际内固定研究学会)植入类型来说,都远超出了所列出的冷加工态级别4B的680 MPa水平。延伸率10%左右,典型的抗拉强度可达到800~830 MPa。一般来说,为了满足临床性能和AO ASIF植入的需要,对材料的力学性能会有调整。例如,为了适合骨表面形状,需要调整板的轮廓,因此需要充分的塑性变形,这就限制了材料的实际拉伸强度。因为随着塑性的提高,强度会降低(如表3.4)。由于纯钛为密排六方结构,所以它不像钢那样具有较大的变形能力。因此在对纯钛植入物成型时要特别小心。

表3.3 ISO 5832-2(1999)中规定不同级别纯钛的化学成分(最大 $w_b$/%)[7]

| 元素 | 级别 1(ELI) | 级别 1 | 级别 2 | 级别 3 | 级别 4A/4B |
|---|---|---|---|---|---|
| 氮 | 0.012 | 0.03 | 0.03 | 0.05 | 0.05 |
| 碳 | 0.03 | 0.10 | 0.10 | 0.10 | 0.10 |
| 氢 | 0.125* | 0.125* | 0.125* | 0.125* | 0.125* |
| 铁 | 0.10 | 0.20 | 0.30 | 0.30 | 0.50 |
| 氧 | 0.10 | 0.18 | 0.25 | 0.35 | 0.40 |
| 钛 | 余量 | 余量 | 余量 | 余量 | 余量 |

* 对于块材氢的最大质量分数为0.010 0%,对于板材氢的最大质量分数为0.015 0%。

表3.4 ISO 5832-2(1999)中规定不同级别纯钛的常规力学性能[7]

| 级别 | 状态 | 抗拉强度(最小值)/MPa | 屈服强度(最小值)/MPa | 延伸率*(最小值)/% |
|---|---|---|---|---|
| 1ELI | 退火态 | 200 | 140 | 30 |
| 1 | 退火态 | 240 | 170 | 24 |
| 2 | 退火态 | 345 | 275 | 20 |
| 3 | 退火态 | 450 | 380 | 18 |
| 4A | 退火态 | 550 | 483 | 15 |
| 4B | 冷加工 | 680 | 520 | 10 |

* 标准长度为50 mm或者 $5.65\sqrt{S_0}$,$S_0$ 为原始横截面积(cm²)。

纯钛及其合金的弹性模量较低,这意味着除了聚合物以外它具有较高的适应性。如图3.1所示,钛的弹性模量与骨非常接近。因此,钛的弹性变形与骨的弹性变形相适应,能够减少局部应力集中的发生。与钢相比,在一定的载荷范围内,由于它的弹性模量较低会减小应力,因而抗疲劳性能较高。图3.2所示为植入不锈钢与钛的疲劳曲线,可以看出,在高周疲劳阶段,钛的疲劳强度超越了钢的疲劳强度。

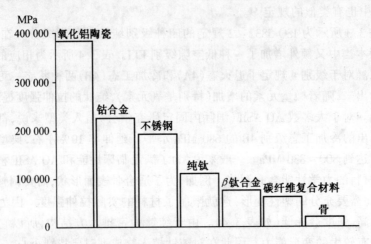

图3.1 不同植入材料的弹性模量对比[7]

20世纪50年代中期,瑞典哥德堡大学Branemark等[8]在骨髓腔内微血管血流状态研究课题中,使用了高纯度钛作为植入材料,并且对植入动物体内的钛材料进行了长期的观察,发现纯钛与机体生物相容性很好,纯钛与兔的胫骨产生了异常牢固的结合。Branemark还提出了骨结合的概念,它是指在负重的种植体和有生命的骨组织之间一种直接牢固的结合。

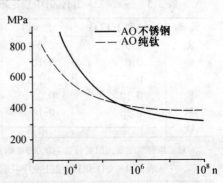

图3.2 纯钛与不锈钢的疲劳曲线对比[7]

纯钛因优异的生物相容性而出名。这主要表现在两方面[7]:(a)钛表面与组织具有良好的生物反应;(b)钛不产生炎症反应。除了长期的临床经验可以说明第二点外,二氧化钛作为药膏和化妆品的主要成分也都充分说明了第二点。

钛之所以具有与人体骨骼良好的生物相容性是因为[8]:①纯钛弹性模量与人体骨骼的弹性模量最为接近,有利于降低或消除植入物与人体骨骼界面的应力屏蔽;②纯钛在空气中放置会在其表面形成一层致密的 $TiO_2$ 氧化膜,这样的膜使其惰性大大增加,降低表面锈蚀,有利于与人体骨骼结合。

钛是十分活泼的金属,能够很快地与常见的气体,如氧气、氢气、氮气发生反应,但实际上在许多介质中钛都很稳定,如在氧化性、中性和弱还原性介质中是耐腐蚀的。这是因为,钛与氧具有很好的亲合力,在空气或含氧介质中,在表面生成一层致密、附着力强、惰性大的氧化膜,这层膜称为钝化膜,使钛具有抗腐蚀性,保护了钛基体不被腐蚀,即使受到机械磨损之后,由于钛具有强烈的钝化倾向,也会很快地自愈或再生。在受到机械损伤之后,钝化膜能够很快地再

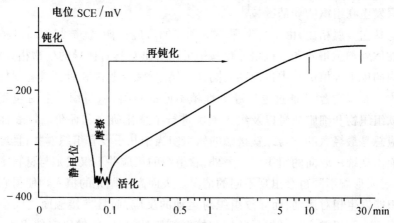

图 3.3　纯钛植入在 0.9%NaCl 溶液中的再钝化曲线[7]

生成。如图 3.3 所示为钛在质量分数为 0.9% 的 NaCl 溶液中摩擦的电化学曲线,从曲线中可以看出,在达到一段稳定的开路电位之后,表面受到磨损造成钝化膜的破坏而具有活性,一旦停止磨损之后马上发生再钝化。因此,当钛植入物表面受到加工损坏或者发生磨损的时候,钝化会立即产生,继续起到保护作用。因此,即使在磨损条件下,比如钛骨钉头与骨板孔发生相对运动时,尽管发生了机械磨损,但是在形态上仍然观察不到腐蚀的痕迹。在 315℃ 以下,钛的氧化膜始终保持着这一特性,完全满足钛在一般环境中的耐蚀需要[4]。

通过阳极极化的电化学方法,可以产生各种厚度的具有保护性的氧化膜。在光照下,不同厚度的膜产生不同的颜色。这个技术具有高的再生性,并且能够用来做 AO ASIF 钛植入物的颜色译码,也就是用来区分不同的尺寸、应用等。在多次杀菌之后可以观察到阳极钛表面轻微的颜色变化。当由于指纹、油脂等使表面受到污染颜色浑浊时,可以用医用酒精清洗或者按照标准医学清洁过程进行清洗就可以恢复本来的色泽。

纯钛与其它金属和合金相比,主要有以下特点:①无毒、不致癌、不致畸、不诱发变态反应;②良好的耐腐蚀性,其表面致密的氧化膜能抵抗多种电解质的

腐蚀,包括人体的组织液、唾液等;③适宜的力学性能,纯钛强度适中、硬度较低[9]。对于内固定来说,钛植入物一般是在患者对镍敏感时,成为不锈钢的替代物,因为它不会产生敏感症,所以当临床上使用其它材料可能冒感染的危险时,就使用钛植入物[7]。

在许多 AO ASIF 组的研究中,按照常规方法观察植入板接触的软组织标本,发现组织健康并没有炎症反应,甚至在局部出现微粒时也没有炎症反应。由于不稳定性,当植入件之间摩擦时,会有小的微粒进入到组织当中去,其平均尺寸约有 1~5 μm,这些颗粒使组织呈现出蓝灰色。然而这种情况很少发生,并且只发生在组织的局部区域[7]。

与其它金属相比,由于与生理环境良好的反应性能,钛被归为高级植入材料。在体外细胞培养和有机培养化验中可以看出它具有优异的生物相容性能。在体内的皮下埋植试验中也观察到同样的结果,钛与肌肉和骨都具有很好的相容性[7]。有研究者[10]通过老鼠胫骨埋植不同的材料,从组织学上对包裹植入物的软组织物和细胞数量以及组织囊肿进行了量化研究和评价。钛表面的组织反应总是最轻微的。与纯钛接触的软组织当中几乎没有组织囊肿;且经常在其表面出现统一取向的组织层。另外,软组织的反应并不仅仅是与材料本身的反应,表面形貌不同也会出现不同的情况。表面高度抛光的植入物使得它上面的组织能发生相对运动,而导致组织对运动的反应,而且在接触面之间会形成液体层;相反,粗糙表面增加了摩擦和接触细胞的增殖,能够固定软组织,防止液体层的出现,这种机制被认为能够抵消微生物污染的蔓延。

骨能够很快地在钛表面附着,骨缝合术、牙外科和修复手术长期的临床经验和组织学观察显示骨能够与钛植入物"结合",尽管在植入物表面会首先生成有机分子,骨细胞和矿化骨基质仍能够直接在钛植入物上面附着而不需要其它组织的介入。

早前人们观察到骨在钛植入物表面的附着后提出了"骨结合"的说法,通过增加钛表面粗糙度或表面三维结构可以加强骨在钛表面的锚着。这种植入保持力受多方面因素的影响,例如表面积大小、摩擦情况以及三维多孔结构。

邹丽剑等[11]为探明不同纯度纯钛的生物学性能差异,采用荧光、偏光显微镜,定量组织学分析等方法,对国产的 4 种纯度的纯钛与骨组织的亲合性、结合形式、骨整合率、新骨生长率等进行了比较研究,所用纯钛的纯度分为 4 级,分别为:$TA_0$(99.80%Ti),$TA_1$(99.50%Ti),$TA_2$(99.20%Ti),$TA_3$(93.00%Ti)。实验证明:纯钛的纯度在 99.50% 以下(含杂质元素 0.5% 以上)时,开始产生生物学性能不良影响,纯度越低,产生不良影响的趋势越大。由纯度降低所产生的影响主要表现为纯钛种植体周围骨密度、新骨生长率以及骨整合率均下降。

**2. 医用纯钛的临床应用**

由于钛金属无毒、质轻、强度高、抗腐蚀、抗疲劳,因而成为口腔人工种植牙和颌骨骨折的内固定等外科手术中最引人注目的金属材料[8]。在口腔医学领域的应用主要有种植体、纯钛支架义齿、钛合金烤瓷冠等。纯钛支架义齿与钴铬合金支架义齿相比,具有质量轻、强度高、没有生物毒性、制作过程对环境没有污染等特点,是所有牙科医生乐于使用的新型假牙材料。

在牙科修复的应用中,纯钛具有其它金属或合金无法代替的优越性能:①极好的生物相容性;②良好的抗腐蚀性;③不会产生过敏症状;④最轻的牙科金属;⑤极低的热传导性;⑥没有金属味道;⑦单一金属、单一熔点、较低的铸造收缩变形率;⑧X线可透性[12]。

陈德胜等[13]在1999年至2004年间采用纯钛重建钢板治疗26例锁骨骨折患者,探讨纯钛重建钢板在成人锁骨骨折中的治疗效果,随访9～13个月,26例患者采用纯钛重建钢板内固定,达到解剖复位,固定确切可靠,全部骨性愈合。患者肩关节活动良好,外形满意。他们认为采用纯钛重建钢板内固定治疗锁骨骨折,特别是中段不稳定骨折,是一种理想的、值得推荐的手术方法。

郭起等[14]从1995年开始,使用纯钛内固定夹板治疗颌面骨折38例,46处骨折,38例均于术后立即恢复咀嚼功能,术后7 d拆线出院,不需要牙弓夹板颌间牵引固定。其中23例术后6～12个月随访复查,均恢复正常,无不良反应。

郭吕华等[15]通过检测患者戴整体铸造纯钛基托义齿2年后,义齿性口炎发生率以及满意度,和传统的整体铸造钴铬合金基托义齿相比较,评估了整体铸造纯钛基托义齿的临床应用情况,结果发现,患者戴整体铸造纯钛基托义齿半年和2年后均比铸造钴铬合金基托义齿的舒适性、语音功能、咀嚼功能好($p<0.05$),纯钛义齿性口腔炎症发生率远低于后者($p<0.01$)。表明整体铸造纯钛基托义齿更适用于临床。

### 3.2.2 医用贵金属

医用贵金属主要是指金、银、铂族元素及其合金的总称。由于贵金属材料具有独特的抗腐蚀性、生理上的无毒性、良好的延展性以及生物相容性,在医学领域的应用日益拓展。贵金属的基本物理性质如表3.5所示[16]。

**1. 金**

金在自然界中主要以金属形式存在,它在地壳中的平均含量是$0.4\times10^{-6}$,在地核中含量要高些[17]。

表 3.5 贵金属的主要物理性能[16]

| 性 质 | 钌 | 铑 | 钯 | 银 | 锇 | 铱 | 铂 | 金 |
|---|---|---|---|---|---|---|---|---|
| 元素符号 | Ru | Rh | Pd | Ag | Os | Ir | Pt | Au |
| 原子序数 | 44 | 45 | 46 | 47 | 76 | 77 | 78 | 79 |
| 相对原子质量 | 101.07 | 102.91 | 106.4 | 107.87 | 190.2 | 192.2 | 195.09 | 196.97 |
| 颜色 | 蓝白色 | 银白色 | 钢白色 | 银白色 | 蓝白色 | 白色 | 锡白色 | 黄色 |
| 晶格结构 | 密排六方 | 面心立方 | 面心立方 | 面心立方 | 密排六方 | 面心立方 | 面心立方 | 面心立方 |
| 电导率(273 K,$10^8/\Omega\cdot M$) | 0.149 | 0.241 | 0.102 4 | 0.689 | 0.122 | 0.209 | 0.102 4 | 0.485 |
| 密度(20℃)$g/cm^3$ | 12.45 | 12.41 | 12.02 | 10.49 | 22.61 | 22.65 | 21.45 | 19.32 |
| 硬度(莫氏) | 6.5 | 6.0 | 4.8 | 2.7 | 7.0 | 6.5 | 4.3 | 2.5 |
| 熔点/℃ | 2 310 | 1 963 | 1 555 | 961.93 | 3 045 | 2 447 | 1 769 | 1 064.43 |
| 沸点/℃ | 4 880 | 3 700 | 2 900 | 2 210 | 5 020 | 4 500 | 3 800 | 2 808 |
| 比热容/($J\cdot kg^{-1}\cdot K^{-1}$) | 230.7 | 246.6 | 244.5 | 234.0 | 128.8 | 129.4 | 131.5 | 128.0 |
| 热导率/($W\cdot m^{-1}\cdot K^{-1}$) | 103.67 | 150.72 | 75.36 | 418.68 | 104.92 | 146.54 | 71.18 | 309.82 |

纯金是一种很软、有光泽的黄色金属。它的延展性极好,有很好的导电性和导热性。金最突出的特点是它的抗腐蚀性(稳定性),在任何温度下都不会与氧或硫发生反应。但是,它能溶于同时含有氧化剂和金良好配合基的水溶液中,它还能与溴发生放热反应,生成 $Au_2Br_6$。金溶于王水,生成氯金酸,$HAuCl_4$。

金及金合金主要用于口腔牙齿的整牙修复。早在公元前7世纪,古代意大利西北部的伊特拉斯坎人就用金丝固定牙齿。可以说金是第一种用做牙科材料的贵金属[18]。纯金质软,应用受到限制,为了提高强度,降低成本,人们开发出以金、银、铜三元合金为基础的金合金。

牙科修复用金合金包括加工用金合金、铸造用金合金、陶瓷熔覆牙冠金合金以及钎焊合金[19]。加工用金合金的典型成分为:56%~67% Au、8%~12% Ag、10%~20% Cu、0~17% Pt、0~10% Pd、0~1.7% Zn、0~6% Ni(质量分数)。铸造用金合金与加工用金合金并无本质差异,只是 Pt 含量少,大多数牙科铸造金合金以 Au、Ag、Cu 为主要成分,有时添加 Pd 和 Pt 以提高合金的机械性能和抗腐蚀性,也有加入少量 Ir 和 Ru 使金的晶粒细化。表 3.6 给出某些 Au - Ag - Cu 基合金的代表性组成。

金除了用于口腔科之外,还应用于颅骨修复、植入电极电子装置、针灸治疗、DNA 检测等方面。在外科修复当中,可以使用 99.99% Au 作为修复材料,对于中耳不正常的病人,用纯金管理入咽鼓管,进行长期的鼓气,切开管植入镀金的鼓膜,以抽空鼓腔,对鼓腔进行鼓气[18]。

表3.6 某些 Au–Ag–Cu 基合金的典型[18]

| 颜色 | 类型 | 组成($w_b$/%) | | | | | |
|---|---|---|---|---|---|---|---|
| | | Au | Ag | Cu | Pd | Pt | Zn |
| 黄色 | 软金 | 79~92.5 | 3~12 | 2~4.5 | <0.5 | <0.5 | <0.5 |
| 黄色 | 中间硬度金 | 75~78 | 12~14.5 | 7~10 | 1~4 | <1 | 0.5 |
| 黄色 | 硬金 | 62~78 | 4~26 | 8~11 | 2~4 | <3 | 1 |
| 黄色 | — | 60~71.5 | 4.5~20 | 11~16 | <5 | <8.5 | 1~2 |
| 白色 | 硬金 | 65~70 | 7~12 | 6~10 | 10~12 | <4 | 1~2 |
| 黄白色 | | 60~65 | 10~15 | 9~12 | 6~10 | 4~8 | 1~2 |
| 白色 | — | 28~30 | 25~30 | 20~25 | 15~20 | 3~7 | 0.5~1.7 |

医用电子器件所用的电极材料中，金通常作为记录电极，1977 年 Bernstein 等[18]研究发现，当在金电极上通过电荷密度为 50 C/$m^2$ 的电流时，金电极有明显的腐蚀。1989 年，Robblee 等[18]测量了激发用金电极的溶解速率，发现它比铂电极的溶解速率高 2 个数量级。

金纳米粒子具有良好的稳定性、小尺寸效应、表面效应、光学效应以及特殊的生物亲合效应，在生物分析中，金纳米粒子已经用于 DNA 检测以及免疫检测等[20]。

在内科治疗上，多种医籍采用金箔或金粉入药。1890 年德国细菌学家 Koch 发现金的化合物对结核菌有抑菌作用，开始了金化合物在现代医疗中的应用。而现代金药则是治疗风湿性关节炎非常有效的药物[21]。

**2. 银**

银以自然形式存在，在矿石中以辉银矿($Ag_2S$)和角银($AgCl$)形式存在。

银的氧化态有 +1 价和不常见的 +2 价，更高的化合价很少见。纯银具有银白色的金属光泽。它比金稍硬，延展性只比金稍差。纯银具有所有金属中最高的导电率和导热率，也有最低的接触电阻。它在空气和水中很稳定，但是暴露在臭氧、硫化氢，或含有硫化合物的空气中时就会失去光泽。银可以和铜、汞，以及其它金属形成重要的合金。

银在医学上的应用比金广泛。纯银具有优异的导电性能，可用于制作植入型的电极或电子检测装置，采用电的生物刺激用银可以促进骨头和皮肤的生长。

银用做牙科材料可分为牙科铸造合金和牙科汞齐合金[16]，铸造银基牙科合金有：Ag–Cu–Sn、Ag–Cu–Sn–Zn、Ag–Cu–Zn–Ni、Ag–Pd、Ag–Pd–Au、Ag–In–Zn–Pd 等多种材料。Ag–Pd 用于牙托、短跨距齿桥；银与汞合金形成汞齐合金，用做口腔充填材料。老式 Ag–Sn 汞齐合金已不再使用，现多用

Ag–Cu–Sn汞齐,把合金制成球形粉和不规则的粉混合使用,具有填密的坚固性和更好的雕作粘度。按其合金组成可分为低铜汞齐合金和高铜汞齐合金两类。前者在19世纪就已应用,而后者在20世纪60年代才开始采用。用汞齐合金进行牙科修复的优点是操作容易、简便[18]。但汞齐合金长期在口腔中是否会引起汞的释放、汞齐合金硬化时的尺寸变化及其在口腔环境中是否会发生腐蚀等问题一直是牙科医生和病人关注的焦点。因此人们一直在努力进行着在汞齐合金中减少汞或者不用汞的研究,高铅银合金粉和无汞牙科充填材料(如Ag–Ga基合金、镓合金材料等)日益受到人们的重视。

Ag–Pd合金广泛用于视神经修复装置、耳箔神经刺激装置、大小便失禁者用脊髓刺激装置等中。

银在诊断和分析方面也有应用。银染色技术在诊断学上很有用处,其灵敏度比其它方法提高100倍。银可用在胎儿畸形生前诊断和病态监测、致病生理的变化、遗传病染色体的诊断、荷尔蒙和尿中多肽水平的鉴别和药物治疗的评估,还可用于天然食物的昼夜分析。银的络合物用于诊断癌和指示多发性硬化症存在的抗体,通过电泳来精确识别蛋白质的变态。用Ag制成薄膜用来测定尿中的葡萄糖浓度,对糖尿病进行诊断。采用Ag/AgCl电极可以制成生物传感器用来测量梅毒抗体和测量血型以及血液中的$O_2$、$CO_2$的浓度和pH值。

卤化银多晶光纤$[AgCl_xBr_{(1-x)}]$($0 \leq x \leq 1$)有良好的红外光谱信号和中红外激光能量的性能。我国新近研制成功的卤化银光纤$CO_2$激光手术刀已在口腔、咽喉、妇科、肛肠等方面进行了临床应用。

另外,银的用途还包括医用成像X光胶片、CT片、核磁共振成像片;针灸用银针、银线缝合伤骨和结缔组织、银引流管;银合金用做骨更换(特别是颅骨),银箔敷盖新鲜创面可加快开放性伤口愈合等。

一些中药配方组成中有银箔,一些中草药中也含有微量元素银,如每克生黄芪中含银3.615 $\mu g$。固态棒状的硝酸银(含1%~3%AgCl)或不同浓度的硝酸银溶液,可用于去除疣、内赘、内芽等。柠檬酸银可以用于治疗烧伤和皮肤病。使用质量分数为1%的硝酸银溶液滴眼,可预防新生儿的眼粘膜被链球菌感染。胶态银做成药膏用于治疗烧伤和皮肤感染。磺胺嘧啶银和氟派酸银是一种主要的医用银化物,用于治疗烧伤和非洲昏睡病。银溶胶,如Ag胶体溶液和强蛋白及软银蛋白和膏药(含本银)等都可做为一种有效的局部抗感染药。胶态银还用于妇科洗涤消毒杀菌等。

### 3. 铂

铂族金属在地壳中的含量极少,只有百万分之几。

尽管金属铂对很多种化学作用都具有抗腐蚀性,它还能够在王水中溶解。

最常见的氧化物形式一般是+2价和+4价。铂的有机金属化合物的金属-碳的键合形式有 σ 和 π 两种。铂可以与卤素、氧、硫形成很多种二元化合物。

1735年,西班牙的 Antoni 在平拖河金矿中首次发现了铂。铂金属在自然界中含量甚微,故价格昂贵。铂是热和电的良好导体,熔、沸点都较高,具有良好的延展性,对光的反射率高,铂金属表面具有吸附氢气的特殊性能,还具有较好的抗腐蚀性和抗氧化性,是唯一能抗氧化直到熔点的金属,在室温下除王水外,几乎不与任何化学试剂反应,呈生物惰性。铂族金属除了铂以外,还包括钯、铑、铱、锇、钌5个元素[22]。

1965年,Rosenberg 与其合作者首次发现铂配位化合物具有抗菌活性,接着1969年又发现顺二氯二氨铂对实验肿瘤有抗癌活性[23]。从此以后,铂金属化合物在医学上的价值日受关注。第一代铂族抗癌药顺铂于1978年上市,它致力于治疗的癌症有卵巢癌、肺癌、宫颈癌、鼻咽癌、前列腺癌、恶性骨肿瘤、淋巴肉瘤等。第二代铂族抗癌药卡铂于1984年上市,现仍为临床使用较普遍的抗癌药,卡铂的特点是化学稳定性好,溶解度比顺铂高16倍,除造血系统外,其它的毒副作用低于顺铂,作用机制与顺铂相同,可以替代顺铂用于某些癌瘤的治疗,但与顺铂交叉耐药(交叉度90%),与非铂类抗癌药物无交叉耐药性。故它同样可以与多种抗癌药物联合使用。西方国家Ⅱ期临床单药试验表明,对顺铂有效的肿瘤,使用卡铂同样有效[24]。同时随着人们对铂类药物抗癌作用机制的进一步了解,铂族金属药物已成为当前最为活跃的抗癌药研究和开发领域之一。

铂类金属药物其抗癌作用机制与传统的有机药物不同。通过大量的研究,初步确定铂类抗癌药物的抗癌机制可分为4个步骤[23]:①跨膜运输:铂类抗癌药物进入体内后,首先受到细胞膜的阻碍。由于铂类抗癌药含有脂溶性基团氨或胺,整个分子为电中性,有一定的脂溶性,同时分子体积小,所以容易跨过脂质双层结构的细胞膜,运输进入细胞。②水解:铂类抗癌药顺铂进入细胞内后,由于细胞内的氯离子浓度低,它很快就发生水解,生成带正电荷的水合配位体$[Pt(NH_3)_2(H_2O)_2]^{2+}$,而4价铂在细胞内很不稳定,首先会被细胞内的抗氧化剂还原成2价,再发生类似水解反应。③定向迁移:DNA是细胞的遗传物质,位于细胞核,带有负电荷。当顺铂水解形成$[Pt(NH_3)_2(H_2O)_2]^{2+}$后,受DNA的静电吸引力,定向快速向细胞核迁移,到达靶目标。④与DNA的缩合:$cis-[Pt(NH_3)_2(H_2O)_2]^{2+}$的化学性质活泼,当它到达DNA时,DNA的碱基嘌呤(N7)取代配位水,形成 $cis-[Pt(NH_3)_2]$/DNA 缩合物,改变了DNA正常复制模板的功能,引起DNA复制障碍,从而抑制癌细胞的分裂。

### 3.2.3 钽

钽(Ta)属于过渡族金属元素,在地壳中的含量不到 $1\times10^{-6}$,钽的存在形式为$[(Fe,Mn)(Ta,Nb)_2O_6]$和$[(Na,Ca)_2Ta_2O_6(O,OHF)]$。

钽呈灰色、硬度高、延展性好,钽的5价形式最稳定,如$TaCl_3^{2+}$、$TaF_5$、$Ta_2O_5$等,这些都不溶于水。

金属钽于1802年由瑞典化学家发现[25],1922年在美国扇钢公司进行工业化规模生产。钽和钽合金具有高密度、高熔点、耐蚀、优异的高温强度、良好的加工性、可焊性及低的塑/脆转变温度、优异的力学性能及经氧化处理后表面形成致密、稳定、高介电常数的无定形氧化膜等特点。

钽的密度为16.6 g/cm³,弹性模量为186~191 GPa,冷加工钽的抗拉强度为400~1 000 MPa,延伸率为1%~25%,显微硬度为1 200~3 000 MPa,经退火处理后,钽的强度降低,抗拉强度为200~300 MPa,断裂变形为20%~50%,显微硬度为800~1 100 MPa。

钽及其合金表面生成氧化膜,从而使其具有良好的化学稳定性、抗腐蚀性和生物相容性。早在20世纪40年代就用做植入材料,当时只是从生物相容性和可塑性上来考虑。钽的耐腐蚀性高,除溶解在硝酸和氢氟酸的混合液、氢氟酸、热的浓硫酸、苛性碱(100%~110%)外,其它试剂对钽都不起作用。对人体无刺激,体液对钽的交变疲劳强度无影响。

钽可用做人工骨、矫形器件、钉、缝针和缝线,尤其是钽丝缝合修复肌腱、神经和血管,更显优越。钽片或箔可修复颅骨、腹壁。五氯化钽与少量三氯化铁的混合物还可用来加速血液的凝固。只是由于钽的资源少,价格高,其推广应用受到限制。

陈皓等[26]用钽丝环扎内固定治疗各种不同类型的髌骨骨折33例。术后随访5个月~16年。除2例出现轻度创伤性关节炎外,其余31例均取得了良好的治疗效果,无并发症。他们认为钽丝临床治疗各种类型的髌骨骨折具有以下优点:①钽丝强度高、拉力大、弹性小、柔韧性好,易打紧、打结,固定牢靠,使用方便,很好地克服了不锈钢丝和丝线存在的诸多弊端;②钽丝耐腐蚀性及生物相容性极好,对人体无毒无害,勿需再次手术取出,可终生携带。经多年随访,本组病例均无局部骨质吸收和破坏,钽丝亦无松开及断裂;③钽丝环扎内固定操作简单,手术创伤小,时间短,术后可使病人早期(2周)活动膝关节,防止关节僵硬及肌肉萎缩。

### 3.2.4 医用稀土金属

稀土金属包括钪(Sc)、钇(Y)、镧(La)、铈(Ce)、镨(Pr)、钕(Nd)、钷(Pm)、钐(Sm)、铕(Eu)、钆(Gd)、铽(Tb)、镱(Yb)、镝(Dy)、钬(Ho)、铒(Er)、铥(Tm)、镥(Lu)17种金属,是镧族元素的总称,它们的性质十分相似,在自然界中常共生在一起,具灰色光泽,熔点高达800~1 700℃,化学性质活泼,能与各种金属形成合金,还具有良好的顺磁性导电性,用途十分广泛[3]。

我国20世纪70年代就开展了稀土毒理学研究,并明确指出稀土属低毒性物质,其毒性与铁差不多,比许多有机合成药物或过渡金属化合物的毒性低很多,适量摄入,有助于提高机体的免疫能力,但是,大量补充则会造成对机体的危害[27]。另外,多年的研究工作表明,稀土是有效的抑癌物[28]。这为其在生物医学的开发应用提供了非常有利的条件。放射性稀土元素在癌症的诊断、治疗过程中已得到广泛的应用,在治疗癌症的放射性元素中,放射性稀土元素占一半[29]。

19世纪后期,国外陆续开展了稀土在医药和临床上的研究和应用。报道了草酸铈可治疗海洋性眩晕和妊娠呕吐,已经刊载于国外药典。某些无机铈盐可用于伤口消毒剂,异烟酸钕则被用于治疗血栓[30]。大剂量的镧可消除终板电位,低剂量镧则可以增加终板电位并增加神经介质释放,具有肌松、抗眩晕和镇吐作用;大剂量有抑制胃酸分泌,小剂量有刺激胃酸分泌和降血压、降血糖等作用。稀土可用于肿瘤诊断的放射性同位素、放射治疗或作为示踪剂。稀土化合物用于诊断和治疗某些疾病都取得了一定的效果并进行了有益的探索。

(1)稀土用于抗凝血及其抗剂[30]。Dycherhoof等[30]的研究表明,$Pr^{3+}$、$Nd^{3+}$、$Sm^{3+}$的醋酸盐、$Nd^{3+}$的烟酸盐、左旋糖酸盐及与钛铁试剂的络合物具有优良的抗凝血和低毒性。动物静脉给药0.5~1 h即显效,抗凝作用可维持12~24 h。国内学者观察了20余种氨基酸、苯基羧酸及磺酸稀土化合物的抗凝血作用,均有满意效果,其抗凝血机制都认为是与稀土离子与钙离子的拮抗作用有关,在凝血因子X活化成为Xa,凝血酶原形成凝血酶、纤维蛋白原转化为纤维蛋白的过程中,$Ca^{2+}$参与了作用,但由于稀土离子半径与钙离子近似且多一个正电荷,对含氧配位体的结合能力大于钙离子并取代钙离子,使凝血过程受到抑制作用。也有研究认为稀土的抗凝血机制与其抑制血小板诱导的ADP、肾上腺素及胶质的聚集有关。稀土与高分子材料结合还可以制成抗凝血作用的导管及体外循环装置,克服了肝素高分子材料的不稳定,提高了安全性。

(2)预防动脉硬化[30]。动脉组织中钙在致动粥过程中起重要作用。预防动脉在粥样硬化的关键是抑制细胞膜的钙通量和钙沉积。造成动脉粥样硬化过程包括动脉内皮细胞和巨噬细胞从中层进入内膜并分裂增殖,增多的平滑肌细胞分泌过程中胶原和脂蛋白增多,这些过程都需要$Ca^{2+}$参与。而La离子是细胞膜位点上钙结合部位的竞争性拮抗剂,La选择性地在细胞膜位点上取代了$Ca^{2+}$,从而限制了$Ca^{2+}$过多地流入或流出细胞,预防动粥形成。Kranskch等用$LaCl_3$在猴等动物身上进行试验,成功地证明$LaCl_3$可以预防由膳食引起的主动脉和冠状动脉粥样硬化。以 20~120 mg/kg 体重剂量给家兔喂 $LaCl_3$，也有类似的结果，且 La 很少被吸收，对骨、皮、肺、心和骨骼肌中钙的含量及心肌功能也未发现其它影响。

(3)稀土在烧伤方面的影响[30]。稀土在烧伤和抗炎方面的应用研究已有大量报道，并已经逐步走向实用化。1977 年 Fax 和 Monafo 将质量分数为 22% 的硝酸铈和质量分数为 1% 的磺胺嘧啶银软膏作为烧伤创面的外用药，较单纯的磺胺嘧啶银效果更好。Zapata-Sinent 等研究了稀土药物对烧伤后机体免疫功能的影响，用硝酸铈和磺胺嘧啶银外敷可明显改变烧伤猴 $T_H$ 与 $T_S$ 细胞的比值，使 $T_S$ 细胞抑制，$T_H$ 细胞升高，并增加比重，呈抑制状的细胞免疫得以恢复并明显提高烧伤后脓毒败血症的存活率。而细胞焦痂的继续存在可对机体产生毒性效应，并可抑制机体的免疫机制。焦痂中有分子量为 2976106 的多聚蛋白质，毒性效应可能与此有关，而硝酸铈是一种强氧化剂，可与毒素形成复合物使之失活，解除对机体免疫功能的抑制，在临床上应用 424 病例的总有效率达 99.5%，杀菌力强促进愈合且使用方便。

(4)稀土的抗癌作用及对癌瘤的诊断[30]。稀土有抗癌作用，在动物实验中发现，稀土选择性地聚集在肿瘤组织内；Anghiler 发现[30] $La^{3+}$ 对淋巴肉瘤和淋巴性白血病有较强的抑制作用，且药物毒性较小。$La^{3+}$ 的甘氨酸络合物比其氯化物抗癌活性更高，毒性较小。在肿瘤部位注射氯化镧溶液，可以提高肿瘤对血卟啉的摄取，有利于血卟啉作为克敏剂对表层肿瘤的辐照治疗。稀土进入肿瘤组织后，破坏了 $Ca^{2+}$ 和 $Mg^{2+}$ 的交换。对正常细胞，$La^{3+}$ 是 $Ca^{2+}$ 通过线粒体膜输送抑制剂，可在细胞或亚细胞结构中取代 $Ca^{2+}$、$Mg^{2+}$，甚至可成为细胞核成分，因而抑制肿瘤的发展。稀土元素有多种半衰期和能量适宜的放射性同位素，对肿瘤组织有很高的亲合力，可用稀土放射性同位素诊断肿瘤。Tm 对肿瘤组织的亲合力最大，所以 $^{167}Tm$ 更适于肿瘤诊断。稀土放射性同位素对肿瘤亦有治疗作用，如 $^{169}Yb$ 用于脑、肺、心、肝、骨、颈和骨盆部位癌的治疗，$^{90}Y$ 用于治疗前列腺癌、乳腺癌。

(5)稀土的消炎和镇痛作用[30]。La、Ce 均具有中枢性镇痛作用。$La^{3+}$ 可减低脑组织内 $Ca^{2+}$ 的结合和内流。$La^{3+}$ 还可以牢固地和 $Ca^{2+}$ 结合而抑制其穿透生物膜，产生 $Ca^2$ 拮抗作用以增强吗啡的镇痛效应。稀土已作为外用消炎药在临床上大量使用，并取得满意效果。其作用机制在于 $La^{3+}$ 与生物膜磷脂有很大亲合力，对溶酶体膜有膜稳定作用，减少炎症过程中蛋白水解酶等多种酶的释放，使蛋白分解，核糖及粘多糖裂解下降，抑制肥大细胞释放 5-HT、缓激肽等炎症介质。由于稀土对多种病菌有抑制作用，也使其在治疗口腔、鼻、皮肤病方面有很好的疗效。

(6)稀土用于医疗器械[30]。用稀土化合物制成的 $Gd_2O_2S:Tb$ X 射线增感屏,比传统 $CaWO_4$ 屏感度提高近 6 倍,可减少患者辐照量,提高诊断准确性。用 Ce、Gd 和 Dy 氧化物微粒悬浊静脉注射,稀土微粒富集于肝、脾和骨骼,CT 断层扫描时对 X 射线产生较强的吸收和散射,提高了对比度和分辨能力,可检查小至 5 mm 的肝部损伤。用 Nd:YAG 激光治疗大肠、胃、十二指肠、贲门和食管息肉,以及鼻咽部囊肿、早期闭角型青光眼、咽部血管病等也取得了较好的疗效。美国橡树岭国家实验室生产的 Gd-153 设备,对人辐照量减少 100 倍,可有效地用于诊断和治疗骨质疏松症。

## 3.3 医用不锈钢材料

在各类铁基合金体系中,不锈钢表现出独特的性能和特点,12% 以上的铬使钢具有耐腐蚀和抗氧化性能,这是不锈钢最基本的特征。因此 Donald Peckner 和 I.M.Bernstein[31]将不锈钢定义为含铬 12% 以上,具有耐腐蚀性能的铁基合金。冈毅民[32]将不锈钢定义为具有抵抗大气、酸、碱、盐等腐蚀作用的合金钢的总称。可见耐蚀性是不锈钢的本色。

### 3.3.1 医用不锈钢的分类及材料性能

根据不锈钢的金相组织可将不锈钢分为 5 大类:奥氏体型、奥氏体-铁素体型、铁素体型、马氏体型和沉淀硬化型。耐腐蚀性以奥氏体型最强,马氏体型最弱[33]。

表 3.7 列出国内外外科植入物用奥氏体不锈钢的化学成分。钼质量分数为 3% 的超低碳 Cr-Ni-Mo 奥氏体不锈钢由于其耐腐蚀性更为优异,因此早已成为国际公认的外科植入物首选材料,我国 1990 年国家标准 GB 4234-94 骨科内固定植入物,也将超低碳 Cr-Ni-Mo 不锈钢列入国家标准中。需要注意的是,国外材料标准与国内材料标准略有差别,进厂检验要特别注意材料成分,应符合 GB 4234-94 国家标准。

表 3.7 国内外外科植入物用奥氏体不锈钢的化学成分($w_b/\%$)[33]

| 牌号或代号 | C | Mn | S | P | Si | Cr | Ni | Mo | Cu | N | 标准 |
|---|---|---|---|---|---|---|---|---|---|---|---|
| D | ≤0.03 | ≤2.0 | ≤0.010 | ≤0.025 | ≤1.0 | 17.0~19.0 | 13.0~15.0 | 2.25~3.5 | ≤0.5 | ≤0.1 | ISO5832-1-97 |
| E | ≤0.03 | ≤2.0 | ≤0.010 | ≤0.025 | ≤1.0 | 17.0~19.0 | 14.0~16.0 | 2.35~1.2 | ≤0.5 | 0.1~0.2 | ISO5832-1-97 |
| I | ≤0.08 | ≤2.0 | ≤0.030 | ≤0.030 | ≤0.75 | 17.0~19.0 | 12.0~14.0 | 2.0~3.0 | ≤0.5 | ≤0.1 | ASTMF55-82 |

续表 3.7

| 牌号或代号 | C | Mn | S | P | Si | Cr | Ni | Mo | Cu | N | 标 准 |
|---|---|---|---|---|---|---|---|---|---|---|---|
| Ⅱ | ≤0.03 | ≤2.0 | ≤0.030 | ≤0.030 | ≤0.75 | 17.0~19.0 | 12.0~14.0 | 2.0~3.0 | ≤0.5 | ≤0.1 | ASTMF56-82 |
| Ⅰ | ≤0.08 | ≤2.0 | ≤0.010 | ≤0.025 | ≤0.75 | 17.0~19.0 | 13.0~15.5 | 2.0~3.0 | ≤0.5 | ≤0.1 | ASTMF56-86 |
| Ⅱ | ≤0.03 | ≤2.0 | ≤0.010 | ≤0.025 | ≤0.75 | 17.0~19.0 | 13.0~15.5 | 2.0~3.0 | ≤0.5 | ≤0.1 | ASTMF56-86 |
| $X_2$CrNiMoN18133 | ≤0.03 | ≤2.0 | ≤0.010 | ≤0.025 | ≤1.0 | 17.0~18.5 | 13.0~14.5 | 2.7~3.2 | — | — | DINI7443-86 |
| $X_2$CrNiMo18153 | ≤0.03 | ≤2.0 | ≤0.010 | ≤0.025 | ≤1.0 | 17.0~18.5 | 13.5~15.5 | — | — | ≤0.1 | DINI7443-86 |
| $X_2$CrNiMo18154 | ≤0.03 | ≤2.0 | ≤0.010 | ≤0.025 | ≤1.0 | 14.0~16.0 | 3.74~4.2 | — | — | 0.1~0.2 | DINI7443-86 |
| $X_2$CrNiMnMoN22136 | ≤0.03 | 5.5~7.5 | ≤0.010 | ≤0.025 | ≤0.75 | 21.0~23.0 | 10.0~16.0 | 2.7~3.7 | Nb 0.1~0.25 | 0.35~0.5 | DINI7443-86 |
| A | ≤0.08 | ≤2.0 | ≤0.010 | ≤0.025 | ≤1.0 | 16.0~19.0 | 10.0~14.0 | 2.0~3.5 | ≤0.25 | — | BS3531Ⅱ-80 |
| B | ≤0.03 | ≤2.0 | ≤0.010 | ≤0.025 | ≤1.0 | 16.0~19.0 | 10.0~14.0 | 2.0~3.5 | ≤0.25 | — | BS3531Ⅱ-80 |
| A | ≤0.08 | ≤2.0 | ≤0.010 | ≤0.025 | ≤1.0 | 17.0~19.0 | 13.0~15.0 | 2.0~3.5 | ≤0.5 | — | NFS90-40181 |
| B | ≤0.03 | ≤2.0 | ≤0.010 | ≤0.025 | ≤1.0 | 17.0~19.0 | 13.0~15.0 | 2.0~2.5 | ≤0.5 | — | NFS90-40181 |
| C | ≤0.03 | ≤2.0 | ≤0.010 | ≤0.025 | ≤1.0 | 17.0~19.0 | 13.0~15.0 | 2.5~3.0 | ≤0.5 | — | NFS90-40181 |
| 00Cr18Ni13Mo3 | ≤0.03 | ≤2.0 | ≤0.010 | ≤0.025 | ≤0.75 | 17.0~20.0 | 12.0~14.0 | 2.0~4.0 | — | — | GB4234-94 |
| 00Cr18Ni14Mo3 | ≤0.03 | ≤2.0 | ≤0.010 | ≤0.025 | ≤0.75 | 17.0~19.0 | 13.0~15.0 | 2.25~3.25 | ≤0.50 | ≤0.1 | GB4234-94 |
| 00Cr18Ni15Mo3N | ≤0.03 | ≤2.0 | ≤0.010 | ≤0.025 | ≤0.75 | 17.0~19.0 | 14.0~16.0 | 2.35~4.25 | — | 0.10~0.20 | GB4234-94 |

### 1. 304 及 304L 不锈钢[34]

304 型不锈钢是使用最普遍和广泛的不锈钢钢种。其最初名称为 18/8 型不锈钢,该名称起源于它的名义成分 18% 铬和 8% 镍。304 不锈钢是奥氏体不锈钢,可以进行很大程度的深拉。304 L 不锈钢是在 304 不锈钢的基础上通过降低碳含量开发的,焊接性能得到了提高。表 3.8 到表 3.11 分别给出各个地区 304 型不锈钢的规格名称、化学成分、力学性能和物理性能指标。

表3.8 304型不锈钢各地区的规格名称[34]

| 欧洲 | 美国 | 英国 | 级别 |
|---|---|---|---|
| 1.4301 | S30400 | 304S15 | 304 |
|  |  | 304S16 |  |
|  |  | 304S31 |  |
| 1.4306 | S30403 | 304S11 | 304 L |
| 1.4307 | — | 304S11 | 304 L |
| 1.4311 | — | 304S11 | 304 L |
| 1.4948 | S30409 | 304S51 | 304H |

表3.9 304型不锈钢的化学成分($w_b/\%$)[34]

| 级别 | C | Mn | Si | P | S | Cr | Ni | N |
|---|---|---|---|---|---|---|---|---|
| 304 | 0.08max | 2.0 | 0.75 | 0.045 | 0.03 | 18~20 | 10.5 | 0.1 |
| 304L | 0.03max | 2.0 | 0.75 | 0.045 | 0.03 | 18~20 | 12 | 0.1 |
| 304H | 0.10max | 2.0 | 0.75 | 0.045 | 0.03 | 18~20 | 10.5 | — |

表3.10 304型不锈钢的常规力学性能[34]

| 名称 | 拉伸强度/MPa | 压缩强度/MPa | 屈服强度/MPa | 延伸率/% | 洛氏硬度/HRC |
|---|---|---|---|---|---|
| 304 | 520 | 210 | 210 | 45 | 92 |
| 304L | 500 | 210 | 200 | 45 | 92 |
| 304H | 520 | 210 | 210 | 45 | 92 |

表3.11 304型不锈钢的常见物理性能[34]

| 密度 | 熔点 | 弹性模量 | 电阻率 | 热导率 | 热膨胀系数 |
|---|---|---|---|---|---|
| 8.00 g/cm³ | 1 400~1 450 ℃ | 193 GPa | $0.072 \times 10^{-6}$ Ω·m | 16.2 W/(m·K)（100℃下测得） | $17.28 \times 10^{-6}$（100℃下测得） |

304型不锈钢的所有热加工温度范围应为1 149~1 260 ℃。制造部件应该进行快速冷却，确保获得最大的抗腐蚀性能。304型不锈钢容易发生加工硬化。含有冷加工的制造方法需要进行立即退火以减轻加工硬化和防止开裂。最后制成品要进行完全退火消除内应力和增强抗腐蚀性能。304不锈钢不能通过热处理的方式硬化。通常固溶处理或者退火处理采取加热到1 010~1 120 ℃范围后快速冷却。

304 具有良好的加工性能。遵循以下规则可以提高加工质量[34]：①刀刃边缘锋利，钝的刀刃容易导致多余的加工硬化；②切削要轻还要足够深，防止在材料表面滑动造成加工硬化；③碎屑要及时清理，确保工作区域保持干净；④由于奥氏体合金低的热导率，会在切口边缘产生热集中，所以需要大量的冷却介质和润滑剂。

加填料和不加填料的情况下，304 型不锈钢都具有优异的熔焊性能。推荐采用 308 不锈钢作为焊接 304 不锈钢的焊接填料。对于 304 L 不锈钢要使用 308 L 不锈钢。大型焊件需要进行焊后退火处理。这一操作对于 304 L 不需要。如果不能进行焊后退火时，则应该选作 321 作为焊接填料。

在很多环境中 304 型不锈钢都具有良好的抗腐蚀性能。在含有氯化物的环境中会发生点蚀和隙间腐蚀。在高于 60℃ 时会发生应力腐蚀开裂。在 870℃ 间歇服役和 925℃ 连续服役条件下 304 型不锈钢具有良好的抗氧化性能。然而如果在水中需要抗腐蚀性能，则不推荐在 425～860℃ 之间连续服役。可以采用 304 L 型不锈钢，因为它对氯化物具有抗腐蚀性能。

**2. 316 及 316 L 不锈钢**

316 型不锈钢是标准的含钼不锈钢类型，在所有奥氏体不锈钢中的重要性仅次于 304 型，位于第二位。钼的添加全面提高了它的抗腐蚀性能，并且优于 304 型，特别是在含氯离子的环境中具有高的抗点蚀和隙间腐蚀性能。

316 L 型不锈钢是在 316 型不锈钢基础上降低碳含量发展起来的类型（其成分见表 3.12），避免了碳化物在晶界的沉淀，因此是一种广泛应用于大尺寸（大于 6 mm）焊接部件的钢种。316 L 型不锈钢与表 3.13 中的几种名称和规格相对应。316 L 型不锈钢和 316 型不锈钢的价格没有明显的差别。奥氏体结构使这两种类型的钢种即使在低温下也有很好的韧性。与铬-镍奥氏体不锈钢相比，316 L 型不锈钢还具有高的高温抗蠕变断裂强度和应力破裂强度。

表 3.12  316 L 不锈钢的化学成分（$w_b/\%$）[34]

| 名称 | | C | Mn | Si | P | S | Cr | Mo | Ni | N |
|---|---|---|---|---|---|---|---|---|---|---|
| 316L | 最小值 | — | — | — | — | — | 16.0 | 2.00 | 10.0 | — |
| | 最大值 | 0.03 | 2.0 | 0.75 | 0.045 | 0.03 | 18.0 | 3.00 | 14.0 | 0.10 |

表 3.13  各地区 316 L 不锈钢的规格名称[34]

| 名　称 | 美国 | 英国 | 欧　洲 | | 瑞　士 | 日本 JIS |
|---|---|---|---|---|---|---|
| | | | 标号 | 名　称 | | |
| 316 L | S 31603 | 316 S11 | 1.440 4 | X$_2$CrNiMo 17-12-2 | 2348 | SUS 316 L |

表 3.14 和表 3.15 分别给出了 316 L 型不锈钢的常规力学性能和物理性能指标。

表 3.14　316 L 不锈钢的常规力学性能[34]

| 名称 | 拉伸强度/MPa | 屈服强度/MPa | 延伸率/% | 硬度 洛氏硬度(HR C) | 硬度 布氏硬度(HB) |
|---|---|---|---|---|---|
| 316L | >485 | >170 | >40 | <95 | <217 |

表 3.15　316 L 不锈钢的常见物理性能[34]

| 名称 | 密度/(kg·m$^{-3}$) | 弹性模量/GPa | 平均热膨胀系数/(μm·m$^{-1}$·℃$^{-1}$) 0~100℃ | 平均热膨胀系数 0~315℃ | 平均热膨胀系数 0~538℃ | 热导率/(W·m$^{-1}$·K$^{-1}$) At 100℃ | 热导率 At 500℃ | 比热容 0~100℃/(J·kg$^{-1}$·K$^{-1}$) | 电阻率/(Ω·m) |
|---|---|---|---|---|---|---|---|---|---|
| 316/L/H | 8 000 | 193 | 15.9 | 16.2 | 17.5 | 16.3 | 21.5 | 500 | 740 |

可以使用最普通的热加工方法加工 16 L 型不锈钢。最佳的热加工温度范围为 1 150~1 260 ℃,不应该在低于 930 ℃下进行热加工。为了获得最大的抗腐蚀性能,热加工之后要进行退火处理。316 L 不锈钢不能通过热处理的方式进行硬化,典型固溶处理(退火)工艺:加热到 1 010~1 120 ℃快速冷却。可以通过冷加工的办法来提高强度。普通的冷加工操作,例如剪切、拉拔和冲压都可用于 316 L 不锈钢。为了去除内应力需要进行退火处理。316 L 不锈钢在快速加工过程中倾向发生加工硬化。因此加工速度要缓慢。另外,由于 316 L 的含碳量低于 316,所以它比较容易加工。

316 型不锈钢在温和的氯化物环境(高于 60 ℃)中会发生点腐蚀、隙间腐蚀和应力腐蚀开裂。在室温下饮用水中氯离子浓度达到 1 000 mg/L,升高到 60 ℃时,氯离子浓度减少至 500 mg/L。316 型不锈钢被视为船舶级用钢,但是在温海水中不具有抗腐蚀性,在很多种海洋环境中 316 型不锈钢表现出表面腐蚀现象,呈褐色,特别易在缝隙和粗糙表面上多有发生。

不论是标准熔焊法还是电阻焊接法,加填料金属或不加填料金属,316 型不锈钢都具有优异的焊接性能。316 型不锈钢大型焊接件的情况需要焊后退火来获得最大的抗腐蚀性能,但是 316 L 型不锈钢不需要,它用气焊法一般不易焊接。

**3. 317 L 型不锈钢**

317 L 型不锈钢可以用于替代 316 L,它对氯离子的抗腐蚀能力要比 316 L 好,抗应力腐蚀开裂能力相近。317 L 型不锈钢是一种含钼的奥氏体不锈钢,它能够在强腐蚀环境下,特别是含有氯化物或者卤化物的环境下提供相对于 316 L 型不锈钢更高的抗腐蚀性能。由于其碳含量低,在焊接过程中不会出现碳化铬在晶界的沉淀析出,从而避免了晶间腐蚀敏感性。317 L 型不锈钢在退火状态下是非磁性的,但是焊接之后会产生微小的磁性。

表 3.16 到 3.18 分别给出 317 L 型不锈钢的化学成分、物理性能和力学性能指标。

表 3.16  317 L 不锈钢的化学成分 ($w_b/\%$)[34]

| C | Mn | P | S | Si | Cr | Ni | Mo | N |
|---|----|---|---|----|----|----|----|---|
| ≤0.030 | ≤2.00 | ≤0.045 | ≤0.030 | ≤0.75 | 18.0~20.0 | 11.0~15.0 | 3.0~4.0 | ≤0.10（只限于轧板） |

表 3.17  317 L 不锈钢的物理性能[34]

| 密度 /($kg \cdot m^{-3}$) | 弹性模量 /Pa | 线膨胀率 | 热导率 /($W \cdot m^{-1} \cdot K^{-1}$) | 热容 /$J \cdot k^{-1}$ | 电阻率 /($\Omega \times m$) |
|---|---|---|---|---|---|
| 0.285 | $29 \times 10^6$ | 9.2 | 7.8 | 119.5 | 29.5 |

表 3.18  317 L 不锈钢的常规力学性能[34]

| | 拉伸强度 /MPa | 屈服强度 /MPa | 延伸率 /% | 断面收缩率 /% | 布什硬度 /HB |
|---|---|---|---|---|---|
| 典型 | 85 | 40 | 50 | 65 | 170 |
| ASTM | 75 min | 30 min | 40 min | — | 217 max |

317 L 型不锈钢可以在 927~1 038 ℃范围内进行锻造。为了得到最大的抗腐蚀性能,应该在不低于 1 038 ℃的温度下进行退火,然后迅速淬火,或者在热加工之后进行快速的冷却。317 L 型不锈钢应该加热到最低 1 038 ℃进行退火处理,水淬或者通过其它快速冷却的办法。317 L 型不锈钢不能通过热处理达到硬化的目的,但是可以通过冷加工进行硬化。317 L 型不锈钢的成型和制造可以通过各种各样的冷加工来实现。可以进行镦锻、拉拔、冷弯、和顶锻。任何冷加工都可以提高它的强度和材料的硬度。

317 L 型不锈钢除了气焊之外使用其它各种焊接工艺都容易实现。为了提高抗腐蚀性能,用于焊接的填料可以是 AWS E 317 L/ER 317 L 填料或者是奥氏体、低碳、或钼含量比 317 L 型高的金属,或具有足够铬和钼含量的镍基金属。

**4.医用无镍奥氏体不锈钢**

316 L 不锈钢矫形装置在人体内会释放出铁、铬和镍等金属离子。镍被认为是毒性元素,它能够导致过敏反应和癌症。在过去的几十年里,镍敏感症的女性患者翻了一倍;在男性群体里,最近也在迅速增加。皮肤科医生推测约有

20%的女性和4%的男性对镍离子敏感。主要导致镍敏感的原因是装饰珠宝的大量使用。另外,在日常生活中使用含镍的器具也会使镍敏感性增加[35]。

世界健康组织下属国际癌症研究局预测镍化合物是致癌物质,并且镍金属和镍合金也有可能对人体产生致癌作用[36]。适合医学需要的含量须低于0.2%。因此,为了避免由于合金含有镍元素给人类的健康带来危害,无镍不锈钢将会成为下一代金属植入材料。世界上对于无镍抗腐蚀钢的开发也已经有数年的历史。表3.19所示为几种按时间顺序发展出来的含氮无镍奥氏体不锈钢。

表3.19 含氮无镍奥氏体不锈钢($w_b/\%$)[35]

| 时间/年 | 成分 | 文献出处 |
|---|---|---|
| 1996 | Fe – 18Cr – 18Mn – 2Mo – 0.9N | [37] |
| 1996 | Fe – 15Cr – (10 – 15)Mn – 4Mo – 0.9N | [37] |
| 1996 | Fe – (15 – 18)Cr – (10 – 12)Mn – (3 – 6)Mo – 0.9N | [38] |
| 2000 | Fe – 17Cr – 10Mn – 3Mo – 0.5N – 0.2C | [39] |
| 2001 | Fe – (19 – 23)Cr – (21 – 24)Mn – (0.5 – 1.5)Mo – (0.85 – 1.1)N | [40] |

BIOSS 4 不锈钢是由中国科学院沈阳金属研究所开发的无镍奥氏体不锈钢[35]。Ren 等研究了 BIOSS 4 钢的力学性能、抗腐蚀性能和血液相容性,并且与现在常用的 316 L 医用奥氏体不锈钢进行了对比。

表3.20列出了 BIOSS 4 钢和 316 L 不锈钢的主要化学成分。

表3.20 BIOSS 4 和 316 L 不锈钢的化学成分($w_b/\%$)[35]

| 元素 | C | N | Cr | Mn | Mo | Cu | Ni | Si | S | P |
|---|---|---|---|---|---|---|---|---|---|---|
| BIOSS4 | 0.029 | 0.43 | 17.05 | 12.58 | 2.38 | 1.44 | 0.03 | 0.42 | 0.007 | 0.014 |
| 316L | 0.025 | — | 17.49 | 1.06 | 2.66 | — | 12.95 | 0.60 | 0.008 | 0.020 |

与常用 316 L 不锈钢相比,由于高的氮含量使 BIOSS 4 不锈钢既有高的强度又有好的韧性。固溶态 BIOSS 4 不锈钢的强度是 316 L 不锈钢的 2~3 倍,而且它的塑性仍然处于一个高的水平,韧性下降也不大。表3.21所示为固溶态的 BIOSS 4 不锈钢与 316 L 不锈钢的力学性能对比。

表3.21 BIOSS 4 和 316 L 不锈钢的力学性能[35]

| 合金 | 屈服强度 $\sigma_{0.2}$/MPa | 抗拉强度 $\sigma_b$/MPa | 延伸率 $\delta_5$/% | 断面收缩率 $\psi$/% | 断裂韧性 $a_{KV}$/(J·cm$^{-2}$) | 弹性模量 $E$/GPa | 维氏硬度 HV10 |
|---|---|---|---|---|---|---|---|
| ISO5832 – 1 要求 | 449.5 | 810 | 60 | 70.5 | 193 | 192.8 | 251 |
| BIOSS 4 | ≥190 | 490 ~ 690 | ≥40 | — | — | — | — |
| 316 L | 252 | 550 | 75 | 79 | > 300 | 200 | 170 |

另外,高的氮含量还能提高材料的强度和抗腐蚀性能。BIOSS 4 不锈钢中,用氮元素来替代镍元素。图 3.4 所示为侵蚀后横向的微观结构,晶粒尺寸为 6.5 级,固溶态。此外,BIOSS 4 不锈钢具有稳定的奥氏体结构,完全没有铁磁性,高的强度和韧性,以及良好的抗腐蚀性。即使在室温下拉伸变形之后仍然为单一的奥氏体结构,如图 3.5。

 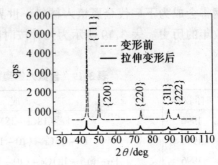

图 3.4　BIOSS 4 不锈钢的微观组织结构[9]　　图 3.5　室温下变形前后的相组成[9]

图 3.6 所示为 37℃下,BIOSS 4 不锈钢与 316 L 不锈钢在质量分数为 0.9%的 NaCl 溶液和人工血浆中的阳极极化曲线。图 3.7 表示为相同条件下 BIOSS 4 与 316 L 不锈钢的点蚀电位。通过比较可以看出来,BIOSS 4 不锈钢的抗腐蚀性较好,在两种溶液中它的点蚀电位都比 316 L 不锈钢高。BIOSS 4 不锈钢优异的抗腐蚀性能使它作为植入材料,在人体中的腐蚀产物具有极小的毒性和敏感反应。

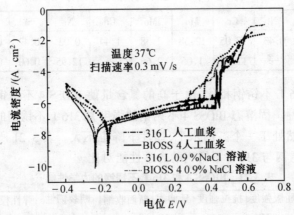

图 3.6　BIOSS 4 不锈钢与 316 L 不锈钢在 37℃质量分数为 0.9%的 NaCl 溶液和人工模拟血浆中的阳极极化曲线[35]

BIOSS 4 不锈钢已经通过了标准细胞毒性测试、致敏测试和溶血实验。

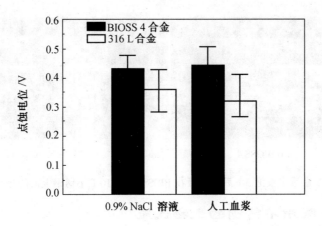

图 3.7　BIOSS 4 不锈钢与 316 L 不锈钢在 37℃ 0.9%NaCl 溶液和人工模拟血浆中的点蚀电位比较[35]

BIOSS 不锈钢的细胞毒性实验以及致敏试验结果与 316 L 不锈钢的结果相近,而 BNFASS(溶血率小于 0.1%)溶血实验结果明显优于 316 L 不锈钢(溶血率为 0.3%)。

　　BIOSS 4 不锈钢与 316 L 不锈钢相比具有非常优异的抗血小板粘附性能。图 3.8 和 3.9 显示的分别为在新鲜人血血浆中浸泡 25 min 和 3 h 后 BIOSS 4 不锈钢和 316 L 不锈钢的试验结果。在相同条件下血小板在 BIOSS 4 不锈钢上的粘着数量明显少于 316 L 不锈钢。在 BIOSS 4 上面只有少许,而 316 L 不锈钢上面却很多,尤其是在浸泡了 3 h 后。并且 BIOSS 4 上面血小板结块和变形的数量也少于 316 L 不锈钢,316 L 不锈钢上面甚至形成了聚集群。实验结果表明 BIOSS 不锈钢具有良好的血液相容性和生物相容性,因此具备作为医用不锈钢的优势和潜力。

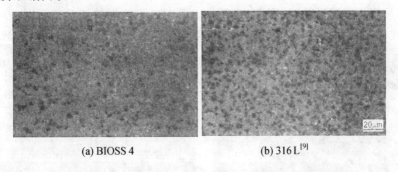

(a) BIOSS 4　　　　　　　　(b) 316 L[9]

图 3.8　在血清中浸泡 25 min 后血小板在 BIOSS 4 和 316 L 不锈钢上面的分布情况

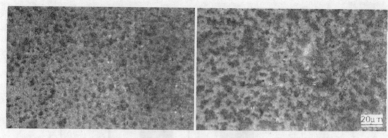

(a) BIOSS 4　　　　　　　　　(b) 316 L[9]

图 3.9　在血清中浸泡 3 h 后血小板在 BIOSS 4 和 316 L 不锈钢上面的分布情况

### 3.3.2　医用不锈钢的生物性能

**1. 生物相容性**

Bailey 等[41]对不锈钢的细胞存活和炎症反应进行了量化研究。他们选用了两种材料,316 L 不锈钢和 HNSS 氮处理不锈钢。每种材料分两种状态,一种是颗粒,一种是块体材料。不锈钢粉末的成分如表 3.22 所示。

表 3.22　不锈钢粉末的化学成分 ($w_b/\%$)[41]

| | Fe | Cr | Ni | Mo | Mn | N | Si | Co | Cu | P | C | S | O |
|---|---|---|---|---|---|---|---|---|---|---|---|---|---|
| 316 L | 余量 | 16.93 | 10.19 | 2.05 | 1.42 | 0.05 | 0.6 | 0.3 | 0.3 | 0.02 | 0.016 | 0.011 | 0.030 |
| HNSS | 余量 | 29.49 | 12.86 | 1.92 | 9.00 | 0.88 | 0.5 | <0.001 | <0.001 | <0.001 | 0.020 | 0.004 | 0.042 |

首先他们利用相差显微镜观察细胞的形态,通过对比两种钢的颗粒对细胞的作用,发现当细胞与 316 L 不锈钢接触时,不论细胞吞噬 316 L 不锈钢颗粒与否,都呈现为圆球形状,如图 3.10 所示。而 NSS 不锈钢的情况却不同,吞噬和未吞噬 NSS 颗粒的细胞仍然呈现长条状。他们还在培养的 316 L 不锈钢块状

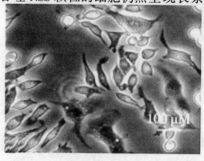

(a)　　　　　　　　　(b)

图 3.10　RAW 263.7 细胞相差对比显微术[41]

材料的细胞中发现了类似的情况,而 NSS 不锈钢中的细胞形成了一个融合层,只有很少一部分细胞漂浮在上层清液。

接着他们利用钙黄绿素 – AM/溴化乙锭染色法研究了这两种材料对细胞存活的影响,如图 3.11 所示,存活的细胞显示为绿色,死亡细胞显示为红色。很明显,316 L 不锈钢培养液中巨噬细胞的存活数量少于控制溶液中的巨噬细胞(图 3.11(c)),相反地,死亡数量多(图 3.11(d))。相同数量颗粒的 NSS 不锈钢实验显示,存活的巨噬细胞数量与控制溶液中的相差不大(图 3.11(e)),并且死亡的细胞寥寥无几(图 3.11(f))。然而,这种实验只是定性的分析。

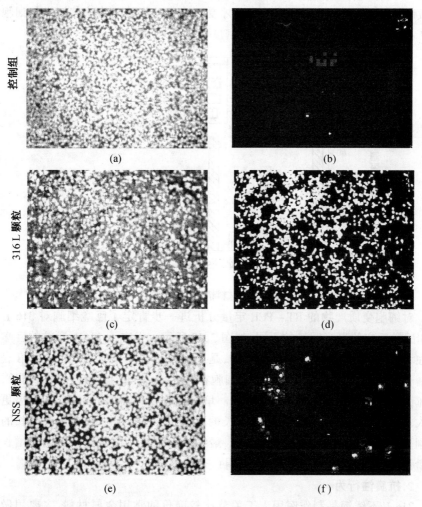

图 3.11　培养 24 h 后染色的 RAW 263.7 细胞存活 – 死亡对比的荧光显微照片[41]

利用流量细胞计数器来确定不同阶段细胞凋亡和坏死的数量(图 3.12)。与对照组相比,同 316 L 粉末一起培养的细胞剩余 64%,与 NSS 粉末一起培养的细胞剩余 86%。很有趣的是在每个样品早期细胞凋亡阶段,没有发现多少细胞,但是在后来的细胞凋谢和坏死的阶段数量却十分明显。可能的解释是,经过 24 h 的培养,吞噬了金属颗粒的细胞被定型为死亡细胞。猜测吞噬了 316 L 颗粒的巨噬细胞对它周围的细胞也有不良的影响,结果在实验中观察到大量圆形的细胞。然而,尽管有一大部分处于晚期凋亡和坏死状态,与 NSS 颗粒接触的巨噬细胞看起来更有存活能力。这种双重表现是因为吞噬 NSS 颗粒的局部效应,只有吞噬了金属颗粒的细胞才受到有害的影响。将块状试样与细胞培养 7 d 以后观察,NSS 试样中的细胞密度明显高于 316 L。

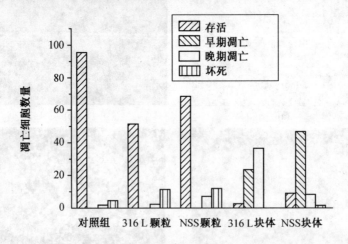

图 3.12　RAW 263.7 细胞在不同材料情况下培养的存活和凋谢反应结果[41]

对细胞变质产物的 RT - PCR 定量分析进一步肯定了巨噬细胞对 316 L 和 NSS 试样反应的更为明显的不同,如图 3.13 所示。吞噬了 316 L 颗粒的巨噬细胞在 TNF - α 表达上增长了将近 3 倍,是所有试样当中最高的,在 IL - 1β 表达上增长了 2 倍。与 NSS 颗粒接触的细胞在 TNF - α 表达上只有轻微的增长,约 16%,而在 IL - 1β 表达上增长了 4 倍。培养在块体材料中的细胞,其结果更为惊人:两者在 TNF - α 表达上相对增长的不多,但是在 IL - 1β 表达上增长的特别剧烈,316 L 为 19 倍,NSS 为 43 倍。最终认为在 IL - 1β 表达上的明显增长与流量计数器记录的早期和晚期细胞凋亡有关。

**2. 抗腐蚀行为**

316 L 不锈钢是制作医用人工关节比较廉价的常用金属材料,主要用做关节柄和关节头材料。但临床显示 316 L 不锈钢植入人体后,在生理环境中,有时产生缝隙腐蚀或摩擦腐蚀、疲劳腐蚀破裂等问题[42,43]。并且会因摩擦磨损

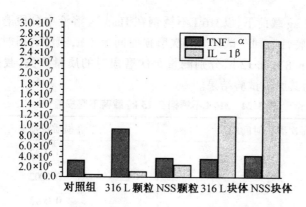

图 3.13　24 h 后 IL-1β 和 TNF-α 基因复制数量[41]

等原因释放出镍离子、铬离子，从而引起假体松动，最终导致植入失效[44]。

王安东等[45]对 316 L 不锈钢在蒸馏水和 Hank's 模拟体液条件下的磨损行为进行了研究。他们首先以 316 L 不锈钢试样在蒸馏水及 Hank's 溶液润滑条件下磨损 6 h 前后的质量损失来考察 316 L 不锈钢的磨损特性。表 3.23 为磨损试验结果。由表 3.23 可知，316 L 不锈钢在蒸馏水润滑条件下随着载荷的增大其质量损失逐渐增大；而在 Hank's 溶液的润滑条件下其质量损失先小后大，当载荷处于 10 kg 时磨损值最小。大于或小于 10 kg 时的磨损值均有所增加，抗磨损性有所下降。这是由于随着载荷的增加，促进了金属材料原有钝化膜或保护膜的破坏，导致了裸露金属表面的增加。但与此同时金属表面与 Hank's 溶液中的 $Na_2HPO_4$ 及 $KH_2PO_4$ 介质有交互作用，$HPO_4^{2-}$ 和 $H_2PO_4^{-}$ 能够吸附在金属表面，形成 $M^{n+}_{(OX)}H_2PO_{4(ads)}^{-} \cdot xH_2O$ 或 $M^{n+}_{(OX)}HPO_{4(ads)}^{2-} \cdot xH_2O$ 或 $M^{n+}_{(OX)}PO_{4(ads)}^{3-} \cdot xH_2O$ 的吸附膜，形成边界润滑，使耐磨性有所提高。膜的破坏与新吸附膜的形成维持着一种动态的平衡，但这种平衡只在一定范围内存在，随着载荷的增加保护膜很容易被破坏掉，腐蚀速度大大增加，从而导致了材料磨损的增加。此外，由于在模拟体液中 316 L 不锈钢还具有晶间腐蚀倾向和孔隙腐蚀敏感性，除了一般磨损外，还有腐蚀磨损，所以在相同载荷条件下，磨损量较在蒸馏水中多。

表 3.23　316 L 不锈钢的磨损试验结果[15]

| 载荷/kg | 磨损质量损失/g | |
|---|---|---|
| | 蒸馏水 | Hank's 溶液 |
| 5 | 0.0011 | 0.0158 |
| 10 | 0.0079 | 0.0111 |
| 15 | 0.0102 | 0.0163 |

其次在 15 kg 载荷下,以 316 L 不锈钢在 Hank's 溶液中分段磨损来考察其长时间的磨损特性。同一试样第一次磨损时间为 1 h,随后磨损时间为 2 h,接着磨损依次 4 h、8 h 和 12 h,分别测量每次磨损时的质量损失,载荷恒定为 15 kg。表 3.24 为其磨损试验结果。

表 3.24 316 L 不锈钢在 15 kg 载荷下磨损量[15]

| 每次磨损时间/h | 磨损质量损失/g |
| --- | --- |
| 1 | 0.0032 |
| 2 | 0.0002 |
| 4 | 0.0013 |
| 8 | 0.0023 |
| 12 | 0.0220 |

从表 3.24 可知,刚开始磨损时,材料微观表面粗糙不平,磨损只是表面微凸体的相互接触。在此过程中,伴随着高微凸体首先剪切破坏直到摩擦表面逐渐磨平。随着接触面积增大,相应的磨损量增加很快,然后逐渐变慢。其最初 1 h 的磨损质量损失就为 0.003 2 g,而 8 h 磨损质量损失为 0.002 3 g,到最后磨损阶段,12 h 的磨损质量损失达到了 0.0220 g。所以,尽管此试验是在 Hank's 溶液中进行的,其磨损特性仍然符合粘着磨损的一般规律。和 6 h 连续磨损比较,其长时间稳定磨损阶段的每段时间内的磨损质量损失都比其小一个数量级,也比同样载荷时在蒸馏水中的磨损质量损失小得多。这说明与蒸馏水相比,Hank's 溶液是一个比较容易腐蚀的环境,但在长时间稳定磨损时,腐蚀发生同时伴随有极细小的氧化物磨屑出现,正是这些磨屑在其后的磨损过程中发挥了固体润滑剂的作用,从而出现在长时间稳定磨损时,Hank's 溶液中的磨损质量损失反而会比在蒸馏水中的小。

谢建晖等[46]研究了植入铸造 317 L 不锈钢在 Hank's 模拟体液中腐蚀疲劳裂纹的萌生和扩展。由于人体髋关节的运动极其复杂,但仍以弯曲运动为主,所以他们在试验中简化其运动,选用往复弯曲疲劳试验机进行研究。选用 Hank's 溶液的 pH 值有 7.2 和 3.0。其腐蚀疲劳寿命曲线如图 3.14 所示,由图可以看出,铸造 317 L 不锈钢材料随应力的增大,其腐蚀疲劳寿命下降加快,并且 pH 值为 3.0 的 Hank's 模拟体液中的腐蚀疲劳寿命要低于在 pH 值为 7.2 的 Hank's 模拟体液中的疲劳寿命。这说明由于一些不利因素影响人工关节附近的体液,发生排异反应时,铸造的人工关节在应力和更为恶劣的腐蚀体液环境中,其抵抗腐蚀疲劳性能大为下降。这也要求在人工关节的制造和植入手术过程中,要充分考虑材料的生物相容性和彻底的消毒,以防感染,避免恶化其腐蚀疲劳的能力。

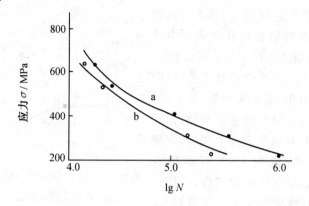

图 3.14 铸造 317 L 不锈钢在不同 pH 值的 Hank's 模拟体液中的腐蚀疲劳寿命曲线[46]
a—pH 值为 7.2 的 Hank's 模拟体液中的 S−N 曲线；b—pH 值为 3.0 的 Hank's 模拟体液中的 S−N 曲线

图 3.15 所示为 317 L 不锈钢在 pH 值为 7.2 的 Hank's 溶液中腐蚀疲劳过程中的电位 – 时间曲线。在疲劳初期，电位下降，并且在施加应力前后测量不锈钢的电位发现，只要应力加入，必然导致其电位的下降。在疲劳过程中，不锈钢的电位出现振荡现象。在断裂时，试样的电位急剧下降，说明应力的加入破坏了不锈钢表面的钝化膜，裸露出新鲜金属，电位下降。由于不锈钢具有极强的自钝化能力，破裂的钝化膜修复，电位上升。在应力的作用下，钝化膜会出现破坏修复的反复过程，从而出现电位的振荡现象，这是在疲劳过程中滑移带挤入挤出，在滑移带处产生了严重的腐蚀，在应力的作用下，出现了疲劳裂纹。裂纹的产生，使溶液对基体金属进一步腐蚀，在裂纹中形成闭塞环境，电位急剧下降。电位的振荡可以作为不锈钢材料滑移带挤入挤出产生初始裂纹的标志，而

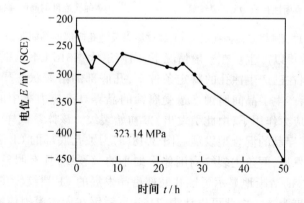

图 3.15 铸造不锈钢在 pH 为 7.2 的 Hank's 溶液中于腐蚀疲劳过程中的电位 – 时间曲线 ($N = 3.456 \times 10^5$)[46]

电位的急剧下降可以用来判断不锈钢的腐蚀疲劳断裂。

谢建晖等[41]还研究了316 L不锈钢在Hank's溶液和加载往复疲劳应力状态下腐蚀疲劳裂纹的产生和扩展。316 L不锈钢在Hank's溶液中的极化曲线(图3.16)表明,当电位达到一定程度时,316 L不锈钢的腐蚀电流急剧增加,出现电流拐点,此时在试样表面上观察,发现产生了点蚀孔,说明316 L不锈钢在Hank's溶液中具有孔蚀敏感性,不锈钢植入物在使用过程中易于产生点蚀孔,在应力作用下,易于以此为源引发裂纹。

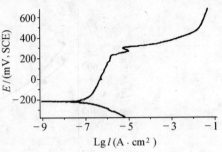

图3.16 316 L不锈钢在Hank's溶液中的极化曲线扫描速度:0.333mV/s[47]

腐蚀疲劳试验结果表明,316 L不锈钢在人体液的环境中,产生了明显的点蚀孔,并在孔底侵蚀出了明显的晶粒和晶界,在应力作用下,试样以表面点蚀孔为源点引发产生出CF裂纹,见图3.17(a)。而在蚀孔底部清晰地显示出遭侵蚀的晶界,见图3.17(b)。由于此处所受的应力较小,还未产生裂纹,只有在应力

(a) 试样表面蚀孔成为CF裂纹源

(b) 蚀孔底部的晶间腐蚀

图3.17 试样表面蚀孔成为CF裂纹源以及蚀孔底部的晶间腐蚀[47]

较大处,裂纹才得以产生。在一般情况下,固溶退火态316 L不锈钢对晶间腐蚀是不敏感的,但在已产生蚀孔的特定条件下,孔底部的溶液状态严重富集氯离子和酸化,从而产生了晶间腐蚀。遭受腐蚀的晶界具有应力集中的缺口效应。在交变的疲劳应力作用下,由此引发出CF初始裂纹。该体系试样上产生的CF裂纹,呈沿晶伴穿晶的混合型发展。图3.18(a)为蚀孔底部的CF裂纹,它时而沿晶时而穿晶发展,两条主裂纹周围伴生细小的微裂纹,且有明显的裂纹分枝现象。图3.18(b)清晰地显示了蚀孔底部沿晶发展的CF裂纹。在实验中发现裂纹以沿晶扩展为主。由此可以认为,316 L不锈钢在人体模拟体液环境中,由于Cl⁻的作用,使其在表面上产生了点蚀孔,在往复疲劳应力作用下,于蚀孔底部具有应力集中作用,在遭侵蚀的晶界上产生疲劳裂纹,并沿晶界扩展,同时伴

有穿晶扩展裂纹,在所受应力的最大处,裂纹继续扩展,直到材料发生失稳断裂。

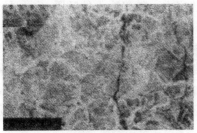 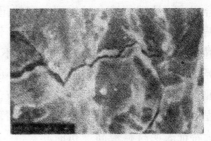

(a) 蚀孔底部呈现的穿晶型　　　　　(b) 沿晶型

图 3.18　蚀孔底部呈现的穿晶型和沿晶型 CF 裂纹[47]

### 3. 腐蚀失效分析

Sudhakar 从金属学的角度分析了外科植入用 316 L 不锈钢胫骨固定钉的失效机制[48]。图 3.19 为腐蚀失效的不锈钢胫骨钉实物照片,箭头所指为发生破裂的位置。大体来说,外科整形植入物的失效机制与其它部件的失效机制没有多大差别,但是处于体内复杂的环境当中,既要承受静载荷还要承受循环载荷,再加上与体液的相互作用,使得植入物承受的应力十分复杂。

图 3.19　不锈钢胫骨固定钉[48]

不锈钢断裂表面的扫面电镜观察表明断口处为大量的韧窝和延性断裂特征(图 3.20)和在裂纹源处存在有非金属夹杂物(图 3.21),裂纹源一般倾向于在夹杂物附近启动。

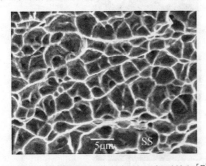 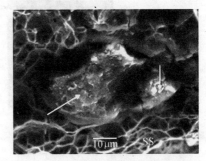

图 3.20　最终断裂部位的韧性型断裂特征[48]　　图 3.21　非金属夹杂物(箭头所指)[48]

不锈钢材料作为胸骨缝合丝被广泛使用。最常用的不锈钢丝为316 L不锈钢。外科医生缝合胸骨的时候通过扭紧不锈钢丝施加力,感觉压力适当时表示缝合完成。这就使缝合丝受到一定的扭转应力。随着病人的呼吸,应力大小不断循环变化。Shih 等[49]研究了取出的不锈钢胸骨缝合丝的断裂机制。他们从25 位病人当中收集了 80 多条断裂的不锈钢线,这些线的植入时间从 5 ~ 72 d 不等。通过扫描电镜观察这些钢丝的切割端口发现这些端口存在一个共同的特征,就是端口的一面或者两面是陡坡,如图 3.22 所示。缝合丝由于在缝合的过程中有可能被过度扭曲,会发生颈缩现象。图 3.23 所示 O 高倍照片显示的螺旋特征表明材料被高度扭曲。

(a) 切割端口形貌  (b) 切割端口形貌

(c) 切割端口形貌  (d) 取出的线不锈钢

图 3.22 切割端口形貌和取出的不锈钢[49]

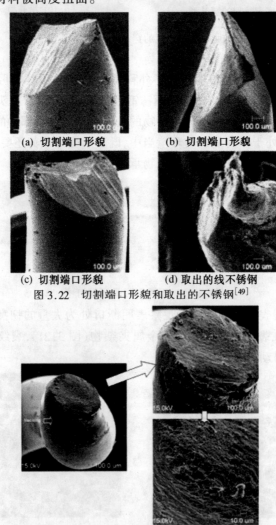

图 3.23 断口的颈缩和螺旋形貌是扭曲断裂的典型特征[49]

另外大部分取出来的不锈钢丝都出现了点蚀现象,大小和形貌有所不同。在严重腐蚀坑中心处的 EDAX 和 X 射线谱表明腐蚀区镍元素成分与未被腐蚀区域成分相比有所减少,这说明镍离子向体内溶出。

在机械破坏区和滑移面交集区域也存在蚀坑。蚀坑一般起源于某个夹杂物或者在拉拔过程中造成的机械缺陷附近。裂纹从不锈钢的表面向心部扩展,呈现穿晶断裂形式,这是应力腐蚀开裂的一个证据。应力腐蚀开裂可能起源于蚀坑(图 3.24)或者扭曲区域的颈缩部位(图 3.25)。

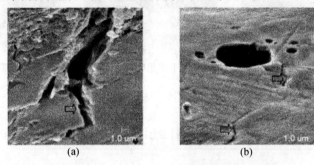

图 3.24 应力腐蚀裂纹起源于蚀坑[49]

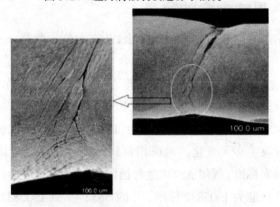

图 3.25 应力腐蚀裂纹起源于扭曲部位[49]

### 3.3.3 医用不锈钢的应用

医用不锈钢材料主要用于骨和牙等硬组织修复和替换、心血管和软组织修复以及人工器官制造中的结构元件,如图 3.26。在骨科中主要用于制造各种人工关节、人工骨,及各种内、外固定器械;牙科中主要用于制造义齿、充填体、种植体、矫形丝及各种辅助治疗器件。另外还用于制作各种心瓣膜、肾瓣膜、血管扩张器、人工气管、人工皮肤、心脏起博器、生殖避孕器材以及各种外科辅助器件等[1]。

(a) 腓骨远端外侧钢板　　(b) 肱骨远端人字型钢板　　(c) 肱骨髓内钉(上)和接骨螺钉(下)

(d) 多钩自动牵开器　　　(e) 手术用剪刀　　　　　(f) 血管支架[50]

图 3.26　医用不锈钢材料植入件照片

## 3.4　医用钴合金材料

### 3.4.1　医用钴合金的分类

生物医用钴基合金通常是指钴铬合金,基本上分为两类:一类是 CoCrMo 合金,通常是铸造产品;另一类是 CoNiCrMo 合金,通常是通过锻造精密加工获得。铸造 CoCrMo 合金已用于牙科数十年,目前还用来制造人工关节;锻造 CoNiCrMo 合金主要用来制造承受大载荷的关节,例如膝关节和髋关节[51]。

1907 年,CoCrW 和 CoCrMo。合金产生(以前称钨钴合金或硬质合金)至今,它的成分并没有发生多大变化。对医用材料的成分要求既有国际标准也有国家标准。许多国家标准,例如 ASTM 是与国际标准是相对应的。针对外科植入金属材料的国际标准为 ISO5832 标准,从 ISO5832-1 到 ISO5832-12。其中有 6 个部分是对于钴基合金的要求(表 3.25)。铸态和锻态 CoCrMo 合金(ISO5832-4 和 ISO5832-12)是较常用的合金,从表 3.25 可以看出它们的化学成分基本相同,都含有 58%~69% 的 Co 和 26%~30% 的 Cr,主要的区别是处理过程不同,导致微观结构和力学性能不同[52]。

ASTM 建议使用四类 Co 基合金作为外科植入物:①铸造 CoCrMo 合金(F76);②锻造 CoCrWNi 合金(F90);③锻造 CoNiCrMo 合金(F562);④锻造 CoNiCrMoWFe 合金(F563)。前三类合金的化学成分见表 3.26。

表 3.25 钴基材料外科植入物的国际标准 ISO 5832[52]

| 合金 | ISO 标准 | Cr/% | Mo/% | Ni/% | Fe/% | Mn/% | W/% | Ti/% | Co/% |
|---|---|---|---|---|---|---|---|---|---|
| 铸态 CoCrMo | 5832-4 | 26.5~30 | 4.5~7.0 | <1.0 | <1.0 | <1.0 | — | — | 余量 |
| 锻造 CoCrWNi | 5832-5 | 19~21 | — | 9~11 | <3.0 | <2.0 | 14~16 | — | 余量 |
| 锻造 CoNiCrMo | 5832-6 | 19~21 | 9~10.5 | 33~37 | <1.0 | <0.15 | — | <1.0 | 余量 |
| 锻造 CoCrNiMoFe | 5832-7 | 18.5~21.5 | 6.5~8 | 14~18 | 余量 | 1~2.5 | — | — | 39~42 |
| 锻造 CoNiCrMoWFe | 5832-8 | 18~22 | 3~4 | 15~25 | 4~6 | <1.0 | 3~4 | 0.5~3.5 | 余量 |
| 锻造 CoCrMo | 5832-12 | 26~30 | 5~7 | <1.0 | <0.75 | <1.0 | — | — | 余量 |

表 3.26 钴基合金的类型和成分($wt/\%$)[51]

| 元素 | CoCrMo(F75) | | CoCrWNi(F90) | | CoNiCrMo(F562) | |
|---|---|---|---|---|---|---|
| | 最小值 | 最大值 | 最小值 | 最大值 | 最小值 | 最大值 |
| Cr | 27.0 | 30.0 | 19.0 | 21.0 | 19.0 | 21.0 |
| Mo | 5.0 | 7.0 | — | — | 9.0 | 10.5 |
| Ni | — | 2.5 | 9.0 | 11.0 | 33.0 | 37.0 |
| Fe | — | 0.75 | — | 3.0 | — | 1.0 |
| C | — | 0.35 | 0.05 | 0.15 | — | 0.025 |
| Si | — | 1.00 | — | 1.00 | — | 0.15 |

名为 MP35N(CoNiMo;ASTMF562)的钴基合金[52],含有 35%的镍,用于心血管起搏器电极线、管心针、导尿管和矫形线。这些合金含有更多的镍元素,改善了在水溶液中的应力腐蚀开裂性能。但是由于镍的增加,增加了镍敏感症的可能性,所以这些合金并不是理想的外科植入物。产生的磨损颗粒由于增加了与环境介质和组织接触的面积,降低了生物相容性。在加工硬化状态和加工硬化后时效状态,这种钴基合金具有非常高的拉伸性能,几乎是所有植入材料当中最高的。MP35N 在受应力时,可以在海水(含氯化物离子)中有很高的抗蚀性,冷加工可以增加该合金的强度,可是冷加工有相当大的困难度,特别是制造大的装置,例如髋关节柄,只有热锻较为适用。

L-605 合金[52](CoCrWNi;ASTM F90)被用做心脏瓣膜,它的退火态(ASTM F1091)被用做外科固定线。它含 10%镍,虽然比 316L 不锈钢中的镍含量低,但是镍敏感反应也有可能发生。它的力学性能与 CoCrMo 合金相似,但是冷加工 44%的情况下,要高出两倍。在加工硬化状态下,它仍然保持非磁性。

### 3.4.2 医用钴合金的性能

医用钴合金的优异性能源于钴基体的晶体学特征、铬和钼的固溶强化效应、形成的碳化物硬化相以及铬产生的抗腐蚀性。纯钴在室温下是六方(hcp)密排晶体结构,其高温稳定相为面心立方(fcc)密排晶体结构,由于两相的相变自由能较低,通过合金成分的微调整和塑性加工,可使合金得到复相组织,从而提高力学性能[1]。

图3.27(a)和(b)所示分别为Co55Cr40Mo5和Co55Cr40Ni5合金的光学显微照片[53],都由树枝状区域(浅色)和枝晶间区域(暗色)组成。这两种类型都是CoCrMo固溶体,但是结构不同(fcc,hcp),浅色的相具有fcc结构,很难被侵蚀;相反,暗色的相具有hcp结构,容易被侵蚀。

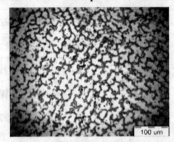
(a) Co55cR40Mo5

(b) Co55Cr40Ni5 [53]

图 3.27 铸态钴合金的光学显微照片

表3.27列出ASTM标准中对钴基合金的力学性能要求,和其它合金一样,增加强度会伴随着延展性的减少。铸造和锻造合金均有优良的抗蚀性。钴基合金的弹性模量并不随着极限拉伸强度的改变而变化,其值在220~234 GPa范围内,高于其它材料,例如不锈钢。CoCrMo合金特别容易受加工硬化影响,所以不能使用像其它金属一样的制造过程,而需要使用脱蜡法(或包模铸造)铸造。通过控制模温可以控制铸件的晶粒大小,在较高温度下形成的晶粒粗大,会降低强度,还会析出较大的碳化物,增大材料的脆性。

表 3.27 钴基合金的机械性能要求[51]

| 性能 | 铸造 CoCrMo (F76) | 锻造 CoCrWNi (F90) | 锻造 CoNiCrMo (F562) | | |
|---|---|---|---|---|---|
| | | | 固溶处理 | 冷加工后时效 | 完全退火 |
| 拉伸强度/MPa | 655 | 655 | 655 | 655 | 655 |
| 屈服强度/MPa | 860 | 860 | 860 | 860 | 860 |
| 延伸率/% | 7.95~10.00 | 7.95~10.00 | 7.95~10.00 | 7.95~10.00 | 7.95~10.00 |
| 断面收缩率/% | 17.90 | 17.90 | 17.90 | 17.90 | 17.90 |
| 疲劳强度/MPa | 600 | 600 | 600 | 600 | 600 |

图 3.28 所示为直径 0.17 mm ASTM F1058 钴合金线的疲劳性能,钴合金表现出了一种膝盖形状的 S-N 曲线,并且高周疲劳极限与典型的铁基合金相似[54]。在实验条件下,经过大于 1 百万次循环之后测得的疲劳极限大约为 580 MPa(对于较低范围的膝盖形曲线)。

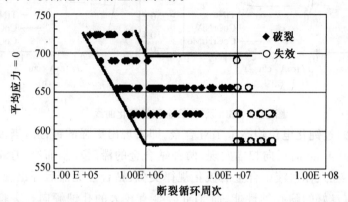

图 3.28 冷加工和时效 ASTM F1058 钴合金线旋转射束 U 形丝扭转疲劳测试结果[54]

钴基合金和超高分子聚乙烯(UHMWPE)连接被广泛用于假体植入装置。在过去的 30 年,钴基和钛基合金成功地被用做恶性的关节炎和严重受伤的髋关节和膝关节替代物。按照 ASTM 标准 F75,熔模铸造 Co-27Cr-5Mo-0.3C 合金是用于髋关节假体的传统材料。目前,几乎一半的髋关节替代物都是铸造 Co-Cr-Mo 合金[55]。然而,铸态 Co-Cr-Mo 合金的塑性差,在关节替代假体中观察到了脆性断裂。另外,在没有达到设计寿命的时候,很多假体装置发生了松动,不得不进行替换[55]。显然,在活动关节运动的过程中会产生过多的 UHMWPE 磨损碎屑,这些碎屑落到骨节和骨接头处的时候,会提高有害的组织反应,也就是骨质溶解。

Huang 等[55]研究了铸造态和锻造态 Co-Cr-Mo 合金与超高分子聚乙烯(UHMWPE)相对滑动的摩擦和磨损性能。测得低碳锻造态合金的稳态摩擦系数和磨损因数分别为 0.245 和 $2.73 \times 10^{-7} mmN^{-1}m^{-1}$;高碳铸造态合金的稳态摩擦系数和磨损因数分别为 0.220 和 $1.83 \times 10^{-7} mmN^{-1}m^{-1}$。

郭海霞等[56]在模拟血液及人体血液中对 CoCrNiMo 和 CoCrNiW 的腐蚀行为进行了研究,并结合接触角、动态凝血时间、溶血度等指标评价了两种 Co 合金的血液相容性。图 3.29 为 Tyrode's 溶液和人体血液中的阳极极化曲线。三种材料自极化伊始,试样即处于钝化状态,维钝电流密度($I_p$)比较接近,约为 0.15 A/m²(图 3.29(a)),钝化电位区间都大于 800 mV,显示了良好的耐全面腐蚀性。在 Tyrode's 溶液和人体血液中,CoCrNiMo 与 CoCrNiW 合金的阳极极化行

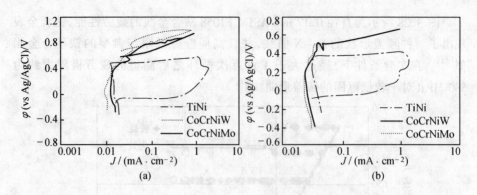

图 3.29 TiNi 及 Co 合金阳极极化曲线[56]

为基本相似,过钝化电位均高于 TiNi 合金,即表现出更强的钝性。当极化电流密度达到 10 A/m² 时反向扫描发现,两种钴合金的滞后环扁而窄,TiNi 合金的则宽而大。在人体血液中合金的极化规律类似,钴合金无滞后环出现。可见,钴合金具有良好的耐孔蚀性能,而 TiNi 合金有较大的孔蚀倾向。实验结束后观察合金表面,钴合金只有在少数情况下才出现小蚀坑痕迹,而 TiNi 合金出现孔径大而深的蚀坑。图 3.30 示出三种材料在去离子水、生理盐水、Tyrode's 溶液和人体血液中的接触角测试结果。可以看出,在四种溶液中,合金接触角从大到小顺序为: TiNi < CoCrNiW < CoCrNiMo。说明 TiNi 表面张力最小,亲水性最强。从溶血率的比较(图 3.31)同样可看出,溶血率由低到高的顺序为 TiNi < CoCrNiW < CoCrNiMo,即 TiNi 合金对红细胞的破坏程度最轻。

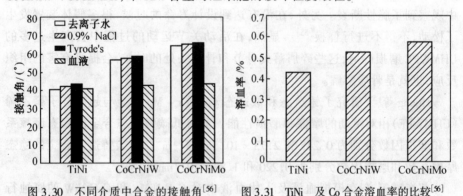

图 3.30 不同介质中合金的接触角[56]　　图 3.31 TiNi 及 Co 合金溶血率的比较[56]

Contu 等[57]利用摩擦电化法考察 CoCrMo 合金在血清和无机缓冲溶液中钝化膜破坏前、破坏中和破坏后的开路电位,研究了 CoCrMo 植入合金在牛血清中磨损的腐蚀行为,发现在血清中摩擦时,所达到的 OCP 值与阳极分解反应机制一致,这一反应机制包括在酸性时水合阴离子 Co(Ⅱ)和 Cr(Ⅱ)的产生和在中性、碱性时 CoO 和 CrO 的生成。表明阳极分解反应动力学是受扩散控制的,因此观察到的摩擦电位值相对于同一 pH 值的无机溶液要高。合金的腐蚀电流在 pH 值为 4.0 和 pH 值为 7.0 时明显较低,另外,在中性生物电解质当中,再钝化速率有所提高。

在简单的生理盐溶液中,CoCrMo 合金表现出非常好的抗腐蚀性能,这是由于它表面稳定的 Cr 氧化物膜。在腐蚀测试中加入蛋白质能够进一步模拟体内环境,尽管结果会受到使用蛋白质类型的影响,大多数蛋白质都会增加合金的腐蚀速率[58]。

Clerc 等[54]按照 ASTM F746 – 87 标准综合评定了锻造 ASTM F1058 钴合金的抗点蚀和抗隙间腐蚀性能。在最高的极化电压 + 800 mV(SCE)都没有观察到活化态,表明这种钴合金对这种腐蚀方式的显著抵抗能力。另外他们通过失重测量和扫描电镜观察检测了暴露于 37℃合成尿液 20 个月后的 ASTMF1058 钴合金的抗腐蚀性能。人工尿液的 pH 值变化范围为 4.5 ~ 8.5,符合人体尿液 pH 值的变化。尽管 SEM 照片中显示一小部分区域颜色变暗,但并没有观察到失重现象。他们还将 ASTMF1058 钴合金按照针对于外科装置的 ASTM F1089 – 87 腐蚀测试方法进行测试。煮沸实验并没有观察到腐蚀现象,硫酸铜腐蚀测试之后并没有镀铜,这表示没有表面缺陷,不含 Fe 污染物,或者在晶界处没有碳化物沉淀相。

Clerc 等[54]还通过一系列的生物相容性实验证明了锻造 ASTM F1058 钴合金具有良好的生物相容性:①炎症反应实验没有观察到明显的炎症和毒性;②致敏感性实验中,对于豚鼠,萃取液并没有显示显著导致延时皮肤接触敏感的特征;③细胞毒性实验也没有显示出明显的细胞凋亡或者细胞毒性,表示在实验条件下萃取液不具有细胞毒性;④急性全身毒性实验通过将萃取液注射到鼠体内,结果没有鼠死亡和显著的全身毒性特征;⑤血液相容性实验证明合金的盐液与鼠血液接触没有产生溶血;⑥致热性实验说明萃取液是非致热的;⑦鼠体内植入实验通过切片微观检测发现,在植入初期只出现了轻微的炎症和囊肿,但是随着时间的延长,炎症和囊肿现象完全消失;⑧Ames 测试结果表明此材料不具有诱导基因转变的作用。

### 3.4.3 医用钴合金的应用

医用钴基合金更适合于制造体内承受苛刻载荷、耐磨性要求高的长期植入件。其产品主要有各类人工关节及整形外科植入器械,在心脏外科、齿科等领域均有应用,如图 3.32 所示。

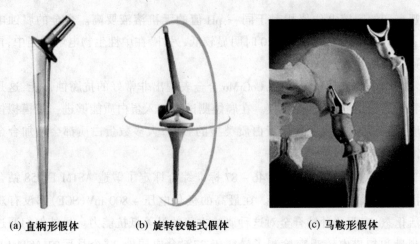

(a) 直柄形假体　　　　(b) 旋转铰链式假体　　　　(c) 马鞍形假体

图 3.32　几种 CoCrMo 植入假体[59]

## 3.5　医用钛镍合金材料

形状记忆合金近年来以其不可替代的形状记忆效应和超弹性两大特性得以广泛应用,而 TiNi 记忆合金更以其良好的生物相容性、射线不透性和核磁共振无影响性成为继 Fe－Cr－Ni、Co－Cr、Ti－6Al－4V 合金之后,在医学上得以广泛应用的金属材料。在过去的 30 年里,TiNi 记忆合金在牙科、骨科、介入治疗、心内科、耳鼻喉科、妇科等医学领域中得以广泛应用,产品包括牙齿矫形丝、根管锉、脊柱矫形棒、接骨板、髓内针、髌骨爪、导丝、导针、心脏补片、血管支架、血栓滤器、食道支架、呼吸道支架、胆道支架、尿道支架、直肠支架、十二指肠支架、外耳道支架、节育环等。

### 3.5.1　医用钛镍合金的性能

医用 TiNi 合金对纯净度有特殊的要求。研究发现,采用普通真空熔炼手段获得的合金,其杂质含量在 0.005%H、0.090%C、0.080%O 范围内,难以满足医学应用要求;当采用陶瓷坩埚真空感应熔炼并真空度在 $10^{-3}$ Pa 以上时,合金的杂质含量可在 ≤0.003%H、≤0.060%C、≤0.080%O 范围内,若采用水冷铜坩埚真空感应炉熔炼技术,可使合金的杂质含量控制在更低的水平,达到 ≤0.003%H、≤0.050%C、≤0.050%O,此成分可完全满足医学应用要求。医用 TiNi 合金的化学成分应符合表 3.28 的规定。

表3.28 医用TiNi合金的化学成分($w_b/\%$)[60]

| 元素 | Ni | C | H | O | Fe | 杂质总和 | Ti |
|---|---|---|---|---|---|---|---|
| 质量分数 | 54.5~56.3 | ≤0.050 | ≤0.003 | ≤0.050 | ≤0.400 | ≤0.400 | 余量 |

表3.29给出钛镍合金一些物理性能[61]。

表3.29 钛镍合金的物理性能[61]

| 性能指标 | 参考值 |
|---|---|
| 密度 | Ti-50.0%Ni合金 $\rho=6.45\ \text{g/cm}^3$ |
|  | Ti-50.3%Ni合金 $\rho=6.48\ \text{g/cm}^3$ |
| 热性能 |  |
| 熔化温度范围/℃ | 1 240~1 310 |
| 热导率/(W·cm$^{-1}$·℃$^{-1}$) | 母相:0.18 |
|  | 马氏体:0.086 |
| 比热容/(J·kg$^{-1}$·℃$^{-1}$) | 0.20 |
| 线膨胀系数/℃ | 母相:$11\times10^{-6}$ |
|  | 马氏体:$6.6\times10^{-6}$ |
| 电性能 |  |
| 电阻率/($\mu\Omega\cdot\text{cm}^{-1}$) | 母相:100 |
|  | 马氏体:80 |
| 磁性能 |  |
| 磁透率 | <1.002 |
| 磁化系数 | $3.0\times10^6$ |
| 磁导率/H·m$^{-1}$ | Ti-55.4%($w_b$),Ni合金 $\mu=1.257\ 0\times10^{-6}$ |

表3.30给出钛镍合金一些常用力学性能指标的测试结果。

表3.30 钛镍合金的一些常用力学性能指标[61]

| 性能指标 | 测试结果 |
|---|---|
| 弹性模量/GPa | 母相:83 |
|  | 马氏体:28~41 |
| 泊松比 | 0.33 |
| 屈服强度/MPa | 母相:195~690 |
|  | 马氏体:70~140 |
| 断裂强度/MPa | 完全退火态:895 |
|  | 加工硬化态:1 900 |

续表 3.30

| 性 能 指 标 | 测 试 结 果 |
|---|---|
| 断裂时的延伸率/% | 完全退火态:25～50<br>加工硬化态:5～10 |
| 应力集中系数 $K_t$ | 8.5 |
| 形状记忆恢复率/% | 98 |
| 最大可恢复应变/% | 7.3 |
| 恢复力/MPa | 436.5 |
| 疲劳寿命/次 | $1.4 \times 10^7$ |
| 非线性超弹性应变量/% | 8.1 |
| 线性超弹性应变量/% | 4.3 |
| 阻尼性能($\tan \delta$) | 0.03(完全奥氏体)<br>0.10(完全马氏体) |

在非生理环境下,钛镍合金不仅具有可和纯钛媲美的耐蚀性,还具有极好的耐磨性,这是纯钛、CoCr 合金和 317 L 医用不锈钢所不具备的。研究表明,钛镍合金在人造唾液、人造汗液和 Hank 生理液、质量分数分别为 1% 的氯化钠水溶液、质量分数为 1% 的乳酸和 0.05% 的盐酸中的腐蚀速率均小于 $6.8 \times 10^{-5}$ mm/年。与纯钛相对照,表 3.31 列出了钛镍合金在某些介质中的腐蚀速率。

表 3.31 钛镍合金和纯钛在某些介质中的腐蚀速率[60]

| 腐蚀介质质量分数/% | | 试验温度/℃ | 腐蚀速度/(mm·a$^{-1}$) | |
|---|---|---|---|---|
| | | | TiNi | 纯 钛 |
| HCl | 5 | 30 | 0.001 3 | 0.08 |
| | 15 | 30 | 7.37 | >25 |
| H$_2$SO$_4$ | 5 | 30 | 0.015 | 0.13 |
| | 40 | 30 | 0.05 | 1.8 |
| HNO$_3$ | 60 | 30 | 0.25 | |
| | 65 | 常温下沸腾 | | 0.05 |
| H$_3$PO$_4$ | 10 | 30 | 0.05 | |
| NaOH | 20 | 30 | 0.011 | |
| CH$_2$COOH | 99.5 | 沸腾 | 0.003 | |

钛镍合金在不同腐蚀介质中的腐蚀速率见表 3.32[62]。

表 3.32  钛镍合金在不同腐蚀介质中的腐蚀速率[62]

| 腐蚀介质质量分数/% | | 试验温度 $\theta/℃^{-1}$ | 腐蚀速率/(mm·a$^{-1}$) | |
|---|---|---|---|---|
| | | | NiTi | 纯 铁 |
| HCl | 5 | 30 | 0.013 | 0.08 |
| | 10 | 30 | 0.07 | 0.20 |
| | 15 | 30 | 7.37 | >25 |
| H$_2$SO$_4$ | 5 | 30 | 0.015 | 0.13 |
| | 5 | 常压下沸腾 | 11.6 | 5.2 |
| | 10 | 30 | 0.024 | 0.23 |
| | 40 | 30 | 0.05 | 1.8 |
| HNO$_3$ | 60 | 30 | 0.25 | — |
| | 65 | 常压下沸腾 | — | 0.05 |
| H$_3$PO$_4$ | 10 | 30 | 0.05 | |
| | 10 | 常压下沸腾 | 0.12 | |
| CrO$_3$ | 20 | 常压下沸腾 | 0.04 | <0.01 |
| | 50 | 70 | 0.046 | |
| NaOH | 20 | 30 | 0.011 | |
| | 20 | 常压下沸腾 | 0.04 | |
| CuCl$_2$ | | 70 | 5.47 | |
| AlCl$_3$ | 70 | 沸腾 | — | 0.01 |
| CH$_3$COOH | 99.5 | 沸腾 | 0.003 | — |

Ryhänen 等[63]进行了 TiNi、不锈钢、纯钛、Silux Plus® 复合材料和对照培养液的对比体外测试试验。镍钛合金的成分为 Ti - 54% Ni 合金,不锈钢为 AISI 316 LVM,纯钛为 ASTM 二级商用,Silux Plus® 复合材料为 3M 公司产品。不锈钢为电解抛光表面,而纯钛和镍钛合金为 2400 号碳化硅水砂纸机械抛光表面。成纤维细胞来自牙龈,成骨细胞来源于齿槽骨。在面积为 6×7 mm$^2$ 的 TiNi、不锈钢、纯钛、Silux Plus® 复合材料样品表面上培养 10 d 后,与对照组相比,成骨细胞增殖的比例依次为 101%:105%:100%:54%;成纤维细胞增殖的比例为 108%:107%:134%:48%。显微镜观察发现,成骨细胞贴近纯钛和镍钛合金试样表面生长,略疏远不锈钢试样表面生长,而复合材料试样抑制细胞的生长。

Ryhänen 等[63]测试了钛镍合金和不锈钢在成骨细胞和成纤维细胞培养基中第 2、4、6、8 天时的镍元素释放量。镍钛合金组在成骨细胞培养基中第 2 天的镍含量为 87 $\mu g/L$(不锈钢对照组为 7 $\mu g/L$),第 4 天的镍含量为 14 $\mu g/L$(不锈钢对照组为 1 $\mu g/L$),第 6 天的镍含量为 5 $\mu g/L$(不锈钢对照组为 11 $\mu g/L$),第 8 天的镍含量为 5 $\mu g/L$(不锈钢对照组为 1 $\mu g/L$),4 次测量的钛含量均低于 20 $\mu g/L$,且基本不随时间变化(不锈钢对照结果组相同)。钛镍合金组在成纤维细胞培养基中第 2 天的镍含量为 129 $\mu g/L$(不锈钢对照组为 7 $\mu g/L$),第 4 天的镍含量为 23 $\mu g/L$(不锈钢对照组为 3 $\mu g/L$),第 6 天的镍含量为 9 $\mu g/L$(不锈钢对照组为 2 $\mu g/L$),第 8 天的镍含量为 8 $\mu g/L$(不锈钢对照组为 2 $\mu g/L$),4 次测量的钛含量均低于 20 $\mu g/L$,且基本不随时间变化(不锈钢对照结果组相同)。

Ryhänen 等[64]评价了肌肉组织和神经组织对 TiNi 合金的反应。他们将试样植入到鼠的脊柱侧肌肉和近坐骨神经位置。作为对比,采用了 TiNi、不锈钢和 Ti – 6Al – 4V 样品。75 只鼠分为 3 组,每种材料植入后在 2、4、8、12、26 周后将 5 只鼠处死。测试植入体周围形成的囊壁厚度,结果显示,囊壁的厚度是时间的函数,且随时间的延长而减少。8 周时 TiNi 合金的囊壁厚度为 $62 \pm 25$ $\mu m$,而不锈钢的囊壁厚度为 $41 \pm 8$ $\mu m$,Ti – 6Al – 4V 的囊壁厚度为 $48 \pm 12$ $\mu m$。26 周后三种材料已没有差异。囊壁的组织形态随时间的变化规律表明,在 2~4 周时,囊壁层由炎性细胞和成骨细胞组成;4~12 周时,囊壁可分成两个区:一个较 2~4 周组明显缓和的炎性反应特征的炎性细胞反应层,和一个由纤维细胞和胶原纤维组成的纤维囊壁区;26 周时,只剩下一薄纤维层。这些结果表明肌肉组织对 TiNi 合金的反应为无毒性的。TiNi 合金的炎细胞反应与不锈钢和 Ti – 6Al – 4V 相接近。没有骨疽、肉芽瘤或营养不良的软组织钙化症状。免疫细胞对 TiNi 合金的反应也较低。TiNi 合金对神经无刺激性。这些结果说明三种材料在组织学上无差别。

Ryhänen 小组[65]利用 RAP 模型评价了 TiNi 合金对骨组织的反应。作为对比,采用了 TiNi、不锈钢和 Ti – 6Al – 4V 植入体(各 25 个),直径为 1.8 mm,长度为 6 mm。植入体被放置到完整无损的大腿骨骨膜处并与其相接触,但没有固定到骨内。植入 2、4、8、12、26 周后将鼠处死,植入体与大腿骨及其周围 3~5 mm 范围的软组织一起切片做组织观察。结果表明,所有样品均未发现骨性结合,只是出现不同厚度的纤维层。植入体与骨皮质之间十分接近( < 20~200 $\mu m$),12 周和 26 周植入体与骨皮质之间的距离最小。组织形态学测量结果表明,2 周时,Ti – 6Al – 4V 植入体对应的所有骨的面积、受侵蚀骨的面积和受侵蚀骨的周长与所有骨周长的比值较 TiNi 和不锈钢均高;4 周时,TiNi 和不锈钢达到他们最大的新骨形成活性,而 Ti – 6Al – 4V 新骨形成开始减少;8 周时,

Ti-6Al-4V 其侵蚀行为最大,皮质宽度低于 TiNi 和不锈钢,TiNi 新包裹上的骨面积高于不锈钢;12 周时,三种材料的差异最小,受侵蚀骨的面积已经小到测不出来。26 周时,仍有新骨形成和骨再吸收行为,表明稳定态还没有达到,Ti-6Al-4V 的 E.Pm/B.Pm 仍为最高,三种材料都已发现骨重构。12 周和 26 周后三者皮质宽度没有区别,这表明 TiNi 合金对新生骨组织形成和正常 RAP 没有负效应。

Ryhänen 小组[66]评价了钛镍合金对骨切开术治疗、骨组织矿化和再构反应可能的有害影响。利用金刚石锯将鼠的股骨远端 1/3 切开,采用钛镍合金髓内针固定,不锈钢髓内针固定作为对照组。2、4、8、12、26、60 周时每组将 3 只鼠处死,并进行 X 光照片、外围定量 CT 和组织学检查。从 X 光照片测得的钛镍合金组和不锈钢组其最大骨痂宽度和长度数值十分接近,没有统计学的差异。在 60 周时,骨痂的宽度和长度较早期的时间采集点下的数值要低,显示正常骨重构和愈合反应。从不同时间骨切开线处的愈合情况表明,4、8 周时钛镍合金样品周围治愈骨组织的结合较不锈钢的要好,而 12 周以后两组情况基本相同。外围定量 CT 分析表明,钛镍合金组和不锈钢组总骨矿物质密度和皮层处的骨矿物质密度没有差异,但股骨的不同部位处的矿物质密度却不同,骨切开区最低,其次是骨切开处近端和远端髓内钉区,最高的是股骨的近端。骨切开区的皮层处骨矿物质密度其平均值由 26 周的 $\rho(TiNi) = (972 \pm 78) mg/cm^3$ 增加到 60 周的 $\rho(TiNi) = (1\,038 \pm 195) mg/cm^3$。在骨切开处的矿物质密度低于沿髓内针的其它部位处。组织学检查表明,骨组织与钛镍合金针的接触是紧密的,8 周后在干骺端形成植入体周围的片层骨组织,表明钛镍合金良好的耐受性。各种器官内镍的平均含量随植入时间的变化规律研究表明,在 26 周时钛镍合金组最高的镍含量出现在肾内,而不锈钢组最高的镍含量出现在脑组织内;60 周时,肾、脑、肝、肌肉中的镍含量较 26 周时下降或持平,而脾中的镍含量略有升高,但钛镍合金组和不锈钢组没有显著差异。

### 3.5.2 医用钛镍合金的应用

图 3.33 为网格状钛镍合金超弹性食道支架及其输入装置,研究表明,最佳支架支撑强度应在 10~12 kPa 之间。既保证了足够大的支撑力,使食管狭窄部位保证被撑开,又能使病人在支架置入后无胀痛感和异物感,并且长时间在人体中不松弛。

图 3.34 为 SMART 支架的实物照片[67]。SMART 支架为激光切割管支架,自膨胀型,$A_f$ 温度在 26~32℃。SMART 支架这种非常短的环状几何设计使得每个支架环相当独立地变形。因此这种支架能够很好地适应血管的轮廓。

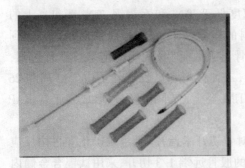

图 3.33 网格状钛镍合金超弹性食道支架及其输入装置[60]

图 3.34 SMART 支架的实物照片[67]

图 3.35 为超弹性 TiNi 合金导丝的实物照片,作为导丝材料,在不在一个平面内的通道中弯曲时或在推过一个障碍物时,超弹性 TiNi 合金丝较弹性回火处理的不锈钢丝能提供更多的应变而不引入永久变形或发生扭结。对于相同直径的 TiNi 合金丝和不锈钢丝在绕同一弧度的拱形进行扭转,并且弯曲应变低于 0.8% 时,两者的扭转能力相近,而当应变量高于 0.8% 之后,TiNi 合金丝扭转能力更强,但即使在低应变量情况下,转动不锈钢丝所需的扭矩也要比转动 TiNi 丝高 3~5 倍,同时将不锈钢丝推过拱形障碍物所需的推力也是推动 TiNi 丝的 3 倍。

(a) Ni 合金为中间操纵杆的导丝

(b) 导丝尖部放大象

图 3.35 TiNi 合金为中间操纵杆的导丝及其尖部放大像[68]

图 3.36 为治疗先天性心房心室间隔缺损的补片实物照片。它是由超弹性钛镍合金丝编制而成,外形呈双伞网状结构,丝的端头用端帽固定,网状结构内部填充有医用聚酯,填充物与超弹性网状结构之间用医用涤纶或聚酯丝线固定,其主要优点有:①超弹性双伞网状结构心脏间隔补片为自膨型,植入非常简单、方便;②超弹性网状结构的腰部尺寸

(a) 主视图　　(b) 侧视图

图 3.36 心脏心房心室补片

可根据患者的具体病况任意选择,容易实现准确定位,无移位;③补片采用超弹性钛镍合金双伞网状结构,植入后夹紧力均匀、持久,容易实现与生物组织结合;④超弹性网状结构内的填充物与双伞网状结构之间采用医用涤纶和聚酯丝线固定,可保证封堵效果、无渗漏。

图 3.37 为使用国产 0.36 mm 直径的 Smart 超弹型钛镍合金弓丝对唇向高位尖牙的矫治前后对比图。治疗时间在一个月内,对牙齿的排齐效果明显。钛镍合金拉簧和推簧被广泛使用于拉尖牙向远中,推磨牙向远中,关闭拔牙间隙以及局部牙列拥挤的间隙开拓,甚至用于颌间牵引。图 3.38 和图 3.39 分别给出使用钛镍合金拉簧和推簧进行治疗前后的效果对比。

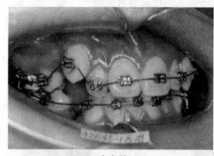

(a) 治疗前　　　　　　　　(b) 治疗后

图 3.37　国产 0.36 mm 直径的 Smart 超弹型 TiNi 合金弓丝对尖牙的矫治前后对比[16]

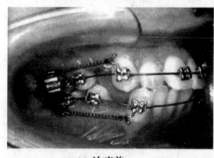 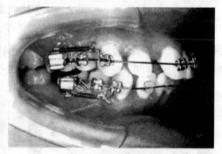

(a) 治疗前　　　　　　　　(b) 治疗后

图 3.38　使用 TiNi 合金矫形拉簧治疗前后对比图[70]

图 3.40 为 Smart 超弹性 TiNi 合金根管锉的实物照片,这类器械能够良好适应根管的复杂系统结构,有效地锉光和扩大根管内侧壁,且不易发生变形和断裂。根管锉的切刃锋利、柔韧性和耐磨性好。

图 3.41 为目前市场上销售的 TiNi 合金颅骨成型板和"π型"固定钉。测试结果表明,TiNi 合金颅骨成型板具有良好的成型性和韧性,利用锤击对成型板进行塑形,曲拱高度可达 8 mm 而不发生开裂。对塑形后的成型板加力 100 N 静压 0.5 h 后,成型板的拱高达 5.3 mm,若加力 200 N 静压 0.5 h 后,其拱高仍

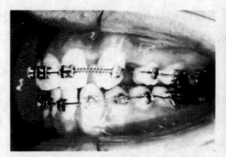 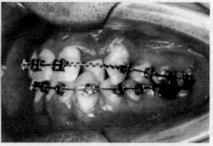

(a) 治疗前　　　　　　　　　　　　(b) 治疗后

图 3.39　使用 TiNi 合金矫形推簧治疗前后对比图[70]

图 3.40　TiNi 无形变柔性根管锉[71]

可在 5 mm 以上,卸载后拱高基本不变,表明成型板具有较高的强度和良好的耐压性能。成型板经塑形后加热到 54 ℃,未发现有肉眼可见的形状变化。拉伸试验结果表明,成型板的抗拉强度大于 500 MPa。

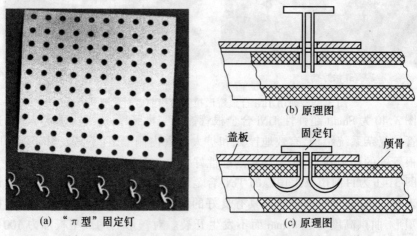

图 3.41　TiNi 合金颅骨成型板和"π型"固定钉及其原理图[60]

图 3.42 为目前使用的 TiNi 合金骨科内固定器械的实物照片,与不锈钢骨科内固定器械相比,TiNi 合金骨科内固定器械不需要螺母、螺钉、钢丝等辅助内固定器材,钻孔、楔入等人为损伤性操作可降至最低。TiNi 合金骨科内固定器械在 0~5℃ 冰盐水中可轻松地变形展开,在人体温度下自动恢复其原状。使繁杂的骨科手术演变成一种简便的"安装"。手术强度大大降低,手术时间可缩短至传统骨科手术的 1/3~2/3。TiNi 合金独特的记忆功能造就了其骨科内固定器械独特的持续自加压功能。持续的"抱合力"为患骨愈合提供了良好的力学条件,不会因骨质愈合及人体运动而造成器械松动。持续的"抱合力",同时可大大缩短骨折或骨矫形愈合周期。与传统骨科手术相比,愈合周期可缩短 1/3~2/3。TiNi 合金的弹性模量只有普通不锈钢的 1/4,与人骨较为接近,可极大地降低应力遮挡作用,避免骨质疏松。TiNi 合金的密度仅为 6.5 g/cm$^3$,比不锈钢(密度为 7.8 g/cm$^3$)小得多,因而质量要比传统骨科器械轻得多。

(a) 双脚骑缝钉

(b) 肩锁关节与锁骨外段固定器

(c) 环抱式接骨器

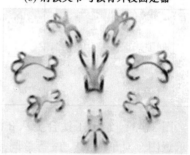

(d) 聚髌器

图 3.42 TiNi 合金骨科器械[61]

## 3.6 医用钛合金材料

### 3.6.1 概述

钛是一种高活性金属元素,可与元素周期表中的大多数元素发生作用,改变其组织及性能。这些元素按照对钛的同素异晶转变温度的影响可以分为三类(表 3.33)。

**表 3.33　钛及钛合金中常见化学元素的分类[72]**

| 分类 | | | | 元素名称 | 该类元素与钛的反应特征 |
|---|---|---|---|---|---|
| α稳定元素 | 间隙式 | | | O、C、N、B | 在与钛的二元相图中有包析反应，提高(α+β)/β相变点，能更多地固溶于α钛，与钛形成间隙式固溶体 |
| α稳定元素 | 置换式 | | | Al、Ga | 在与钛的二元相图中有包析反应提高(α+β)/β相变点，能更多地固溶于α钛，与钛形成置换式固溶体 |
| 中性元素 | 置换式 | | | Zr、Sn | 对(α+β)/β相变点影响不大，一般略有降低，在α钛及β钛中均有较大的固溶度 |
| β稳定元素 | 替代式 | 同晶型 | | Mo、V、Ta、Nb | 降低(α+β)/β相变点，由于与β钛晶格类型相同，可以无限固溶于β相，无化合物相 |
| β稳定元素 | 替代式 | 共析型 | 快共析型（活性共析型） | Cu、Ag、Au、Ni、Si | 与钛发生共析相变，生成化合物相，较强烈地降低(α+β)/β相变点，共析温度高，共析反应活性高，易生成珠光体型片层状组织 |
| β稳定元素 | 间隙式 | 共析型 | 慢共析型 | Cr、Mn、Fe、Co、Pd | 与钛发生共析相变，生成化合物能强烈降低(α+β)/β相变点共析反应活性极差，不易出现珠光组织 |
| β稳定元素 | 间隙式 | 共析型 | 慢共析型 | H | 与钛发生共析相变，降低(α+β)/β相变点，生成间隙式固溶体和化合物相 |

图3.43[73]给出了钛合金从β相区淬火后的相组成与β稳定元素含量的关系示意图。对于Mo、V、Ta等β同晶元素，此伪二元相图是正确的；对于β慢共析元素Cr、Fe、Mn大体上也是正确的；增加β快共析元素，合金元素将以金属化合物的形式析出，不会抑制马氏体转变。

合金中只含α稳定元素或含有少量β稳定元素时，淬火发生马氏体转变，形成六方晶体结构的过饱和α′相，α′相中合金元素的过饱和程度越大，形成的α′相的硬度和强度越高。随着β稳定元素含量的增多，淬火时可能形成斜方晶体结构的马氏体α″相。在光学显微镜或电子显微镜下，这两种相皆具有典型的马氏体斜晶状组织，但α″相的强度较低，塑性较高，形成α″相使合金机械性能发生变化，据此可以区分这两种相。

当β稳定元素含量进一步增加时，淬火形成的马氏体相的相对数量减少，

部分高温 β 相保留下来。β 稳定元素浓度达到临界浓度 $c_k$ 时,可以将全部高温 β 相保留到室温,保留 β 相具有较低的硬度和良好的塑性。成分略大于临界浓度时,淬火时析出六方 ω 相,出现硬度异常。保留 β 相中 β 稳定元素含量越大,它的稳定性越大。当 β 稳定元素含量小于 $c_3$ 时,得到的是机械不稳定 β 相,在外力作用下,于室温发生 β→α″马氏体相变;当 β 稳定元素含量大于 $c_3$ 得到热力学不稳定 β 相,在一定温度下加热时发生分解;当 β 稳定元素含量超过 $c_β$ 时得到热力学稳定 β 相。

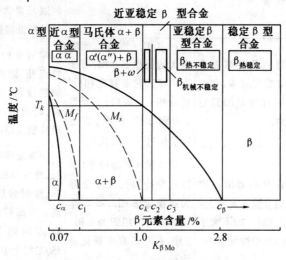

图 3.43 钛合金从 β 相区淬火后的相组成与 β 稳定元素含量的关系示意图[73]

根据 β 稳定元素含量以及合金的显微组织特征,钛合金可分为 α 型、近 α 型、α+β 型、β 型。其中 β 钛合金可分为热稳定全 β 型、亚稳 β 型、近 β 型三大类。其中亚稳 β 型、近 β 型属于介稳定 β 型钛合金。表 3.34[72]是各类钛合金分类及特点的介绍。

表 3.34 钛合金的分类及特点[72]

| 典型合金分类 | | 成分特点 | 显微组织特点 | 性能特点 |
|---|---|---|---|---|
| α 型钛合金 | 全 α 合金 | 含有 6% 以下的铝和少量的中性元素 | 退火后,除杂质元素造成的少量 β 相外,几乎全部是 α 相 | 密度小,热强性好,焊接性能好,低间隙元素含量及有好的超低温韧性 |
| | 近 α 合金 | 除铝和中性元素外,还有少量(不超过 4%)的 β 稳定元素 | 退火后,除大量 α 相外还有少量(体积分数为 10% 左右)β 相 | 可热处理强化,有很好的热强性和热稳定性,焊接性能良好 |
| | α+β 型化合物合金 | 在全 α 合金基础上添加少量活性共析元素 | 退火后,除大量 α 相外,还有少量的 β 相及金属间化合物 | 有沉淀硬化效应,提高了室温及高温抗拉强度和蠕变强度,焊接性良好 |

续表 3.34

| 典型合金分类 | | 成分特点 | 显微组织特点 | 性 能 特 点 |
|---|---|---|---|---|
| α+β型钛合金 | | 含有一定量的铝(6%以下)和不同量的β稳定元素及中性元素 | 退火后,有不同比例的α相及β相 | 可热处理强化,强度及淬透性随β稳定元素含量的增加而提高,可焊性较好,一般冷成型及冷加工能力差,TC4合金在低间隙元素含量时具有良好的超低温韧性 |
| β型合金 | 近β合金 | 含有临界浓度左右β稳定元素,有时还有少量的其它元素 | 从β相区固溶处理后有大的亚稳定β相,可能有少量其它亚稳定相(α′或ω相)时效后,主要是α相和β相,此外,亚稳定β相可发生应变转变 | 除有亚稳定β合金的特点外,固溶处理后,屈服强度低,均匀伸长率高,时效后,断裂韧性及锻件塑性较高 |
| β型合金 | 亚稳定β合金 | 含有临界浓度以上的β稳定元素,少量的铝(一般不大于3%)和中性元素 | 从β相区固溶处理(水淬或空冷)后,几乎全部为亚稳定β相。提高温度时效后的组织为α相、β相,有时还有少量化合物相 | 固溶处理后,室温强度低,冷成型和冷加工能力强,经时效后,室温强度高。在高屈服强度下具有高的断裂韧性,在350℃以上热稳定性差。此类合金淬透性好 |
| β型合金 | 热稳定β合金 | 含有大量β稳定元素,有时还有少量其它元素 | 退火后,全部为β相 | 室温强度较低,冷成型和冷加工能力强,在还原性介质中耐蚀性较好,热稳定性、可焊性好 |

①α型钛合金:包括工业纯钛和只含少量α稳定元素的合金;
②近α型钛合金:β稳定元素含量小于 $c_1$ 的合金;
③马氏体α+β型钛合金:β稳定元素含量从 $c_1$ 到 $c_k$ 的合金,简称为α+β型钛合金;
④近亚稳定β型钛合金:β稳定元素含量从 $c_k$ 到 $c_3$ 的合金;
⑤亚稳定β型钛合金:β稳定元素含量从 $c_3$ 到 $c_\beta$ 的合金;
⑥稳定β型:β稳定元素含量超过 $c_\beta$ 的合金。

为了对含有不同β稳定元素的合金中形成β相的稳定程度进行比较,引入β相稳定系数 $K_\beta$。$K_\beta$ 为合金中元素各自质量百分比浓度与其相应的临界浓度比值之和。与 $c_a$、$c_1$、$c_k$、$c_2$、$c_\beta$ 相对应的β相稳定系数分别为 0.07、0.6、1.0、

1.3、2.8。表 3.35[74]列出了常用 β 相稳定元素的临界浓度。另外,常常采用 Mo 当量来进行比较:$Mo_{eq} = 10K_\beta$。当合金的 Mo 当量数值在 2.8 和 23 之间时,所设计合金一般属于亚稳定 β 型或近 β 型钛合金,而国际上比较优良的生物医用钛合金的 Mo 当量一般控制在 2.8 到 17.7 之间;当 Mo 当量低于 2.8 时,合金倾向于形成 α + β 型钛合金;当 Mo 当量高于 30 时,则会形成稳定的全 β 型钛合金[75]。

表 3.35 常用 β 稳定元素的临界浓度[74]

| 合金元素 | V | Nb | Ta | Cr | Mo | W | Mn | Fe | Co | Ni |
|---|---|---|---|---|---|---|---|---|---|---|
| 临界浓度/% | 15 | 36 | 50 | 8 | 10 | 25 | 6 | 4 | 6 | 8 |

### 3.6.2 医用(α + β 型)Ti – 6Al – 4V 合金

20 世纪 40 年代以来,随着钛冶炼工艺的完善,钛良好的生物相容性得到证实,钛和钛合金逐渐在临床医学中获得了应用。钛及钛合金的密度较小,几乎为铁基和钴基合金的一半,其比强度高,弹性模量低,生物相容性、耐腐蚀性和抗疲劳性能都优于不锈钢和钴基合金。因此,从 70 年代中期钛及钛合金获得了广泛的医学应用,成为最有发展前景的医用材料之一。钛合金的研制始于宇航结构材料的开发,随后转入医学应用。其中最常用的是 TC4(Ti – 6Al – 4V),在室温下具有 α + β 两相混合组织。通过固溶处理和时效处理,可使其强度等力学性能显著提高[59]。

**1. 医用 Ti – 6Al – 4V 合金的性能**

(1)成分[76]

ASTM/F136 详细说明了锻造 Ti – 6Al – 4V ELI 合金的要求,F1472 给出了 Ti – 6Al – 4V 合金锻造的要求,F1108 详细说明了 Ti – 6Al – 4V 合金铸件的要求,F1580 给出了用于涂层的 Ti – 6Al – 4V 合金粉末的要求。表 3.36 给出了 Ti – 6Al – 4V 合金的成分。

表 3.36 Ti – 6Al – 4V 合金的成分($w_b$/%)

|  | Al | V | C | N | H | O | Fe | Ti |
|---|---|---|---|---|---|---|---|---|
| F136 | 5.50 ~ 6.50 | 3.50 ~ 3.50 | < 0.08 | < 0.05 | < 0.13 | < 0.012 | < 0.25 | 余量 |
| F1108 | 5.50 ~ 6.75 | 3.50 ~ 3.50 | < 0.10 | < 0.05 | < 0.20 | < 0.015 | < 0.20 | 余量 |

(2)物理性能[77]

Ti – 6Al – 4V 合金的熔化温度范围为 1 630 ~ 1 650 ℃;从 α + β 相向 β 相转变的温度范围为 980 ~ 1 010 ℃;Ti – 6Al – 4V 合金的密度为 4.44 g/cm³。表 3.37 至表 3.40 分别给出了 Ti – 6Al – 4V 合金的热导率、比热容、线膨胀系数和电阻率。

Ti-6Al-4V 合金无磁性,在 1 592 A/m 磁场强度条件下磁导率 $\mu = 1.000\ 05$ H/m。

表 3.37　Ti-6Al-4V 合金的热导率

| $\theta/℃$ | 20 | 100 | 200 | 300 | 400 | 500 |
|---|---|---|---|---|---|---|
| $\lambda/(W·m^{-1}·℃^{-1})$ | 6.8 | 7.4 | 8.7 | 9.8 | 10.3 | 11.8 |

表 3.38　Ti-6Al-4V 合金的比热容

| $\theta/℃$ | 20 | 100 | 200 | 300 | 400 | 500 |
|---|---|---|---|---|---|---|
| $C/(J·kg^{-1}·℃^{-1})$ | 611 | 624 | 653 | 674 | 691 | 703 |

表 3.39　Ti-6Al-4V 合金的线膨胀系数

| $\theta/℃$ | 20~100 | 20~200 | 20~300 | 20~400 | 20~400 | 20~500 |
|---|---|---|---|---|---|---|
| $\alpha_l/(10^{-6}℃^{-1})$ | 9.1 | 9.2 | 9.3 | 9.5 | 9.7 | 10.0 |

表 3.40　Ti-6Al-4V 合金的电阻率

| $\theta/℃$ | 20 | 100 | 200 | 300 | 400 | 500 | 550 | 600 | 700 | 800 |
|---|---|---|---|---|---|---|---|---|---|---|
| $\rho/(\mu\Omega·m)$ | 1.70 | 1.76 | 1.82 | 1.86 | 1.89 | 1.91 | 1.92 | 1.92 | 1.92 | 1.91 |

(3)力学性能

表 3.41 给出了 Ti-6Al-4V 合金的力学性能。

表 3.41　Ti-6Al-4V 合金的力学性能[78]

| 布氏硬度 HB | 379 | 从洛氏硬度推算 |
|---|---|---|
| 努氏硬度 HK | 414 | 从洛氏硬度推算 |
| 洛氏硬度 HRC | 41 | |
| 维氏硬度 HV | 396 | 从洛氏硬度推算 |
| 抗拉强度 | 1 170 MPa | |
| 屈服强度 | 1 100 MPa | |
| 断裂延伸率 | 10% | |
| 弹性模量 | 114 GPa | |
| 压缩屈服强度 | 1 070 MPa | |
| 缺口拉伸强度 | 1 550 MPa | 应力场强度因子 $K_t = 6.7$ |
| 弯曲极限强度 | 2 140 MPa | $e/D = 2$ |
| 弯曲屈服强度 | 1 790 MPa | $e/D = 2$ |
| 泊松比 | 0.33 | |
| 夏比冲击 | 23 J | V 形缺口 |
| 疲劳强度 | 160 MPa | 应力场强度因子 $K_t$ 为 3.3,循环 $1 \times 10^7$ |
| 疲劳强度 | 700 MPa | 无缺口试样循环 10 000 000 次 |
| 断裂韧性 | 43 MPa·m$^{1/2}$ | |
| 剪切模量 | 44 GPa | |
| 绝对剪切强度 | 760 MPa | |

Ti-6Al-4V合金具有优异的力学性能,例如,高的抗拉强度、屈服强度和疲劳强度,可以用于承受载荷的部位。与其它生物医用金属材料相比,Ti-6Al-4V合金具有较低的密度和弹性模量,见表3.42。这表明用Ti-6Al-4V合金制作的植入物具有较轻的质量,较低的弹性模量意味着更好的力学相容性[79]。

表3.42 常用金属材料及皮质骨的密度和弹性模量对比

| 材料 | 密度/(g·cm$^{-3}$) | 弹性模量/GPa |
|---|---|---|
| 皮质骨 | ~2.0 | 7~30 |
| Co-Cr合金 | ~8.5 | 230 |
| 316 L不锈钢 | 8.0 | 200 |
| 纯钛 | 4.51 | 110 |
| Ti-6Al-4V | 4.40 | 106 |

Manero等[80]在研究Ti-6Al-4V合金的变形机制时给出了退火态(700℃/2 h/AC/α+β两相组织)和淬火态(1 050℃/1 h/WQ/马氏体α′)两种合金的拉伸应力应变曲线如图3.44所示。这两种状态合金的典型力学性能指标见表3.43。

Akahori等[81]研究了疲劳测试后Ti-6Al-4V ELI合金的拉伸强度、硬度及断裂韧性的变化。Ti-6Al-4V ELI合金在950℃固溶1 h后空冷再在540℃时效4 h获得等轴α组织,其S-N曲线如图3.45所示。循环10$^7$次后,其疲劳极限约为800 MPa,低周疲劳和高周疲劳的界限在应力为850 MPa处。

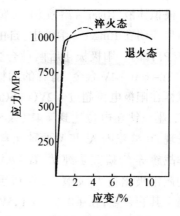

图3.44 退火态和淬火态Ti-6Al-4V合金的拉伸应力应变曲线

表3.43 不同状态Ti-6Al-4VELI合金的力学性能

| 合金状态 | 比例极限/MPa | 屈服强度/MPa | 抗拉强度/MPa | 延伸率/% | 截面收缩率/% |
|---|---|---|---|---|---|
| 退火态 | 837 | 986 | 1 050 | 14 | 36 |
| 固溶态 | 568 | 894 | 1 080 | 4 | 7 |

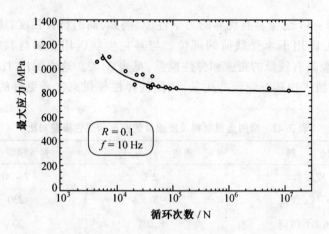

图 3.45 Ti-6Al-4V ELI 合金的 $S$-$N$ 曲线

(4) 抗腐蚀性

郭亮等[82]采用电化学测试技术研究了纯钛(C.P.Ti)和 Ti-6Al-4V 合金在人工模拟体液(Riger's 溶液)中的腐蚀行为,结果如图 3.46 所示。开路电位测试结果表明在 Ringer's 溶液中,自由表面的 Ti-6Al-4V 合金的自腐蚀电位正于 C.P.Ti 的。阳极极化后两种合金均未发现点蚀,工业纯钛的维钝电流密度小于 Ti-6Al-4V 合金,前者的阳极极化性能优于后者。Ti-6Al-4V 合金缝隙试样在阳极电位超过 +2V(vs SCE)后,电流密度开始急剧增大,发生缝隙腐蚀;工业纯钛在电位达到 +4V(vs SCE)时仍没有发生缝隙腐蚀。电子探针分析发现,在缝隙内 Al 和 V 两种元素发生活性溶解。

牟战旗等[83]研究了纯钛、Ti-6Al-4V 合金及其它医用金属在 Hank's 溶液中的阳极极化行为,如图 3.47 所示。纯钛及 Ti-6Al-4V 合金的耐腐蚀性能远高于其它合金,在 +0.6～+1.5V 范围内均保持稳定的钝态。

Khan 等[84]研究了 PBS 溶液中蛋白质含量和 pH 值对 Ti-6Al-4V 合金抗腐蚀性的影响,试验结果表明 PBS 溶液的 pH 值增加,合金的抗腐蚀性降低;蛋白质的添加降低了 pH 值的影响;腐蚀降低了合金的表面硬度,在中性溶液中,合金的表面硬度略微降低,在酸性或碱性溶液中,合金的表面硬度明显降低;在含有蛋白质的 PBS 溶液中合金的表面氧化层硬度进一步降低。由此可见蛋白质参与了合金的钝化反应。

Cai 等[85]研究了不同表面状态的 Ti-6Al-4V 合金在模拟口腔环境中的腐蚀行为,试验结果见表 3.44 和图 3.48。不同表面状态的合金其阳极极化曲线明显不同,去除表面反应层后抛光的合金展现了很宽的钝化区间。去除表面反应层后喷砂处理的合金具有低的极化阻抗和高的腐蚀速率。合金的表面状态对合金的抗腐蚀行为具有很大影响。

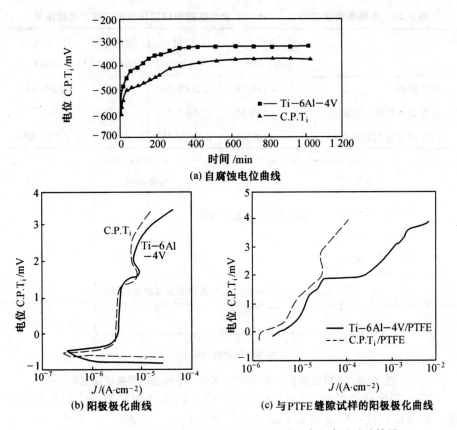

图 3.46 Ringer's 溶液中 C.P.Ti 和 Ti-6Al-4V 合金腐蚀试验结果

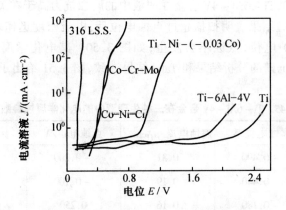

图 3.47 Hank's 溶液中不同医用金属材料的阳极极化曲线

表 3.44  不同表面状态的 Ti-6Al-4V 合金在模拟口腔环境中的腐蚀试验结果

|  | 开路电位/mV | 极化阻抗/(M·Ω·cm$^{-2}$) | 腐蚀速率/(nA·cm$^{-2}$) | 破裂电位/mV |
| --- | --- | --- | --- | --- |
| 喷砂处理 | -114(14) | 3.26(2.86) | 48(36) | 1 278(91) |
| 去除表面反应层后抛光 | -126(55) | 2.10(1.21) | 90(94) | |
| 去除表面反应层后喷砂 | -128(45) | 0.94(0.45) | 163(112) | 1 528(266) |

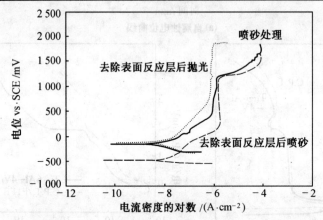

图 3.48  不同表面状态的铸造 Ti-6Al-4V 合金的阳极极化曲线

Wen 等[86]研究了 Ti-6Al-4V 合金在尿液、血清和关节液中的抗腐蚀性能。阳极极化试验结果如图 3.49 所示。阳极极化结果表明 Ti-6Al-4V 合金在尿液中具有较宽的钝化区间(-0.2~+0.3V),在关节液中的钝化区间较窄(-0.4~-0.2V),Ti-6Al-4V 合金在尿液中的腐蚀抗力高于在关节液和血清中。循环极化试验结果表明扫描超过点蚀电位后,电流密度迅速增加,钝化膜被破坏,低于保护电位,点蚀不会发生,如图 3.50。其电化学腐蚀参数见表 3.45。电化学阻抗谱的分析结果和 Tafel 结果一致,图 3.51 给出了典型的阻抗谱测量曲线。

表 3.45  Ti-6Al-4V 合金在三种生理液中的电化学腐蚀参数

|  | 腐蚀电位/V | 腐蚀电流/μAcm$^{-2}$ | 点蚀电位/V | 保护电位/V |
| --- | --- | --- | --- | --- |
| 关节液 | -0.490 | 0.31 | -0.200 | -0.180 |
| 血 清 | -0.440 | 0.19 | -0.100 | |
| 尿 液 | -0.180 | 0.16 | 0.250 | -0.070 |

Okazaki 等[87]研究了 Eagle's 溶液中摩擦对 Ti-6Al-4V 合金阳极极化行为的影响。与静态相比,摩擦使电流密度增大,腐蚀电位降低,并且在活化区和

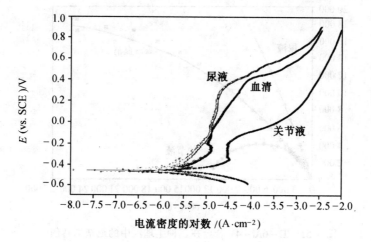

图 3.49 Ti-6Al-4V 合金在三种生理液中的阳极极化曲线

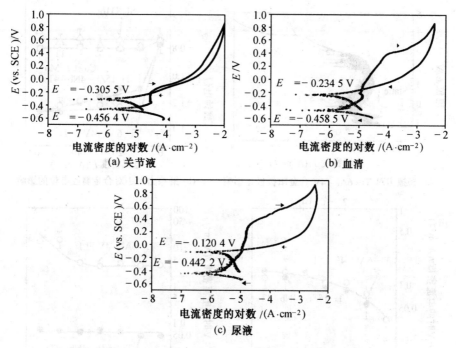

图 3.50 Ti-6Al-4V 合金在三种生理液中的循环极化曲线

钝化区均观察到电流密度的波动,如图 3.52(a)所示。摩擦对合金阳极极化行为的影响和摩擦力大小、电位区间和溶液 pH 值有关。图 3.52(b)~(d)给出了摩擦力大小对 Ti-6Al-4V 合金腐蚀电位和电流密度的影响。在 1%乳酸溶液中有类似的结果出现。

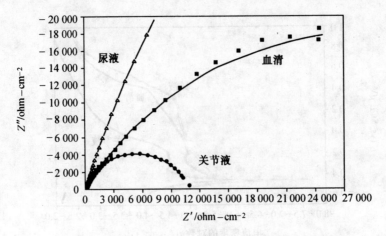

图 3.51 Ti-6Al-4V 合金在三种生理液中的尼奎斯特图

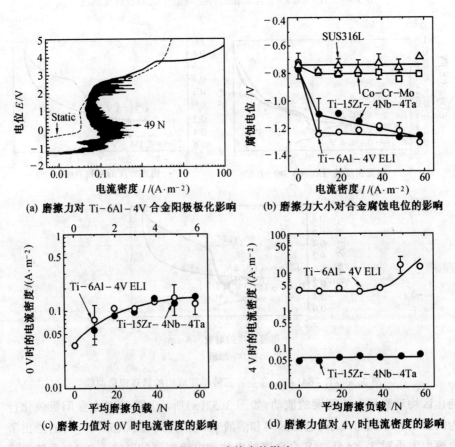

(a) 磨擦力对 Ti-6Al-4V 合金阳极极化影响

(b) 磨擦力大小对合金腐蚀电位的影响

(c) 磨擦力值对 0V 时电流密度的影响

(d) 磨擦力值对 4V 时电流密度的影响

图 3.52 摩擦力的影响

Animesh 等[88]研究了 Hank's 溶液中 Ti-6Al-4V 的微动磨损行为,试验结果表明稳定后 Ti-6Al-4V 合金的摩擦系数为 0.46,小于没有润滑条件下的摩擦系数(0.6),如图 3.53 所示。

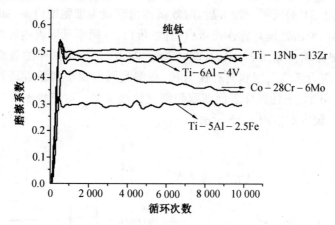

图 3.53 摩擦系数与循环次数关系曲线

腐蚀疲劳能够降低材料正常的疲劳强度,尤其在低应力频率时最为严重,是造成植入假体早期断裂的主要原因。Dobbs[89]研究了模拟人体运动时髋关节在交变应力下于 Ringer's 溶液中腐蚀疲劳试验,粉末冶金制得的 CoCrMo 合金抗腐蚀疲劳(CF)性能最佳(CF$_{门槛值}$为 750 MPa),其次为 Ti-6Al-4V(CF$_{门槛值}$ > 550 MPa),铸造的 CoCrMo 较差( < 400 MPa)。Imam 等研究了 316 L 不锈钢、CoCrMo 合金及 Ti-6Al-4V 合金在 Hank's 溶液中的腐蚀疲劳性能。结果表明,在较大应力作用下,合金的疲劳寿命顺序为 Ti-6Al-4V > 316 L 不锈钢 > CoCrMo 合金;在较低应力作用下,合金的疲劳寿命顺序为 316 L 不锈钢 > CoCrMo 合金 > Ti-6Al-4V 合金。

Biehl 等[90]研究了各种钛基合金的血红素相容性,为了消除材料几何形状的影响,采用了各种合金的粉末,采用高的剪应力模拟动脉血流动的情形,低的剪切应力模拟静脉血流动的情形,试验结果如表 3.46 所示。结果表明 Ti-6Al-4V 合金适合于用做与血液接触的植入材料。

表 3.46 血红素相容性测试结果

| 材料 | 血小板活化 | 接触活化 | 纤维蛋白溶解 | 纤维蛋白原-纤维蛋白转化 | 凝血酶产生 | 补足物活化 | 红血球溶解 | 蛋白质水解 | 总计 |
|---|---|---|---|---|---|---|---|---|---|
| Ti-6Al-4V 4 g | 0/5 | 5/5 | 1/0 | 0/0 | 0/0 | 2/0 | 0/0 | 0/0 | 8/10 |
| Ti-6Al-4V 8 g | 0/0 | 5/5 | 0/1 | 0/0 | 0/0 | 2/0 | 0/3 | 0/0 | 7/9 |

Ku 等[91]研究了人类骨肉瘤 MG-63 在不同表面处理后 Ti-6Al-4V 合金

表面的细胞增殖和活性。评价了 SaOS-2 在不同处理 Ti-6Al-4V 合金表面的骨连接蛋白、骨桥蛋白、骨钙素基因表达、总蛋白含量、碱性磷酸酶活度和纤粘蛋白产量。试验结果表明,不同表面处理对 GMG-63 的细胞存活没有明显影响,如图 3.54(a)所示。72 h 后,时效试样出现最大细胞增值率,如图 3.54(b) 所示。同时,表面处理对骨连接蛋白、骨桥蛋白、骨钙素基因表达和纤粘蛋白产量没有明显影响。如图 3.54(c)、(d)所示。24 h 后,三种试样的表面均出现肌动蛋白丝(应力纤维),细胞具有棱角状,在细胞周围观察到粘着斑和一些小的应力纤维;7d 后,三种试样表面细胞和细胞相互接触。对三种不同处理没有明显的细胞形貌区别如图 3.55 所示。

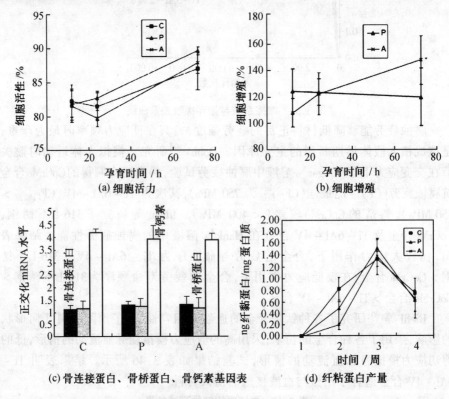

图 3.54 SaOS-2 在不同处理 Ti-6Al-4V 合金表面的

**2. 医用 Ti-6Al-4V 合金的应用**

(1)整形外科应用

Ti-6Al-4V 合金常用于整形外科植入物,例如关节替换物、骨针、骨板和骨螺钉。图 3.56 给出了全髋关节替换物[79]。左边是采用钛合金制造的股骨干;长的圆形部分向下插入大腿骨中;白色部分是羟基磷灰石涂层,有利于骨和植入物的结合,此部分表面质地粗糙有利于和骨的力学结合。球形部位称为股

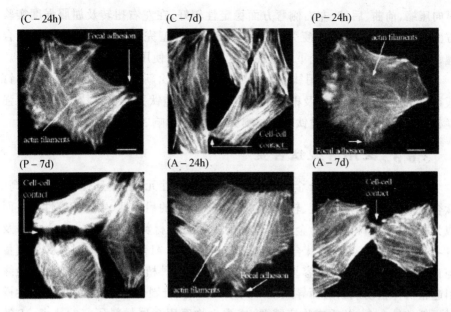

图 3.55　不同试样 24 h 后 SaOS－2 细胞形貌

骨头,它采用氧化锆陶瓷制成,其形状适合骨盆中的髋骨节。右边的半球板是髋臼杯,它也是采用钛合金制成的,其表面涂覆多孔三氧化二铝陶瓷,使骨能够向内生长,半球板内部是超高相对分子质量聚乙烯衬底(UHMWPE),提供了适合股骨头的关节结合面。

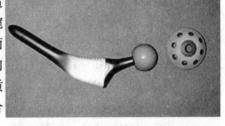

图 3.56　全髋关节替换物

北京航空材料研究院成功研制出 TC4 脊柱板,使治疗脊椎滑脱椎管狭窄的内固定装置具备多种功能:向后提拉前滑脱的椎体复位、恢复狭窄椎间隙一定宽度以利复位;重建腰椎生理性前凸;提供牢固的三维内固定;容易放置且手术时间短[92]。现在已经制定了 Q/1GJ021－1998钛合金脊柱板企业标准。

第四军医大学西京医院骨科研究所和西安交通大学先进制造技术研究所合作设计一种无需联合使用前路或后路内固定器的自固定式人工椎体,用于治疗脊柱肿瘤和椎体爆裂性骨折,采用医用钛合金 Ti6A14V 加工制成,如图3.57[93]。与正常椎体相比,人工椎体置换模型在

图 3.57　自固定式人工椎体

· 135 ·

纵向压缩、前曲、后伸、左右侧弯方面稳定性较好,在左右扭转及屈服强度实验方面差异无统计学意义,疲劳实验中人工椎体模型完好。该人工椎体设计合理,生物力学性能良好,能重建脊柱稳定,无需联合使用前路或后路内固定器。

金大地等[94]采用医用钛合金材料(TC4)研制出新型胸腰椎后路椎弓根钉板系统,包括长条形钢板及椎弓根固定螺栓。较纯钛提高了抗拉强度、屈服强度,延长了疲劳寿命,同时钛合金材料无磁性,不影响 MRI 和 CT 成像。

### 3.6.3 医用β型钛合金

医用不锈钢和钴基合金含有 Ni、Co、Cr 等毒性元素,并且弹性模量较高。钛合金以其较高的比强度、较低的弹性模量、优良的耐蚀性、生物相容性优良而成为医用不锈钢和钴基合金之后理想的生物医用材料。然而 Ti - 6Al - 4V 及 Ti - 6Al - 7Nb 等 α + β 型钛合金普遍含有有毒元素 Al 和 V 等,同时其弹性模量与自然骨相比仍然较大,容易产生应力屏蔽,导致种植体周围出现骨吸收,最终引起植入体松动或断裂而导致植入失败。因此,研制生物相容性更好、弹性模量更低的钛合金,以适应临床需要,成为生物医用金属材料研究的热点。β钛合金正是适应了这一要求而迅速发展起来。

**1. 医用β-钛合金的分类[95]**

根据合金系的不同,β钛合金可以分为五类:Ti - Mo 系、Ti - Nb 系、Ti - Ta 系、Ti - Hf 系及 Ti - Nb - Ta - Zr 系生物医用β钛合金。

(1)Ti - Mo 系生物医用β钛合金主要有:Ti - 11Mo - 6Zr - 4.5Sn、Ti - 12Mo - 6Zr - 2Fe、Ti - 15Mo、TIMETAL21S(Ti - 15Mo - 3Nb - 3Al - 0.2Si)、TIMETAL21SR$x$(Ti - 15Mo - 3Nb - 0.3O)、Ti - 15Mo - 5Zr - 3Al、Ti - 2.5Mo - 2.5Zr - 2.5Al、Ti - 7.5Mo - $x$Fe、Ti - 7.5Mo - $x$Cr,以及 Ti - Mo - Ga、Ti - Mo - Ge、Ti - Mo - Al 等形状记忆合金。

(2)Ti - Nb 系生物医用β钛合金:Ti - 15Nb、Tiadyne1610(Ti - 16Nb - 10Hf)、Ti - 13Nb - 13Zr,以及 Ti - Nb - Sn、Ti - Nb - Al 形状记忆合金。

(3)Ti - Ta 系生物医用β钛合金:Ti - 30Ta。

(4)Ti - Hf 系生物医用β钛合金。

(5)Ti - Nb - Ta - Zr 系生物医用β钛合金:Ti - 35.3Nb - 5.1Ta - 7.1Zr、Ti - 35Nb - 5Ta - 7Zr - 0.4O、Ti - 29Nb - 13Ta - 4.6Zr、Ti - 30Nb - 10Ta - 3Zr、Ti - 30Nb - 10Ta - 5Zr、Ti - 30Nb - 10Ta - 7Zr、Ti - 30Nb - 10Ta - 10Zr、Ti - 20Nb - 10Ta - 5Zr。

ASTM 标准确定了 Ti - 13Nb - 13Zr(F1713)、Ti - 12Mo - 6Zr - 2Fe(F1813)、Ti - 15Mo、Ti - 35.3Nb - 5.1Ta - 7.1Zr 等低弹性模量的β钛合金作为生物医用

材料。

**2.医用β-钛合金的性能**

于振涛等[75]详细描述了β钛合金经过不同热处理后的典型显微组织,结果列于表3.47。表3.48给出了国际上开发的主要β型钛合金的常规力学性能[96-99]。

表3.47 β型钛合金的热处理及典型的显微组织

|  | 热处理制度 | 典型显微组织 |
| --- | --- | --- |
| 全β型钛合金 | 退火 | 全β相 |
| 亚稳β型钛合金 | β相区固溶处理+快冷(水冷或油冷) | 亚稳β相、β′相 |
|  | β相区固溶处理+快冷+时效 | 次生α相、ω相 |
|  | β相区固溶处理+空冷 | 亚稳β相、β′相、初生α相 |
|  | β相区固溶处理+空冷+时效 | 初生α相、次生α相、β相 |
|  | β相区固溶处理+炉冷 | 初生α相、次生α相、β相 |
| 近β型钛合金 | β相区固溶处理+快冷(水冷或油冷) | 马氏体α′相、α″相 |
|  | β相区固溶处理+快冷+时效 | 次生α相、ω相、β相 |
|  | β相区固溶处理+空冷 | 亚稳β相、初生α相 |
|  | β相区固溶处理+空冷+时效 | 次生α相、ω相、β相 |
|  | β相区固溶处理+炉冷 | 初生α相、次生α相、β相 |
|  | α+β相区固溶处理+快冷或空冷 | 马氏体α′相、α″相、初生α相 |
|  | α+β相区固溶处理+快冷或空冷+时效 | 次生α相 |
|  | α+β相区固溶处理+炉冷 | 次生α相 |

表3.48 国际上开发的主要亚稳β钛合金一览表

| 合金 | 抗拉强度/MPa | 屈服强度/MPa | 延伸率/% | 截面收缩率/% | 弹性模量/GPa | 断裂韧性 MPa·m$^{1/2}$ |
| --- | --- | --- | --- | --- | --- | --- |
| Ti-15Mo(退火) | 874 | 544 | 21 | 82 | 78 |  |
| Ti-12Mo-6Zr-2Fe(退火) | 1 060~1 100 | 1 000~1 060 | 18~22 | 64~73 | 74~85 | 88~92 |
| Ti-11Mo-6Zr-3.5Sn(时效) | 1 010 | 1 002 | 17.8 | 56.0 |  |  |
| Ti-15Mo-5Zr-3Al(固溶) | 852 | 838 | 25 | 48 | 80 | 40~48 |
| Ti-15Mo-5Zr-3Al(时效) | 1 060~1 100 | 1 000~1 060 | 18~22 | 64~73 | — |  |
| Ti-15Mo-3Nb(固溶) | 979~1 034 | 945~987 | 16~18 | 60 | 83 |  |
| Ti-15Mo-3Nb-0.30(退火) | 1 020 | 1 020 | — |  | 82 |  |
| Ti-15Mo-2.8Nb-0.2Si(退火) | 979~999 | 945~987 | 16~18 |  | 83 |  |
| Ti-15Mo-2.8Nb-3Al(固溶) | 812 | 771 |  | 80 |  |  |

续表 3.48

| 合　金 | 抗拉强度/MPa | 屈服强度/MPa | 延伸率/% | 截面收缩率/% | 弹性模量/GPa | 断裂韧性 MPa·m$^{1/2}$ |
|---|---|---|---|---|---|---|
| Ti-15Mo-2.8Nb-3Al(时效) | 1 310 | 1 215 |  | 100 |  |  |
| Ti-13Nb-13Zr(固溶) | 1 030 | 900 |  |  | 79 |  |
| Ti-13Nb-13Zr(时效) | 973~1 037 | 836~908 | 10~16 | 27~53 | 79~84 | 63 |
| Ti-16Nb-10Hf(时效) | 851 | 736 | 10 |  | 81 |  |
| Ti-29Nb-13Ta(固溶) | 575 | 200 | 30 |  | 76 |  |
| Ti-29Nb-13Ta(时效) | 1052 | 900 | 4 |  | 103 |  |
| Ti-29Nb-13Ta-4.6Zr(时效) | 911 | 864 | 13.2 |  | 80 |  |
| Ti-29Nb-13Ta-4Mo(固溶) | 625 | 600 | 16 |  | 74 |  |
| Ti-29Nb-13Ta-4Mo(时效) | 625 | 600 | 17 |  | 73 |  |
| Ti-29Nb-13Ta-2Sn(固溶) | 500 | 425 | 24 |  | 62 |  |
| Ti-29Nb-13Ta-2Sn(时效) | 625 | 580 | 4 |  | 78 |  |
| Ti-29Nb-13Ta-4.6Sn(固溶) | 545 | 365 | 20 |  | 74 |  |
| Ti-29Nb-13Ta-4.6Sn(时效) | 970 | 950 | 4 |  | 69 |  |
| Ti-29Nb-13Ta-6Sn(固溶) | 530 | 500 | 17 |  | 74 |  |
| Ti-29Nb-13Ta-6Sn(时效) | 610 | 585 | 13 |  | 73 |  |
| Ti-24.1Nb-19.9Ta-4.6Zr | 587 | 453.4 | 27 |  | 60 |  |
| Ti-29.4Nb-10.2Ta-7.1Zr | 568.4 | 433.4 | 31.3 |  | 57 |  |
| Ti-35.3Nb-5.1Ta-7.1Zr | 596.7 | 547.1 | 19 |  | 55 |  |
| Ti-34.4Nb-5.6Ta-8.4Zr | 840.6 | 808.9 | 20.2 |  | 64.4 |  |
| Ti-34.2Nb-5.9Ta-8.5Zr | 1 010 | 976.3 | 21.3 |  | 66.2 |  |
| Ti-35Nb-5Ta-7Zr-0.4O | 1 010 | 976 |  |  | 66 |  |
| Ti-30Ta |  |  |  |  | 60~80 |  |
| TLM1(固溶) | 660~705 | 275~500 | 21~26 | 75~84 | 52.6~60 | 66 |
| TLM1(时效) | 685~1 000 | 610~930 | 17~23 | 70~71 | 43.4~81 | 80~102 |
| TLM2(固溶) | 620~760 | 310~365 | 21~39 | 74~83 | 58~73 | 62 |
| TLM2(时效) | 700~1 060 | 560~1 020 | 15~22 | 67~77 | 58~84 | 69~98 |

**3. Ti-11.5Mo-6Zr-4.3Snβ 钛合金**

Ti-11.5Mo-6Zr-4.3Sn 合金又称 βⅢ 合金,是 19 世纪 60 年代 Crucible Steel 公司开发出来的一种亚稳 β 合金,这种合金具有优异的冷成型性、热处理性能和力学性能。由于钼含量较高,获得无钼偏析的合金比较困难。Mo 是一种强 β 稳定元素,在高温下完全固溶于 β 钛中。βⅢ 合金中名义成分含量的 Mo 足以把 β 相稳定到室温。Zr、Sn 是钛的中性添加剂,扩大 β 相的稳定范围,对钛的 α 相和 β 相均起到强化作用,且都能固溶到两相中。

βⅢ 合金的固溶处理可以在高于或低于 β 转变温度进行。为了获得最大的冷成型性和淬透性,βⅢ 应在高于 β 转变温度进行短时固溶处理。已加工的材料在低于β转变温度或者在β转变温度进行固溶处理时,能够保持很高的位错密度,高的位错密度导致时效过程中析出均匀分布的细小α相,这种处理通常可以获得好的强韧性匹配。在β转变温度以上固溶处理后βⅢ合金的显微组织为等轴β相,时效时析出α相使基体中富含钼,β相的晶格常数改变。材料在低于转变温度固溶时在β基体上析出等轴α相。其物理性质列于表3.49。

表 3.49 Ti-11.5Mo-6Zr-4.3Sn 的物理性质[74]

| | |
|---|---|
| β转变温度/℃ | 760 |
| 熔点/℃ | 1 690 |
| 密度/(g·cm$^{-3}$) | 5.06 |
| 电阻率(20~25℃)/μΩm | 1.56 |
| 线性热膨胀系数 $10^{-6}$/℃(20-100℃) | 7.6 |
| 磁导率 | 1.000 |
| 热导率/W·m$^{-1}$·K$^{-1}$ | 6.275 |

Goldberg 等[100]研究了时效温度、时效时间及冷拔对 Ti-11.5Mo-6Zr-4.5Sn 合金屈服强度和弹性模量的影响,试验结果见图 3.58。试验结果表明 Ti-11.5Mo-6Zr-4.5Sn 合金 703.732℃固溶后 482℃时效 4 h 具有最高的屈服强度和弹性模量比,可以获得较大的弹性,冷拔钛合金丝的屈服强度和弹性模量比可以达到 1.8。从而提高矫形装置的性能。

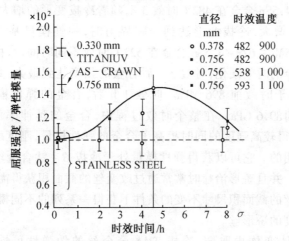

图 3.58 时效温度和时效时间对 Ti-11.5Mo-6Zr-4.3Sn 合金力学性能的影响

Shastry 等[101]研究了冷拔变形量对退火态 Ti-11.5Mo-6Zr-4.5Sn 合金的抗拉强度、延伸率和弹性模量的影响,如图 3.59 所示。冷变形几乎不影响合金的弹性模量,只是冷变形较大时合金的弹性模量有所增大。随着冷拔变形量的增大合金的延伸率下降,达到一定值后冷拔变形量继续增大,延伸率缓慢降低。

冷拔变形小于20%,强度的增加不明显;冷拔变形20%~45%,强度迅速增加;50%~80%的冷拔变形对合金强度的提高程度不大;冷拔变形超过95%后,合金的强度又迅速增加。试验结果还表明,Ti-11.5Mo-6Zr-4.5Sn合金的屈服强度影响力不但受总冷变形量的影响,而且受每次变形量的影响,进而影响到屈服强度和弹性模量的比。因此矫形丝的性能受到总变形量、每道次变形量、拉丝速度、退火温度、退火时间、模具承载强度的影响。

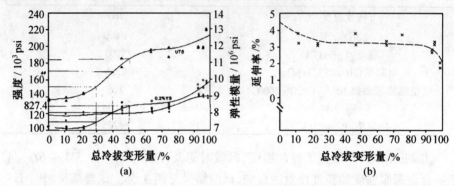

图3.59 冷拔变形量对Ti-11.5Mo-6Zr-4.5Sn合金抗拉强度、延伸率、屈服强度和弹性模量的影响

Goldberg等[102]研究了冷拔变形量对时效行为的影响。不同冷拔变形Ti-11.5Mo-6Zr-4.5Sn合金在482℃时效3 h,随着冷拔变形的增大,合金的强度提高,弹性模量增大,冷拔变形达到一临界值时,弹性模量基本不变。冷拔65%的Ti-11.5Mo-6Zr-4.5Sn合金在522℃时效不同时间后,由于预先的冷变形加速了合金的时效硬化,时效3 h后合金的强度达到最大,其抗拉强度为1 448 MPa,远高于时效前896 MPa。时效1 h后,合金的弹性模量从时效前56.5 GPa增加到89.6 GPa。在整个时效过程中,合金的延伸率保持在3%~4%。时效在获得较高强度的同时提高了合金的弹性模量,刚度增大。这在矫形治疗中是有用的。它可以获得弹性模量处于冷拔$\beta$-钛合金丝和不锈钢丝之间的矫形丝。并且矫形治疗时常常通过改变丝的截面积获得需要的刚度,通过时效在保证丝的截面积尺寸不变的条件下获得一系列的不同模量的合金,从而得到不同刚度的矫形丝。

由于马氏体变体再取向,冷拔TMA合金丝的伪弹性可恢复应变约为3%[103]。Laheurte等[104]研究了第二相、预变形及晶粒尺寸对TMA合金丝伪弹性可恢复应变的影响。冷拔TMA合金丝在高于$\beta$相变点固溶后在不同温度时效分别析出$\alpha$相和$\omega$相,室温拉伸到2%应变后卸载,结果发现析出第二相后,合金丝的伪弹性恢复应变量降低,如图3.60所示。

固溶后的试样预变形1%和15%后,进行加载卸载,试验结果如图3.61所

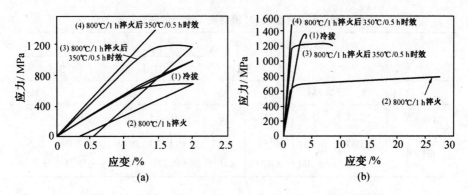

图 3.60 α 相和 ω 相对可恢复应变(a)和最终断裂(b)的影响

示。从图中可以看出随着预变形的增大而增大。TMA 合金丝在高于 β 转变点不同温度固溶处理不同时间获得不同的晶粒尺寸后进行拉伸加卸载,试验结果如图 3.62 所示。晶粒尺寸越大,可恢复应变量越大,特别是 800℃ 固溶处理后的试样,其可恢复应变量对晶粒尺寸更敏感。

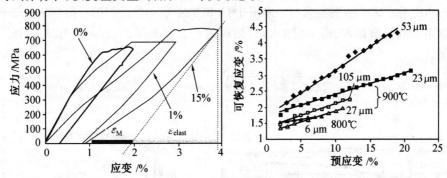

图 3.61 预变形对可恢复应变量的影响 (0%,1%,15%)

图 3.62 晶粒尺寸对可恢复应变量的影响

Kwon 等[105]研究了 TMA 合金丝在不同 pH 值、不同浓度 NaF 的醋酸溶液中浸泡时间对合金丝拉伸强度及离子溶出量的影响,试验结果见表 3.50 和 3.51。结果表明,随着浸泡时间的延长,与原始态相比,合金丝的强度降低;并且在 NaF 浓度高而 pH 值较低时,醋酸溶液中 Ti、Mo 离子的含量最高,在矫形治疗中应该慎用含氟产品。

表 3.50 NaF 含量及 pH 值对抗拉强度的影响(MPa)

| NaF 含量 | pH 值 | 原始态 | 1 天后 | 3 天后 |
| --- | --- | --- | --- | --- |
| 0.05% | 6 | 1116.6 ± 4.0 | 1 093.4 ± 7.7 | 1 097.6 ± 1.5 |
|  | 4 | 1 116.2 ± 2.5 | 1 100.7 ± 3.3 | 1 085.0 ± 17.6 |
| 0.2% | 6 | 1 118.6 ± 2.2 | 1 090.9 ± 3.8 | 1 086.8 ± 5.3 |
|  | 4 | 1 117.1 ± 3.2 | 1 091.5 ± 3.7 | 1 081.0 ± 10.5 |

表3.51 NaF含量及pH值对离子溶出的影响(mg/d)

| | 0.05% NaF | | | | 0.2% NaF | | | |
| --- | --- | --- | --- | --- | --- | --- | --- | --- |
| | 1 d | | 3 d | | 1 d | | 3 d | |
| | Ti | Mo | Ti | Mo | Ti | Mo | Ti | Mo |
| pH = 6 | 0 | 0 | 0 | 0 | 0 | 0 | 0 | 0 |
| pH = 4 | 0.04 ± 0.00 | 0.00 ± 0.00 | 0.13 ± 0.00 | 0.01 ± 0.00 | 0.10 ± 0.17 | 0.01 ± 0.00 | 3.85 ± 0.21 | 0.54 ± 0.04 |

Schiff 等[106]研究了 TMA、TiNb、TiNi、TiNiCu 矫形丝在模拟唾液及三种含氟漱口水(Elmexs、Meridols 和 Acoreas)中的腐蚀行为。TMA 合金在不同模拟溶液中的开路电位-时间曲线和阳极极化曲线,如图 3.63(a)和(b)所示。表 3.53 给出了 TMA 合金在不同模拟溶液中的电化学腐蚀参数。TMA 在 Meridols 漱口水中发生严重腐蚀,溶液中有氟化亚锡出现,腐蚀前后试样的表面形貌如图 3.64所示。试验结果表明对于采用 TMA 和 TiNi 矫形丝进行治疗的病人应该推荐用 Elmexs 漱口水,而采用 TiNb 矫形丝的病人应该用 Acoreas 和 Meridols 漱口水。

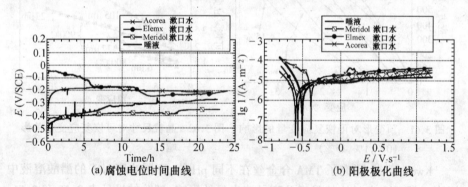

(a) 腐蚀电位时间曲线　　(b) 阳极极化曲线

图 3.63 TMA 的腐蚀电位-时间曲线和在不同溶液中的阳极极化曲线

表3.53 不同溶液中的电化学腐蚀参数

| 模拟溶液 | 腐蚀电位 /(mV·s$^{-1}$) | 腐蚀电流密度 /(μA·cm$^{-2}$) | 腐蚀速率 /(μm·a$^{-1}$) | 极化阻抗 /(kΩ·cm$^{-2}$) |
| --- | --- | --- | --- | --- |
| 模拟唾液 | −280 | 4 ± 0.2 | 36 ± 2 | 100 ± 5 |
| Elmexs 漱口水 | −200 | 3.5 ± 0.1 | 31 ± 1.5 | 150 ± 15 |
| Meridols 漱口水 | −350 | 8 ± 0.3 | 72 ± 3 | 50 ± 5 |
| Acoreas 漱口水 | −200 | 4 ± 0.5 | 36 ± 2 | 120 ± 10 |

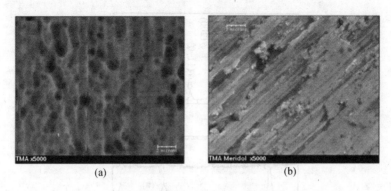

图 3.64 TMA 在 Meridols 溶液中腐蚀前后 SEM 照片对比

**4. Ti-29Nb-13Ta-4.6Zr**

Sakaguchi 等[107]研究了 Nb、Ta 和 Zr 含量及冷却方式对 TNTZ 合金弹性模量的影响,结果如图 3.65(a)~(d)所示。试验结果表明 Ti-30Nb-10Ta-5Zr 合金具有最低的弹性模量,低于 70 GPa。Nb 含量为 20% 合金炉冷时析出 α 相,空冷时析出 ω 相,前者的弹性模量低于后者。

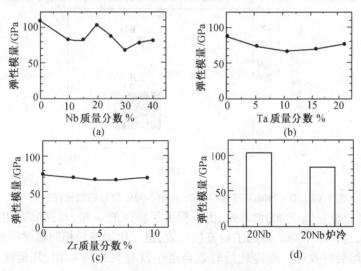

图 3.65 合金元素含量及冷却方式对合金弹性模量的影响

Akahori 等[108]采用 XRD 和 TEM 研究了不同工艺处理后 TNTZ 合金的相组成,如图 3.66 所示。结果表明固溶试样为 β 相,300 ℃/72 h、325 ℃/72 h、400 ℃/72 h 时效均出现 ω 峰。400℃时效出现棒状和针状 α 相。ω 相衍射峰在 325℃时效时最大,在 400℃时效时较低。冷轧态 Ti-29Nb-13Ta-4.6Zr 合金为 β 相。400℃、450℃/72 h 时效后主要为 α 相,325℃时效时 α 和 ω 峰重合,难以区分。

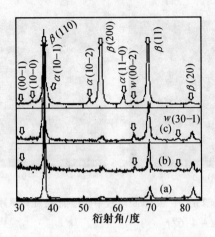

图 3.66　Ti－29Nb－13Ta－4.6Zr 合金不同热处理后的 XRD 谱

Niinomi 等[109]发现 Ti－Nb－Ta－Zr 合金冷轧后直接时效或者固溶后时效可以获得优异的强韧性匹配,如图 3.67 所示。通过合适的处理工艺,Ti－29Nb－13Ta－4.6Zr 合金的常规力学性能超过了 Ti－6Al－4V 合金。

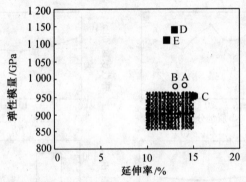

图 3.67　Ti－29Nb－13Ta－4.6Zr 合金不同处理后的强韧性匹配

TNTZ 合金在低于 400℃时效,由于析出了脆性的 ω 相,与固溶态相比抗拉强度提高,延伸率下降。冷加工后直接时效,强度比固溶后相同温度时效高,延伸率比固溶后时效低。在冷轧后时效合金中没有观察到 ω 相,其延性下降可能是因为加工组织不均匀及 α 相的作用。400℃以上温度时效,固溶后时效和冷轧后时效都可以得到与现有医用钛合金相当的强度和延伸率。与冷轧后时效相比,固溶后时效样品中 α 相析出部位少,时效析出慢,要使强度和延性的综合性能提高需要较长时效时间[110]。

固溶 Ti－29Nb－13Ta－4.6Zr 的弹性模量约为 65 GPa,时效后弹性模量增大,但仍低于热轧后时效的 Ti－6Al－4VELI(110 GPa)和锻造后退火 Ti－15Mo－5Zr－3Al 的弹性模量(90 GPa)。轧制态 Ti－29Nb－13Ta－4.6Zr 的弹性模量约为 60 GPa,比时效后的弹性模量低,也低于热轧后时效的 Ti－6Al－

4VELI(110 GPa)和锻造后退火 Ti-15Mo-5Zr-3Al 的弹性模量(90 GPa)。杨氏模量随着时效温度的提高逐渐减小,随时效时间的延长而增大[108]。

Ti-29Nb-13Ta-4.6Zr 合金的拉伸性能和冷变形率的关系见图 3.68[109]。冷锻棒固溶处理后,$\sigma_b$ 和 $\sigma_{0.2}$ 随冷加工率的增大而增大,而弹性模量基本保持不变。冷加工率最大(85%)时,合金的强度与 Ti-6Al-4V ELI 相当,$\delta$ 仍大于 15%;冷加工率 20% 左右时,合金的 $\delta$ 和 $\psi$ 开始降低,随后基本不随冷加工率的变化而变化,合金的强度与 Ti-6Al-4V ELI 相当,弹性模量恒定为较低值。Ti-29Nb-13Ta-3.6Zr 合金能够在保持弹性模量基本不变的前提下通过冷加工获得与 Ti-6All-4V ELI 相当的强度。

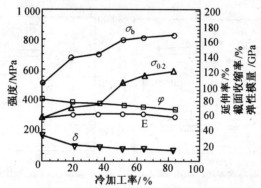

图 3.68 冷模锻 Ti-29Nb-13Ta-4.6Zr 合金的拉伸性能和冷变形率的关系

Mitsuo 等[111-113]研究了 Ti-29Nb-13Ta-3.6Zr 合金不同热处理后在空气中的疲劳行为,如图 3.69 所示。结果表明固溶处理后疲劳极限为 320 MPa,400℃时效后疲劳极限约为 700 MPa,接近 Ti-6Al-4V ELI 下限,时效后,疲劳强度显著提高。并且在空气中和 Ringer's 溶液中合金的疲劳强度相差不大,合金在人体环境中具有优异的抗腐蚀疲劳性能。

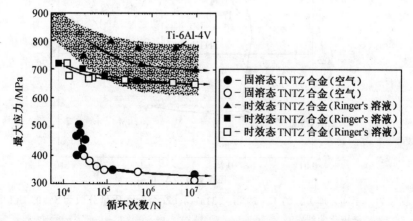

图 3.69 Ti-29Nb-13Ta-4.6Zr 合金在空气和 Ringer 溶液中的疲劳曲线

图 3.70 为 Ti-29Nb-13Ta-4.6Zr 合金在空气和 Ringer 溶液中微动疲劳曲线[42]。固溶态 Ti-29Nb-13Ta-4.6Zr 合金的疲劳极限最小,Ti-15Mo-5Zr-3Al 合金的疲劳极限最大,时效后 Ti-29Nb-13Ta-4.6Zr 合金的疲劳极限接近后者。然而,时效后 Ti-29Nb-13Ta-4.6Zr 合金的微动疲劳极限最大。Ti-29Nb-13Ta-4.6Zr 合金在空气和 Ringer's 溶液中的疲劳曲线形状基本相同。在低周疲劳区,Ringer's 溶液中的微动疲劳极限大于空气中的;在高周疲劳区,Ringer's 溶液中的微动疲劳极限小于空气中。其原因在于 Ringer 溶液在低周疲劳时作为润滑剂,摩擦力约为空气中的 1/3,而高周疲劳时作为腐蚀介质,表面形成腐蚀坑。

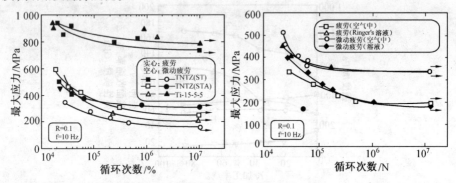

图 3.70 (a)空气中微振疲劳曲线与(b)固溶态合金在空气和 Ringer's 溶液中的微动疲劳

Ti-29Nb-13Ta-4.6Zr 合金经不同工艺处理后在 37℃,5% 的 HCl 中阳极极化曲线如图 3.71 所示[109]。固溶态 Ti-29Nb-13Ta-4.6Zr 合金的临界电流

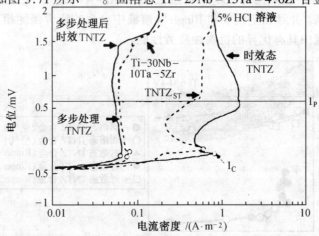

图 3.71 不同处理工艺的 Ti-29Nb-13Ta-4.6Zr 合金在质量分数为 5% 的 HCl 中阳极极化曲线

密度与 673 K 时效时接近,但 $I_p$ 比 673 K 时效时稍高,两者的抗腐蚀能力低于 Ti – 30Nb – 10Ta – 5Zr。

Li 等[114]采用滑动摩擦试验评价了 Ti – 29Nb – 13Ta – 4.6Zr 合金的耐磨性。采用不锈钢(1Cr18Ni9Ti)作滑块环,试验在环境温度进行,介质为 0.9% NaCl 溶液,3N 的力施加到试样上,滑块环以 0.13 m·s$^{-1}$ 的恒定速度旋转 2 h 后试样体积的损失评价如图 3.72 所示。Ti – 29Nb – 13Ta – 4.6Zr 合金 400℃ 氧化 24 h 的耐磨性大大提高;Ti – 6Al – 4V 固溶和 400℃ 空气中氧化 2 h 后的耐磨性相差不大。其硬度变化见表 3.54,硬度测试采用 10 g、25 g、50 g 的负载持续作用 15 s。Ti – 29Nb – 13Ta – 4.6Zr 合金氧化后表面层硬度提高,合金耐磨性提高;Ti – 6Al – 4V 氧化后硬度几乎没有增加,耐磨性提高不大。

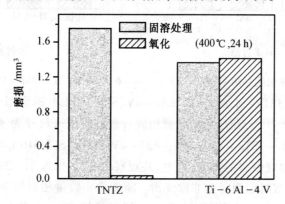

图 3.72 摩擦试验结果

表 3.54 不同热处理后的硬度变化

| 合金及热处理 | | HV/MPa | | |
| --- | --- | --- | --- | --- |
| | | 10 g | 25 g | 50 g |
| Ti – 29Nb – 13Ta – 4.6Zr(790℃固溶) | 表面 | 193 | 180 | 173 |
| Ti – 29Nb – 13Ta – 4.6Zr(790℃固溶) 400℃空气中氧化 2 h | 表面 | 635 | 607 | 508 |
| Ti – 29Nb – 13Ta – 4.6Zr(790℃固溶) 400℃空气中氧化 2 h | 基体 | 324 | 284 | 254 |
| Ti – 6Al – 4V(750℃固溶) | 表面 | 291 | 306 | 299 |
| Ti – 6Al – 4V(750℃固溶) 400℃空气中氧化 2 h | 表面 | 314 | 304 | 286 |

Niinomi 采用 L929 细胞存活率 MTT 法研究了 Ti – 29Nb – 13Ta – 4.6Zr 合金、Ti – 6Al – 4V ELI 合金和纯钛的细胞毒性,结果如图 3.73 所示[108]。结果表

明Ti－29Nb－13Ta－4.6Zr合金与纯钛的细胞存活率相同并且高于Ti－6Al－4V ELI合金，因此可以预测Ti－29Nb－13Ta－4.6Zr合金具有较高的生物相容性。

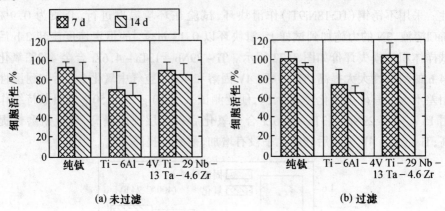

(a) 未过滤　　　　　　　　　　　(b) 过滤

图3.73　L929细胞存活率MTT法(纯钛，Ti－6Al－4V和Ti－29Nb－13Ta－4.6Zr)

Ti－29Nb－13Ta－4.6Zr、Ti－6Al－4V、SUS 316 L不锈钢用于骨断裂的愈合，如图3.74[109,113]。在白兔的胫骨粗隆骨髓腔内植入尺寸为$\phi3$ mm×60 mm低刚度Ti－29Nb－13Ta－4.6Zr、Ti－6Al－4V ELI和SUS 316 L不锈钢，每2周拍摄X光照片以观察骨的愈合、再生，共观察22周。植入Ti－29Nb－13Ta－4.6Zr的骨重新成型时断裂骨痂非常光滑，断裂骨痂数量相对较少，并从6周开始逐步减少，10周后无断裂痕迹，10～18周无任何变化，20周后后腿骨有轻微萎缩。植入Ti－6Al－4V ELI和SUS 316 L不锈钢的断裂骨痂的形成、骨的重成型基本与Ti－29Nb－13Ta－4.6Zr相似，只是速度稍慢。植入Ti－6Al－4V ELI的断骨8周后尚可见断裂骨痂，18周时后腿骨有轻微萎缩。在植入SUS 316 L不锈钢的断骨中，整个试验过程中存在许多断裂骨痂，10周时骨萎缩似乎出现在后腿邻近胫骨处，随后开始明显，22周时后腿胫骨变得非常瘦小。可见，低刚度Ti－29Nb－13Ta－4.6Zr合金可提高载荷转移。

Niinomi等[109]采用生物活性表面磷酸钙转换玻璃法对Ti－29Nb－13Ta－4.6Zr进行了表面活化。按照摩尔比为$60CaO \cdot 30P_2O_5 \cdot 7NaO \cdot 3TiO_2$的成分进行配制，将混合物的原始材料(试剂级$CaCO_3$、质量分数为85%的液态$H_3PO_4$、$Na_2CO_3$、$TiO_2$)置于聚四氟乙烯烧杯中，制作浆料。将Ti－29Nb－13Ta－4.6Zr锻棒加工成直径为18 mm、厚1 mm的圆盘。将圆盘基片浸入玻璃粉末浆料中，拉起速度为1.4 mm/s，100℃使其干燥。采用这种方法基片上可沉积厚约30 $\mu$m的玻璃粉末层。SEM观察发现，800℃加热时，涂层内含有许多尺寸为几个微米的孔洞，涂层厚度为10～20 $\mu$m，看不到裂纹和缺陷，涂层内含有大量的TCP

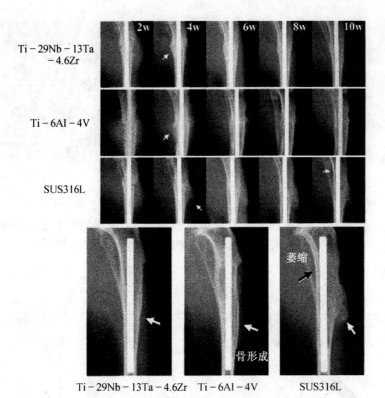

图 3.74 骨断裂的愈合

($\beta$-$Ca_3(PO_4)_2$)、痕量的 CPP($\beta$-$Ca_2P_2O_7$)和 $TiO_2$,此时涂层与基片结合良好。玻璃陶瓷涂层表面经 X 射线衍射结果表明,浸泡 10 d,$2\theta \approx 25.8°$处出现羟基磷灰石(HA)的衍射峰;浸泡 20 d 和 30 d,$2\theta \approx 32°$处出现宽的 HA 衍射峰。浸泡 30 d 后,涂层表面出现大量沉淀。浸泡后涂层表面形成的新物质可认为是磷酸钙相。上述结果意味着基片上的玻璃陶瓷涂层在生物体内可能具有生物活性,如图 3.75 所示。

**5. 医用 $\beta$-钛合金的应用**

$\beta$ 钛矫形丝的弹性模量介于不锈钢丝和镍钛合金丝之间,其矫治力值低于不锈钢丝而高于镍钛合金丝。由于 $\beta$ 钛丝弹性模量小,屈服强度相对较大,具有较好的弹性和较大的弹性形变范围,在临床上则表现为矫治力大小易调节,且在矫治过程中保持相对稳定。$\beta$ 钛矫形丝成型性好,可弯制各种曲及复杂的形状,完成复杂的矫治,用 $\beta$ 钛丝弯制的理想方丝弓明显优于不锈钢丝,当其弯曲度比不锈钢丝的弯曲度大一倍时,仍无永久变形,这使其作用范围增大,既可用于排齐牙齿,又可用于完成弓丝。$\beta$ 钛丝可直接电焊附件(如阻滞点、牵引钩、辅助弓丝等)使弓丝更适用。$\beta$ 钛丝的摩擦系数比不锈钢丝和钴铬合金丝

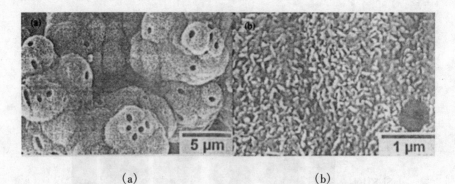

(a)                  (b)

图 3.75  Ti－29Nb－13Ta－4.6Zr 涂层插入 SBF 30 天后的 SEM 照片

均高。经一次高温消毒，β 钛丝的拉伸强度显著增加，高压消毒和乙醚消毒对其性能无显著影响。图 3.76 是 Orthodontic 公司生产的 β 钛矫形丝[115]。

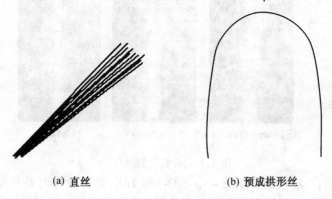

(a) 直丝                  (b) 预成拱形丝

图 3.76  Orthodontic 公司生产的 β 钛矫形丝 (a) 直丝 (b) 预成拱形丝

日本已经有公司利用 Ti－29Nb－13Ta－4.6Zr 合金生产出了牙种植体部件及人工关节部件，如图 3.77 和图 3.78 所示[113]。

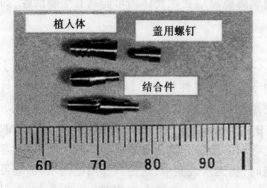    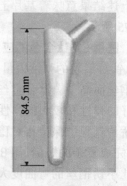

图 3.77  牙齿种植体          图 3.78  人工冠关节假体

## 参 考 文 献

[1] 李世普.生物医用材料导论[M].武汉:武汉工业大学出版社,2000.
[2] 蒲素云.金属植入材料及其腐蚀[M].北京:北京航空航天大学出版社,1990.
[3] 顾汉卿,徐国风.生物医用材料学[M].天津:天津科技翻译出版公司,1993.
[4] 张喜燕,赵永庆,白晨光.钛合金及应用[M].北京:化学工业出版社,2005.
[5] 技术参考[M/OL].http://www.bjtn.com.cn.
[6] 钛在日用方面的应用[J/OL].资料介绍.http://www.ti-rm.com.
[7] POHLER O E M. Unalloyed titanium for implants in bone surgery, Injury, Int. J. Care Injured, 2000(31), S-D: 7-13.
[8] 董弘毅.纯钛作为医学材料在口腔医学中的应用[J].山西科技,2005(1):130-131.
[9] 张雄,朱旌,吴哲民.纯钛固定板在下颌骨骨折固定中的应用[J].口腔材料器械杂志,1996,5(3):140-141.
[10] A UNGERSBOCK, O POHLER, S M PERSEN. Evaluation of the soft tissue interface at titanium implants with different surface treatments: Experimental study on rabbits[M]. Bio-Medical Materials and Engineering, 1994,4:317-325.
[11] 邹丽剑,张涤生,王炜,等.不同纯度纯钛的生物学性能研究[J].中华整形烧伤外科杂志,1997,13(6):410-413.
[12] 孙凤,钱端申,魏克立,等.国产钝钛金属在口腔可摘义齿中的应用[J].现代口腔医学杂志,1999,13(3):188-189.
[13] 陈德胜,金群华,黄建国,等.纯钛重建钢板在成人锁骨骨折中的应用体会[J].实用医学杂志,2005,21(8):829-830.
[14] 郭起,王新中.纯钛夹板在颌面骨折中的临床应用[J].山西医药杂志,1999,28(6):524.
[15] 郭吕华,魏娟,孙德文,等.纯钛铸造可摘义齿的临床应用[J].广东牙病防治,2004,12(3):187-189.
[16] 贵金属的主要物化性质[O/L].贵金属知识.http://www.platinums.com.cn.
[17] H G SEILER, H SIGEL, ASIGEL. Handbook on toxicity of inorganic Compounds[J]. Marcel Dekker, 1988.
[18] 李关芳.医用贵金属材料的研究与发展[J].贵金属,2004,9(25)3:54-61.
[19] 启明.牙科医用贵金属合金的现状和展望[J].金属功能材料,1999(2):93.
[20] 谭碧生,曹晓红,莫志宏.金纳米粒子的制备方法及在DNA检测中的应用[J].重庆大学学报,2003,26(4):58-62.
[21] 赵怀志.金药和它的毒副作用(下)[J].金属世界,2000(4):8-9.
[22] 田洪德.铂金属化合物的医学及环境学意义[J].临沂医学专科学校学报,2005,27(1):73-74.
[23] 刘伟平,高文桂,普绍平,等.治疗癌症的铂族金属配合物[J].药学进展,2001,25(1):27-34.
[24] 郭建阳,郑念耿.铂类金属抗癌药物的研究进展[J].贵州大学学报(自然科学版),2003,

20(2):209 – 214.

[25] 胡忠武,李中奎,张小明.钽及钽合金的工业应用和进展[J].稀有金属快报,2004, 23(7):8 – 10.

[26] 徐皓,安翎.钽丝环扎内固定治疗髌骨骨折 33 例分析[J].中国厂矿医学,2003,16(4):305 – 306.

[27] 郭战勇,张宇生,张宏江.外源稀土进入动物体内的途径、分布、代谢及毒性[J].稀土,1997,18(1):61 – 65.

[28] 郭伯生.稀土在生物领域中应用研究进展[J].稀土,1999,20(1):64 – 68.

[29] 彭少华.稀土在生物医学中的研究动向[J].卫生毒理学杂志,1994,8(3):206 – 209.

[30] 熊炳昆.稀土生物功能化合物的应用研究[J].中国稀土学报,1994,12(4):258 – 265.

[31] DONALD PECKNER, I M BERNSTEIN. 不锈钢手册[M].顾守仁,周有德,译.北京:机械工业出版社,1987.

[32] 冈毅民主编.中国不锈钢腐蚀手册[M].北京:冶金工业出版社,1992.

[33] 陈锡民.外科植入物用不锈钢工艺及性能研究.上海钢研,2003,2:8.

[34] Materials[J/OL].http://www.Azom.com.

[35] REN YIBIN, YANG K. Nickel – free Stainless Steel for Medical Applications, J. Mater. Sci. Technol., 2004,20(5):571 – 573.

[36] SUMITA M, HANAWA T. Development of nitrogen – containing nickel – ree austenitic stainless steels for metallic biomaterials – review[J]. Materials Science and Engineering, 2004, C24:753 – 760.

[37] MENZEL J, KIRSCHNER W, STEIN G[J]. ISIJ Int., 1996,36:893.

[38] UGGOWITZER J, MAGDOWSKI R, SPEIDEL M[J]. ISIJ Int., 1996,36:901.

[39] THOMANN I, UGGOWITZER[J]. Wear,2000,239:48.

[40] GEBEAU R C, BROWN R S[J]. Adv. Mater. Process,2001,159:46.

[41] LEEANN O BAILEY, SHERRY LIPPIATT. The quantification of cellular viability and inflammatory response to stainless steel alloys[J]. Biomaterials,2005,26:5 296 – 5 302.

[42] THOMANN U I, UGGOWITZER P J. Wear – corrosion behavior of biocompatible austenitic stainless stees[J]. Wear, 2000,239:48 – 58.

[43] 阎建中,吴萌顺,李久青,等.316 L不锈钢微动磨蚀过程表面钝化膜自修复行为研究[J].中国腐蚀与防护学报,2000,20(6):353.

[44] 任伊宾,杨柯,梁勇.新型生物医用金属材料的研究和进展[J].材料导报,2002,16(2):12 – 15.

[45] 王安东,戴起勋.生物医用材料316 L不锈钢的磨损腐蚀特性研究[J].金属热处理,2005,30(3):33 – 36.

[46] 谢建晖,吴萌顺,朱日彰.植入铸造317 L不锈钢在 Hank's 模拟体液中腐蚀疲劳裂纹的萌生和扩展[J].腐蚀与防护,1998,18(6):13.

[47] 谢建辉,吴萌顺,朱日彰.植入316 L不锈钢在人体模拟环境中腐蚀疲劳裂纹的产生和扩展[J].中国生物医学工程学报,1997,16(3):277 – 280.

[48] SUDHAKAR K V. Metallurgical investigation of a failure in 316 L stainless steel orthopaedic implant[J]. Engineering Failure Analysis, 2005, 12: 249 - 256.

[49] SHIH C M, SU Y Y. Failure analysis of expalanted sternal wires[J]. Biomaterials, 2005, 26: 2 053 - 2 059.

[50] 产品分类[M/OL]. http://www.wjsy.cn.

[51] 阮建明等. 生物医用材料学[M]. 北京: 科学出版社, 2004.

[52] MARTI A. Cobalt - base alloys used in bone surgery, Injury, Int[J]. Care Injured, 2000, 31: 18 - 21.

[53] TANJA MATKOVI C. Effects of Ni and Mo on the microstructure and someother properties of Co - Cr dental alloys[J]. Journal of Alloys and Compounds, 2004, 366: 293 - 297.

[54] CLERC C O, JEDWAB M R, MAYER D W, et al. Assessment of Wrought ASTM F1058 Cobalt Alloy Properties for Permanent Surgical Implants[J], 1997: 229.

[55] HUANG P. Tribological behaviour of cast and wrought Co - Cr - Mo implant alloys[J]. Materials Science and Technology, 1999, 15: 1 230 - 1 234.

[56] 郭海霞, 梁成浩, 穆琦. TiNi 及 Co 合金生物医用材料的腐蚀行为及血液相容性[J]. 中国有色金属学报, 2001, 11(2): 272 - 276.

[57] CONTU F, ELSENER B H. Bo¨hni Corrosion behaviour of CoCrMo implant alloy during fretting in bovine serum Corrosion[J]. Science, 2005, 47: 1 863 - 1 875.

[58] BRIEN WW, SALVATI EA, BETTS F, et al. Metal levels in cemented total hip arthroplasty[J]. A comparison of well fixed and loose implants. Clin Orthop, 1992, 276: 66 - 74.

[59] 产品介绍[OL]. http://www.welink.com.cn.

[60] 赵连城, 蔡伟, 郑玉峰. 合金的形状记忆效应与超弹性[M]. 国防工业出版社, 2002.

[61] 郑玉峰, 赵连城. 生物医用镍钛合金[M]. 北京: 科学出版社, 2004.

[62] 郑玉峰, 赵连城. NiTi 记忆合金[C]//中国航空材料手册. 第 2 版, 2002, 5: 357 - 366.

[63] RYHANEN J, NIEMI E, SERLO W. Biocompatibility of nickel titanium shape memory metal and its corrsion behavior in human cell cultures[J]. Biomed Mater Res, 1997, 35: 451 - 457.

[64] RYHANEN J, KALLIOINER M, TUUKKANEN J. In vivo biocompatibility evaluation of nickel titanium shape memory metal alloy: muscle and perineural tissue responses and capsule membrance thickness[J]. Biomed Mater Res, 1998, 41: 481 - 488.

[65] RYHANEN J, KALLIOINEN M, TUUKKANEN J. Bone modeling and cell - material interface responses induced by nickel titanium shape memory alloy after periosteal implantation[J]. Biomaterials, 1999, 20: 1 309 - 1 317.

[66] RYHANEN J, KALLIOINEN M, SERLO W. Bone healing and mineralization, implant corrosion, and trace metals after nickel titanium shape memory metal intramedullary fixation[J]. Biomed Mater Res, 1999, 47: 472 - 480.

[67] PHATOUROS C C, HIGASHIDA R T, MALEK A M, et al. Endovascular stenting for carotic artery stenosis: preliminary experience using the Shape - memory - Alloy - recoverable - technology(SMART) stent[J]. Am J Neuroradiol, 2000, 21: 732 - 738.

[68] Fabricated Nitinol Components[J/OL]. http://www.sma-inc.com.

[69] The AMPLATZER(r) Septal Occluder[J/OL]. http://www.amplatzer.com.

[70] MIURA F, MOGI M, OHUURA BAND M Y. The super-elastic Japanese NiTi alloy wire for use in orthodontics Part Ⅲ[J]. Studies on the Japanese NiTi alloy coil springs. Am. J. Orthod. Dentofac. Orthop,1988,94(2):89-96.

[71] 镍钛合金根管锉[J/OL]. http://www.bjsmart.com/H-File.htm.

[72] 稀有技术材料及加工手册[M]. 西北有色院内部资料.

[73] 赵树萍,吕双坤,郝文杰. 钛合金及其表面处理. 哈尔滨:哈尔滨工业大学出版社,2003,10-12.

[74] BOYER P R. Materials Properties Handbook:Titanium Alloys[J]. ASM International, 1998,9-10.

[75] 于振涛,周廉,王克光. 生物医用β型钛合金设计与开发[J]. 稀有金属快报,2004,23(1):5-10.

[76] Fanker AC, et al. ASTM STP,1981:796.

[77] 工程材料实用手册编辑委员会. 工程材料实用手册[J]. 北京:中国标准出版社, 2002(1):107.

[78] 力学性能[O/L]. http://asm.matweb.com/search/SpecificMaterial.asp?bassnum=MTP642.

[79] http://www.azom.com/details.asp?ArticleID=1520.

[80] MANERO J M, GIL F J, PLANELL J A. Deformation Mechanisms of Ti-6Al-4VAlloy with a Martensitic Microstructure subjected to Oligocyclic Fatigue[J]. Acta. Mater.,(2000)48:3 353-3 359.

[81] AKAHORI. Mitsuo Niinomi, Fracture characteristics of fatigued Ti-6Al-4V ELI as an plant material[J]. Toshikazu Materials Science and Engineering,1998,243A:237-243.

[82] 郭亮,梁成浩,隋洪艳. 模拟体液中纯钛及Ti-6Al-4V合金的腐蚀行为. 中国有色金属学报,2001,11(1):107-110.

[83] 牟战旗,梁成浩. 钛合金生物医用材料的耐蚀性能[J]. 腐蚀与防护,1998,14(4):151-154.

[84] KHAN M, WILLIAMS R, WILLIAMS D. The corrosion behaviour of Ti-6Al-4V, Ti-6Al-7Nb and Ti-13Nb-13Zr in protein solutions[J]. Biomaterials,1999,20:631-617.

[85] CAI ZHUO, TY SHAFER, IKUYA WATANABE, et al. Nunn, Toru Okabe, Electrochemical characterization of cast titanium alloys[J]. Biomaterials,2003,24:213-218.

[86] ROBERT WENWEI HSU, CHUN CHENYANG, CHING AN HUANG, et al. Electrochemical corrosion properties of Ti-6Al-4V implant alloy in the biological environment[J]. Materials Science and Engineering,2004,A380:100-109.

[87] YOSHIMITSU OKAZAKI. Effect of friction on anodic polarization properties of metallic biomaterials[J]. Biomaterials,2002,23:2 071-2 077.

[88] ANIMESH CHOUBEY, BIKRAMJIT BASU, BALASUBRAMANIAM R. Tribological behaviour of Ti-based alloys in simulated body fluid solution at fretting contacts[J]. Materials Science and

Engineering, 2004, 379A:234 - 239.

[89] DOBBS H S. Engineering in Medicine[J]. 1982,11(4):175.

[90] BIEHL V, WACK T, WINTER S, et al. Evaluation of the haemocompatibility of titanium based biomaterials[J]. Biomolecular Engineering, 2002, 19:97 - 101.

[91] CHING HSIN KU, DOMINIQUE P PIOLETTI, MARTIN BROWNE, et al. Effect of different Ti - 6Al - 4V surface treatmentson osteoblasts behaviour[J]. Biomaterials, 2002, 23: 1 447 - 1 454.

[92] 黄勇玲.钛合金脊柱板的应用研究[J].材料工程,1999,8:30 - 32.

[93] 杨瑞甫,王臻,李涤尘.自固定式人工椎体的设计及生物力学分析[J].中国矫形外科杂志,2003,11(12):817 - 820.

[94] 金大地,陈建庭,瞿东滨,等.新型胸腰椎后路椎弓根钉板系统的研制及临床应用[J].中华医学杂志,2001,81(13):794 - 797.

[95] 戚玉敏,崔春翔,申玉田,等.生物医用β钛合金[J].河北工业大学学报,2003,32(16):7 - 12.

[96] NIINOMI M. Mechanical properties of biomedical titanium alloys[J]. Mater Sci and Eng, 1998, A243:231 - 236.

[97] DAISUKE KURODA, MITSUO NIINOMI, MASAHIKO MORINAG, et al. Design and mechanical properties of new b type titanium alloys for implant materials[J]. Mater Sci and Eng, 1998, 243: 244 - 249.

[98] 李军.新型医用钛合金 TZNT 机械性能、耐蚀性能及生物相容性的研究[D].沈阳:东北大学硕士论文,2002.

[99] MARC LONG, RACK H J. Titanium alloys in total joint replacement—a materials science perspective[J]. Biomaterials, 1998, 19:1 621 - 1 639.

[100] GOLDBERG A J, CHARLES J, BURSTONE. An evalution of beta Titanium alloys for use in orthodontic applications[J]. Dent. Res, 1979(158)2:593 - 599.

[101] SHASTRY C V, GOLDBERG A J. The influence of darwing on the mechanical properties of two beta - titanium alloys[J]. Dent. Res, 1993, 162(10):1 092 - 1 097.

[102] GOLDBERG A J, SHASTRY C V. Age harding of orthodontic beta titanium alloy[J]. Biomed. Mater. Res, 1990, 18:155 - 163.

[103] DUERIG T W, ZADNO R. Engineering aspect of SMA[J]. T W Duerig. An enginer's perspectives of pseudoelasticity, Butterworth - Heinemann Publishers, 1990.

[104] LAHEURTE P, EBERHARDT A, PHILIPPE M J. Influence of the microstructure on the pseudo - elasticity of a metastable beta titanium alloy[J]. Materials Science and Engineering, 2005, A396:223 - 230.

[105] YONG HOON KWON, HYO JOUNG SEOL, HYUNG IL KIM, et al. Effect of acidic fluoride solution on β titanium alloy wire, J Biomed Mater Res Part B[J]. Appl Biomater, 2005, 73B: 285 - 290.

[106] NICOLAS SCHIFF, BRIGITTE GROSGOGEAT, MICHELE LISSAC, et al. Influence of

fluoridated mouthwashes on corrosion resistance of orthodontics wires[J]. Biomaterials,2004, 25:4 535 – 4 542.

[107] NOBUHITO SAKAGUCHI, NIINOMI MITSUO, TOSHIKAZU AKAHON, et al. Effects of alloying elements on elastic modulus of Ti – Nb – Ta – Zr System alloy for Biomedical Applications[J]. Materials Science Forum,2004(449 – 452):1 269 – 1 272.

[108] MITSUO NIINOMI. Fatigue Performance and cyto – toxicity of low rigidity titanium alloy, Ti – 29Nb – 13Ta – 3.6Zr[J]. Biomaterials. 2003,24:2 673 – 2 683.

[109] MITSUO NIINOMI, TOMOKAZU HATTORI, KEIZO MORIKAWA, et al. Development of Low rigidity β – type titanium alloy for biomedical applications[J]. Materials Tranaction, 2002, 43(12):2 970 – 2 977.

[110] 人体用 β 型钛合金 Ti – 29Nb – 13Ta – 3.6Zr 的热处理工艺和力学性能[J]. 上海钢研, 2001,2:54 – 55.

[111] AKAHORI T, NIINOMI M, FUKUI H, et al. Fatigue performance of low rigidity titanium alloy for biomedical applications[J]. Material Sicence Forum. 2004,449 – 452:1 265 – 1 268.

[112] AKAHORI T, NIINOMI M, FUKUI H, et al. Fretting fatigue and corrosion charactristics of biocompatible beta type titanium alloy conducted with various thermo – mechanical treatments [J]. Materials Tranaction,2004,45(5):1 540 – 1 548.

[113] YASZEMSKI, DEBRA J TRANTOLO, KAIUWE LEWANDROWSKI, et al. Biomaterials in orthopedics[C]// Michael L Wise, MARCEL DEKKER, INC., NEW YORK BASEL.

[114] LI SHUJUN, YANG RUI, MITSUO NIINOMI, et al. Wear and bioconductivity characteristics of Oxidized Ti – 29Nb – 13Ta – 3.6Zr[J]. Materials Sicence Forum, 2004, 449 – 452: 1 277 – 1 280.

[115] www.americanortho.com.

# 第4章 无机非金属生物医用材料

陶瓷不生锈、不燃烧,而且抗腐蚀,强度也比较好,可以大大弥补金属材料和有机材料的缺陷。陶瓷不仅可以制成具有优良生物惰性的材料,而且也可以制成具有优良生物活性的材料[1]。如图4.1所示[2],生物医用陶瓷材料根据在生物体内的活性,分为三类[3,4]:惰性生物陶瓷材料,主要是氧化铝陶瓷材料、碳质材料等,植入体内后与周围组织之间形成纤维包膜;表面活性生物陶瓷材料,如生物医用玻璃和玻璃陶瓷、羟基磷灰石等,植入体内后材料能与周围骨组织形成牢固的化学键结合(骨性结合);可吸收和降解生物陶瓷材料,主要是磷酸三钙陶瓷材料,植入体内后会逐渐被降解、吸收,从而被新生组织代替。目前,约有40余种生物陶瓷材料在医学、整形外科方面制成了50余种复制和代用品,发挥着非常重要的作用[5]。本章就对这些无机非金属生物医用材料作简单介绍。

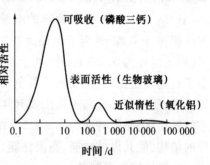

图4.1 生物医用陶瓷按照活性分为三类材料[2]

## 4.1 惰性无机非金属生物医用材料

### 4.1.1 生物医用陶瓷

惰性生物医用陶瓷主要分为氧化物陶瓷和非氧化物陶瓷以及陶材三类[6]。氧化物陶瓷主要是Al、Mg、Ti、Zr等的氧化物;而非氧化物陶瓷主要是硼化物、氮化物、碳化物、硅化物等;陶材则主要是由多种氧化物矿物构成的长石、石英、高岭土等原料制成。

早在19世纪就有关于熟石膏作为骨替代材料的报道[4],但生物陶瓷作为人体硬组织替代材料而受到重视,是从20世纪70年代才开始的,之后生物陶瓷得到了飞速发展。

本小节主要介绍氧化物陶瓷以及其它非氧化物陶瓷。

## 一、氧化物陶瓷

在生物医用材料中比较典型的氧化物陶瓷主要是氧化铝陶瓷和氧化锆陶瓷,尤其是氧化铝陶瓷,世界各国都对其进行了广泛深入的研究和临床应用[3]。

### (一)氧化铝陶瓷

#### 1. 氧化铝陶瓷的晶体结构

生物医用氧化铝陶瓷由高纯 $Al_2O_3$ 组成。氧化铝陶瓷(简称铝瓷)是指主晶相为刚玉($\alpha - Al_2O_3$)的陶瓷材料。氧化铝具有多种晶体结构,有文献报道,已有12种不同的氧化铝晶体结构[7],大部分是由氢氧化铝脱水转变为稳定 $\alpha - Al_2O_3$ 相时所生成的中间相,它们结构不完整,在高温下不稳定,最后都转变为 $\alpha - Al_2O_3$。$\alpha - Al_2O_3$ 具有稳定的刚玉型结构,属六方晶系,氧离子形成六方最紧密堆积,6个氧离子(离子半径为 0.132 nm)围成一个八面体,半径较小的铝离子(离子半径为 0.057 nm)则处于八面体中心的空隙,即铝离子的配位数为 6。由于铝离子是正三价,氧离子是负二价,按照配位数每个氧离子分得 1/2 价的铝离子,所以每个氧离子周围要有 4 个铝离子才能平衡,刚玉的单位晶胞是面心的菱面体,晶胞特征为 $a = 0.512$ nm,$\alpha = 55°17'$,同时包含两个 $Al_2O_3$ 分子,这样的结构,使其机械性能、高温性能、介电性能及耐化学腐蚀性能都非常优异。

#### 2. 氧化铝陶瓷制备

氧化铝陶瓷的诸多优异性能,除了起决定性作用的组分之外,在很大程度上是由显微结构决定的,而显微结构又决定于原料粉末的特性和产品的制备工艺过程。粉体制备是陶瓷制品生产的基础环节,目前制备氧化铝粉体的方法很多,基本可归纳为物理法和化学法,化学法又可分为气相法、液相法和固相法。下面简单介绍几种常用的合成方法。

(1)氧化铝粉体的物理制备方法

氧化铝粉末的物理制备方法主要是电熔加机械粉碎。该法是以工业氧化铝为原料,经电弧加热冶炼使之发生晶形转化,冷却后经机械粉碎,加工成所需的各种尺寸。由于电熔生产的氧化铝硬度和熔点较高,颗粒形状随破碎方法不同有较大差异。

(2)氧化铝粉体的化学制备方法[8]

①Bayer法。该方法所用的原料为铝矾土矿,首先将经过破碎的铝矾土粉料与苛性碱液加入到蒸煮器中进行蒸煮,将铁、钛等氧化物从溶液中除去后,再将得到的铝硅酸钠溶液导入沉淀池中。最后,将从溶液中析晶出来的三水铝氧通过筛分、洗涤、干燥、煅烧后得到工业氧化铝。由这种方法制成的氧化铝平均粒径范围在 10~100 μm 之间,杂质为 $0.3\% Na_2O$、$0.01\% Fe_2O_3$、$0.01\% SiO_2$。一

般将这种氧化铝称为普通氧化铝。

②有机醇盐水解法。该法是以有机醇盐为原料,如异丙醇铝($Al(OC_3H_7)_3$)、二丁醇铝($Al(sec-OC_4H_9)_3$)等,水解制得氧化铝粉。反应式如下

$$Al(OR)_3 + xH_2O \longrightarrow Al(OH)_x(OR)_{3-x} + xROH \tag{4.1}$$

$$=Al-OH + HO-Al \longrightarrow =Al-O-Al= + H_2O \tag{4.2}$$

$$=Al-OR + HO-Al \longrightarrow =Al-O-Al= + ROH \tag{4.3}$$

采用这种方法可制得纯度非常高的氧化铝,然而由于有机铝盐原料价格昂贵,使其仅局限在制备高纯优质氧化铝的研究工作当中。

③化学沉淀法。这种方法一般以硫酸铝、硝酸铝、氯化铝为原料,使其在水中溶解,同时添加沉淀剂如氨水、尿素、甲酰胺等。使沉淀在溶液内部形成。沉淀物经煅烧即得氧化铝。该方法制备工艺简单,便于工业生产,产品纯度高,粒度细,颗粒显微结构均匀性好,且原料来源容易,价格低廉,但是由于沉淀生成过程复杂,现在尚未发现控制核形成和核长大的有效方法。

④溶胶凝胶法。以有机醇铝或无机铝盐为原料使反应物在液相下均匀混合并进行反应,形成稳定的溶胶体系。溶胶形成后,随着蒸馏水的加入转变为凝胶。凝胶经干燥及低温煅烧即得品质优良的氧化铝粉体。煅烧条件影响着氧化铝粉体的晶形和粒度。这种方法制得的氧化铝纯度高、粒径小且均匀性好,其缺点是原料成本高、生产周期长、不宜控制。在高于1 200 ℃热处理时,粒子会快速聚集。

以上方法均属于氧化铝粉末的湿化学制备方法,下面介绍几种固相制备方法。

⑤氢氧化铝热分解法。氢氧化铝热分解法有多种,生产中常以工业氧化铝为原料,通过添加适当的添加剂和使用煅烧方式,使氢氧化铝发生晶型转变,最终获得 $\alpha-Al_2O_3$ 粉末。其发生的化学反应如下

$$Al_2O_3 \cdot 3H_2O \xrightarrow{200 \sim 280 ℃} (Al_2O_3 \cdot H_2O)_{0.25} \cdot (Al_2O_3 \cdot 3H_2O)_{0.75} + 0.5H_2O \tag{4.4}$$

$$(Al_2O_3 \cdot H_2O)_{0.25} \cdot (Al_2O_3 \cdot 3H_2O)_{0.75} \xrightarrow{280 \sim 420 ℃} (Al_2O_3 \cdot H_2O)_{0.5} \cdot (Al_2O_3)_{0.5} + 2H_2O \tag{4.5}$$

$$Al_2O_3 \cdot H_2O \xrightarrow{1100 \sim 1300 ℃} Al_2O_3 + H_2O \tag{4.6}$$

⑥碳酸铝铵热分解法。该方法是先由碳酸氢铵和硫酸铝铵合成碳酸铝铵,然后将合成的碳酸铝铵进行热分解,可得纯度大于 99.99%,平均粒径为 0.35 $\mu m$ 的 $\alpha-Al_2O_3$ 粉末,其反应过程如下

$$4NH_4HCO_3 + NH_4Al(SO_4)_2 \xrightarrow{35℃} NH_4AlO(OH)HCO_3 + 3CO_2\uparrow + H_2O \tag{4.7}$$

$$2NH_4AlO(OH)HCO_3 \xrightarrow{1100℃} Al_2O_3 + 2NH_3\uparrow + 2CO_2\uparrow + 3H_2O \quad (4.8)$$

⑦铝盐热分解法。以铵明矾（$(NH_4)_2Al_2(SO_4)_4·24H_2O$）、碳酸铝铵（$NH_4Al(OH)HCO_3$）为原料，经高温煅烧，制得氧化铝粉体的方法。其反应方程式为

$$(NH_4)_2Al_2(SO_4)_4·24H_2O \xrightarrow{100\sim200℃} Al_2(SO_4)_3(NH_4)_2SO_4·H_2O + 23H_2O \quad (4.9)$$

$$Al_2(SO_4)_3(NH_4)_2SO_4·H_2O \xrightarrow{500\sim600℃} Al_2(SO_4)_3 + 2NH_3\uparrow + SO_3\uparrow + H_2 \quad (4.10)$$

$$Al_2(SO_4)_3 \xrightarrow{800\sim900℃} Al_2O_3 + 3SO_3\uparrow \quad (4.11)$$

$$2NH_4AlO(OH)HCO_3 \longrightarrow Al_2O_3 + 2NH_3\uparrow + 2CO_2\uparrow + 3H_2O \quad (4.12)$$

这种方法制得的氧化铝纯度高、粒度小，设备简单，其生产的氧化铝粉体可用做培育氧化铝单晶和制备透明氧化铝等的原料。其缺点是生产的氧化铝粉体显微结构不均匀，团聚现象严重，这给陶瓷体成型及烧结都带来不利影响。

(3)氧化铝陶瓷的成型与烧结[9]

氧化铝陶瓷制品成型方法有干压、注浆、挤压、冷等静压、注射、流延、热压与热等静压成型等多种方法。近几年来国内外又开发出压滤成型、直接凝固注模成型、凝胶注成型、离心注浆成型与固体自由成型等成型技术方法。常用的成型方法有干压成型和注浆成型等方法。

将颗粒状陶瓷坯体致密化并形成固体材料的技术方法叫做烧结。烧结是指将坯体内颗粒间空洞排除，将少量气体及杂质有机物排除，使颗粒之间相互生长结合，形成新的物质的方法。烧结的加热装置最广泛的是电炉。除了常压烧结，即无压烧结外，还有热压烧结及热等静压烧结等。此外，微波烧结法、电弧等离子烧结法、自蔓延烧结技术亦正在开发研究中。

赵克[10]等对牙科纳米氧化铝陶瓷的烧结进行了研究，探讨了干压成型、低温烧结制备牙科纳米氧化铝陶瓷的工艺方法。比较了不同 MgO 质量分数、成型压力及烧结温度对氧化铝陶瓷的密度及力学性能的影响。发现 1.26%（质量分数）MgO 试样组的晶粒发育完全，但晶粒粗大且不均匀，闭气孔较多；1.29% MgO 试样组的陶瓷晶粒均匀且发育比较完全，圆形晶粒增多，闭气孔较少，2.66% MgO 试样组的晶粒发育不完全，小颗粒的晶体尚未完全熔化，有些仍保持着粉料中的颗粒形态，结构疏松，闭气孔较多。从图 4.2 和图 4.3 所示的不同成型压力与烧结后陶瓷体的密度、维氏硬度的关系曲线，从中可见，随着粉料成型压力的升高，烧结后陶瓷体的密度及维氏硬度均增大。

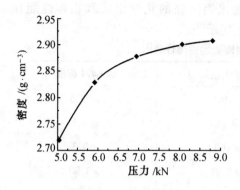 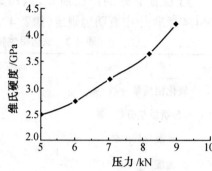

图 4.2 成型压力与氧化铝陶瓷密度的关系[10]　　图 4.3 成型压力对氧化铝陶瓷硬度的影响[10]

(4)精加工

氧化铝陶瓷材料在完成烧结后,还需进行精加工。用做人工骨的制品要求表面有很高的光洁度,如镜面一样,以增加润滑性。由于氧化铝陶瓷材料硬度较高,需用更硬的研磨抛光材料对其作精加工。如 SiC、$B_4C$ 或金刚钻等。通常采用由粗到细磨料逐级磨削,最终表面抛光。一般可采用<1 μm 的 $Al_2O_3$ 微粉或金刚钻膏进行研磨抛光。此外,激光加工及超声波加工研磨及抛光的方法亦可采用。

**3.氧化铝陶瓷的性能**

氧化铝陶瓷在与机体组织的结合方面属生物惰性材料。并且这种陶瓷还具有较高的机械强度、硬度、耐磨性和化学惰性。

(1)化学组成和物理性能

氧化铝陶瓷包括的范围较广,$Al_2O_3$ 质量分数在 45% 以上均属氧化铝陶瓷。除了主晶相刚玉,还会有莫来石晶相及硅酸盐玻璃相等。随着氧化铝质量分数的增加,主晶相增多,瓷体的物理性能也逐渐提高,表 4.1 列出了不同氧化铝质量分数对瓷体机械性能的影响。习惯上,我们通常按照氧化铝质量分数的不同称其为 75 瓷、95 瓷、99 瓷等。

表 4.1 $Al_2O_3$ 的含量对瓷体性能的影响[3]

| 性能指标 | $Al_2O_3$ 质量分数/% | | | | | | | | |
| --- | --- | --- | --- | --- | --- | --- | --- | --- | --- |
|  | 60 | 65 | 72 | 80 | 85 | 90 | 95 | 97 | 99 |
| 抗压强度/MPa | 400 | 420 | 500 | 660 | 800 | 940 | 1 110 | 1 150 | 1 200 |
| 抗弯强度/MPa | 83 | 106 | 125 | 134 | 151 | 187 | 219 | 248 | 247 |
| 弹性模量/GPa | 108 | 120 | 146 | 230 | 271 | 318 | 321 | 365 | 400 |

为了保证最好的产品质量,医用氧化铝陶瓷的化学组成和物理性能在 ISO6474 标准[11]中有明确规定,如表 4.2 所示[2]。

表 4.2 氧化铝生物陶瓷的物理性能[2]

|  | 高纯氧化铝陶瓷 | ISO6474 标准 |
|---|---|---|
| 氧化铝质量分数/% | >99.9 | >99.5 |
| 杂质质量分数/% | 0.01 | ≤0.1 |
| 氧化镁/% | <0.1 | ≤0.3 |
| 密度/(g·cm$^{-3}$) | >3.98 | >3.90 |
| 平均晶粒尺寸/μm | 2~6 | <7 |
| 硬度 HV | 2 300 | >2 000 |
| 抗压强度/MPa | 4 400 | 4 000 |
| 抗弯强度/MPa | 450 | 400 |
| 弹性模量/GPa | 420 | 380 |

(2)医用氧化铝陶瓷的几个重要性能及要求[12]

使用氧化铝陶瓷做为修复或植入物的主要原因是因为它具有优异的抗腐蚀性,如表 4.3 所示。

表 4.3 医用氧化铝陶瓷的重要性能(按照 ISO6474)[12]

| 基本性能 | 重要性原因 |
|---|---|
| 高的抗腐蚀性 | 保证生物惰性 |
| 优异的刚性及良好的表面抛光性能 | 保证高耐磨性 |
| 高杨氏模量和高抗压强度 | 保证坚硬不变形 |
| 高的机械强度 | 保证良好的疲劳性能,以及安全性和可靠性 |
| 高纯度 | 保证长期稳定性 |

氧化铝陶瓷的硬度相当高,所以具有很强的耐磨性,尤其是把它用作髋关节头的时候更是体现出耐磨性的重要。氧化铝的弹性模量为 380 GPa,远远高于金属材料,刚性大、不变形,适合用作内修复和牙科植入材料。内修复植入物和牙科植入物都是要受力的,所以需要氧化铝陶瓷具有高的力学性能,同时,在体内长期使用要具有力学性能稳定性,一定不可以出现因强度的下降而影响它承力作用的问题。氧化铝陶瓷高的抗压性能也是很重要的,特别是在内修复当中,例如髋关节,需要长期承受很大的压应力。这意味着植入材料应不容易发生弹性和塑性变形,因为一旦发生变形就会立刻增加修复部件的磨损[12]。

除了要具有高的硬度,陶瓷球头的表面粗糙度(平均峰-谷高度为 0.01 $\mu m$)和吸附极性分子(例如水、体液)的能力也具有很大的重要性。由于陶瓷对极性分子具有吸附性,使得在它的表面形成一层湿润的液体膜,在氧化铝陶瓷关节头和聚乙烯关节臼之间或氧化铝陶瓷关节头和氧化铝关节臼或氧化铝关节衬之间,这种膜最终起到一种润滑作用,如果这种膜由于超重或者耐性不足,就会使得材料的磨损增加[12]。

在体内长期使用的植入材料要经受相对较强的腐蚀影响。一般来讲,由于原料的不纯往往会使陶瓷材料在晶界处出现玻璃相,在体内这些玻璃相会发生降解使材料老化,也就是出现力学强度的降低,所以要求使用的氧化铝陶瓷材料首先须保证具有极高的纯度。氧化铝陶瓷的力学性能与它的密度、中间尺寸和晶粒间界的玻璃相密切相关[12]。密度越大越好,晶粒尺寸要细小和均匀,同时玻璃相的比例应达到最小,这意味着需要使用高纯的原料。掺杂有 MgO 的氧化铝陶瓷并不是白色的,在未杀菌之前呈象牙色。颜色能够反映出材料的质量和化学纯度,陶瓷球头一旦经过 $\gamma$ 射线杀菌处理之后就会变成褐色,这是因为受铝离子(+3价)、氧离子(-2价)、镁离子(+2价)的价态影响[13]。

(3)氧化铝陶瓷人工关节的磨损机理

氧化铝陶瓷人工关节面在人体内的磨损量要少于金属材料的磨损量,并且还能够降低超高分子量聚乙烯(UHMWP)的磨损量[14,15]。许多学者报道过,氧化铝陶瓷人工髋关节中的 UHMWP 的磨损量少于每年 $0.2~mm$[16,17,18]。

氧化铝陶瓷在髋关节内修复中作为关节头和关节臼使用有两种可行的方式[12]:①陶瓷关节头搭配聚乙烯关节臼;②陶瓷关节头搭配陶瓷关节臼或陶瓷衬。

方式①(使用聚乙烯关节臼)材料的磨损很少,因此使得陶瓷球头和聚乙烯臼连接件能够在体内长期使用。方式②使用陶瓷球头和陶瓷臼或陶瓷衬材料的磨损最少,因此比方式①更好。Smith 等[19]进行了氧化铝-氧化铝陶瓷全髋关节在体外小牛血清溶液中的磨损研究。发现这种全髋关节的磨损率非常低,只是 UHMWPE 与陶瓷之间磨损率的1/5。然而根据医师的观点,由于处理含有聚乙烯臼的人工关节相对来说较容易。所以,目前使用陶瓷做关节臼的数量仅占关节臼总数的 5%[12]。

Hashiguchi 等[20]对氧化铝陶瓷人工关节的磨损机理进行了研究。一般来说,植入体内的生物医用材料由于受摩擦、粘着、第三物质侵入、疲劳和腐蚀等过程的作用都会被磨损。绝大多数修复体关节都是由相对软一些的 UHMWP 材料和相对硬一些的材料,如金属和陶瓷连接构成。在 UHMWP 关节面的磨损中,人们推测摩擦和疲劳起着很大的作用[21,22]。然而,对于磨损机制的理解都是源于对体外实验和体内失效或者产生松动的修复体取出来后的观察和总结。这些概念主要是依靠 UHMWP 的实验研究。在氧化铝陶瓷关节修复体的早期磨损过程中,他们认为 UHMWP 的磨损是由于磨损掉的氧化铝陶瓷晶粒导致的,如图4.4 所示。长期使用后 UHMWP 产生的显著磨损也是由早期阶段的磨损造成的。

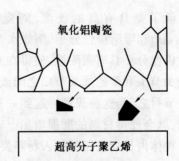

图 4.4 氧化铝陶瓷的磨损机制:箭头所指的为从氧化铝陶瓷晶粒中脱落的自由颗粒,这些自由颗粒落入关节空隙当中,伴随着关节的运动在 UHMWP 上摩擦出条痕[20]

**4. 氧化铝陶瓷的临床应用**

由于氧化铝陶瓷是生物惰性材料,在人体内不发生化学变化,对人体无害,亲合性也很好,在临床医疗中广泛用于股骨、骨关节、牙根、骨修补物和骨骼螺栓等[2]。

20 世纪 60 年代提出使用金属 – 聚合物全髋关节假体,并且得到了很好的实验结果,但是人们逐渐了解到骨质溶解和之后的松动主要是由磨损颗粒的产生造成的[23]。磨粒在周围组织内的聚积会导致骨质溶解和修复固定装置的松动,不得不进行第二次手术,给病人带来更多的痛苦[24]。基于对骨质溶解的担忧,Boutin 等人 1970 年提出使用全氧化铝陶瓷植入物,并且首次在临床上使用氧化铝陶瓷材料人工髋关节,之后又有许多国家开始广泛使用氧化铝陶瓷制作人工牙根、人工关节和人工骨[25]。Griss 和 Heimke、Mittelmeier,以及 Salzer 等公司也开发了陶瓷髋关节[23]。

随着设计方式的改进和生产加工技术的日益提高,不断消除了氧化铝陶瓷在最初使用过程中的一些并发症,如骨股头断裂和氧化铝陶瓷臼的破坏。氧化铝作为承载面具有优异的力学性能。高的弹性模量和高硬度,仅次于金刚石[25]。图 4.5 所示是人工髋关节中氧化铝 – 氧化铝关节头和关节臼[26],图 4.6 是临床置换后的 $Al_2O_3$ 陶瓷髋关节的 X 光片[26]。

图 4.5 人工髋关节中氧化铝 – 氧化铝关节头和关节臼[26]

在近 30 年的临床实践中,使用氧化铝假体进行人工关节固定,取得了令人满意的结果[27]。现在,高密度、高纯氧化铝陶瓷是内修复手术中主要的关节材

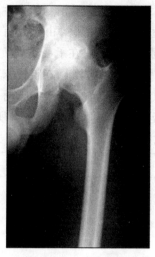 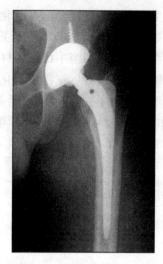

(a) 手术前的 X 光片，能够看出髋关节感染留下的后遗症　　(b) 植入 5 年后的髋关节 X 光片（没有骨质溶解和松动的迹象）[26]

图 4.6 氧化铝陶瓷人工髋关节修复 X 光片[26]

料[2]，长期临床实践已经说明了氧化铝陶瓷头和聚乙烯臼之间具有优异的抗磨损性能[28]。许多研究报道都说明了氧化铝 – 氧化铝陶瓷连接件具有良好的性能，磨损率低，年磨损量 < 5 $\mu m$[29~33]。生产过程中的精确抛光保证表面质量，超高硬度和良好的润湿性以保证有利的润滑条件，是影响材料长期植入体内的重要因素。足够小的尺寸和均匀分布的晶粒尺寸保证了良好的摩擦和磨损性能。Semlitsch 等[34]报道说明氧化铝陶瓷头和聚乙烯臼之间的摩擦和最终磨损量要比 CoCr 合金头和聚乙烯臼的小 2 个数量级。为了保证全髋关节的高可靠性，生产时球直径为 28 mm 或者大于 28 mm 的应具有有限的锥度设计。

有学者[35]复查了最近 20 年来，118 例髋部手术的病人，其中 86 例使用骨水泥填充孔隙，32 例没有使用骨水泥填充而是用了三枚螺丝钉固定。不用骨水泥比用骨水泥获得了更令人满意的效果，88.5% 不用翻修，且在骨盆正位片上没有测量到明显的磨损。Boehler 等[36]使用非骨水泥结构得到了同样的结果。

### (二) 氧化锆陶瓷[2]

氧化锆陶瓷制品是在更高的温度下同样也通过压制和烧结细小粉末制成。氧化锆陶瓷具有各种各样的结晶形式，形成不同的微观结构，力学性能也不同。保持粉体的组成和均匀性是保证烧结产品的化学组成和力学性能的基本要求。纯氧化锆不能作为医用材料，因为在烧结过程中从高温降到室温以上时会发生从四方到单斜的晶相转变，这一相转变同时伴随着 3%~4% 的体积扩展，使材料内部产生内应力和裂纹。加入氧化锰或氧化钇会抑制相变的发生。在多种医用氧化锆类型当中,Y-TZP(钇稳定氧化锆四方多晶体)由于具有高的弯曲强度和断裂韧性而成为当中最好的材料,同时它还具有在承受更大负载环境中替代氧化铝陶瓷的潜力。钇稳定氧化锆陶瓷直到20世纪80年代末才被应用到骨科整形手术当中,并把它当作是新一代的陶瓷材料。ISO13356标准规定了Y-TZP作为医用材料应具备的化学组成及物理性能要求,如表4.4所示[37]。

表4.4 Y-TZP陶瓷材料的化学组成和物理性能要求(ISO13356)[2]

| | | |
|---|---|---|
| | 体积密度/(g·cm$^{-3}$) | ≥6.00 |
| 化学组成/% | $ZrO_2 + HfO_2 + Y_2O_3$ | >99.0 |
| | $Y_2O_3$ | 4.4~5.4 |
| | $Hf_2O_3$ | <5 |
| | $Al_2O_3$ | <0.5 |
| | 其它氧化物 | <0.5 |
| 微观结构 | 平均晶粒尺寸/μm | <0.6 |
| 强度/MPa | 双轴挠屈强度 | >500 |
| | 4点弯曲强度 | >800 |

氧化锆陶瓷之所以具有高的断裂强度(比氧化铝陶瓷高出2倍多),与前面提到的相变有关,正是由于不期望发生的相变对材料的力学性能具有局部的积极作用。裂纹扩展诱导亚稳的钇稳定氧化锆四方晶粒转变为大的单斜晶粒。裂纹边缘的局部体积扩张使裂纹前端的晶粒膨胀,产生压应力从而防止裂纹的继续生长。因为要使裂纹在材料内部继续扩展就需要更多的能量,如图4.7所示。

由于具有更高的断裂强度使得氧化锆陶瓷能够被设计成氧化铝陶瓷不能达到的几何尺寸和形状且仍然具有可靠性的髋关节头。头直径降至22.22 mm仍具有足够强度的关节已经可以使用。由于这些优异的力学性能,人们逐渐意识到可以将其应用在牙修复领域和膝关节股骨组件。另外,它还用在跖趾外科手术上(作为可拆卸的间隔罩杯)和肩修复手术上。

在20世纪90年代引起了人们对使用的一些氧化锆产品由于不纯含有具有放射性铀和钍的争议。现在,粉末的纯度已非常的高,而且在国际标准(ISO13356)中规定钇稳定氧化锆陶瓷中含有的放射性元素的浓度要低于200 Bq/kg。

有关氧化锆陶瓷缺乏长期临床数据和四方晶相表面稳定性的对立观点仍

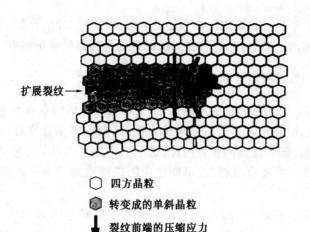

图 4.7 Y-TZP陶瓷裂纹尖端的伴有体积膨胀的相转变示意图[2]

在争论当中。通过在水中和较高温度下(100~150℃)对氧化锆陶瓷的时效行为研究发现其存在相变的潜在危险。虽然这种条件并不是人体内的实际环境，但是很明显如果其表面发生从四方到单斜的相转变会使其力学性能严重恶化。

氧化锆与聚乙烯结合被证明与体外实验中的氧化铝与聚乙烯结合有相似的磨损率，但是在体内实验中结果并不乐观。Allain 等[38]对 78 例使用氧化锆股骨头和聚乙烯髋臼的病人用放射线在髋臼周围进行了观察，发现23%的髋臼和17%的股骨植入区有大于 1 mm 的射线穿透性。两个对照组各有20个病例，一组是 32 mm 氧化铝股骨头。另一组是 28 mm 氧化锆股骨头。开始的5年里，氧化锆组磨损率为 0.04 mm/年，这相对于氧化铝组的 0.08 mm/年是较低的，并且两组溶骨的面积是相似的。在 5 年到 10 年之间，氧化锆组的磨损率却增加到 0.15 mm/年，而氧化铝组则为 0.07 mm/年。溶骨的面积也是值得注意的，氧化锆组达到 135 mm$^2$，而氧化铝组为 65 mm$^2$。长期使用的氧化锆可能通过在体内降解改变了物质构型，成为不稳定状态的单晶体。另一种解释是 Lu 和 Mekellop 提出的[36]，他们测量了聚乙烯髋臼在模拟人髋关节的热摩擦。聚乙烯髋臼与氧化锆陶瓷股骨头间的稳定状态温度可达 990℃，而与氧化铝假体只达 450℃。这说明长期的磨损是因为结构变化以及可能出现的蛋白质润滑剂发生沉淀造成的。

**二、非氧化物陶瓷材料**

非氧化物陶瓷材料是以难熔化合物为基础制成的，而这些化合物又是由Ⅲ-Ⅴ族轻元素(B、C、N、Al、Si)形成，主要呈共价化学键形式，在极宽的温度范围和其它外作用条件下具有很高的稳定性。非氧化物陶瓷材料作为生物医用材料的报道较少，主要用作硬组织的替换材料。例如 SiC 和 $Si_3N_4$ 陶瓷材料，

SiC 硬度大,仅次于金刚石、BN 和 BC,强度高,导热性,导电性好,是一种耐磨、耐腐蚀材料;$Si_3N_4$ 陶瓷材料具有较高的断裂韧性和高的抗折强度。

### 4.1.2 医用碳材料

碳是组成有机物质的主要元素之一,更是构成人体的重要元素。碳材料具有许多优良的性质,植入人体后化学稳定性好,与人体亲合性好,没有毒性,没有排异反应[3]。碳有许多同素异构体,医学上广泛应用的主要包括热解各向同性碳(LTI)和碳纤维复合材料,在早期使用的玻璃质碳因为使软组织变黑而很少再用。

自从 1963 年 Gott[6]在研究人工血管时发现碳具有极好的抗血栓性以来,许多国家都在从事碳质人工心脏瓣膜、人工齿根、人工骨与人工关节、人工血管、人工韧带和腱等的研究。热解碳已广泛应用于制造植入体材料;金刚石通常用于表面涂层技术,提高植入体表面硬度和耐磨性,不过至今没有实现产业化;碳纤维材料用于人工软组织的替换,替代坏死的韧带和肌腱。

总之,碳材料具有良好的生物相容性和优良的机械性质,如强度、弹性模量、耐磨性等性质,使其在医学领域受到很大的重视。

#### 一、医用碳材料的结构和类型

**1. 石墨**

如图 4.8 所示为石墨的原子排列结构[39],六边形平面点阵中的原子是通过强共价键结合起来的。其中原子的价电子可自由移动,从而导致了高导电性,但这种高导电性具有各向异性。层与层之间的结合强度高于范德华力,但低于共价键,层间具有交联结构,因而结合力小,容易产生层间滑移,因此石墨的润滑性能好。

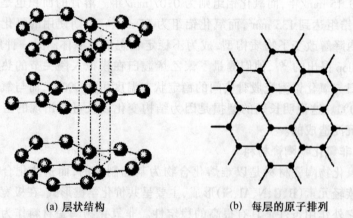

(a) 层状结构　　　　(b) 每层的原子排列

图 4.8　石墨的原子排列结构[39]

## 2. 热解碳

热解碳优良的力学特性和生物相容性来源于其独特的结构。而含一定量硅的各向同性热解碳被证明耐久性、生物稳定性更好。Lankford 等[40]认为,热解碳属于特殊湍碳家族,其结构与石墨有关,但又存在微妙的区别。在石墨中,碳原子以共价键在平面六边形上排列,层与层以弱键方式堆叠。而对于热解碳来说,层间堆叠是折皱无序或扭曲变形的。正是这种扭曲结构使得热解碳具有很好的耐久性。另一方面,热解碳类似陶瓷材料,脆性较大,如果其中存在裂纹,那么这种材料不能抵抗裂纹的蔓延,在较低的负荷下也会断裂。然而对结构复杂的热解碳进行统一描述目前仍比较困难,当前常用 X 衍射及金相显微结构等来表征。X 衍射能定量地提供诸如层间距、晶体大小、层面择优取向程度及密度损耗等值。而用金相测定法则可以确定碳膜晶粒结构。

低温各向同性热解碳(LTIC)材料以其在人体的生理环境中化学性质稳定、生物相容性非常好,以及优良的力学性能(抗疲劳、耐磨损),使其在临床医学中广泛应用,如用于制造人工机械心瓣、人工髋关节以及其它人工关节运动磨损表面等。

## 3. 玻璃碳

玻璃碳属于特殊碳材料[41],含碳纯度高,兼有碳材料和玻璃的特性,断口形貌及结构特征类似玻璃故被称为玻璃态碳,即玻璃碳[42]。玻璃碳有许多优越性能,如密度小、抗渗透、各向同性、耐高温、耐腐蚀等。国外生产玻璃碳的原料主要为糠醇树脂、纤维素、酚醛树脂等,玻璃碳的形成过程就是这些树脂的碳化过程。

## 4. 碳纤维

碳纤维是一种主要由碳元素组成的特种纤维,比铝轻、比钢强、比人发细[43],含碳量一般在 90% 以上。碳纤维具有碳素材料的特性,又兼备纺织纤维的柔软可加工性,耐高温、耐磨擦、导电、导热及耐腐蚀等,但与一般碳素材料不同的是,其外形有显著的各向异性、柔软、可加工成各种织物,沿纤维方向表现出很高的强度。碳纤维相对密度小,有很高的比强度。

## 5. 碳/碳复合材料

碳/碳复合材料是以碳纤维增强碳基体的新型复合材料,具有高的比强度、高的断裂韧性、耐腐蚀性及高温环境下良好的高温强度保持率和抗热振等性能,目前主要应用于航空、航天、核工业等高技术领域。碳/碳复合材料的增强相和基体相都由碳构成,一方面继承了碳材料固有的生物相容性,另一方面又具有纤维增强复合材料的高强度与高韧性特点。它的出现解决了传统碳材料的强度与韧性问题,是一种极具潜力的新型生物医用材料,在人体骨修复与骨替代材料方面具有较好的应用前景[44]。

## 二、制备

热解碳按其特性可以分为高密度的致密热解碳与低密度的疏松热解碳和各向同性与各向异性热解碳。其性能结构取决于热解温度。800~1 000℃以下热解的是热解碳,在1 400~2 000℃热解或更高温度下处理的叫热解石墨。制备热解碳常用原料有甲烷、丙烷、乙炔、苯、液化石油气和城市煤气等气态或液态碳氢化合物。这几种碳氢化合物可单独使用,在采用化学气相沉积方法制备低温各向同性热解碳镀层时,采用乙炔和丙烯做混合原料气体,利用乙炔分解放热和丙烯分解吸热的特性来控制沉积炉内温度的波动[45]。

目前,人工心脏瓣膜采用的低温各向同性热解碳基本上都是在流化床中将烃类物质进行热裂解,通过化学气相沉积而制得。从其反应机理上说,制备热解碳要经历两个阶段[40]:

(1)发生炭化过程,生成焦炭和分离的挥发产物。

(2)生成的产物降解成热解碳、水和气体。

以甲烷热解为例,在温度高于1 200℃以上时,能够发生热解反应,反应机理方程式如下:

$$CH_4 \xrightarrow{\triangle} H_3C \cdot + H \cdot \quad (4.13)$$

$$CH_3 \cdot + CH_4 \xrightarrow{\triangle} C_2H_6 + H \cdot \quad (4.14)$$

$$C_2H_6 \xrightarrow{\triangle} 2H_3C \cdot \quad (4.15)$$

$$C_2H_6 \longrightarrow H_2 + C_2H_4 \longrightarrow 2H_2 + C_2H_2 \longrightarrow 2C + 3H_2 \quad (4.16)$$

$$H_2 + \cdot CH_3 \longrightarrow CH_4 + H \cdot \quad (4.17)$$

由以上反应看来,甲烷在自由基没有形成时保持很大的稳定性。只有当温度上升到一定程度时,才能进行分解形成自由基。当甲基形成后,由于连锁反应,此反应就很快地进行。但随着反应体系中甲烷的分解,生成的$H_2$量也越来越大。甲烷温度反而会逐渐下降,这样便降低了碳沉积的速度。因此,要使热解反应顺利进行,就必须不断地从反应体系中排除过量的氢。此流程采用化学性质不活泼的氮气作为运载气体。通过氮气把多余的氢气排出[45]。

制备玻璃碳的基本工艺均是将特殊处理后的高分子预聚物经低温固化成型制得生坯,之后继续在无氧介质中进行1 000℃左右的炭化处理,得到初级玻璃碳制品,再经2 000℃~3 000℃高温处理制备出纯度更高的玻璃碳制品。概括其制备工艺路线为:树脂制备→固化成型→脱模→后固化→炭化(特殊条件下1 000 ℃~1 200 ℃处理)→半石墨化(特殊条件下2 000 ℃处理)→石墨化(2 800 ℃~3 000 ℃处理)。这样便可制备出不同规格和形状的玻璃碳制品。不管制成何种形状,一经成型即可根据制品形状来确定炭化方法[41]。

目前碳纤维的制备方法主要有两种[43]。一种是有机纤维法;另一种是气相生长法。前者是将有机纤维经热氧化反应加热至1 500 ℃,在保持原纤维形态不变的条件下炭化而成的碳纤维制品;后者是由低分子烃类化合物,经1 100~1 400 ℃高温催化裂解而形成的碳纤维。聚丙烯腈(PAN)是制备高性能碳纤维(CF)的重要原料之一。医用碳纤维一般采用聚丙烯腈纤维炭化而成[46]。PAN碳纤维制备工艺流程如图4.9所示。

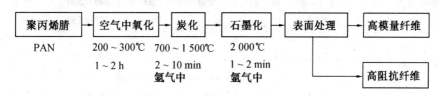

图4.9　PAN碳纤维制备工艺流程[43]

### 三、碳材料的性能

**1.物理性能和机械性能**

碳材料强度高,质量轻,抗摩擦,抗疲劳。碳材料的弹性模量与骨骼十分接近,正好处在皮层骨的模量范围(表4.5),与骨骼匹配性好,可减弱由假体应力遮挡作用引起的骨吸收等并发症,表现出良好的生物力学相容性[47]。表4.6列出的是国外各种生物碳材的机械性能和强度[6]。碳材的机械性能,尤其是热解碳的机械性能主要取决于其密度。如图4.10与图4.11所示,随着密度的增加,LTI热解碳的断裂强度和弹性模量随之增加[48]。

表4.5　人体骨头和材料的弹性模量对比表[47]

| 材　料 | 类　型 | 弹性模量/GPa |
|---|---|---|
| 人　骨 | | 1~30 |
| 金　属 | | 100~200 |
| 高分子 | 聚碳酸酯PC | 2.4 |
| | 聚苯硫醚PPS | 2.8 |
| 碳　材 | 石墨 | 24 |
| | 玻璃碳 | 24 |
| | 热解碳 | 28 |
| | 炭/炭复合材料 | 1~30 |

表 4.6 碳材的机械性能和强度[6]

| 材　料 | 气孔率/% | 密度/g·cm⁻³ | 弹性模量/GPa | 抗压强度/MPa | 抗拉强度/MPa | 抗折强度/MPa | 疲劳强度/MPa |
|---|---|---|---|---|---|---|---|
| 石墨(各向同性) | 7 | 1.8 | 2.5 | — | — | 140 | 70(d)* |
| 石墨少许各向异性 | 12** | 1.8 | 20~24 | 65~95 | 24~30 | 45~55 | 50~60(d)* |
|  | 16~20** | 1.6~1.75 | 6~9 | 18~58 | 8~19 | 14~27 | — |
| 热解石墨 | 2.7 | 2.19 | 28~41 | — | — | — | — |
|  | — | 1.3~2 | 17~28 | 900 | 200 | 340~520 | — |
|  | — | 1.7~2.2 | 17~28 | — | — | 270~550 | 100 |
| 气相沉积碳 | — | 1.5~2.2 | 14.21 | — | — | 340~700 | 100 |
| 玻璃质碳 | — | 1.4~1.6 | — | — | — | 70~205 | 100 |
|  | — | 1.45~1.5 | 24~28 | 700 | 20~200 | 150~200 | — |

＊—动态的(d)　　＊＊—开口气孔率

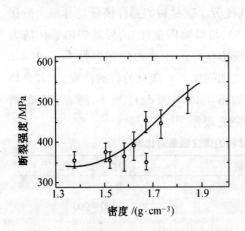

图 4.10　LTI 热解碳的密度 – 断裂强度关系[48]

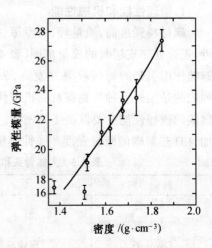

图 4.11　LTI 热解碳的密度 – 弹性模量关系[48]

## 2. 化学性能

为了提高医学使用效果，生物医用材料需要灭菌、消毒[47]。碳材料为化学惰性物质，耐酸碱，易于灭菌、消毒，可以方便地用标准仪器设备进行消毒灭菌工作。碳材料具有良好的生物稳定性，耐生物老化。在生物体内稳定、不被腐蚀,也不会像金属生物医用材料由于生理环境的腐蚀而造成金属离子向周围组织扩散及植入材料自身性质的褪变。

**3. 生物相容性**

热解碳是一种化学惰性材料,具有良好的生物相容性,在体内不会因被腐蚀或磨损而产生对机体有害的离子,低温各向同性碳还具有罕见的抗血凝性能。热解碳还具有抗血栓性,生物体不吸收,与血液和蛋白质的适应性好[49]。

Cook[50]将热解碳、氧化铝以及涂覆热解碳的氧化铝齿种植体植入狒狒的下颌骨,24个月后用扫描电镜、X光显微术等定量观察其周围骨组织的重建情况,结果表明:在顶部,低模量的热解碳种植体($E = 14$ GPa)周围,网状骨和皮质骨结合程度和厚度高;而对氧化铝以及涂覆热解碳的氧化铝($E = 375$ GPa)种植体而言,由于两者弹性模量较高,致使顶部骨组织所受应力较小,损失较多,长期植入效果差。另外,值得注意的是在热解碳种植体与骨界面处,纤维结缔组织发生率较高。

热解碳在骨组织中有良好的耐受性[51]。把含硅的LTI碳做成刀形牙植入狒狒颌骨。24个月后发现植入的12颗假牙中有10颗在植入体临近处和远处的骨皮质和骨松质均正常,无坏死或炎症反应。另外2颗假牙被纤维组织包裹,说明临床上有好的适用性。

韩健等[52]为了研究碳纤维人工气管的生物相容性,于1985年4月至1991年6月共进行了51条犬的动物实验。结果发现植入51条试验犬体内的碳纤维人工气管无一例发生塌陷或变形,当分别在3、4、8个月后取出试验用人工气管检查时,无变形、无腐蚀,仍保持良好弹性和硬度。左健等[46]报道了不同碳含量的三种碳纤维植入犬体后的拉曼光谱。结果显示三种不同碳含量的碳纤维植入犬体后均有大量结缔组织增生、无炎症和异物巨细胞反应。还发现高碳含量的碳纤维与组织结合最牢固,更易诱发类腱组织生长,而起到替代或增强肌腱的功能。

Adams等[44]研究了碳/碳复合材料用于鼠股骨的情况,结果表明碳/碳复合材料具有极优异的硬组织相容性,骨皮层组织对它可很快适应,在碳/碳复合材料与骨之间没有形成过渡软组织层,也没有出现炎症反应。通过与金属钛的植入体进行对比发现:碳/碳复合材料与骨的界面剪切强度明显大于钛与骨的界面强度,另外钛植入体周围的骨组织产生了一些负效应,而在碳/碳植入体周围则没有,反映了碳/碳复合材料与骨组织间良好的亲合性。经显微分析可观察到骨组织与碳/碳复合材料的凹凸表面结合得很紧密,并有骨组织向碳/碳复合材料表面沟槽生长的现象。该研究中采用的碳/碳复合材料表面孔径绝大多数小于10 μm,而一般理论认为,骨组织向多孔材料表面内生长的孔径范围在

50~300 μm,因此这种碳/碳复合材料表面主要是为骨组织附着提供一定程度的机械嵌合作用。

图 4.12 是各种人工骨材料制成的成犬股骨植入后拔出强度与植入时间的关系,可以看出碳纤维和 C/C 复合材料与骨组织的结合明显优于其它材料。

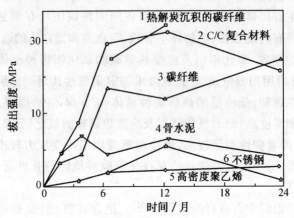

图 4.12　埋入狗股骨的各种材料拔出时所需力与埋植时间的关系[43]

碳材料与骨组织响应体现出生物碳材料如下几个特点[50]:①碳材料对骨及周围组织刺激小,无炎症和毒副作用;②纤维结缔组织包裹在碳材料周围是普遍现象,但随着植入时间增加,纤维结缔组织可以减少或消除;③碳材料种类多,骨植入响应过程复杂,植入期不同、植入部位不同,骨接触率不同;同时骨接触率受表面化学、物理、力学性能以及植入部位和植入期的影响,所以所有碳材料都不能达到 100% 的骨接触率;④骨组织可长入小到 10 μm 的碳材料孔隙中;⑤碳材料有可能污染所植入的生物体组织;⑥碳材料不能够引导或诱导骨发生和形成,即不具有骨组织再生能力。

### 四、碳材料的临床应用

用于临床的人工心瓣膜主要有生物瓣膜和机械瓣膜两种。生物瓣膜的生物相容性和血液相容性好,但是耐久性差,易钙化撕裂。20 世纪 70 年代,低温热解各向同性碳,由原来的宇航和原子能工业被引用到制作人工心脏瓣膜[6]。碳材料具有较好的血液相容性和优良的物理性能,且心脏瓣膜浸于血液中不断运动,要求高的抗血栓性、耐磨性、低密度和长期使用不劣化。可以说低温热解各向同性碳代表了无机生物医用材料血液相容性的最高水平[53],几乎是唯一可选用的机械瓣膜材料。世界上应用热解碳机械瓣膜已达 200 万例,美国每年植入 6 万例人工心瓣。

机械瓣膜的第一代为笼球瓣,第二代为单叶瓣,第三代为双叶瓣[54]。目前,先进的双叶瓣膜都是用热解碳为基本材料,如有些瓣膜的瓣叶用全热解碳,瓣架用石墨基体表面涂覆热解碳；有些瓣架是全热解碳而瓣叶是石墨基体表面涂覆热解碳[55,56]。图 4.13 所示为国产双叶式机械瓣（久灵瓣），包括一个瓣架和两个扁平状叶片瓣阀，在开启状态,血流呈三股,为中心血流[57]。陈如坤等[57]进行了全热解碳双叶瓣的临床分析。临床 62 例,患者生存率为 100%,术后一年以上的病例,心功能均已改善,从术前的Ⅲ-Ⅳ级转为Ⅰ级,未发现与瓣膜有关

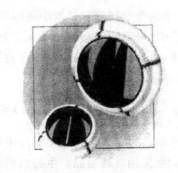

图 4.13  新型双叶型人造心脏瓣膜（久灵瓣）[57]

的并发症,16 例患者接受有关贫血和溶血化验检查,结果无溶血性贫血亦无可检出的溶血。62 例在抗凝治疗中未发生抗凝出血或血栓栓塞并发症。

热解碳制作人工心脏瓣膜具有以下优点：①LTI 碳涂层具有足够的强度,十分耐磨,心脏耐磨模拟实验结果外推表明,0.5 mm 厚度的 Si-C 涂层,可耐用数十年。②具有优异的生物相容性,不产生血凝和血栓。原因是含 Si-LTI 碳与血液之间能生成一种蛋白质中间吸附层,此层不引起蛋白质的改变。③抛光后的 Si-C 涂层是致密不透性的,不会引起降解反应。④没有毒性、无刺激性、不致癌。

碳材料具有出色的抗疲劳性能、高韧性、高强度质量比,还能够加工成各种形状,而且 X 射线又能透过,因此,用做外置固定骨架具有独一无二的优势。图 4.14 是采用环氧树脂基连续石墨纤维制作的踝骨固定架[47]。这个支架用两个石墨棒、横切面为八角形,用双勺形的枢轴连接,置于骨折位置或关节处,允许骨折的关节直接在横纵向运动。为了改进穿过关节的位置,固定支架也能与中心的枢轴协调,变成 L 型或 V 型。

(a) 在模型上的支架            (b) 临床用的支架[47]

图 4.14  在踝骨上的 V 形结构碳材料外科栓板框架

除了上述两种用途之外,碳材料还广泛应用于人工齿根、人工骨与人工关

节、人工韧带和腱等。日本小岛昭等[6]从1986年起开发了C/C复合材料人工齿根;1977年我国开展了碳质人工骨与人工关节的研制,并且1979年首次应用于临床;申焕霞等[58]还利用特殊的碳材料-膨胀石墨治疗褥疮,临床治疗18例,取得了良好的效果。

### 4.1.3 惰性生物玻璃和玻璃陶瓷

玻璃过去在医学领域中专门用作药品瓶、注射器、细胞培养皿等,然而这些只能称做医用玻璃制品。生物玻璃材料大致可分为两类,一类是非活性的近似惰性的,另一类是生物活性的[6]。在玻璃基质中加入晶核形成剂,并通过一定的热处理,使玻璃基质中有晶体形成,即形成玻璃与晶体共存的形态,称为玻璃陶瓷,又叫做微晶玻璃。因此玻璃陶瓷在显微结构上是由玻璃相和结晶相组成的。在玻璃陶瓷中,由于晶相是从一个均匀玻璃相中通过晶体生长而产生的,这一点与传统陶瓷材料明显不同;在陶瓷材料中,虽然由于固相反应可能出现某些重结晶或新晶体,但大部分结晶物质是在制备陶瓷组分时引入的;所以玻璃陶瓷兼有玻璃和陶瓷两者所具备的性能[59]。玻璃的均匀性连同控制析晶的方法使材料获得具有极细晶粒的无孔隙均匀结构,有利于材料获得比其母体-玻璃高得多的机械强度[60]。

惰性玻璃陶瓷主要应用于口腔医学领域。表4.7列出了一些惰性生物医用玻璃陶瓷材料的应用和特征。下面对几种口腔医学领域常见的玻璃陶瓷作简单介绍。

表4.7 惰性生物医用玻璃陶瓷的应用和特征[6]

| 惰性生物医用玻璃陶瓷 | 应 用 | 特 征 |
| --- | --- | --- |
| $MgO-Al_2O_3-TiO_2-SiO_2-CaF_2$ 系玻璃陶瓷 | 股骨头 | 高强度,耐磨 |
| $K_2O-MgF_2-MgO-SiO_2$ 系玻璃陶瓷 | 齿 冠 | 可铸造,折射率接近自然齿,美观 |
| $CaO-Al_2O_3-P_2O_5$ 系玻璃陶瓷 | 齿 冠 | 可铸造,折射率接近自然齿,美观 |
| $MgO-CaO-SiO_2-P_2O_5$ 系玻璃陶瓷 | 齿 冠 | 可铸造,折射率接近自然齿,美观 |
| $Li_2O-Al_2O_3-Fe_2O_3-SiO_2-P_2O_5$ 系玻璃陶瓷 | 体内治疗癌症 | 含强磁性晶体可转变放射性 |

**一、云母系玻璃陶瓷**

铸造玻璃陶瓷在20世纪50年代后期即有人从事研究。Dicor可铸造玻璃陶瓷是在80年代初发展起来的一种口腔修复材料[61]，由美国的Corning玻璃工厂和Dentsply齿科公司于1978年开始合作研究,1984年正式用于临床。Dicor可铸造玻璃陶瓷主要是由氧化硅、氧化钾、氧化镁等氧化物及少量氟化物组成的八硅氟云母晶体（$K_2Mg_5Si_8O_{20}F_4$），还含有微量的氧化铝和氧化锌，为增进美观效果而加入微量的荧光剂。其制备过程为[62]：采用失蜡法将特殊玻璃铸造成一定形状的玻璃修复体，此时修复体是完全透明的,易碎的,然后将这一修复体在一定的温度下进行热处理（瓷化处理）,使玻璃内部部分析晶而瓷化,从而修复体具有自然牙齿样的美观色泽和良好的机械性能。Dicor可铸造玻璃陶瓷具有在口腔环境中耐腐蚀,与组织有良好的生物相容性,透明度高,收缩率小,边缘适合性好的特点。另外一个突出的优点是与牙釉质的硬度接近而明显低于烤瓷,其主要物理性能见表4.8。

表4.8 可铸陶瓷与牙釉质的物理性能比较[62]

| 性能 | 密度 /($g\cdot cm^{-3}$) | 折射率 | 透明度 | 热传导 J/ $sec/cm^2/℃$ | 膨胀系数 $\times 10^{-6}/℃$ | 压缩强度 /MPa | 弹性模量 /GPa | 显微硬度 KHN100 |
|---|---|---|---|---|---|---|---|---|
| 可铸陶瓷 | 2.7 | 1.52 | 1.56 | 0.0168 | 7.2 | 828 | 70.3 | 362 |
| 牙釉质 | 3.0 | 1.65 | 0.48 | 0.009 2 | 11.4 | 400 | 81.1 | 343 |

Dicor可铸造玻璃陶瓷适合制作各类嵌体、前牙及后牙的瓷全冠、瓷罩及桩冠。要求患牙的牙冠有一定的顶龈高度以利于固位,唇舌面及颌面均应能够预备出足够的间隙,以满足材料强度所要求的必须厚度。Dicor铸造玻璃陶瓷问世后,因其具有半透明性和与牙釉质接近的折射率,使得修复材料在美学上起到了一次飞跃,各国牙医都争相应用和研究,解决了患者对审美要求极高的问题[63]。然而这类玻璃陶瓷存在着瓷冠碎裂的问题,Denry和Rosenstiel认为在玻璃陶瓷交界面处有一特殊的结晶阶段,如果不将这一阶段去除,将会导致抗碎强度降低,脆性增加。因此在临床上为了减少Dicor冠碎裂,应对其组分和结构的控制做进一步的研究[62]。

## 二、白榴石玻璃陶瓷

白榴石属四方晶系,常呈假等轴晶系。其硅氧骨干可看做由[$SiO_4$]四面体的四元环和六元环组成,钾充填于六方环形成的16个孔隙中心（图4.15）。当温度在625℃以上时,白榴石转变为等轴晶系的变体β-白榴石[60]。

白榴石作为内部增强剂用于牙科陶瓷,以提高全瓷修复体的强度。IPS-Empress可铸玻璃陶瓷就是一种白榴石强化陶瓷。它是由依获嘉（Ivoclar）公司与苏黎世大学冠桥系共同研制的,并于1986年应用于临床。IPS-Empress可铸玻璃陶瓷是一种以玻璃为基质内含微小白榴石晶核的陶瓷块。白榴石颗粒均匀地分散在玻璃基质中,当因外力而使玻璃陶瓷出现微裂纹或使陶瓷原有的微裂纹扩展时,白榴石可使裂纹偏向或直接阻止裂纹扩散,从而维护了玻璃陶瓷的强度。另外白榴石的热膨胀系数明显高于其周围玻璃基质的热膨胀系数,根据 Griffith 的微孔增韧理论,热膨胀系数较大的晶相因为在冷却过程中收缩也大,会在晶界周围产生微孔,该微孔的存在有利于材料显微结构应力的释放,增强材料的韧性。因此,白榴石极有可能是通过"微孔增韧"来维护玻璃陶瓷的强度[60]。

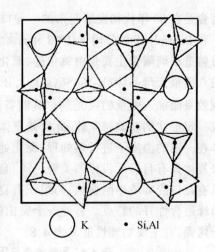

图 4.15 白榴石的晶体结构[60]

IPS - Empress 可铸玻璃陶瓷的成分为 $SiO_2$、$K_2O$、$Al_2O_3$、$CaO$ 和 $TiO_2$ 等[3]。它具有美观、良好的半透明性、与牙釉质近似的折光性、良好的边缘密合性及抗折断性能,抗挠曲强度可达 160~180 MPa,三点弯曲强度达 450 MPa 左右[64,65],此外,还有与牙釉质相似的耐磨性能[66]。

IPS - Empress 制备的工艺流程为[67]:将修复体制作为蜡型,以磷酸盐包埋材包埋后,将成品铸瓷块熔化铸造而成。其后再进行瓷表面的处理:一种方法是用与基体材料成分相似的表面釉瓷进行着色处理,得到相应的颜色;另一种方法是表面饰瓷,在制作完整的蜡型后去除将成为透明牙釉质部分的蜡,保留牙本质部分进行包埋,常规热压成型,然后在表面用常规长石瓷进行饰瓷。IPS - Empress 可铸陶瓷内含成核剂,在压铸及焙烧过程后,即可完成微晶化,因而比 Dicor 陶瓷节省操作时间[68]。

由于具有较佳的生物相容性,优良的耐磨性及耐腐蚀性,尤其是具有独特的美学性能,是传统的金属熔附陶瓷系统和树脂修复系统所无法比拟的。IPS - Empress 热压铸瓷不仅用于制作前后牙的牙冠,还被制作嵌体和贴面。近几年来,国内出现了许多 IPS - Empress 玻璃陶瓷临床应用的报道,都证明它是一种效果较理想的修复材料。

## 4.2 表面活性无机非金属生物医用材料

关于陶瓷的"生物活性"没有明确的定义,曾国庆等[69]认为它应包含两方面含义:①从材料学观点看来,这是具有有限溶解度的材料,在生理环境下,能产生表面溶解或降解,通过与组织间物质交换,产生骨矿物成分——磷灰石富集,达到与骨间的化学结合。②从生物学角度而言,植入体能与骨直接结合,即在界面上没有纤维组织膜或此膜很薄,形成所谓骨性结合,被视为"生物活性材料"的主要标志。根据 Spiekeman(1980) 的分类法,界面反应区纤维组织层厚度 <44 $\mu m$,种植体的松动度为 0°,是典型的骨性结合界面。Branemar 等最先提出骨性结合的定义是:在光学显微镜下高度分化的、活的骨组织与种植体形成直接接触[68]。

### 4.2.1 表面活性生物医用玻璃和玻璃陶瓷

1970 年初,美国佛罗里达大学的 Hench 教授[70]发现了生物活性玻璃,并且首次将其应用于生物医学领域,从而开创了一个崭新的生物医用材料研究领域——生物活性玻璃和生物活性玻璃陶瓷[71],这类材料作为生物医用材料具有金属、高分子及生物惰性材料不可比拟的优势,能与人体骨形成直接的化学结合。因此,人们对这类新型材料产生了浓厚的兴趣,并研制出了大量生物活性玻璃陶瓷材料。

**一、活性生物医用玻璃**

**1. 结构特点**

活性生物医用玻璃一般为 $CaO-SiO_2-P_2O_5$ 系统,部分含有 $MgO$、$K_2O$、$Na_2O$、$Al_2O_3$、$B_2O_3$、$TiO_2$ 等。玻璃网络中非桥氧所连接的碱金属和碱土金属离子在水相介质存在时,易溶解释放一价或二价金属离子,使生物玻璃表面具有溶解性,这是玻璃具有生物活性的基本原因。非桥氧所占比例越大,玻璃的生物活性越高。活性生物医用玻璃的结构特点如下[72]。

①基本结构单元磷氧四面体中有 3 个氧原子与相邻四面体共用,另一氧原子以双键与磷原子相连,此不饱和键处于亚稳态,易吸收环境水转化为稳态结构,表面浸润性好。

②随碱金属和碱土金属氧化物含量增加,玻璃网络结构逐渐由三维变为二维、链状甚至岛状,玻璃的溶解性增强,生物活性也增强。向磷酸盐玻璃中引入 $Al^{3+}$、$B^{3+}$、$Ga^{3+}$ 等三价元素,可打开双键,形成不含非桥氧的连续结构群,使电价平衡,结构稳定,生物活性降低。

**2. 制备方法**

熔融法是制备生物玻璃最常用的办法之一[72],采用该方法制备的生物玻璃密实无孔、比表面积小,一般当 $SiO_2$ 质量分数超过 60% 时,玻璃就不再具有生物活性[73]。一般的制备过程如图 4.16 所示[74]。

溶胶-凝胶法制备生物玻璃,各组分前驱物一般为醇盐,溶胶混合物经过

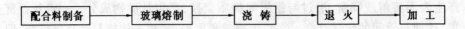

图 4.16　45S5 生物玻璃的制备过程[74]

水解和密实化后形成凝胶,经过老化、干燥,最后在 600~800℃ 热处理后得到 $SiO_2$-$CaO$-$P_2O_5$ 系统、$SiO_2$-$CaO$ 系统等生物玻璃[72]。

鞠银燕等[75]采用溶胶-凝胶法制备生物活性玻璃 58S 及 77S,通过熔融法制备生物活性玻璃 45S5,分别向上述 3 种生物活性玻璃粉体以及它们的混合物中添加一定比例的造孔剂,通过一定的烧结工艺制成具有不同组成的生物活性多孔材料。李霞[76]用正硅酸乙酯 $[Si(OC_2H_5)_4]$、四水硝酸钙 $[Ca(NO_3)_2 \cdot 4H_2O]$ 等作为前驱体,采用溶胶-凝胶工艺制备出了 $SiO_2$-$CaO$-$P_2O_5$ 系生物活性玻璃,并对其在模拟体液中表面羟基磷灰石相的生成机理进行了探讨。采用溶胶-凝胶方法制备的玻璃含有大量 5~100 nm 的中孔[77],其比表面积是熔融法制备生物玻璃的上万倍,更大的比表面积能为无定形磷酸钙的形成提供更多的 SiOH 成核空间,因而其降解速度和表面形成 HCA 层的速度也更快,具有更高的生物活性。该法制备的玻璃 $SiO_2$ 质量分数达到 77% 时,仍然具有较高的生物活性[78]。另外由于原料组分可在分子水平上均匀混合,所得制品均匀性高,合成产物纯度高并且热处理温度低等[76]。

**3. 表面生物活性**

由 Hench 教授开发并命名为生物医用玻璃的代表性成分是质量分数为 24.5% 的 $Na_2O$ + 质量分数为 24.5% 的 $CaO$ + 质量分数为 45% 的 $SiO_2$ + 质量分数为 6% 的 $P_2O_5$,牌号为 45S5,商品名为 Bioglass$^R$,是第一种能在生物体内与自然骨牢固结合的玻璃,该玻璃在组成上的特点有:高钙磷比、$SiO_2$ 的质量分数少于 60%,$Na_2O$ 和 $CaO$ 质量分数较高,所以该类生物玻璃接触水介质,如模拟体液时具有相当高的反应活性。实际上,研究证明在 $Na_2O(K_2O)$-$CaO(MgO)$-$SiO_2$-6%$P_2O_5$ 四元系中,保持 $P_2O_5$ 的质量分数不变,改变 $SiO_2$、$CaO$、$Na_2O$ 三种氧化物的质量分数,在一定成分范围内熔制的玻璃都具有生物活性。

$Na_2O$-$CaO$-$SiO_2$-6%$P_2O_5$ 系统玻璃组分与生物活性关系如图 4.17 所示[73,79,80]。图中"▲"表示 45S5 的组成,$I_B$ 为生物活性指数($I_B = 100/t$,$t$ 指样品超过 50% 表面与骨结合所需的小时数)。当 $I_B = 0$ 时,$t \rightarrow \infty$,玻璃与骨不结合,生物玻璃呈惰性;当 $I_B > 8$ 时,生物玻璃能与软组织结合,具有较高活性[73,80]。相图中心 A 区域组分玻璃能与骨组织结合;B 区域组分玻璃呈惰性,在组织与植入体界面处形成纤维状包膜;C 区域组分玻璃可逐渐吸收,但会导致离子浓度的巨大变化;D 区域组分难以在一般条件下形成玻璃;E 区域组分玻璃能与胶原组成的软组织形成紧密结合,胶原纤维与 HCA 形成厚度为 100~

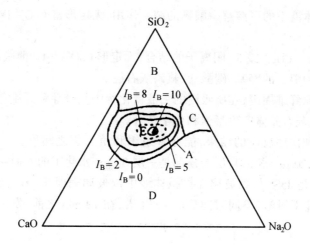

图 4.17 $Na_2O-CaO-SiO_2$ 系统($P_2O_5$ 质量分数为 6%)玻璃生物活性图[72]

200 μm 的界面层,该交织结构与厚度同体内肌腱或韧带与骨的结合类似,因而能作为低弹性模量的肌腱或韧带同高弹性模量的骨或牙齿间的过渡层。随着玻璃组分靠近 E 区的边界,界面层厚度减小,E 区组分玻璃与胶原纤维的结合力大于胶原纤维自身的粘合力,这对于要求与软硬组织均要有紧密结合的组织修复材料具有重要意义。以 45S5 玻璃组成为基础,使用质量分数为 5%~15% 的 $B_2O_3$ 替代成分当中的 $SiO_2$ 或使用质量分数为 12.5% 的 $CaF_2$ 取代 CaO 或部分晶化 45S5 对材料活性影响均很小,但是,当 45S5 $Al_2O_3$ 质量分数达到 3% 时,生物玻璃即失去生物活性[72]。

这种生物活性玻璃与生物组织的结合机理包含一系列复杂的物理化学反应和超结构现象[6,71,80]。

①玻璃中的 $Na^+$ 或 $K^+$ 等与体液中的 $H^+$ 离子或 $H_3O^+$ 离子快速交换。如

$$Si-O-Na^+ + H^+ + OH^- \longrightarrow Si-OH^+ + Na^+ + OH^- \quad (4.18)$$

②$SiO_2$ 以 $Si(OH)_4$ 的形式溶于溶液中,导致 Si-O-Si 键被溶解破坏,Si-OH 在界面处形成。

③Si-OH 的缩聚反应在玻璃表面形成一富含多孔硅溶胶的胶体层

$$Si-OH + OH-Si \longrightarrow -Si-O-Si + H_2O \quad (4.19)$$

$$-(-O-)_3-Si-OH + HO-Si-(-O-)_3- \longrightarrow$$
$$-(-O-)_3-Si-O-Si-(-O-)_3 + H_2O \quad (4.20)$$

④来源于玻璃体内或来源于溶液中的 $Ca^{2+}$ 和 $PO_4^{3+}$ 离子团,在富 $SiO_2$ 层的胶体层上聚集形成 $CaO-P_2O_5$ 无定形薄膜层。

⑤靠可控制扩散碱离子交换富 $SiO_2$ 层生长。

⑥由于体液中的可溶解磷酸钙的结合作用,无定形富 $CaO-P_2O_5$ 薄膜层生长。

⑦靠 $OH^-$、$CO_3^{2-}$ 或 $F^-$ 阴离子的结合,无定形 $CaO-P_2O_5$ 薄膜结晶化,从体液中形成一种混合的羟基、碳酸盐、氟磷灰石层。

⑧骨胶原纤维周围,在所吸附的粘液糖化物中及骨芽和纤维芽产生的其它蛋白质内,磷灰石晶体产生凝聚和化学结合。

按照这种次序反应的结果,能在骨组织和植入物之间形成一个界面结合区,在 $100\sim120~\mu m$ 富 $SiO_2$ 层的顶部是一层 $30~\mu m$ 水化了的 $CaO-P_2O_5$ 晶体。

图 4.18 是 45S5 生物玻璃在模拟体液中以玻璃表面积与溶液体积之比为 $0.1~cm^{-1}$ 条件下浸泡,不同时间后的 FTIR 谱,在 10 min 之前,发生一系列离子

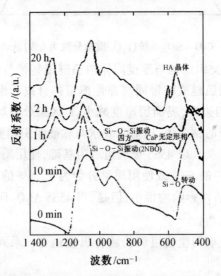

图 4.18　45S5 生物玻璃以及在 Tris 缓冲溶液中 10 min、1 h、2 h、20 h 后的傅立叶转换红外反射谱[81]

交换(反应步骤①)、水解(反应步骤②)等反应,如图 4.18 中具有两个非桥氧键振动的出现。10 min 后,聚合反应(反应步骤③)和 CaP 无定形相在玻璃表面沉积(反应步骤④),如图 4.18 中 Si—O—Si 伸缩振动和 CaP 无定形相的 P—O 扭曲振动的出现。2 h 后 HAP 晶体出现(反应步骤⑦),波数在 $602~cm^{-1}$ 和 $560~cm^{-1}$ 处的反射峰是 HAP 晶体的特征[81],经分析 HAP 中存在碳,所以常称 HCA 晶体。20 h 后,HCA 晶体已在表面生长很完善,在图 4.18 中,$480~cm^{-1}$ 处的 Si—O 转动峰完全消失,可认定晶体基本覆盖了生物玻璃表面,这表明生物玻璃与人体组织联结成键是很快的,一天之内可能发生。

另外,大量生物移植实验都证明,生物玻璃的确能与生物组织相联结,并且

发现24 h之内,生物组织与生物玻璃在界面处反应成键就已开始[81]。图4.19是生物玻璃与生物组织联结的典型例子之一,在移植入兔骨一年后,光学显微镜观察以及电子探针分析到生物玻璃(BG)、兔骨(B),以及界面中的富硅层(S)、Ca-P HCA层(CaP)和细胞(O),其界面联结区的厚度约为100 $\mu m$ [81]。

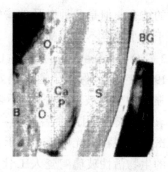

图4.19 45S5生物玻璃移植入兔骨1年后并与其成键联结的光学显微照片[81]

然而这种生物医学玻璃抗折强度很低,只有70~80 MPa,不能用于强度要求高的人工骨和关节替换,它可以埋在拔牙后的齿槽孔内,防止齿槽骨萎缩,也可以用做中耳的锤骨等[6]。

## 二、活性生物医用玻璃陶瓷

由Hench开发的生物医学玻璃中K、Na含量极高,因而化学稳定性不好,从而影响了其长期耐久性,且强度较低,应用受到限制。为了适应临床要求,此后发展了多种生物活性玻璃陶瓷,例如德国的Ceravital、日本的A-W玻璃陶瓷、原民主德国的可切削微晶玻璃等,并相继在临床上进行了应用,至20世纪90年代初,已经形成了商品。国内也进行了这方面的研究,如中科院光电技术研究所研制了可切削加工的生物活性玻璃陶瓷和可铸造玻璃陶瓷牙冠修复材料等[3]。

### 1. $Na_2O-K_2O-MgO-CaO-P_2O_5$ 系玻璃陶瓷

生物玻璃由于碱金属含量很高,所以在体内溶解出的碱金属有可能扰乱人体生理环境。为此,1973年,德国学者Bronmer等开发了能与骨组织形成强化学结合的 $Na_2O-K_2O-MgO-CaO-P_2O_5$ 系生物玻璃陶瓷,商品名称为Ceravital,它包含一系列不同组分的玻璃和微晶玻璃,代表性成分(质量分数)为: 4.8% $Na_2O$、0.4% $K_2O$、2.9% $MgO$、34% $CaO$、11.7% $P_2O_5$、46.2% $SiO_2$,通过将原料混合熔化制成玻璃再经热处理让玻璃中析出一部分磷灰石晶体而形成微晶玻璃。与生物玻璃相比,其特点是:碱金属含量大大降低,使得碱金属离子的溶出量大大减少;具有更高的机械强度,抗折强度为147.1 MPa,抗压强度为490.3 MPa。体外实验也证明这种玻璃陶瓷比生物玻璃具有更好的稳定性,其在模拟体液中的离子释放水平比生物医学玻璃低得多。将这种玻璃陶瓷埋入骨的缺损部位后,从玻璃表面溶解出磷灰石晶体,残留下的玻璃相通过巨噬细胞的吞噬作用,形成一层覆盖微晶玻璃表面的基质层,接着形成骨胶原纤维和磷灰石结晶,与骨中的磷灰石结晶产生化学结合,使得结晶玻璃与骨之间产生了牢固的结合。但是此种微晶玻璃的机械性能仍然较差,不能用于承重部位,只能用于听小骨等不受力的部位。

**2. $CaO-MgO-SiO_2-P_2O_5-CaF_2$ 系玻璃陶瓷**

1982年,小久保等[3]通过热处理 $CaO-MgO-SiO_2-P_2O_5-CaF_2$ 玻璃制出了高强度的生物玻璃陶瓷,它不含有K、Na元素,且玻璃基质中含有晶相磷灰石和β-硅灰石,因此命名为A-W生物活性玻璃陶瓷,简称AW-GC。我国华西医大与中科院光电技术所于1985年也成功研制了与A-W玻璃陶瓷成分类同的生物活性玻璃陶瓷人工骨,并在此组分上添加少量 $Al_2O_3$、$B_2O_3(F)$ 研制成功了BGC人工骨[6]。主要产品被制成颗粒型人工骨、致密牙根、多孔型块骨、微孔型颌骨、粉末型充填剂、钛合金-BGC复合种植牙等,并在一定范围取得了临床应用。

(1)A-W活性玻璃陶瓷的制备[71]

A-W活性玻璃陶瓷的制备方法一般为[82]:将质量分数为4.6%的MgO、44.9%的CaO、34.2%的 $SiO_2$、16.3的 $P_2O_5$、0.5%的 $CaF_2$ 的混合物在铂金坩埚中于1 450℃熔化2 h,然后骤冷成熔块后,粉碎、筛分,再将玻璃粉末成型,根据使用目的可以制成致密型或多孔型。如在电炉中以一定的升温速度升至1 050℃,并保温2 h,将其自然冷却后,便可完全致密化,并自发沉积出38%的氟氧磷灰石($Ca_{10}(PO_4)_6(O、F_2)$)和34%的β-硅灰石($CaO·SiO_2$),剩余的玻璃相约有28%,其中含有16.6%MgO、4.2%CaO、59.2%$SiO_2$。

对基质玻璃的微晶化处理是玻璃陶瓷形成的关键。$MgO-CaO-SiO_2-P_2O_5$ 系统玻璃的结晶从表面成核,结晶向玻璃内部生长,由于结晶相的膨胀系数显著高于玻璃相,在微晶化处理过程中会引起微裂纹,从而导致强度降低。另外,微晶化过程中,由于硅灰石晶相以针状无规则结晶或以纤维状定向沉积,而晶体以长纤维状定向沉积趋于导致较大的体积改变,也会在结晶产品的内部造成大的开裂。为了避免形成大的开裂,不应该直接对此种大块玻璃进行热处理,应首先将玻璃制成粉末,成型后以陶瓷制备工艺对其进行热处理,便可获得致密、无开裂的玻璃陶瓷制品。

(2)A-W活性玻璃陶瓷理化性能

A-W生物活性玻璃陶瓷有着非常均匀的微观结构及小颗粒尺寸,并能抵抗晶界作用,其机械性能非常出色。现有生物活性玻璃中,它的机械性能最佳,并且具有良好的可加工性。其抗弯强度为215 MPa,高于人体密质骨(160 MPa),几乎是烧结羟基磷灰石(115 MPa)的2倍,如表4.9所示。微晶玻璃的高机械性能归因于粗糙的A-W-GC断裂表面和β-硅灰石晶体的析出,能促使裂纹转向或分支,有效地抑制了裂纹扩展,可以用于承重部位的髋关节、膝关节、脊椎等。另一方面，A－W玻璃陶瓷断裂韧性低于人体皮质骨(10 MPa·m$^{1/2}$)，弹性模量高于人体骨，因此不能用于力学相容性要求高及高负载的部位，如人体胫骨、股骨等[71]。晶相和组分的变化对 A－W－GC 系列微晶玻璃的机械性能和生物活性影响显著。在不含 $CaF_2$ 的 A－W－GC 系统中，随着 $SiO_2$ 的增加和 $P_2O_5$ 的降低，磷灰石晶相含量降低，硅灰石晶相含量增加，机械性能增强。生物玻璃的活性并不取决于磷灰石晶相的含量，而是取决于体内环境中表面形成磷灰石层的能力。玻璃中 $P_2O_5$ 含量越少，则生物活性越强[83]。在 A－W－GC 体系中引入 $Al_2O_3$，则会影响 Ca 和 Si 离子溶解，使材料失活。同时，Al 和 Mg 离子的溶解也阻止了磷灰石形成[84]。

表4.9　A－W生物玻璃陶瓷同其它生物医用材料的力学性能比较[72]

| 生物医用材料 | 抗压强度/MPa | 抗弯强度/MPa | 杨氏模量/GPa | 断裂韧性/(MPa·m$^{1/2}$) |
| --- | --- | --- | --- | --- |
| 45S5 | — | 75～85 | 79 | 0.3～0.7 |
| Ceravital | 500 | 100～150 | — | — |
| Bioverit | 500 | 100～160 | 77～88 | 0.5～1.0 |
| 致密 HAP | 400～917 | 80～195 | 75～103 | 0.7～1.3 |
| Cerabone A－W | 1 080 | 215 | 178 | 2.0 |

　　A－W玻璃陶瓷在生理环境下抵抗老化和疲劳性能也非常好，可以长期承载。玻璃陶瓷在模拟体液(SBF,离子浓度与人体血浆相近)中承受屈服应力65 MPa(相当于人体承受的最大应力)可达 10 年，而 HAP 在同样条件下 1 min 就折断。同时，这种玻璃陶瓷中析出的针状硅灰石晶体由于是无规则排列，其机械加工性能也很好。

　　(3)表面生物活性

　　A－W生物活性玻璃陶瓷生物相容性良好，制品植入体内后安全、无毒、且无排异、发炎及组织坏死等不良反应，还能与骨形成骨性结合。其生物活性也非常出色，当它被植入体内后能在短时间内通过表面化学反应形成磷灰石层，从而与体内骨牢固地键合为一体。A－W生物活性玻璃陶瓷和邻近骨的结合强度高于材料本身或骨组织的强度，即使在结合界面上施加拉伸应力，断裂也发生在骨组织内，而不是界面[71]。

　　当A－W生物活性玻璃陶瓷材料被植入生物体内后，在材料和骨的结合界面可观察到一层富钙、磷层[71,85]。该层厚度随着植入动物种类、骨种类及植入时间的不同从 0.5～100 μm 变化。这一富钙、磷层(也叫做磷灰石层)的形成过程为[71]：首先是玻璃陶瓷中的 $Si^{4+}$ 离子形成了富凝胶层，接着从玻璃陶瓷中溶出的 $Ca^{2+}$ 离子和体液中的 $HPO_4^{2-}$ 离子反应，于是在富 $SiO_2$ 凝胶层上形成了由包含碳酸根、结构不完善的羟基磷灰石微晶体组成的磷灰石层(HCA层),该层的组成和结构特点与自然骨中的磷灰石相似。在这种磷灰石层上能够优先增殖造骨细胞,而不介入纤维原细胞。因此,其附近的骨能在没有纤维组织干扰的情况下与玻璃陶瓷形成直接的化学结合。

在离子浓度接近于人体血浆的模拟体液中,生物活性玻璃陶瓷表面也会形成这种具有缺陷结构和微晶化的碳酸根羟基磷灰石层(HCA层)[3,71]。在模拟体液中的实验证明玻璃陶瓷表面上磷灰石的核化是由于玻璃陶瓷中溶出的钙和硅离子诱导的,而磷灰石的生长则是通过钙和磷酸根离子获得的(图4.20),溶出的钙离子增加了周围体液的过饱和度,而溶出的硅离子在玻璃陶瓷表面为磷灰石的核化提供了极好的场所。磷酸根离子只能从周围体液中得到。以此形成的表面HCA层的成分和结构特征也与自然骨中的磷灰石类似。因此,成骨细胞会优于成纤维细胞在磷灰石层上增殖,进而与玻璃陶瓷形成直接的化学结合。

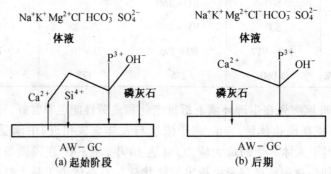

图 4.20 体液中 A-W 玻璃陶瓷表面形成磷灰石的机理[71]

### 3.可切削生物玻璃陶瓷

将结晶化玻璃用作人工骨使用的时候,很多时候需要进行切削加工,甚至临床手术过程中也要进行适当加工,故要求材料既具有生物活性,又具有可切削加工性。如果某种生物活性玻璃能用加工金属的工具(主要是碳化物)进行车、削、钻等机械加工而不破裂,就认为是可加工的生物活性玻璃[86]。

(1)可切削生物玻璃陶瓷结构和性能

为了满足临床人工骨的需要,1983年Vogel等[6]将CaO和$P_2O_5$引入含有云母相的可切削微晶玻璃中,发展了一种能切削加工成型的含磷灰石和氟云母的结晶化玻璃陶瓷,玻璃的化学成分范围为19%~54%$SiO_2$、8%~15%$Al_2O_3$、2%~21%MgO、3%~8%$Na_2O$或$K_2O$、3%~23%$F^-$、10%~34%CaO和2%~10%$P_2O_5$。这种玻璃陶瓷在晶化处理后,玻璃相中除析出磷灰石晶体之外还析出了无规则排列的片状氟金云母晶体。

氟金云母晶体是层状硅酸盐[86],具有板状习性,其结构特征表现在双层群之间,一般是通过 $K^+$ 或 $Na^+$ 相互松懈地连接,如图 4.21 所示。沿其[001]晶面有良好的解理,当微晶玻璃中存在大量随机取向相互接触的氟金云母微晶时,由外力(如车、削、铣、钻孔等)导致的微裂纹将首先出现在氟金云母微晶的解理面上,随着晶面的解理,又把外力传递到另一面上,这样微裂纹从相互接触的一个晶体传递到另一个晶体,并以微小鳞片形成剥落,不会导致整体材料的脆裂,裂纹扩展方向有可能随着外界切削方向的改变而改变,同时氟金云母微晶碎屑剥落也会沿外力的"途径"进展,从而获得一定的加工精度。因此可以通过机械加工成各种复杂的形状,并且加工后强度不降低[87]。

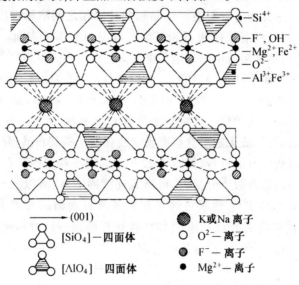

图 4.21 金云母结构示意图[87]

上海硅酸盐研究所在 1987 年研制出 $CaO-MgO-Al_2O_3-SiO_2-P_2O_5-F$ 系可切削生物玻璃陶瓷,并研究了添加 $B_2O_3$、$Al_2O_3$、$P_2O_5$、$TiO_2$ 等成分对玻璃分相的影响,该玻璃在 800~900 ℃进行热处理后,有磷灰石、钙长石、云母相析出,动物实验也证明其具有好的生物相容性。武汉工业大学 1989 年报道了一种可切削生物玻璃陶瓷,其化学成分范围是:10%~35% CaO,3%~16% $P_2O_5$、19%~35% $SiO_2$、12%~22% MgO、5%~8% $D_2O$ 和 8%~15% F。其中云母相按 $K_2O$:$3MgO$:$2MgF$:$3SiO_2$ 配比。玻璃在 1 450 ℃快速熔制,550 ℃左右退火,650 ℃保温 1 h,820 ℃保温 4 h,1 050 ℃再加热保温 5 h 结晶化处理,可以得到这种可切削玻璃陶瓷。扫描电镜观察新型云母是呈花瓣状的片状晶体。动物实验表明植入 112 d 之后已与骨形成牢固结合[6]。

(2)表面生物活性

Holand 等[88]认为微晶玻璃主要是通过表面的轻微溶解以及与骨组织之间的反应,形成新的磷灰石晶体使材料与骨组织发生化学结合。陈晓峰等[89]研究了微晶玻璃在生理环境(模拟细胞外液,简称为 PECF)中表面羟基磷灰石层的形成过程。发现由于微晶玻璃表面存在氟磷灰石、氟金云母相和残余玻璃相,而 PECF 对于氟磷灰石 $Ca_{10}(PO_4)_6F_2$ 晶相是过饱和的,故氟磷灰石不发生溶解,氟金云母虽有少量 $K^+$、$Mg^{2+}$ 等离子溶出,但由于晶体结构的稳定性,这种溶解是极微弱的;而残余玻璃相则由于含有较多的网络外离子($K^+$、$Ca^{2+}$、$Mg^{2+}$),结构疏松,具有相对高的溶解性,它是导致微晶玻璃在 PECF 中表面失重的主要原因。这样由于材料表面结晶相和玻璃相之间溶解程度上的较大差异,使其逐渐转变成具有氟磷灰石和氟金云母突起的粗糙表面。随着 $Ca^{2+}$ 的溶出,使钙的磷酸盐在溶液中的过饱和度增大。由于在人体温度下的水溶液中只可能有两种钙的磷酸盐是稳定的,一种是磷酸二钙(pH≤4.2 时)[89];另一种为羟基磷灰石(pH≥4.2 时)。PECF 的 pH≈7.4,所以,随着 $Ca^{2+}$ 的溶出,开始从溶液中按羟基磷灰石的化学计量析出富含 $CaO$、$P_2O_5$ 及 $H_2O$ 的絮状物,并附着于微晶玻璃表面,形成无定形含水薄膜。残存的氟磷灰石晶相凸起的粗糙表面有利于这一沉析过程的进行,如图 4.22 所示。由于羟基磷灰石、碳酸磷灰石及氟磷灰石三者晶格参数十分接近,可形成连续固溶体,所以沉积在微晶玻璃表面的无定形富 $CaO$、$P_2O_5$ 薄膜可通过在氟磷灰石表面的外延生长及 $CO_3^{2-}$、$F^-$ 的有限掺杂而最终转变成晶态的羟基磷灰石层。一旦材料表面 HAP 层形成,则材料的表面失重停止,质量趋于稳定。

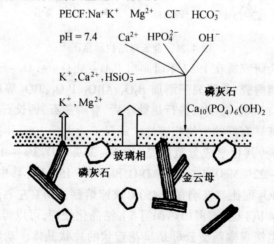

图 4.22 PECF 中材料表面羟基磷灰石层形成示意图[89]

**4. 其它活性生物玻璃陶瓷**

玻璃定向析晶是提高玻璃陶瓷性能的方法之一。早在 1979 年就有人报道了 $Ca(PO_3)_2$ 玻璃的非正常结晶特性,发现可通过单向析晶制备出含 $Ca(PO_3)_2$ 纤维的高强度微晶玻璃[90]。小久保正等[6]研制了一种 $(FeO \cdot Fe_2O_3) - CaO - B_2O_3 - SiO_2 - P_2O_5$ 系结晶化玻璃,这种玻璃含有大量的 $Fe^{2+}$ 和 $Fe^{3+}$ 离子,热处理之后,可以得到以 $CaO - SiO_2 - B_2O_3 - P_2O_5$ 系玻璃相和硅灰石为基体,其中分散着强磁性 $Fe_3O_4$ 粒子的玻璃陶瓷。如图 4.23 所示[6],在体内这些粒子表面能形成磷灰石层,而且也和骨质结合。

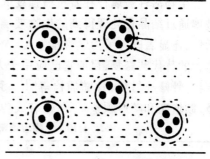

图 4.23 生物活性强磁性玻璃陶瓷在生物体内形成羟基磷灰石[6]

陈建华等[91~94]对钙铁硅铁磁体玻璃陶瓷的形成条件、生物相容性能进行了一系列研究。研究表明,在体液的作用下,其中的硅灰石及玻璃体中的硅酸盐溶解下来以后,与体液中的磷酸盐进行化学反应,在微晶玻璃表面形成一层磷灰石层,从而使其与骨头牢固结合。对不含 $P_2O_5$ 的 $CaO - SiO_2$ 玻璃与含有 $P_2O_5$ 的玻璃进行对比试验,更证实了玻璃中有无磷酸盐对玻璃与骨间的结合强度没有影响,都会在玻璃与骨间的界面上生成磷灰石层,$HSiO_3^-$ 离子作为磷灰石核化的起始晶核,起着促进磷灰石析出的作用。

另外还有基于 $P_2O_5 - Na_2O - CaO$ 体系的可溶解磷酸盐玻璃体系,其网络形成体为 $[PO_4]$,不同于上述以 $[SiO_4]$ 为网络形成体的玻璃。其溶解度可通过 CaO 和 $Na_2O$ 的相对含量来调节,$Na_2O$ 含量增加则溶解度提高,pH 值升高,其溶解产物沉积生成透钙磷石并最终转化为磷灰石[95]。

### 三、活性生物医用玻璃和玻璃陶瓷的应用现状

近几十年来,具有良好的生物相容性、生物活性和化学稳定性等优异性能的生物活性玻璃作为理想的骨移植材料得到了大量的发展及应用[96~98]。生物玻璃的早期应用主要是口腔方面[99],如用于下颌骨置换[100]、牙槽嵴增高[101]、牙周病治疗、根管充填、盖髓、拔牙窝充填、预防牙槽萎缩、骨腔充填等。目前国际上已发展为产品的牙科用生物玻璃陶瓷有两种[81]:一是 ERMI,形如牙根,用于牙根拔出后的牙窝填充,以防止牙床萎缩;其二是 PERIOGLAS 粉,用于治疗牙周炎中牙根与牙床的脱裂。此外,生物玻璃也被用于耳聋方面的治疗,如制成中耳骨,植入耳中,能使某些耳聋病人恢复不同程度的听力;还用做人工喉管支架、眼晶状体修复[102]等。

生物活性玻璃存在着机械强度低、韧性差等缺点,如表 4.10 所示。而生物玻璃通过结晶化处理得到的生物玻璃陶瓷既保持了良好的生物相容性和生物活性,还显著改善了力学性能。A－W 玻璃陶瓷机械强度非常高,适合作为人体骨的替代和修复,目前它已应用于人工脊椎、人工脊椎间板、长管骨、长骨固定物、骨修补材料、骨髓插栓等[71]。可切削生物活性陶瓷在整形外科用于隆鼻、颌增高和畸形颌整复等,已有成功报道[72]。

表 4.10 生物玻璃陶瓷与人骨的性能比较[88]

| 材料名称 | 主晶相 | 弹性模量/GPa | 抗弯强度/MPa | 抗压强度/MPa |
| --- | --- | --- | --- | --- |
| 生物玻璃 | — | 30～70 | <100 | 400～500 |
| 生物微晶玻璃 | $Ca_{10}(PO_4)_6CO_3$ | 50～90 | 100～150 | 500 |
| A－W 微晶玻璃 | $Ca_{10}(PO_4)_6(O.F_2)\cdot\beta-CaSiO_3$ | 104～124 | 88～213 | 900～1 060 |
| 可加工生物活性微晶玻璃 | $(Na.K)Mg_3(AlSi_3O_{10})F_2\cdot Ca_{10}(PO_4)_6F_2$ | 30～70 | 120～200 | 230～500 |
| 人体骨骼 | $Ca_{10}(PO_4)_6(OH)_2$ | 3.8～17 | 30～190 | 90～230 |

与羟基磷灰石相比,生物玻璃材料具有多元组成,可在较大的范围内调节其组成、结构和相成分,赋予材料新功能的优点。基于这些优点,人们已开发出一系列功能性生物玻璃并且得到了迅速发展,其中药物治疗载体是最有前景的应用之一,将各种药物储存在多孔微晶玻璃中,然后植入病变部位,随着生物玻璃表面反应的进行,药物释出达到有的放矢的治疗目的。主要的功能性生物活性玻璃有[103]:①放射疗法用玻璃:把可放射 β 射线的化学元素掺入生物玻璃内,制成 β 射线源材料,把它植入肿瘤附近,就可达到直接照射癌细胞又不损伤周围正常组织的目的,适用于这种目的的材料有含钇玻璃和含磷玻璃。②热疗用玻璃:利用癌细胞耐热性差,加热至 43 ℃以上就死亡的规律,在肿瘤附近埋植强磁体,施加交变磁场,体内深部的肿瘤即被加热而又无损于正常组织。已被开发研制出的有 $Li_2O-Fe_2O_3$ 系微晶玻璃和 $Fe_2O_3-CeO-SiO_2$ 系微晶玻璃。③抗菌性生物玻璃:当生物医用材料被植人体内后,常会伴生感染,引起炎症,可导致植入失败。为解决此问题,人们利用银具有抗菌广谱、杀菌效率高、不易产生抗药性等特点,开发研制出含银抗菌性生物玻璃。通常的做法是将生物玻璃制成多孔材料,通过银离子交换或附着对基体材料进行载银处理,制备具有抗菌耐久性的多孔微晶玻璃。实验证明这种材料具有抗菌性能稳定,杀菌作用时间长,使用方便等优点。

长久以来,在医学方面玻璃主要用做容器,如实验室器皿、试管和医用安瓿,自 Hench 等发现生物玻璃以来,人们对玻璃和玻璃基材料用做生物、组织和器官的修复及癌症的治疗给予了很大的关注。开发了高强度、可切削、可迅速固化、铁磁性等各种功能的生物活性玻璃和玻璃陶瓷,骨修复植入材料已广泛应用于临床,生物玻璃牙齿已进入市场,对癌症治疗玻璃的有效性也被临床证明,支配生物活性的因素已相当明确,在此基础上,高韧性、低弹性模量的各种功能的新型玻璃将有可能成为新的生物活性物质,并显示出良好的成型性、天然外观及放射性等功能特点。

### 4.2.2 羟基磷灰石

20 世纪 70 年代,美国和日本的学者首先开发出羟基磷灰石生物医用材料,并应用于外科与齿科临床[6]。开创了羟基磷灰石生物医用材料研究和应用的新领域,成为生物医用材料研究领域的热点。我国也于 20 世纪 80 年代后期人工合成了 HAP 材料,并相继在合成方法、制备工艺与临床应用等方面进行了广泛而深入的研究,取得了较显著的成绩[104]。

羟基磷灰石 $Ca_{10}(PO_4)_6(OH)_2$,简称 HA,属于磷酸盐系无机非金属材料[105]。其化学成分和晶体结构与脊椎动物的骨和牙齿中的矿物成分非常接近。自然骨和牙齿是由无机材料和有机材料极巧妙地结合在一起的复合体。其中无机材料大部分是羟基磷灰石结晶,还有 $CO_3^{2-}$、$Mg^{2+}$、$Na^+$、$Cl^-$、$F^-$ 等微量元素。有机物质的大部分是纤维性蛋白骨胶原,规则地排列在无机成分周围。作为人和动物的骨骼及牙齿的主要无机成分(人骨成分中 HA 的质量分数约 65%,人的牙釉质中 HA 的质量分数则在 95% 以上)[106],羟基磷灰石具有良好的生物相容性,无生物毒性,是与骨组织生物相容性最好的生物活性材料[6],植入骨组织后能在界面上与骨形成很强的化学键合[107],已经广泛作为生物硬组织修复和替换的材料。

**一、羟基磷灰石晶体的结构**

羟基磷灰石与氟磷灰石具有相同的结构[108],HA 晶体为六方晶系,属 $L^6PC$ 对称型和 $P6_3/m$ 空间群,晶胞参数为:$a_0 = 0.938 \sim 0.943$ nm,$c_0 = 0.686 \sim 0.688$,$z = 2$。它的结构比较复杂,在(0001)面上的投影如图 4.24 所示[109]。

从 HA 的晶体结构在(0001)面上的投影可见,$Ca^{2+}$ 位于上下两层的 6 个 $PO_4^{3-}$ 四面体之间,与 6 个 $PO_4^{3-}$ 四面体当中的 9 个角顶上的 $O^{2-}$ 相连接,$Ca^{2+}$ 的配位数为 9,这样连接的结果是在整个晶体结构中形成了平行于 $c$ 轴的较大通道。附加 $OH^-$ 则与其上下两层的 6 个 $Ca^{2+}$ 组成 $OH-Ca_6$ 配位八面体,角顶的 $Ca^{2+}$ 则与其临近的 4 个 $PO_4^{3-}$ 中的 6 个角顶上的 $O^{2-}$ 及 $OH^-$ 相连接。这种

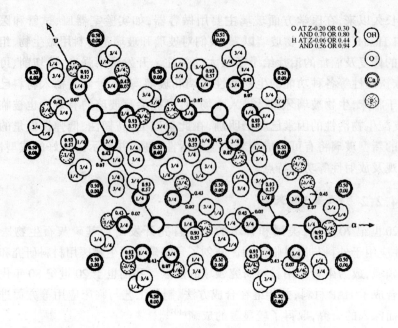

图 4.24 羟基磷灰石的晶体结构在(0001)面上的投影[109]

$Ca^{2+}$ 的配位数是 7。羟基磷灰石的晶体结构很好地阐明了它以六方柱的晶体出现的原因,如图 4.25。羟基磷灰石的主要晶形有:六方柱 $m\{10\bar{1}0\}$,$h\{11\bar{2}0\}$,六方双锥 $x\{10\bar{1}1\}$,$s\{11\bar{2}1\}$,$u\{21\bar{3}1\}$ 及平行双面 $c\{0001\}$。

## 二、羟基磷灰石生物陶瓷的分类

羟基磷灰石生物陶瓷分为[110]:致密型 HA 生物陶瓷,多孔型 HA 生物陶瓷,复合型 HA 生物陶瓷,混合型 HA 生物陶瓷,以及最近发展起来的涂层及复合 HA 材料。下面分类说明。

### 1. 致密型 HA 生物陶瓷(H 型)

致密 HA 生物陶瓷的制备是将 HA 基材加

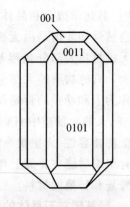

图 4.25 磷灰石的晶形[109]

入添加剂及粘结剂制成一定的颗粒级配料,然后在金属模内加压成型,生坯经烘干在 900 ℃左右烧成素坯,素坯可以进行精加工,然后在 1 300 ℃左右加压烧结而成。

致密 HA 的表面显气孔率较小,经电镜观察孔径为 80 $\mu m$。有较好的机械性能:抗拉强度、弯曲强度和抗压强度分别在 120~900 MPa、38~250 MPa 和 38~300 MPa 之间,强度值取决于残余微孔隙率,晶粒尺寸和杂质相等,孔隙率增高,陶瓷的强度降低;弹性模量 $E$ 在 41~121 GPa 之间,取决于测试方法、气孔率和杂质相含量等;断裂韧性在 0.7~1.3 MPa·m$^{1/2}$ 之间,随气孔率的增大而呈线性降低,并随烧结温度而变化,与密度和晶粒尺寸的共同作用有关。致密 HA 具有一定的可加工性,在临床使用中极为方便,但因其植入人体后,只能在表面形成骨质,缺乏诱导骨形成的能力,仅可作为骨形成的支架,主要用于人工齿根种植体。

**2. 多孔型 HA 生物陶瓷(DH 型)**

有关多孔型 HA 生物陶瓷,人们对其进行了广泛的研究[111~113],形成一系列制备的方法,如添加造孔剂法、泡沫浸渍法、溶胶-凝胶法等[109],多采用可塑法成型。在研制过程中,人们最常用的方法是造孔剂法,常用的造孔剂有有机造孔剂,如石蜡、聚甲基丙烯酸甲酯等,但这类有机造孔剂与 HA 的热膨胀系数差别较大,易导致烧结过程中产生大量裂纹,从而降低强度。近来又发展出碳粉造孔剂,因其热膨胀系数与 HA 的相近,能够减少微裂纹的产生,提高多孔 HA 陶瓷的力学性能[114]。

**3. 复合型 HA 生物陶瓷(FH 型)**

类似于多孔 HA 陶瓷,但制法不同,其方法是选用适当含钙的磷酸盐玻璃与磷酸钙陶瓷进行复合。主要是在高纯 HA 粉末中加入一定比例的 CaO-$P_2O_5$-$Al_2O_3$ 系玻璃体,高温烧结(温度比 H 型低 200℃)而成。

复合 HA 陶瓷的气孔率可达 20%~30%,显气孔孔径为 80~200 $\mu$m,其多孔表面上富集着 HA 晶体,因而具有较好的生物活性和机械性能。

**4. 混合型 HA 生物陶瓷(FHD)**

混合 HA 生物陶瓷是利用多孔 HA 面料涂覆到致密 HA 芯料上而成。混合型 HA 陶瓷弥补了多孔 HA 陶瓷和致密 HA 陶瓷的缺点,兼顾了两者的优点,获得了较好的效果。因为多孔 HA 陶瓷植入人体组织后,有利于快速发挥活性,但材料本身的机械强度低于致密 HA 陶瓷,而致密 HA 陶瓷比表面积小,生物活性发挥缓慢,这样,根据两者结合的原理,制成的人工齿根,其机械强度与致密的 HA 陶瓷接近,而生物活性相当于多孔的 HA 和复合的 HA 陶瓷。

**5. 涂层及复合材料**

为了提高 HA 生物陶瓷的机械性能和力学性能,人们研究了涂层 HA 及复合 HA 材料,并取得了一些成果。它们是利用高强度、高韧性的材料为基材,将 HA 作为涂层使用,或把 HA 与其它韧性优良、结构相似的材料进行复合,制备较理想的 HA 生物陶瓷材料。

涂层 HA 的制备方法较多,但长远地看热化学反应法、电化学反应法、等离子喷涂法、激光熔覆法、爆炸喷涂法和离子辅助沉积法,以及各种方法的结合使用是一种比较有发展前途的方法;复合 HA 材料的研究主要有金属 – HA、生物惰性陶瓷 – HA 和高分子聚合物 – HA,如 FeCr 合金纤维、Ag 颗粒、$SiC$、$ZrO_2$、聚乙烯和 FDLLA 等。总之,涂层及复合 HA 材料在提高材料的机械强度和力学性能方面有着较好的发展前景。

### 三、羟基磷灰石生物陶瓷的制备

#### 1. 羟基磷灰石生物陶瓷的合成

目前合成羟基磷灰石生物陶瓷的方法多种多样,但综合起来主要有湿法、水热合成法、固相反应法,以及溶胶 – 凝胶法等[104,109,110,114,122]。简单介绍如下:

(1)湿法合成羟基磷灰石(水溶液反应法)

湿法合成[3]是利用钙离子和磷酸根离子在水溶液中和一定的条件下反应生成羟基磷灰石。该法容易制得大量微晶态或非晶态的 HA 粉末。比较典型的制备过程有两种:一种是酸碱溶液的中和反应,另一种是钙盐与磷酸盐的反应,它们的反应式为

$$10Ca(OH)_2 + 6H_3PO_4 \longrightarrow Ca_{10}(PO_4)_6(OH)_2 + 18H_2O \quad (4.21)$$

$$10CaCl_2 + 6Na_2HPO_4 + 2H_2O \longrightarrow Ca_{10}(PO_4)_6(OH)_2 + 12NaCl + 8HCl \quad (4.22)$$

$$10Ca(NO_3)_2 + 6(NH_4)_2PO_4 + 2H_2O \longrightarrow Ca_{10}(PO_4)_6(OH)_2 + 12NH_4NO_3 + 8HNO_3 \quad (4.23)$$

湿法一般要求原料中的 Ca/P 化学计量比为 1.6~1.69。不同的 pH 值决定 Ca/P 的不同比值,从而决定了羟基磷灰石的化学成分和性质。郑昌琼等[123]进行了湿法制备羟基磷灰石生物活性陶瓷粉末的热力学分析,计算求得 HA 沉淀最宜的 pH 值条件为 10.6~12.4,认为实际制备过程中应控制 pH 值在 11~12。图 4.26 所示为 Aoki 设计的一套装置,用来控制 Ca/P 比。

合成条件对产物的影响[110]:①反应物溶液的浓度过大及酸碱反应速度过快,容易生成絮状磷酸三钙。②反应时溶液 pH 值过大或过小,均使产物的杂质增加,纯度降低。③反应时间不足,搅拌速度过慢,化学反应不充分,使产物的钙磷比低于 1.67。

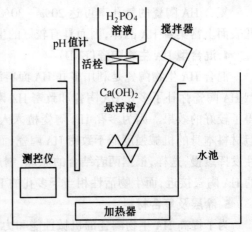

图 4.26 湿法制备 HA 的装置示意图[3]

湿法合成 HA 产物纯度高,反应时间短,工艺过程简单易控制,污染小,是合成 HA 的优选方法之一。丑修建等[124]采用 $Ca(NO_3)_2 \longrightarrow (NH_4)_2HPO_4 \longrightarrow NH_3 \cdot H_2O \longrightarrow H_2O$ 反应体系,控制体系 pH 值为 10~11,反应温度维持在40℃~50℃,充分搅拌反应 8 h 以上,经陈化、清洗、过滤、干燥和热处理后,制备了高纯羟基磷灰石生物陶瓷材料,认为湿法合成的 HA 沉淀热处理到 800℃以上时开始发生烧结和脱羟基现象,最佳热处理温度为 700℃。

化学沉淀法也是一种湿法合成的工艺,它的特点是工艺简单,合成粉料的成本相对较低。该法是把浓度一定的钙盐和磷盐的水溶液混合搅拌,通过控制溶液的 pH 值使之发生化学反应,产生胶体 HA 沉淀物,经过煅烧得到 HA 晶体粉末。该法的反应温度不高,合成后的粉料纯度高、颗粒细,但需要严格控制溶液的 pH 值及其它工艺条件,否则极易生成 Ca/P 低于 HA 理论值(1.67)的"缺钙磷灰石"[125]。

湿法除直接合成 HA 粉体外,还可制备出不同形状及大小的 HA,如纤维状、球形 HA 材料,以及纳米级 HA 粉末。

(2)水热合成法

水热合成法[120]是在特别的密闭反应容器(高压釜)中,以水溶液作为反应介质,通过加热反应容器,在高温高压环境下使难溶解或不溶解的物质溶解,发生反应并且重结晶。然后对结晶物在一定的压力和温度下进行水热处理。

水热法通常以磷酸氢钙等为原料,反应温度为 200~400℃,得到的晶体颗粒大且纯度高,Ca/P 接近化学计量值。在高压环境中,不受沸点限制,可使介质温度上升到 200~400℃,从而使 $OH^-$ 加入晶格,其反应式为[117]

$$CaHPO_4 + 2H_2O \xrightarrow{200~400℃} HA \tag{4.24}$$

周玉新[126]用水热合成法,将 $CaCO_3$(或 $Ca(OH)_2$)与 $Ca_3(PO_4)_2$ 混合物在高温和不断通入水蒸气下煅烧制得,化学反应为

$$CaCO_3 \longrightarrow CaO + CO_2 \text{ 或 } Ca(OH)_2 \longrightarrow CaO + H_2O \tag{4.25}$$

$$CaO + 3Ca_3(PO_4)_2 + H_2O \longrightarrow Ca_{10}(PO_4)_6(OH)_2 \tag{4.26}$$

相对于其它制粉方法,水热法制备的粉体有极好的性能,粉体晶粒发育完整,粒径很小且分布均匀,团聚程度很轻,易得到合适的化学计量物和晶粒形态,可以使用较便宜的原料,省去了高温燃烧和球磨,从而避免了杂质和结构缺陷等。水热过程中温度、压力、处理时间、溶媒的成分、pH 值、所用前驱体的种类,以及有无矿化剂和矿化剂的种类对粉末的粒径和形状都有很大影响,同时还会影响反应速度、晶型等[127]。

(3)固相反应法

固相反应法是将碳酸钙与磷酸或磷酸盐混合均匀,在高温下发生固相反

应,生成磷酸钙陶瓷。这种方法合成的羟基磷灰石很纯,结晶性好,晶格常数不随温度变化。目前合成路线有[117]

$$Ca_3(PO_4)_2 + Ca_4P_2O_9 \xrightarrow{>1\ 200℃,水蒸气} HA \quad (4.27)$$

$$CaCO_3 + Ca_4P_4O_7 \xrightarrow{>1\ 200℃,水蒸气} HA \quad (4.28)$$

$$Ca_3(PO_4)_2 + CaO \xrightarrow{>1\ 200℃,水蒸气} HA \quad (4.29)$$

$$CaHPO_4 + CaCO_3 \xrightarrow{>1\ 200℃,水蒸气} HA \quad (4.30)$$

固相反应法需要在高温下通入水蒸气,通过扩散传质机制的固相反应制得,能够制备粒径>1 mm、无晶格缺陷、正常配比、定量掺杂、结晶程度高的 HA 单晶体。

该方法(无氧条件下进行反应)可制出符合化学计量、结晶完整的产品,但它要求相对较高的温度和热处理时间,而且这种粉末的可烧结性较差,HA 粉末晶粒过粗,成分比不均匀,往往有杂相存在[122]。

HA 粉体的最优烧结温度为 1 250℃,最终可制得具有良好形态的致密结晶,平均晶粒尺寸为 2 μm。当烧结温度大于或小于 1 250℃时,都会使致密度降低,这是由于晶粒生长现象以及 HA 相的剧烈分解造成的,由此可知,HA 相的稳定性与烧结温度相关。当>1 350℃时,会逐渐发生 HA 分解,同时固化的转变决定着相关晶粒的尺寸密度。而将含有 HA 的脱乙酰壳聚糖微球在 1 150℃下烧结可得到纯 HA 微球颗粒,球体的最终尺寸以及多孔结构可以通过调整不同的 HA 含量来获得[128,129]。

(4)溶胶－凝胶法

溶胶－凝胶法是湿法合成的一种[130],同传统的固相合成法及固相烧结法等方法相比:溶胶－凝胶法的合成产物纯度高并且热处理温度低。可以在分子水平上混合钙磷的前驱体,使溶胶具有高度的化学均匀性,在显著的范围内改善了 HA 的化学均一性。因此近些年来采用溶胶－凝胶工艺制备各种材料成为新材料领域的热点。溶胶－凝胶法可得到无定形、纳米尺寸和 Ca/P 接近 1.67 的 HA 粉体,这些粉体具有粒度小、粒径分布范围窄和烧结活性高的特点。溶胶－凝胶法又可通过蒸发及再结晶等方法纯化原料,从而可保证产品的高化学纯度及结晶度。这种方法的缺点是化学过程复杂,需要采取措施避免团聚,以及液体溶剂对环境的污染[120]。

溶胶－凝胶法制备 HA 是以适当的前驱体配成溶胶,再转变为凝胶,得到干胶后在高温下烧结得到粉体。图 4.27 所示为溶胶－凝胶法制备 HA 的一般流程图。邬鸿彦等[131]以硝酸钙($Ca(NO_3)_2 \cdot H_2O$)和磷酸三甲酯(($CH_3O)_3PO_4$)以适当的配比配成溶胶液,用氨水调节 pH 值,放入加温炉中加热、干燥,得到凝胶,逐渐升温生成干胶,在高温下烧结最终生成羟基磷灰石粉末。宋云京等[132]以结晶水的硝酸钙和五氧化二磷的醇溶液为前驱体用溶胶-凝胶法通过控制反应过程制备出高纯且粒度均匀的纳米级羟基磷灰石粉体。在 200℃、300℃、400℃反应产量很低,产物主要由 $Ca(NO_3)_2$、磷酸乙酯和非晶 HA 组成,随着温度的升高,HA 的含量逐渐增多,$Ca(NO_3)_2$ 和磷酸乙酯含量逐渐减少,其中,在 300℃、400℃出现少量的 $\beta$-$Ca_2P_2O_7$ 和 CaO。在 500℃处理 2 h 获得高品质的纳米级 HA。李霞[133]以四水硝酸钙($Ca(NH_3)_2 \cdot 4H_2O$)和五氧化二磷

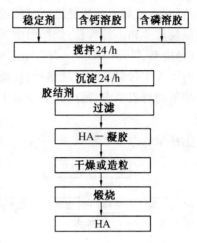

图 4.27 溶胶-凝胶法制备 HA 的一般流程图[128]

($P_2O_5$)为前驱体,采用溶胶-凝胶工艺,600℃下处理 2 h 制备出高纯且粒度均匀的羟基磷灰石纳米粉体。吕奎龙等[134]通过控制反应温度、搅拌速度、反应时间及加入一定量的形核剂,可以得到纳米级、分散性良好的羟基磷灰石。

Liu 等[135,136]在较低的温度(300~400℃)合成了纯的 HA 结晶。主要步骤是把三乙烷基磷酸盐用无水乙醇稀释,加少量的蒸馏水进行水解,随后逐滴加入 Ca/P = 1.67 的 $Ca(NO_3)_2$ 无水乙醇溶液,陈化 16 h 后在 60℃下烘干得白色凝胶,研磨成细粉后煅烧。他们还系统研究了在水体系中以溶胶-凝胶法合成钙的磷酸盐时陈化时间和温度的影响[137],表明陈化效应在形成磷灰石时非常关键。溶胶-凝胶法中使用前驱体不仅要考虑其化学活性、水解作用和缩聚作用等,前驱体的化学性质也似乎影响 HA 形成的温度,因而前驱体的选择就显得很重要。选用不同的前驱体,煅烧温度也相差较大。磷的醇盐是近年来被常用的磷的前驱体,其中三乙烷基磷酸盐和三乙烷基亚磷酸盐是主要使用的两种。三乙烷基磷酸盐的水解活性相对较差,要形成 HA 相需要较高的温度和较长的时间。此外,一些加入的酸也有影响,比如柠檬酸[138]。

**2. 羟基磷灰石生物陶瓷的成型与烧结**

欲将羟基磷灰石用作骨或齿的替代材料,必须使其粉末成型,并烧结成陶瓷体。目前主要的成型方法有注浆成型、压制成型和多孔制品成型,以及较新型的凝胶浇注成型,各种成型工艺都有其优缺点。

合成的羟基磷灰石经烧结才能得到羟基磷灰石陶瓷,主要的烧结方法有热等静压法、微波烧结法以及常压烧结法[139~148]。热压烧结通常用于致密陶瓷

材料的制备,相对于常规烧结所需的温度低一些,热等静压所制备的陶瓷具有小的晶粒尺寸和小的气孔,烧结温度低。

(1) 成型[104]

由于人工骨制品的形状多样,在烧结之前的成型方法也有所不同。根据人工骨的不同特点要求,国内先后发展了注浆成型、压制成型、凝胶浇注成型工艺路线。

① 注浆成型工艺路线

② 压制成型工艺路线

③ 多孔制品成型工艺路线

④ 颗粒制品成型工艺路线

⑤ 凝胶浇注成型工艺路线

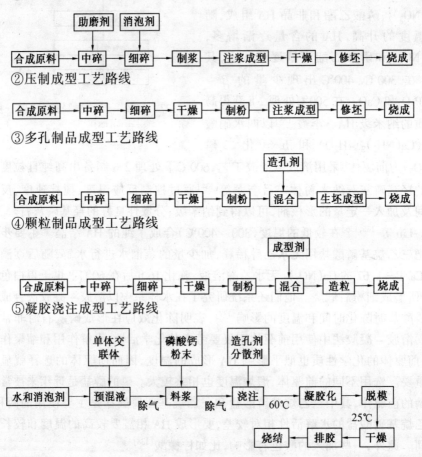

凝胶浇注成型工艺是一种典型的原位成型工艺,是一种把传统陶瓷成型工艺与高分子化学相结合的陶瓷成型工艺,它利用有机物形成的网络将陶瓷粉料粘结起来,除了干燥过程中很小的有机网络收缩应力外无其它外力作用。虽然其料浆中的固相物含量和料浆浇注成型工艺中的一致,但有机物原位凝胶化形成的坯体密度很低。该工艺不仅可利用其有机物原位凝胶化成型的特点制备各种形状复杂的制品,而且可利用有机高聚物网络赋予陶瓷坯体高强度,这使

陶瓷坯体具有很好的可机械加工性,并可在原位成型基础上通过后加工得到尺寸更为精确的各种陶瓷坯体,这正是生物陶瓷种植体和其它各种精密陶瓷制品所需要的。坯体的高强度是凝胶浇注成型工艺最突出的特点之一[104]。

(2)烧结

HA在高温下不稳定,易发生脱水反应和分解反应,HA及其复合材料的烧结过程非常复杂,其影响因素很多,如烧结温度和时间、烧结气氛、HA粉末的物理特性等,它们都直接关系着致密羟基磷灰石陶瓷的微观组织结构、致密度和力学性能[149]。

HA的高温不稳定性决定了其烧结过程很复杂,一般要涉及HA的脱水反应与分解反应。前者主要表现为HA在加热烧结的初始阶段会失去不同形式的水:低于200℃会失去可逆吸附水,高于800℃进一步脱去牢固结合水而转变为氧磷灰石。

Landuyt等[149]研究了HA的分解机制,发现HA的分解是典型形核与长大控制机制的反应。在所有的烧结温度下均存在孕育现象,孕育时间随烧结温度的升高而降低。1 500℃烧结4 h后,烧结体中仍有显著数量的HA在很长时间下保持稳定。这能解释为什么当HA粉末在等离子枪高温下的时间足够短时,纯HA能在等离子喷涂涂层中保存下来。此外还发现烧结过程中晶粒长大会降低HA的分解速率,这种稳定化作用说明了HA的分解主要形核于晶体缺陷和晶界。

HA的脱水反应和分解反应影响着它的可烧结性能:由于脱水产物氧磷灰石比HA的烧结性能好,只要没有分解发生,HA的脱水反应能提高材料的可烧结性能,而分解反应会阻碍烧结并降低其力学性能。Pauchiu等[149]发现HA在1 150℃空气烧结时达到最大致密度,大于1 200℃空气烧结HA的致密度快速下降,这是因为HA在高温下分解而阻碍了烧结。由于HA在潮湿气氛中1 350℃下无分解,所以高于1 250℃潮湿气氛中烧结,HA的致密度比空气和真空中高。

致密HA陶瓷的烧结是一个复杂的过程,除了与HA粉末本身的物理特性、化学成分等特性有关外,还受到烧结温度、烧结时间、烧结气氛、冷却速率、压力等外在因素的影响。

物理特性显著不同的HA粉末的烧结性能也存在很大的差异。好的堆积能力、适合的颗粒尺寸和分布、压坯的高密度和好的界面反应会导致HA烧结温度的降低,并限制晶粒的长大和杂质的形成。

## 四、羟基磷灰石涂层的制备

不锈钢、钴基合金、钛及钛合金等金属生物医用材料具有较好的强度、韧性和优良的加工性能,国内外较早地将其作为人体硬组织和植入材料使用。但它们植入人体后,在人体环境中存在腐蚀、金属离子向肌体组织游离、导致肌体组织变质、生物相容性差等问题。而在以上金属表面制备 HA 涂层后,得到的金属基底生物活性涂层材料兼有 HA 生物医用材料的生物性能与金属材料的力学性能,具有较其它硬组织替代材料更大的优势。例如它能与骨组织进行生物结合,无毒性,不产生有害组织,不会引起炎症,无排斥反应,耐腐蚀,植入人体后短时间就具有较大的附着力,有利于移植材料的初始固位。此外,它还具有骨传导和骨支撑的作用,骨组织可在涂层表面生长并长入涂层表面微孔内形成生理性结合,是一种较为理想的硬组织植入材料[150]。因此,该种涂层的制备方法目前也是材料学科研究的热点之一。

金属表面制备 HA 涂层的方法很多。应用较广的有等离子喷涂法[151~152]、热化学法[151]、爆炸喷涂法[153~154]、激光法[155]、电化学法[156~157]及溶胶-凝胶法[158~160]等。有关这些表面改性方法在第 7 章中有详细论述。

### 五、羟基磷灰石生物陶瓷的性能

**1. 物理化学性质**

(1) 化学稳定性

羟基磷灰石微溶于水,呈弱碱性(pH = 7~9),易溶于酸而难溶于碱。离子交换能力强,$Ca^{2+}$ 很容易被 $Cd^{2+}$、$Hg^{2+}$ 等有害金属离子和 $Sr^{2+}$、$Ba^{2+}$、$Pb^{2+}$ 等重金属离子置换。$OH^-$ 也常被 $F^-$、$Cl^-$ 置换,并且置换速度非常快,还可以与含羧基(COOH)的氨基酸、蛋白质、有机酸等反应[109]。

(2) 物理性能

人体骨骼中的主要无机成分是羟基磷灰石,其理论密度较大,为 3.156 g/cm³,折射率为 1.64~1.65,莫氏硬度为 5。

(3) 热膨胀性[162]

羟基磷灰石单相粉末晶格常数随温度相对变化的曲线如图 4.28 所示。其中 $a$、$c$ 是羟基磷灰石在 25℃下的晶格常数,$\Delta a$、$\Delta c$ 是在高温情况下晶格常数 $a$、$c$ 的膨胀变化量。可见,由 25℃到 1 150℃逐渐升温过程中羟基磷灰石的 $a$ 轴和 $c$ 轴尺度的变化分作四个阶段:第一阶段升温到 400℃,羟基磷灰石的晶格常数 $a$、$c$ 的平均热膨胀系数分别为 $\alpha_a = 17.2 \times 10^{-6}℃^{-1}$ 和 $\alpha_c = 11.0 \times 10^{-6}℃^{-1}$。在 400℃ 到 600℃ 区间,两轴尺度变化缓慢($\alpha_a = 4.2 \times 10^{-6}℃^{-1}$,$\alpha_c = 5.8 \times 10^{-6}℃^{-1}$)。这种非线性变化是由于 $HPO_4^{2-}$ 的综合作用和脱水现象造成的。在 200℃ 到 600℃ 的范围,羟基磷灰石伴随着吸热过程重量损失为 0.2%。当温度超过 600℃ 时,晶格常数变化加剧;在 600℃ 到 1 000℃ 内,晶格常数平均膨胀系数分别为 $\alpha_a = 16.4 \times 10^{-6}℃^{-1}$,$\alpha_c = 18.6 \times 10^{-6}℃^{-1}$。从 1 000℃

到 1 150 ℃,羟基磷灰石的 $c$ 轴以膨胀系数 $\alpha_c = 41.0 \times 10^{-6}℃^{-1}$ 速度显著变化。

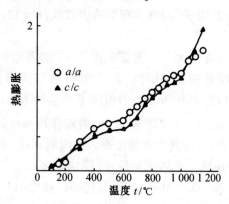

图 4.28 羟基磷灰石单相粉末的晶格常数与温度的相对变化关系[162]

**2. 力学性能**

(1)致密羟基磷灰石的力学性能

致密 HA 陶瓷的弹性模量 $E$ 在 41~121 GPa 之间,取决于测试方法、气孔率和杂质相含量等。在密度大于 75% 的范围内,发现弹性模量与 HAP 的烧结密度成线性关系。

致密 HA 陶瓷的抗拉强度、弯曲强度和压缩强度分别在 120~900 MPa、38~250 MPa 和 38~300 MPa 之间。强度值取决于残余微孔隙率、晶粒尺寸和杂质相等。孔隙率的增高降低陶瓷的强度。Jarcho 等[149]制备的 HA 陶瓷的压缩强度高达 917 MPa,高于珐琅和牙质的压缩强度(分别为 384 和 295 MPa)。Rao 和 Boehm[149]报道磷灰石的弯曲强度与气孔率呈指数关系变化。烧结 HA 弯曲强度同样取决于样品的力学性能处理和测试方法。因为弯曲强度较大程度地取决于样品的表面条件和晶粒尺寸。

致密 HA 的断裂韧性在 0.7~1.3 $MPa·m^{1/2}$,随着气孔率的增高而呈线性降低,整体 HA 具有很低的韧性,说明该材料很脆。HA 断裂韧性随烧结温度而变化,与密度和晶粒尺寸的共同作用有关。优化断裂韧性必须获得全密度并保持最小的晶粒尺寸。如果在热压时可保留足够含量湿气,短暂的持续压力对高温烧结会很有利[149]。

(2)多孔羟基磷灰石的力学性能

多孔羟基磷灰石强度低,这主要与它的总气孔体积有关。

De Groot 等[111]认为多孔 HAP 的抗压强度($\sigma_c$)主要由总气孔率($V_p$)决定

$$\sigma_c = 700 \exp(-5V_p) \text{MPa} \tag{4.31}$$

抗张强度($\sigma_t$)主要由微孔(<1 μm)率($V_m$)决定

$$\sigma_t = 220 \exp(-20V_m) \text{MPa} \tag{4.32}$$

HA 的弹性模量比骨高,一般情况下,当烧结温度降低后可提高活性,且降低 $E$ 值。HA 的 Weibull 因子($n$)在生理溶液中较低,$n=12$,这表明在抗拉负荷下强度低。

多孔 HA 具有生物降解性[111],主要是由于:①物理化学溶解,这取决于材料的溶解产物及周围环境的 pH 值,新的表面相可能形成非晶态磷酸钙、$CaHPO_4 \cdot 2H_2O$(透钙磷石,$C_2P$)及 HA 的阳离子替换物等。②由于晶界易于化学变化而分解成小颗粒。③生理因素,例如,吞噬作用可降低周围的 pH 值。

多孔 HA 植入体内后,使其降解速度增大的因素有:①表面积的增大(颗粒状 > 多孔块状 > 致密块状),晶体完整性差(即缺陷多);②结晶度下降,晶体和晶粒变小;③HA 中存在 $CO_3^{2-}$、$Mg^{2+}$、$Sr^{2+}$ 等离子。如果 HA 中存在 $F^-$ 离子,则会导致降解速度变小。

**3. 羟基磷灰石的组织相容性**

Peeleen 等[111]将气孔分成微气孔(由于烧结过程中颗粒未充分靠拢造成的与粉末颗粒大小相仿的气孔)和大气孔(几百微米的气孔),微气孔决定材料的降解速度,大气孔则使骨组织长入。

多孔 HA 生物陶瓷具有较好的生物降解性、较大的比表面积,有利于生物组织的附着,适当的孔径更有利于生物组织和器官的长入。如陶瓷内部连通气孔的孔径在 $5 \sim 40 \mu m$ 时,纤维组织长入;孔径在 $40 \sim 100 \mu m$ 时,允许非矿化物的骨质组织长入;孔径在 $150 \mu m$ 时,已能为骨组织长入提供理想的场所。多孔 HA 具有诱导骨形成的作用和能力[163]。Winter[111]的研究表明,多孔 HA 植入人体后能使界面的软硬组织都长入孔隙内,形成纤维组织和新生骨组织交叉结合的状态,能保持正常的代谢关系。

**六、羟基磷灰石的临床应用**

**1. 在眼科修复中的应用**

目前,用于眼部整形的填充材料主要有自体组织及人工材料。自体组织虽具有组织相容性好、无排异反应等优点,但自体组织损伤大,来源受限,亦有一定的可吸收性,影响美容效果。人工材料如硅质、塑质等,不能与组织愈合,易排出[164]。1985 年首次将羟基磷灰石作为眼眶内充填材料,并于 1989 年获得美国食品药品管理局批准。HA 以其质轻、无毒、无刺激、生物相容性好等优点,近年来已被广泛应用于临床。它主要应用于因外伤或眼病眼球摘除后在眼眶内放入植入体,填补眼球所占空间,防止安装义眼后造成眼窝凹陷等畸形。

吴勇等[165]探讨了羟基磷灰石义眼台植入的临床应用,根据患者的病情,他们分别对 92 例患者采用异体或自体巩膜壳包裹的 HA 义眼台,进行了一期或二期眼眶内植入术,经过术后随访 $6 \sim 24$ 个月,其中 15 例患者(占 16.3%)发生与HA义眼台有关的并发症,主要有眼台暴露、术后感染、眼台排斥,经过对症处理基本获得满意效果。

何立明等[166]于1996年3月～2000年3月采用羟基磷灰石义眼座肌锥内植入眼窝成型术20例,20例术后无明显并发症。手术当天均有不同程度疼痛,其中4例疼痛较剧烈,球结膜水肿明显,眼睑肿胀,经抗炎、激素治疗5～7天后逐步缓解,经查主要是术后眶内出血所致。随访3～36个月,所有患者眼窝成型良好,结膜囊光滑,无义眼座排斥反应,无移位和脱出现象。

谢新明[167]等于2000～2002两年内对36例因眼球破裂伤、眼内容剜出和眼球摘除术后的患者分别进行了Ⅰ期和Ⅱ期植入羟基磷灰石义眼座,分别进行自体和异体巩膜及肌锥包裹,术后眼睑饱满,眼球活动自如、逼真,治愈率100%,追踪观察6～24月,效果满意,病人眼眶饱满,外观上获得理想效果。

夏伟等[168]自2001年3月～2004年12月常规眼球摘除术后,进行了羟基磷灰石义眼台肌锥内植入眼窝成型术16例,其中男11例,女5例,年龄12～68岁,平均43.6岁。16例患者植入羟基磷灰石义眼台后均获得满意的眼睑饱满度及眼球运动度,无明显出血。安装义眼台后外观满意,但发生结膜囊裂开羟基磷灰石义眼台外露2例,其中1例为真菌性眼内炎患者,眼球摘除后未行巩膜壳包裹,术后2周出现结膜裂开羟基磷灰石义眼台植入体外露,后经口唇粘膜移植,仍外露,经1年保守治疗后,创口修复,MRI证实眶内软组织长入植入体的孔隙内;另一例为眼球萎缩患者,术中发现眼球巩膜组织增厚,故巩膜壳只包裹前1/2羟基磷灰石义眼台植入体,术后由于巩膜过早溶解坏死,导致球结膜裂开,后经带蒂颞筋膜包裹术治疗后创口修复。

王晓琴等[169]回顾和评价了羟基磷灰石(HA)义眼座的临床应用,对外伤致失明或萎缩眼球采用HA义眼座Ⅰ期或Ⅱ期植入眼眶肌椎内。其中采用眼球摘除后HA义眼座植入11例,采用眼内容物剜出后自体巩膜包裹HA义眼座Ⅰ期植入4例。结果15例眼中植入全部成功,均获得满意的外眼外观康复效果。

以HA为材料制成的眼台与人体骨骼有类似的化学成分,植入人体内能与眶内软组织形成一个由纤维血管组织内联相容的整体,比以往所用的有机玻璃、硅胶、真皮脂肪等有明显的优点。以往的材料生物相容性差,易排斥、易被吸收,而HA的微孔结构有利于眼眶纤维血管长入,一般植入2周后即有纤维血管组织长入,6～8周后可完全血管化,而一旦血管化就具备了宿主的免疫力,降低了感染、排斥、移位的发生率。因此,HA是当前理想的眶内植入物。

HA义眼台植入使眼科整形手术的发展又向前迈进了一步,不仅可以保持眼眶容积,防止眼窝塌陷,而且还可以解除患者的心理负担,但同时也会出现一些并发症,术前的准备、术中及术后的正确处理,可以减少和预防并发症,使手术更加完善,从而获得眼部良好的美容效果。

**2.羟基磷灰石人工听骨**

龚树生等[170]于1990年1月~1995年4月应用羟基磷灰石陶瓷听骨对不同类型的中耳疾病患者(含82耳)施行了听骨链重建术。其中应用全听骨链赝复物(TORP)者25耳,部分听骨链赝复物(PORP)者57耳。术后随访6~48个月,77耳术后听力有不同程度的改善,提高最少10 dB,最多达35 dB,PORP听力平均提高21.9 dB,TORP平均18.4 dB。有1例出现术后听力下降,4例听力无变化。所有病例均未见继发感染,仅1例出现人工听骨脱出而遗留鼓膜穿孔。表4.11是人工听骨链重建术后气导(或听阀)变化情况,从改善情况可以看出,提高15 dB以上者占84%,其中提高20~30 dB者占61%,可客观地说明此人工听骨材料的可靠性。

表4.11 82耳人工听骨链重建术后气导(或听阀)变化情况[170]

| 人工听骨类型 | n | 提 高 | | | | | | 降 | 无变化 |
|---|---|---|---|---|---|---|---|---|---|
| | | 10 dB | 15 dB | 20 dB | 25 dB | 30 dB | 35 dB | | |
| TORP(n)/% | 25 | 4<br>16.0 | 8<br>32.0 | 5<br>20.0 | 2<br>8.0 | 2<br>8.0 | 1<br>4.0 | 1<br>4.0 | 2<br>8.0 |
| PORP(n)/% | 57 | 4<br>7.0 | 11<br>19.2 | 14<br>24.6 | 17<br>29.8 | 6<br>10.5 | 3<br>5.2 | 0<br>0 | 2<br>3.5 |

赵啸天等[171]应用PORP和TORP两种类型羟基磷灰石生物陶瓷人工听骨,对50例(50耳)残留性中耳炎及慢性中耳乳突炎病人进行听骨链重建的临床应用研究。HA的PORP在听骨槌镫间搭桥21耳;镫骨上加高(改良Ⅱ型鼓室成型术)18耳;HAP的TORP应用于足扳以上听骨链全缺病人的听骨链重建术11耳。术后病人随访0.5~5年,结果语言频率范围平均听力较术前提高10 dB HL者5耳(10.0%);15~20dB HL者22耳(44%),25~30 dB HL以上者17耳(34.0%),听力提高总有效率为88.0%。所有病人均未表现对HA排斥现象,6耳失败者主要表现为人工鼓膜极度内陷,HA蘑菇头外突,并有前倾,但未脱出。失败的主要原因为病人中耳咽鼓管功能不良或HA长度不适宜,如过长则造成对移植鼓膜压力过大,出现压迫部位变得菲薄,血运障碍,最终导致鼓膜褥疮坏死。

舒畅等[172]1992年3月~1998年12月,用羟基磷灰石生物陶瓷制成的人工听骨用于听骨链重建术26例(30耳),年龄16~65岁。其中慢性中耳炎26耳,鼓室硬化症3耳,先天性听骨畸形(砧骨缺如)1耳。术后5例失去联系。25耳得到随访和评估,平均时间2.5年,最长达6年(2耳)。以1年后测算测听结果,气骨导间距 0~10 dB 6 耳,11~20 dB 10 耳,21~30 dB 2 耳,无变化 3 耳,气骨导间距大于术前 2 耳,人工听排出 2 耳。术后 2 年听力测试结果见表4.12。

表 4.12 手术前后听力测试结果(术后 2 年)/dB[172]

|  | 气导平均值 | 骨导平均值 | 气-骨导间距 |
| --- | --- | --- | --- |
| 手术前(25 耳) | 48.5 | 22.6 | 27.2 |
| 手术后(25 耳) | 32.6 | 24.1 | 13.8 |
| P 值 | <0.05 | >0.05 | <0.01 |

**3. 羟基磷灰石在口腔医科中的应用**

(1)在口腔修复中的应用

HA 在口腔科的应用相当广泛,如萎缩牙槽嵴的增高、颌骨囊肿骨腔填塞、牙周缺损修复、根管充填及盖髓等[173]。

Kent 等[174]1978 年开始临床试用羟基磷灰石微粒植入修复萎缩牙槽嵴,为牙槽嵴增高加宽术开创了崭新的思路,并取得了良好的效果。Kent 等报道了 56 例以羟基磷灰石植入加高增宽萎缩的牙槽嵴,经过 1~4 年的随访观察,并进行了综合评价,结果 97% 的病例达到很好或极好的效果,功能和形态均称满意。李声伟等[174]报道了用致密多晶羟基磷灰石微粒人工骨植入整复上颌齿槽突裂术。用于整复纯腭裂术后残存上颌齿突裂 13 例。术后功能和形态效果良好。以羟基磷灰石人工骨植入整复上颌齿槽突裂,手术简单,可在门诊局麻下完成,创伤小,历时短,手术反应轻,无特殊并发症,随后复诊无一例术后体温在 37.8℃ 以上,白血球总数及其中性多核粒细胞也无明显升高。术后仅有轻微疼痛,并在 2~3 天内消失。

HA 与牙槽骨具有良好的生物相容性,可以促进缺损牙槽骨的修复,有效地防止槽骨吸收和萎缩。用羟基磷灰石微粒人工骨修复由口腔疾病所致的骨缺损,是近年来一种新的有效治疗方法。邓碧秋等[175]用人工骨充填于下颌智齿拔除后的牙槽窝内,以及慢性根尖周炎及根尖囊肿术后的骨缺损内,取得了满意的效果。

赵士芳等[176]将 HA 应用于即刻牙种植周围骨缺损的植骨中,发现 HA 植骨处新骨形成增多,并与种植体紧密结合,从而有助于种植体的稳定,显示了 HA 良好的生物学性能。Proussaefs 等[177]对 1 例上颌窦提升 HA 植骨的患者进行组织学研究,发现种植体在正常行使功能 9 年多后,HA 与种植体结合紧密,无炎症存在,且种植体-骨结合率正常,这说明 HA 长期植骨的效果是肯定的。

(2)在口腔保健中的应用

①吸附作用。口腔内存在一些与牙菌斑形成有关的蛋白质、氨基酸和脂质,特别是葡萄糖基转移酶及其合成的葡聚糖,在菌斑形成和龋齿牙周病发生

和发展过程中起重要作用。羟基磷灰石微粒具有吸附并除去牙齿表面组成牙菌斑的蛋白质、氨基酸、脂质和葡聚糖等成分的作用。Motoo 等[178]研究了羟基磷灰石对白蛋白、葡聚糖和脂类的吸附,结果发现,羟基磷灰石颗粒对白蛋白、葡聚糖的吸附质量比对照组二水合磷酸氢钙高 1.4 倍和 1.6 倍;对脂类的吸附也远高于氧化铝和云母对脂类的吸附质量;吸附在二水合磷酸氢钙上的白蛋白和葡聚糖经过洗脱后,质量损失高达 27% 和 19%,而吸附在羟基磷灰石上的白蛋白和葡聚糖洗脱后质量损失仅为 2.3% 和 5.3%。Motoo 认为,作为口腔保健用品的组成成分,羟基磷灰石比二水磷酸氢钙有更好的吸附性能,可广泛用于消除牙菌斑和因口腔疾病引起的口腔异味。

②抑菌作用。根据龋齿发生的化学细菌学说,龋齿的成因是致龋细菌作用于糖类产生酸,使牙齿的无机成分脱矿而形成龋齿。如果用药物来杀灭口腔有害细菌,同时也会抑制口腔内有益菌的正常繁殖,破坏口腔正常菌落平衡。虽然羟基磷灰石本身无杀菌作用,但对细菌具有较好的吸附性能。Schilling 等[179]用放射性标志来测定羟基磷灰石对细菌的粘附活性,发现金色链球菌、纳氏放线菌、粘性放线菌和变形链球菌均粘附到 HA 上,更为重要的是,羟基磷灰石对细菌的吸附作用具有选择性。Fine 等[180]研究发现,放线杆菌对羟基磷灰石的吸附量是金色葡萄球菌的 10 倍,而且羟基磷灰石对放线杆菌的吸附是不可逆的。花田信弘等[181]用羟基磷灰石开发成功一种只吸附致龋细菌的材料,为有效预防龋齿找到了新方法。用羟基磷灰石微粒作为吸附剂来去除口腔有害细菌将对预防龋齿起到重要作用。

③再矿化作用。羟基磷灰石特别是高活性纳米级羟基磷灰石不仅可中和口腔中的酸性物质,其较高的溶解反应还极大地提高唾液中 Ca 和 P 离子的浓度,从根本上预防脱矿的发生,同时纳米羟基磷灰石可直接封闭因脱矿而形成的釉面空隙,具有优良的再矿化效果。吕奎龙等[134]研究了纳米羟基磷灰石在体外对牙齿的再矿化效果,用光学显微镜和扫描电镜观测了再矿化后的牙齿表面。结果发现,经纳米羟基磷灰石处理后,牙釉显微硬度上升,晶体光性改变,釉面空隙减少,表面光滑,比对照组有显著的再矿化作用。

④增白作用。羟基磷灰石是白度高的柔软材料,其莫氏硬度为 5,能单独作为牙膏摩擦剂或与其它摩擦剂配合使用,其产品不仅可以起到良好的摩擦抛光作用,不会损伤牙釉质,还能消除色斑和牙垢,有优良的牙齿美白性能。Motoo 等[181]研究了含羟基磷灰石牙膏的牙齿美白效果,他们发现,在牙膏中加入羟基磷灰石并不改变其摩擦性能,但显著地增加牙膏的美白效果,而且这种效果随着羟基磷灰石含量的增加而增加。Motoo 认为,含羟基磷灰石牙膏的美白性能并不是其对牙齿表面的摩擦性能导致的,而是通过羟基磷灰石对牙面的

矿化作用,增加了牙面的致密程度,从而改善了牙齿的光泽。

将羟基磷灰石应用于牙膏中,近几年来国内外均有报道[182],含有 HA 的牙膏在预防牙周炎、牙龈炎方面取得了良好疗效。另外,随着人们对纳米材料的认识与关注,医学界相继开始了对 HA 纳米粒子(或称超细 HA 粉)的研究,HA 纳米粒子与普通的 HA 相比具有不同的理化性能,如溶解度较高,表面能较大,生物活性更好,具有抑癌作用等,作为药物载体用于疾病的治疗,是一种生物相容性良好的治疗材料。HA 纳米粒子具有吸附蛋白质、氨基酸、脂质和葡萄糖的作用,同时还能促进牙釉质表面再矿化、增强釉质的抗龋力。它作为牙膏中的添加剂在每天的刷牙过程中,将从生物物理作用上不断地刺激和活化牙组织,攻击由于龋齿造成的缺陷部位,可以用于口腔护理上。因此用羟基磷灰石作牙膏摩擦剂不仅有良好的摩擦抛光效果,而且不会损伤牙釉,能消除烟黄(尼古丁)和色斑、牙垢,使牙齿变白,又能预防和治疗牙周病,使牙釉表面再造结晶化(再矿化),牙面亮泽。现在,新型羟基磷灰石牙膏在世界各国,尤其是象日本等发达国家,已投放市场,并受到消费者的欢迎。

### 4.羟基磷灰石涂层的临床应用

合成的羟基磷灰石粉末的生物相容性好,有一定的成骨效应。可以制作各种羟基磷灰石涂层人工关节,诱发骨质生长,起生物固定作用[183]。1986 年,Geesink 等[184]首次将羟基磷灰石生物活性陶瓷涂层的人工髋关节应用于临床,开辟了生物化学固定性人工髋关节的新领域。

羟基磷灰石涂层人工关节在临床上进行试用结果表明,羟基磷灰石涂层人工关节植入患者体内后未见溶血、毒性及刺激性反应,伤口Ⅰ期愈合,血尿常规及肝肾功能正常。X 光片显示羟基磷灰石充满囊肿,囊肿与骨壁间有线状低密度间隙,骨白线清晰。手术后观察 6 个月无不良反应。6 个月后临床检查也未见异常,且 X 光片显示羟基磷灰石与骨壁间线状腔隙密度增高,骨白线模糊、消失,提示有新骨形成。

严尚诚等[185]自 1989 年 12 月~1993 年 11 月临床应用 Furlong LOL 羟基磷灰石人工髋关节 14 例(15 髋),进行了短期的随访和观察。随访结果显示,术后关节功能恢复较快,3 个月平均 Harris 评分即达 91.4 分;1 年为 94.2 分;末次随访评分为 95 分。该组病例无感染、深静脉血栓等发生,无明显关节及大腿中段疼痛。髋关节 Harris 评分低于 90 分的 2 例病人(3 髋)均为强直性脊柱炎伴双髋强直的病例。由于术前髋关节长期强直,周围软组织条件较差,虽术后关节功能改善较多,人工关节本身也未引起任何不适及并发症,髋关节活动仍难以恢复到正常水平。其余术前不伴有关节僵硬或强直的病例均获得较高的评分(平均 99.2 分)。所有接受此项手术的病人对手术疗效均给极高的评价。

付昆等[186]采用双极钛合金羟基磷灰石涂层柄部人工髋关节,临床应用21例,随访17例,时间1~6年,14例无痛(82.3%),15例(88.2%)关节功能接近正常;15例(88.2%)能半蹲或全蹲,关节屈曲90度以上,外展40度左右,内收30度左右,外旋20度以上,内旋10度左右,Harris评分达92.2分;1年为94分;2年为95分;3年为96分。有1例病人评分低于90分,其原因为合并脊髓型颈椎病及双侧夏科氏关节炎。随诊17例经X线拍片复查,均未发生假体松动、下沉,未见骨矩吸收假体周围X线透光区扩大,异味骨化Ⅰ度2例(11.7%),未影响关节功能。6个月后在HA涂层人工股骨柄与髓腔间有新骨形成,主要是在假体柄中段,而且随着时间延长逐年增加X线透光区逐年减少的趋势说明该反应为广泛的骨性结合所致。所有病人的大、小转子及股骨上段的骨密度增加。

**5.羟基磷灰石在美容整形外科中的应用**

由于羟基磷灰石良好的生物相容性,受到整形外科医师的青睐,在美容整形外科中得到广泛的应用[187~189]。张程元等[171]将微粒型羟基磷灰石人工骨用于美容整形外科中的隆鼻术、颏部充填术和颞部充填术,共89例,一次成功率达97.76%,二次成功率达100%,随访3~22个月,手术效果满意且无任何毒副反应,隆鼻术患者鼻梁丰满,鞍鼻矫正,形态自然,颏部充填术患者颏部加长造型良好;颞部充填术患者双颞凹陷畸形消失,基本丰满,患者满意。在随访中发现,随着术后时间的推移,鼻梁、颞部和颏部造型越显自然、逼真。劳少琼[187]报道了5例颌面部整形手术,术后观察无一例出现HA块外露、感染、滑脱排斥反应。金博明等[188]自1991年起通过对58例鞍鼻患者用HA行隆鼻美容术,疗效颇佳,经6~27个月随访,所有病例局部皮肤色泽正常,无排斥破溃,无穿孔,无材料移位,外形满意。陈兵等[189]自1991年10月~1994年,将块状羟基磷灰石人工骨用于隆鼻术,单纯性鞍鼻12例,外伤性复杂型鞍鼻1例。13例均取得满意的效果。切口皆Ⅰ期愈合,局部反应不重,水肿在1周内消退。无切口裂开、人工骨外露及碎裂等并发症发生,鼻背皮肤颜色始终正常。术后一周时人工骨已与鼻背粘连固定,触摸无移动及漂浮感。术后3个月时触摸,硬度如正常鼻背,表面皮肤有一定的可滑动性。3例抬高鼻尖者,硬度较正常鼻尖稍硬。术后外形均美观满意,人工骨无溶解吸收及移位。

微粒型羟基磷灰石人工骨在隆鼻术、颏部充填术和颞部充填术方面具有造型自然,逼真的特点,并且无任何毒副作用,明显优于固体硅胶。块状羟基磷灰石人工骨与其它材料相比有以下优点[187]:①与人体组织相容性好,不会像硅胶等那样引起局部组织液渗出、水肿形成,局部发红等炎性或异物反应,并能诱导骨组织生长、无毒不变形、不被人体所吸收。②手术的范围仅限于需要改善的部位,也就减少了取自体骨的手术,减少并发症的产生,减轻了病人的痛苦。

### 4.2.3 骨水泥

自 1960 年英国医生 Charnley 首次将聚甲基丙烯酸甲酯(PMMA)用于固定矫形移植体以来,PMMA 骨水泥的应用对人工关节的发展起过巨大推动作用,并在骨缺损、骨癌刮除后的空洞填充修复中得到了广泛的应用。单纯丙烯酸酯类骨水泥作为骨填充剂和固定假体虽已有近 40 年的历史,但缺点明显[190]。如聚合过程中产生热量,使植入部位附近温度升高;残留单体能引起股骨坏死;在骨水泥界面形成纤维组织,既不能被吸收,也不利于骨长入;疲劳强度不足。为此人们研究了多种 PMMA 基生物活性骨水泥,在 PMMA 骨水泥中加入生物活性陶瓷粉体,以提高骨水泥的生物相容性。如加入羟基磷灰石[190]、$CaO-SiO_2-P_2O_5-MgO-CaF_2$ 粉体[190]等制成生物活性骨水泥。但是仍然不够满意[3],且其机械强度的快速减退是一大不足。

生物活性骨水泥作为一种医用材料,必须满足如下要求[3]:①浆体易于成型,可填充不规则的骨腔;②在环境中能自行凝固,硬化时间要合理;③有优良的生物活性和骨诱导潜能(可吸收,不影响骨重塑或骨折愈合过程,能被骨组织爬行代替);④良好的机械性能(以松质骨力学性能的中介值为标准,抗压强度大于 5 MPa,压缩模量 45~100 MPa)和耐久性能;⑤无毒性和具有免疫性。

磷酸钙骨水泥是一类将两种或两种以上磷酸钙粉体加入液相调和剂,通过磷酸钙发生水化硬化,在人体环境和温度下转化为与人体硬组织成分相似的羟基磷灰石的生物活性无机材料。又称为羟基磷灰石骨水泥[191],简称为 CPC。1985 年,由 Brown 和 Chow 首先研制出来,并用于骨移植和修复,磷酸盐是它的主要成分,与其它骨缺损修复材料(特别是陶瓷类)相比,除具有高度的生物相容性外,可临时塑型及自固化是其突出特点;与传统的骨水泥相比,具有降解活性及成骨活性、固化过程等温性等特点[191],这些特点在很大程度上符合临床修复骨缺损的要求,是目前唯一既能自行固化又能产生骨传导效果的骨修复材料[192],因此,日益受到人们的重视,1991 年 CPC 获得美国食品与医药管理局的批准用于临床[192]。

**一、CPC 的组成与分类**

CPC 由固相和液相两部分组成,固相为粉末状,是几种磷酸钙盐的混合物,包括磷酸氢钙、无水磷酸氢钙、磷酸二氢钙、无水磷酸二氢钙、磷酸三钙、磷酸四钙以及少量羟基磷灰石和氟化物(如氟化钙)[193]。除了各类磷酸钙以外,也常加入少量的碳酸钙。因研制单位和生产厂商的不同,固相中各种磷酸钙盐的含量和比例也不一致,钙磷比值也因此有所不同,但通常介于 1.3~2.0 之间[193]。液相即固化液,成分比较复杂,多为低浓度的磷酸或磷酸盐溶液,含有人体骨骼与体液的重要成分,如 $K^+$、$Na^+$、$Ca^{2+}$ 和 $HPO_4^{2-}$ [193];也可以是蒸馏水或其它液体,如血浆、胶原溶液、甘油等。主要的磷酸钙盐按 Ca/P 比率、碱度递增的顺序排列归纳至表 4.13[191],它们参与构成或与 CPC 的固化过程有关。在 37℃ 以下,HA 的溶解性最差,pH 值低于 4.2 时,DCPA 变为最难溶解;pH 值低于 8.5 时,TTCP 的溶解性最好;而 pH 值高于 8.5 时,DCPD 的溶解性最好。表 4.14 列出目前文献中常见的几种 CPC 及其固液相成分。

表 4.13 主要的磷酸钙盐[191]

| 名 称 | 分子式 | Ca/P 比例 |
|---|---|---|
| 磷酸二氢钙(MCPM) | $Ca(H_2PO_4)_2H_2O$ | 0.50 |
| 无水磷酸二氢钙(MCPA) | $Ca(H_2PO_4)_2$ | 0.50 |
| 磷酸氢钙(DCPD) | $CaHPO_4 2H_2O$ | 1.00 |
| 无水磷酸氢钙(DCPA) | $CaHPO_4$ | 1.00 |
| 磷酸八钙(OCP) | $Ca_8H_2(PO_4)_6$ | 1.33 |
| α-磷酸三钙(α-TCP) | $\alpha-Ca_3(PO_4)_2$ | 1.50 |
| β-磷酸三钙(β-TCP) | $\beta-Ca_3(PO_4)_2$ | 1.50 |
| 羟基磷灰石(HA) | $Ca_{10}(PO_4)_6(OH)_2$ | 1.67 |
| 氟磷灰石(FAP) | $Ca_{10}(PO_4)_6F$ | 1.67 |
| 磷酸四钙(TTCP) | $Ca_4(PO_4)_2O$ | 2.00 |

表 4.14 几种常见的 CPC[191]

| 出 处 | 固相成分 | 液相成分 | 备 注 |
|---|---|---|---|
| Brown WE | TTCP + DCPD | 水或磷酸溶液 | 美国,商品名为 Bone Source Leibinger, Dallas, TX |
| Constantz BR | MCPM + α-TCP + CC | 磷酸钠溶液 | 美国,商品名为 Norian SRS Norian Corp, Cupertino, CA |
| Hollinger JO | 各种磷酸钙盐 | 磷酸溶液 | 美国,商品名为 True Bone E-tex Corp, Cambriolge |
| Locout JL | TTCP + β-TCP + MCPM | 磷酸溶液 | 法国 |

## 二、CPC 的固化反应

固相粉末与固化液按一定比例混合后可调和成能够任意塑型的糊状混合物。混合物在室温或体内生理条件下能够很快自行固化结晶,其水化结晶反应的最终产物是羟基磷灰石晶体,此过程是等温的。固化时间为 10~15 min[193],

也有报道为 6.5~30 min 的。固化时间的长短与液/固比例、磷酸在溶液中的容积比以及固相颗粒的大小形态有关[192]。而结晶最终完成则需要 3~4 h 或更长的时间。

CPC 的固化反应可分为两类[194]：一类固化反应基于酸碱平衡原理，相对酸性的 CaP 与相对碱性的 CaP 反应生成相对中性的 CaP。如 Brown 和 Chow 发明的 CPC，TTCP(碱性)与 DCPA(中性)反应生成 PHA(弱碱性)，反应式为

$$Ca_4(PO_4)_2O + CaHPO_4 \longrightarrow Ca_5(PO_4)_3OH \qquad (4.33)$$

还有 Lemaitre 发明的 CPC，β-TCP(弱碱性)与 MCPM(酸性)反应生成 DCPD(中性)，反应式为

$$\beta-Ca_3(PO_4)_2 + CaHPO_4 2H_2O + 7H_2O \longrightarrow 4CaHPO_4 \cdot 2H_2O \qquad (4.34)$$

第二类固化反应是反应物与产物有相同的钙磷比，典型的例子是 ACP 或 α-TCP 在水溶液中反应生成 PHAP，反应式为

$$3Ca_3(PO_4)_2 \cdot nH_2O \longrightarrow Ca_9(PO_4)(HPO_4)(OH) + (n-1)H_2O \qquad (4.35)$$

$$\alpha-Ca_3(PO_4)_2 + H_2O \longrightarrow Ca_9(PO_4)(HPO_4)(OH) \qquad (4.36)$$

Fukase 等[193]用扫描电镜和 X 射线衍射分析观察了 CPC 固化结晶的过程。反应时间 1 h，在磷酸盐颗粒间出现小的花瓣状晶体，磷酸盐颗粒彼此紧密结合；随后晶体数量增多、体积变大，呈柱状或圆盘状；反应至 4 h，磷酸钙盐颗粒消失，转化为晶体结构；24 h 反应基本完成。完全固化后，晶体为短棒状或扁平状，形态与自然骨非常相似。晶体之间具有微孔结构，微孔平均直径为 2~5 μm。液相中沉积出的 HA 晶粒的 Ca/P 比在 1.50~1.67 之间，尺寸 10~20 nm，与高温烧结的 HA 陶瓷相比，结晶度低，晶粒尺寸小，晶体的大小及形状与反应物的组成、固化时施予的压力有关。

另外以 α-TCP/TTCP 为例，将其加入含羧酸根离子的固化液后，溶出的 $Ca^{2+}$ 与羧酸根形成络合物及 HA 形成，并逐渐将 α-TCP/TTCP 颗粒表面覆盖，初期形成的 HA 晶体太小，只在某些点接触构成比较疏松的网状结构，使浆体失去流动性和可塑性。随后由于生成物薄膜的破裂，致使 α-TCP/TTCP 颗粒重新暴露出来与溶液迅速而广泛地接触，固化反应进入较快的阶段，生成许多针状 HAP 并相互接触连生。达到一定程度后，浆体完全失去可塑性，针状 HA 产物形成充满全部间隙的网状结构，其内部不断充实固化产物，使 α-TCP/TTCP 浆体具有抵抗外力的一定强度。随着固化的进行，HA 数量不断增加，晶体不断长大，而孔隙不断减小，HA 晶体亦主要生长为短纤维状、棒状或柱状，填充在孔隙之间，相互交错，形成坚固的具有微孔的构架[3]。

### 三、CPC 的理化特性

对 CPC 性能的评价主要有两个指标：固化时间和强度。CPC 固化 4 h 后可

基本达到最大抗压强度[195],影响 CPC 固化时间的因素很多,Lacout[191]等发现,其固化时间随着固相中 MCPM 含量的增加及液/固比率的升高而延长,随着反应温度的升高及磷酸在液相中的容积比增高而缩短。另外,固相颗粒的大小及形态在一定程度上也影响着固化时间。Chow[191]还发现,在固相中加入一定量的 HAP 颗粒,可加快固化速度。

CPC 终产物的抗压强度为 36~55 MPa,介于骨松质和骨皮质之间。其抗压强度的大小与 CPC 固化过程中所用固相成分的颗粒大小及终产品的孔隙率、HA 结晶度密切相关,而终产品孔隙率与调和时的粉液比直接相关[196]。在磷酸钙骨水泥当中,骨水泥的强度随着 HA 所占比例增加而增加。提高骨水泥的强度必须提高 HA 晶化度。适宜的固液比,对骨水泥强度的影响至关重要。无机钙基骨水泥浆体中的空隙主要是由初始充水空间和气泡形成,在一定范围内,浆体的孔隙率可由固液比决定。液体含量越高,孔隙越多,强度随着孔隙率增大而降低。固液比小到一定程度,固体表面不能完全润湿,颗粒间距离很大,从而使孔隙率增加,使强度降低。当孔隙率达到 63% 时,CPC 的抗压强度为 0。目前的制备工艺最低可将孔隙率降到 26%~28% 左右[193],较小的孔径、较低的孔隙率虽然可以获得更高的力学强度,但却不利于新骨长入。

骨水泥粉料颗粒尺度大小对强度影响也很大。等量 CPC 中磷酸盐的颗粒越小,其总表面积越大,晶体的形成越多、越快,CPC 固化后的强度越高[193]。

另外交联剂对 CPC 的强度也有影响,添加促凝剂(如磷酸氢二钠和磷酸氢二氨),会缩短无机钙基骨水泥的凝固时间,并使其强度增加[190]。交联剂(如柠檬酸和磷酸化壳聚糖等)的羧酸根基团。磷酸根离子中的氧原子能提供孤对电子,羧酸根基团、磷酸根离子与磷酸钙盐表面的钙离子具有未填满外层电子的空轨道可形成配位键。添加多元羧酸和磷酸化壳聚糖后,粉剂中的部分钙离子可与它们发生络合交联,生成高聚物盐,加速固化反应的完成,缩短凝固时间,增加强度。

较大抗压强度的 CPC 适用于低负重部位的骨缺损修复,较小抗压强度的 CPC 适用于非负重部位骨缺损或小的骨缺损修复及牙根管充填[196]。

## 四、CPC 的生物学性能

### 1. 生物相容性

大量的实验都表明磷酸钙骨水泥与陶瓷类无机材料相似,具有良好的生物相容性[191],是一种无毒、无刺激、有良好血液相容性及组织相容性,有骨引导活性并在体内可生物降解的生物医用材料。

Liu 等[197]对 CPC 的生物安全性作了全面而系统的研究,他采用 CPC 浸提液对大鼠进行腹腔注射及与大鼠骨髓细胞共同培养的方式,进行了急性毒性实验、细胞毒性实验、基因突变实验、染色体和核酸损害实验等一系列生物安全性检测。结果显示：注射大鼠（按 5g/kg 剂量）无一例死亡，且体重无下降；与培养液接触的骨髓细胞正常生长且 4 天后生长速度快于对照组；骨髓细胞诱导突变实验呈阴性；骨髓细胞微核频率诱导实验呈阴性，这一结果表明 CPC 无毒性、无致畸性及无潜在致癌性，生物安全性良好。

戴红莲等[198]通过对 CPC 的急性毒性实验、亚急性毒性实验、肌肉刺激实验、溶血实验及凝血实验证明 CPC 不会产生全身或局部毒性反应，对肌肉无刺激，不致溶血、凝血，不引起炎症和排斥反应等。王文波等[199]通过全身注射毒性实验、细胞培养实验、Ames 实验、微核实验及 UDS 实验发现该材料的浸出液对培养细胞的生长无抑制作用，对体细胞的遗传物质无损害作用，无致基因突变作用。王芹等[200]对磷酸钙骨水泥进行了部分生物学评价实验，实验结果表明，小鼠一日灌胃、腹腔注射生物活性骨水泥 20% 混悬液 0.5 ml/只，无任何不良反应，可以认为小鼠的生物活性骨水泥一日最大口服耐受量为 5 000 mg/kg。溶血实验 60 min 低于 5%，在允许范围之内；对家兔的凝血系统凝血酶时间（TT），凝血酶原时间（PT）和活化的凝血活酶时间（KPTT）无明显影响，TT、PT、KPTT 均在正常值范围内。热原性实验表明其不含热原物质，实验结果符合药典规定；皮下刺激实验表明其具有较好的生物相容性且毒性极低。

**2. 成骨效应**

CPC 通过骨传导作用而成骨，一般认为它不具有诱导成骨作用[191]。Costantino 等[191]将 CPC 制成的盘状物植入猫的皮下或肌肉内，未发现成骨作用；而将 CPC 植入猫颅骨骨膜下，则可见有明显的成骨作用，植入物逐渐被骨组织所替代。在充满猫额窦的实验研究中亦发现，植入体能被新骨逐渐取代[191]。Fujikawa 等[201]将 CPC 植入狗的颌骨内，发现 6 个月后大部分 CPC 吸收，被新骨替代。Hong 等[201]将 CPC 植入到猴的牙周缺损和根尖周组织内，结果均显示了良好的生物相容性和骨传导成骨性。Constantz 等[191]在对 Norian SRS 的实验研究中发现，新生骨对 CPC 的替代类似于骨的再塑形，将 Norian SRS 植入兔骨干 2 周后可见破骨细胞、成骨细胞出现于界面，表明植入物开始被新生骨替代；将 Norian SRS 植入狗胫骨干骺端的缺损区，16 周后可见位于皮质骨区的部分，新生骨的替代基本完成，而位于松质骨区的部分，却很少有骨替代发生。Liu[197]等将 CPC 块分别植入到兔的胫骨和肌肉中，一个月后组织学上可见 CPC 与外周骨组织紧密结合，CPC 边缘已有新骨生成。新骨与 CPC 之间无结缔组织层，周围软组织中可见少量淋巴细胞和浆细胞浸润，未见到外源性肥大细胞和巨噬细胞浸润。植入肌肉中的 CPC 周围有一结缔组织囊，并有少量浆细胞和淋巴细胞浸润，CPC 表面未见新生骨样组织，这一结果显示了 CPC 良好的生物相容性和骨传导性,未能显示其骨诱导性,但这一结果与 Yuan[201]得到的结果有所不同,他将 CPC 糊剂和硬固化前的 CPC 植入到狗的胫骨和肌肉中,3个月和 6 个月后从组织学观察机体的反应,结果显示,CPC 与骨组织结合紧密,中间无纤维组织层,在 CPC 与骨组织之间的界面上可见成骨细胞活动,同时见到破骨细胞陷窝,内有破骨样细胞,这说明新骨的形成和 CPC 的吸收均发生在这一界面上,体现了 CPC 良好的骨传导性能。肌肉中的 CPC 周围可见有一结缔组织层,表面可见巨噬细胞附着,CPC 的孔隙中和凹凸不平的表面可见新生骨样组织,并有成骨样细胞活动,表明了 CPC 的骨诱导性。有关 CPC 是否具有骨诱导性的问题一直存有争议,不同的观察有不同的结果,还有待于进一步证实。

**3.降解活性**

CPC 在体内是可降解的,$10 \mu m$ 大小的颗粒可以被巨噬细胞和多核巨细胞分解,使钙在线粒体内积聚,并最终导致线粒体的溶解和细胞的死亡;而直径小于 $10 \mu m$ 的 CPC 颗粒会引起组织炎症反应并改变成骨细胞的功能[202]。Pioletti 等[202]也证实了小于 $10 \mu m$ 颗粒的存在可以降低成骨细胞的活力、增殖和细胞外基质的产生。并且其中存在剂量相关关系;50 个颗粒与 1 个成骨细胞的比例是细胞可耐受的最大限度。所以材料在使用时应减少在体内形成小于 $10 \mu m$ 的游离颗粒,保证其完全吸收,并使破骨细胞和巨噬细胞对材料的降解速度与成骨细胞的骨生成速度相一致。否则成骨细胞的功能受到抑制,新骨不足,难以形成稳定的生物力学结构。

**五、CPC 的临床应用**

由于 CPC 具有能与骨质紧密接触和快速凝固性能以及其远高于松质骨的力学性能,现已广泛应用于骨折治疗和骨缺损修复。

**1.在骨缺损修复和骨折治疗中的应用**

Constantino 等[191]报道,CPC 用于颅面部重建及颅骨缺损的修复 45 例,随访 13 个月,未见毒性反应,血钙未见升高,未出现结构性失败,用于修复 7 例脑脊液漏患者,均获成功。Keveton 等[191]应用 CPC 修复颅骨切除术后枕骨下颅骨缺损,经过 2 年随访,7 例中有 5 例颅骨的完整性得到重建。Verheggen 等[194]用磷灰石 CPC 修复颅骨缺损,11 个患者中 10 人颅骨愈合,术后 6 个月 X 光片显示颅骨缺损成功修复,颅骨缺损部位的动物切片表明新骨形成,CPC 的组织形态学评价和新骨形成说明 40 周内 CPC 完全被吸收替代。Jackson 等[192]对 20 例颅面骨畸形或缺损用 CPC 进行修复,手术中 CPC 可精确塑形用于颅面整形,操作简单易行,具有良好的美容效果。Weissman 等[196]用 CPC 填充 24 例患者的额窦、筛窦或乳突气室,在 2 年的随访期间仅 1 例患者需取出植入物。

将CPC注入椎体,在椎体内充填缺损和裂隙,使骨折椎体再复位后不仅能维持椎体的外形结构,而且能恢复内部的完整结构,起内支撑作用,阻止骨折部位间活动和椎体内的微动,提供一个有利于骨愈合的稳定环境[192]。

Constantz等[193]将注射型CPC经皮注入到腕部骨折端,在骨折愈合过程中,CPC提供了理想的内在稳定性,因而骨折愈合情况好于使用其它固定方法。Kopylov[193]等分别以注射CPC或使用外固定的方法治疗40例桡骨远端骨折,术后7周CPC组患者握力、伸腕和前臂旋转力量高于外固定组。但两种方法都不能提供稳定的固定效果,因为X射线片显示骨折存在再移位。Yetkinler等[193]做了类似的实验,将CPC和外固定两种方法同时用于桡骨远端骨折,结果获得了比单纯使用一种方法更好的生物力学效果。

李展振等[195]对13例不同程度胸腰椎骨折患者采用手法复位,经皮椎体内灌注CPC进行治疗。随访3~6个月,除2例因早期手术经验不足致CPC灌注不够,术后3个月伤椎高度有所丢失外,其余11例伤椎前缘高度平均恢复至正常的80%以上,术后6个月未见高度丢失。曾忠友等[192]用CPC强化治疗18例胸腰椎骨骨折患者,其中16例神经功能有Ⅰ~Ⅲ级的恢复,脊柱后突角平均恢复21°,伤椎前缘高度平均恢复至98%,伤椎后缘侵入椎管骨块明显回纳,平均随访11.6个月,无内固定松动及断裂,无慢性腰背痛及伤椎高度和生理弧度的丢失。日本学者[192]通过对39例42个骨质疏松性骨折椎体注入CPC,并随访3个月以上,所有患者术后早期开始腰背痛即有明显缓解,乃至消失,其矫正椎体楔形变、保持稳定性的效果也非常明显,通过X射线进行评价其骨折修复成功率达97.3%。对骨质疏松患者进行松质骨螺钉治疗骨折,常发生螺钉滑丝松动或脱出等情况,而于螺钉固定前在预打孔内填入CPC,再行松质骨螺钉固定,能明显提高松质骨对内固定螺钉的握持力。CPC还在胫骨平台骨折、股骨头骨折及髋臼等骨折中得到了应用,Keating[192]运用CPC结合内固定治疗胫骨平台骨折,CPC能充填骨缺损,同时又能增加内固定抗拔出力量,和传统治疗方法比较具有恢复快、并发症少、预后好等优点。Csizy等[192]报告了1例因巨大良性骨囊肿引起的移位关节内跟骨骨折,开放性清创复位内固定并充填可注射CPC,结果显示骨水泥能与跟骨形成直接的骨性连接,跟骨的完整性与外形恢复满意。

另外,CPC在牙科的应用也较为广泛,如牙髓包埋,根管充填,牙周骨性缺损修复等。Kveton[191]还将它用于咽骨管闭塞,发现CPC能通过新骨形成而达到永久性闭塞。

**2.作为药物载体的研究**

炎症、肿瘤和开放性骨折都是造成骨缺损的常见原因,不仅需要修复骨缺损,还需要抗炎、抗肿瘤等药物治疗。如果骨修复材料在填补缺损的同时,能够通过缓释作用使药物在损伤局部形成有效的治疗浓度并维持较长时间,将有极其重要的意义[193]。

Otsuka 等[201]报道了 CPC 作为药物缓释载体的一系列实验研究。药载模型中,可将药物直接混入调和粉剂,成为均质的载药骨水泥,也可以在骨水泥形成后再加入药物,成为不均质的载药骨水泥。他们先后将消炎痛、胰岛素、白蛋白、阿斯匹林、6-MP 载入 CPC 之中进行研究,经 X 光衍射分析及红外光谱分析证明:药物的载入并不影响 CPC 转化为 HA 晶体,且不明显影响 CPC 的生物力学性能。通过电子探针发现药物在载药 CPC 充满液体的微孔中通过弥散作用而实现释放,药物释放出后,HA 可重新结晶,微孔和通道随之不断调整,使药物释放速度稳定且时间延长。

在已有的载药 CPC 的研究报道中,CPC 载药抗生素的研究最为常见[203]。Sasakis[204]制备了一种由 CPC、庆大霉素和聚乳酸组成的人工骨药物缓释体系,体内外实验显示药物持续释放的时间约为 2 个月,家兔实验性骨髓炎病灶刮除术后,植入人工骨药物缓释体系显示能有效治疗骨髓炎和修复骨缺损,植入的 CPC 人工骨最后被自体骨所替代。万古霉素(VCM)是治疗耐甲氧西林金葡菌(MRSA)感染的有效药物,但 VCM 全身给药易出现一系列较严重的副作用,为探索治疗 MRSA 骨感染的新方法。Hmanishi 等[191]将 VCM 引入 CPC 进行药物缓释体系的研究,发现含有 1% VCM 的 CPC 在 PBS 缓冲液中 VCM 的有效释放持续 2 周,当 VCM 质量分数为 5% 时,则可持续 9 周以上,VCM/CPC 药物缓释体系在 PBS 缓冲液和模拟体液中 VCM 的释放速率不同;载药 5%VCM 的 CPC 植入实验大鼠皮下后,血药浓度于 2 h 达到高峰,4 h 后就难于测出,而植入附近骨组织内 VCM 的有效浓度则维持了 3~5 周,载药 5%VCM 的 CPC 植入实验兔骨髓组织 3 周后,骨髓中的 VCM 的平均质量分数仍高于 VCM 对 MRSA 的最低抑菌质量分数约 20 倍以上;VCM/CPC 植入实验兔骨髓后能与周围骨组织紧密结合并有新骨形成。骨的形成与吸收受多种激素、蛋白或多肽类细胞因子的调节,如生长激素、骨形态发生蛋白(BMP)。Kamegai 等[191]将 CPC 作为骨形态发生蛋白-2(BMP-2)的载体,植入大鼠股部肌肉和股骨骨缺损处,术后 14 天,于肌肉植入部位见软骨样组织形成,其内可见崩解的 HA 颗粒;术后 21 天肌肉植入部位出现软骨内骨化作用,崩解的 HA 颗粒变小并与新生骨共存于中心区。股骨骨缺损处见 BMP-2/CPC 和 HA 颗粒被吸收并由新骨替代,显示 BMP/CPC 复合体具有较好的成骨作用,能促进骨缺损的修复。

药物的引入未对 CPC 的固化及其它理化性能产生明显的影响,药物释放动力学研究表明载药 CPC 符合 Higuchui 缓释模型,是一种较理想的药物缓释体系。而且 CPC 的许多性能是可以通过原料和制备工艺的改变而变化,从而影响药物缓释速率,这一点非常适合临床上根据不同需要灵活地进行个体化治疗。以 CPC 为载体的药物缓释体系可以达到药物缓释过程可控,局部药物高效、稳定、长期释放的目的。CPC 药物缓释体系是一种集骨修复和药物治疗于一体的较理想的新型功能人工骨,有广阔的应用前景。

总之,磷酸钙骨水泥具有以下特点[205]:

(1)生物相容性高,在人体生理环境下可自行转化为与人体骨结构相似的 HAP,植入人体后与自然骨形成骨性结合,可形成耐久的承重骨,克服了原有骨水泥的弊病。

(2)具有较高的强度,克服了直接使用粉料和粒料力学性能差,易于流失的缺点。

(3)操作简便,可任意成型,固化时放热小,克服了 PMMA 固化时由于强放热灼伤周围组织以及 HA 陶瓷加工难的缺点。

(4)可通过基料的配方和调和剂的选择,加入微量元素使制得的磷酸钙骨水泥的组成更接近人体骨。

## 4.3 可降解无机非金属生物医用材料

生物陶瓷在生理环境中产生结构或物质衰变,其产物被机体吸收利用或通过循环系统排出体外,称为陶瓷的生物降解行为。生物可降解或生物可吸收陶瓷材料植入骨组织后,材料通过体液溶解吸收或被代谢系统排出体外,最终使缺损的部位完全被新生的骨组织所取代,而植入的生物可降解材料只起到临时支架作用。在体内通过系列的生化反应一部分排出体外,一部分参与新骨的形成[3]。

最早应用的生物降解陶瓷为石膏,它具有良好的生物相容性,但是被吸收速率快,与新骨生长速率不能匹配。目前广泛应用和研究的可降解和吸收的生物陶瓷主要是指磷酸钙类生物陶瓷材料,它包括磷酸三钙、磷酸四钙和羟基磷灰石以及它们的混合物等,这类磷酸钙类陶瓷材料植入体内后经过一段时间,可部分或全部吸收,发生陶瓷生物降解,其中生物降解显著的为 β-磷酸三钙(β-TCP)陶瓷,它具有良好的生物降解性、生物相容性和无生物毒性,当其植入人体后,降解下来的 Ca、P 能进入活体循环系统形成新生骨[206],因此它作为理想的骨替代材料已成为世界各国学者研究的重点之一。本节主要介绍 β-磷酸三钙可降解生物陶瓷。

**一、β-TCP 的晶体结构**

β-TCP 的化学式为 β-$Ca_3(PO_4)_2$,它是磷酸三钙的低温相(β 相),属三方晶系,空间群为 $R_3C$, $a_0 = 1.032$ nm, $c = 3.690$ nm, $z = 2.1$ nm,其晶体结构如图 4.29 所示,Ca/P 的原子比为 1.5,在 1 200 ℃转变为高温相($\beta$ 相)[206]。

## 二、β-TCP 的合成与制备

β-TCP 植入生物体内后,要求其降解速度和骨的再生相匹配。因此,在制备这类材料时,必须严格控制材料的纯度、粒度、结晶和细孔尺寸等[207]。β-TCP 陶瓷的制备一般分为三个步骤:粉末的合成制备、成型和烧结。

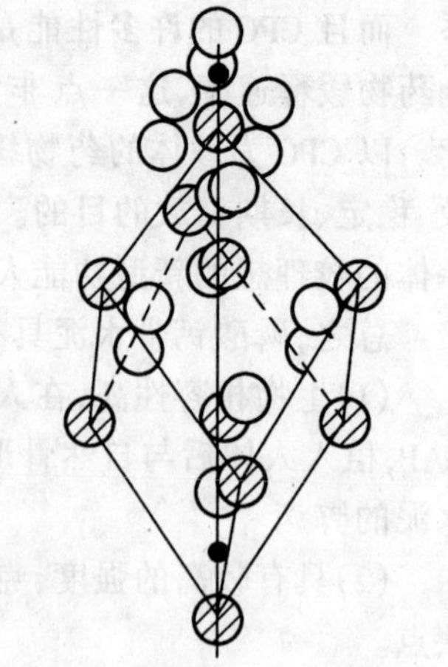

**1. β-TCP 粉末的合成**

粉末的合成制备工艺一般有[206]:湿法工艺、干法工艺和水热法工艺。

(1)湿法工艺

图 4.29 β-TCP 的晶体结构[3]

湿法工艺包括可溶性钙盐和磷酸盐反应工艺、酸碱中和反应工艺。前者一般以 $Ca(NO_3)_2$ 和 $(NH_4)_2HPO_4$ 为原料,搅拌条件下将磷酸氢氨溶液按一定的速度滴加到硝酸钙溶液中,加入氨水调节 pH 值为 11~12,经过滤、洗涤、干燥、煅烧(700~1 100 ℃)成陶瓷粉末。合成的反应式为:

$$3Ca(NO_3)_2 + 2(NH_4)_2HPO_4 + 2NH_4OH \longrightarrow Ca_3(PO_4)_2 + 6NH_4NO_3 + 2H_2O \quad (4.37)$$

Varma 等[208]采用上述反应工艺烧结 β-TCP 粉末,并且重点研究了其表面取向颗粒。酸碱中和反应工艺以 $Ca(OH)_2$ 和 $H_3PO_4$ 为原料,将磷酸滴加到 $Ca(OH)_2$ 的悬浮液中,静置、沉淀后进行过滤。此反应的唯一副产物是水,故沉淀物无需洗涤,干燥后煅烧得到 β-TCP 粉末。

何毅等[209]通过 $Ca(OH)_2 - H_3PO_4 - H_2O$ 体系,采用湿法工艺,合成了一系列的纳米级 β-TCP。采用湿法工艺所得粉末可制得独特孔隙结构的陶瓷块体。该陶瓷具有丰富均匀的微孔,较高的抗压强度和较好的溶解性能及孔隙可调控等特点,是制备多孔 β-TCP 陶瓷较为理想的工艺之一。

(2)干法工艺

该法是在温度高于 900 ℃条件下,非水固相反应制备 β-TCP 粉末。原料为 $CaHPO_4 \cdot 2H_2O$ 和 $CaCO_3$ 或 $Ca(OH)_2$,按下列反应式进行

$$2CaHPO_4 \cdot 2H_2O + CaCO_3 \longrightarrow Ca_3(PO_4)_2 + 5H_2O + CO_2 \quad (4.38)$$

干法工艺制备的 β-TCP 粉末晶体结构无收缩,结晶性好;但晶粒粗,组成不均匀,有杂质存在。

(3)水热法工艺

此法应用较少,一般是在水热条件下,控制一定温度和压力,以 $CaHPO_4$ 或

$CaHPO_4 \cdot 2H_2O$ 为原料合成得到晶格完整、晶粒直径更大的 β-TCP 粉末。

**2. β-TCP 陶瓷的成型与烧结**

(1) 高温粘结剂的选择

为了降低烧结温度,保证 β-TCP 的活性,可以采用合适的粘结剂。通过它的作用,将 β-TCP 原料粉末在低于 1 000 ℃时粘结在一起。所选用的粘结剂必须满足以下条件[3]:①成分对人体无害;②在指定的烧结温度范围内有粘结作用;③有一定的水溶性;④不会影响主晶相 β-TCP 的性能,降解产物易于代谢。

(2) 多孔 β-TCP 的成型与烧结

磷酸钙陶瓷人工骨分为粉末型(使用时调成浆料)、颗粒型、多孔型和致密型。致密型表面只有微孔或表面光滑无孔,除力学性能较多孔型好之外,不利于骨组织和血管长入,因而在实际应用中多孔型占的比例大,特别是 β-TCP 生物降解陶瓷以多孔型为主。

多孔型磷酸钙陶瓷的制备有发泡法和加致孔剂法两种。

①发泡法。陈芳等[191]研究了用发泡法制备 β-TCP 生物降解陶瓷的工艺,包括浆料的制备和发泡剂的制备,他们将一定颗粒大小的 β-TCP 粉末和适当的粘结剂按一定比例加蒸馏水球磨,倒出后蒸去一部分水,得到含一定水分的浆料;将松香放入饱和的 NaOH 溶液中煮沸,所得沉淀物与骨胶溶液互溶,冷却之后得到发泡剂。然后把浆料与发泡剂均匀混合,倒入石膏模中成型,经过脱模、干燥之后烧结得到多孔 β-TCP 陶瓷。具体制备工艺过程如图 4.30 所示[210]。

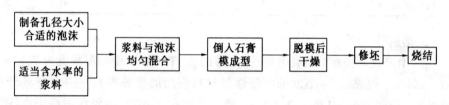

图 4.30 发泡法制备多孔 β-TCP[210]

②加致孔剂法。目前使用的致孔剂有双氧水和一定粒径、形状的聚合物,如硬脂酸。这些聚合物在高温下可完全分解。制备时,将 β-TCP 筛分成一定粒径的粉末,加入粘结剂(如 PVA)致孔剂调制出糊状浆料,搅拌一定时间使其充分分散并得到粘性的浆料,倒入石膏模型中成型,然后经脱模、干燥、烧结之后,即可制备出多孔 β-TCP 陶瓷。

从宏观结构上看,多孔 TCP 陶瓷材料由 TCP 颗粒、粘结剂、气孔三部分组成。单纯的 TCP 由于烧结温度太高而难以制成理想的材料,因此必须加入合适的粘结剂,使 TCP 颗粒相互粘结又具有较好的力学强度。降解材料制备过程中所用粘结剂的含量要适当,用量过少起不到粘结的作用,强度不足;用量过大则气孔率降低,密度加大。给材料的物理化学性能带来一定的影响[3]。

### 三、β-TCP陶瓷的理化性能

β-TCP陶瓷是一种白色多孔的材料,其容积密度和力学性能与材料的制备、成分、烧结温度、粘结剂含量等因素有关。

#### 1. 气孔率和孔径

多孔β-TCP陶瓷是一种大孔/微孔结构,这种结构使材料比表面积增大,更利于降解。微孔结构对于材料的生物可吸收性具有重要作用,它有利于骨组织的渗入,能产生局部酸性环境,促进材料的降解;大孔结构则有利于发挥材料的骨传导性。不同的制备工艺所得β-TCP陶瓷的气孔率和孔径有所不同,它们直接影响陶瓷在体内的植入效果。为了使骨组织有效地长入陶瓷内部,最佳孔径为 $100 \sim 600~\mu m$,孔径小于 $75~\mu m$ 则无新骨长入,孔径越大组织长入越深[206]。

#### 2. 抗压强度

多孔β-TCP陶瓷的抗压强度受材料孔隙率的影响,随孔隙率的增加,材料的抗压强度会减小,反之,孔隙率降低,抗压强度增加,但是孔隙率太小就不利于材料的降解[211]。表4.15所示为不同孔隙率β-TCP陶瓷的抗压强度值。

表4.15 β-TCP孔隙率与抗压强度的关系[211]

| 孔隙率/% | 35.0 | 42.3 | 64.3 |
|---|---|---|---|
| 抗压强度/×0.1 MPa | 7.1 | 3.48 | 0.9 |

#### 3. 溶解性

β-TCP是一种难溶的化合物,无定形的β-TCP在水中的溶解度为 $7.13 \times 10^{-7}$ mol/L。烧成后β-TCP的溶解性是材料应用的重要参数。阎玉华等[212]根据人体组织液的pH值为7.4左右,测定了多孔β-TCP陶瓷在去离子水(图4.31中曲线1)、质量分数为0.9%的NaCl生理盐水(图4.31中曲线2)、pH值为5.2的乳酸缓冲溶液(图4.31中曲线3)、pH值为7.4的 $HCO_3^- - CO_3^{2-}$ 缓冲溶液(图4.31中曲线4)中的溶解性。结果如图4.31所示,从图中可以看出材料在乳酸缓冲溶液中的溶解度最大。

Klein等[212]认为:材料植入人体内后被组织液浸泡,这时溶解过程即开始。由于植入区的组织液含有一些如乳酸盐、柠檬酸盐和酸性水解酶等酸性代谢产物,造成局部弱酸性环境,促进了β-TCP陶瓷的溶解。同时,材料中的粘结剂也随之水解,导致材料微粒分散。因此,材料在体内的溶解实际上是一种物理化学过程。

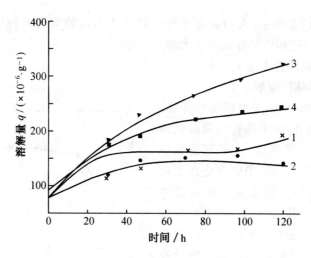

图 4.31 β-TCP 在不同介质中的溶解情况[212]

### 四、β-TCP 陶瓷的生物相容性

β-TCP 陶瓷作为一种体内植入材料用于骨修补和置换,其生物相容性和安全性是至关重要的,β-TCP 材料的体外试验显示,该材料具有良好的细胞相容性,动物或人体细胞可以在材料上正常生长、分化及繁殖[213]。众多的动物体内试验和临床应用也表明:该材料无毒性、无局部刺激、不致溶血或凝血、不致突变或癌变。由于其组织成分与骨组织无机成分相同,故植入体内无明显异物反应,局部无明显炎症反应。Driskell 等[206]最早观察到 β-TCP 材料植入骨缺损后,材料可以与骨组织发生直接连接,其间无纤维结缔组织介入。Klein 等[206]将四种不同孔隙率和孔径的 β-TCP 材料植入兔胫骨内,发现上述几种材料均表现出良好的生物相容性,材料植入后局部发现巨噬细胞、多核巨细胞、成纤维细胞等参与材料的降解,并无炎性细胞浸润等炎症反应,而且新骨可以直接在材料表面形成。

阎玉华等[212]对可降解 β-TCP 陶瓷的生物相容性做了一系列研究,证明材料在生物体内不会产生全身或局部毒性反应、不致溶血、不引起炎性和排斥反应,不致突变,有利于骨组织迅速长入材料孔内并与材料紧密结合。

### 五、β-TCP 陶瓷的降解性能

β-TCP 陶瓷的生物降解性能是它的重要特性之一。降解是一个复杂的生物学过程,除了在体液中发生物理化学溶解外,细胞的介入是不可避免的。参与细胞介导降解的主要是巨噬细胞和破骨细胞。巨噬细胞广泛存在于包括骨组织在内的机体各组织中,具有吞噬和分泌功能,也是机体免疫反应的重要细胞。它还具有趋化性,当材料植入骨内后,它们可向植入区聚集,在 β-TCP 陶瓷的降解过程中发挥主要作用[214]。破骨细胞广泛存在于骨组织中,参与对骨组织的吸收。近几年来,人们通过体外降解和体内实验对这两种细胞在β-TCP陶瓷的降解过程中的作用做了大量的研究。

**1. 降解性能研究方法**

(1)材料的体外降解实验

①巨噬细胞对β-TCP陶瓷的降解。沈春华等[214]对β-TCP陶瓷的降解机理和代谢途径进行了研究,从小鼠腹腔中分离出巨噬细胞,与β-TCP陶瓷在无血清培养液中培养。通过检测培养液中$Ca^{2+}$离子浓度及利用纳米级细胞电极检测巨噬细胞内外pH值变化,研究巨噬细胞对β-TCP陶瓷的降解作用。培养液中$Ca^{2+}$离子浓度随天数变化的检测结果见图4.32。结果显示,β-TCP陶瓷培养孔上清液中的浓度要高于单纯培养液中的浓度,这表明β-TCP陶瓷在培养液中有一定的溶解。

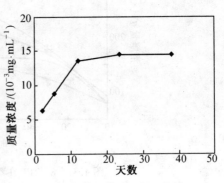

图4.32 培养液上清液中$Ca^{2+}$质量浓度[214]

方芳[215]及郑启新等[216]也研究了巨噬细胞对β-TCP陶瓷的降解作用,并且得到了类似的结果。巨噬细胞对β-TCP陶瓷的降解过程包括吞噬和细胞外降解两个方面:当吞噬细胞接近陶瓷颗粒时,它们伸出细小的突起部分将比其直径小的颗粒包裹并吞噬到细胞内,形成吞噬体,同时与溶解酶体融合,在多种水解酶的作用下进行细胞内降解;当巨噬细胞与比其直径大的颗粒或颗粒团接触后,则可伸出细小突起部分将颗粒表面覆盖,并紧密贴附,形成细胞-颗粒接触区,由巨噬细胞向接触区释放溶体酶,或分泌$H^+$,造成局部酸性环境,使接触区材料颗粒发生降解。用纳米电极检测巨噬细胞内外pH值的实验结果如表4.16所示,从结果中进一步证实巨噬细胞以吞噬及释放各种酸性分解酶类实现对β-TCP陶瓷的降解。当巨噬细胞吞入陶瓷颗粒后,胞浆内溶酶体可向被吞噬颗粒释放水解酶,使细胞内原来的碱性环境转变成酸性,利于对β-TCP颗粒的降解。

表4.16 巨噬细胞内外pH值[214]

| 测试内容 | | pH值 |
| --- | --- | --- |
| TCP陶瓷颗粒+培养液 | | 8.35 |
| 巨噬细胞+培养液 | 细胞内 | 8.30 |
| | 细胞外 | 8.30 |
| TCP陶瓷颗粒+巨噬细胞+培养液 | 细胞内 | 6.10 |
| | 细胞外 | 6.10 |

②破骨细胞对β-TCP陶瓷的降解作用。破骨细胞广泛存在于骨组织中，参与对骨组织的吸收。方芳等[215]从新生大鼠长骨骨髓腔内分离出破骨细胞，与β-TCP陶瓷圆盘混合培养。通过扫描电镜观察到β-TCP陶瓷圆盘表面有许多分散开来的吸收空隙,可见破骨细胞对其有明显的吸收和降解。在吸收空隙内,破骨细胞伸出许多突起与β-TCP陶瓷晶粒接触,形成封闭的细胞外吸收区。另外,破骨细胞中丰富的酸性水解酶也向吸收区分泌,促进β-TCP的溶解。Yamada等[217]认为这种降解方式与破骨细胞对骨基质的吸收相似。Doi等[218]通过细胞培养的方法证明了破骨细胞能够降解吸收煅烧过的β-TCP,而且粗糙的表面有利于吸收。

但是也有学者认为破骨细胞在β-TCP陶瓷的降解过程中起到的作用不大[219],材料的降解主要是由于体液的化学作用导致的分散,而破骨细胞所起到的作用较小。

(2)材料的体内降解实验

郑启新等[216]将多孔β-TCP陶瓷植入Wistar大鼠股骨髁骨腔洞内,分别经过4、8、20周后各处死6只,将植入材料及其周围组织完整取出,用骨刀从植入区中心横向剖开标本。用扫描电镜观察到界面处新骨与材料直接紧密接触,新骨经历由交织骨向板层骨的转变,材料晶粒间连接中断,体积缩小,边缘缺损或不规则,微孔扩大或形成微空洞,同时,界面处可见破骨细胞。植入后4周,宿主骨床的新骨向植入区生长,并长入材料孔道内,使整个植入材料内部孔道长满新骨,材料与新骨形成广泛的接触界面。两者间无纤维结缔组织或其它均质隔离层带,是直接紧密的接触。界面处新骨的胶原纤维呈交织状,钙盐颗粒分布不均,新骨表面向材料一侧衬有一层椭圆形表面光滑的成骨细胞,其朝向骨质面有少许胞长突起,如图4.33(a)所示。交界处材料晶粒之间的连接处或狭窄颈部中断,晶粒彼此分离,体积缩小,外形由多角形变成不规则或缺损,晶粒间的微孔扩大。植入后8周,界面新骨和材料仍是直接紧密接触,新骨中胶原纤维呈层状平行排列,大量钙盐颗粒均匀沿胶原纤维间分布,衬于新骨小梁表面的成骨细胞数量减少,如图4.33(b)所示。在界面间出现破骨细胞,表面伸出许多突起,体积大,由于其溶解吸收作用而使周围形成陷窝。交界处材料晶粒大量分离,形状不规则,缩小。植入20周后,界面处新骨均呈胶原纤维平行排列、钙盐分布均匀的板层骨结构,与之直接接触的材料晶粒呈松散的分离,由于晶粒的缩小或一些晶粒的降解消失,使原来晶粒间的微孔明显扩大,并相互连通,一些区域还形成微空洞,其间长入微血管或纤维样物质,如图4.33(c)所示。

程晓兵等[220]进行了块状可吸收多孔β-TCP和兔颅骨间界面的电镜观

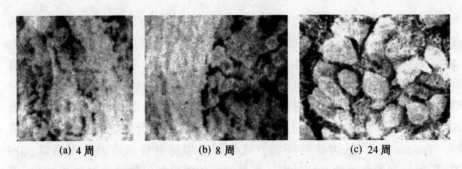

(a) 4 周　　　　　(b) 8 周　　　　　(c) 24 周

图 4.33　β-TCP 陶瓷植入鼠股骨后的材料-新骨界面 SEM 照片 800 倍[216]

察,通过将块状可吸收的多孔 β-TCP 陶瓷在兔颅骨表面的种植,电镜观察材料和颅骨之间界面,发现大量的新骨从颅骨表面长入材料孔隙内,随着材料的逐渐被吸收,新骨逐渐占据材料的空间,直到材料被完全吸收为止,组织内不残存异物,骨组织缺损或发育不良区完全被新骨所修复。且从实验可以看出,可吸收的 β-TCP 陶瓷能贴敷在受区的骨表面,引导新骨的形成,材料及新骨和受区骨表面为直接的骨性结合。

陈勤等[221]用扫描电镜和偏光显微镜仔细观察了雄性新西兰大耳白兔股骨髁间凹骨内植入 β-TCP 陶瓷后,陶瓷材料表面、材料与骨骼界面和骨骼等不同部位的形态变化。结果表明,植入材料与兔骨的接触界面是材料与宿主骨组织相互作用最活跃的区域。材料植入后,宿主骨细胞可随体液一起渗入材料表面与孔隙,并在其多孔表面和孔隙中粘附、附着、生长、增殖并进行代谢,还观察到材料表面和界面上分布着有机骨基质,胶原纤维层平行排列覆盖着表面。在骨基质上有骨陷窝,其间散布着间充质细胞、骨细胞。骨小梁旁有纺锤体、圆柱体形状的成骨细胞排列着。这些活细胞在材料表面和界面附着、生长、繁殖。其代谢分泌的生物酶、基质和胶原促进材料生物转化为有机磷化合物并参与宿主新骨的形成,从而使新生骨和材料颗粒互相交织和包围,连成一片组成一个有机的生命体。与此同时在材料表面和界面上还有破骨细胞,它体积大,具有多核,表面有突起,呈叶状。由于它对材料有溶解吸收作用使其周围形成骨陷窝。在材料表面和界面上出现的巨噬细胞形状不规则,带有伪足或突起。它可伸出伪足吞噬材料颗粒,并在细胞内与溶酶体融合,在多种生物酶的作用下进行细胞内降解,也可伸出突起与材料表面接触,使材料发生细胞外降解和吸收,促使骨盐沉积。

**2.降解过程及机理**

(1)降解过程

β-TCP 材料植入骨内后,在体液和活细胞的共同作用下,材料的生物降解和新骨生成过程同时进行,是既相互联系又相互制约的复杂而缓慢的生物转化过程。它与多种因素有关,例如,它与植入部位有关,与骨髓靠近的植入材料会首先与宿主骨发生作用,比其它部位的材料优先降解吸收生成新骨。与植入区环境的酸碱性有关,局部的酸性环境可促进和加快材料的溶解和降解。与植入时间也有关,一般而言降解和新骨生成的程度随植入时间而增加。更重要的是与植入材料的性质,如材料组成、晶体结构、大孔与微孔性、Ca/P 及微量元素等均有关。

阎玉华等[212]对可降解 β-TCP 陶瓷进行了动物体内降解实验并且提出了材料降解的模型——骨与材料相互包围模型。组织学观察结果,如图 4.34 所示。植入后 8 周,材料孔内骨组织逐渐增多,纤维结缔组织减少,交织骨开始改建成板层骨,在骨与材料之间可见到破骨细胞,植入区内还见散在的巨噬细胞。植入 20 周后,大量板层骨和骨髓充满整个材料孔内,骨小梁较以前增粗,材料出现降解,孔径扩大,面积缩小,部分材料被骨组织替代,降解部分被分离成小块或颗粒状,并被骨组织包围。植入后 40 周,材料大部分降解被骨组织替代,少数残留材料被骨组织包围,植入区域板层骨结构正常,排列规整,呈正常松质骨结构。

(a) 植入后 8 周　　(b) 植入后 20 周　　(c) 植入后40周

图 4.34　β-TCP 陶瓷体内降解实验的组织学观察[212]

在组织学观察的基础之上建立的骨与材料相互包围模型,如图 4.35 所示。其中(a)为材料未植入体内的理想状态,呈蜂窝状结构,孔道相互连通。具有较大的表面积,适于骨组织长入和组织液渗入;(b)为材料植入一定时间后的情形,阴影部分为材料,由于组织液的作用,使材料溶解,参与体内新陈代谢,晶粒细化,形成一些岛状晶粒团;(c)为材料植入更久时间的情形,阴影部分为材料,周围为骨,由于新骨的长入,材料的颈部连接解体,骨与材料相互包围。

(2)降解机理

各国学者对以磷酸钙陶瓷为代表的生物降解陶瓷的降解机理作了广泛探讨,但尚未取得一致的认识,具有代表性的观点是[222]:

Groot 认为:①陶瓷从表面开始溶解、膨胀,使结构疏松,粒子被分散,使表

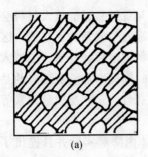 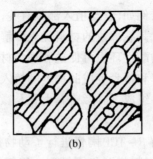 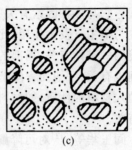

图 4.35 骨与材料相互包围模型[212]

面积迅速扩大;②成纤维细胞、多核细胞、巨噬细胞聚集于陶瓷表面,吞噬陶瓷颗粒,随着体液转送至体内各部分,进入体内钙库,参与循环;③降解首先从骨髓腔附近开始,此处残留的陶瓷颗粒较其它植入区少;④降解的陶瓷微粒会在巨噬细胞内引起血浆细胞的单核反应,对新生骨有激活能力。

Gros 将降解条件综合为 3 种因素:①物理因素,即体液冲蚀、磨耗,致使陶瓷碎裂或崩解,使陶瓷颗粒分散;②化学因素,即溶解,局部钙离子浓度过饱和产生新晶相,或出现无顶形物;③生物学因素,即破骨细胞、吞噬细胞作用于陶瓷会降低体液 pH 值,产生某些活性物质,增加陶瓷降解速度。

Hollinger 和 Battistone 认为多孔陶瓷生物吸收的驱动因素有两个:①溶液的推动作用,如冲刷、侵蚀、溶解和分散;②细胞的吞噬与传递作用。

Yamamuro 等认为从陶瓷表面浸出的 $Ca^{2+}$、$PO_4^{3+}$ 离子能被用于生成新骨,而 Groot 等认为陶瓷粒子被细胞吞噬后输送到身体组织中,在植入物相邻的骨中未观察到示踪 $^{45}Ca^{2+}$,在淋巴结中却发现了微量 $^{45}Ca^{2+}$。

李世普等认为:

①β-TCP 在体内的降解途径有两种:体液溶解和细胞介导降解。而细胞介导降解的方式又分为胞外和胞内两种方式。参与降解的细胞可能有破骨细胞和吞噬细胞。

破骨细胞表面伸出许多细长的突起与 β-TCP 陶瓷颗粒接触,形成封闭的细胞外吸收区,细胞内的酸性水解酶(溶酶体酶、酸性磷酸酶等)也可向细胞外吸收区分泌 $H^+$,参与局部酸性环境的形成。巨噬细胞内降解后产生的 $Ca^{2+}$、$PO_4^{3+}$ 可被转运到细胞外;对于直径大于巨噬细胞的颗粒或颗粒团,巨噬细胞会同破骨细胞一样伸出细小突起覆盖颗粒表面,紧密贴附,形成一封闭的细胞-材料颗粒接触区,同时,胞浆内的溶酶体就向这些区域释放,细胞内的 $CO_2$ 和 $H_2O$ 可在碳酸酐酶(CA)的作用下合成碳酸,然后分解为 $HCO_3^-$ 和 $H^+$,在细胞膜质子泵的作用下,$H^+$ 被分泌到细胞-材料颗粒接触区,造成局部高酸性环境,使接触区域的 β-TCP 颗粒发生降解。降解过程可用下式表示

$$CO_2 + H_2O \xrightarrow{CA} H_2CO_3 \xrightarrow{CA} H^+ + HCO_3^- \quad (4.39)$$

$$Ca_3(PO_4)_2 \xrightarrow{H^+} Ca^{2+} + 2CaHPO_4 \xrightarrow{H^+} 3Ca^{2+} + 2PO_4^{3-} \quad (4.40)$$

②$Ca_3(PO_4)_2$ 解离是钙磷人工骨生物转化的基础,而无机磷酸的活化是降解材料参与生命过程的核心。由于磷的特殊性,在其参与生命活动的过程中,某些含磷的生物分子可以抑制 Ca、P 结晶,以防止产生沉积,如 ATP、Ppi、磷蛋白等。

③TCP 陶瓷产生的 $Ca^{2+}$ 与通过其它途径进入体内的 $Ca^{2+}$ 一样参与正常代谢。它们进入血液并分布到全身,一部分通过肝、肾等脏器组织从尿、粪等排泄,一部分储存于钙库,参与新骨的组成。

由以上数种观点可以看出,以降解机理的认识无非两种观点[222]:一是陶瓷被分散为微粒或碎片,随后被细胞吞噬、转移;二是陶瓷溶解,析出离子,转移到组织液中,沉积成为新晶相。看来,在体内复杂的生理环境下,两种过程可能都在起作用。

**六、β-TCP 陶瓷的临床应用**

β-TCP 良好的生物相容性和生物降解性成为理想的骨移植材料,用于修复因创伤、肿瘤或骨病等原因所造成的骨缺损。目前主要集中在 β-TCP 陶瓷人工骨、复合人工骨、药物载体等方面。郑启新等[223]将多孔 TCP 陶瓷人工骨用于临床,修复良性骨肿瘤或瘤样病变手术刮除后所致骨缺损共 7 例。术后病人均无不良反应,伤口Ⅰ期愈合。随访 2~5 个月,X 射线片显示植入材料与周围骨组织结合在一起,骨缺损腔已修复。另外他们还用多孔 β-TCP 陶瓷人工骨修复儿童骨缺损[224],结果显示,部分植入材料发生生物降解,被骨组织替代,全部病例的骨缺损均得到修复,患肢活动及负重恢复正常,无全身及局部不良反应,效果满意。

周爽英等[225]应用纯相 β-TCP 治疗牙周炎角形缺损的修复,并进行了治疗后 3 个月、6 个月及一年的纵向观察。植入骨粉后 3 个月、6 个月,牙周探诊深度、附着丧失水平及出血指数均较基线有明显改善。但 3 个月与 6 个月各指标无明显统计学差异。骨量变化指标在术后 6 个月时较基线有明显改善。且观察到 6 个月后,骨粉已被完全吸收,被新骨所替代。郑承泽等[226]将多孔磷酸三钙与自体红骨髓复合应用于临床,修复骨缺损 21 例,包括肿瘤性骨缺损和陈旧性骨折骨缺损。结果显示,植入材料的成骨作用明显,是治疗骨缺损理想的方法之一。

作为一种暂时性骨替代材料,若吸收太快,无法使新生骨"蔓延";过于缓慢则又抑制了新骨生长,因而要求 β-TCP 在体内的降解速率与新骨的成骨速率相一致。张翼等[227]以多孔β-TCP生物陶瓷材料作为组织工程支架,以人牙周韧带细胞(PDLCs)作为种子细胞,探索构建组织工程化牙周膜的可行性,认为β-TCP作为牙周组织工程支架,具有良好的生物相容性,良好的组织生长引导能力,为PDLCs的生长和分化提供了适合的空间,并具有引导PDLCs向成骨细胞转化的潜力,在组织工程化牙周膜的构建中有良好的应用前景。

β-TCP在临床上除了主要用作治疗脸部和颌部的骨缺损,填补牙周的空洞及有机或无机复合制作人造肌腱及复合骨板,还可作为药物的载体。Mitenmuller等[227]利用带微孔的陶瓷颗粒作为抗结核药及抗菌素的载体,填塞至骨髓炎患部,约10周后,缺损骨基本修复,陶瓷粒几乎全部被组织吸收。以β-TCP为基体的药物载体连同药植入体内患处,体液由微孔渗入载体,使药物溶解,形成药液。这种药物载体具有良好的生物相容性和可降解性,是由骨肿瘤结核等引起的骨变化手术后辅助化疗的一种有效手段。主要有以下优点:①使用方便,患者手术后,即可将盛装药物的载体植入病变处,一方面对患者起到治疗作用,另一方面起到骨组织的修补作用;②局部释药浓度可控,通过改变载体内部结构或施加外部影响(如施加超声波等),可控制载体释药速度,以适应病情变化及治疗的需要;③减少对正常细胞的损伤,这种治疗方法,比起一般的化疗方法,有利于患者的治疗和康复;④由于选用了可降解的β-TCP,药液释放完后不需要手术取出,随着新骨的生成,材料可与骨组织结合,并逐渐降解消失。

可降解的生物医用无机材料从某种意义上讲是实现从无生命到有生命的一种有益的探索[228]。但是临床应用表明,它仍然不能用于受力部位的修复。因此,生物无机材料的发展还需要科学工作者们不断的努力和研究。

## 参 考 文 献

[1] 范恩荣.生物陶瓷的开发应用[J].今日科技,1995(2):5.

[2] MARTI A. Inert bioceramics($Al_2O_3$,$ZrO_2$)for medical application,Injury[J]. Care Injured, 2000,31:33-36.

[3] 李世普.生物医用材料导论[M].武汉:武汉工业大学出版社,2000.

[4] 梁芳慧.生物陶瓷及其人体硬组织替代中的应用[J].稀有金属快报,2006:24-25.

[5] 赖琛,唐绍裘.生物陶瓷材料在生物医用材料中的应用[J].陶瓷工程,2002,12:41.

[6] 顾汉卿,徐国风.生物医用材料学[M].天津:天津科技翻译出版公司,1993.

[7] 朱志斌,等.氧化铝陶瓷的发展与应用[J].陶瓷,2003,1:5-8.

[8] 赵雷康,裴新.氧化铝陶瓷粉的制备方法[J].国外建材科技,2002,23(1):39-41.

[9] 氧化铝陶瓷制作工艺简介[J/OL]. http://jtxb.cn/zixun/y2491.htm.

[10] 赵克,巢永烈,杨世源.牙科纳米氧化铝陶瓷的烧结研究[J].口腔医学纵横杂志,2001,

17(4):253 - 255.

[11] WILLMANN G. Development in medical - grade alumina during the past two decades[J]. Journal of Materials Processing Technology, 1993, 56:168 - 176.

[12] ISO6474, Implants for surgery - ceramic materials based on high purity alumina[M]. 2nd ed, 1994.

[13] WILLMANN G. The Colour of Aliminum Oxide Ceramic Implants[C]//A Ravaglioli, A Krajewski. Bioceramics and the Human Body[M]. London: Elsevier Appl. Sci., 1992, 250.

[14] STREICHER RM, SEMLITSCH M, SCHON R. Ceramic surfaces as wear partners for polyethylene[J]. Bioceramics, 1991, 4:9 - 16.

[15] WEIGHTMAN B, LIGHT D. The effect of the surface finish of alumina and stainless steel on the wear rate of UHMW polyethylene[J]. Biomaterials, 1986, 17:20 - 24.

[16] OONISHI H, IGAKI H, TAKAYAMA Y. Comparisons of wear of UHMW polyethylene sliding against metal and alumina in total hip prostheses[J]. Bioceramics, 1989, 1:272 - 277.

[17] SUGANO N, NISHII T, NKATA K, et al. Polyethylene sockets and alumina ceramic heads in cemented total hip arthroplasty[J]. J Bone Joint Surg, 1995, 77:548 - 556.

[18] ZICHNER L P, WILLERT H G. Comparison of alumina - polyethylene and metal - polyethylene in clinical trials[J]. Clin Orthop, 1992, 282:86 - 94.

[19] SMITH S L, UNSWORTH A. An in vitro wear study of alumina—alumina total hip prostheses [J]. Proc Instn Mech Engrs, 2001, 215:443 - 446.

[20] HASHIGUCHI T, HIRANO T, SHINDO H, et al. Wear of alumina ceramics prosthesis, Arch Orthop Trauma Surg, 1999, 119:30 - 34.

[21] LISKY A S, SPECTOR M, Biomatorials[C]// Simon RS. Orthopaedics basic science[J]. American Academy of Orthopaedic Surgeons, 1994, 447 - 486.

[22] WRIGHT T M, GOODMAN S B. Implant wear: the future of total joint replacement[J]. American Academy of rthopaedic Surgeons, 1995.

[23] SHISHIDO T, CLARKE I C, WILLIAMS P, et al. Clinical and Simulator Wear Study of Alumina Ceramic THR to 17 Years and Beyond, J Biomed Mater Res B Appl Biomater, 2003, 67(1): 638 - 647.

[24] SIKKO V, AHLROOS T, CALONIUS O, et al. Wear simulation of total hip prostheses with polyethylene against CoCr, alumina and diamond - like carbon[J]. Biomaterials, 2001(22): 1 507 - 1 514.

[25] HATTON A, NEVELOS J E, NEVELOS A A, et al. Alumina—alumina artificial hip joints. Part I: a histological analysis and characterisation of wear debris bylaser capture microdissection of tissues retrieved at revision[J]. Biomaterials, 2002, 23:3 429 - 3 440.

[26] YOO J J, KIM Y, YOON K, et al. Alumina - on - alumina total hip arthroplasty[J]. Journal of Bone and Joint Surgery, 2005, 87(3):530 - 5.

[27] SEDEL L, NIZARD R, KERBOULL J. Alumina—alumina hip replacement in patients younger than 50 years[J]. Clin Orthop, 1994, 298:175 - 183.

[28] RATNER B, HOFFMANN A, SCHOEN F, et al. An introduction to materials in medicine, Biomaterials Science[J]. New York: Academic Press, 1996:73-84.

[29] BOHLER M, KNAHR K, PLENK J R, et al. Long-term results of Uncemented alumina acetabular implants[J]. Bone Jt Surg, 1994, 76:53-59.

[30] NIZARD R S, SEDEL L, CHRISTEL P, et al. Ten-year survivorship of cemented ceramic-ceramic total hip prostheses[J]. Clin Orhop, 1992, 282:53-63.

[31] WALTER A. On the material and the tribology of alumina-alumina couplings for hip joint prostheses[J]. Clin Orthop, 1992, 282:31-46.

[32] BOUTIN P, CHRISTEL P S, DORLOT J M, et al. The use of dense alumina-alumina combination in total hip replacement[J]. Biomed Mater Res, 1988, 22:1 203-1 209.

[33] MITTELMEIER H, HEISEL J. Sixteen-years experience with ceramichip prostheses[J]. Clin Orthop, 1992, 282:64-74.

[34] SHIMUZU K, OKA M, KUMAR I. Time dependent changes in the mechanical properties of zirconia ceramic[J]. Biomed. Mater. Res., 1993, 27:729-734.

[35] HAMADOUCHE M, SEDEL L. Ceramics in orthopaedics[J]. J Bone Joint Surg, 2000, 82: 1 095-1 099.

[36] 王丹, 张磊. 生物陶瓷在骨科的应用[J]. 山东生物医学工程, 2002, 2:48-50.

[37] ISO13356, Implants for surgery-ceramic materials based on yttria-stabilized tetragonal zirconia (Y-TZP). 1st Ed, 1997.

[38] ALLAIN J, MUEL L S, GOUTALLIER D, et al. Poor eight-year survival cemented zirconia-polyethylene total hip replacements[J]. Bone Joint Surg, 1999, 81:835-842.

[39] 绚丽多彩的碳材料[J/OL]. http://www.sic.ac.cn/kpz2005/zhuanjia/15/htm.

[40] 李拥秋, 袁支润. 热解碳研究概况及其在生物医学领域中的应用[J]. 四川化工与腐蚀控制, 2003(2):34-38.

[41] 赵根祥. 玻璃碳[J]. 新型炭材料, 2000, 15(1):5-7.

[42] 王君林, 关振中. 一种玻璃碳制备过程的X射线分析[J]. 材料科学与工艺, 1995, 3(4): 39-43.

[43] 黄鸿. 碳纤维材料与碳纤维纸[J]. 中华纸业, 2004, 5:57-59.

[44] 侯向辉, 陈强, 喻春红, 等. 碳/碳复合材料的生物相容性及生物应用[J]. 功能材料, 2000, 31(5):460-463.

[45] 陈寒玉, 焦桂枝. 热解碳的生产工艺及原理探讨[J]. 河南化工, 2001, 2:14-15.

[46] 左健, 王立峰, 许存义, 等. 医用碳纤维的拉曼散射[J]. 光谱学与光谱分析, 1995, 15(1): 37-38.

[47] 传秀云, 秦永, 崔荣国. 炭石墨材料的生物机械性能和骨固定材料[J]. 炭素技术, 2004, 5:27-32.

[48] 阮建明, 邹俭鹏, 黄伯云. 生物医用材料学[M]. 北京:科学出版社, 2004.

[49] 李拥秋, 袁支润. 热解碳研究概况及其在生物医学领域中的应用. 四川化工与腐蚀控制, 2003, 6(2):34-39.

[50] 熊信柏,李贺军,黄剑锋,等.医用碳材料对骨组织的响应及其生物活化改性[J].稀有金属材料与工程,2005,34(4):515-520.

[51] 张静,陈明钊,陈兰田.炭材料人工关节的国外研究动态[J].炭素技术,2001(06):32-35.

[52] 韩健,曹秀杰,王占武.碳纤维人工气管的研究[J].炭素技术,1996(06):6-9.

[53] 吴熹,陈凡,马旺扣.新一代人工心脏瓣膜材料血液相容性的实验研究[J].江苏医药杂志,2001,27(3):175-177.

[54] 楼绵新.我国第三代人工心脏瓣膜在浙江研制成功[J].中华医学信息导报,1997(02):12.

[55] BUTTERFIELD M, FISHER J, DAVIES G A, et al. Comparative study of the hydrodynamic function of the carbon Medcs valve[J]. Ann Thorac Surg,1991,52:815.

[56] 徐世伟,陈芳,陈如坤,等.国产全热解碳双叶型人造瓣膜抗血栓动物实验观察[J].生物医学工程学杂志,2002,19(4):596-598.

[57] 陈如坤,吴明,杨明亮.国产新型人造心脏瓣膜——全热解碳双叶瓣的研制和植入研究[J].中国生物医学工程学报,2003,22(5):453-461.

[58] 申焕霞,王朝娟,李玫,等.特殊碳材料用于褥疮病人的研究[J].中华护理杂志,2002,37(7):545-546.

[59] 周敏,杨觉明,周建军,等.玻璃陶瓷的研究与发展[J].西安工业学院学报,2001,21(4):343-348.

[60] 张飙,钱法汤.白榴石对牙科玻璃陶瓷强度的影响[J].北京口腔医学,1999,1(1):44-47.

[61] 王忠义,邢惠周,艾绳前,等.Dicor铸造玻璃陶瓷的临床应用体会[J].适用口腔医学杂志,1990,6(1):9-11.

[62] 宋应亮,徐君伍.DICOR铸造玻璃陶瓷冠碎裂的研究[J].口腔医学,1996,16(1):51-52.

[63] 宋应亮,徐君伍.对铸造玻璃陶瓷在口腔修复前景的认识[J].医学与哲学,1995,16(11):606-607.

[64] 陈军,张丽萍,牟月照.IPS-Empress全瓷冠临床观察[J].临床口腔医学杂志,2004,20(7):421-422.

[65] 刘亦洪,李友彬,聂宇光,等.IPS Empress可铸造玻璃陶瓷2年临床观察[J].中华口腔医学杂志,1999,34(2):123-125.

[66] MARC A R, ALLAN S. A review of all-ceramic restration[J]. J Am Dent Assoc,1997,128:297-307.

[67] 李平.IPS Empress热压铸瓷临床应用体会[J].中华适用医学,2004,6(17):67-68.

[68] 王家伟,钱法汤.IPS-Empress陶瓷材料的研究概况[J].国外医学口腔医学分册,1997,24(2):70-73.

[69] 曾国庆,肖薇,黄占杰.生物活性陶瓷基础研究及临床应用进展[J].骨与关节损伤杂志,1995,10(3):191-192.

[70] HENCH L L. Bioactive glasses and glass-ceramics[J]. Materials Science Forum, 1999,293:

37.

[71] 杨为中.A-W生物活性玻璃陶瓷的研究与发展[J].生物医学工程杂志,2003,20(3): 541-545.

[72] 和峰,刘昌胜.骨修复用生物玻璃研究进展[J].玻璃与搪瓷,2004,32(4):54-58.

[73] HENCH L L. Bioceramics[J]. J. Am. Ceram. Soc., 1998, (81):1 705-1 728.

[74] 付静,陈晓峰,张梅梅,等.医用生物活性玻璃的红外光谱分析及其生物活性探讨[J]. 生物医学工程学杂志,1996,16(增刊):22-24.

[75] 鞠银燕,陈晓峰,王迎军.生物活性玻璃多孔材料的制备及性能研究[J].硅酸盐通报, 2005,3:9-13.

[76] 李霞.溶胶-凝胶法 $CaO-P_2O_5-SiO_2$ 系生物玻璃的制备及机理探讨[J].玻璃与搪瓷, 2003,31(1):37-40.

[77] SEPULVEDA P, JONES J R, HENCH L L. Characterization of melt-derived 45S5 and sol-gel-derived 58S bioactive glasses[J]. J. Biomed. Mater. Res. (Appl Biomater), 2001, (58): 734-740.

[78] HENCH L L. Bioactive materials: The potential for tissue regeneration[J]. J. Biomed. Mater. Res., 1998,14:511-518.

[79] HENCH L L, WILSON J. An Introduction to Bioceramics[J]. London: World Sicentific, 1993, 1-24.

[80] HENCH L L. Bioactive glasses and glass-ceramics[J]. Mater. Sci. Forum, 1999, 293:37-64.

[81] 钟吉品.生物玻璃的研究与发展[J].无机材料学报,1995,10(2):129-138.

[82] KOKUBO T, YAMAMURO T. Formation of a high-strength bioactive glass-ceramic in the system $MgO-CaO-SiO_2-P_2O_5$[J]. Journal of Science, 1986,21:536.

[83] LIU D M. Bioactive glass-ceramic: formation, characterization and bioactivity. Mater[J]. Chem. Phy., 1994,36:294-303.

[84] MARGHUSSIAN V K, MESGAR A S M. Effects of composition on crystallization behaviour and mechanical properties of bioactive glass-ceramics in the $MgO-CaO-SiO_2-P_2O_5$ system[J]. Ceramics International, 2000,26:415-420.

[85] LOTY C, SAUTIER J M, BOULEKBACHE H. In vitro bone formation on a bone-like apatite layer prepared by a biomimetic process on a bioactive glass-ceramic[J]. J Mater Res, 2000, 49:423.

[86] 李霞,陈令富.生物活性玻璃及生物活性陶瓷研究进展[J].山东轻工业学院学报,2000, 14(2):42-45.

[87] 王慧敏,铁维麟,秦晓梅.生物玻璃陶瓷可切削性能及测量的研究[J].机械设计与制造 工程,1995,28(3):40-42.

[88] 李立华.生物微晶玻璃研究的现状与展望[J].材料导报,1994,5:39-43.

[89] 陈晓峰,张晓凯,滕立东,等.氟磷灰石-氟金云母微晶玻璃的生物活性研究[J].硅酸 盐学报,1993,21(3):247-255.

[90] 孟霄,陈奇.生物微晶玻璃的最新进展[J].硅酸盐通报,2004,3:60-63.
[91] 陈建华,杨南如.铁钙硅铁磁体微晶玻璃———一种治癌生物医用材料[J].玻璃与搪瓷,1999,27(1):44-49.
[92] 陈建华,詹月林,马立新,等.钙铁硅铁磁体微晶玻璃生物活性的模拟体液研究[J].玻璃与搪瓷,2000,28(6):57-62.
[93] 陈建华,李玉华,吴勇,等.钙铁硅铁磁体微晶玻璃形成条件的研究[J].材料导报,2000,14(5):54-56.
[94] 陈建华,宗卉,马立新,等.钙铁硅铁磁体微晶玻璃的细胞学及动物学实验研究[J].材料导报,2000,14(12):56-58.
[95] FRANKS K, ABRHAMS I, KNOWLES J C. Development of soluble glasses for biomedical use Part I: in vitro solubility measurement[J]. J. Mater. Sci. Mater. Med., 2000,11:609-614.
[96] 卢宇,陶金兰.生物玻璃的应用研究[J].口腔医学研究,2002,18(5):350-351.
[97] 邵聆,施斌.生物活性玻璃在口腔种植中应用的研究进展.中华老年口腔医学杂志,2004,2(4):237-239.
[98] 陈芳萍.生物医用玻璃的活性及其临床应用[J].玻璃与搪瓷,2003,31(3):41-44.
[99] 朱磊.生物活性玻璃的特性及其口腔科的应用[J].口腔材料器械杂志,2001,10(2):86-88.
[100] 李文,刘斌,廖运茂,等.生物活性玻璃陶瓷整复下颌骨缺损后的远期力学性能变化[J].中国口腔种植学杂志,2001,6(3):104-105.
[101] 李志宇.用生物活性玻璃陶瓷(BGC)行牙槽脊加高术[J].临床口腔医学杂志,1992,8(4):214-215.
[102] 姜秀云,谢志,张爽,等.生物活性材料义眼台在眼整形中的应用[J].适用美容整形外科杂志,1999,10(6):307-308.
[103] 蔡玉荣,武军,周廉.生物玻璃材料研究进展[J].材料导报,2002,16(12):40-42.
[104] 张德正,王保锋,纪元玉,等.医用羟基磷灰石陶瓷的制备与应用[J].中国陶瓷,1998,34(6).
[105] 李建华,刘雁.医用羟基磷灰石颗粒的制备与生物学评价[J].陶瓷研究,1996,11(3):128-130.
[106] 王峰,李木森,惰金玲,等.纳米羟基磷灰石的制备方法与应用[J].中国粉体技术,2004,3:44.
[107] HENCH L L. Bioceramics[J]. J Am Cera Soc,1998,81(7):1 705-1 728.
[108] TRUEMAN N A. The structural of hydroxyapatite[J]. Nature, 1966,1210:937-938.
[109] 资文华,陈庆华.羟基磷灰石生物陶瓷的研究状况及发展趋势[J].中国陶瓷工业,2003,10(1):30-43.
[110] 李晓玲,徐彬,林枝华,等.羟基磷灰石生物陶瓷制备的研究[J].南京医科大学学报,1998,18(3):242-243.
[111] 郑岳华,侯小妹,杨兆雄.多孔羟基磷灰石生物陶瓷的进展[J].硅酸盐通报,1995,3:20-24.

[112] 邹建陵,匡云飞,李毅.多孔羟基磷灰石生物医用材料的制备[J].衡阳师范学院学报(自然科学版),2003,24(6):18-19.

[113] 仇越秀,谈国强.多孔羟基磷灰石材料的研究及制备[J].佛山陶瓷,2005,3:32-35.

[114] 姚秀敏,谭寿洪,江东亮.多孔羟基磷灰石陶瓷的制备[J].无机材料学报,2000,15(3):467-472.

[115] 王迎军,刘康时.生物学材料的研究与发展[J].中国陶瓷,1998,34(5):26-30.

[116] 李酽.生物羟基磷灰石的合成[J].材料导报,2003,17(11):30-32.

[117] 黄志良,王大伟,刘羽,等.羟基磷灰石(HAP)的制备方法及其研究进展[J].武汉化工学院学报,2001,23(3):49-53.

[118] 李宝娥.羟基磷灰石超细粉体的制备[J].陶瓷,2004,1:23-26.

[119] 冯树生,孙波,牟建松.羟基磷灰石的研究进展[J].现代实用医学,2004,16(10):622-624.

[120] 赵冰,杜荣归,林昌健.羟基磷灰石生物陶瓷材料的制备及其新进展[J].功能材料,2003,2:126-130.

[121] 张彩华.羟基磷灰石生物陶瓷材料概述[J].河北陶瓷,1997,25(4):25-26.

[122] 徐启文,黄岳山,吴效明.羟基磷灰石生物陶瓷及涂层制备技术的研究进展[J].北京生物医学工程,2003,22(3):228-231.

[123] 郑昌琼,冉均国,尹光福,等.湿法制备羟基磷灰石生物活性陶瓷粉末的热力学分析[J].成都科技大学学报,1996,5:67-70.

[124] 丑修建,黄明华,资文华,等.湿法合成羟基磷灰石生物陶瓷材料的研究[J].中国陶瓷,2004,40(1):20-23.

[125] 王迎军,朱建业,郑岳华,等.羟基磷灰石陶瓷粉料的合成[J].中国陶瓷,1994,4:12-17.

[126] 周玉新,伍沅.水热法合成羟基磷灰石[J].武汉化工学院学报,1990,12(2):49-56.

[127] 王秀峰,王永兰,金志浩.水热法制备陶瓷材料研究进展[J].硅酸盐通报,1995,3:25-30.

[128] SUNNY M C, PAMESH P, VARMA, H K. Microstructured microspheres of hydroxyapatite bioceramic[J]. Materials in Med, 2002(13):623-632.

[129] KONG J B, MA J, BOEY F. Nanosized hydroxyapatite powders derived from coprecipitation process[J]. Materials Sci, 2002(37):1 131-1 134.

[130] 朱晏军,王玮竹,阎玉华.纳米羟基磷灰石 HAP 的制备方法及应用[J].佛山陶瓷,2003,7:9-11.

[131] 邬鸿彦,朱明刚,孔令宜,等.纳米级羟基磷灰石生物陶瓷粉末的制备新方法[J].河北师范大学学报(自然科学版),1997,21(3):266-269.

[132] 宋云京,温树林,李木森,等.高品质羟基磷灰石纳米粉体的制备及物理化学过程研究[J].无机材料学报,2002,17(5):985-991.

[133] 李霞.溶胶-凝胶法羟基磷灰石纳米粉体的制备[J].牙膏工业,2003,4:33-34.

[134] 吕奎龙,孟祥才,李星逸.人工合成纳米羟基磷灰石的研究[J].佳木斯大学学报(自然

科学版),2002,20(1):1-4.

[135] LIU D M, YANG Q, TROCZYNSKI T, et al. Structural evolution of sol-gel-derived hydroxyapatite[J]. Biomaterials, 2002(23):1 679-1 687.

[136] LIU D M, TROCZYNSKI T, TSENG W J. Water-based sol-gel synthesis of hydroxyapatite[J]. Biomaterials, 2000(22):1 721-1 730.

[137] LIU D M, YANG Q, TROCZYNSKI T, et al. Aging effect on the phase evolution of water-based sol-gel hydroxyapatite[J]. Biomaterials, 2002(23):1 227-1 236.

[138] WENG W J, HAN G R, DU P Y, et al. The effect of citric acid addition on the formation of sol-gel derived hydroxyapatite[J]. Materials Chemistry and Physics, 2002(74):92-97.

[139] 王欣宇,李世普,韩颖超.仿骨多孔羟基磷灰石生物医用材料的烧结特性[J].武汉理工大学学报,2002,24(12):30-32.

[140] 蔡杰,徐耕夫,李文兰,等.羟基磷灰石的微波快速烧结研究[J].中国科学院研究生院学报,1996,13(2):163-168.

[141] 赵汇川,冯建清,张兴栋.羟基磷灰石粉料相关特性与烧结动力学研究[J].四川大学学报(自然科学版),1996,33(3):266-271.

[142] 童义平,何秋娜.羟基磷灰石生物陶瓷的成型研究[J].中国陶瓷,2003,39(3):21-23.

[143] 袁建君,刘智恩,徐晓晖,等.羟基磷灰石陶瓷成型与烧结工艺研究[J].中国陶瓷,1996,32(3):7-10.

[144] 李中军,王培远,要红昌,等.羟基磷灰石制备及烧结性能研究[J].安阳师范学院学报,2005,2:46-48.

[145] 唐膺,翁文剑,陆剑平.热压烧结羟基磷灰石生物陶瓷[J].中国陶瓷,1994,2:4-8.

[146] 席文君,唐凤凰,何昕,等.烧结工艺和掺杂对羟基磷灰石陶瓷性能的影响[J].功能材料,1996,27(3):274-276.

[147] 杨云志,田杰谟.微波及常规烧结羟基磷灰石及其微观结构和生物学性能比较[J].材料导报,2000,14(专辑):315-316.

[148] 郭斌,王志,芈振明,等.致密羟基磷灰石材料的烧结及构相分析[J].河北轻化工学院学报,1989,1(2):33-37.

[149] 储成林,朱景川,尹钟大,等.致密羟基磷灰石(HA)生物陶瓷烧结行为和力学性能[J].功能材料,1999,30(6):606-609.

[150] 王迎军,宁成云,刘正义,等.金属基等离子喷涂HA涂层人工骨的研究[J].中国陶瓷,1996,32(4):37-40.

[151] 龚迎祥,王迎军.羟基磷灰石生物陶瓷涂层的制备方法[J].材料开发与应用,1999,14(6):41-44.

[152] 肖秀兰,陈彩凤,陈志刚.羟基磷灰石涂层制备技术及其稳定性[J].机械工程材料,2003,27(4):4-7.

[153] 戴金辉,李建保,唐国翌.生物涂层材料的研究现状与展望[J].山东陶瓷,1999,22(2):19-22.

[154] 王迎军,宁成云,赵子衷,等.HA生物活性陶瓷涂层的爆炸喷涂与等离子喷涂[J].华

南理工大学学报(自然科学版),1998,26(7):124-128.
[155] 张亚平,高家诚,文静.铁合金表面激光熔凝一步制备复合生物陶瓷涂层[J].材料研究学报,1998,12(4):423-426.
[156] 张建民,冯祖德,林昌健,等.电化学方法制备磷酸钙生物陶瓷镀层[J].中国陶瓷,1998,34(5):38-40.
[157] 胡浩冰,林昌建,陈菲,等.电化学沉积制备羟基磷灰石涂层及机理研究[J].电化学,2002,8(3):288-294.
[158] 程逵,翁文剑,葛曼珍.生物陶瓷涂层[J].材料科学与工程,1998,16(3):8-12.
[159] 朱明刚,李卫.钛基底HAP涂层生体活性材料的改性研究[J].金属功能材料,2000,77(5):32-35.
[160] 肖秀兰,陈志刚.磷酸钙生物陶瓷涂层制备及研究进展[J].江苏大学学报(自然科学版),2002,23(6):35-39.
[161] MONTENERO A, GNAPPI G, FERRARI F, et al. Sol-gel derived hydroxyapatite coatings on titanium substrate[J]. Journal of Materials Science, 2000(35):2 791-2 797.
[162] 邬鸿彦.HAP的结构及物理性能[J].四川师范大学学报(自然科学版),1996,19(5):55-58.
[163] 吕迎,李慕勤.多孔羟基磷灰石生物陶瓷的研究现状与进展[J].佳木斯大学学报(自然科学版),2003,21(4):439-444.
[164] 田杰,赵素贞,李爱英.羟基磷灰石在眼科中的应用[J].潍坊医学院学报,2001,23(2):138-139.
[165] 吴勇,黄振平,姜涛.羟基磷灰石义眼台的临床应用分析[J].医学研究生报,2004,17(6):527-530.
[166] 何立明.羟基磷灰石义眼座的临床应用.浙江临床医学,2002,4(1):52.
[167] 谢新明,陶月.羟基磷灰石义眼座的临床应用[J].黑龙江医药科学,2002,6:71.
[168] 夏伟.羟基磷灰石义眼台临床应用16例[J].眼科新进展,2005,25(4):300.
[169] 王晓琴,刘剑萍,聂尚武,等.羟基磷灰石义眼座的临床应用观察[J].中国适用眼科杂志,2005,23(6):628-629.
[170] 龚树生,汪吉宝,师洪,等.羟基磷灰石陶瓷人工听骨的临床应用[J].同济医科大学学报,1996,25(6):467-469.
[171] 赵啸天,王增勤,刘志莹,等.羟基磷灰石人工听骨的临床应用研究[J].耳鼻咽喉-头颈外科,1997,4(3):157-160.
[172] 舒畅.羟基磷灰石生物陶瓷人工骨的临床应用[J].生物医学工程与临床,2003,7(1):14-15.
[173] 赵蕾.羟基磷灰石的牙周骨缺损修复[J].上海口腔医学,1993,2(4):229-232.
[174] 李声伟,王大章,彭泽勋,等.致密多晶羟基磷灰石微粒人工骨植入整复上颌齿槽突裂[J].华西口腔医学杂志,1987,5(3):145-149.
[175] 邓碧秋,王治君.羟基磷灰石口腔临床应用初探[J].四川医学,2001,22(3):276-277.
[176] 赵士芳,王树人,严君烈.种植体周骨缺损时羟基磷灰石颗粒植入的实验研究[J].中

华口腔医学杂志,1998,33(6):353-354.

[177] 戚孟春,由彦玲.羟基磷灰石在牙种植体外科植骨中的应用[J].医学理论与实践,2002,15(3):285-287.

[178] MOTOO N, WEI L, TSUTOMU S, et al. The adsorptive properties of hydroxyapatite to albumin, dextran and lipids[J]. Bio-medical Materials and Engineering, 1999(9):163-169.

[179] SCHILING K M, CARSON R G, BOSKO C A, et al. A microassay for bacterial adherence to hydroxyapatite[J]. Collids and Surface B: Biointerfaces, 1994,3:31-38.

[180] FINE D H, FURGANG D, KAPLAN J, et al. Tenacious adhesion of Actinobacillus actinomycetmcomitans strain CU1000 to salivary-coated hydroxyapatite[J]. Archives of Oral Biology, 1999(44):1 063-1 076.

[181] 郑步中,吕晓迎.羟基磷灰石在口腔保健领域的应用[J].国外医学生物医学工程分册,2004,27(1):26-30.

[182] 李显波.纳米羟基磷灰石的制备方法及其在牙膏中的作用[J].牙膏工业,2005,1:28-29.

[183] 沈思宏.羟基磷灰石涂层人工关节的应用研究[J].天津冶金,2004,2:37-39.

[184] GEESINK R G T. Experimental and clinical experience with hydroxyapatite-coated hip implants[J]. Orthopedics, 1989, 12:12-39.

[185] 严尚诚,袁毓,徐本明,等.羟基磷灰石涂层人工股骨柄的临床应用[J].中华骨科杂志,1997,17(3):167-170.

[186] 付昆,李俊,周健强.双极羟基磷灰石涂层人工股骨柄的临床应用[J].海南医学院学报,2002,8(2):93-94.

[187] 劳少琼.块状羟基磷灰石人工骨在颌面整形的应用[J].实用护理杂志,1994,2:27.

[188] 金博明,卜政园.羟基磷灰石微粒人工骨植入治疗鞍鼻临床应用[J],1997,7:32-33.

[189] 陈兵,司徒朴,肖能坎,等.块状羟基磷灰石人工骨隆鼻的实验研究及临床应用[J].中华整形烧伤外科杂志,1994,10,5:368-371.

[190] 曹德勇,宋雪峰,陈亦平,等.骨水泥生物医用材料研究与开发进展[J].化学工业与工程,2003,20(5):303-309.

[191] 林立波,曹维权.磷酸钙骨水泥的研究进展综述[J].中国修复重建外科杂志,1998,12(3):169-172.

[192] 赵辉.磷酸钙骨水泥的研究进展[J].中国骨与关节损伤杂志,2005,20(5):358-360.

[193] 孙明林,胡蕴玉.磷酸钙骨水泥的研究和应用进展[J].中华骨科杂志,2002,22(1):49-52.

[194] 邢辉,陈晓明.磷酸钙骨水泥的研究进展[J].山东陶瓷,2005,28(3):9-13.

[195] 刘爱红,孙康宁,赵萍.磷酸钙骨水泥的研究进展[J].材料导报,2005,19(2):17-19.

[196] 张森林,孟昭业.磷酸钙骨水泥的研究进展[J].医学研究生报,2003,16(1):62-63.

[197] 杨莽,张彩霞,陈德敏.磷酸钙骨水泥的生物学研究进展[J].国外医学生物医学工程分册,2001,24(5):222-225.

[198] 戴红莲,闫玉华,曹献英,等.磷酸钙骨水泥的生物相容性[J].中国有色金属学报,

2002,12(6):1 252 - 1 256.

[199] 王文波,陈中伟,陈统一,等.羟基磷灰石水泥的体外生物学安全性试验[J].上海生物医学工程,1996,17(4):8 - 12.

[200] 王芹,刘修鑫.生物活性骨水泥的生物学评价试验[J].山东医药工业,1999,18(3):10 - 11.

[201] 束红蕾.磷酸钙骨水泥的研究进展[J].口腔材料器械杂志,2000,9(4):226 - 228.

[202] 朱静,潘可风.磷酸钙骨水泥的研究和临床进展[J].上海生物医学工程杂志,2001,22(3):34 - 37.

[203] 张文明,戴伯川.磷酸钙骨水泥作为药物缓释载体的研究进展[J].福建医科大学学报,2002,36(3),340 - 342.

[204] 陈歌,蒋电明.磷酸钙骨水泥的研究进展[J].创伤外科杂志,2002,4(增刊):55 - 58.

[205] 周馨,郑昌琼,王方瑚,等.骨水泥及磷酸钙生物活性骨水泥[J].硅酸盐通报,1998,5:33 - 38.

[206] 黄占杰.磷酸钙陶瓷生物降解研究的进展[J].功能材料,1997,28(1):1 - 4.

[207] 张启焕,齐志涛,戴红莲,等.β-磷酸三钙陶瓷的制备及应用[J].佛山陶瓷,2004,11:4 - 7.

[208] 李朝阳,杨德安,徐廷献.可降解β-磷酸三钙的制备及应用[J].硅酸盐通报,2002,3:30 - 34.

[209] VARMA H K, SURESHBABU S. Oriented growth of surface grains in sintered β tricalcium phosphate bioceramics[J]. Materials Letters, 2001,49(2):83 - 85.

[210] 何毅,刘孝波,杨德娟,等.纳米级β-磷酸钙的合成[J].合成化学,2000,2:96 - 99.

[211] 陈芳,李世普,江昕,等.发泡法制备TCP陶瓷的工艺及其结构与性能研究[J].武汉工业大学学报,1995,17(4):140 - 142.

[212] 王士斌,郑昌琼,冉均国,等.多孔β-磷酸三钙生物陶瓷的理化性能[J].福建化工,1998,2:44 - 45.

[213] 阎玉华,许原,戴红莲,等.可降解β-$CaS3(PO_4)_2$陶瓷的物化性能与生物性能[J].武汉工业大学学报,1995,17(2):116 - 119.

[214] SOUS M, BAREILLE R, ROUASIS F, et al. Cellular biocompatibility and resistance to compression of macroporous beta tricalcuim phosphate ceramic[J]. Biomaterials, 1998, 19(23):2 147 - 2 153.

[215] 沈春华,邵海成,黄健,等.β-TCP陶瓷的降解机理和代谢途径研究[J].佛山陶瓷,2004,7:11 - 14.

[216] 方芳,阎玉华.β-TCP陶瓷的生物降解过程及机理探讨[J].硅酸盐通报,2003,4:75 - 77.

[217] 郑启新,朱通伯,杜靖远.多孔磷酸三钙陶瓷骨内植入后界面变化观察[J].武汉工业大学学报,1995,17(4):128 - 131.

[218] YAMADA S, NAKAMURA T, KOKUBO T, et al. Degradation of the apatite layer formed on bioactive ceramics and the udertying ceramic surface by ostoclasts in a culture system[J]. Cell

Materials,1994,4:347-356.

[219] DOI Y, IWANAGA H, SHIBUTANNI T, et al. Osteoclastic responses to various calcium phosphates in cell cultures[J]. Biomed Mater Res, 1999,47 (3):424-433.

[220] ILARA R Z, BRONCKERS L A, GERT D L, et al. Localisation of osteogenic and osteoclastic cells in porous β- tricalcium phosphate particles used for human maxillary sinus floor elevation[J]. Biomaterials,2005,26:1 445-1 451.

[221] 程晓兵,薛振恂,胡晓光,等.可吸收多孔块状β-磷酸三钙和兔颅骨间界面的电镜观察[J].实用口腔医学杂志,2001,17(5):432-434.

[222] 陈勤,李世普,何季平,等.多孔β-TCP生物陶瓷骨内植入后的X射线能谱分析[J].生物化学与生物物理学报,1999,31(4):409-414.

[223] 郑启新,朱通伯,杜靖远,等.多孔磷酸三钙陶瓷人工骨的研制及临床应用[J].同济医科大学学报,1990,19(8):382-386.

[224] 郑启新,杜靖远,朱通伯,等.多孔磷酸三钙陶瓷人工骨修复儿童骨缺损[J].中华小儿外科杂志,1996,17(2):70-72.

[225] 周爽英,沙月琴,张刚.应用纯相β-磷酸三钙治疗牙周炎骨病损的临床观察[J].现代口腔医学杂志,2005,19(1):29-30.

[226] 郑承泽,苏国礼,王天兵,等.多孔磷酸三钙与自体红骨髓复合移植修复骨缺损的临床应用[J].中国修复重建外科杂志,1996,10(3):164-167.

[227] 张翼,王贻宁,赵艳,等.牙周韧带细胞和β-磷酸三钙多孔生物陶瓷的牙周组织工程研究[J].口腔医学研究,2005,21(3):243-245.

[228] 夏志道,李世普.从无生命到有生命——可降解钙磷人工骨的生物转化[J].生命科学,1994,6(4):3-5.

# 第5章 高分子生物医用材料

## 5.1 概 述

高分子材料作为20世纪划时代的材料,已在工农业生产、国防军工、现代科学技术中发挥着巨大作用。随着医学、科技的进步,高分子材料在生物医学领域中被广泛使用,并已发展成为一个新的高分子材料分支——高分子生物医用材料。

高分子生物医用材料指的是用于制造能增强或取代生物组织、脏器和体外器官功能的代用品,以及药物剂型和医疗器械的聚合物材料。它已渗入到医学和生命科学的各个部门并应用于临床的诊断与治疗。特别是直接与体液接触的或可植入体内的所谓"生物医用材料",它们必须无毒或副作用极小,这就要求聚合物纯度高,杂质含量保持在$10^{-6}$级。另外,其物理化学性能和机械性能必须充分满足医学装置和人工器官功能和设计的要求。例如,人工肾用的过滤膜和人工肺用的气体交换膜,要求具备特殊的透析与分离机能。

目前高分子生物医用材料主要有非生物降解型和生物降解型两种。①非生物降解型高分子生物医用材料主要是聚氨酯、硅橡胶、聚乙烯、聚丙烯酸酯等,广泛用于韧带、肌腱、皮肤、血管、人工脏器、骨和牙齿等人体软、硬组织及器官的修复和制造以及粘合剂、材料涂层、人工晶体等。其特点是大多数不具有生物活性,与组织不易牢固结合,易导致毒性、过敏性等反应。②生物降解型高分子生物医用材料的主要成分是聚乳酸、聚酯、聚酸酐、改性的天然多糖和蛋白质等,在临床上主要用于暂时执行替换组织和器官的功能,或作为药物缓释系统和送达载体、可吸收性外科缝线、创伤敷料等。其特点是易降解,降解产物经代谢排出体外,对组织生长无影响,目前已成为高分子生物医用材料发展的方向。高分子生物医用材料的研究目前仍然处于经验和半经验阶段,还没有建立在分子设计的基础上,以材料的结构与性能关系,材料的化学组成、表面性质和生命体组织的相容性之间的关系为依据来研究开发新材料。当前研究主要集中在外科植入件用高分子材料和生物降解及药物控制释放材料等几个方面。

## 5.2 非生物降解性高分子生物医用材料

### 5.2.1 聚氨酯类

聚氨酯(PU)具有良好的生物相容性和优良的物理机械性能。对人体具有良好的生理可接受性,并且可以保持人体植入的长期稳定性[1]。聚氨酯是由多元醇、小分子扩链剂与异氰酸酯聚合形成的共聚物,其分子链由软段和硬段组成,多元醇(聚醚、聚酯等)构成软段,异氰酸酯和小分子扩链剂(二胺或二醇)构成硬段。通过调节软段或硬段的结构、长度与分布,相对比例及改变相对分子质量等方式,可在很大范围内改变聚氨酯的性能[2]。聚氨酯与其它生物医用材料相比,一个主要的物理结构特征是微相分离结构,由于硬段的极性强,相互间引力大,硬段和软段在热力学上具有自发分离倾向,即不相容性,硬段容易聚集在一起,形成许多微区,分布于软段相中,从而产生微相分离,这一微相分离的大小约在 10 nm 左右。其微相分离表面结构与生物膜相似,由于存在着不同表面自由能分布状态,改进了材料对血清蛋白的吸附力,即抑制了血小板的粘附,减少了血栓的形成,所以聚氨酯具有很好的生物相容性和血液相容性,加上聚氨酯的优异机械强度,耐挠屈性,且分子设计自由度大(可根据需要设计不同组成、构造的聚氨酯),因此聚氨酯作为生物医用材料很早就受到人们的重视[3]。本节主要介绍聚氨酯的改性及其在生物医学上的应用。

**1. 聚氨酯的改性**

聚氨酯作为一种广泛应用的高分子生物医用材料,本身具有良好的血液相容性,但尚未达到令人非常满意的程度,为进一步提高聚氨酯材料表面的抗凝血性能,国内外对聚氨酯改性作了大量的研究。通常,对聚氨酯的改性主要有:表面活性端基(SME)法;聚氨酯表面接枝聚合法;半互穿网络法;表面活性添加剂(SMA)法,以及纳米无机材料共混法。表 5.1 列出了这些方法的原理及其特点。

表 5.1 聚氨酯改性方法的原理及特点

| 改性方法 | 基 本 原 理 | 特 点 | 文献出处 |
| --- | --- | --- | --- |
| 表面活性端基法 | 表面活性端基与聚氨酯的端异氰酸酯基反应,形成以表面活性端基封端的共聚物 | 封端基团改变聚氨酯表面的化学及物理特性,从而提高其生物稳定性和生物相容性 | [4,5] |
| 表面接枝聚合法 | 通过物理或化学方法活化聚氨酯表面,使其表面产生活性基团,然后在表面发生接枝聚合反应 | 操作过程比较复杂,但是可接枝的聚合物较多,可根据所需性能选择 | [6~9] |

续表 5.1

| 改性方法 | 基 本 原 理 | 特 点 | 文献出处 |
|---|---|---|---|
| 半互穿网络法 | 两种或两种以上聚合物通过机械共混等方法相互贯穿而形成的聚合物网络体系 | 方法相对简单,并且将互穿网络锚定在本体材料上,克服了表面涂覆易脱落的缺点,在一定程度上提高了聚氨酯植入生物体内的长期生物相容性 | [10~13] |
| 表面活性添加剂法 | 表面活性添加剂在共混以及后期贮存的过程中迁移到聚氨酯表面上,引起聚氨酯表面特性的改变 | 聚氨酯材料表面更亲水,从而减少血液和聚氨酯之间的界面能,提高了聚氨酯的抗血凝性 | [14~16] |
| 纳米无机材料共混法 | 通过机械搅拌或超声,将纳米粒子与聚氨酯混合 | 结合了纳米材料独特小尺寸效应、量子效应、光电效应等特性 | [17] |

对于表面活性端基改性方法,选择合适的表面活性端基是一个重要因素,但由于可供选择的表面活性端基为数不多,而且有些封端端基在聚氨酯表面不能自发地组合成有序结构,因此这种方法有一定的局限性。

表面接枝聚合方法的操作过程比较复杂,而且聚氨酯表面化学性质的改变与传递细胞的表面化学过程之间的相互关系还需要进一步研究。

在互穿网络改性的聚氨酯中,分子运动活性受到限制,难以达到在聚氨酯表面自组装成生物膜表面的目的。Iwasaki 等[11]将甲基丙烯酸羟乙酯磷酰胆碱(MPC)在嵌段型聚氨酯(SPU)表面进行可见光辐射,形成半互穿网络结构,如图5.1所示。

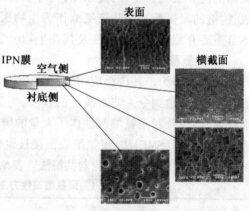

图 5.1 MS-IPN 结构的 SEM 照片[11]

采用表面活性添加剂改性聚氨酯的方法简单易行,在聚氨酯中加入适宜类型和适量的两亲性高分子添加剂,可以提高内皮细胞在基质上的粘附和生长,但内皮细胞在血液动力学条件下的稳定性还有待研究。

与纳米无机材料共混改性聚氨酯的方法具有较大的发展前景,然而若在生物医学领域中进行拓展还需要进一步研究和测定其生物相容性和抗疲劳强度。

**2. 聚氨酯的生物医学应用**

聚氨酯自 1937 年问世以来,以它良好的抗血栓、优异的理化性能和组织相容性、低毒性等优点在医学领域得到广泛的应用。在近 30 年的临床应用中,用聚氨酯制成的人工器官,部分或全部代替了人体某些器官,包括人工心脏、人工肺、骨粘合剂、人工皮肤与烧伤敷料、人工血管、气管、插管等[3~5]。在医学上使用的聚氨酯弹性体主要是热塑性聚氨酯(TPU)弹性体,它的性能根据原料二异氰酸酯、低聚物二醇及短链二醇扩链剂的品种及配比而定。表 5.2 给出了目前国外代表性的医用聚氨酯产品[6~11]。

**表 5.2 目前国外代表性的医用聚氨酯产品**

| 名 称 | 生 产 者 | 软段成分 | 硬段成分 | 主要用途 |
|---|---|---|---|---|
| Biomer | Ethicon 公司 | 聚四亚甲基醚二醇(PTMEG) | 4,4'-二苯甲烷二异氰酸酯(MDI)、乙二胺(EDA) | 人工心脏血泵平滑膜、血管涂层 |
| Cardiothane | Kontron 公司 | PDMS | MDI、二元醇 | 人工心脏血泵平滑膜、血管涂层 |
| Pellethane | Dow Chemical 公司 | PTMEG | MDI、1,4-丁二醇(BD) | 人工心脏、血液管、主动脉内球囊反搏 |
| Tecoflex | Thermomedics 公司 | PTMG | 氢化 MDI(HMDI)、丁二醇 | 人工心脏、血管材料 |
| SPEU | Utah 大学 | PEG-1000 | MDI/ED | 人工心脏及辅助装置、血管涂层 |
| 热塑 PU | ICI 公司 | | | 人工血管 |
| Solithane 113 | Thiokol 公司 | 蓖麻油 | TDI/叔胺基醇二溴代烷 | 与肝素络合,作为血液接触表面 |
| H-USD | 日本 | PU-5SD | | 与肝素络合,作为血液接触表面 |
| TM-3 | 东洋纺绩 | PTMG-1350 | MDI/丙二胺 | 人工心脏及辅助装置 |
| Eietronlour | Cooadyear 公司 | 聚 醚 | MDI/二元胺加 10%导电碳黑 | 人工心脏、血小管微孔气管 |
| Calthand ND2300 | Cal polymer 公司 | 聚 酯 | 脂肪族二异氰酸酯 | 颌面修复 |

注:MDI: OCN—⟨benzene⟩—CH$_2$—⟨benzene⟩—NCO　　TDI: CH$_3$—⟨benzene⟩(NCO)—NCO

HMDI: OCN—⟨benzene⟩—CN$_2$—⟨benzene⟩—NCO　　ED:乙二胺　　BD:1,4-丁二醇

下面主要介绍聚氨酯在人工器官和药物载体方面的应用。

(1) 人工器官

高分子材料作为人工脏器、人工血管等医用材料。从组织工程的角度可以分为两个方面：建造体外人工组织或器官，在体内促进细胞的生长和修复。

李瑶君等[18]以不同的工艺制造了PU多孔膜，研究了PU多孔膜的形态结构与透湿性的影响因素。经动物和临床试验证明，所制备的PU多孔膜无毒性，能有效地减少创面的水分蒸发，防止细菌感染，促进创面皮肤的愈合。Iwasaki等[11]用甲基丙烯酸乙基磷酸胆碱酯(MPC)对SPU进行表面改性，取得了较好的效果，MPC可以降低蛋白质和血小板的吸附(图5.2)，用于小直径人工血管。

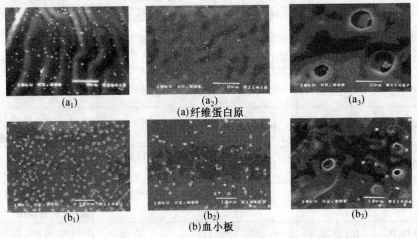

图 5.2 SPU 及 MS－IPN 膜上纤维蛋白原及血小板的吸附
1—SPU；2—MS－IPN 空气侧；3—MS－IPN 衬底侧

Lin 等[8,9]通过臭氧氧化或羟基化，嵌段聚氨酯(SPU)表面接枝含硫聚合物，利用含硫基团的抗凝血性，减少了血小板的吸附。此外，肝素植入PU的表面，也可提高材料的抗凝血性[16]。刘金成等[19,20]以有机硅改性的PU材料作为人工心脏辅助装置泵体的组体材料，研究了该材料的机械性能和泵体性能，并在动物体内进行了血液相容性的研究。结果表明，有机硅改性硬段的PU具有良好的机械性能，从机械力学角度满足了人工心脏辅助装置材料学的要求。在血液环境中，对蛋白质的吸附明显增加，对纤维蛋白原的吸附减少，因此抑制了血小板的粘附、活化，减少了血栓的发生。

由于PU是非降解性的，从组织工程角度看，选用可吸收材料可以避免由于植入件长期残留在体内带来的不良生物学反应。因此，人们对可降解聚合物修饰PU表面进行了大量研究。Hsu 等[7]通过等离子体接枝反应，将丙交酯接枝在 PU 表面,通过表面接触角的测量发现,表面接枝生物降解性分子后,表面的亲水性有所改善。通过体外培育脐血管内皮细胞和 3T3 纤维原细胞研究了表面的血液相容性(图 5.3、图 5.4)。结果表明,修饰表面提高了细胞的粘附作用,同时减少了血小板的活化(图 5.5)。这对于发展心血管材料有一定的借鉴意义。

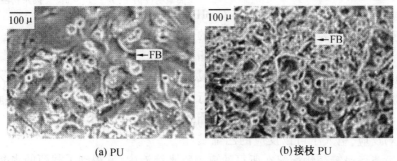

图 5.3　3T3 纤维原细胞(标记 FB)附着在 PU 及丙交酯接枝 PU 上的显微照片[7]

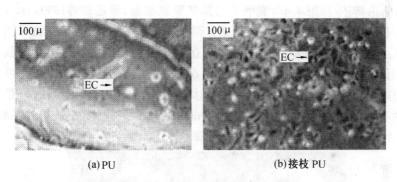

图 5.4　人脐血管内皮细胞(标记 EC)附着在 PU 及丙交酯接枝 PU 上的显微照片[7]

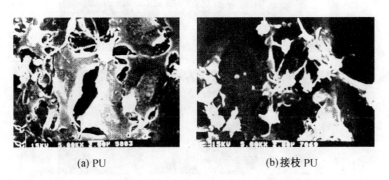

图 5.5　血小板粘附在 PU 及丙交酯接枝 PU 上的 SEM 形貌照片[7]

(2)药物载体

Yan 等[12]用甲苯二异氰酸酯(TDI)与聚四氢呋喃(PTMG)反应生成聚氨酯预聚体,然后与丙烯酸和丙烯酸羟丙酯(HPA)共聚,合成了聚丙烯酸(PA)-PU聚合物(PUA)。所得聚合物溶胀体对pH值敏感,因此可作为对pH敏感的药物的载体。Lee 等[21]将异佛尔酮二异氰酸酯(IPDI)与二羟甲基丙酸(DMPA)反应生成预聚物,通过与聚丁二醇(PBG)反应进行扩链,然后与甲基丙烯酸二羟乙酯(HEMA)反应,引入了可以反应的乙烯基

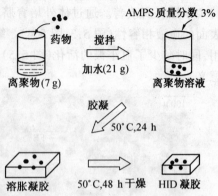

图 5.6 制备载药水凝胶的过程

基团,将消炎痛等药物溶解在所得的离聚物水溶液中,就得到了载药的水凝胶,过程如图 5.6 所示。

Jabbari 等[15]利用 4,4-亚甲基二苯基异氰酸酯,聚乙二醇(PEG)和 1,4-丁二醇(BD)悬浮液在高速搅拌下,通过两步缩聚制备了多孔 PU 微球体。从图 5.7 中可以看出,随着扩链剂 PEG 从 0~50% 质量分数的增加,孔的数量减少,并且典型孔的直径从 950 nm 下降到 600 nm。当扩链剂从 60% 增大到 67% 时,微球体几乎没有了孔。因此,微球体的多孔性取决于扩链剂的数量。由 50% 的 PEG 扩链剂制备的包裹二嗪农(diazinon)PU 微球体,在最初的零时刻,约 3% 的活性二嗪农从微球体中释放出来,随时间线性变化(图 5.8)。

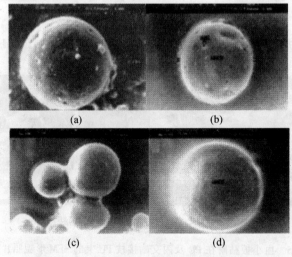

图 5.7 不同扩链剂含量制备的 PU 微球体[15]

a—无扩链剂;b—PEG:BD = 50:50;c—PEG:BD = 60:40;d—PEG:BD = 67:33;摩尔质量比

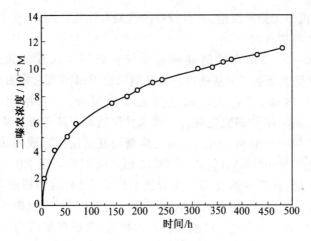

图 5.8　微球体中二嗪农的浓度与时间关系

### 5.2.2 聚有机硅氧烷类

有机硅的基本结构单元(即主链)是由硅氧连接构成的,侧链则通过硅原子与其它各种有机基团相连。因此,在有机硅的结构中既含有"有机基团",又含有"无机结构",这种特殊的组成和分子结构使它集有机物的特性与无机物的功能于一身。聚有机硅氧烷类是重要的有机硅聚合物。

**1. 聚有机硅氧烷类的结构及性质**

聚有机硅氧烷类的单元结构如图 5.9 所示[22],由于主链上无双键存在,因此不易被紫外光和臭氧所分解。聚有机硅氧烷可大致分为长链结构和复杂交联结构两种。此外,聚有机硅氧烷也可以根据硅上的有机基团来分类,在多数情况下可分为甲基系聚有机硅氧烷(单元结构 $Me_2SiO$),苯基系聚有机硅氧烷(单元结构 $Ph_2SiO,PhSiO_{3/2}$)及含氢系聚有机硅氧烷(单元结构 $MeHSiO$)等。

图 5.9　硅烷结构[22]

聚有机硅氧烷的主链十分柔顺,这种优异的柔顺性源于其基本几何分子构型。由于其分子间的作用力比碳氢化合物要弱得多,因此,比同相对分子质量的碳氢化合物粘度低,表面张力弱,表面能小,成膜能力强。

**2. 聚有机硅氧烷类的生物医学应用**

聚有机硅氧烷类化合物是现知最无活性的化合物之一。它们十分耐生物老化,与动物机体无排异反应,具有较好的抗凝血性能。因此,在生物医学领域被用来制造体内植入物。

由 Dow Cornin 公司合成的硅橡胶是仅有的用于医疗的聚合物中的一种[23],它的重复单元是二甲基硅烷。聚硅氧烷还可以同其它物质共聚,从而提高它的性能。例如,将有机硅氧烷与壳聚糖混合,改善细胞的生物相容性[24,25]。Shirosaki 等[25]研究发现,γ-缩水甘油醚氧丙基三甲氧基硅烷(GPSM)的甲氧基在水解中产生 Si-OH 基,与壳聚糖的氨基反应形成网状结构的混合物。混合物表面平坦(图5.10(a)),形貌类似于壳聚糖。当 MG-63 细胞在表面上培养一天后,在壳聚糖表面上没有细胞附着,但细胞却能附着在 GPSM-壳聚糖混合物的表面上,相邻的细胞聚积在一起并向外伸展(图5.10(b))。生长到第6天时,细胞几乎完全将混合物表面覆盖,形成多层结构(图5.10(d)),而在壳聚糖表面上,只有少量细胞附着其上。因此可以说明这种混合物是无毒的。

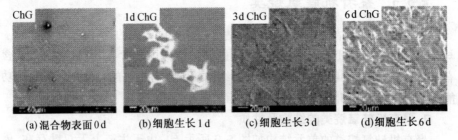

(a)混合物表面0d　(b)细胞生长1d　(c)细胞生长3d　(d)细胞生长6d

图 5.10　GPSM-壳聚糖混合物的表面及细胞生长的 SEM 照片[25]

Ren 等[26,27]通过 sol-gel、快速凝胶、溶胀冷冻干燥制备了多孔支架,其密度随着 GPSM/(GPSM+明胶)的增大而增大,但孔尺寸、孔隙率却降低。冷冻温度也会影响孔尺寸和孔隙率(图5.11)。因此可根据需要制备不同孔尺寸、孔隙率的支架。研究发现,在支架中添加适量的 $Ca^{2+}$ 会更有利于造骨细胞 MC3T3-E1 的增殖(图5.12)。在支架上培养1d后,细胞附着在支架上,并伸展成丝状。2个星期时,在细胞表面产生了直径为 0.5~1.0 μm 的小球,经分析

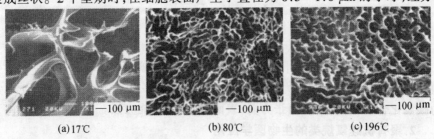

(a)17℃　　　　　(b)80℃　　　　　(c)196℃

图 5.11　不同冷冻温度制备的支架断裂面 SEM 形貌[26,27]

确定这些小球是 Ca。培养 3 周后,细胞进入到胶原质纤维束中。

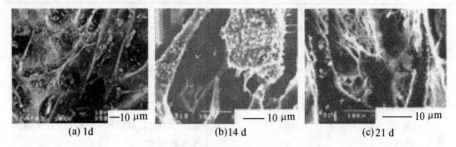

(a) 1d　　　　　　　(b) 14 d　　　　　　　(c) 21 d

图 5.12　MC3T3-E1 细胞在含 $Ca^{2+}$ 支架上培养不同时间的 SEM 形貌[26,27]

此外,有机硅氧烷还可与 PMMA 形成含 Ca 的复合物,作为骨植入材料或填料,提高造骨细胞的生物活性[28]。

### 5.2.3　聚甲基丙烯酸酯类

聚甲基丙烯酸酯是一大类聚酯,最普通的是俗称"有机玻璃"的聚甲基丙烯酸甲酯。

**1. 聚甲基丙烯酸酯的合成**

甲基丙烯酸酯类按其性能大致可分为三类:非官能性单体、官能性单体和多元醇的酯类。具体合成见表 5.3[29]。

表 5.3　聚甲基丙烯酸酯的合成及用途[29]

| | | 单体 | 制备方法 | 用途 |
|---|---|---|---|---|
| 非官能性单体 | 甲基丙烯酸甲酯 PMMA | $CH_2=C(CH_3)-C(O)-OCH_3$ | 丙酮氰醇(ACH)法、异丁烯二步氧化法、乙烯碳基合成法 | 有机玻璃、塑料、涂料、胶粘剂、润滑剂、浸润剂 |
| | 甲基丙烯酸乙酯 PEMA | $CH_2=C(CH_3)-C(O)-OC_2H_5$ | 由 MAA 和乙醇进行酯化反应 | 粘合剂、涂料 |
| | 甲基丙烯酸丁酯 PBMA | $CH_2=C(CH_3)-C(O)-OCH_2(CH_2)_2CH_3$ | 丁醇与 MMA 在硫酸催化下发生酯交换反应,或者利用甲基丙烯酰胺硫酸盐与水、丁醇进行水解和酯化反应 | 防水涂料、胶粘剂、纤维处理剂,玻璃的透明夹层 |
| | 甲基丙烯酸异丁酯 P$i$-BMA | $CH_2=C(CH_3)-C(O)-OCH_2-CH(CH_3)-CH_3$ | MMA 与异丁醇进行酯化反应制得 $i$-BMA 粗品,经过滤、精馏而得成品 | 有机合成的单体、胶粘剂、牙科材料、纤维处理剂 |

续表 5.3

| | 单 体 | 制 备 方 法 | 用 途 |
|---|---|---|---|
| 甲基丙烯酸叔丁酯 PTBMA | $CH_2=C(CH_3)-C(O)-O-C(CH_3)_3$ | 由 MMA 与叔丁醇酯化反应制得 | 涂料、分散剂、纤维处理剂、包覆材料 |
| 甲基丙烯酸 PMAA | $CH_2=C(CH_3)-C(O)-OH$ | 采用 ACH 在硫酸作用下生成 MAAS，再水解而得 | 粘合剂、交联剂 |
| 甲基丙烯酸 β-羟乙酯 PHEMA | $CH_2=C(CH_3)-C(O)-OCH_2CH_2OH$ | 由 MMA 和氢氧化钠合成甲基丙烯酸钠，再与 α-氯乙醇反应制得；或者由 MMA 与环氧乙烷加成反应制得 | 树脂及涂料的改性、制备隐形眼镜的主要材料，在厌氧胶中用做稳定剂 |
| 二甲基丙烯酸乙二醇酯 PEGDMA | $CH_2=C(CH_3)-C(O)-OCH_2CH_2O-C(O)-C(CH_3)=CH_2$ | 由 MMA 与乙二醇在硫酸催化剂下直接进行酯化反应制得 | 交联剂、改性剂、胶粘剂、牙科材料、油墨等 |
| 二甲基丙烯酸一缩乙二醇酯 PDEGDMA | $CH_2=C(CH_3)-C(O)-OCH_2CH_2-O-CH_2CH_2-O-C(O)-C(CH_3)=CH_2$ | 由 MMA 与一缩乙二醇进行酯化反应制得 | 交联剂、改性剂、涂料和感光树脂 |

注：官能性单体、多元醇

除以上聚合物外，人们根据性能的需要，还制备了多种共聚物。Bodugoz 等[30]采用悬浮聚合法制备了直径为 800～1 500 μm 的 Pi–BMA 微球（图 5.13），对汽油具有很好的溶胀性，从而可用于回收水中的汽油。最近 Xue 等[31]报道采用原子转移自由基聚合（ATRP）法制备了核壳结构的星形 PMMA（图 5.14），具有很高的相对分子质量和低分散性。黄海

图 5.13 Pi–BMA 微球的光学显微镜照片[30]

平等[32]以偶氮二异丁腈为引发剂,通过自由基聚合方法得到了一类新型的手性聚甲基丙烯酸酯类聚合物。

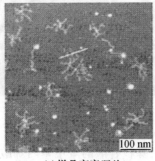
(a)样品高度照片

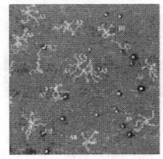
(b)样品形貌照片

图 5.14　星形 PMMA($M_w \approx 535\,000$)的扫描力显微镜(SFM)照片[31]

**2. 聚甲基丙烯酸酯的生物医学应用**

骨科用胶粘剂最常见的是骨水泥。最早期的骨水泥属于丙烯酸类,是由甲基丙烯酸甲酯的均聚物或共聚物与甲基丙烯酸甲酯单体组成的室温自凝塑料。该材料具有两大生物学特性:一是其良好的生物相容性和骨结合性;二是其生物学惰性,即植入体内后与天然骨之间不发生反应,具有良好的机械强度,保证材料在体内不被吸收不变形。多用于骨组织与金属或高分子聚合物制造的人工器官、各种关节的粘接,也用于骨转移性肿瘤病理性骨折的填充固定。

马新亮等[33]以狗为研究对象,探讨了聚甲基丙烯酸酯骨水泥对骨缺损修复的可行性。在将聚甲基丙烯酸酯植入骨缺损 3 个月后,缺损区充满了骨水泥,骨水泥周边的骨小梁清晰可见,未见到骨吸收和炎症出现,形成了良好的骨－骨水泥界面。Flautre 等[34]还制备了 PMMA－羟基磷灰石复合材料,用于骨缺损的修复。

含亲水羟基的 PHEMA 十分引人注目,PHEMA 具有良好的透明性,容易加工成有一定曲率的薄膜镜片,湿态下柔软,有弹性,含水量高。与角膜接触时,有一定的透气性,是比较理想的软接触镜片材料[35,36]。Vijayasekaran 等[37]将 PHEMA 材料植入到兔眼角膜板层,12 周后对植入物中的活细胞进行了半定量分析发现,12 周后植入物中的活细胞较 2 周时明显增多(图 5.15),表明 PHEMA 为细胞的增殖提供了良好的环境。梁涛等[38]将全反式维甲酸定量修饰在聚甲基丙烯酸酯人工晶状体表面,制成了维甲酸修饰人工晶状体,并将其植入兔眼内,手术后 15～30 d,虹膜、睫状体、视网膜组织结构完整,无肿胀、萎缩等毒性反应,并且可有效抑制视网膜色素上皮细胞的增殖。

聚甲基丙烯酸酯的纳米粒子还可作为反义寡核苷酸传递系统。王文喜[39]采用溶剂－非溶剂法制备形态规整、大小均匀、平均粒径为 127 nm 左右的载药

(a) 2周后　　　　　　　　　　　(b) 12周后

图 5.15　植入体细胞生长的光学照片(箭头指的是生长的细胞)[37]

纳米粒,几乎所有的药物被负载。载有反义寡核苷酸的聚甲基丙烯酸酯纳米粒进入细胞内后,药物量急剧增加,但对细胞有轻微的毒性作用。

## 5.3　天然生物降解性高分子生物医用材料

生物降解性高分子生物医用材料在体内一段时间可以充分发挥功能,一段时间后开始降解并失去原有的功能,其降解产物经新陈代谢后被吸收或排出体外。由于生物降解性高分子生物医用材料无须再次施行外科手术将其移出,因而在要求临时性存在的植入治疗中有广泛的应用前景。主要应用在手术缝合线、外科手术隔离材料、人造皮肤、人造血管、骨固定及修复、组织工程载体及药物控制释放等领域[40~44]。

生物降解性高分子生物医用材料根据其来源分为天然和人工合成两类。天然材料是指来源于动植物或人体内天然存在的大分子。天然高分子材料是人类最早使用的医用材料,因为它们具有良好的生物相容性,几乎都可以降解,而且降解产物无毒。作为医用的天然材料,我们希望具备以下特点:①原料来源丰富,便宜易得;②易加工成型;③具有适宜的物理力学性能;④不引起异体免疫反应。到目前为止,能够完全满足这些条件的天然材料很少,但有一些天然材料经过适当的改性后可以广泛应用于医学中。下面详细介绍天然多糖和蛋白质两类天然生物降解性高分子生物医用材料。

### 5.3.1　天然多糖类材料

在自然界中存在着大量的多糖类高分子,如纤维素、甲壳素、淀粉、木质素、海藻酸等,都是很好的生物降解性高分子材料。本节主要介绍纤维素和甲壳素在生物医学领域中的应用。

**1. 纤维素**

纤维素是地球上最丰富的碳水化合物,它是以 D-吡喃式葡萄糖基作为其结构基环,结构如图 5.16[29]。

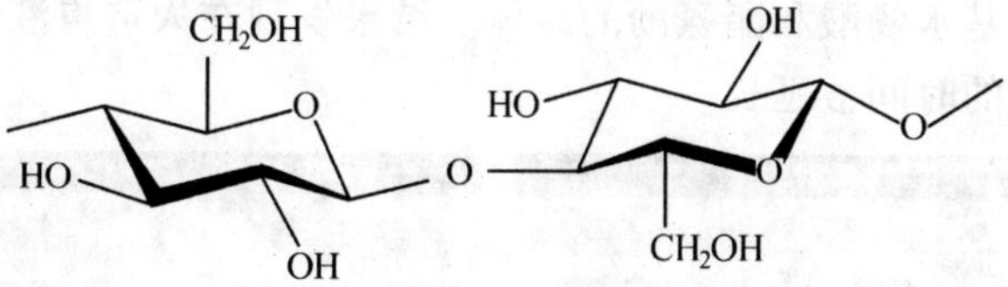

图 5.16 纤维素的结构[29]

纤维素分子单体上的 3 个醇羟基可以发生各种酯化与醚化反应[29],因而在很大程度上可以改变纤维素的性质,从而制造出应用广泛的纤维素衍生物。表 5.4 是一些常用的纤维素化学改性方法。除此之外,还可采用接枝共聚、交联等方法进行纤维素的改性。

表 5.4 纤维素化学改性的方法[29]

| 改性方法 | 改性体 | 反应试剂 | 置换基 |
| --- | --- | --- | --- |
| 酯化法 | 硝酸纤维素 | $HNO_3$ | —$ONO_2$ |
| | 醋酸纤维素 | $(CH_3CO)_2O$ | —$OCOCH_3$ |
| 醚化法 | 甲基纤维素 | $CH_3Cl$ | —$OCH_3$ |
| | 乙基纤维素 | $CH_3CH_2Cl$ | —$OCH_2CH_2OH$ |
| | 羟乙基纤维素 | $ClCH_2CH_2OH$ | —$OCH_2CH_2OH$ |
| | 羧甲基纤维素 | $ClCH_2COOH$ | —$OCH_2COONa$ |

固体分散技术在缓释制剂中的应用是药剂学研究中的一项重要进展。选用适宜的纤维素载体材料,确定适宜的药物与载体孔形成剂的配比,可以制得理想释药速度的缓释固体分散物。应用于生物粘附给药系统的纤维素衍生物主要有:羧甲基纤维素(CMC)、羟乙基纤维素(HEC)、羟丙基纤维素(HPC)、羟丙基甲基纤维素(HPMC)等。纤维素类粘附材料可以制成悬浮性给药系统,先粘附在胃粘膜上,当粘膜脱落时,在胃内部形成水凝胶,从而延长药剂在胃部的停留时间。

Fundueanu 等[45]采用溶剂蒸发法制备了负载水溶性药物四环素盐酸的纤维素醋酸丁酸盐(CAB)微球体,如图 5.17 所示。利用纤维素衍生物的溶胀性实现药物的释放。Chambin 等[46]制备了微晶纤维素(MCC)、羟丙基甲基纤维素(HPMC)和乙基纤维素(EC),其中 MCC 和 HPMC 颗粒具有粘着结构,而 EC 颗粒很脆,在表面上有许多的细纤维缠结在一起,如图 5.18 所示。他们以这三种纤维素衍生物作为茶碱的载体,研究药物的释放行为。后来又有人研究扑尔敏马来酸盐和茶碱从乳糖(SDL),微晶纤维素(MCC),羟丙基甲基纤维素(HPMC)中的释放行为[47]。Liesiene 等[48]以带有三个氨基的水溶性纤维素衍生物作为酸性药物十六烷基水杨酸和醋氨酚的载体。结果发现在人造胃液中,药物从聚合物中释放出来的时间被延长。

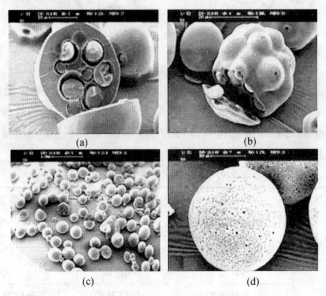

图 5.17  无惰性溶剂(a)、(b)和含 30%(体积分数)环己胺(c)、(d)时采用 o/w 溶剂蒸发法制备的 CAB 的 SEM 照片(转速为 450 r.p.m.,温度 $T=55℃$)[45]

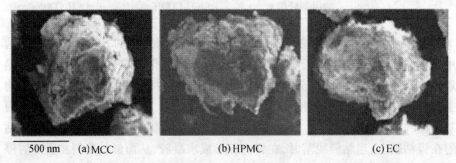

图 5.18  MCC、HPMC 及 EC 形貌的 SEM 照片[46]

纤维素在医学上最重要的用途是制造各种医用膜。如在血液净化中广泛应用的铜仿膜、醋酸纤维膜及最近开发的血仿膜等。Kitamura 等[49]由传统的 β-磷酸钙(TCP)制备了多孔性 α-TCP,然后用羟丙基纤维素(HPC)覆盖孔,进行热处理,从而降低了材料的溶解速率。通过生物体内试验证明,HPC 所覆盖的多孔 α-TCP 植入兔胫骨后可保持 4 周,而且由于 HPC 的覆盖,改善了 α-TCP 的生物吸收性。孙康[50]等研究了半流体 CMC 对椎板切除后硬膜粘连的预防效果。动物实验表明,CMC 作为三维屏蔽材料既能包绕神经根,又可保护硬膜,能够有效地防止硬膜粘连。李有柱等[51]采用 $Fe^{3+}$ 改性 CMC,改性的 CMC 能有效防止或减轻手术后的腹膜粘连,而且不会影响切口和创面的愈合。这主要是因为 CMC 交联后延长了在体内的存留时间。Meier 等[52]以聚己内酯-甘油(PCL-T)作为增塑剂,水作为孔形成剂,将纤维素醋酸盐(CA)浇注成膜(图5.19)。分析了水对膜的形态、孔隙率以及药物(扑热息痛)渗透系数的影响及 PCL-T 对膜渗透系数的影响。通过添加 PCL-T 与非溶剂的结合制了一系列 CA 膜,使扑热息痛的渗透系数处于 $10^{-7} \sim 10^{-5}$ cm·s$^{-1}$。

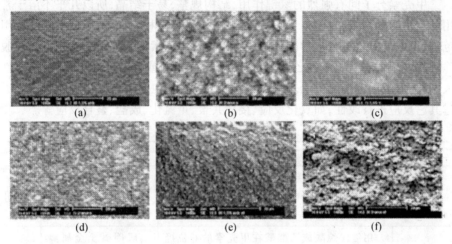

图 5.19 在 1.5%$H_2O$(a)~(c)及 4.0%$H_2O$(d)~(f)中制备的 CA/PCL-T 膜的 SEM 照片
CA/PCL-T 的比例分别为 90/10(a),(d)和 70/30 (b),(e),其中(a),(b),(d),(e)为表面形貌,(c),(f)为剖面形貌[52]

**2. 甲壳素**

甲壳素是一种天然聚多糖,又称为甲壳质、几丁质,广泛分布于自然界甲壳纲动物(如虾、蟹)、昆虫(如蛸翅目、双翅目)的甲壳和真菌(如酵母、霉菌)的细胞壁中,产量仅次于纤维素。甲壳素制造工艺简单,价格低廉,同时由于它具有良好的可纺性、成膜性、可化学修饰性以及无毒害和生物相容性,因此在许多领域得到广泛的应用。

(1)甲壳素的结构与性质

甲壳素的化学名称为(1,4)-2-乙酰胺基-2-脱氧-β-D-葡聚糖[29],它是通过 β-(1,4)糖苷键连接在一起的线性生物聚合体,其结构与纤维素非常相似,如图 5.20 所示。

甲壳素的大分子间存在有序结构,有 α、β、γ 三种不同的晶型[53]。在虾、蟹等甲壳中的甲壳素,相邻分子链的方向是逆向的,为 α 型,这种晶型较稳定。而在昆虫甲壳中的甲壳素,邻接分子链方向是平行取向的,为 β 型。由于 β 型甲

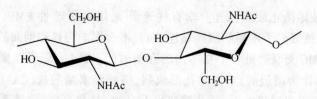

图 5.20 甲壳素结构[29]

壳素分子间的氢键比 α 型的少,所以稳定性较差。

甲壳素分子间有强烈的氢键作用,结构规整,易于结晶,所以几乎不溶于常用的有机溶剂和水,也不溶于酸碱水溶液,化学性质相当稳定,降低了它的应用范围,经常需对它进行化学改性制成衍生物。甲壳素的主要衍生物是甲壳素脱除乙酰基后的产物——脱乙酰甲壳素,又名壳聚糖或可溶性壳聚糖,其溶解性大大改善,应用范围更广泛。表 5.5 列举了甲壳素主要改性方法,此外,还可通过其它反应进行改性,如氧化反应、接枝共聚、重氮化、成盐、螯合反应等。

表 5.5 甲壳素的化学改性

| 改性方法 | 制备过程 | 优点 | 文献 |
| --- | --- | --- | --- |
| 酰基化 | 酰化反应可在羟基或氨基上进行,通常的酰化试剂为酸酐或酰氯,如直链脂肪酰基、支链脂肪酰基、芳烃酰基 | 改善了溶解性、膜表面润湿性和凝血性 | [54,55] |
| 羧基化 | 用氯代烷酸或乙醛酸在甲壳素的 6 位羟基或氨基上引入羧烷基基团,研究最多的是羧甲基化反应 | 吸附碱土金属离子、增强保水性、膜透气性、抑菌、杀菌 | [56] |
| 酯化 | 在含氧无机酸酯化剂的作用下,与甲壳素的羟基形成有机酯类衍生物,常见的反应有硫酸酯化和磷酸酯化 | 具有抗凝血、抗癌作用 | [57] |
| 醚化 | 与羧甲基反应类似,主要是在羟基上形成相应的醚类衍生物 | 改善水中的溶解度,具有良好的保水性 | [58] |
| N-烷基化 | 由于—$NH_2$ 具有很强的亲核作用,在 N 上很容易引入烷基类取代基 | 易溶于水,且能与阴离子洗涤剂相溶 | [59] |
| 水解 | 这是较常见的降解反应,水解方法一般有辐射法、高硼酸氧化和酸溶液回流 | 具有抗癌作用,对中枢神经有镇静作用,能促进植物生长 | [60] |

由于甲壳素具有良好的生物相容性和适应性,并具有消炎、止血、镇痛和促进肌体组织生长等功能,可促进伤口愈合,因此被公认为保护伤口的理想材料。

甲壳素作为低等动物中的纤维组分,兼具高等动物组织中的胶原和高等植物纤维中纤维素两者的生物功能,因此生物特性十分优异,其主要特征为:

①生物相容性好。甲壳素及其衍生物是无毒副作用的天然聚合物,其化学性质和生物性质与人体组织相近,因此,其制品与人体不存在排斥问题。

②生物活性优异。甲壳素及其衍生物因本身所含复杂的空间结构而表现出多种生物活性,其制品具有抑菌、降低血清和胆固醇含量、抑制成纤维细胞生长、直接抑制肿瘤细胞以及促进上皮细胞生长、促进体液免疫和细胞免疫等作用。

③生物降解性好。甲壳素及其衍生物在酶的作用下会分解为低分子物质。因此,其制品用于一般的有机组织均能被生物降解而被机体完全吸收。

(2)甲壳素的生物医学应用

在医学领域,甲壳素作为一种生物相容性良好的新型生物医用材料正在受到人们的普遍重视。其中可吸收缝线、人工皮肤已进入临床应用并有商品出售。Su 等[61]研究发现,糖化甲壳素膜可以通过诱发细胞增殖、促进成纤维细胞转移来加速伤口愈合。通过控制甲壳素的脱乙酰度和相对分子质量而制成的水溶性甲壳素比甲壳素具有更好的加快伤口愈合能力,有望成为一种更理想的医用敷料[62]。

Lee 等[63]制备了加入血小板生长因子(PDGF - BB)的甲壳素衍生物壳聚糖海绵,实验结果显示细胞在海绵体基质中粘附、分化以及生长状况良好,具备诱导新生骨生成的作用,如图 5.21 所示。

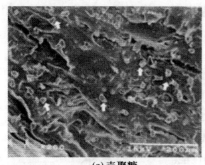 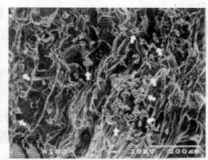

(a)壳聚糖　　　　　　　(b)PPGF-BB/壳聚糖

图 5.21　造骨细胞在壳聚糖和 PDGF - BB/壳聚糖上生长 1 d 后的 SEM 照片[63]

最近,有报道将甲壳素制作成多孔可降解生物支架材料用于组织工程的研究。陈富林等[64]研究了甲壳素作为植骨材料的生物相容性。用含有甲壳素浸出液的培养基培养人成骨细胞,发现不影响人成骨细胞的生长和碱性磷酯酶的活性,人成骨细胞在甲壳素膜表面形态良好,能够较好地贴附和伸展。将多孔甲壳素植入小鼠股部肌袋中,周围组织无明显炎性反应,未发现组织变性和坏死,并可完全降解,证明甲壳素具有较好的骨性生物相容性。Ge 等[65]将羟基磷灰石和甲壳素以不同比例混合,制成复合支架材料。通过培养鼠成纤维细胞、人成纤维细胞和人成骨细胞发现此材料对三种细胞均无毒性。将其植入大鼠肌袋中 14 d 后,材料无致敏性,并能够在体内降解。将由间叶干细胞诱导的成骨细胞植于支架材料上,然后植入兔股骨 4 mm 骨缺损处。两个月后,成骨细胞在部分降解的支架上聚积并大量增殖,周围新生组织大量迁入。所有结果充分显示了这种复合材料作为骨组织工程支架材料的可能性。陈锦平等[66]研究了几丁质-硅胶复合物在引导性骨再生中的作用。新西兰兔造成双侧桡骨 15 mm 骨缺损,分别应用几丁质-硅胶复合膜、几丁质膜、硅胶管及空白对照,手术后 2、4、6、8、12、16 周处死动物,进行组织学检查。几丁质-硅胶复合膜组成的骨缺损区在成骨活动的活跃程度、骨再生量和再生髓腔结构等方面均优于单纯几丁质、硅胶管及空白对照组,使骨缺损得到了修复。脱乙酰基甲壳素(壳聚糖)在组织工程中也到了广泛研究[67]。

药物控制释放技术正越来越受到人们的重视,甲壳素具有良好生物相容性和生物降解性,因此是理想的缓释材料[68~70]。Mao 等[68]制备了直径为 100~250 nm 的壳聚糖-DNA 纳米粒子,研究了 DNA、壳聚糖及硫酸钠的含量、溶液的温度、pH 值、壳聚糖和 DNA 的相对分子质量对粒径大小及分布的影响。

### 5.3.2 天然蛋白质类材料

蛋白质是一类重要的生物大分子,在生物体内占有特殊的地位。蛋白质的组成中除含有碳、氢、氧外,还有氮和少量的硫。许多蛋白质仅由氨基酸组成,不含其它化学成分。下面主要介绍胶原和纤维蛋白两类天然蛋白质材料。

**1.胶原**

胶原或称胶原蛋白,是动物体内含量丰富的蛋白质,由原胶原蛋白分子经多级聚合形成胶原纤维。胶原主要分Ⅰ~Ⅴ型,如软骨中为Ⅱ型、骨组织中为Ⅰ型等。不同类型的胶原由于氨基酸组成和含糖量不同而具有自己特有的性能。

(1)胶原的组成及性质

胶原相对分子质量大约为十万左右,它主要由 3 条称为 α 肽链或 α 链的多肽链缠绕成特有的超螺旋构造如图 5.22 所示[71],每条肽链大约由 1 000 个氨基酸组成。

天然胶原不易溶于碱、弱酸及一般浓度的中性盐类。它的等电点为 7~7.8,在强碱中长

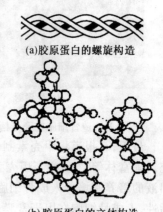

(a)胶原蛋白的螺旋构造

(b)胶原蛋白的立体构造

图 5.22 胶原的构造[71]

时间浸渍,等电点会降至 4.7~5.3,并有溶解现象。胶原蛋白不易被一般的蛋白酶水解,但能被梭菌或动物的胶原酶断裂。断裂的碎片自动变性,可被普通的蛋白酶水解。

(2)胶原的生物医学应用

胶原是一种具有良好生物学特性和弱的抗原性、生物降解性和止血性的材料。目前,胶原在组织工程化皮肤、骨组织和软骨组织中应用较广泛。

作为组织工程方面应用的胶原具有凝血、促进细胞生长、力学性能和透水气性能优良等优点,因此,在人造皮肤的应用中受到了研究者的关注。王韦等[72]用Ⅲ型猪胶原、60~100目的尼龙筛网和聚乙烯膜制成3层人工皮,用于浅Ⅱ、深Ⅱ、混合度、各种Ⅲ类烧伤116例,供皮区均取得显著疗效,并表明其具有天然皮肤的表皮和真皮的功能,可替代猪皮或尸体皮用于外科手术。赵春安等[73]用胃蛋白酶限制性降解法从异体真皮中提取胶原蛋白,在真空冷冻条件下干燥,获得了人体真皮胶原蛋白膜,透水性强,粘附性好,较少抗原性,临床应用治疗烧伤切痂创面7例,效果较好,可作为自体皮肤细胞的载体和代替真皮移植用于烧伤面的覆盖。

在组织工程中,胶原也可用做纤维细胞培养的基质。胶原多数以纤维形式存在,它的孔隙度与其浓度和维数有关,在材料中胶原孔径大小可强烈影响细胞行为。Du 等[74,75]采用仿生原位沉积矿化法制备出仿生胶原/纳米羟基磷灰石复合骨支架材料,与普通的胶原/微米羟基磷灰石复合材料相比,具有生物可降解性高、表面能较大、生物相容性好与生物活性更好等特点。但目前的胶原/纳米羟基磷灰石复合材料强度较低,体内生物降解太快,还不能与骨生长速度很好地匹配。Chen 等[76]将胶原/PLGA/磷灰石混合制备出生物可降解的三维多孔支架材料,用于硬组织工程。在 PLGA 海绵孔中胶原微海绵形成,胶原微海绵具有相互连通的孔结构。PLGA 海绵多次交替浸入 $CaCl_2$ 和 $Na_2HPO_4$ 溶液中,制备出胶原/PLGA/磷灰石海绵。随着浸没的次数增加,颗粒变密并变大。复合材料的机械强度高于单纯的 PLGA 或胶原,细胞粘附和扩展性较好。

在软骨的构建上,陈富林[77]采用胶原与软骨细胞复合移植于动物皮下,2个月后形成新生软骨组织。Nehrer[78]利用Ⅰ型和Ⅱ型胶原复合软骨细胞进行了狗关节软骨缺损的修复,结果Ⅱ型胶原的修复效果最好,形成了透明软骨组织,对照组则为纤维组织和纤维软骨样组织所充填,在移植组织和原位组织的结合部位,无论对照组还是实验组均有纤维或纤维软骨样组织界面,说明采用胶原复合软骨细胞的组织工程方法修复软骨缺损是可行的,但与原位组织的整合尚有待进一步提高。

无论Ⅰ型还是Ⅱ型胶原本身由于 α 平滑肌动蛋白的存在都具有收缩性,作为组织工程支架支持能力不足。研究者采用了各种交联方法以提高其对细胞的支持效果。Lee 等[79]将采用热脱水(DHT)、紫外线照射(UV)、戊二醛(GTA)和1-乙基-3-(3-二甲基苯胺)硝化甘油(EDAC)进行交联的胶原蛋白与软骨细胞复合,观察其生物力学性能和细胞增殖及基质分泌情况,结果表明 DHT 和 UV 的收缩率最大(60%),EDAC 的收缩率最小(30%),EDAC 和 GTA 最有利于基质的合成。

胶原蛋白不仅生物相容性好,而且可以通过降解机制控制药物释放的速度,在生物医用材料领域有较多的研究应用。在药物释放体系中,胶原主要被用做药物载体、赋型剂或缓释壳层等。缓释系统的形式有多种,如膜、海绵、微胶囊等。Maeda 等[80]将胶原蛋白溶液和人血清白蛋白(HSA)溶液混合,分别制成胶原蛋白膜、胶原蛋白海棉和胶原蛋白微条三种载药体系,其中海棉中的 HAS 释放的非常快,在6 h 内便可以释放约80%的药物。这主要是因为海棉吸水后迅速膨胀,使海棉孔隙增多和加大,从而导致 HSA 的释放加快。HSA 从膜中释放的速率较低,而微条没有最初的药物突释现象,HSA 在3 d 内持续稳定释放。由此可以推断,胶原蛋白的形状和结构对药物的释放有很重要的影响。含有人生长荷尔蒙(hGH)的胶原膜对伤口的愈合具有显著作用[81]。Lee[82]实验室研制了模拟可植入生物医用材料钙化过程的胶原膜(如心脏瓣膜),评价了不同比例胶原和弹性蛋白构成的膜作为药物传输系统的实用性,并考察了胶原和弹性蛋白在组织钙化中的作用,进而有助于对其进行改进。

**2. 纤维蛋白**

纤维蛋白主要存在于血液中,在凝血酶的作用下,纤维蛋白原生成纤维蛋白,它还可继续聚合形成血块。纤维蛋白凝块可被血纤维蛋白溶解系统所溶解。

(1)纤维蛋白原的结构和性质

纤维蛋白原由3对多肽链组成,称之为 Aα 链、Bβ 链和 γ 链,相对分子质量分别为 66 500、52 000、46 500。三对多肽链的氨基酸序列是同源的,但每条链都存在一些结构变体,从而赋予一些分子微区特异功能。表5.6列出了纤维蛋白原的一些理化性质[29]。

表5.6 纤维蛋白原的理化性质[29]

| 项 目 | 性质 | 项 目 | 性质 |
|---|---|---|---|
| 相对分子质量 | 340 000 | 分子体积/$nm^3$ | $3.7 \times 10^3$ |
| 沉积系数($S_{20,w}$)/s | $7.8 \times 10^{-13}$ | 消光系数($A_{280}$) | 16.3 |
| 平移扩散系数($D_{20,w}$)/($cm^2 \cdot s^{-1}$) | $1.9 \times 10^{-7}$ | 特性粘度/($dL \cdot g^{-1}$) | 0.25 |
| 转动扩散系数/$s^{-1}$ | 4 000 | 水化率/($g \cdot g^{-1}$) | 6 |
| 滚筒速比($O_{20,w}$) | 2.34 | α 螺旋含量/% | 33 |
| 微分比容($f/f_0$)/($cm^3 \cdot g^{-1}$) | 0.72 | 等电点 | 5.5 |

(2)纤维蛋白原的生物医学应用

由于纤维蛋白在凝血酶作用下可聚合成立体网状结构的纤维蛋白凝胶,并释放β转化生长因子(TGF-β)和血小板衍生生长因子(PDGF)等来促进细胞粘附、增殖并分泌基质,因而具有良好的生物相容性及生物降解性,不易引起炎症、异物反应、组织坏死或广泛的纤维变性,使用后形成的纤维蛋白凝块可在数天或数周内被吸收,促进血管及局部组织的生长、形成和修复,并可以快速粘接创面、止血。由于其液体粘度小,特别适用于凹凸不平和深度创伤,组织亲合性好,1周时间可被吸收,不会残留妨碍组织生长的障碍物[83]。

Susante等[84]从兔关节软骨获取细胞,复合纤维蛋白凝胶,修复山羊关节软骨缺损,分别于3、8、13、26和52周后取材,进行了形态学、组织学、生物力学观察,结果发现,移植细胞能在凝胶中存活,特别是在非受力区保持基质分泌潜能,从第3周开始纤维蛋白逐步降解如图5.23所示。实验组和对照组均仅有微弱的免疫反应,导致轻度骨膜炎,实验组初期的软骨修复能力明显优于对照组,形成软骨组织,而52周后两者均未见明显差异。纤维蛋白复合软骨细胞或附加生长因子虽然可以提高软骨缺损的修复效果,但外源性的纤维蛋白存在的免疫源性问题仍未解决。另外,纤维蛋白过高的浓缩度和蛋白密度抑制了组织细胞的迁移,不利于关节软骨缺损的修复反应。

纤维蛋白粘合剂在临床上的应用越来越广泛。Baumann[85]用纤维蛋白胶与筋膜修补治愈了一例肺切除手术后发生支气管胸膜瘘的病例。Lau等[86]对100例胃肠道穿孔进行腹腔镜外科修补手术治疗中发现,采用纤维蛋白胶修补的患者手术时间和住院时间较短,效果良好。王哲等[87]在心脏手术中使用纤维蛋白粘合剂,对心脏主动脉切口或插管处及右心室切口进行止血,效果良好,无渗血出现,安全性好,同缝合法相比较,是一种更为有效的止血方法。Kaetsu等[88]通过改变纤维蛋白原溶液与凝血酶的比例,制备了纤维蛋白含量更高的、密封性能更好的密封胶。

## 5.4 合成生物降解性高分子生物医用材料

合成生物降解高分子生物医用材料通过控制工艺条件,可重复、大量生产和通过简单的物理、化学改性,获得广泛的性能以满足不同需要。因此合成生物降解高分子生物医用材料的应用很广泛[89]。代表性的材料有聚α-羟基酸、聚酸酐、聚α-氨基酸和脂肪族聚酯。

### 5.4.1 聚羟基乙酸和聚乳酸

聚羟基乙酸(PGA)和聚乳酸(PLA)是最典型人工合成的高分子生物医用材

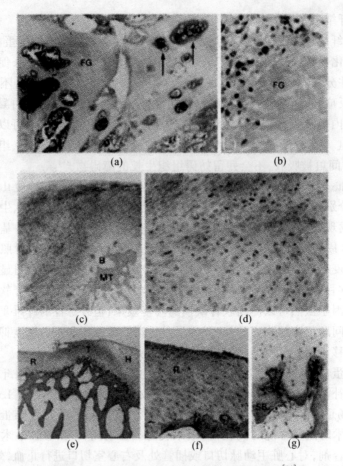

图 5.23 手术后不同时期缺损处的纤维蛋白胶[84]

(a)术后 3 周,箭头指的是软骨群被染色基团围绕,×90;(b)术后 8 周,纤维蛋白原渗透到单核类似白细胞周围缺损处,×150;(c)术后 26 周,局部缺损被修复组织填充的低放大形貌,×30;(d)高放大倍数的 C 图,×120;(e)术后 52 周,移植软骨(H)和修复组织(R)之间的过渡区(T),×30;(f)E图中修复组织 R 的放大,×120;(g)修复组织的钙化层,×120

料,因其降解产物无毒及良好的生物相容性,使其成为当前医学上应用最多的合成生物降解高分子生物医用材料。它们在人体内先降解成代谢产物,然后进一步分解成二氧化碳和水排出体外。用它们制成的可吸收手术缝合线是首次应用于临床的有机高分子材料,受到医学界的青睐。随后,它们又在内固定系统和药物释放载体方面取得了成功。近年来,随着骨再生理论的逐步完善、组织工程学的迅猛发展,具有良好理化和生物性能的 PGA、PLA 引起人们的普遍关注[90~92]。

PGA 在体内降解为羟基乙酸单体,易于参加代谢。PLA 在体内降解成乳酸,是糖的代谢产物。其共聚物可通过改变两者的比例来调控其降解时间和机械强度。应用模塑、挤压、溶剂浇铸等技术,PGA、PLA 及其共聚物易于加工成各种结构形状的产品(图 5.24)[92]。

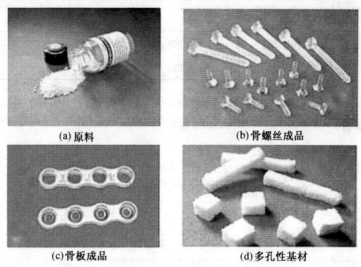

(a) 原料　　　　　　　　(b) 骨螺丝成品

(c) 骨板成品　　　　　　(d) 多孔性基材

图 5.24　PLGA 原料及制备的成品[92]

**1. PGA 和 PLA 的制备及性质**

PGA 是具有最单一结构单元的脂肪族聚酯,主要由它的二聚物开环聚合得到,其反应如图 5.25[93]所示。

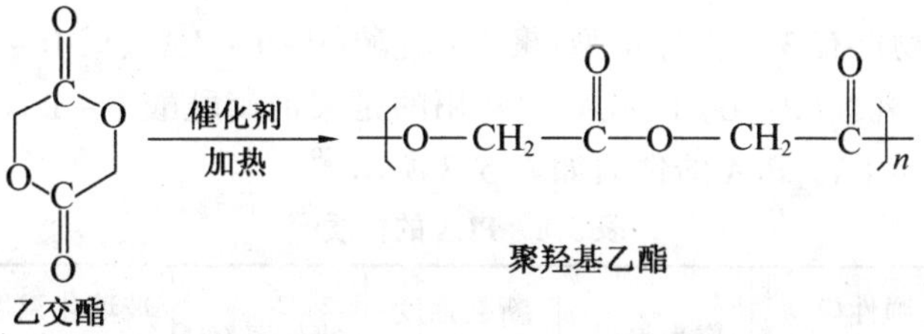

图 5.25　PGA 的合成[93]

PGA 具有规整的分子结构和高度结晶性,熔点高,机械性能好,在有机溶剂中难溶,这些特点为其在医学上的应用打下了良好的基础。早在 1970 年,PGA 医用缝合线已经商品化,商品名为 Dexon。由于 PGA 的亲水性,Dexon 的机械强度在体内耗损较快,一般只适用于 2~4 个星期伤口就能愈合的外科手术[94]。在用做骨折或其它内固定物时,其强度尚显不足。经过自增强之后,PGA 的力学强度得到大幅度提高,一般为 PGA 母体的 2~3 倍或更多,如表 5.7 所示[29],这使得 PGA 在骨折、肌腱等各类组织的修复和固定中得到了广泛应用。

表5.7 PGA的力学强度

| 材 料 | 拉伸强度/MPa | 剪切强度/MPa | 弯曲强度/MPa | 模量/GPa |
|---|---|---|---|---|
| PGA试样 | 57 | — | 150±50 | 6.5 |
| SR-PGA棒 | 210~270 | 200~280 | 335~395 | 10~15 |
| SR-PGA钉 | — | 240~250 | 300 | — |

PLA的化学合成方法主要有两种。一是通过乳酸的二聚物在催化剂存在下开环聚合而制得,反应式如图5.26所示[93]。

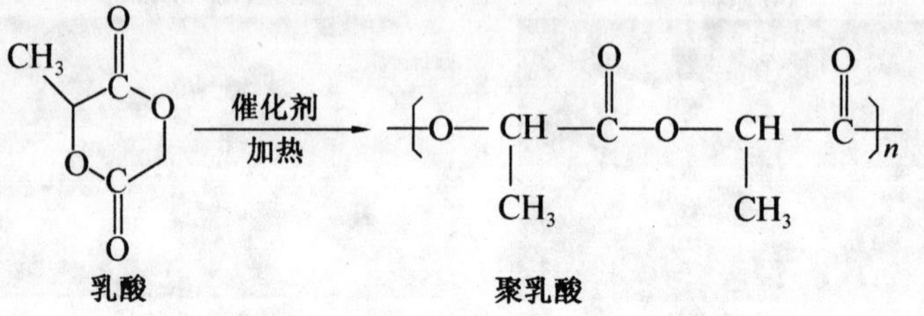

图5.26 PLA的合成[93]

另一种方法是通过乳酸在溶剂存在下直接脱水缩合,生成高相对分子质量的PLA。与开环聚合相比,这种方法制备的产品几乎不含杂质,因而热稳定性较好。

PLA具有不同的旋光异构体,包括左旋(L-LA)和右旋(D-LA)乳酸,因此乳酸的均聚物也有3种立体构型:聚L-乳酸(P-L-LA)、聚D-乳酸(P-D-LA)聚D,L-乳酸(P-D,L-LA)。常用的是聚消旋乳酸P-D,L-LA和聚左旋乳酸P-L-LA。PLA的性质如表5.8所示[29]。

表5.8 PLA的性质[29]

| 种 类 | 弹性模量/GPa | 应力/MPa | 断裂强度/MPa | 伸长率/% | 玻璃化温度($T_g$)/℃ | 熔点($T_m$)/℃ |
|---|---|---|---|---|---|---|
| PGA | 3.33 | 77.3 | 77.3 | 3.9 | 45~50 | 225~235 |
| P-D,LA | 2.16 | 46 | 46 | 2.6 | 40~45 | 未知 |
| P-L-LA | 2.17 | 59 | 57 | 3.3 | 55~60 | 170~175 |

PLLA为半结晶聚合物,具有良好的力学性能,并且降解吸收时间很长,一般为3年,适用于制作内植骨固定装置的理想材料[95]。与此相反,P-D,LA是无定形聚合物,降解和吸收的速度较快,一般为3~6个月,常用于药物控释系统和软组织修复材料[96,97]。

## 2. PGA 和 PLA 的生物医学应用

PGA 和 PLA 及其共聚物是生物医学上应用最广泛的生物降解高分子生物医用材料。因其降解产物无毒、易于参加体内代谢而排出体外,而且有良好的生物相容性,已被美国食品与药品管理局(FDA)批准广泛用做医用缝合线、暂时性支架和药物控释载体。自1984年以来,已有3 200多例临床应用[98]。PGA 和 PLA 能用多种加工方式进行加工,如挤出、拉伸、浇注等,形成棒、线、薄膜,如图 5.27 所示。

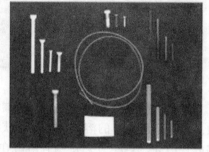

图 5.27 PLLA 和 PGA 的螺钉、棒、线和膜

Hirvensalo[99]合成了具有一定力学性能的 PGA 棒,主要用于固定骨折部位,并进行了临床医学应用研究。在这项研究中,有 289 例病人在移位性踝部骨折的固定中应用了 SR-PGA 棒,固定部位能够较好地愈合。也有其它研究小组应用 PLA 移植物作为踝部骨折固定[100~102]。Eitenmuller[103]等用生物降解的 PLA 制成盘和螺杆,进行了 19 例踝部骨折固定的临床研究。在 6 周内骨折部分就完成了结合,而且证明了 PLA 具有很好的组织相容性。

胡晓洁等[104]将分离获取的新生子兔角膜基质细胞进行扩增、培养,然后接种于 PGA,并移植于对应的母兔角膜基质层中。研究发现,在接种后第 6 天,细胞分泌基质并向邻近的 PGA 支架拓展,邻近细胞相互接触直至连结成小片状,形成拉网状结构充填于 PGA 形成的空隙中(图 5.28)。进一步观察组织发现,在第 3 周,PGA 部分降解,新生组织逐渐形成(图 5.29(a))。第 6 周,PGA 降解基本完全,新生角膜基质样组织大部形成(图 5.29(b))。在第 8 周时,PGA 降解吸收完全(图 5.29(c))。

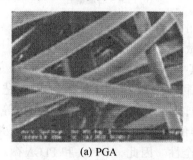
(a) PGA

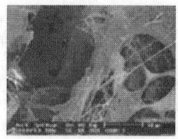
(b) 角膜基质细胞-PGA

图 5.28 PGA 和角膜基质细胞-PGA 体外培养 6 d 的 SEM 照片[104]

Cai 等[105]将 PLA 和右旋糖苷混合,用溶液浇注和过滤方法制成海棉状物

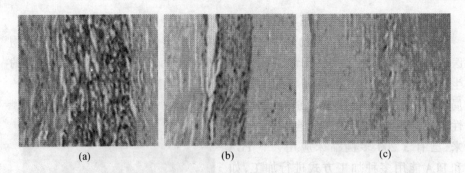

图 5.29 角膜基质细胞-PGA 植入母兔角膜板层后 3 周(a),6 周(b),8 周(c)的组织学切片[104]

质。为了通过简单的溶液浇注方法获得均一的混合物,右旋糖苷的羟基用三甲基硅烷(TMS)保护,使右旋糖苷溶解在有机溶剂中。苯能很好地溶解 TMS 保护的右旋糖苷,但是不能溶解 PLA。因此,采用二氯甲烷 DCM 和苯的混合物(体积比为 6/4)作为混合溶剂。通过这种方法制备的 PLA-右旋糖苷和 PLA 膜具有多孔结构,孔尺寸约为 5~10 μm(图 5.30)。与纯 PLA 相比,亲水的 PLA-右旋糖苷具有更好的细胞结合能力和生物适应性(图 5.31)。从图 5.31 中可以看出,PLA-右旋糖苷膜充分伸展,细胞在孔内部培育生长,而 PLA 的疏水性阻止了细胞在孔内部的移动,使细胞聚积在一起。

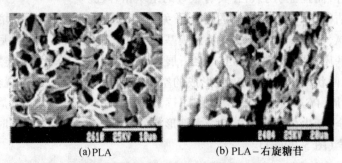

(a) PLA   (b) PLA-右旋糖苷

图 5.30 PLA 和 PLA-右旋糖苷膜多孔结构的 SEM 照片[105]

PGA 和 PLA 还可在外科手术中用做可降解的缝合线。Vihtonen 等[106~108]采用 PGA 缝线对 24 只兔股骨侧固定,其中 9 只正常痊愈。Zieren[109]研究采用 PGA 缝线方法对部分胸骨进行固定。还可将 PGA 和 PLA 纤维制成纱、毡、布可用于制造外科用的保护伤口表面的织物,如用于烧伤、创伤及外科切口等。

PLA 和 PLGA 是生物降解、生物兼容的聚合物,它们具有非免疫性,并且长期以来,在人体中用作控释体系具有安全性。因此,以 PLA 和 PLGA 微球体为载体的疫苗传输体系得到了广泛研究。Chang 等[110]研究了来自生物降解的 PLGA 微球体抗原性破伤风类毒素(TT)的释放,这对于发展单一剂量疫苗是很重要的。评价了来自含 TT 的 PLGA 膜中的抗原性 TT 的释放及微球体与明胶

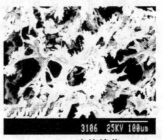

(a) PLA　　　　　　　　　　(b) -右旋糖苷

图 5.31　3T3 鼠纤维原细胞在 PLA 和 PLA - 右旋糖苷基体上培育 3 d 后的 SEM 照片[105]

或人血清白蛋白结合的稳定性。没有稳定剂时,含 TT 的 PLGA 膜释放低水平的抗原性 TT,在 4 个星期释放 18% 的抗原性 TT。明胶和人血清白蛋白增强了抗原性 TT 的数量,PLGA 膜中明胶的含量从 0.08% 增加到 2.2%,抗原性 TT 的释放也增加。但是,明胶含量的显著增加只发生在开始的第一个星期内。在 4 个星期内 0.2% 的明胶含量可以获得约 40% 的抗原性 TT。在释放研究的前两个星期内,抗原性 TT 相对全部蛋白质的比例更高(在第一个星期内为 50%,第二个星期为 23%)。两个星期后,抗原性 TT 的含量比例约为 10%。被明胶和人血清白蛋白稳定的含 TT 的微球体在 37℃ 下可保存 4 个星期。明胶似乎是含 TT 的微球体很好的稳定剂,但下一步研究还需要增加抗原性 TT 的比例超过两个星期。Abalovich[111]等以 PLGA 做为不同人工胰腺的载体,放入鼠体内。研究发现,鼠的血糖没有下降到正常值,但是,移植鼠的血糖含量相对于非移植鼠是降低的,并且充分避免了肾脏过度增大。因此可以推断,PLGA 适合作为胰腺的载体,虽然还需要进一步改进胰岛素的产量。Slager 等[112]将胰岛素与各种立体异构的 PLA 形成复合物。胰岛素与 PDLA 在乙腈溶剂中混合,几个小时后,胰岛素 - PDLA 复合物形成微小的粒子沉淀下来。含胰岛素和 PDLA 的 1~3 $\mu$m 的多孔沉淀物在溶剂中不能溶解,但全同立构的 PLA 能溶解,并且有另外的转变温度在 169℃。当这些粒子在 pH = 7.4,37℃ 的缓冲溶液中悬浮时,胰岛素可持续释放几个星期。PLLA 或 P - D,L - LA 不能和胰岛素一起形成沉淀,这表明立体定向性产生了复杂的形成过程。当 PLLA 添加到 PDLA - 胰岛素溶液中时,也能形成微小的粒子。在这种情况下形成两种类型的复合物,即 PDLA - 胰岛素和 PDLA - PLLA 复合物。这些大分子立体复合物能够形成新一代控释体系。

Jeong 等[113]合成了 PEG - PLGA - PEG 三元嵌段共聚物,发现这种共聚物随着温度的改变,可发生溶液 - 凝胶或溶液 - 固体的相转变,它在室温下是可以自由流动的液体,而在体温下变成凝胶,非常适合用作可注射药物释放材料。Romero - Cano 等[114]报道了以 PLA 为载体,研究了 4 - 硝基苯甲醚的控制释放。

结果表明,在释放时间的极限内,实验结果与理论非常吻合。非常厚的聚合物载体产生了显著的"障碍"作用,从而获得了非常小的扩散系数(约 $10^{-19}$ $m^2 \cdot s^{-1}$)。在较长的释放时间内,在释放速率动力学上存在一些小的差异,它们主要取决于 PLA 的形态。

### 5.4.2 聚己酸内酯(PCL)

聚己酸内酯(PCL)是脂肪聚酯中应用较广泛的一种,生物兼容性类似于 PLA、PGA 或 PLGA[115],但是它的水解或降解速度要比 PLGA 低[116],因此适合做长期植入装置。PCL 来源广泛、可靠,常可用其它材料进行一些改性或共混,以满足不同用途的需要,克服了熔点较低(约 60℃)的缺陷。

**1. 聚己内酯的制备和性质**

PCL 一般是由己内酯单体开环聚合而成,阳离子、阴离子和络合离子型催化剂都可以引发聚合。常规的聚合方法是用辛酸亚锡催化,在 140~170℃下熔融本体聚合,反应如图 5.32 所示[93]。根据聚合条件的变化,聚合物的相对分子质量可以从几万到几十万。

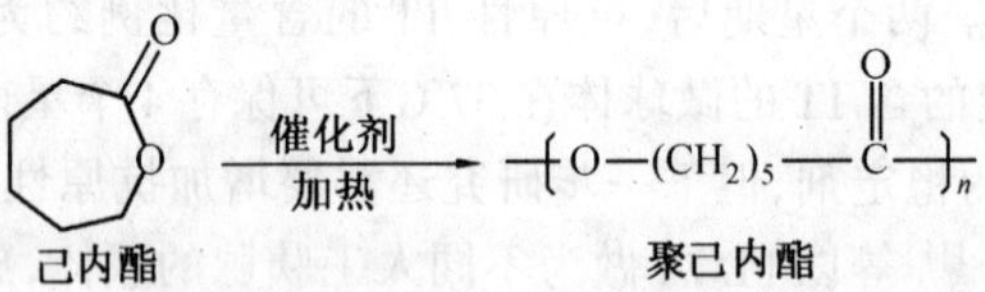

图 5.32 PCL 的合成[93]

PCL 具有其它聚酯材料所不具备的一些特征,最突出的是超低玻璃化转变温度 $T_g = -60℃$ 和低熔点 $T_m = 57℃$,在室温下呈橡胶态。这使 PCL 有可能比其它聚酯具有更好的药物通透性,可以用于体内植入材料以及药物的缓释胶囊。PCL 的分子链比较规整而且柔顺,易结晶,结晶度约为 45% 左右,因而具有比 PGA 和 PLA 更好的疏水性,在体内降解也较慢,是理想的植入材料之一。

由于 PCL 的结晶性强,生物降解速度慢,玻璃化转变温度和熔点较低,而且是疏水性高分子,所以其控释效果有一定的欠缺,仅靠调节其相对分子质量及其分布来控制降解速率有一定的局限性[117]。目前对 PCL 进行改性的研究也很多。

Hou 等[118]用凝结和过滤方法制备了多孔的 PCL(图 5.33)。孔尺寸和孔隙率可由变化盐的粒子尺寸范围和盐的数量来控制。孔是相互连接的,并且获得的结构是非常均匀的。

PCL 的生物降解速率很慢,限制了其在生物医学领域的应用。可用生物相容单体与 PCL 共聚,来改善甚至控制共聚产物降解速率,以适应不同的需要。

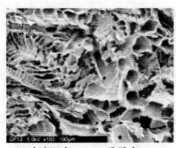 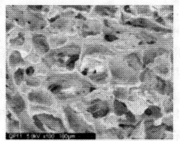

(a)冷冻温度-25℃,孔隙率89.2%　　(b)冷冻温度6℃,孔隙率89.2%

图5.33　质量分数为10%的PCL的1,4-二氧杂环乙烷溶液制备的冻干PCL的SEM照片[118]

Bogdanov等[119]通过PEG和PCL合成了三种不同类型的聚酯-聚醚共聚物。共聚物中PCL嵌段的质量分数在68%~85%范围内。Hu等[120]通过无表面活性剂沉淀法,由聚己内酯、丙交酯及聚乙二醇合成了两亲的嵌段共聚物PCELA(聚己内酯-聚乙二醇-聚丙交酯)。这些共聚物由于它们的两亲特征,能够形成类似胶束状、具有核-壳结构的纳米粒子,如图5.34所示。

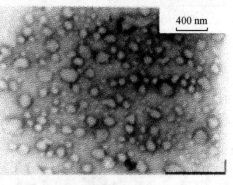

图5.34　PCELA纳米粒子的TEM照片[120]

Lee等[121]发现在用共缩聚法合成的一系列PEG-PCL多元嵌段共聚物中,一些具有理想相对分子质量和组成的共聚物在水中也有这种凝胶-溶液相转变现象,并研究了这种相变行为和PEG/PCL比率、PCL链段长度和相对分子质量之间的关系。Dong等[122,123]采用了Tessvie催化剂合成了聚己内酯-聚乳酸二嵌段共聚物及聚己内酯-聚乳酸-聚己内酯三嵌段共聚物。结果表明,这种共聚反应具有活性聚合的特性,它的生物降解性可通过共聚组成的变化来加以调节。Piao等[124,125]应用钙催化剂合成了PCL/PEG/PCL三嵌段共聚物及PLLA-PCL共聚物,并研究了它们的生物降解性和生物医学性能。Gan等[126]采用5,10,15,20-四苯基卟吩为催化剂,合成了核-壳结构的聚乙烯基氧化物-聚己内酯共聚物(图5.35),并研究了脂肪酶对其降解作用。

Cohn等[127]以环己二异氰酸酯(HDI)为

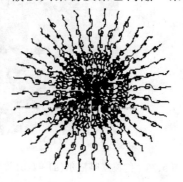

图5.35　PEO-PCL核-壳结构的示意图[126]

引发剂,合成了一系列 PCL–PEO–PCL 共聚物。通过改变两种链段的比例及各自的相对分子质量,可以控制聚合物的形态、亲水性及降解速率。Azevedo 等[128]用两种方法制备了 PCL/HA 复合物,一是由聚合物和增强材料按照传统的共混挤出方法制备,一是将 PCL 在 HA 粒子表面接枝。通过这些方法,可获得 PCL 及表面修饰的 HA 的混合物。在这两种方法中,都可以获得不同填充物质量分数的复合物,但这些复合物的机械性质存在显著差别。其中接枝方法制备的复合物降低了对水的敏感。

**2. 聚己内酯的生物医学应用**

PCL 具有较好的生物相容性,可生物降解,具有中长降解期,被广泛用做控释给药载体,可制成长效埋植剂、注射用微球、纳米球等。

Gref 等[129]研究了 PEG–PCL 共聚物中 PEG 的含量对共聚物降解性质以及对血浆蛋白质的吸收性的影响,得到了理想的 PEG 含量。Tarvainen 等[130]用三步合成法得到了 2,2'–二恶唑啉修饰的 PCL,即 PCL–O。将 2,2'–二恶唑啉作为 PCL 的链混合剂,调节 PCL 的降解性能,从而提高了 PCL 的水降解性,同时并保留了其对小分子药物的释放性能,加快了对 FITC–右旋糖苷大分子药物的释放,如图 5.36 所示。

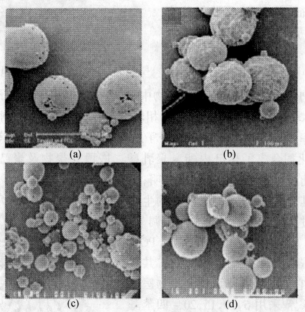

图 5.36 包覆噻吗洛尔(a)~(b)及 FITC–右旋糖苷(c)~(d)的 PCL(a),(c)和 PCL–O(b),(d)的 SEM 照片[130]

Kim 等[131~133]成功地制备了一系列 MPEG–PCL 及二元嵌段共聚物。制备过程中,凝胶到溶胶的转变强烈地依赖于 MPEG 和 PCL 的嵌段长度。这些嵌段共聚物的水溶液通过皮下注射,在人体温度下形成凝胶(图 5.37)。从而使这些 MPEG-PCL 二元嵌段共聚物可用做原位凝胶,形成药物传输的生物医用材料。通过研究包裹消炎痛(IMC)的释放速率,进一步证明了 MPEG-PCL 及二元嵌段共聚物作为药物控释材料的应用。该小组还制备了 Pluronic/PCL 两亲性嵌段共聚物[134~137],并将 IMC 包裹在其中,应用 3-(4,5-二甲基-2 噻唑基)-2,5-二苯基四唑溴(MTT)在生物体外进行了细胞毒素检验。证明了 IMC-Pluronic/PCL 能够减少自由的 IMC 对细胞的损伤。

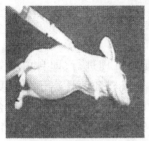
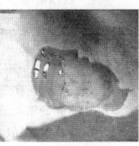

(a)共聚物溶液的皮下注射　　(b)凝胶的构成　　(c)脱离鼠体20天后的凝胶

图 5.37　共聚物凝胶的形成[131~137]

Coombesa 等[138]将羟基磷灰石(HA)和菊粉(Inulin)多糖分散在多孔的 PCL 中(图 5.38),研究了它们在人体组织修复及大分子药物释放中潜在的应用。HA/PCL 的密度为 $0.49 \pm 0.003$ g·cm$^{-3}$,从图 5.38(b)可以看到,HA 粒子的直径明显小于 5 μm,深陷在 PCL 相内部。而菊糖/PCL 的密度为 $0.89 \pm 0.002$ g·cm$^{-3}$,粗糙的菊糖微粒团聚在一起,约为 5 μm,与 PCL 缠绕在一起。在 PBS 中,37℃ 浸泡 45 个月后,表面形貌基本上没有变化。

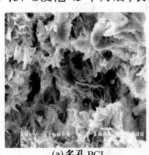
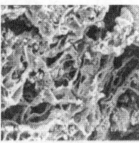

(a)多孔 PCL　　(b)HA/PCL　　(c)Inulin/PCL

图 5.38　多孔 PCL、HA/PCL 及 Inulin/PCL 的 SEM 照片[138]

Serrano 等[139]制备了粗糙度不同的两种 PCL 膜,通过研究 L929 鼠纤维原细胞在这两种膜上的培养、增殖的形貌,LDH 释放及线粒体功能发现,细胞与 PCL 膜相互作用,同对照组 PS 膜相比,维持了细胞的特征形貌。

### 5.4.3 聚氰基丙烯酸酯(PACA)

聚氰基丙烯酸酯(PACA)在1980年以前一直没有用做聚合物[140],但是,它的单体,氰基丙烯酸酯从1966年就广泛应用了。其单体为无色、透明的液体[141],结构如图5.39所示,其中R可为1~16碳的烷基、烷氧基、芳基。

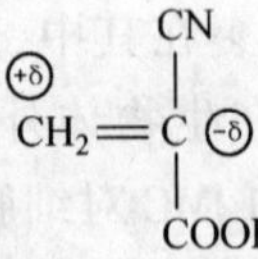

图 5.39 氰基丙烯酸酯的化学结构[141]

**1. 聚氰基丙烯酸酯的制备及性质**

氰基丙烯酸酯的聚合在理论上可依据三个不同的机理进行,即自由基聚合、阴离子聚合和两性离子聚合[142]。实际上,阴离子聚合和两性离子聚合更具有优势,因为它们在常温下即可迅速开始聚合反应(图5.40)。阴离子聚合的传统引发剂是阴离子(即 $I^-$、$CH_3COO^-$、$Br^-$、$OH^-$ 等),如乙醇和水,以及生物体内的氨基酸[143]。蛋白质的氨基酸引发聚合,使聚合物与皮肤产生了强键合力。

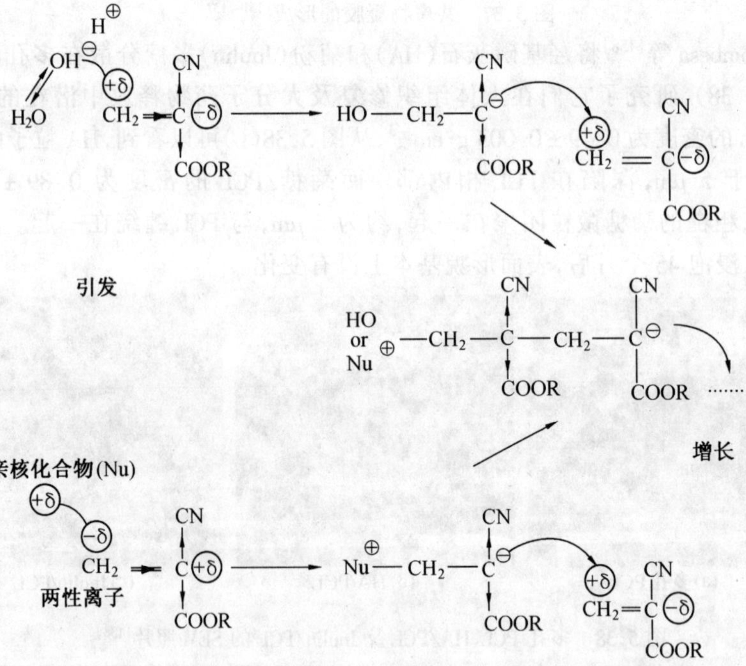

图 5.40 氰基丙烯酸酯的阴离子及两性离子聚合方案[142]

PACA具有良好的生物相容性,对出血的表面有良好的适应性。在用做粘合剂时,可以在室温下快速固化,对粘接表面不需要特殊的处理,而且由于粘度低,使用少量即可达到大面积粘接。但是,在粘合组织时,通常会在伤口生长边缘形成一层屏障,阻止营养物质交换,从而延长伤口愈合的时间。而且还会有局部发热现象,造成粘接面组织受到损伤。

**2. PACA的生物医学应用**

PACA的C—C主链可水解断裂,从而使这类聚合物具有生物降解性。因此,许多研究者对其生物医学应用进行了大量研究。

(1)粘合剂

到目前为止,组织的再建仍然是以缝合为主要操作方法,但是有些部位是难以缝合的,再加上传统的外科手术缝合和器官组织的止血,不仅存在操作费时、需替代材料修复、增加手术和组织修补的困难,而且存在组织的炎性反应、感染、增生、破裂,甚至出现组织器官的损伤和不吸收等有害作用。如果能以胶粘剂代替传统的缝合,将是外科手术的一次革命。这促使基础与临床学者去探索和研制一种理想的伤口快速胶粘剂来代替缝合。作为生物体的粘结剂除了必须符合医用材料的一般要求外还要求粘结材料具有粘结力强、粘结速度快、有弹性和强度、无毒性、不致癌、生物相容性能好并能在体内分解、排泄的优点。氰基丙烯酸酯由于其具有液体型、室温固化、粘合速度快及粘合力强等特点而被应用。

自从1964年,第一次将狗的膀胱切开3 cm长,然后用聚氰基丙烯酸甲酯粘合伤口,进行生物医学应用实验后,PACA用做粘合剂已有几十年了,并且它的单体也在生物医学领域作为组织粘合剂得到应用,包括简单的伤口和外科手术伤口的封闭[143,144]。现今,氰基丙烯酸甲酯(生物粘合剂)仍在日本使用[145],但早期的氰基丙烯酸酯在其它国家不再销售了,因为该材料在体内降解速度快,导致了重要的组织毒性和炎症。长链的烷基氰基丙烯酸酯,如N-氰基丙烯酸丁酯,在欧洲、加拿大和美国得到了临床应用。氰基丙烯酸辛酯在1980年得到食品和药品管理部门的批准,现在在美国销售,主要用做皮肤破口或切口的伤口封闭[144]。在应用上,液态单体的简单聚合立即生成薄的聚合物膜,顽强地粘附形成粘膜组织。聚合物膜也能引起机械障碍,为治疗区域维持自然康复的环境[146]。氰基丙烯酸辛酯在伤口边缘形成强的交叉键,提供了柔韧的抗水覆盖层,抑制了微生物的生长,因此避免了感染。它的缺点是降解速率较低。氰基丙烯酸辛酯的体内应用还没有被认可,所有超出皮肤的应用被一些学者认为是轻率的,对病人可能会有潜在的危害[143]。

尽管这样,人们仍在继续烷基氰基丙烯酸酯在生物医学领域的研究。例如,Park等[147]研究了一系列烷基链氰基丙烯酸酯聚合物(图5.41)的降解和细胞毒性(图5.42)。体外缓冲溶液中的降解和细胞培养试验发现,聚合物的表观形态与降解速率有关。这类聚合物具有生物降解性和一定的细胞毒性,主要是因为在降解期间释放甲醛。但对于 2-OCA、OCA 和 EHCA,降解速率较低,生物相容性有所改善。因此,Park 等认为氰基丙烯酸辛酯,如 2-OCA、OCA 和 EHCA 能用作组织粘合剂。

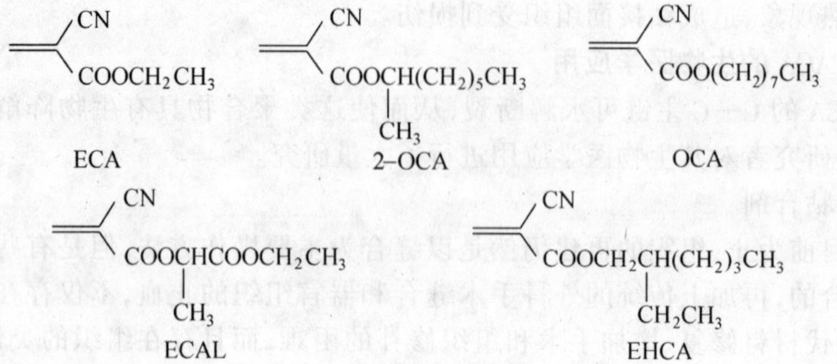

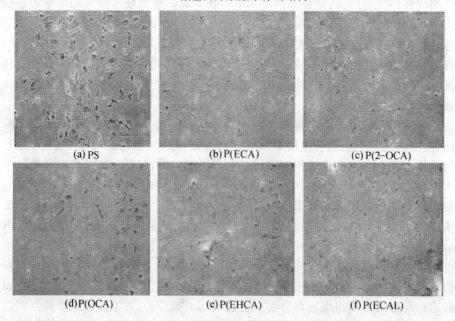

图 5.41 氰基丙烯酸酯单体的结构[147]

图 5.42 纤微原细胞在不同基底上的形态[147]

(2)药物载体

聚氰基丙烯酸酯纳米颗粒具有高吸附能力、释药持续性、低毒性、优良的生物降解性能和生物相容性等优点,使得它非常适宜作为药物传输载体将药物传送到身体的各个组织器官。因此,聚氰基丙烯酸酯纳米颗粒被广泛应用为纳米药物载体以及被动靶向释药制剂。

Bootza 等[148]通过阴离子乳液聚合,以泊络沙姆 188 为稳定剂,制备了直径为 170 nm 左右、分布均匀的 PBCA 纳米颗粒(图 5.43),认为有望作为药物传输载体将药物传送到身体的各个组织器官。

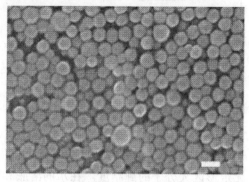

(a)大面积粒子形态,200 nm
(b)单个粒子形态,100 nm
(c)单个粒子形态,100 nm

图 5.43  PBCA 纳米粒子在水溶液中的 SEM 照片[148]

Sullivan 等[149]通过分散聚合产物在 pH = 3 的水溶液中,用右旋糖苷作为稳定剂制备了聚氰基丙烯酸正丁酯(PBCA)纳米粒子。药物胰岛素在粒子合成的后一个过程期间引入进去,并且没有影响聚合物的结构、相对分子质量和粒子尺寸。纳米粒子在酯酶 PBS 溶液中 37℃下浸泡 4 h。酯酶催化了 PBCA 的降解,通过丁醇释放产生的重复个体上的侧链水解。丁醇和胰岛素的释放经历了类似的两阶段过程,由来自表面的最初爆发式释放,随后减慢成局部释放,并结合了粒子的侵蚀。最近也有报道将 PBCA 纳米粒子作为抗病毒、抗癌药物的载体[150,151]。

### 5.4.4 聚对二氧杂环己烷酮

聚对二氧杂环己烷酮由于分子链上有醚键,分子链柔曲性大,可制成各种尺寸的单丝型缝合线。这种生物降解聚合物的合成与应用越来越受到人们的重视。

**1. 聚对二氧杂环己烷酮的合成与性质**

聚对二氧杂环己烷酮可采用熔融、溶液和乳液聚合等方法制备[152~155]。由含羟基的引发剂如水、醇、羟基酸及其酯,在催化剂,如一些金属氧化物或金属盐(2 - 乙基己酸亚锡或氯化亚锡)作用下,引发二氧杂环己烷酮开环聚合而得(图 5.44[152])。

聚对二氧杂环己烷酮是一种结晶型高聚物(图 5.45[153])[156~158],结晶度为 37% 左右,特性粘度为 0.7,熔点为 110℃,玻璃化温度为 - 16℃。该物质制备的缝合线其聚集态结构包括晶区和非晶区两部分。在体外降解过程中,水分子

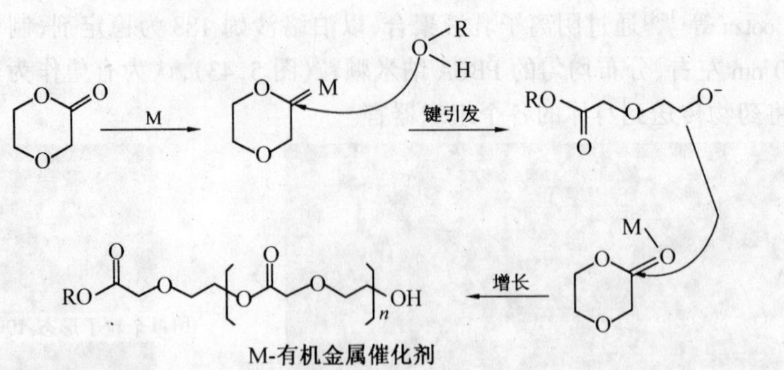

图 5.44　二氧杂环己烷酮聚合机理[152]

首先进入结构疏松的非晶区，由于无定形区缚结分子链水解断链，产生了可自由运动的分子链段，同时降低了无定形区大分子的缠结度。在水的溶胀和增塑作用下，使得热定形条件下形成的微晶能继续增长，如图 5.46(a)～(b)所示。因此，随着降解的进行，其结构愈加紧密，如图 5.46(c)所示。

(a) 60℃　(b) 70℃　(c) 75℃　(d) 85℃

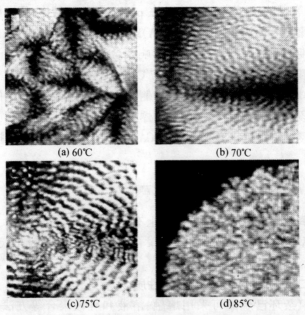

图 5.45　不同结晶温度下的形态[153]

**2. 聚对二氧杂环己烷酮的生物医学应用**

聚对二氧杂环己烷酮已被美国 FDA 批准用做妇科的缝合材料[159]。与 PGA 和 PLLA 相比，聚二氧杂环己烷酮的降解较慢[160,161]，引起的组织反应小，这些聚合物通过水解过程降解，通常产生低相对分子质量的物质，能进行新陈代谢或被身体吸收。降解的一般结果是机械性质降低。在制备过程中，采用单

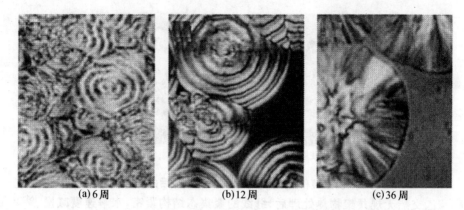

(a) 6周　　　　　　　　(b) 12周　　　　　　　　(c) 36周

图 5.46　不同降解时间下的聚对二氧杂环己烷酮形貌[153]

螺旋挤压机,挤出温度以 140~160℃ 为宜,挤出物要经过一系列后处理方可达到所需的性质。表 5.9 列出了聚对二氧杂环己烷酮单丝纤维的一些性质[152]。

表 5.9　聚对二氧杂环己烷酮单丝纤维的性质

| 性质 | 直径/m | 直线拉伸强度/Pa | 打结拉伸强度/Pa | 断裂伸长率/% | 杨氏模量 |
|---|---|---|---|---|---|
| 数值 | $3.3 \times 10^{-4}$ | 552 | 345 | 30 | 1 724 |

Pezzin 等[162]采用浇注和相分离两种方法制备了聚(帕拉胶-二氧杂环己烷酮)膜(图 5.47)。相分离制备的膜具有多孔性,而浇注膜浓密、均匀。因此,在少量降解发生时,浇注膜可防止细菌侵入到康复骨组织中。两种膜在 pH = 7.4 的 PBS 中,37 ± 1℃ 下浸泡 6 周后发现,相分离制备的膜要比浇注膜更容易破裂,如图 5.48 所示。

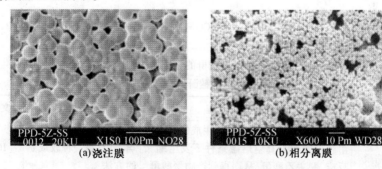

(a) 浇注膜　　　　　　　　(b) 相分离膜

图 5.47　浇注膜和相分离膜的 SEM 照片[162]

傅国瑞等[163]研究了合成条件对于聚对二氧杂环己烷酮特性粘度和转化率的影响,同时还研究了由其制作的缝线的体外降解性能。结果表明,缝线在酸或碱介质中降解速度比中性介质中明显加快。降解首先在无定形区开始,在降解初期,缝线中形成新的微晶区,造成结晶度有所增加。聚对二氧杂环己烷

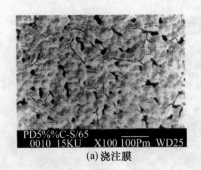

(a) 浇注膜　　　　　　　　　(b) 相分离膜

图 5.48　浇注膜和相分离膜浸入 PBS 中 6 周后的 SEM 照片[162]

酮-乙交酯无规共聚物热处理后,缝线的聚集态结构紧密,水解速度减慢[164]。

### 5.4.5　聚酸酐

聚酸酐是 20 世纪 80 年代由 Langer 等[165]发现的一类新型可生物降解的合成高分子材料。作为一类新型药物控释材料,经过近 20 年的研究,Gliadel 控释片剂于 1996 年获得美国 FDA 批准用于复发胶质母细胞癌手术后的化疗中[166]。

**1. 聚酸酐的合成及性质**

目前,聚酸酐的合成主要采用高真空熔融缩聚法[167],其合成路线如图 5.49 所示。此外,还有其它的一些合成方法,具体见表 5.10。

$$HOOC-R_1-COOH \xrightarrow{(CH_3CO)_2O} CH_3CO-O-CO-R_1-CO-O-COCH_3 \quad (1)$$

$$HOOC-R_2-COOH \xrightarrow{(CH_3CO)_2O} CH_3CO-O-CO-R_2-CO-O-COCH_3 \quad (2)$$

$$(1)+(2) \xrightarrow[\text{真空}]{180℃} {+\!\!\!\!\!\!+OCO-R_1-CO\!\!+\!\!]_m}{[OCO-R_2-CO]_n}$$

图 5.49　聚酸酐的合成路线[167]

表 5.10　聚酸酐的合成方法

| 合成方法 | 制备过程 | 特点 | 文献 |
|---|---|---|---|
| 高真空熔融缩聚 | 二元羧酸与乙酸酐反应,生成的混合酸酐预聚物在高真空熔融条件下发生缩聚反应,脱去乙酸酐,从而得到产物聚酸酐 | 对大多数羧酸单体均实用,是一种较成熟的方法 | [167] |
| 光气法 | 二元羧酸的羧基与光气偶合,生成聚酸酐 | 操作简单,但毒性大 | [168] |
| 酰氯-羧酸酰化法 | 二元酰氯对二元羧酸发生酰化反应,生成聚酸酐 | 反应条件温和,但产物机械强度较差 | [169] |
| 开环聚合 | 环状酸酐单体在催化剂作用下开环聚合 | 单体转化率和聚酸酐的相对分子质量低 | [170] |

目前合成各种聚酸酐的目的主要是期望得到降解速率可调、能与多种药物相容、具有高强度和良好生物相容性的材料。Teomim 等[171,172]采用熔融缩聚法将天然脂肪酸与癸二酸等以不同比例共聚制备出了具有零级释放性能的共聚物。改变共聚物的比例可以调节聚合物的释放时间从几周至几年不等。线性脂肪聚酸酐易结晶,不能完全表面降解。可通过与芳香二酸共聚,以克服相应均聚物的一些不足,制得包括疏水性、机械强度和降解性能等综合性能优于相应均聚物的共聚酸酐。但共聚物中脂肪链段区降解较快,芳香组分的含量会越来越高,最终导致非线性降解。为此,Langer 等[173]合成了脂肪－芳香二酸单体,然后进行均聚,得到的聚酸酐能在数天至几个月内呈零级动力学降解。

聚酸酐的降解表现为接近表面溶蚀特性,降解为酸酐键的随机、非酶性水解。降解速率可通过调节聚合物中疏水性单体的比例来控制。聚酸酐较好的疏水性可以防止药物在体内被释放之前水解失活。大部分聚酸酐的熔点在 60~100℃之间,较低的熔点能够使药物在加工过程中不致失效。

### 2.聚酸酐在药物控制释放领域中的应用

聚酸酐是一类具有应用价值并有很大发展前景的药物控制释放材料,制剂形式包括埋植剂、骨伤治疗剂及蛋白质药物的控制释放等方面。

Teomim 等[171]利用单官能团的脂肪酸作为终止剂,合成了两端为脂肪酸片段的聚癸二酸酐 PSA,疏水性提高而降解速率降低。脂肪酸的碳链越长,或含量越大,PSA 的疏水性越高,降解速率则越低。30% 硬脂酸封端的 PSA 植入小鼠体内 10 周后,逐渐降解完毕,而不用脂肪酸封端的 PSA,在两周内就降解完毕。这种聚酸酐可作为抗肿瘤药物(甲氨蝶呤,MTX)的载体,MTX 在一周内能全部释放,并可持续 21 d。Cai 等[174]研究了含 5－对氨基水杨酸和 5－对乙酰氨基水杨酸的聚酸酐－P(CBFAS)的合成、理化性能和体外降解性能,结果显示聚酸酐降解速率与 pH 值呈正相关依赖性,有望作为肠溶的口服药载体。周传军等[175]将 3,4－双(对羟苯基)己烷与丁二酸酐反应,获得己烷雌酚二丁二酸单酯,然后与癸二酸进行共聚,得到几种主链含抗肿瘤药物的聚酯酸酐。周志彬等[176]采用热熔法制备了庆大霉素－聚(二聚酸－癸二酸)共聚物缓释药棒。在室温条件下,该药棒具有良好的制剂稳定性,在 37℃时质量分数为 0.9% 的生理盐水体系中,药物释放时间为 25 d。Langer 等[177]为了增强聚酸酐的免疫刺激性,利用聚酰亚胺酸酐降解后释放出氨基酸这个特点,把疫苗辅助剂酪氨酸直接引入聚酸酐主链中。

生物粘附聚酸酐品种还比较少,这类材料的优异性能促使人们对之不断研究,并探索其在肠道粘附性给药和其它药物控制释放中的应用。蔡启祥等[178]合成的新型聚酸酐材料,是一种自发荧光型聚合物,作为药物载体,可以得到荧光制剂,借助荧光显微镜就可以清楚地看到制剂在体内的运转情况,结合血药浓度检查,可以反映药物的释放机理,因而具有特别的意义。

### 5.4.6 聚膦腈

聚膦腈是一系列由 N、P 原子以交替的单、双键构成主链,有机取代基作为侧链的无机聚合物[153]。选择不同的侧链取代基可以制备性能各不相同的聚膦腈。聚膦腈的结构如图 5.50 所示,氮磷原子成平面结构,磷原子上连有两个侧基,因此存在顺反异构,顺-反构象比反-反构象稳定。另外,侧基的大小和极性对 P—N—P 的键长和键角也有影响[179]。

图 5.50 聚膦腈的结构[153]

**1. 聚膦腈的合成及性质**

大多数聚膦腈由聚二氯膦腈通过亲核取代反应合成[152],如图 5.51 所示。氯原子可被烷氧基化合物、芳氧基化合物、胺类、烷基、无机或有机金属化合物等有机亲核试剂所取代。

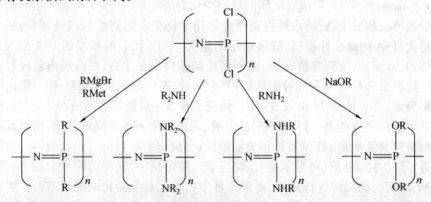

图 5.51 聚膦腈的合成

最近,Allcock 等[180]报道了一种新的合成方法,室温活性正离子聚合,即在室温下,以 $PCl_5$ 为引发剂,使 $Cl_3P=NSi(CH_3)_3$ 发生正离子聚合,脱去 $ClSi(CH_3)_3$,从而合成相对分子质量分布较窄的聚二氯代膦腈。

聚膦腈的性能依赖于取代基的性质和数目,单一的烷氧基或芳氧基取代的膦腈表现为半结晶结构[181];在取代基为两种或多种时呈非晶态[182];由胺类取代的聚膦腈则为具有高玻璃化温度的玻璃态聚合物[183]。

由于聚膦腈的 P-N 骨架没有形成长程共轭结构,使得聚合物链柔顺,具有很大的自由度和较低的玻璃化温度,在固态时就可发生结构的变化,因此是良好的低温弹性体。

**2. 聚膦腈的生物医学应用**

聚膦腈具有可生物降解性和良好的生物相容性,特别是咪唑基、乙氨基、氨基酸酯基取代的聚膦腈,降解产物通常为磷酸盐、氨和相应的侧基,降解速度和材料的性能都可以通过侧链设计来调节。因此,在药物控释和组织工程中得到广泛应用。

(1)药物控释

聚膦腈的降解研究清楚地表明,通过调节亲水性、疏水性或取代基团可以充分调节聚膦腈的降解速率,因此,聚膦腈成为药物控释体系中非常有希望的载体材料。

Alleoek 等[181,182]通过芳氧基将甾体药物和局部麻醉剂连接到聚膦腈的骨架上,得到了水解稳定的载药体系。但是,采用烷氧基连接时,得到的是容易水解的载药体系。Veronese 等[183]分别用二氯甲烷和丙酮作为溶剂,采用喷雾干燥法、乳化/溶剂蒸发和溶剂乳化/萃取蒸发制备了负载萘普生的聚(苯基丙氨酸乙酯/咪唑基)膦腈微球。研究结果表明,在喷雾干燥法制备中,以二氯甲烷为溶剂的中空微球经冷冻干燥后,大多数发生坍塌,如图 5.52(a)所示,而以丙酮为溶剂时,微球冷冻干燥后保持球形,而且粒径分布窄,平均直径为 2~5 μm,如图 5.52(b)所示。以乳化/溶剂蒸发和溶剂乳化/萃取蒸发制备的微球类似,粒径分布较宽,如图 5.52(c)所示。生物体外试验表明,萘普生的释放速率受到制备方法的影响,其中喷雾干燥法制备的载药微球释放速率最快,2 h 基本释放完毕;溶剂蒸发制备的微球释放最慢。而且释放速率还与载药量和组成有关,随着载药量的增加,释放速率增加;在咪唑基含量较高时,降解较快,药物的释放也较快。

  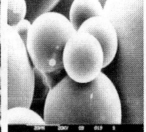

(a)以二氯甲烷为溶剂,　　　(b)以丙酮为溶剂,　　　(c)乳化/溶剂蒸发
　　喷雾干燥法　　　　　　　　喷雾干燥法

图 5.52　不同方法制备的载药微球的 SEM 照片[183]

由于烷氧基聚膦腈含有侧羟基,因此可提高其在水中的溶解性,羟基的存在还可为交联或活性剂提供连接位点,使得其在控释给药领域中具有很大的潜力。Alleoek 等[184~186]研究了各种药物在聚(甘油基)膦腈、聚(葡萄糖基)膦腈

及羟基乙酸酯、乳酸酯聚膦腈中的药物释放。研究结果表明,这些含烷氧基的聚膦腈适合作为药物控释体系的载体材料。聚膦腈还可作为蛋白质、胰岛素等的载体材料[187,188]。

(2) 组织工程

生物降解的聚磷腈制成的组织支架材料植入人体后,在人体环境作用下可自行降解为无毒的小分子,避免了再次手术取出的麻烦。Veronesea 等[189]制备了聚(咪唑基乙基丙氨酸酯基)膦腈膜,这种膜非常成功地促进了兔子胫骨缺陷的康复。

### 5.4.7 氨基酸类聚合物

氨基酸类聚合物通常分为三种[190]:①聚氨基酸,是 α-氨基酸之间由肽键相连接组成的合成高分子;②假性聚氨基酸,是 α-氨基酸之间以非肽键相连接组成的合成高分子,一般的连接键有羧酸酯、碳酸酯、甲氨键等;③氨基酸-非氨基酸共聚物,聚合物主链由氨基酸和非氨基酸单元组成。其中聚氨基酸可在侧链引入功能性基团,因此在材料应用上具有明显的优势。

**1. 氨基酸结构和性质**

从蛋白质水解产物中分离出来的常见氨基酸只有 20 种,除了脯氨酸及其衍生物外,这些氨基酸在结构上的共同点是与羧基相邻的 α-碳原子($C\alpha$)上都有一个氨基,因此称为 α-氨基酸。结构通式如图 5.53 所示[191]。

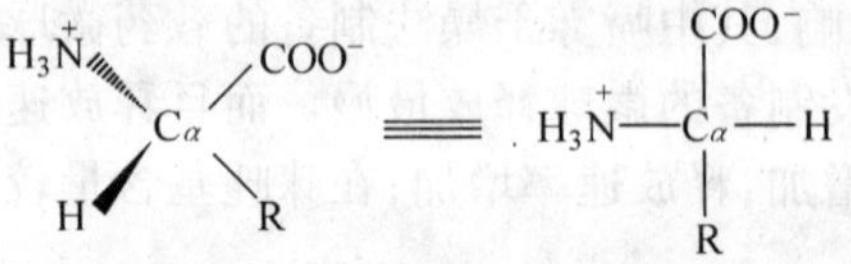

透视图      投影式

图 5.53   α-氨基酸的结构通式[191]

氨基酸在中性 pH 值时,羧基以—$COO^-$,氨基以—$NH_3^+$ 形式存在,这样的氨基酸分子含有一个正电荷和一个负电荷,称为兼性离子。α-氨基酸除 R 基为氢之外,其 α-碳原子是一个手性碳原子,因此具有旋光性,并且蛋白质中发现的氨基酸都是 L 型的。α-氨基酸都是白色晶体,熔点很高,一般在 200℃以上。

氨基酸在聚合反应前需要将游离的氨基和羧基加以保护和激活。如将游离的氨基酸转化为 N-羧酐(NCA),NCA 的脱羧聚合反应可以采用两种方式进行,一是采用湿润箱试验法,一是使用合适的氨基引发剂。很多的氨基类化合物都可以作为聚合引发剂,如脂肪胺、聚合物支撑的氨基及树脂结合的氨基等。通过氨基作为引发剂,最后得到的氨基酸聚合物可以被沉淀下来,通过过滤分离得到产物。图 5.54 表示了聚氨基酸的合成过程[192]。

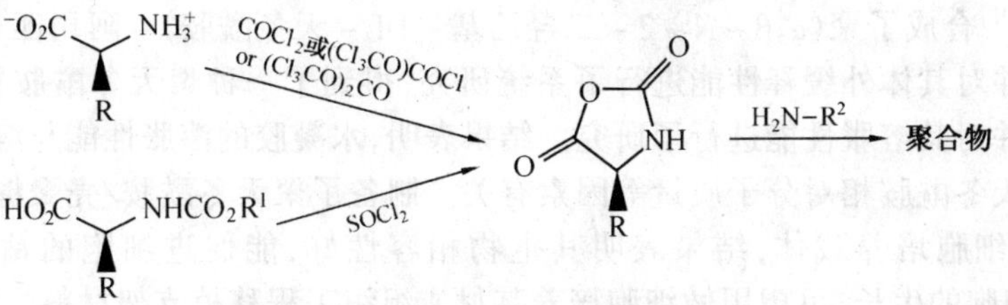

图 5.54　聚氨基酸的合成[192]

经典的合成方法制备聚氨基酸的成本非常高,基因工程和发酵技术的提高虽然促进了聚氨基酸合成的发展,但是聚氨基酸的组织免疫性和最终产物的分离纯化必须要引起注意。解决这些局限性的最新成果包括用化学的方法合成假聚氨基酸,如聚磺酸盐类或聚酯类的酪氨酸衍生物、聚 N – 酰基 – 4 – 羟基脯氨酸酯、聚 N – 酰基 – L – 色氨酸、聚氨基 – 亚氨碳酸酯、聚氨基 – 碳酸酯等。

**2. 氨基酸类聚合物的生物医学应用**

氨基酸类聚合物作为生物医用材料具有以下两个优点:一是由多种氨基酸可制备得到一系列均聚物和共聚物,主链两侧基团提供了药物交联剂,用于调节其性能的悬浮基团结合位点。二是在其主链裂解过程中释放出天然氨基酸组分,降解产物无毒性,已有多种氨基酸类材料制成了控释药物载体[193~199]。

自从 20 世纪 70 年代 Kim 课题组成功合成了聚谷氨酸材料,并以共价结合方式将甾体避孕药炔诺酮键入材料,完成体外释放及大鼠体内释放试验后,人们对氨基酸类聚合物用做药物载体进行了广泛的研究。Miyachi 等[193]用 1 – 氨基乙醇、5 – 氨基戊醇通过氨解及与 1,8 – 亚辛氨基的交联,制备了 3 – 羟丙基 – D – 谷氨酸和 3 – 羟丙基 – L – 谷氨酸及其共聚物,并制成薄膜。对这些聚合物的结构和膜性质的研究结果表明,膜的膨胀速率对膜的性质起了重要的作用,同时,由于菠萝蛋白酶使共聚物的无规链断裂而降解。而且,随着侧链亲水性的增强,酶解速率也增大。因此可通过 D – 异构体的含量来控制降解速率。Pouton 等[194]采用谷氨酸 – 酪氨酸的不同配比制成共聚物,作为药物的载体,对其毒性、体内分布、细胞摄取速率即生物降解速率进行了系统研究。结果表明,谷氨酸含量对材料生物降解产生了很大的作用,聚合物随谷氨酸含量的增加而加速降解。

与谷氨酸相比,天冬氨酸在结构上少了一个亚甲基基团,在合成过程中不须用光气等毒性气体,只须用浓磷酸催化,在 180℃真空聚合即可呈酰胺环,用中性、弱酸性、碱性等基团均可开环聚合,得到多功能性材料。Giammona 课题组对聚天冬酰胺材料进行了多年的研究[195~199],对 $\alpha,\beta$ – 聚 – 2 – 羟乙基 – DL – 天冬酰胺(PHEA)及 $\alpha,\beta$ – 聚 – 2 – 胺 – DL – 天冬酰胺(PAHy)作了全面的研究,特别是对其物理化学性质、药物键合性方面作了系统的工作,对材料侧链的修饰、网状交联材料、水凝胶材料等作了体外体内的释放研究。成大明等[200,201]合成了聚(α,β-N-2-二羟乙基-DL-天冬酰胺)-阿司匹林共价复合体,并对其体外缓释性能进行了系统研究,得到了一种聚天冬酰胺衍生物水凝胶,并对其溶胀性能进行了研究。结果表明,水凝胶的溶胀性能与溶剂、交联剂、聚天冬酰胺相对分子质量等因素有关。制备了聚天冬酰胺/壳聚糖水凝胶,并用做细胞培养载体,结果表明其生物相容性好,能促进细胞的粘附,支持L929 细胞的生长,可望用做细胞培养基材或组织工程移植支架材料。

聚 L-赖氨酸(PLL)带正电荷,易通过胞饮作用被肿瘤细胞摄取,与抗肿瘤药物 5-Fu 结合,可用于瘤症的治疗。此外,也有聚赖氨酸与 Pt(Ⅱ)键合的报道,用于肿瘤病症化疗[202]。PLL 能直接中和肿瘤细胞表面所携带的负电荷,导致细胞凝聚而显示细胞毒性,动物体内试验也显示出明显的抗肿瘤活性。

氨基酸类聚合物在控制药物释放中的应用的研究已相当深入,由于聚合物的生产规模、品种规格和价格等因素的影响,真正应用于临床的还比较少。但是可以预见,随着一些薄弱环节的不断完善,氨基酸类聚合物材料在药物释放领域中应用会有一个好的前景。

### 5.4.8 聚 β-羟基丁酸酯和羟基戊酸酯

聚羟基烷基酯(PHA)是一系列广泛存在于许多微生物细胞中的天然高分子。在此类聚合物中,材料性能随着支链的变化而显示出明显的不同:支链短时,聚合物结晶度很高;支链长时,聚合物以弹性体状态存在。但无论结构如何变化,性能如何不同,PHA 类材料都具有生物可降解性。

**1. 聚 β-羟基丁酸酯及其共聚物的合成与性质**

聚 β-羟基丁酸酯(PHB)和聚 β-羟基戊酸酯(PHV)是微生物在不平衡生长条件下储存于细胞内的一种高分子聚合物[152],广泛存在于自然界许多原核生物中。它们均以羟烷酸作为基本结构单元,如图 5.55 所示,其中 R 为 $CH_3$ 或 $C_2H_5$。因为分子链的手性中心只有 R 构型,因而具有立体规整性和光学活性。

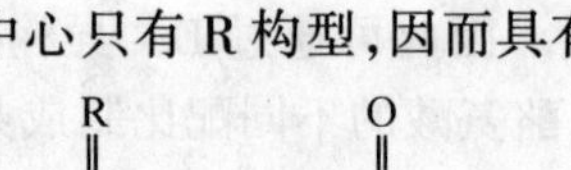

$$\{CH(R)-CH_2-C(=O)-O\}_n$$

图 5.55 聚羟基烷基酯的结构[152]

PHB 是生物合成的聚合物,其合成方法有细菌合成和基因合成两种[29,203~205],其中基因合成最有前景。

(1)细菌合成法

能产生 PHB 的细菌在自然条件下一般含有 1%~3% 的 PHB,在合适的条件如碳过量、氮限量的发酵条件下,PHB 含量可达细胞干质的 70%~80%。由于细菌发酵生产价格偏高,一般只能在较特殊的领域使用。为了降低生产成本,科学家们尽量选择价格较低的底物,如 E.Coil 利用各种碳源(葡萄糖、蔗糖、乳糖、木糖等)。通过细菌发酵,在细胞内积累的 PHB 经过破壁、分离、提取等处理后可获得一定相对分子质量的纯 PHB。

(2) 基因合成法

基因合成法将 PHB 合成的关键酶基因移植入其它可利用的便宜底物中,避免了细菌合成 PHB 的分离和提纯,从而大大降低了成本。利用转基因植物合成聚酯的方法,为生物降解材料的研制开辟了诱人的前景。基因合成的原理如图 5.56[29]所示。

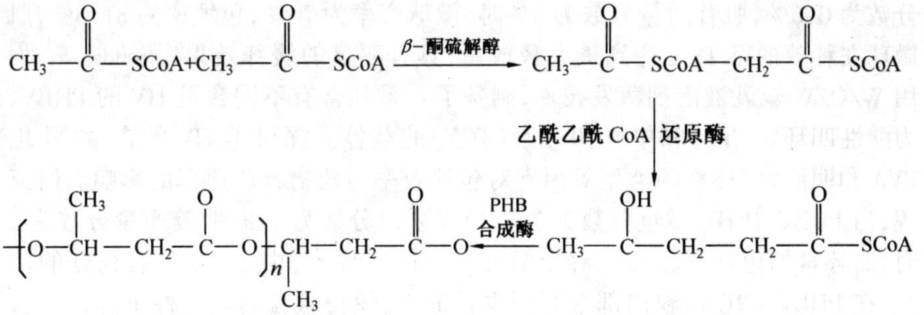

图 5.56　PHB 的基因合成[29]

由于 PHB 有非常好的立构规整性,因而 PHB 是可结晶聚合物。一般地,由注塑得到的 PHB 结晶度为 60%,熔点约 180℃,玻璃化转变温度在 5℃左右。PHB 的物理性质与合成树脂聚丙烯类似,但它有两个缺点:热稳定性差及在宏观上表现为脆性。因此,PHB 在应用上受到了限制[204]。

PHB 与 PHV 的共聚物结晶度低,是高柔性并易于加工的材料,应用价值很高[206,207]。它是用丙酸和戊酸为原料,通过细菌发酵制成的。共聚物的组成比可通过调节两种原料比例来控制,从而调节共聚物的性质。如 P($\beta$-HB-co-$\beta$-HV)的熔点随 HV 组分的增加从 178℃(0%$\beta$-HV)急剧下降,当 $\beta$-HV 达到 40%时,熔点达到最低值 71℃,然后随 $\beta$-HV 含量再增加而逐步上升。

PHB 在生物体内的代谢最终产物是二氧化碳和水,因此对人体无毒性作用,不易引发机体的免疫排斥反应。

**2. 聚 $\beta$-羟基丁酸酯和羟基戊酸酯生物医学的应用**

PHA 由于具有优良的生物相容性和生物降解性,使其在生物医学领域的应用受到越来越多学者的重视。其中具有代表性的 PHA 生物医用材料是聚 $\beta$-羟基丁酸酯(PHB)和 $\beta$-羟基丁酸酯与 $\beta$-羟基戊酸酯的共聚物(PHBV),目前已应用于药物控制释放和组织工程中。

(1) 药物控制释放

由于 PHB 及其共聚物的生物降解性,可以作为药物载体植入体内,以控制药物的释放。在药物释放完毕后,载体自然降解,产物成为血液中的普通代谢物,不会给人体带来任何毒性作用。

陈建海等[205]采用溶剂蒸发法制备了 PHB 作为安定(DZP)的载体。研究发现,PHB-DZP 微球作为肌肉注射控释给药时,不仅可以减少药物的副作用、提高药效,而且还可以延长药物作用时间。采用低相对分子质量的 PHB 微球作为抗癌药物阿霉素的缓释剂时,具有很快的药物释放速度。赵景联等[206]以 PHB 与聚乙二醇(PEG)共混物为载体,采用 W/O/W 双乳液蒸发法制备了肌苷缓释微球,探讨了溶剂、稳定剂、药物浓度、载体等对微球产率、包埋率及体外释放速率的影响。实验结果表明,以二氯甲烷为溶剂,PHB:PEG 为 7:3,明胶质量分数为 0.6%,肌苷质量分数为 5%时,微球产率为 70%,包埋率为 81.6%,肌苷微球在释放的第 18 h 达到最大释放量,具有明显的缓释效果。Sendil 等[207]采用 W/O/W 双乳液溶剂蒸发技术,制备了一系列含有不同含量 HV 的 PHBV,作为酸性四环素(TC)和中性四环素(TCN)的载体。探讨了 HV 的含量,乳化剂 PVA 和明胶、四环素的类型等因素对包埋效率与药物释放速率的影响。研究发现,当 PHBV 中 HV 质量分数为 7%,PVA 质量分数为 1%,明胶质量分数为 2%时,四环素的包埋率较高。对于两种形态的四环素,由于 TC 具有很好的水溶性,在 PHBV-TC 微粒内部含有很少量的水,使得微粒的均一性下降,因此,不溶于水的 TCN 与 PHBV 形成的微粒更稳定。PHBV-TC 微粒的壁厚约为 7 μm(图 5.57(a)),因此 TC 的释放速率很快。而 PHBV-TCN 微粒在药物释放后,表面出现了大的空洞(图 5.57(c)),说明在药物释放期间,聚合物粒子和一些低分子链发生了降解。因此,PHBV-TCN 微粒中的药物释放不仅是通过向外扩散,而且也有表面的降解。

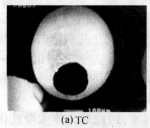  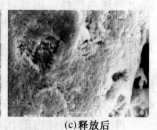

(a) TC　　　　　　　　　(b) TCN　　　　　　　　　(c) 释放后

图 5.57　装载 TC 和 TCN 释放前与释放后的 PHBV 微粒的 SEM 照片[207]

Yagmurlu 等[208]利用 PHBV 的生物降解性、生物相容性和压电性质,以 PHBV(HV 22%)作为治疗骨髓炎的抗生素药物的载体,将其植入到兔胫骨的感染部位,发现在 15 d 后感染减退,30 d 时基本痊愈。

(2) 组织工程

与其它天然高分子比较,PHB 具有良好的机械性能,与合成可降解聚酯相比,又具有较好的生物相容性,因此,近年来作为一种新型材料在组织工程中得到应用。

Tesema 等[209]在表面接枝 PMMA 的 PHBV 表面上固定胶原质,研究了骨细胞在修饰和未修饰的 PHBV 表面上的增殖和形貌,如图 5.58 所示。研究发现,PMMA 的含量对胶原的固定有一定的影响,接枝 PMMA 后固定胶原的 PHBV 表面提供了细胞生长所需的环境。

(a) PHBV　　　　　　　　(b)Coll-g-PMMA-PHBV

图 5.58　UMR-106 细胞在 PHBV 和 Coll-g-PMMA-PHBV 膜上的相差显微镜照片[209]

王常勇[210]以 PHB 泡沫材料作为支架接种软骨细胞,进行体外培养发现,细胞在材料上保持正常形态,并分泌软骨特有的基质成分,植入兔背部皮下 12 周后,材料被明显吸收,同时形成了新生软骨。PHB 作为支架的一个不足是其脆性较大、力学性能欠佳,与韧性和强度更好的聚羟基丁酸-己酸酯(PHBH-HX)以不同比例复合,可以提高其机械性能,并能促进软骨细胞增殖及基质合成,当 PHB:PHBHHX 复合比例为 1:2 时,这时促进作用更为明显[211]。

## 参 考 文 献

[1] FRANCOIS P, VAUDAUX P, NTMTIN N, et al. Physical and biological elfects of a surface coating procedure on polyurethane catheters[J]. Biomaterials, 1996, 17(7): 667-678.

[2] 山西省化工研究所.聚氨酯弹性体手册[M].北京:化学工业出版社,2001.

[3] ANDERSON J M, HILTNER A, WIGGINS M J, et al. Recent advances in biomedical polyurethane biostability and biodegradation[J]. Polymer International 1998, 46(3):163-171.

[4] TOBIESEN F A, MICHIELSEN S. Method for grafting poly(acrylic acid) onto nylon 6,6 using amne end groups on nylon surface[J]. Journal of Polymer Science part A: Polymer Chemistry, 2002, 40(5):719-728.

[5] 官建国,王维.环氧树脂用柔性固化剂Ⅰ的研究[J].中国胶粘剂,2000,9(5):10-12.

[6] NOBUYUKI MORIMOTO, YASUHIKO IWASAKI, NOBUO NAKABAYASHI, et al. Physical properties and blood compatibility of surface-modified segmented polyurethane by semi-interpenetrating polymer networks with a phospholipid polymer[J]. Biomaterials, 2002, 23: 4 881-4 887.

[7] HSU SHAN HUI, CHEN WEI CHIH. Improved cell adhesion by plasma-induced grafting of L-lactide onto polyurethane surface[J]. Biomaterials, 2000, 21:359-367.

[8] ZHANG JUN, YUAN JIANG, YUAN YOULING, et al. Platelet adhesive resistance of segmented polyurethane film surfacegrafted with vinyl benzyl sulfo monomer of ammonium zwitterions[J]. Biomaterials, 2003, 24:4 223-4 231.

[9] YUAN YOULING, AI FEI, ZANG XIAOPENG, et al. Polyurethane vascular catheter surface grafted with zwitterionic sulfobetaine monomer activated by ozone[J]. Colloids and Surfaces B: Biointerfaces, 2004, 35: 1 – 5.

[10] LEE JINHO, JU YOUNGMIN, KIM DONGMIN. Platelet adhesion onto segmented polyurethane film surfaces modified by addition and crosslinking of PEO – containing block copolymers[J]. Biomaterials, 2000, 21: 683 – 691.

[11] YASUHIKO IWASAKI, YOSHIYUKI AIBA, NOBUYUKI MORIMOTO, et al. Semi – interpenetrating polymer networks composed of biocompatible phospholipid polymer and segmented polyurethane[J]. Journal of Biomedical Materials Research, 2000, 52: 701 – 708.

[12] YING YAN, GU XUERONG, YANG CHANGZHENG. Abnormal pH Sensitivity of Polyacrylate – Polyurethane Hydrogels[J]. Journal of Applied Polymer Science, 1998, 70: 1 047 – 1 052.

[13] 李燕芳,赵洪池,刘艳红,等.双酚–S环氧树脂/聚氨酯互穿网络的热性能[J].热固性树脂,2005,20(2):25 – 27.

[14] WANG DONGAN, FENG LINXIAN, JI JIAN, et al. Novel human endothelial cell – engineered polyurethane biomaterials for cardiovascular biomedical applications[J]. Journal of Biomedical Materials Research, 2003, 65A: 498 – 510.

[15] ESMAIEL JABBARI, MAZIAR KHAKPOUR. Morphology of and release behavior from porous polyurethane microspheres[J]. Biomaterials, 2000, 21: 2 073 – 2 079.

[16] 孟舒献,温晓娜,冯亚青,等.肝素化聚氨酯表面修饰材料的研究[J].生物医学工程学杂志,2004,21(4):597 – 601.

[17] 孔桦,许海燕,蔺嫦燕,等.纳米碳改性聚氨酯复合材料的表面抗凝血性能[J].基础医学与临床,2002,22(2):113 – 116.

[18] 李瑶君,周涵新.用于烧伤外科的一种新型皮肤覆盖材料的研制[J].生物医学工程学杂志,1994,11(3):252 – 258.

[19] 刘金成,易定华,徐学增,等.聚氨酯硬段改性材料心室辅助装置血液相容性及毒性学研究[J].北京生物医学工程,2005,24(2):81 – 83.

[20] 刘金成,易定华,杨剑,等.心脏辅助泵隔膜材料聚氨酯的细胞毒性研究[J].解放军医学杂志,2004,29(8):717 – 718.

[21] LEE DOOHYUN, KIM JINWOONG, SUH KYUNGDO. Amphiphilic Urethane Acrylate Hydrogels: pH Sensitivity and Drug – Releasing Behaviors[J]. Journal of Applied Polymer Science, 1999, 72: 1 305 – 1 311.

[22] 李世普.生物医用材料导论[M].武汉:武汉工业大学出版社,2000.

[23] 阮建明,邹俭鹏,黄伯云.生物医用材料学[M].北京:科学出版社,2004.

[24] TAKAHIRO SUZUKI, YASUYUKI MIZUSHIMA, TOMOHIRO UMEDA, et al. Further biocompatibility testing of silica – chitosan complex membrane in the production of tissue plasminogen activator by epithelial and fibroblast cells[J]. Journal of Bioscience and Bioengineering, 1999, 88(2): 194 – 199.

[25] YUKI SHIROSAKI, KANJI TSURU, SATOSHI HAYAKAWA, et al. In vitro cytocompatibility of MG63 cells on chitosan – organosiloxane hybrid membranes[J]. Biomaterials, 2005, 26: 485 – 493.

[26] LEI REN, KANJI TSURU, SATOSHI HAYAKAWA, et al. Novel approach to fabricate porous gelatin－siloxane hybrids for bone tissue engineering[J]. Biomaterials, 2002,23:4 765－4 773.

[27] LEI REN, KANJI TSURU, SATOSHI HAYAKAWA, et al. Sol－gel preparation and in vitro deposition of apatite on porous gelatin－siloxane hybrids[J]. Journal of Non－Crystalline Solids, 2001, 285:116－122.

[28] RHEEA SANGHOON, HWANGB MIHYE, SIB HYUNJUNG, et al. Biological activities of osteoblasts on poly(methyl methacrylate)/silica hybrid containing calcium salt[J]. Biomaterials, 2003,24:901－906.

[29] 戈进杰.生物降解性高分子材料及其应用[M].北京:化学工业出版社,2002.

[30] HATICE BODUGOZ, OLGUN GUVEN. The synthesis of nonporous poly(isobutyl methacrylate) microspheres by suspension polymerization technique and investigation of their swelling properties[J]. Journal of Applied Polymer Science, 2002, 83:349－356.

[31] XUE L, AGARWAL U S, ZHANG M, et al. Synthesis and Direct Topology Visualization of High－Molecular－Weight Star PMMA[J]. Macromolecules, 2005, 38:2 093－2 100.

[32] 黄海平,何尚锦,石可瑜,等.新型手性(甲基)丙烯酸酯类聚合物的合成与表征[J].应用化学,2003,20(6):516－519.

[33] 马新亮,韩立显,张新峰.骨水泥和种植体同期植入修复颌骨和牙列缺损的实验研究[J].蚌埠医学院学报,2003,28(6):485－486.

[34] FLAUTRE B, ANSELME K, DELECOURT C, et al. Histological aspects in bone regeneration of an association with porous hydroxyapatite and bone marrow cells[J]. Journal of Materials Science: Materials in Medicine, 1999,10:811－814.

[35] 李沁华,邹翰.高亲水性软接触镜材料的研究[J].暨南大学学报,1999,20(3):100－104.

[36] 黎新明,崔英德,蔡立彬.共聚物水凝胶接触镜材料的研究[J].高分子材料科学工程,2004,20(2):191－194.

[37] VIJAYASEKARAN S, FITTON J H, HICKS C R, et al. Cell viability and inflammatory response in hydrogel sponges implanted in the rabbit cornea[J]. Biomaterials, 1998,19:2 255－2 267.

[38] 梁涛,赵桂秋,张凌云.维甲酸修饰人工晶状体植入防治后囊混浊的研究[J].山东医药,2004,44(21):19－20.

[39] 王文喜,陈海靓,梁文权.聚甲基丙烯酸酯纳米粒作为反义寡核苷酸传递系统的研究[J].药学学报,2003,38(4):298－301.

[40] 汪朝阳,赵耀明,王方,等.药物缓释用生物降解材料聚乳酸－乙醇酸的合成[J].精细化工,2003,20(9):515－518.

[41] MARTIN KANTLEHNER, DIRK FINSINGER, JORG MEYER, et al. Selective RGD－Mediated Adhesion of Osteoblasts at Surfaces of Implants[J]. Angewandte Chemie International Edition, 1999, 38:560－562.

[42] FARRAR D F, CILLSON R K. Hydrolytic degradation of polyglyconate B: the relationship between degradation time, strength and molecular weight[J]. Biomaterials, 2002,23:3 905－3 912.

[43] 张力,吕春堂,周树夏.可吸收内固定材料L/DL－聚乳酸的体外生物学评价[J].实用口腔医学杂志,2000,16(5):363－365.

[44] LOWRY K J, HAMSON K R, BEAR L, et al. Polycaprolactone/glass bioabsorbable implant in a rabbit humerus fracture model[J]. Journal of Biomedical Materials Research, 1997, 36: 536-541.

[45] GHEORGHE FUNDUEANU, MARIETA CONSTANTIN, ELISABETTA ESPOSITO, et al. Cellulose acetate butyrate microcapsules containing dextran ion - exchange resins as self - propelled drug release system[J]. Biomaterials, 2005, 26: 4 337-4 347.

[46] OCHAMBIN O, CHAMPION D, DEBRAY C, et al. Effects of different cellulose derivatives on drug release mechanism studied at a preformulation stage[J]. Journal of Controlled Release, 2004, 95: 101-108.

[47] LEVINA MARINA, ALIR RAJABISLAHBOOMI. The Influence of Excipients on Drug Release from Hydroxypropyl Methylcellulose Matrices[J]. Journal of Pharmaceutical Sciences, 2004, 93(11): 2 746-2 754.

[48] LIESIENE J, MATULIONIENE J. Application of water - soluble diethylaminoethylcellulose in oral drug delivery systems[J]. Reactive & Functional Polymers, 2004, 59: 185-191.

[49] MAKOTO KITAMURA, CHIKARA OHTSUKI, HARUNA IWASAKI, et al. The controlled resorption of porous α - tricalcium phosphate using a hydroxypropylcellulose coating, Journal of Materials Science[J]. Materials in Medicine, 2004, 15: 1 153-1 158.

[50] 孙康,姜长明,张卫国,等.多聚合纤维素防止手术后粘连的基础与临床应用的前瞻性系列研究[J].中国矫形外科杂志,2002,9(2):175-177.

[51] 李有柱,刘国辉,陈东,等. $Fe^{3+}$ 改性羧甲基纤维素预防和减轻术后腹膜粘连的研究[J].临床外科杂志,2004,12(2):79-80.

[52] MARCIA M, MEIER LUIZ A KANIS, VALDIR SOLDI. Characterization and drug - permeation profiles of microporous and dense cellulose acetate membranes: influence of plasticizer and pore forming agent[J]. International Journal of Pharmaceutics, 2004, 278: 99-110.

[53] 于海峰.甲壳素/壳聚糖及其衍生物的合成与性能研究[D].天津:河北工业大学化学学院,2000.

[54] NISHI N, NOGUCHI J, TOKURA S, et al. Studies on chitin Ⅰ. Acetylation of chitin[J]. Polymer, 1979, 11(1): 27-32.

[55] OYIN S, NORIO N, SEIICHI T, et al. Studies on chitin Ⅱ. Preparation of bezyl and benzoylchitins[J]. Polymer, 1979, 11(9): 391-396.

[56] 王伟,秦汶,李素清,等.甲壳素的分子量[J].应用化学,1991,8(6):85-87.

[57] WOLFROM W L, SHEN HAN T M. The sulfonation of chitosan[J]. Journal of the American Chemical Society, 1959, 81: 1 764-1 766.

[58] 欧阳钹,卢灵发,牛指成.壳聚糖的化学修饰及其功能[J].海南师范学院学报,2000,13(1):44-50.

[59] 王爱勤,俞贤达.烷基化壳聚糖衍生物的制备与性能研究[J].功能高分子学报,1998,11(1):83-86.

[60] 盛以虞,徐开俊,郑凤妹,等.壳聚糖在过氧化氢存在下的氧化降解[J].中国药科大学学报,1992,23(3):173-176.

[61] SU CHINGHUA, SUN CHISHU, JUAN SHENGWEI, et al. Development of fungal mycelia as skin

substitutes: Effects on wound healing and fibroblast[J]. Biomaterials, 1999,20: 61 – 68.

[62] CHO YONGWOO, CHO YONGNAM, CHUNG SANGHUN, et al. Water – soluble chitin as a wound healing accelerator[J]. Biomaterials, 1999,20: 2 139 – 2 145.

[63] YOON JEONG PARK, YONG MOO LEE, SI NAE PARK, et al. Platelet derived growth factor releasing chitosan sponge for periodontal bone regeneration[J]. Biomaterials, 2000,21: 153 – 159.

[64] 陈富林,毛天球,曹梅讯,等.几丁质作为植骨材料生物相容性的研究[J].实用口腔医学杂志,1999,15(4):246 – 248.

[65] GE ZIGANG, SOPHIE BAGUENARD, LIM LEEYONG, et al. Hydroxyapatite – chitin materials as potential tissue engineered bone substitutes[J]. Biomaterials, 2004,25: 1 049 – 1 058.

[66] 陈锦平,张帆,赵仲生,等.几丁质 – 硅胶复合物引导骨再生的实验研究[J].中国骨伤,2001,14(7):405 – 407.

[67] YUICHI HIDAKA, MICHIO ITO, KOJI MORI, et al. Histopathological and immunohistochemical studies of membranes of deacetylated chitin derivatives implanted over rat calvaria[J]. Journal of Biomedical Materials Research, 1999,46: 418 – 423.

[68] MAO HAIQUAN, ROY KRISHNENDU, VU L, et al. Chitosan—DNA nanoparticles as gene carriers: synthesis, characterization and transfection efficiency[J]. Journal of Controlled Release, 2001,70: 399 – 421.

[69] GERRIT BORCHARD. Chitosans for gene delivery[J]. Advanced Drug Delivery Reviews, 2001, 52: 145 – 150.

[70] SIMON C W, RICHARDSON, HANNO V J, et al. Potential of low molecular mass chitosan as a DNA delivery system: biocompatibility, body distribution and ability to complex and protect DNA [J]. International Journal of Pharmaceutics, 1999,178: 231 – 240.

[71] 王镜岩,朱圣庚,徐长法.生物化学[M].3 版.北京:高等教育出版社,2002.

[72] 王韦,郇京宁,陈玉琳.胶原"人工皮"的特点和烧伤病人创面的应用[J].生物医学工程学杂志,1992,9(4):378 – 381.

[73] 赵春安,姜绍真,王新民,等.人体真皮胶原膜的制备及临床应用[J].中华外科杂志,1993,31(4):240 – 241.

[74] DU C, CUI F Z, FENG Q L, et al. Tissue response to nano – hydroxyapatite/collagen composite implants in marrow cavity[J]. Journal of Biomedical Materials Research, 1998,42:540 – 548.

[75] DU C, CUI F Z, ZHANG W, et al. Formation of calcium phosphate/collagen composites through mineralization of collagen matrix[J]. Journal of Biomedical Materials Research, 2000,50:518 – 527.

[76] CHEN G P, TAKASHI U, TETSUYA T. Biodegradable hybrid sponge nested with collagen microsponges[J]. Journal of Biomedical Materials Research, 2000,51:273 – 279.

[77] 陈富林,杨维东,毛天球.牛腱胶原混合软骨细胞再造软骨的实验研究[J].实用口腔医学杂志,1999,15(5):381.

[78] NEHRER S, BREINAN H A, RAMAPPA A, et al. Chondrocyte – seeded collagen matrices implanted in a chondral defect in a canine model[J]. Biomaterials,1998,19(24):2 313 – 2 328.

[79] LEE C R, GRODZINSKY A J, SPECTOR M. The effects of cross – linking of collagen –

glycosaminoglycan scaffolds on compressive stiffness chondrocyte – mediated contraction, proliferation and biosynthesis[J]. Biomaterials, 2001,22(23):3 145 – 3 154.

[80] MAEDA M, TANI S, SANO A. Microstructure and release characteristies of the minipellet, a collagen – based drug delivery systen for controlled release of protein drygs[J]. Journal of Controlled Release, 1999,62:313 – 324.

[81] MIHO MAEDA, KEIICHI KADOTA, MASAKO KAJIHARA, et al. Sustained release of human growth hormone (hGH) from collagen film and evaluation of effect on wound healing in db/db mice[J]. Journal of Controlled Release, 2001,77: 261 – 272.

[82] LEE C H, SINGLA A, LEE Y. Biomedical applicatons of collagen[J]. International Journal of Pharmaceutics, 2001,221(1 – 2):1 – 22.

[83] MARY M YOUNG, CLAUDE DESCHAMPS, MARK S ALLEN, et al. Esophageal reconstruction for benign disease: self – assessment of functional outcome and quality of life[J]. The Annals of Thoracic Surgery, 2000,70(6):1 799 – 1 802.

[84] VAN SUSANTE J L, BUMA P, SCHUMAN L. Resurfacing potential of heterologous chondrocytes suspended in fibrin glue in large full – thickness defects of femoral articular cartilage: an ecperimental study in the goat[J]. Biomaterials, 1999, 20(13):1 167 ~ 1 175.

[85] WILLIAM R BAUMANN, JACK L ULMER, PAUL G AMBROSE, et al. Closure of a bronchopleural fistula using decalcified human spongiosa and a fibrin sealant[J]. The Annals of Thoracic Surgery, 1997,64(1):230 – 233.

[86] BARDAXOGLOU E, MANGANAS D, MEUNIER B, et al. New approach to surgical management of early esophageal thoracic perforation: primary suture repair reinforced with absorbable mesh and fibrin glue[J]. World Journal of Surgery,1997,21(6):618 – 621.

[87] 王哲,李健,周光华,等. 纤维蛋白粘合剂在心脏手术止血中应用的初步研究[J].临床研究,2003,8(3):260 – 261.

[88] HIROSHI KAETSU, TAKANORI UCHIDA, NORIKO SHINYA, et al. Increased electiveness of fibrin sealant with a higher fibrin concentration [J]. International Journal of Adhesion & Adhesives, 2000,20: 27 – 31.

[89] 何天白,胡汉杰.功能高分子与新技术[M].北京:化学工业出版社,2001.

[90] 郑磊,王前,裴国献.可降解聚合物在骨组织工程中的应用进展[J].中国修复重建外科杂志,2001,14(3):175 – 180.

[91] 金丹.组织工程学研究现状及发展趋势[J].中国矫形外科杂志,2000,7(5):482 – 484.

[92] PCGA 原料及制备的成品[J/OL]. http://www.itri.org.tw.

[93] MIDDLETON J C, TIPTON A J. Synthetic biodegradable polymers as orthopedic devices[J]. Biomaterials, 2000,21: 2 335 – 2 346.

[94] BENDER J, BROUWER J. Expecrience with the use of polyglycolic acid suture material (Dexon) in 500 surgical patients[J]. Arch Chir Neerl,1975,27(1):53 – 61.

[95] BOS R R M, ROZEMA F R, BOERING G. Bonc plates and stews of bioabsorbable poly(L – lactide): An animal pilot study[J]. Journal of Oral and Maxillofacial Surgery, 1989,27:467.

[96] CUTRIGHT D E, HUNSUCK E, BEASLCY J. Fracture reduction using a biodegradable matcrial, polylactic acid[J]. J. Oral. Surg,1971, 29:393.

[97] LI L, LI G M. Preparation of oxytetracycline hydrochloride containing polylactic acid by water – in – oil and drug – relaeasing performance[J]. The Chinese Journal of Modern Applied Pharmacy, 2005,22(1):49 – 52.

[98] ROKKANEN P, BOSTMAN O, VAINIONPAA S, et al. Biodegradable implants in fracture fixation: early results of treatment of fractures of the ankle[J]. Lancet,1985,326:1 422 – 1 424.

[99] HIRVENSALO E. Absorbable synthetic self – reinforced polymer rods in the fixation of fractures and osteotomies. A clinical study[C]// Thesis, Department of Orthopaedics and Traumatology, Helsinki University Central Hospital, Helsinki, Finland, 1990.

[100] WATSON J T, HOVIS W D, BUCHOLZ R W. Bioabsorbable fixation of ankle fractures[J]. Tech Orthop,1998,13:180 – 186.

[101] THORDARSON D B. Fixation of the ankle syndesmosis with bioabsorbable screws[J]. Tech Orthop,1998,13:187 – 191.

[102] MELAMED E A, SELIGSON D. Fixation of ankle fractures with biodegradable implants[J]. Tech Orthop,1998,13:192 – 200.

[103] EITENMULLER J, DAVID A, POMMER A, et al. Operative behandlung von sprunggelenksfarkturen mit biodegradablen schrauben und platen aus poly – L – lactid[J]. Chirurg,1996,67:413 – 418.

[104] 胡晓洁,王敏,柴岗,等. 组织工程技术构件兔角膜基质组织的实验研究[J]. 中华眼科杂志,2004,140(8):517 – 521.

[105] CAI Q, YANG J, BEI J, et al. A novel porous cells scaffold made of polylactide – dextran blend by combining phase – separation and particle – leaching techniques[J]. Biomaterials, 2000,23: 4 483 – 4 492.

[106] ASHAMMAKHI N, MAKELA E A, VIHTONEN K. Effect of self – reinforced polyglycolide membranes on cortical bone – an experimental – study on rats[J]. Journal of Biomedical Materials Research, 1995,29(6): 687 – 694.

[107] ASHAMMAKHI N, MAKELA E A, VIHTONEN K. Repair of bone defects with absorbable membranes – a study on rabbits[J]. Annals chirurgiae et gynaecologiae ,1995,84(3):309 – 315.

[108] ASHAMMAKHI N, MAKELA E A, VIHTONEN K, et al. Strength retention of self – reinforced polyglycolide polyglycolide membrane: an experimental – study[J]. Biomaterials, 1995,16(2): 135 – 138.

[109] ZIEREN J, CASTENHOLZ E, BAUMGART E, et al. Effects of fibrin glue and growth factors released from platelets on abdominal hernia repair with a resorbale PGA mesh: experimental study[J]. Journal of Surgical Research, 1999,85(2):267 – 272.

[110] CHANG A C, CHANG R K, GUPTA. Stabilization of tetanus toxoid in poly(D,L – lactide – co – glycolic acid) microspheres for the controlled release of antigen[J]. Journal of Pharmaceutical Science, 1996,85:129 – 132.

[111] BYEONGMOON JEONG, YONHANBAE, SUNG WANKIM, et al. In situ gelation of PEG – PLGA – PEG triblock copolymer aqueous solutions and degradation thereof[J]. Journal of Biomedical Materials Research, 2000,50:171 – 177.

[112] ROMERO - CANO M S, VINCENT B. Controlled release of 4 - nitroanisole from poly(lactic acid) Nanoparticles[J]. Journal of Controlled Release, 2002,82:127 - 135.

[113] AHBALOVICH A, JATIMLIANSKY C, DIEGEX E, et al. Pancreatic islets microencapsulation with Polylactide - co - Glycolide[J]. Transplantation Proceedings, 2001,33:1 977 - 1 979.

[114] SLAGER J, DOMB A J. Stereocomplexes based on poly(lactic acid) and insulin: formulation and release studies[J]. Biomaterials, 2002,23:4 389 - 4 396.

[115] ALLEN C, YU Y, MAYSINGER D, et al. Polycaprolactone - b - poly(ethylene oxide) diblock copolymer micelles as a novel drug delivery vehicle for neurotrophic agents FK506 and L - 685, 818[J]. Bioconjug Chem, 1998,9:564 - 572.

[116] PITT C. Poly($\beta$ - caprolactone) and its copolymer[C]//Chasin M, Langer Rs. Biodegradable polymers as drug delivery system. New York: Marcel Dekker,1990:71 - 120.

[117] PERRIN DE, ENGLISH JP. Polycaprolactone[C]//Domb AJ, Kost J, Wiseman DM. Handbook of biodegradable polymers. Amsterdam, The Netherlands: Harwood Academic, 1997:63 - 77.

[118] HOU QINGPU, DIRK W, GRIJPMA, et al. Preparation of porous pol y($\beta$ - caprolactone) Structures[J]. Macromol Rapid Commun,2002,23:247 - 252.

[119] BOGDANOV B, VIDTS A, VAN DEN BUICKE A, et al. Synthesis and thermal properties of poly(ethyleneglycol) - poly($\beta$ - caprolactone) copolymers[J]. Polymer, 1998,39: 1 631 - 1 636.

[120] HU Y, JIANG X, DING Y, et al. Preparation and drug release behaviors of nimodipineloaded poly($\beta$ - caprolactone) - poly(ethylene oxide) - polylactide amphiphilic copolymer nanoparticles [J]. Biomaterials, 2003,24:2 395 - 2 404.

[121] LEE JIN WOO, HUA FENGJUN, LEE DOO SUNG. Thermoreversible gelation of biodegradable poly($\beta$ - caprolactone) and poly(ethylene glycol) multiblock copolymers in aqueoussolutions[J]. Journal of Controlled Release,2001,73: 315 - 327.

[122] DONG CHANGMING, QIU KUNYUAN, GU ZHONGWEI, et al. Synthesis of star - shaped poly ($\beta$ - caprolactone) - b - poly(DL - lactic acid - alt - glycolic acid) with multifunctional initiator and stannous octoate catalyst[J]. Macromolecules, 2001,34(14):4 691 - 4 696.

[123] WANG DONG, FENG XINDE. Copolymerization of $\beta$ - Caprolactone with (3S) - 3 - (Benzyloxycarbonyl)methyl]morpholine - 2,5 - dione and the 13C NMR Sequence Analysis of the Copolymer[J]. Macromolecules, 1998,31(12):3 824 - 3 831.

[124] PIAO LONGHAI, DAI ZHONGLI, DENG MINGXIAO, et al. Synthesis and characterization of PCL/PEG/PCL triblock copolymers by using calcium catalyst[J]. Polymer, 2003,44:2 025 - 2 031.

[125] ZHIHUA GAN, TSZ FUNG JIM, LI MEI,et al. Enzymatic Biodegradation of Poly(ethylene oxide - b - $\beta$ - caprolactone) Diblock Copolymer and Its Potential Biomedical Applications[J]. Macromolecules, 1999, 32: 590 - 594.

[126] DANIEL COHN, THEODOR STERN, FERNANDA GONZALEZ M, et al. Biodegradable poly (ethylene oxide)/poly($\beta$ - caprolactone) multiblock copolymers[J]. Journal of Biomedical Materials Research,2001:273 - 281.

[127] AZEVEDO M C, REIS R L, CLAASE M B, et al. Development and properties of polycaprolactone/hydroxyapatite composite biomaterials[J]. Journal of Materials Science: Materials in Medicine, 2003,14:103 - 107.

[128] GREF R, LUCK M, QUELLEC P, et al. 'Stealth' corona - core nanoparticles surface modified by polyethylene glycol (PEG): influences of the corona (PEG chain length and surface density) and of the core composition on phagocytic uptake and plasma protein adsorption[J]. Colloids and Surfaces B: Biointerfaces, 2000,18: 301 - 313.

[129] TOMMY TARVAINEN, TEIJA KARJALAINEN, MINNA MALIN, et al. Drug release profiles from and degradation of a novel biodegradable polymer, 2,2 - bis(2 - oxazoline) linked poly(2 - caprolactone)[J]. European Journal of Pharmaceutical Sciences, 2000,16:323 - 331.

[130] MOON SUK KIM, KWANG SU SEO, GILSON KHANG, et al. Preparation of poly(ethylene glycol) - block - poly(caprolactone) copolymers and their applications as thermo - sensitive materials[J]. Journal of Biomedical Materials Research Part A, 2004,70A: 154 - 158.

[131] SHIN IL GYUN, KIM SO YEON, LEE YOUNG MOO, et al. Methoxy poly(ethylene glycol)/β - caprolactone amphiphilic block copolymeric micelle containing indomethacin. I. Preparation and characterization[J]. Journal of Controlled Release, 1998,51:1 - 11.

[132] KIM SO YEON, SHIN ILGYUN, LEE YOUNGMOO, et al. Methoxy poly(ethylene glycol)/β - caprolactone amphiphilic block copolymeric micelle containing indomethacin. II. Micelle formation and drug release behaviours[J]. Journal of Controlled Release, 1998,51:13 - 22.

[133] HA JUNGCHUL, KIM SOYEON, LEE YOUNGMOO. Poly(ethylene oxide) - poly(propylene oxide) - poly(ethylene oxide) (Pluronic) / poly(caprolactone) (PCL) amphiphilic block copolymeric nanospheres I. Preparation and characterization[J]. Journal of Controlled Release, 1999,62: 381 - 392.

[134] KIM SOYEON, HA JUNGCHUL, LEE YOUNGMOO. Poly(ethylene oxide) - poly(propylene oxide) - poly(ethylene oxide) / poly(e - caprolactone) (PCL) amphiphilic block copolymeric nanospheres II. Thermo - responsive drug release behaviors[J]. Journal of Controlled Release, 2000,65: 345 - 358.

[135] COOMBESA A G A, RIZZI S C, WILLIAMSON M, et al. Precipitation casting of polycaprolactone for applications in tissue engineering and drug delivery[J]. Biomaterials, 2004,25: 315 - 325.

[136] SERRANO M C, PAGANI R, VALLETREGI M, et al. In vitro biocompatibility assessment of poly(β - caprolactone) films usingL929 mouse fibroblasts[J]. Biomaterials, 2004,25:5 603 - 5 611.

[137] ZENG JING, CHEN XUESI, LIANG QIZHI, et al. Enzymatic Degradation of Poly(L - lactide) and Poly(e - caprolactone) Electrospun Fibers[J]. Macromolecular Bioscience, 2004, 4: 1 118 - 1 125.

[138] KIM SY, LEE YM, SHIN HJ, et al. Indomethacin - loaded methoxy poly(ethylene glycol)/poly (β - caprolactone) diblock copolymeric nanosphere: pharmacokinetic characteristics of indomethacin in the normal Sprague - Dawley rats[J]. Biomaterials, 2001,22:2 049 - 2 056.

[139] KIM SY, LEE YM. Taxol - loaded diblock copolymer nanospheres composed of methoxy poly

(ethylene glycol) and poly (β - caprolactone) as novel anticancer drug carriers [J]. Biomaterials, 2001,22:1 697 - 1 704.
[140] COUVREUR P, KANTE B, ROLAND M, et al. Polycyanoacrylate nanocapsules as potential lysosomotropic carriers: preparation, morphological and sorptive properties [J]. Journal of Pharmacy and Pharmacology, 1979,31:331 - 332.
[141] HISAYUKI OOWAKI, SHOJIRO MATSUDA, NOBUYUKI SAKAI, et al. Non - adhesive cyanoacrylate as an embolic material for endovascular neurosurgery [J]. Biomaterials, 2000,21: 1 039 - 1 046.
[142] CHRISTINE VAUTHIER, CATHERINE DUBERNET, ELIAS FATTAL, et al. Poly (alkylcyanoacrylates) as biodegradable materials for biomedical applications [J]. Advanced Drug Delivery Reviews, 2003,55: 519 - 548.
[143] T BREET REECE, THOMAS S MAXEY, IRVING L KRON. A prospectus on tissue adhesives [J]. The American Journal of Surgery, 2001,182:40 - 43.
[144] ROBERT MARCOVICH, ANTOINETTE L WILLIAMS, MARK A RUBIN, et al. Comparison of 2 - octyl cyanoacrylate adhesive, fibrin glue, and suturing for wound closure in the porcine urinary tract[J]. Urology, 2001,57: 806 - 810.
[145] KITOH A, ARIMA Y, NISHIGORI C, et al. Tissue adhesive and postoperative allergic meningitis[J]. The Lancet, 2002, 359:1 668 - 1 670.
[146] BURNS D T, BROWN J K, DINSMORE A, et al. Base - activated latent fingerprints fumed with a cyanoacrylate monomer. A quantitative study using Fourrier - transformed infra - red spectroscopy[J]. Analytica Chimica Acta, 1998,362: 171 - 176.
[147] DAE HEE PARK, SUNG BUM KIM, AHN KWANGDUK, et al. In vitro degradation and cytotoxicity of alkyl 2 - Cyanoacrylate polymers for application to tissue adhesives[J]. Journal of applied polymer science, 2003,89: 3 272 - 3 278.
[148] ALEXANDER BOOTZ, VITALI VOGEL, DIETER SCHUBERT, et al. Comparison of scanning electron microscopy, dynamic light scattering and analytical ultracentrifugation for the sizing of poly (butylcyanoacrylate) nanoparticles [J]. European Journal of Pharmaceutics and Biopharmaceutics, 2004,57: 369 - 375.
[149] CARILINE O, SULLIVAN, COLIN BIRKINSHAW. In vitro degradation of insulin - loaded poly (n - butylcyanoacrylate) nanoparticles[J]. Biomaterials, 2004,25: 4 375 - 4 382.
[150] 张志荣,田辉,何勤.阿昔洛韦聚氰基丙烯酸正丁酯毫微粒制备工艺研究[J].华西医科大学报,1998,29(3):329 - 333.
[151] VAUTHIER C, DUBERNET C, CHAUVIERRE C, et al. Drug delivery to resistant tumors: the potential of poly(alkyl cyanoacrylate) nanoparticles[J]. Journal of Controlled Release, 2003,93: 151 - 160.
[152] 郭圣荣.医药用生物降解性高分子材料[M].化学工业出版社,2004.
[153] SABINO M A, FEIJOO J L, MULLER A J. Crystallisation and morphology of neat and degraded poly(p - dioxanone)[J]. Polymer Degradation and Stability, 2001,73: 541 - 547.
[154] HARUO NISHIDA, MITSUHIRO YAMASHITA, MASUMI NAGASHIMA, et al. Synthesis of metal - free poly(1,4 - dioxan - 2 - one) by enzyme - catalyzed ring - opening polymerization

[J]. Journal of Polymer Science Part A: Polymer Chemistry, 2000, 38:1 560 – 1 567.

[155] HARUO NISHIDA, MITSUHIRO YAMASHITA, TAKESHI ENDO, et al. Equilibrium polymerization behavior of 1,4 – dioxan – 2 – one in bulk[J]. Macromolecules, 2000, 33: 6 982 – 6 986.

[156] YUKIKO FURUHASHI, ATSUSHI NAKAYAMA, TERUO MONNO, et al. X – ray and electron diffraction study of poly(p – dioxanone)[J]. Macromolecular Rapid Communications, 2004, 25: 1 943 – 1 947.

[157] MARCOS A SABINO, SUSANA GONZALEZ, LENI MARQUEZ, et al. Study of the hydrolytic degradation of polydioxanone PPDX[J]. Polymer Degradation and Stability, 2000, 69: 209 – 216.

[158] PEZZIN A P T, ALBERDA VAN EKENSTEIN G O R, DUEK E A R. Melt behaviour, crystallinity and morphology of poly(p – dioxanone)[J]. Polymer, 2001,42:8 303 – 8 306.

[159] TOMIHATA K, SUZUKI M, OKA T, et al. A new resorbable monofilament suture[J]. Polymer Degradation and Stability, 1998,59: 13 – 18.

[160] LICHUN LU, CHARLES A GARCIA, ANTONIOS G MIKOS. In vitro degradation of thin poly (DL – lactic – co – glycolicacid) films[J]. Journal of Biomedical Materials Research, 1999,46: 236 – 244.

[161] GONZALEZ M F, RUSECKAITE R A, CUADRADO T R. Structural Changes of Polylactic – Acid (PLA) Microspheres under Hydrolytic Degradation [J]. Journal of Applied Polymer Science, 1999,71:1 223 – 1 230.

[162] PEZZIN A P T, DUEK E A R. Hydrolytic degradation of poly(para – dioxanone) films prepared by casting or phase separation[J]. Polymer Degradation and Stability, 2002,78: 405 – 411.

[163] 傅国瑞,于建明,边栋材,等. 聚对二氧杂环己酮的合成及缝线体外降解研究[J]. 天津纺织工学院学报,1996,15(4):12 – 17.

[164] 付国瑞,于建明,边栋材,等. 聚对二氧杂环己酮 – 乙交酯无规共聚物缝合线热处理及体外降解性能研究[J]. 离子交换与吸附,1997,13(2):187 – 194.

[165] LANGER R. Biomaterials in drug delivery and tissue engineering: one laboratory's experience [J]. Accounts of Chemical Research, 2000, 33(2):94 – 101.

[166] ABRAHAM J DOMB, ZVI H ISRAEL, OMAR ELMALAK, et al. Preparation and characterization of carmustine loaded polyanhydride wafers for treating brain tumors [J]. Pharmaceutical Research, 1999, 16(5): 762 – 765.

[167] DOMB A J, LANGER R, POLYANHYDRIDES I. Preparetion of high molecular weight polyanhydrides[J]. Journal of polymer science part A: polymer chemistry, 1987, 25: 3 373 – 3 386.

[168] ABRAHAM J DOMB, EYAL RON, ROBERT LANGER. Poly(anhydrides). 2. One – Step Polymerization Using Phosgene or Diphosgene as Coupling Agents[J]. Macromolecules, 1988, 21: 1 925 – 1 929.

[169] DOMB A J, MATHIOWITZ E, LANGER R. Polyanhydrides. Ⅳ. Unsatured and crosslinked polyanhydrides[J]. Journal of Polymer Science Part A: Polymer Chemistry, 1991, 29: 571 – 579.

[170] LI ZHEN, HAO JIANYUAN, YUAN MINGLONG, et al. Ring opening polymerization of adipic anhydride initiated by dibutylmagnesium initiator[J]. European Polymer Journal, 2003, 39: 313 – 317.

[171] DORON TEOMIM, ABRAHAM J DOMB. Fatty acid terminated polyanhydrides[J]. Journal of Polymer Science Part A: Polymer Chemistry, 1999,37:3 337 – 3 344.

[172] DORON TEOMIM, ABRAHAM NYSKA, ABRAHAM J DOMB. Ricinoleic acid – based biopolymers[J]. Journal of Biomedical Materials Research, 1999, 45:258 – 267.

[173] ABRAHAM J DOMB, CARLOS F CALLARDO, ROBERT LANGER, et al. Poly(anhydrides). 3. poly(anhydrides) based on aliphatic – aromatic Diacids[J]. Macromolecules, 1989, 22: 3 200 – 3 204.

[174] CAI Q X, ZHU K J, CHEN D, et al. Synthesis, characterization and in vitro release of 5 – aminosalicylic acid and 5 – acetyl aminosalicylic acid of polyanhydride – P(CBFAS)[J]. European Journal of Pharmaceutics and Biopharmaceutics, 2003, 55: 203 – 208.

[175] 周传军,范昌烈,胡运华,等. 主链含己烷雌酚的聚酸酐的合成及其降解性的研究[J]. 高等学校化学学报,1999,20(6):990 – 992.

[176] 周志彬,黄开勋,张治国,等. 庆大霉素 – 聚酸酐缓释制剂的制备及释药特性[J]. 华中科技大学学报,2001,29(4):112 – 113.

[177] JUSTIN HANES, MASATOSHI CHIBA, ROBERT LANGER. Synthesis and characterization of degradable anhydride – co – imide terpolymers containing trimellitylimido – L – tyrosine: Novel Polymers for Drug Delivery[J]. Macromolecules, 1996, 29: 5 279 – 5 287.

[178] 蔡启祥,张建祥,朱康杰. 基于聚酸酐的生物粘附性在药高分子[J]. 浙江大学学报,2004,38(9):1 222 – 1 227.

[179] MARTIN BREZA. On the structure of polyphosphazenes[J]. European Polymer Journal, 1999, 35:581 – 586.

[180] HARRY R ALLCOCK, JAMES M NELSON, SCOTT D REEVES, et al. Honeyman and ian manners, ambient – temperature direct synthesis of poly(organophosphazenes) via the "living" cationic polymerization of organo – substituted phosphoranimines[J]. Macromolecules, 1997, 30: 50 – 56.

[181] ALLCOCK H R, FULLER T J. Phosphazene high polymers with steroidal side groups[J]. Macromolecules, 1980, 13: 1 338 – 1 345.

[182] HARRY R ALLCOCK, AUL E AUSTIN, THOMAS X NEENAN. Phosphazene high polymers with bioactive substituent groups: prospective anesthetic aminophosphazenes [J]. Macromolecules, 1982, 15: 689 – 693.

[183] VERONESE F M, MARSILIO F, CALICETI P, et al. Polyorganophosphazene microspheres for drug release: polymer synthesis, microsphere preparation, in vitro and in vivo naproxen release [J]. Journal of Controlled Release, 1998,52: 227 – 237.

[184] HARRY R ALLCOCK, SHAWN R PUCHER. Polyphosphazenes with glucosyl and methylamino [J]. Macromolecules, 1991, 24: 23 – 34.

[185] HARRY R ALLCOCK, SHAWN R PUCHER, ANGELO G SCOPELIANOS. Synthesis of poly (organophosphazenes) with glycolic acid ester and lactic acid ester side Groups: Prototypes for

New Bioerodible Polymers[J]. Macromolecules, 1994, 27: 1-4.

[186] HARRY R ALLCOCK, SUKKY KWON. Glyceryl Polyphosphazenes: synthesis, properties, and hydrolysis[J]. Macromolecules, 1988, 21: 1 980-1 985.

[187] PAOLO CALICETI, FRANCESCO M VERONESE, SILVANO LORA. Polyphosphazene microspheres for insulin delivery[J]. International Journal of Pharmaceutics, 2000,211: 57-65.

[188] ALEXANDER K ANDRIANOV, LENDON G PAYNE. Protein release from polyphosphazene matrices [J]. Advanced Drug Delivery Reviews, 1998,31: 185-196.

[189] FRANCESCO M VERONESEA, FRANCO MARSILIO, SILVANO LORA, et al. Polyphosphazene membranes and microspheres in periodontal diseases and implant surgery[J]. Biomaterials, 1999,20: 91-98.

[190] 俞耀庭,张兴栋.生物医用材料[M].天津:天津大学出版社,2000.

[191] 王镜岩,朱圣庚,徐长法.生物化学[M].3版.北京:高等教育出版社,2002.

[192] 叶润辉.聚氨基酸在不对称合成反应中的应用[J].化学通报,2003,66:1-7.

[193] YASUYOSI MIYACHI A, KAZUYUKI JOKEI B, MASAHITO OKAB, et al. Preparation and properties of biodegradable copoly(N - hydroxyalkyl - D, L - glutamine) membranes[J]. European Polymer Journal, 1999,35: 767-773.

[194] COLIN W POUTON, PAUL LUCAS, BEVERLEY J THOMAS, et al. Polycation - DNA complexes for gene delivery: a comparison of the biopharmaceutical properties of cationic polypeptides and cationic lipids[J]. Journal of Controlled Release, 1998,53: 289-299.

[195] GIAMMONA G, CARLISI B, CAVALLARO G, et al. A new water - soluble synthetic polymer, α,β - polyasparthydrazide, as potential plasma expander and drug carrier[J]. Journal of Controlled Release, 1994,29: 63-72.

[196] GIAMMONA G, PUGLISI G, CAVALLARO G, et al. Chemical stability and bioavailability of acyclovir coupled to α,β - poly(N - 2 - hydroxyethyl) - DL - aspartamide[J]. Journal of Controlled Release, 1995,33: 261-271.

[197] GAETANO GIAMMONA, GIOVANNA PITARRESI, VINCENZO TOMARCHIO, et al. Crosslinked α,β - polyasparthydrazide hydrogels: effect of crosslinking degree and loading method on cytarabine release rate[J]. Journal of Controlled Release, 1996,41: 195-203.

[198] FRANCESCO CASTELLI, GIOVANNA PITARRESI, VINCENZO TOMARCHIO, et al. Effect of pH on the transfer kinetics of an anti - inflammatory drug from polyaspartamide hydrogels to a lipid model membrane[J]. Journal of Controlled Release, 1997,45: 103-111.

[199] GAETANO GIAMMONA, GIOVANNA PITARRESI, VINCENZO TOMARCHIO, et al. Swellable microparticles containing Suprofen: evaluation of in vitro release and photochemical behaviour[J]. Journal of Controlled Release, 1998,51: 249-257.

[200] 成大明,陈强,吴钧,等.聚(α,β-N-2-二羟乙基-DL-天冬酰胺)及其共价复合物的制备及体外缓释性能研究[J].中国药科大学学报,2002,33:87-92.

[201] 楼伟建,汤谷平.萘普生-聚-(3-羟丙基)-天冬氨酸-氨基乙酸复合物的合成及体外释放的研究[J].中国生物医学工程学报,2001,20:335-341.

[202] 吕正荣,余家会,卓仁禧,等.聚(L-天冬氨酸)衍生物-顺铂结合物的制备及体外细

胞毒性研究[J].高等学校化学学报,1998,19:817-820.
[203] 李爱萍,李光吉.聚羟基脂肪酸酯生物合成的研究进展[J].高分子通报,2004,5:20-27.
[204] 蔡志江.聚羟基丁酸酯的改性及其作为组织工程支架材料的研究[D].天津:天津大学,2002.
[205] 陈建海,陈志良,侯连兵,等.聚羟基丁酸酯缓释球的制备和性能[J].功能高分子学报,2002,13(1):61-64.
[206] 赵景联,陈庆云,王云海,等.PHB-PEG共混物为载体药物缓释微球的研究.[J].西安交通大学学报,2001,13(1):759-763.
[207] DILEK SENDIL, IHSAN GURSEL, DONALD L WISE, et al. Antibiotic release from biodegradable PHBV microparticles[J]. Journal of Controlled Release,1999,59: 207-217.
[208] M FIRAT YAGMURLU, FEZA KORKUSUZ, IHSAN GURSEL, et al. Sulbactam-cefoperazone polyhydroxybutyrate-cohydroxyvalerate (PHBV) local antibiotic delivery system: In vivo effectiveness and biocompatibility in the treatment of implant-related experimental osteomyelitis Inc[J]. Journal of Biomedical Materials Research, 1999,46: 494-503.
[209] TESEMA Y, RAGHAVAN D, STUBBS III J. Bone Cell viability on collagen immobilized poly(3-hydroxybutrate-co-3-hydroxyvalerate) membrane: effect of surface chemistry[J]. Journal of Applied Polymer Science, 2004,93: 2 445-2 453.
[210] 王常勇,袁晓辉,刘爽,等.聚羟基丁酸酯载体人工软骨体内培育的实验研究[J].中华外科杂志,2004,38(4):269-271.
[211] DENG YING, LIN XINGSUN, ZHENG ZHONG, et al. Poly (hydroxybutyrate-co-hydroxyhexanoate) promoted production ofextracellular matrix ofarticular cartilage chondrocytes in vitro[J]. Biomaterials, 2003,24: 4 273-4 281.

# 第6章 生物医用复合材料

## 6.1 概　　述

生物医用复合材料是由两种或两种以上的不同生物医用材料复合而成的生物医用材料,它主要用于人体组织的修复、替换和人工器官的制造[1]。复合材料概念来源已久,并且涉及范围广泛,自然界中和人体组织中很多是天然的复合材料,如人体骨骼是由人体胶质、蛋白质与无水矿物质构成的一种纤维增强复合材料。

传统的单一种类生物医用材料,某些方面能很好地满足生物医用,但在另外一些方面却达不到标准,甚至会产生反作用,不能满足临床应用。如金属生物医用材料和高分子生物医用材料不具有生物活性,与组织不易牢固结合,在生理环境中或植入体内后受生理环境的影响,导致金属离子或单体释放,造成对机体的不良影响。而无机非金属生物医用材料虽然具有良好的化学稳定性和相容性、高的强度和耐磨、耐蚀性,但材料的抗弯强度低、脆性大,在生理环境中的疲劳与破坏强度不高,在没有补强措施的条件下,它只能应用于不承受负荷或仅承受纯压应力负荷的情况[2]。利用不同性质的材料复合而成的生物医用复合材料,属于多相材料范畴,不仅兼具组分材料的性质,而且可得到单组分材料不具备的新特性。人体不同部位的组织具有不同的结构和性能,生物医用复合材料的研究为获得结构和性质类似于人体组织的生物医用材料开辟了一条广阔的途径。随着复合材料科学技术的进展,生物医用复合材料已成为生物医用材料研究和发展中最活跃的领域[3]。

植入体内的材料在人体复杂的生理环境中,长期受物理、化学、生物电等因素的影响,同时各组织以及器官间普遍存在着许多动态的相互作用,因此,生物医用复合材料必须满足下面几项要求:①具有良好的生物相容性和物理相容性,保证材料复合后不出现有损生物学性能的现象;②具有良好的生物稳定性,材料的结构不因体液作用而发生变化,同时材料组成不引起生物体的生物反应;③具有足够的强度和韧性,能够承受人体的机械作用力,所用材料与组织的弹性模量、硬度、耐磨性能相适应,增强体材料还必须具有高的刚度、弹性模量和抗冲击性能;④具有良好的灭菌性能,保证生物材料在临床上的顺利应用。此外,材料要有良好的成型、加工性能,不因成型加工困难而使其应用受到限制[2]。

高分子生物医用材料、金属生物医用材料以及无机非金属生物医用材料既可作为生物医用复合材料的基材,又可作为增强体或填料,它们相互搭配或组合形成了大量性质各异的生物医用复合材料。另外,利用生物技术,在一些活体组织、细胞和诱导组织再生的生长因子之外引入生物医用材料能极大地增进其生物学性能,并可使其具有药物治疗功能,这已成为生物医用材料的一个十分重要的发展方向[3]。

生物医用复合材料的性能受到多方面因素的影响,下面是其中几个影响因素[4]:① 增强体的形状、尺寸大小和分布;② 增强体的性能和体积分数;③ 增强体或基体的生物活性;④ 基体的性能,包括相对分子质量、晶粒大小等;⑤ 增强体在基体中的分布;⑥ 增强体 - 基体的界面状态。

根据不同的分类方法将生物医用复合材料分类[5],如表 6.1 列出。

表 6.1 生物医用复合材料的分类及特点[5]

| 分类标准 | 类 别 | 常用材料 | 特 点 |
| --- | --- | --- | --- |
| 按基体材料 | 金属基生物医用复合材料 | 医用不锈钢、钛基合金、钴基合金等医用金属 | 具有良好的力学综合性能和优良的加工性能,生物活性有待提高 |
| | 陶瓷基生物医用复合材料 | 医用碳素材料、生物玻璃、玻璃陶瓷、磷酸钙基生物陶瓷 | 抗生理腐蚀性能好,与骨结合性能好,性能接近 |
| | 高分子基生物医用复合材料 | 医用高分子材料,包括可生物降解和吸收的高分子材料 | 比强度、比模量高,韧性优良 |
| 按增强体的形态和性质 | 颗粒增强生物医用复合材料 | 氧化锆、氧化铝、氧化钛等氧化物颗粒和羟基磷灰石等生物活性陶瓷颗粒 | 力学相容性能好,并可调至接近人体组织,具有表面活性 |
| | 纤维增强生物医用复合材料 | 碳纤维、陶瓷纤维、玻璃纤维、金属纤维、高分子纤维 | 抗疲劳性能好 |

续表 6.1

| 分类标准 | 类别 | 常用材料 | 特点 |
|---|---|---|---|
| 按材料植入体内后引起的组织材料反应 | 近于生物惰性生物医用复合材料 | 基体材料：不可降解的高分子、不锈钢和钛合金、医用生物碳<br>增强体：无机纤维、金属纤维或颗粒 | 在人体内发生作用时间长，基本无溶出物，用于人工血管、关节、人工骨等 |
| | 生物活性生物医用复合材料 | 基体材料：可降解高分子、生物活性陶瓷、钛基、钴基合金和不锈钢<br>增强体：金属纤维、无机纤维、HA颗粒与氧化物颗粒 | 具有生物活性，用于人工骨、骨填料、人工关节等 |
| | 可吸收生物医用复合材料 | 基体材料：可降解高分子、硫酸钙(石膏)<br>增强体：碳纤维、高分子纤维、HA | 具有可吸收性，降解产物无害，用于人工关节、肌腱、骨填料等 |

## 6.2 金属基生物医用复合材料

宁聪琴等[6]通过热压烧结的方法制备出50Ti/HA生物复合材料，对其组织结构及其在模拟体液中的生物活性进行了研究。将300目的羟基磷灰石粉(HA)和纯钛粉($\alpha$ - Ti)按1:1配比球磨混合12 h后，在1 200℃、氩气气氛中热压烧结30 min,随后将反应产物在离子浓度与人体血浆相近、pH值为6.4的模拟体液(SBF)中浸泡不同时间，来研究此种复合材料的体外生物活性。观察发现在1 200℃烧结时，50Ti/HA复合材料中的原始成分Ti和HA之间发生了化学反应，产物中的$Ti_2O$作为激励源与模拟体液也发生化学反应，诱导生成与人体自然骨相似的、结晶度较低的磷灰石层，并且具有很好的生物活性，如图6.1所示。因此可能通过这层磷灰石层与活体骨产生牢固的化学键合。

宁聪琴等[7]采用了粉末冶金法制备了Ti/HA复合材料，并通过对比不同钛含量的复合材料对其体内生物活性进行了研究。将钛的质量分数分别为30%、50%和70%的复合材料以及纯钛分别植入到大白兔股骨中段，6个月后观察发现，三种复合材料均与周围骨组织之间形成了牢固的骨性结合界面。可见，三种Ti/HA复合材料均具有良好的生物活性。但钛质量分数为30%的复合材料成骨速度明显低于另两种复合材料。三种Ti/HA复合材料的生物活性均大于纯 Ti,如图 6.2 所示。

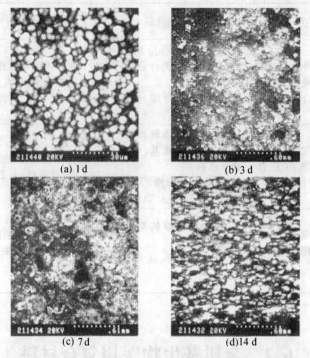

图 6.1 在模拟体液中浸泡不同时间的 50Ti/HA 生物复合材料表面 SEM 照片[6]

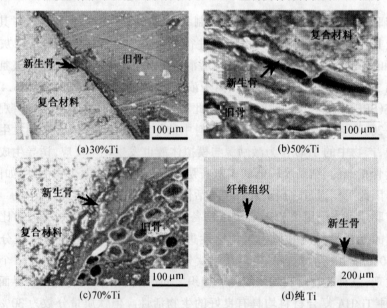

图 6.2 植入 6 个月后种植体与活体骨组织之间的界面 SEM 形貌[7]

宁聪琴等[8]进一步研究了钛和羟基磷灰石复合材料具备生物活性的微观机制。首先制备复合材料,将 20～30 μm 范围内的 Ti 和 HA 粉末按1:1的比例湿法球磨混合 12 h,然后在 1 200℃、20 MPa 的氩气下烧结 30 min,成型得到 Ti/HA 复合材料。然后将片状样品浸在模拟体液(SBF)中进行生物活性体外测试。通过 SEM 的形貌图片观察(图 6.3)以及成分分析(图 6.4),可知复合材料的主要晶相有 $Ti_2O$、$CaTiO_3$、$CaO$、$\alpha-Ti$ 和类 TiP 相,其中 $Ti_2O$ 相有能力诱导在复合材料表面形成活性磷灰石层,并且 CaO 相也能为磷灰石晶相成核和长大提供条件。所形成的羟基磷灰石层是一种结晶度较差、钙元素不足、含碳酸盐相的并有少量镁和氯元素的组成结构。根据生物体天然骨组织生长的观察,这种结晶度较差的磷灰石在诱导骨细胞生长时反而比完全结晶的磷灰石要容易得多,因此这种金属基的生物复合材料更具有实际应用性。

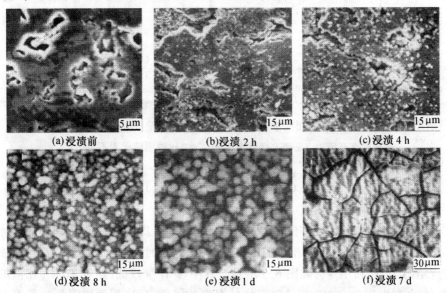

(a)浸渍前　　　　(b)浸渍 2 h　　　　(c)浸渍 4 h
(d)浸渍 8 h　　　　(e)浸渍 1 d　　　　(f)浸渍 7 d

图 6.3　复合材料浸渍在 SBF 前和浸渍不同时间的表面形貌 SEM 照片[8]

由于钛在空气中极易氧化,所以 Ti/HA 复合材料只能在真空或是充入保护气体进行烧结制备,但这样又容易使 HA 脱水和分解的温度急剧下降,而破坏其生物活性和机械性能,所以应该在制备 Ti/HA 复合材料的过程中加入一种熔点低并且具有生物相容性和生物活性的填料使烧结产物产率升高。宁聪琴等[9]参考了生物玻璃和 HA 复合材料的机械和生物性能,选择 $SiO_2-CaO-P_2O_5-B_2O_3-MgO-TiO_2-CaF_2$ 系的生物玻璃(BG)作为 $\alpha-Ti/HA$ 复合材料的添加物,制备新型的金属与无机材料的复合生物材料。经 X 射线衍射和透射电镜分析检测可知,三种原料在烧结过程中发生了复杂的化学反应,可以用下

面的反应式表示

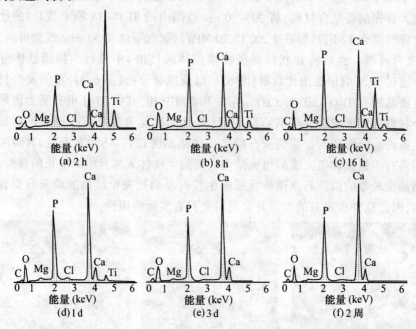

图 6.4 复合材料浸渍在 SBF 不同时间的表面 EDXA 图,随浸渍时间延长,Ti 元素峰逐渐减弱直至消失,Ca 和 P 峰逐渐增强,Ca/P 比说明钙元素不足[8]

$$Ti + Ca_{10}(PO_4)_6(OH)_2 \rightarrow CaTiO_3 + CaO + Ti_xP_y + (Ti_2O) + (Ca_4P_2O_9) + H_2O \tag{6.1}$$

反应得到的产物决定于 Ti 和 HA 初始含量比以及烧结温度,生物玻璃的加入没有影响到产物的主要相组成。在 1 200 ℃ 烧结时,复合材料的主要相组成是 $CaTiO_3$、$CaO$ 和 $Ti_xP_y$,如图 6.5 所示。其中含 Ti 量较低,随着 Ti/HA 比值的增大,会产生残余 $\alpha$ - Ti 相。随着烧结温度的降低,反应程度也降低。低温下烧结会产生 $Ca_4P_2O_9$ 相。透射电镜观察发现 $Ti_xP_y$ 相中的缺陷密度很低,但在 $CaTiO_3$ 相中发现了较多的堆垛层错和位错环,CaO 相存在纳米晶。成分及结构分析可知,这种金属与无机材料的复合材料存在生物活性相,机械性能由于金属相存在也能满足承载性植入物要求,是一种日趋完美的生物医用复合材料。

正如以上所介绍,钛基陶瓷复合材料具有一系列独特性能,比如金属对金属的优异的耐磨性能及与传统金属钛相同的成像性能和生物相容性,可作为外科植入材料用于硬组织替代和修复。一般的制备工艺是冷等静压后再热等静压的粉末冶金方法(CHIP)。采用 CHIP 制备的钛金属基复合材料与传统的钛合金相比具有较高的弹性模量、较好的高温性能,特别是耐磨性能得到显著提

图 6.5　1 200℃烧结的 3T6HB 复合材料 TEM 照片(3T6HB = 30%Ti + 60%HA + 10%BG)[9]

高,同时仍具有良好的断裂韧性。其高耐磨性能使得钛金属-陶瓷复合材料可以用于整形外科植入器件[10]。

## 6.3　无机非金属基生物医用复合材料

### 6.3.1　概述

与金属、高分子材料相比,无机非金属材料显示出其特有的生物学性能,但无机非金属生物医用材料的脆性使其应用受到限制,目前陶瓷基复合材料的设计与开发越来越受到重视[3]。

陶瓷基生物医用复合材料是以氧化物陶瓷、非氧化物陶瓷、生物玻璃或生物玻璃陶瓷、羟基磷灰石、磷酸钙等材料为基体,以某种结构形式引入颗粒、晶片、晶须或纤维等形状的增强体材料,通过适当的工艺,改善或调整原基体材料的性能而获得的一类复合材料。目前生物陶瓷基复合材料虽没有多少品种达到临床应用阶段,但它已成为生物陶瓷研究中最为活跃的领域,其研究主要集中于生物材料的活性和骨结合性能研究以及材料增强研究等[2]。

陶瓷基生物医用复合材料的制备方法及成型工艺与传统陶瓷的制备工艺相似,但在制备过程中加入的成型辅助剂不同,无机生物复合材料一般加入甲基纤维素、聚乙烯醇、羧甲基纤维素、聚乙二醇、石蜡等。成型工艺按加载方式分为模压(干压)、挤压、流涎、注射、压注、冷等静压和热等静压等。生物无机复合材料的制备工艺与材料的应用目的、范围及材料自身的性能相关,因此根据材质采用不同的制备方法,形状复杂的材料选用流动性好的浇注法、注射法;体积较大的用挤压法、浇注法、塑坯法;精密尺寸的用注射法、压注法等[3]。常用的陶瓷基生物医用复合材料的制备方法与成型工艺见表 6.2[3]。

表 6.2 常用陶瓷基生物医用复合材料的制备与成型方法[3]

| 制备成型方法 | 基本过程 | 材料 | 特点 | 参考文献 |
|---|---|---|---|---|
| 模压成型法 | 沿单轴方向将金属模具中的无机材料粉末压缩成一定形状和尺寸的压坯制成 | 一般无机材料 | 成型形状简单和尺寸较小的制品 | |
| 注浆成型法 | 将浆料注入石膏模内,然后使它脱水干燥而得到复合材料 | 一般无机材料 | 适于形状复杂、精密尺寸和光洁度高的制品,但产量小 | |
| 冷等静压成型法 | 利用高压泵把液体介质压入钢制的高压密封容器内,弹性模套内的粉料在各个方向上同时受到液体传递的均衡压力,从而获得密度分布均匀的强度较好的压坯 | $HA + ZrO_2$ | 可成型复杂形状和尺寸的制品,摩擦、磨损及成型压力小,磨具易制作,浆料无需干燥 | [11]~[13] |
| 无压烧结法 | 将原料在乙醇溶液中混合,搅拌至完全挥发掉溶剂后在无压下进行高温或低温烧结 | 生物玻璃 + $ZrO_2$,$HA + ZrO_2$ | 制备工艺简单,成型条件方便可调 | [14]~[16] |
| 火花等离子烧结 | 将射频感应等离子烧结制备的粉料置于钢模中,在高温下进行火花等离子烧结 | $HA + ZrO_2 + CaP$ | 可制备超细无机复合材料颗粒,机械性能优越,微结构致密 | [17]~[18] |
| Pechini 工艺 | 在聚合物前驱体和离子网状改性剂存在条件下形成网状结构过程 | $ZrO_2 + Al_2O_3$ | 可制备纳米级复合材料,机械强度高 | [19] |

### 6.3.2 惰性无机非金属材料与活性无机非金属材料复合

$Al_2O_3$、$ZrO_2$ 等生物惰性材料强度高,但它与生物硬组织的结合为一种机械的锁合。生物活性陶瓷材料具有较高的强度和化学稳定性,可以与组织形成牢固的化学键合,但其脆性和低的抗疲劳性能限制了其应用。因此,以高强度的氧化物陶瓷为基材,掺入羟基磷灰石等生物活性陶瓷的复合材料,使之在保持氧化物陶瓷优良力学性能的基础上赋予其生物活性;或者在生物活性陶瓷基材中掺入氧化物等颗粒以改善其力学性能,从而形成一类惰性与活性陶瓷复合的生物医用材料。

**1. $ZrO_2$ - HA 复合材料**

Silva 等[20]研究了 HA - $ZrO_2$ 复合陶瓷的微观结构特征和力学性能,发现

$ZrO_2$ 的质量分数分别为 40% 和 60% 的两种 HA-$ZrO_2$ 复合陶瓷,通过 700 MPa 下单向压制,1 200~1 500 ℃ 空气中烧结制备而成,其致密度都达到了理论值。复合陶瓷的抗压强度、杨氏模量、显微硬度和泊松比都与天然 HA、骨与牙齿组织的数据相近。因此这种复合陶瓷可作为结构植入体应用于更广泛的生物医学领域。

Wang 等[14]研究了纳米尺寸的氧化锆增强纳米尺寸的羟基磷灰石复合材料的力学性能和生物摩擦学行为。将纳米 HA 颗粒((20~25)×(50~100 nm))与 40 nm 的含有氧化钇部分稳定剂的氧化锆(PSZ(Y)),混合后湿磨 12 h,干燥后在空气中 1 300 ℃ 无压烧结 2 h,得到 PSZ(Y)质量分数为 20%~40% 的 HA/PSZ(Y)复合材料。经机械性能检测和在人血浆环境下摩擦性能检测,发现纳米尺寸的 PSZ(Y)使复合材料的微观机械性能得到提高(PSZ(Y)质量分数为 30% 时最佳),并且提高了 HA/PSZ(Y)陶瓷的摩擦系数。由于 HA 的生物相容性和生物活性,血清蛋白的沉积量很多,说明复合陶瓷更具有生物相容性。

Kim 等[11]在烧结制备 HA-$ZrO_2$ 复合材料时,加入了一定量的氟化钙($CaF_2$),发现烧结产物的性能大大提高。将高纯 HA 粉末和 $ZrO_2$ 粉末(10%~40%)以及不同量的 $CaF_2$ 粉末(0~10%)在乙醇中湿磨 24 h,真空干燥、筛选,在 80 ℃ 干燥 24 h 后,将混合粉末在 300 MPa 下进行冷等静压成型,最后在 900~1 500 ℃ 内的不同温度进行 1 h 烧结。观察结果发现,由于 $F^-$ 的引入代替了 $OH^-$,抑制了 HA 向 $\beta$-TCP 的分解,从而形成了氟-羟基磷灰石(FHA)固溶体,因此产物是一种完全致密的烧结体,保持着高弯曲强度和断裂韧性。在类骨细胞(MG63)体外培养增殖实验中,发现含有 $F^-$ 离子的复合材料显示了与纯 HA 相当的细胞生存能力(图 6.6),即此种复合材料的诱导骨细胞生长的生物活性不亚于 HA,其应用前景被看好。

Kong 等[19]通过添加 HA 颗粒制备出纳米氧化锆-氧化铝(ZA)陶瓷为基体的无机复合材料,以改善 ZA 的生物相容性。ZA 基体是通过 Pechini 工艺过程制备的,较一般的 $ZrO_2$-$Al_2O_3$ 复合材料具有更高的弯曲强度。由于纳米 ZA 粉末有效地降低了在烧结过程中 HA 与 $ZrO_2$ 的接触面积,所以在复合材料中含有两相磷酸钙,HA 和 TCP。并且复合材料的弯曲强度也比一般的 HA-ZA 复合材料高。体外造骨细胞实验中,随着 HA 量的增加细胞分离和增殖也增加,如图 6.7 所示。HA-ZA 复合材料对造骨细胞的响应说明,复合材料的生物活性是由 HA 来决定的。综合考虑机械性能和生物性能,认为 ZA-30%HA 复合材料是最佳承载性生物医用植入材料。

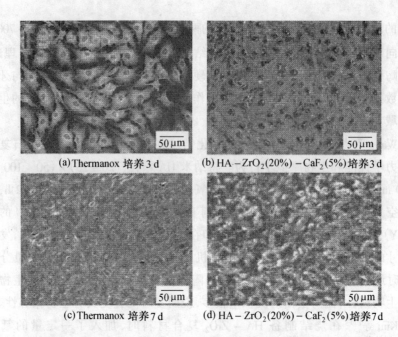

图 6.6 类骨细胞在 Thermanox 和含有 $CaF_2$ 的 $HA-ZrO_2$ 复合材料中增殖的 SEM 照片[11]

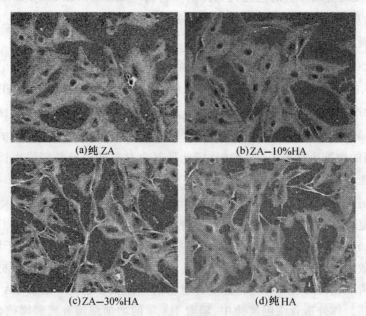

图 6.7 MG63 细胞培养 5 d 后在不同材料表面的增殖形貌图[19]

**2. 碳纤维 – TCP 复合材料**

赵萍等[21]利用硝酸液态氧化法对碳纤维进行表面处理,仿照天然骨的结构,将处理后的碳纤维均匀埋于 TCP 材料的受力面,得到长纤维碳增强磷酸钙骨水泥生物复合材料,其抗折强度为 10.80 MPa。而未经处理的碳纤维增强的复合材料抗折强度为 6.35 MPa,未加碳纤维骨水泥材料的为 5.81 MPa。因此,以碳纤维为增强相并经表面处理后,可大大提高与骨水泥之间的界面结合强度,从而有效传递载荷,使复合材料的力学强度提高 86%。从仿生学角度看,以机械结合和弱化学力结合为主的碳纤维增强磷酸钙骨水泥复合材料界面结合方式使碳纤维高强、高韧的力学性能得到有效的发挥,提高了生物复合材料性能。

### 3. 碳纳米管-HA 复合材料

李爱民等[22]通过化学沉淀法制备出纳米级的 HA 粉体,将其与碳纳米管(CNT)混合,通过机械球磨和超声分散法可以制备出分散均匀的 CNT/HA 复合粉体。复合粉体经干压成型、等静压成型,再经真空无压烧结即可得到 CNT/HA 复合材料。经 XRD、IR 和 TEM 研究发现,复合粉体混合均匀,碳纳米管的存在可以起到抑制羟基磷灰石晶粒长大的作用。在进一步的研究中李爱民等[23]还发现,碳纳米管加入羟基磷灰石后的复合材料其弯曲强度和断裂韧性较 HA 都会有一定程度的提高,但弯曲强度仅提高约 11%,而断裂韧性的提高幅度达到了 73%,这与烧结工艺相关。高温烧结时 HA 发生了一定的分解,生成磷酸三钙和焦磷酸钙,碳纳米管也发生部分分解和相转变,因此在真空烧结时温度应低于 1 100℃,得到细晶粒材料。

### 4. 纳米 SiC-HA 复合材料

田杰谟等[24]将微米级 HA 粉末与纳米级 SiC 混料冷静压成型,经常压烧结和气氛烧结制备了 SiC-HA 复合材料。观察发现,纳米 SiC 粒子在复合材料中主要分散在基体 HA 晶粒内部,起钉扎作用,使裂纹尖端与纳米 SiC 粒子相互作用,导致裂纹偏转,增加了裂纹的长度,起到提高韧性的作用。另外,HA 晶粒内由于纳米 SiC 的存在产生亚晶界,也导致材料强度进一步提高。如 5% MgO + 5% SiC 复合的 HA 陶瓷材料的抗弯强度达 110 MPa,$K_{IC}$ 为 2.11 MPa·m$^{1/2}$,抗压强度为 718 MPa,比纯 HA 陶瓷相应性能分别提高了 1~2 倍。

### 5. $ZrO_2$-生物活性玻璃复合材料

Verné 等[15]加入含有氧化钇稳定剂的氧化锆颗粒作为生物活性玻璃陶瓷基体的韧化相。采用无压烧结的方法制备了 Bioverit®III 玻璃陶瓷/Y-PSZ 复合材料,实验发现其机械性能确实得以提高。

Verné 等[25]还通过无压粘性流烧结法合成了两种生物活性玻璃基无机复合材料,增强体分别为四角形晶体结构的氧化钇稳定氧化锆(B1/Y-PSZ)和纯的单斜晶的氧化锆(B1/MZ)。机械性能测试显示复合材料 B1/MZ 的力学性能比另一种要好，原因在于 MZ 颗粒在基体中具有高分散性并且小晶粒起到了最佳增韧效果，如图 6.8 所示。在 Ringer's 溶液中浸泡实验说明两种复合材料在生理介质中具有化学稳定性。

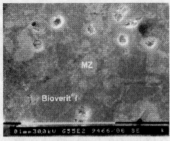
(a)B1/MZ 复合材料的抛光截面

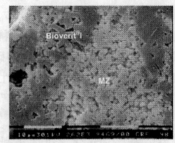
(b)B1/MZ 复合材料经化学蚀刻后的抛光截面

图 6.8 B1/MZ 复合材料的抛光截面整体图与 B1/MZ 复合材料经化学蚀刻后的抛光截面 SEM 照片[25]

### 6.3.3 活性无机非金属材料与活性无机非金属材料复合

**一、生物活性陶瓷与生物活性陶瓷复合材料**

**1. HA-TCP 复合材料**

羟基磷灰石与 $\beta$-磷酸三钙复合材料（HA-TCP）通常称为两相磷酸钙（BCPs），在保持其生物活性的同时，发展了多种吸收率不同的植入体。

Tancred 等[26]通过在 HA 烧结过程中加入磷酸盐玻璃制备了 HA-TCP 复合材料，发现玻璃陶瓷质量分数达到 10% 的复合材料形成了致密的 HA-TCP 复合材料，具有高的弯曲强度和 2 倍于纯 HA 的断裂韧性。HA/TCP 的比例很大程度上依赖于玻璃陶瓷的添加量，玻璃陶瓷的添加量太多会导致含有 $\beta$-焦磷酸钙的 $\beta$-TCP 相形成，其机械强度反而降低。

在一般的烧结过程中存在着 $\beta$-TCP 向 $\alpha$-TCP 的相转变，因此纯 HA/TCP 复合陶瓷的可烧结性较差。为了解决这一问题，Chang 等[27]向复合陶瓷掺杂了氧化镁，氧化镁使 HA/TCP 复合材料致密，且即使在 1300℃ 也不存在相转变。原因在于氧化镁倾向于与 $\beta$-TCP 结合而抑制相变，它还能增加 $\beta$-TCP 的热稳定性，形成致密的复合陶瓷。通过定量分析发现质量分数为 1% 氧化镁的复合陶瓷是各种性能协调统一的最佳候选，添加量过多会产生游离的氧化镁，阻滞 HA/TCP 晶粒生长。氧化镁掺杂的 HA/TCP 具有极优良的机械性能。将复合陶瓷植入到兔肌肉下的动物体内实验结果显示，$\beta$-TCP 相从表面被分解，在表面形成了磷灰石层，而且氧化镁的掺入无毒性，保持了 HA/TCP 复合陶瓷的生物相容性和良好的生物降解性，如图 6.9 所示。这些结果和数据都说明氧化镁掺杂的 HA/TCP 是一种超越了单纯 HA/TCP 的具有生物活性的骨移植材料。

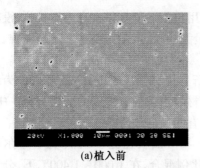 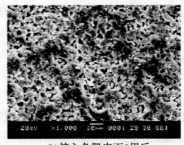

(a) 植入前　　　　　　　　　　(b) 植入兔肌肉下8周后

图 6.9　1%氧化镁掺杂 HA/$\beta$-TCP 陶瓷表面[27]

Yuan 等[28]研究包括 HA-TCP 复合陶瓷在内的多种多孔性磷酸钙陶瓷长期植入到狗背部肌肉的骨传导性和诱导骨组织形成和生长的能力。长达 2 年的动物体内实验结果发现,在所有的磷酸钙陶瓷中只有 HA 和 HA-TCP 复合陶瓷的植入体中发现了正常的含有骨髓的致密骨,而且在 HA-TCP 复合陶瓷植入物上还发现了类骨组织,即只有骨细胞而没有成骨细胞的矿化基体组织,如图 6.10 所示。这些类骨组织都是在植入体的孔隙内生长。在 2.5 年的时间里,HA 和 HA-TCP 复合陶瓷诱导的骨组织既没随时间消失也没有不受控制的生长。因此 HA-TCP 复合陶瓷不仅具有临床应用的安全性和有效性,而且能通过不同成分的复合形成最优化的骨感应、骨传导生物材料。

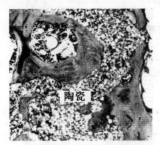 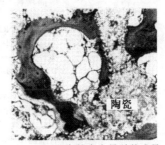

(a) HA 陶瓷中的含有骨髓的成骨　　(b) HA/TCP 中的含有骨髓的成骨

图 6.10　植入狗肌肉 2.5 年的磷酸钙组织观察[28]

**2. 无机骨粒-HA 复合材料**

陈峰等[29]根据骨粒与羟基磷灰石不同的降解速度,用小牛骨与羟基磷灰石颗粒按 1:4 质量比混合,制成螺纹型结构的圆柱状材料。螺纹可以增加植入体的稳定性,材料本身为微孔结构,孔径为 200~300 $\mu$m,其抗压强度可达到 3.2 MPa。骨粒在材料中相互连接,与羟基磷灰石形成网架结构,骨粒吸收有利于新骨长入。羟基磷灰石的降解速度缓慢,可以长时间起到网架支撑作用,有效维持椎间高度,避免了由于椎间孔变小导致骨疾病不同程度的复发,保证了长期疗效。临床应用也证实了这一点。由于材料无抗原性,无排斥反应,来源广泛,手术台上易于修整,具有良好的应用价值。但材料本身为无机物,没有良好的骨诱导作用,骨性融合时间长是其最大的缺点,仍需要进一步地完善。

**3. HA 晶须 – HA 粉末复合材料**

HA 晶须不仅具有生物活性陶瓷的所有优异性能,而且它既可以作为增强材料,也可作为基体成分,成为生物医用材料当中最有价值的增强材料。HA 晶须增强复合材料的断裂韧性和抗弯强度有明显的改善。

Suchanek 等[30]将水热合成的直径 1~4 μm、长径比 3~35、Ca/P 摩尔比为 1.66 的 HA 晶须与 HA 细晶粉末按不同比例混合,在 1 000~1 400℃下,分别采用无压烧结、热压烧结技术研究了复合材料的性能与其工艺、结构的关系,其所用的制备流程如图 6.11 所示。HA 粉末/HA 晶须复合材料的研究表明,其理论致密度为 90%~97%,断裂韧性为 1.4 MPa·m$^{1/2}$。复合材料的韧性比没有 HA 晶须增强的 HA 基体提高了 40%,实现了不增加其它相而使 HA 的断裂韧性得以大幅提高。HA 晶须增韧复合材料的机理主要是基体的压应力作用和裂纹的偏转作用。这是由于 HA 晶须单晶体沿 $C$ 轴方向具有较大的热膨胀系数,复合材料烧结后,HA 基体受压应力作用,而 HA 晶须受张应力作用。HA/HA 晶须复合材料中残余应力场的存在,使复合材料具有较大的断裂韧性,同时裂纹的偏转效应对复合材料也起到增韧作用。

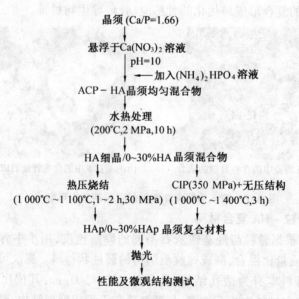

图 6.11 晶须 HA/HA 复合材料制备工艺流程[30]

**二、生物活性陶瓷 – 生物玻璃复合材料**

Lopes 等[31]通过液相浇注法,采用 $P_2O_5$ 生物玻璃增强 HA 制成了复合材料。在合成过程中,由于液态玻璃相与 HA 基体的反应,形成了 $\beta$ – TCP 和 $\alpha$ – TCP 相,而 TCP 相的存在是改善复合材料力学性能的关键原因,它使玻璃增强 HA 的复合材料具有较低的杨氏模量和剪切模量。弹性性能与 TCP 相的相对分数有关,并与微结构中的孔隙率有关,所以可调整复合材料中生物玻璃的含量和烧结条件得到较宽范围的弹性性能,此特性在进一步的生物医用中可能会有所发挥。

李世普等[3]按多元杂化理论,对大段骨缺损修复用支架材料进行研究,设计出一种可生物降解、新骨易长入的磷酸三钙 – 羟基磷灰石 – 生物玻璃(TCP – HA – BG)复合材料。复合材料在 1 120℃下保温 1.5 h 烧结而成。通过控制制备条件使复合材料既具有足够的力学强度及承载能力,又可满足新生骨长入对复合材料的孔径要求。材料植入动物体内 2 周后材料孔隙中有纤维结缔组织及新生血管长入。植入 8 周后,材料与宿主骨界面小时,外形不再完整,密度降低,植入区有明显的骨痂形成。植入 16 周后,材料面积进一步缩小,植入区新生骨痂减少,材料已大部分降解并被自体骨所取代。

### 6.3.4 金属生物医用材料增强活性无机非金属生物医用复合材料

With 等[32]研究了五种切短金属纤维(Ti、601 铬镍铁合金、不锈钢、Hastelloy 以及 FeCr 合金)增强 HA 复合材料。由于 Ti 与 HA 之间热膨胀系数的差异,Ti/HA 纤维复合材料基体中存在大量裂纹。虽然在 $N_2$ 气氛下烧结,不锈钢纤维和 601 铬镍铁合金与 HA 基体之间还是发生了严重的反应。Hastelloy 和 FeCr 合金纤维也与 HA 基体有轻微反应。但含 30%FeC 合金纤维增强 HA 复合材料弯曲强度和断裂韧性高达 224 MPa 和 7.4 MPa·$m^{1/2}$。Zhang 等[33]研究了 Ag 颗粒增强 HA 复合材料,结果表明 Ag 的加入使得断裂韧性由 HA 的 0.70 MPa·$m^{1/2}$ 增加到 2.45 MPa·$m^{1/2}$。Chaki 等[34]也对 Ag 颗粒增强 HA 复合材料进行了研究,发现含 10%Ag 颗粒的复合材料的弯曲强度仅为 75 MPa。

Miao 等[35]采用热等静压法和火花等离子烧结技术制备了 316L 不锈钢短纤维增强羟基磷灰石复合材料,其中 HA 是与含有氧化钇稳定剂的氧化锆(Y – TZP)的复合材料,316L 不锈钢纤维为长 1 mm、直径 55 $\mu$m 的短纤维,体积分数为 20%。复合材料为完全致密的块体材料,由于 HA 为基体,复合材料的生物活性与相容性不是问题,重点是其机械性能,观察到在 HA 基体上出现了微裂纹,发现其对复合材料的机械性能有很大影响,如图 6.12 所示。

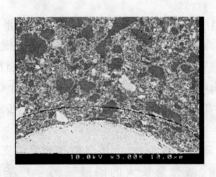

图 6.12 HA + Y – TZP 复合材料基体(Y – TZP,亮区;HA,暗区)上 316L 纤维(亮)微裂纹的 SEM 照片[35]

# 6.4 高分子基生物医用复合材料

高分子基生物医用复合材料的出现与发展是生命科学与材料科学研究进展的必然产物,也是人工器官和人工修复材料、骨填充材料开发与应用的必然要求。其特点是利用高弹性模量的生物无机材料增强高分子材料的刚性,并赋予其生物活性,同时保留高分子材料自身的可塑性。这类材料易于模拟自然骨的结构与组成,可根据材料植入部位或置换的要求进行材料的设计,合理调配高分子材料的种类与制备方法,满足临床需要。[3]。

## 6.4.1 概述

目前常见的高分子基生物医用复合材料主要有:惰性无机 – 高分子复合生物医用材料、活性无机 – 高分子复合生物医用材料与高分子 – 高分子复合生物医用材料。

**一、生物无机与高分子复合材料制备与成型技术**

高分子基生物医用复合材料是由增强材料与高分子材料复合而成的一类新型复合材料。在复合材料的制备过程中,根据增强材料形状不同,包括有颗粒状料填充增强的成型制备技术和纤维增强聚合物的制备技术两种,前者的主要制备方法有:机构光混法、聚合填充法、嵌段聚合法;后者的主要制备方法有:手糊成型、压制成型、缠绕成型等。

表 6.3[36]列出了几种高分子基生物医用复合材料的制备与成型工艺。此外,还有一般的复合材料的制备方法,如溶胶 – 凝胶法[51],这是制备无机/有机复合材料的一种常用方法,尤其是制备纳米量级复合材料的方法;还有电化学法、共沉淀法、化学偶联法等。科研工作者们根据材料性质的不同,应用目的不同,采用和开发了多种复合材料的制备和成型方法。这些方法过程、条件也不

同程度地控制着复合材料产品的性能。

表6.3 复合材料的制备与成型工艺

| 制备与成型 | 主要技术工艺 | 对材料的要求 | 特 点 | 参考文献 |
| --- | --- | --- | --- | --- |
| 溶液浇注法 | 浇注成型工艺 | 原材料可溶 | 与颗粒沥滤技术结合可制备多孔三维组织工程支架,球形孔,盐颗粒留在基体上 | [37]~[38] |
| 原位缩聚法 | 酯交换和缩聚反应 | 热塑性 | 可制备纳米级的复合材料,产品纯度高。基体可为共聚物 | [39] |
| 多组分溶液法 | 官能团固定作用 | 可溶性 | 聚合物提供的官能团起到锚定增强体的作用,制备过程涉及反应物均为溶液 | [40] |
| 薄膜成层法 | 溶剂粘结 | 可溶性 | 可制备多孔三维支架,孔结构不规则 | [41] |
| 融化成型 | 成型 | 热塑性 | 可制备三维多孔支架,孔径范围较大,孔隙率高 | |
| 挤出成型 | 挤出技术 | 热塑性 | 可制备三维多孔支架,孔径<100 μm,球形孔,盐颗粒留在基体上 | [42] |
| 乳剂冷冻干燥法 | 浇注成型 | 可溶性 | 可制备高体积分数的三维连通微孔结构 | [43]~[44] |
| 热导相分离法 | 浇注成型 | 可溶性 | 可制备高体积分数的三维连通微孔结构 | [45]~[47] |
| 超临界流体技术+颗粒沥滤法 | 浇注成型 | 非晶态 | 连通孔结构与小部分的非连通孔结构并存 | [48]~[49] |
| 熔融沉积模型 | 固体自由制造 | 热塑性 | 可制备多层的100%的三维连通大孔结构 | [50] |

## 二、高分子基生物医用材料的机械性能与主要应用

高分子材料之所以需要增强体与之复合,主要是因为高分子本身的力学性能较差,不能单独用于硬组织的替代,与天然骨的机械性能不匹配,即使作为软组织或其它领域的应用,在长期的人体负荷和循环重复承载下,也不能达到要求,因此需要无机材料和高分子颗粒、纤维等增强。表6.4简单列出一些高分子基生物复合材料的力学性能与天然骨力学性能的比较[52]。

表 6.4 复合材料的机械性能[52]

| 材　　料 | 极限抗拉强度 / MPa | 弹性模量/GPa | 断裂伸度/% |
|---|---|---|---|
| PHB/HAP,30% | 67 | 2.52 | 2.65 |
| P($\beta$HB - co - 8 ~ 24% $\beta$HV)/HAP,30% | 62 ~ 23 | 2.75 ~ 0.47 | 2.25 ~ 5.42 |
| P($\alpha$ - hydroxy acids)/HAP | | 0.11 | |
| 化学偶联 HAP/PE,7% ~ 40%填充物 | 18.34 ~ 20.67 | 0.88 ~ 4.29 | >500 时为 2.6 |
| BCP/PLLA, 0 ~ 25% | 30 ~ 60 | | 5 ~ 18 |
| PAAC/HAP | 1 ~ 5 | | |
| PAAC/原位 HAP, 40 ~ 70 | 20 ~ 60 | 1.0 ~ 1.8 | 2 ~ 6 |
| PLLA/HA 粉末, 10 ~ 30 | | 0.296 ~ 2.48 (决定于热压参数) | 36.1 ~ 93.2 |
| PLLA/HAP 纤维, 0 ~ 70% | 3.5 ~ 11 | 0.006 ~ 0.037 5 | |
| Starch - EVOH(SEVA)/HAP,10 ~ 30% | 42.3 ~ 30.2 | 1.8 ~ 7.0 | 14.7 ~ 0.6 |
| Starch - EVOH (SEVA) /10% HAP | 53.6 | 3.31 | 2.44 |
| Starch - EVOH (SEVA)/10% HAP (锆酸盐,钛酸盐和硅烷作偶联剂) | 43.3 ~ 49.9 | 3.75 ~ 4.3 | 1.33 ~ 1.99 |

其中 PHB:聚 3-羟基丁酸酯;HAP:羟基磷灰石粉末;P($\beta$HB - co - 8 ~ 24% $\beta$HV):含 8% ~ 24%羟基戊酸酯和羟基丁酸酯共聚物;P($\alpha$ - hydroxy acids):聚 $\alpha$ - 羟基酸;PE:聚乙烯;PLLA:聚 L - 乳酸;PAAC:聚丙烯酸;strach:淀粉

根据各种高分子基生物医用复合材料的机械性能与长期的具体研究,不同高分子基复合材料具有不同的生物医用,如图 6.13 所示[52]。以下根据不同的增强材料分别介绍高分子基生物医用复合材料的制备、特点及应用。

## 6.4.2 惰性无机非金属材料增强高分子生物医用复合材料

惰性无机非金属生物医用材料作为高分子基复合材料的增强相,主要是利用其生物相容性、刚性、稳定性以及增强基体材料的力学性能,惰性无机材料,包括纳米量级的颗粒、纤维目前都已有所发展,在骨修复、骨替代、牙科等临床方面以及生物医用器械方面的应用前景很被看好。

**1. 惰性无机非金属纤维增强生物医用复合材料**

纳米碳纤维作为增强相加入到聚合物基体中形成的生物医用复合材料的生物相容性由 McKenzie 等[38]首次进行了研究。碳纳米纤维具有极优良的传导

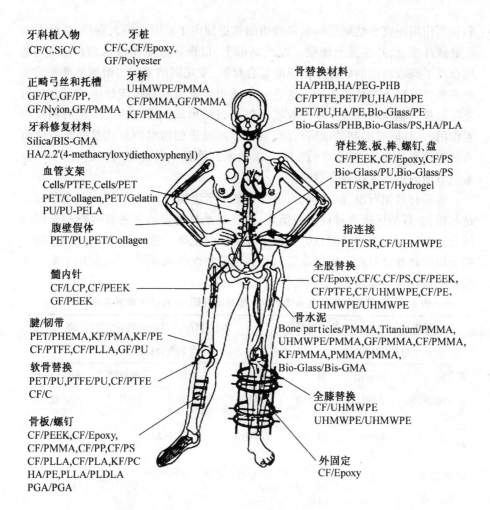

图 6.13  不同高分子复合生物材料的多种医疗应用[52]

CF—碳纤维；C—碳；GF—玻璃纤维；KF—纤维 B；PMMA—聚甲基丙烯酸甲酯；PS—聚砜[类]；PP—聚丙烯；UHMWPE—超高分子量聚乙烯；PLDLA—聚乳酸；PLLA—聚左旋乳酸；PGA—聚羟基乙酸；PC—聚碳酸酯；PEEK—聚醚醚酮；HA—羟基磷灰石；PMA—聚甲基异丁基酸；BIS-GMA—二苯-A-缩水甘油基甲基丙烯酸酯；PU—聚氨酯；PTFE—聚四氟乙烯；PET—聚乙二醇对苯二甲酸酯；PEA—聚甲基丙烯酸；SR—硅橡胶；PELA—乳酸与聚乙烯醇的嵌段共聚物；LCP—液晶聚合物；PHB—多羟基丁酸酯；PEG—聚乙二醇；PHEMA—聚甲基丙烯酸羟乙酯

性，可用于设计更具效验的神经修复体，而对其生物相容性的研究则是最首要的。将四种碳纤维($d = 60 \sim 200$ nm)：高表面能纳米碳纤维($< 100$ nm)与一般尺寸的碳纤维($> 100$ nm)，低表面能纳米碳纤维($< 100$ nm)与一般尺寸的碳纤维($> 100$ nm)，制备成基片进行星形胶质细胞(脑和骨髓的星细胞)粘附、增殖和长期作用研究。结果显示星形胶质细胞更倾向于粘附在最大直径、最低表面能的碳纤维上,并在其上增殖。在此基础上,以聚碳酸氨基酸乙酯(PCU)为基体合成了高表面能的碳纤维增强的复合材料,发现随纳米相的增加星形胶质细胞在复合材料上的粘附减少。这进一步证明含有纳米量级碳纤维的复合材料能限制星细胞作用而减少神经胶质的创伤组织形成。而与神经细胞的积极相互作用,并且同时限制星细胞作用,减少神经胶质创伤组织形成是提高神经植入体效验最基本的方面。因此 PCU/碳纳米纤维是一种性能可调的、用于神经系统方面的重要生物复合材料。

碳基材料如石墨、碳纤维、炭黑等常被用于生物传感器的传导相,主要原因是与铂、金等相比碳系材料价格低廉,而且碳系材料能与多种聚合物相牢固的结合。Cèspedes 等[53]详细总结介绍了应用于电化学生物传感器的新型刚性碳/聚合物生物复合材料。根据碳系材料和聚合物性能的介绍,以及应用于生物传感器所需材料的要求,主要的选材如表 6.5 所示。

表 6.5 应用于电化学生物传感器的部分刚性碳/聚合物生物复合材料[53]

| 刚性传导生物材料基生物传感器 生物复合材料组成/% | | | 刚性传导改性生物材料基生物传感器 生物复合材料组成/% | | | |
|---|---|---|---|---|---|---|
| 聚合物 | 传导相 | 酶 | 聚合物 | 传导相 | 改性剂 | 酶 |
| 2-六癸酮(48) | 石墨(48) | FDH(4) | 环氧(76) | 石墨(19) | Pt(3) | HRP(2) |
| 环氧(78/49/78/70.4) | 石墨(20/49/19/17.6) | HRP(2) | 环氧(63) | 石墨(15.8) | Au(11.8), Pd(7.9) | GOD(1.5) |
| 环氧键合石墨(80) | | HRP-人血清蛋白(29) | 环氧键合石墨(82) | | $NAD^+$(12) | LDH(6) |
| 石蜡(32) | 石墨(63) | 酪氨酸酶(5) | 环氧(63) | 石墨(16) | TTF(19.5) | GOD(1.5) |
| 聚酯(59) | 石墨(39) | GOD(2) | 环氧(71) | 石墨(18) | TCNQ(9) | 与硅共价交联的 AChE |
| 聚甲基丙烯酸甲酯(49) | 石墨(49) | GOD(2) | 聚甲基丙烯酸甲酯(54) | 石墨(40) | $NADP^+$(4) | GDH(2) |
| 聚亚氨酯(38) | 石墨(60) | GOD(2) | | | | |
| 硅树脂(39) | 石墨(59) | GOD(2) | | | | |
| 硅树脂(28) | TTF-TCNQ(70) | GOD(2) | 聚四氟乙烯(70) | 石墨(27) | $K_4Fe(CN)_6$(1.6) | HRP(1.4) |
| 聚四氟乙烯(60) | 石墨(38.5) | GOD(1.5) | 聚四氟乙烯(70) | 石墨(24) | 二茂铁(2) | HRP(2), GOD(2) |

Wan等[54]采用溶液浇注法制备了碳纤维增强明胶(C/Gel)生物复合材料,测得其强度和模量完全符合骨折内固定装置对材料力学性能的要求。其中碳纤维的体积含量对复合材料的机械性能影响很大。长碳纤维增强的复合材料的强度、模量和延展性比短碳纤维增强的复合材料要高。除了体外力学性能的要求外,万怡灶等[39]还研究了C/Gel生物复合材料的溶胀行为,发现碳纤维的加入可显著抑制明胶的溶胀,而且纤维体积分数越高,C/Gel复合材料的平衡溶胀度和溶胀速率越小。与长纤维相比,短碳纤维对明胶溶胀的抑制作用更强,由此得到一种价格便宜、生物相容性好、无抗原、力学性能和溶胀性能良好以及容易成型的一种理想生物复合材料。

**2. 惰性无机非金属颗粒增强高分子生物医用复合材料**

由具有生物相容性的高分子材料作为基体,无机纳米颗粒作为增强体组成的纳米复合材料是目前用于组织工程支架和生物医用植入体与装置的生物医用复合材料中一个崭新而重要的分支。已有报道证明在 PLGA 中含有纳米 $TiO_2$ 颗粒的复合材料比通常微米尺寸的 $TiO_2$ 颗粒的复合材料的相容性要高很多,并且当加入纳米 $TiO_2$ 时,复合材料与造骨细胞和软骨细胞的结合性也高出很多[55]。这些发现说明 $TiO_2$ 纳米颗粒已经替代微米尺寸的粒子用于生物可吸收聚合物组织支架,而且因其可在材料表面形成生物活性的羟基磷灰石层,从而与宿主组织形成强有力的界面连接,而被当作是活性陶瓷来应用。

正是由于 $TiO_2$ 极优良的生物相容性,以及其与细胞的积极相互作用,Fray等[56]研究了 $TiO_2$ 纳米颗粒作为填充物加入到多嵌段的脂肪族和芳香族酯的聚合物中,详细描述了聚合物-陶瓷复合材料的合成方法——原位缩聚法,制备出 PET/DFA - $TiO_2$ 生物复合材料。观察发现,加入较低浓度的 $TiO_2$ 纳米颗粒(0.13%)就使得复合材料的断裂强度(100%)和断裂延展率(300%)得到极大的改善。表面粗糙度的增加对细胞的粘连性有重要影响。而在模拟体液中浸泡 21 d 的体外试验结果显示这一复合材料并不具生物活性,其诱导形成羟基磷灰石的机制可能是加入的 $TiO_2$ 纳米颗粒使复合材料的外形发生变化引起的,而非细胞与聚合物发生了化学反应。

Wang等[51]则采用多组分溶液法合成了苯乙烯-马来酸酐共聚物(PSMA)/$TiO_2$ 复合材料,利用聚合物 PSMA 提供的官能团对 $TiO_2$ 纳米颗粒起到锚定的作用,以防止纳米颗粒团聚。首先是将 PSMA 溶于四氢呋喃(THF)中,并在 40℃ 搅拌 12 h,然后滴入乙酰丙酮溶液,用来降低钛酸四丁酯($Ti(OBu-n)_4$)的水解率。将混合溶液的 pH 值调至 1.7,搅拌 20 min 后,逐滴加入 $Ti(OBu-n)_4$ 的 THF 溶液,将反应溶液加热至 60℃,并在此温度下搅拌 4 h,最后将此均匀的溶液密封在烤箱中,室温下静置 4 d,最终 TFH 挥发后制得橘红色的透明 PSMA/

TiO₂ 样品,将样品在 80℃真空条件下,干燥 2 d。如图 6.14(a)所示,其中 TiO₂ 纳米颗粒平均粒径为 20 nm,在基体中的分散性很好。究其原因是多组分溶液的原位水解法中组分间发生化学反应,使 TiO₂ 颗粒以共价键的方式与聚合物结合,PSMA 起到锚定的作用,防止纳米粒的团聚,如图 6.14(b)所示。因此这种复合材料是含有相互分离的锐钛矿 TiO₂ 纳米晶的三维网状结构体,使之应用于生物传感器等生物方面成为可能。

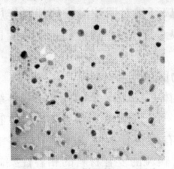 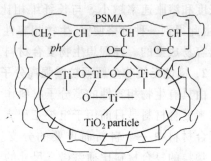

(a) PSMA/TiO₂ 样品的 TEM 照片,其中 TiO₂ 质量分数为 51.6%　　(b) PSMA/TiO₂ 复合材料的化学结构式意图

图 6.14　苯乙烯—马来酸酐共聚物/TiO₂ 复合材料[51]

### 6.4.3　活性无机非金属与高分子生物医用材料复合

活性无机生物医用材料作为高分子基生物复合材料的增强相,主要包括生物活性玻璃、生物活性微晶玻璃陶瓷、羟基磷灰石生物活性陶瓷。高分子基体材料包括天然高分子材料和合成高分子材料。

**一、天然高分子复合材料**

**1. HA-胶原复合**

胶原是机体生命的最根本的基质,它具有脯氨酸等中性氨基酸和含有碱性或酸性侧链的氨基酸蛋白质的结构和特性。选用与自然骨有机质更接近的胶原与 HA 陶瓷复合,这样植入材料就能和受骨的骨胶原末端的胺基和羟基结合,形成具有生物活性的化学性结合界面,从而发挥其正常的生理功能作用[3]。

冯庆玲等[57]采用仿生法制备了 NHAC 复合材料。将羟基磷灰石粉末溶于 HCl 中,再加入 Ⅰ 型胶原蛋白,用去离子水稀释后加入 NaCl 以提高溶液稳定性,得到含钙离子的中间液;室温下边搅拌边滴入 KOH 溶液,当 pH 升至 7.0 以上时,溶液中开始出现乳白色沉淀,将溶液 pH 值控制在 7.4 左右保持 10 min,离心除去上层清液,再用去离子水清洗 1 次,样品冷冻干燥,得到 NHAC 复合材料。观察发现,NHAC 复合材料的成分与微结构具有同天然骨类似的某些特征,力学性能表现为各向同性,其显微硬度可以达到骨皮质显微硬度的下限。

将颗粒状 NHAC 压制成圆柱状样品,钴-60 辐照灭菌植入到兔股骨骨髓腔后,界面层可发生溶解-再沉积的动态快速更新过程。巨噬细胞可在种植体表面或深入种植体内部通过吞噬和胞外降解方式吸收种植体材料。种植体表面及内部被吸收后,伴随有新骨的沉积,这一现象类似骨组织的重塑过程,可使 NHAC 种植体整合入活体骨的新陈代谢中并最终为自体骨组织所取代。因此 NHAC 是生物活性材料,种植体与骨组织可形成界面化学键合。

陈际达等[58]采用电化学法在脱钙骨基质内原位沉积纳米羟基磷灰石,制备出纳米 HA/胶原复合材料,无机成分为 $(53.9 \pm 3.2)\%$,并且无机相的组成、分布、性质与自然骨非常一致。

Kikuchi 等[59]采用 $Ca(OH)_2$、$H_3PO_4$(HA)滴定猪真皮去末端胶原(Col)的共沉淀法制备出质量比 80:20 的 HA/Col 复合材料,其中水的质量分数为 10%~20%。在 40℃、pH = 8 条件下制备的复合材料是长度大于 20 μm 交错的纤维束,每一束由长约 300 nm 的原纤维组成,纤维束被 50 nm 尺度的片状 HA 纳米晶体所包绕。HA 纳米晶体的 $c$ 轴沿 Col 原纤维按上左下右方向排列,如图 6.15 所示。复合材料经 200 MPa 冷等静压处理后的三点弯曲强度测试表明,在 40℃ 制备的复合材料的强度最高为 $(9.5 \pm 0.882)$ MPa,杨氏模量为 $(2.54 \pm 0.382)$ GPa,与自生的多孔骨相似,足以使之用于骨移植。采用犬胫骨缺损修复实验评价了合成的 HA/Col 自组装复合材料的骨组织相容性。12 周时可观察到成骨细胞和类破骨细胞,如图 6.16 所示。结果表明 HA/Col 纳米复合材料的类骨特性以及很高的生物活性源于其与骨组织的纳米结构的相似性。有望将这类 HA/Col 自组装复合材料作为较高生物活性的骨移植材料使用。

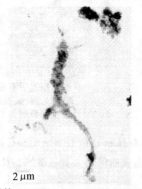 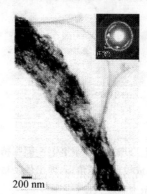

(a)长约 2 μm 的 HAp/Col 复合材料纤维　　(b)图(a)中长纤维的一部分

图 6.15　在 40℃、pH = 8 条件下制备的 HAp/Col 复合材料 TEM 照片[59]

刘新晖等[60]将人骨髓基质干细胞与纳米相羟基磷灰石——胶原复合材料体外复合培养,进行细胞相容性研究,以及形态学和功能测定,发现骨髓基质干细胞能在纳米相羟基磷灰石-胶原复合材料上良好地粘附、增殖、生长。细胞的活性和碱性磷酸酶活性未受到纳米相羟基磷灰石-胶原复合材料的影响,试验结果说明纳米相羟基磷灰石-胶原复合材料具有良好的细胞相容性,可作为骨组织工程理想的骨载体材料。刘新晖等[61]还通过相似的方法比较测试了不同形态羟基磷灰石增强相的胶原复合材料体外生物相容性,发现纳米晶羟基磷灰石-胶原复合材料(NHAC)和珊瑚羟基磷灰石-胶原复合材料(CHA)具有良好的生物相容性,可作为骨组织工程理想的骨替代材料,而非纳米晶羟基磷灰石-胶原复合材料(HAC)不适合做细胞外基质,如图6.17所示。

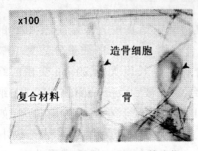
(a) AIP着色的组织截面图,箭头指向造骨细胞

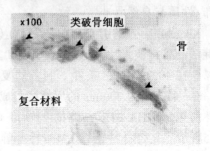
(b) TRAP着色的组织截面图,箭头指向类破骨细胞

图6.16 HA-Col复合材料植入到犬胫骨12周后的光镜照片[59]

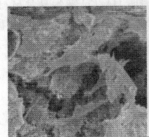
(a) NHAC

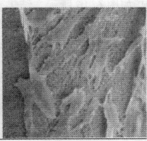
(b) CHA

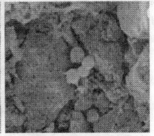
(c) 少量细胞附着在材料表面,呈现为圆,细胞破裂,表明细胞要裂解死亡

图6.17 SEM照片(×100)。细胞粘附在NHAC材料和CHA材料表面和孔隙内,细胞已伸展成梭形或多角形,伸出伪足粘附材料,细胞表面可见大量的微绒毛及颗粒状结晶,表示细胞状态良好[61]

Bakos等[62]将透明质酸(HYA)引入到HA/Col复合材料中综合发挥蛋白质与糖胺聚糖两种生物大分子的优势,改善胶原材料湿态力学性能。HA-Col-HYA复合材料中HA与有机物的质量比为9:1,而有机成分的质量分数为92% Col和8% HYA,如图6.18所示。在乙酸溶液中的溶胀试验表明,HA-Col-

HYA复合材料溶胀度较高,但仍保持致密结构,这是由于胶原和透明质酸形成了偶联物,使其在酸性环境中仍保持稳定,并使HA固定在复合材料结构中,使材料粘合在一起,而其细胞相容性未受到影响。因此此类复合材料适用于湿态条件的组织工程方面。

(a)HA-Col-HYA复合材料不规则表面的SEM照片 (b)HA-Col-HYA复合材料断面的SEM照片

图6.18 HA-Col-HYA复合材料不规则表面与断面的SEM照片[62]

林晓艳等[63]为了改善纳米羟基磷灰石-胶原复合材料界面结合性能,采用戊二醛对复合材料进行交联处理,研究结果表明戊二醛对复合材料的溶胀度没有明显的影响,而是诱导胶原纤维内以及纤维之间、胶原纤维与HA之间键的形成,戊二醛交联HA-COL复合材料中建立了网状结构,增加了胶原与HA之间的界面结合强度。

**2. HA-淀粉复合**

生物可降解的淀粉基高分子生物材料具有很广泛的生物医用,涉及从骨板、接骨螺钉到药物运送载体、组织工程支架。其降解产物是小分子的淀粉链、果糖和麦芽糖,可被机体吸收,无任何毒副作用。Gomes等[64]研究了用于矫形和组织工程支架的淀粉基生物可降解复合材料的生物相容性、机械性能以及合成方法。复合材料的增强体是羟基磷灰石颗粒,尺寸大约为7 $\mu m$。为了改善聚合物-HA界面结合,使复合材料达到更高的机械强度,与人体骨力学性能相近,加入偶联剂。经过细胞相容性实验测试发现,复合材料对类骨细胞有积极的响应,能使类骨细胞粘附在复合材料表面,并在其上增殖,进一步诱导在植入部位形成新骨,如图6.19所示。

Marques等[65]综合评述了两种淀粉混合物与羟基磷灰石复合材料的生物相容性、细胞毒性和作为生物材料的潜在可能性。一种为50:50的玉蜀黍淀粉-次乙基乙烯醇(SEVA-C)混合物与30%HA的复合材料;另一种为50:50的玉蜀黍淀粉-醋酸纤维素(SCA)与30%HA的复合材料,复合材料中HA的平均粒径在6.5 $\mu m$以下。通过体外L929鼠纤维原细胞相容性测试和细胞粘附实验(图6.20),显示HA增强淀粉基复合材料可作为生物材料应用于骨替代、固定和组织工程支架方面。

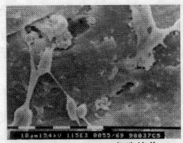 

(a)SEVA—C+30%HA,细胞培养5 h　　(b)SEVA—C+30%HA,细胞培养16 h

图 6.19　经 HOS 细胞培养后复合材料表面的 SEM 照片

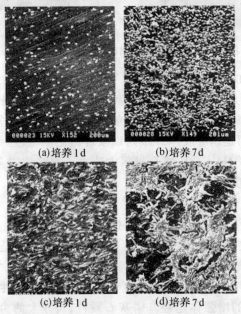

(a)培养1 d　　(b)培养7 d

(c)培养1 d　　(d)培养7 d

图 6.20　L929 纤维原细胞粘附在 SEVA – C(A,B)和 SCA(C,D)复合材料表面 SEM 形貌照片[66]

Vaz 等[66]进一步研究了不同偶联剂对玉蜀黍淀粉与次乙基乙烯醇共聚物 – HA 复合材料机械性能以及复合材料两相间界面结合的影响。在拉伸实验和界面形貌观察的基础上,发现酸式锆酸盐作为偶联剂加入到复合材料中时,材料的韧性有了显著的改善,模量增加大约 30%,而且酸式锆酸盐在聚合物基体和无机 HA 间建立了供体 – 受体的偶联反应,并在两者间形成了氢键,形成良好的界面结合。因此加入更多量的偶联剂有可能制备出与人类皮质骨机械性能相近又不引起细胞毒素反应的淀粉基复合材料。

Gomes 等[67]还通过改进制备方法得到理想机械强度的、可生物降解的三维立体淀粉基复合材料结构。在传统的注射成型方法基础上加入固体羧酸起泡剂使产生块体泡沫部分。这一方法制备的支架具有紧密的多孔,而机械性能完全达到要求,如图6.21所示。这些多孔结构具有良好谐和的机械和降解性能,准静态拉伸和弯曲测试表明其力学性能与致密结构很相近。并且采用注射成型的方法可快速、多次,采用自动化技术制备多种复杂形状的支架,可广泛应用于组织工程领域,尤其是用作硬组织再生的高强度支架。

 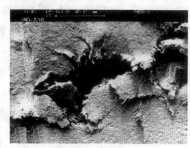

(a) SEVA(玉蜀黍淀粉与次乙烯醇共聚物)+20%BA(起泡济)+10%HA 模型样品 SEM 照片
(b) 图(a)中孔隙的放大像

图6.21　SEVA－BA－HA复合材料模型样品SEM照片[67]

**3. HA与其它天然高分子材料复合**

天然高分子材料中除了胶原、淀粉及其共聚物,应用于生物医学领域的还有很多,如海藻酸钠、壳聚糖、纤维蛋白、明胶、甲壳素、葡聚糖、纤维素衍生物等,下面再简单介绍几种天然高分子材料基复合材料。

Viala等[68]制备了HA－壳聚糖复合材料,研究了无机相与高分子基体间的结合。不同形式的HA－壳聚糖复合材料的生物相容性和生物活性表明这种复合材料在外科移植方面有很大的应用。

Lin等[69]合成了明胶基生物复合材料,增强体是磷酸钙活性陶瓷颗粒。明胶一向被认为是具有生物相容性的生物粘合剂,能够加速损坏软组织的修复。将明胶颗粒溶于去离子水中制成均匀溶液,并在65℃水浴保温。然后加入TCP陶瓷颗粒,恒温持续搅拌,再加入戊二醛溶液作交联剂促使明胶基体交联。根据实验结果,在临床应用前一定要将此复合材料浸在去离子水中至少4 d,目的是完全释放未交联的戊二醛。这种复合材料中的TCP陶瓷和明胶的生物活性决定了其在组织工程方面的重要应用。

Chen等[70]利用沉淀法合成了纳米结构的HA－壳聚糖(CTS)复合材料,如图6.22所示。

**4. 生物活性玻璃－天然高分子材料**

生物活性玻璃作为淀粉基复合材料的增强体也有很优良的性能。Silva[71]合成并评定了马铃薯淀粉(PaⅡ)－生物活性玻璃45S5(BG)新型复合材料的生物活性。增强体生物活性玻璃45S5( 46.1% $SiO_2$ － 24.4% $Na_2O$ － 26.9%

CaO - 2.6% $P_2O_5$),颗粒尺寸小于 16 μm。具体的合成方法是将淀粉和交联剂混合溶于水中,再加入淀粉质量分数 30%的生物活性玻璃颗粒,连续搅拌,缓慢加入 SPAN80 制成乳剂,然后滴加 NaOH 溶液,使交联反应进行 6 h,最终得到复合颗粒,如图 6.23 所示。经过体外生物活性实验测试,发现将复合颗粒分散在仿生离子复合溶液中时在表面形成了磷酸钙层。细胞毒性测试中采用小鼠骨髓细胞进行培养,发现细胞在材料表面粘附,增殖并表达出成骨信号,如生成碱性磷酸酶。所有实验结果皆表明生物活性玻璃增强的淀粉复合材料可作为组织工程材料。

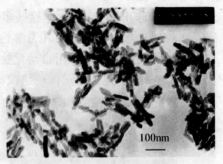

图 6.22　HA - CTS 复合材料的 TEM 图[70]

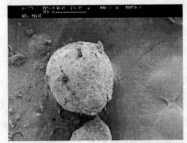
(a)PaII/30%BG复合颗粒SEM照片

(b)复合颗粒表面形貌照片

图 6.23　PaⅡ - BG 复合颗粒 SEM 照片与复合颗粒表面形貌 SEM 照片[71]

## 二、合成高分子基生物复合材料

### 1. HA - 聚乳酸复合材料

理想的可吸收骨折内固定材料应该具有较高的初始强度,适当的弹性模量,良好的可塑性。内固定材料在对骨折复位之后,必须具有足够的初始强度以承受来自外部、肌肉及骨组织的压力,其支撑强度要维持到骨折愈合。最后阶段,材料尽可能快的降解吸收,无延缓骨生长的不利反应发生[3]。以聚乳酸为基体,活性陶瓷为增强相,一方面是为了改进机械性能,另一方面,是为了调节 PLA 在体内的初始降解率。在 HA - PLA 复合材料中,由于表面均匀分布着 HA 颗粒或 HA 纤维,部分阻挡了水分子向材料本体的扩散,因此,复合材料初期降解较慢。随着 PLA 的降解,材料内部 pH 值明显下降,在酸性条件下(pH = 2.05),HA 也开始溶解,因此加速了复合材料后期的降解速度。对于愈合时间较长的皮质骨的骨折来说,生物活性陶瓷 - 聚乳酸复合材料可以说是理想的支架材料。

Ignjatovic 等[72]通过热压和锻造的方法制备了与自然骨组织机械性能相似

的高孔隙率的羟基磷灰石－聚乳酸(HA 颗粒－PLLA)复合材料。将 HA 颗粒－PLLA 块体植入到小鼠体内,3 周后取出观察,发现 PLLA 相因完全降解而消失,同时在 HA 颗粒表面形成新的纤维状结构,已证明是胶原纤维,与自然骨组织成分类似,如图 6.24 所示。

Ignjatovic 等[73]将 HA－PLLA 制成圆柱块体($h = 1.5$ mm, $d = 1$ mm),植入到小鼠体内,在植入后 1~3 周的时间里利用红外光谱技术进行分析。光谱中 1 650 和 3 420 cm$^{-1}$处出现的吸收峰说明在体内试验中期在植入体和宿主组织间生成了胶原连接组织,PLLA 相降解吸收。HA 颗粒－PLLA 生物复合材料的体内试验说明其具有很好的生物相容性和生物活性,是很理想的骨组织工程支架材料。

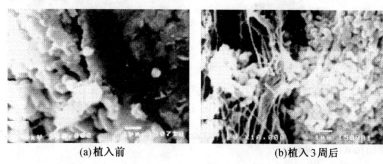

(a)植入前　　　　　　　　(b)植入 3 周后

图 6.24　HAp－PLLA 生物复合材料的 SEM 照片[72]

Kasuga 等[74]是将羟基磷灰石纤维作为增强相加入到聚乳酸基的复合材料中,研究了其力学性能。HA 纤维－PLA 复合材料的合成方法是采用热压法。复合材料的弹性模量随 HA 纤维含量增加而增大,最大应变减少,并且试样有脆性断裂的倾向。这说明复合材料中的 HA 纤维与基体 PLA 相之间有键形成,从而有效地分担了外加载荷。

**2. HA－聚乙烯生物复合材料**

生物活性陶瓷增强聚合物是由 Bonfield 于 1981 年提出的,并系统地研究了 HA 增强高密度聚乙烯的力学性能和生物相容性,其目的就是寻求皮质骨的替代材料。Sim 等[75]通过注射成型的方法制备了羟基磷灰石与高密度聚乙烯复合材料(HA－HDPE),并研究了其力学性能。Wang 等[76]通过对复合材料的组分 HA 和聚乙烯分别进行化学预处理而改善 HA 与聚乙烯之间的结合性,从而改善整个复合材料的机械性能。将 HA 粉末用偶联剂 A174 进行硅烷化处理,将丙烯酸(5%的 HDPE)和苯酰过氧化物溶于丙酮,形成均匀的溶液后加入聚乙烯颗粒,此化学处理是将丙烯酸接枝到聚乙烯基体上。再将经过处理的 HA 和 HDPE 混合成型,得到两相结合力大幅改善的复合材料,其力学性能也有极大的改善。

Fang 等[77]发明了一种新的制备羟基磷灰石-超高分子量聚乙烯(HA-UHMWPE)复合材料的方法。将烧结的大约 50 nm 的 HA 颗粒(30%)与 UHMWPE 粒子混合在乙醇中进行球磨 4 h,然后在真空炉中 80℃烘干 24 h。制成固体圆片后,浸于 135℃的医学级石蜡油中 10 h,用以提高 UHMWPE 链的活动度和复合材料在最后热压工艺前的界面结合性。再将圆片样品在 100 MPa,180℃热压后得到两区、网状结构的复合材料,所谓两区结构指在同质的 HA/UHMWPE 区周围包围着富 UHMWPE 区,如图 6.25 所示。这种工艺制备的 HA/UHMWPE 复合材料要比未增强的 UHMWPE,杨氏模量增加了 90%,屈服强度增加了 50%,因此也显示了这种复合材料的更广泛的生物医疗用途。

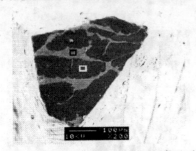 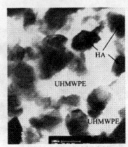

(a)复合材料的断面全景图:富HA区(亮区)和富UHMWPE区(暗区)　　(b) HA/UHMWPE复合材料的TEM照片

图 6.25　湿球磨法制备的 HA 增强 UHMWPE 复合材料的 SEM 照片[77]

Joseph 等[78]研究了不同形貌的 HA 对注射成型制备 HA-HDPE 过程的流变能力和成型性能的影响,发现比表面积低的 HA 降低了制备过程的剪切粘滞系数和剪切能,而 HA 的比表面积可以通过烧结过程进行控制。这种比表面积的控制通过得到 HA 最佳的生物活性,扩大了 HA-HDPE 复合材料生物领域的应用。

李冬梅等[79]分别将 HA、HA-UHMWPE、UHMWPE 材料植入白兔眶上缘缺损处,并在不同时期进行观察,发现植入物无脱出、移位。HA 已发挥了其骨传导特性,在材料植入 8 周后,于材料边缘可见骨细胞及钙盐成板状骨样沉积,说明 HA-UHMWPE 复合材料可与骨组织形成直接的牢固的骨性结合。认为此复合材料既有 HA 的良好生物性能和骨传导性,又保留有超高分子聚乙烯的可塑性,有望成为一种较为理想的骨替代材料,尤其是眶骨整复的替代材料。

Silvio 等[80]分析了不同含量的 HA 对复合材料的表面粗糙度和机械强度的影响。通过人的造骨细胞的体外实验测试发现复合材料表面形貌对细胞粘附很重要,HA 颗粒为细胞的粘附、增殖和裂解提供了位点,所以 HA 含量的增加提高了细胞的响应度,增强了支持骨组织生长或作为生物模板的能力。

**3. HA-聚醚醚酮复合材料**

聚醚醚酮(PEEK)是一种半晶、高热塑性能的聚合物,因其超常的机械性能、耐高温性、极好的抗磨损、抗断裂和抗腐蚀性能、在消毒过程中不会降解的能力等特点,成为一种首选的生物医用材料,尤其是在承载性外科矫形方面。Bakar等[81]经过溶化混合、粒化和注射成型得到 HA-PEEK 复合材料,再进行拉伸、压缩和显微硬度的机械性能测试,结果显示杨氏模量、抗压强度和显微硬度随 HA 的量增加而增大,而拉伸强度和断裂应力随着 HA 含量的增加而减小。

Bakar等[82]还研究了 HA-PEEK 复合材料在不同 HA 含量时的拉伸和疲劳行为。准静态拉伸实验的数据显示复合材料的拉伸强度随 HA 含量增加而增加。通过疲劳实验也发现 HA-PEEK 复合材料具有很高的断裂强度,是一种很有潜力的抗疲劳生物医用材料。

**4. HA-聚$\beta$-羟基链烷酸酯系列复合材料**

Galego等[83]研究了 PHA-HA,P(HB-co-8%HV)-HA(30%)生物复合材料的机械性能。结果发现,这两种复合材料都具有和人骨相似的力学性能数据,如 P(HB-co-8%HV)-HA(30%)的压缩强度为 62 MPa。因此这一系列聚合物的 HA 增强复合材料可用于骨折固定。

**5. HA-离聚物骨水泥**

Gu等[84]将纳米级的 HA-30%$ZrO_2$ 粉末先在 700℃和 800℃热处理 3 h,填充到离聚物骨水泥(GICs)中,研究了不同 HA/$ZrO_2$ 含量的复合材料的力学性能,发现 HA/$ZrO_2$ 颗粒在 GICs 基体上均匀的分布,填充密度很高,使复合材料的机械强度很高。认为这种 GICs 基骨水泥具有极好的生物活性和机械性能,大有应用前途。

**6. 生物活性磷酸钙陶瓷(TCP)-聚乳酸和聚乙烯复合材料**

Navarro等[85]将一种磷酸钙可溶性玻璃颗粒加入到生物可降解性的聚乳酸基体中用于增强其力学性能和控制其降解性。并分析了 6 周内复合材料的体外降解行为。发现磷酸钙玻璃的加入加速了 PLA 材料的降解速率,它与水合介质溶液反应形成了 CaP 沉淀,而这一物质能提高材料和骨组织的相互作用。

Homaeigohar等[86]制备出仿照骨组织组成而设计的 $\beta$-磷酸钙增强高密度聚乙烯的生物复合材料(($\beta$-TCP)-HDPE)。并且通过 G-292 造骨细胞的体外实验测试了不同 TCP 含量复合材料的生物相容性,包括细胞增殖、碱性磷酸酶(ALP)和细胞的粘附。结果显示,($\beta$-TCP)-HDPE 复合材料在进行细胞培养 3、7 和 14 d 后具有很高的 G-292 造骨细胞增殖率,而 ALP 在 7 d 后达到增殖最高峰,细胞粘附量也很高。因此说明这种复合材料无毒性,能诱导造骨细胞的粘附及增殖,具有生物活性,可用于骨组织的修复与替代。

**7. 活性生物玻璃 – 合成聚合物复合材料**

(1) AW 生物玻璃陶瓷增强聚乙烯复合材料

Juhase 等[87]研究了 AW 玻璃陶瓷增强的高密度聚乙烯的力学性能：弯曲强度、屈服强度、断裂模式、杨氏模量和延伸率，并与未增强的聚乙烯复合材料进行了比较。结果发现随着 AW 含量的增加材料的破坏应变和延展性降低，而杨氏模量、弯曲强度和屈服强度因 AW 颗粒粒径的增加（4.4~6.7 μm）而有所降低，但影响不大。由复合材料抛光面及断面的微观结构分析可知，AW 颗粒与基体的界面不存在化学键合，AW 颗粒在聚乙烯成型收缩时与聚乙烯在界面形成一种机械结合。三点弯曲测试证明 AW 体积分数为 40% 和 50% 时，其机械性能最适合用于上颌骨的修复与替代。

Peitl 等[88]研究了含磷苏打石灰硅酸玻璃的结晶，测试了这种活性玻璃陶瓷加入到聚砜中制成的复合材料的机械性能。发现玻璃陶瓷增强聚合物复合材料的弹性模量要比单纯玻璃增强复合材料的高，具有与人皮质骨相似的机械性质，又因为这种生物活性玻璃陶瓷能与骨结合，所以在硬组织工程领域很有应用潜力。

(2) 生物活性玻璃纤维增强聚氨酯复合材料

Ohki 等[89]研究了玻璃纤维增强形状记忆聚合物聚亚胺酯的复合材料的机械性能和形状记忆效应。结果显示，复合材料的拉伸强度随玻璃纤维含量的增加而升高，并且，玻璃纤维的质量分数处于 10%~20% 之间有一最佳值使复合材料在循环加载过程中的残余应力很低，而且复合材料仍然保持形状记忆效应。因此这种具有多种复合功能的高分子基材料的实际用途很多，在生物医学方面也会很突出。

### 6.4.4 高分子生物医用材料之间的复合

高分子材料作为复合材料的基体，需要无机材料或金属氧化物颗粒增强其机械性能以及生物活性或稳定性，从而应用于硬组织的修复、替代，软组织的支撑保护及修复，还有牙科疾病的治疗与预防等方面。但高分子材料如高分子颗粒、纤维等也可以作为复合材料的增强体，采用多种不同的成型制备工艺合成高分子材料与高分子材料的生物复合材料，其应用除以上涉及的方面，还广泛应用于其它生物医学领域，如药物运送与释放，细胞内蛋白质释放、结缔组织的修复等。高分子材料增强高分子基体的复合材料之所以应用范围很广，是因为不仅高分子基体具有与人体组织相似的机械性能和生物相容性，而且可以通过改变高分子增强体的形状、大小以及含量使形成的复合材料具有更多的优势，再者高分子材料的成型较其它材料要容易、方便和便宜得多。纤维状聚合物增强高分子基复合材料在性能和应用上与颗粒状增强体的复合材料又有所不同。

下面按照增强体的形态简单介绍一下高分子材料增强高分子基体的生物医用复合材料。

### 一、颗粒状增强体类高分子基生物复合材料

Ruszczak 等[90]成功制备了聚乙酸-羟基乙酸共聚物（PLGA）与胶原的复合材料。加入 PLGA 是为了更有效地发挥胶原质的伤口愈合作用。首先通过 W/O/W 双乳剂法制备 PLGA 带药微球，再将制备好的微球分散于含有胶原和庆大霉素的分散液中，再将混合溶液冷冻干燥得到均一的胶原/PLGA 微球植入体，如图 6.26 所示。

(a)显微照片    (b)断面照片

图 6.26 胶原海绵/PLGA 微球复合材料的整体光学显微照片和断面 SEM 照片[90]

### 二、纤维状增强体类高分子基生物复合材料

Santis 等[91]设计了聚对苯二甲酸乙二醇酯（PET）增强聚亚胺酯的复合材料，如图 6.27 所示。这种复合材料的结构是采用长纤维缠绕法模仿天然韧带的形貌和机械性能形成的。其应力-应变曲线是与天然韧带相似的 J 形曲线，说明机械性能非常接近，可用于结缔组织的修复与替代。

图 6.27 用于韧带修补的 PET 增强的 HydroThane™复合材料[91]

徐艳等[92]以聚乙交酯-丙交酯（PGLA）长丝和医用聚丙烯长丝为骨架原料，壳聚糖为涂层材料，采用针织和机织两种纺织结构编织人工气管复合材料，并对制成的管道进行了拉伸和径向压缩性能的初步测试，证实了这两种纺织结构生物复合材料人工气管的径向力学性能均能满足医学上对气管的力学性能要求。

韩可瑜等[93]以聚乙烯纤维－聚乳酸复合材料用于兔的肌肉植入和兔的跟腱修复实验,经电镜观察和X射线能谱分析,确定超高相对分子量聚乙烯纤维增强聚乳酸复合材料具有良好的生物功能和生物力学特性。观察肌肉植入90 d后,炎性细胞反应和囊壁形成均在Ⅰ级以下。兔跟腱修复6周后,功能恢复良好并形成了类腱组织。该复合材料作为人工腱,用于修复兔跟腱手术缝合不打结、不断裂,其中的纤维作为永驻体内代用品,在体液和生理应力下不降解、碎裂和老化,不产生任何危害。

### 三、两种以上增强体类高分子复合材料

Leach等[94]在以前研究成果的基础上,制成了透明质酸基复合材料,使其不仅具有生物活性、可降解性、高含水性和高柔韧性,而且还能控制蛋白质模型的释放。这种控制医用蛋白释放与传送的材料设计有重大意义,如胰岛素,用于接种疫苗的抗原蛋白等。Leach等先合成了缩水甘油酯甲基丙烯酸酯－透明质酸水凝胶(GMHA),再利用光致交联技术制成GMHA－PEG水凝胶,在交联前将牛血清蛋白溶于凝胶溶液中,交联完成得到含有蛋白质的复合材料,用于蛋白质释放试验。结果显示,这种新型高分子复合材料既能用于软组织工程支架,同时还有蛋白运送系统装置,并且可以通过控制复合材料的组成成分的浓度来达到控制蛋白质释放的目的。这是很有研究价值的新方向,但活性蛋白质的运送释放,细胞对这种复合材料运送装置的响应等都有待于进一步的研究。

Zhou等[95]合成并研究了具有血液相容性的聚亚胺酯和液晶的复合薄膜材料。采用溶剂浇注法合成的复合材料,将三种不同的液晶混合物(MHA、PNP和胆甾型液晶)分别加入到溶有聚亚胺酯的四氢呋喃溶液中,室温下搅拌1 h,得到清澈均匀的溶液,然后将溶液浇注在干净的玻璃板上,等溶剂蒸发,得到复合薄膜。用去离子水清洗,室温下干燥48 h,储存于冰箱中直到血液相容性测试。其中液晶质量分数为(0~60)%。光偏振显微测试说明,液晶相在复合薄膜中的质量分数必须超过30%,才能在薄膜表面形成液晶相。通过血小板粘附、血液凝结测试和红血球溶解率测试进行了聚亚胺酯/液晶复合薄膜的生物相容性检测,结果显示复合材料中液晶相的加入大大提高了其血液相容性,这对生物医用具有很重大的意义,但也存在一定的问题。因为液晶分子在一定条件下具有流动性,所以会降低薄膜的稳定性,其临床应用还有待于进一步的研究。

Shieh等[96]就是采用了两种组分的增强体合成了聚环氧乙烷(PEO)基复合材料。首先将聚甲基丙烯酸甲酯(PMMA)接枝到多壁碳纳米管(MWNT)表面,将之与PEO一起溶于氯仿中,控制溶解量,然后再浇注和真空干燥,得到MWNTs－g－PMMA在PEO基体中分散良好的复合材料。MWNTs－g－PMMA的加入提高了晶型PEO的结晶化,而且机械动力学系统分析的结果说明增强

体质量分数为30%的复合材料具有力学相容性。

Ladizesky等[97]通过热压技术使纺织聚乙烯纤维增强HA/PE复合材料,得到韧度和强度均与皮质骨接近的两种增强体复合材料,并且复合材料的各相之间的相容性极好,没有发现气孔等。因此这种材料可以作为骨替代材料用于临床。

Liao等[98]十分巧妙的制备了一种三层梯度复合膜,其组成成分也为三种,纳米碳酸羟基磷灰石与胶原组成的复合材料(nCHAC)和基体聚乙酸-羟基乙酸(PLGA)。梯度膜的组成是,一面是$n$CHAC(8%)/PLGA多孔复合膜,另一面是纯的PLGA非孔性膜,中间一层是$n$CHAC(4%)/PLGA过渡层膜。因为三层膜中都含有PLGA,所以能很好的彼此结合,弹性和机械强度也很高。这种结构设计使造骨细胞等在多孔面上粘附和生长,而相反的,光滑面能抑制血液细胞等的粘附,可用于齿根膜的治疗。$n$CHAC复合材料作为增强体加入到高分子基体中使整个可降解复合薄膜具有很高的生物相容性和骨传导性,因此这种多组分的复合材料具有实际的临床应用。

高分子基生物医用复合材料具有自身的优势,在生物医学领域应用的研究非常广泛,也有理论高度,但其实际应用于临床还需进一步的发展。随着高分子材料机械性能和生物相容性的改善和改进,临床应用在不久的将来会成为现实,并且带来巨大的经济效益。

## 参 考 文 献

[1] 《材料科学技术百科全书》编辑委员会.材料科学技术百科全书[M].北京:中国大百科全书出版社,北京:1995.

[2] 张宏泉,闫玉华,李世普.生物医用复合材料的研究进展及趋势[J].北京生物医学工程,2000,19(1):55-59.

[3] 李世普.生物医用材料导论[M].武汉:武汉工业大学出版社,2000.

[4] 张文莉.生物材料及其应用[J].医药工程设计杂志,2003,24(3):7-10.

[5] WANG MIN. Developing bioactive composite materials for tissue replacement[J]. Biomaterials, 2003,24:2 133-2 151.

[6] 宁聪琴,周玉,孟庆昌.50Ti/HA生物材料的组织结构与体外生物活性[J].无机材料学报,2001,16(2):263-268.

[7] 宁聪琴,周玉,黄丛春,等.粉末冶金法制备Ti/HA生物复合材料的体内生物活性[J].无机材料学报,2003,18(4):879-884.

[8] NING C Q, ZHOU Y. In vitro bioactivity of a biocomposite fabricated from HA and Ti powders by powder metallurgy method[J]. Biomaterials, 2002,23:2 909-2 915.

[9] NIGN C Q, ZHOU Y. On the microstructure of biocomposites sintered from Ti[J]. HA and bioactive glass: Biomaterials,2004,25:3 379-3 387.

[10] 朱纪磊摘译,国外工艺技术集锦[J].2005,24(6):40.

[11] KIM HAE-WON, NOH YOON-JUNG, KOH YOUNG-HAH, et al. Effect of $CaF_2$ on densification and properties of hydroxyapatite-zirconia composites for biomedical applications [J]. Biomaterials, 2002, 23: 4 113-4 121.

[12] SUN KANG-NIG, LI AI-MIN, DONG WEI-FANG, et al. Study of the preparation and mechanism of producing pores on tiny porous hAp-$ZrO_2$ Biocomposite[J]. Journal of Synthetic Crystals, 2004, 33(4): 567-580.

[13] 李爱民,孙康宁,尹衍生,等.纳微米复合 HAp-$ZrO_2$ 生物复合材料的制备与微观结构研究[J].人工晶体学报,2003,32(6):564-568.

[14] WANG QINGLIANG, GE SHIRONG, ZHANG DEKUN. Nano-mechanical properties and biotribological behaviors of nanosized HA/partially-stabilized zirconia composites[J]. Wear, 2005, 259: 952-957.

[15] FERNADEAZ C, VERNé E, VOGELL J, et al. Optimisation of the synthesis of glass-ceramic matrix biocomposites by the response surface methodology[J]. Journal of the European Ceramic Society, 2003, 23: 1 031-1 038.

[16] RAPACZ-KMITA A, Slósarczyk A, PASZKIEWICZ Z, et al. Phase stability of hydroxyapatite-zirconia (HAp-$ZrO_2$) composites for bone replacement[J]. Journal of Molecular Structure, 2004, 704: 333-340.

[17] KUMAR RAJENDRA, CHEANG P, KHOR K A. Spark plasma sintering and in vitro study of ultra-fine HA and $ZrO_2$-HA powders[J]. Journal of Materials Processing Technology, 2003, 140: 420-425.

[18] KUMAR RAJENDRA, CHEANG P, KHOR K A. Radio frequency (RF) suspension plasma sprayed ultra-fine hydroxyapatite (HA)/zirconia composite powders[J]. Biomaterials, 2003, 24: 2 611-2 621.

[19] KONG YONG-MIN, BAE CHANG-JUN, LEE SU-HEE. Improvement in biocompatibility of $ZrO_2$-$Al_2O_3$ nano-composite by addition of HA[J]. Biomaterials, 2005, 26: 509-517.

[20] SILVA VIVIANE V, LAMEIRAS FERNANDO S, DOMINGUES ROSANA Z. Microstructural and mechanical study of zirconia-hydroxyapatite (ZH) composite ceramics for biomedical applications [J]. Composites Science and Technology, 2001, 61: 301-310.

[21] 赵萍,孙康宁,朱广楠.碳纤维增强磷酸钙骨水泥复合材料[J].硅酸盐学报,2005,33(1):32-35.

[22] 李爱民,孙康宁,尹衍生,等.碳纳米管/羟基磷灰石生物复合材料的研究初探[J].生物骨科材料与临床研究,2003,1(1):37-40.

[23] 李爱民,孙康宁,尹衍升,等.碳纳米管/羟基磷灰石复合材料的力学性能与微观结构[J].复合材料学报,2004,21(5),98-102.

[24] 田杰谟,张世新,邵义,等.纳米级 SiC(n)-HAP 基复合生物陶瓷研究.94秋季中国材料研讨会,第Ⅰ卷,361-366.

[25] VERNé E, DEFILIPPI R, CARL G, et al. Viscous flow sintering of bioactive glass-ceramic

composites toughened by zirconia particles[J], Journal of the European Ceramic Society, 2003, 23: 675 – 683.

[26] TANCRED D C, MCCORMACK B A O, CARR A J. A quantitative study of the sintering and mechanical properties of hydroxyapatite/phosphate glass composites[J]. Biomaterials, 1998, 19: 1 735 – 1 743.

[27] CHANG BONG – SOON, LEE DONG – HO, LEE CHOON – KI. Magnesia – doped HA/$\beta$ – TCP ceramics and evaluation of their biocompatibility[J]. Biomaterials, 2004, 25: 393 – 401.

[28] YUAN HUIPIN, YANG ZONGJIAN, DE BRUIJN JOOST D, et al. Material – dependent bone induction by calcium phosphate ceramics: a 2.5 – year study in dog[J], Biomaterials, 2001, 22: 2 617 – 2 623.

[29] 陈峰,陈兴,康发军,等.无机骨粒与羟基磷灰石复合材料在颈椎前路手术中的应用[J].中国矫形外科杂志,2001,8(4):408.

[30] SUCHANEK W, YASHIMA M, KAKIHANA M, et al. Processing and mechanical properties of hydroxyapatite reinforced with hydroxyapatite whiskers[J]. Biomaterials, 1996, 17: 1 715 – 1 723.

[31] LOPES MARIA A, SILVA RUI F, MONTEIRO FERNANDO J. Microstructural dependence of Young's and shear moduli of $P_2O_5$ glass reinforced hydroxyapatite for biomedical applications[J]. Biomaterials, 2000, 21: 749 – 754.

[32] WITH DE G, CORBIJU A.J. Metal Fiber Reinforced Hydroxy – apatite Ceramics. [J]. Mater. Sci., 1989, 24: 3 411 – 3 415.

[33] ZHANG X, GUBBELS G H M, TERPSTRA R A, et al. Toughnening of Calcium Hydroxyapatite with Silver Particles [J]. Mater. Sci., 1997, 32: 235 – 243.

[34] CHAKI T K, WANG P E. Densification and Strengthening of Silver – Reinforced Hydroxyapatite Matrix Composite Prepared by Sintering[J]. Mater. Sci. Mater. Med., 1994, 5: 533 – 542.

[35] XIAO X. Observation of microcracks formed in HA – 316L composites[J]. Materials Letters, 2003, 57: 1 848 – 1 853.

[36] HUTMACHER DIETMAR W. Scaffolds in tissue engineering bone and cartilage[J]. Biomaterials, 2000, 21: 2 529 – 2 543.

[37] AG MIKOS, G SARAKINOS, SM LEITE, et al. Laminated three – dimensional biodegradable foams for use in tissue engineering[J]. Biomaterials, 1993, 14: 323 – 330.

[38] MCKENZIE JANICE L, WAID MICHAEL C. et al. Decreased functions of astrocytes on carbon nanofiber materials[J]. Biomaterials, 2004, 25: 1 309 – 1 317.

[39] 万怡灶,王玉林,成国祥.碳纤维增强明胶(C/Gel)生物复合材料的溶胀动力学研究[J].复合材料学报,2002,19(4):33 – 37.

[40] BLAZEWICA MARTA, GAJEWSKA MARIA CHOMYSZYN, PALUSZKIEWICZ CZESLAWA. Application of vibrational spectroscopy in the in vitro studies of carbon fiber – polylactic acid composite degradation[J]. Journal of Molecular Structure, 1999, 482 – 483: 519 – 524.

[41] MS WIDMER, PK GUPTA, L LU, RK MESZLENYI, et al. Manufacture of porous biodegradable

polymer conduits by an extrusion process for guided tissue regeneration[J]. Biomaterials, 1998, 19: 45 – 55.

[42] VIETH WR. Diffusion in and through polymers: principles and applications[M]. MuK nchen: Carl Hanser Verlag, 1991.

[43] WHANG K, TSAI DC, NAM EK, et al. Ectopic bone formation via rhBMP – 2 delivery from porous bioresorbable polymer sca! olds[J]. Biomed Mater Res. , 1998,42: 491 – 492.

[44] WHANG K, HEALY KE, ELENZ DR, et al. Engineering bone regeneration with bioabsorbable scaffolds with novel microarchitecture[J]. Tissue Eng, 1999, 5(1):35 – 51.

[45] ZHANG R, MA PX. Poly($\alpha$ – hydroxyl acids)/hydroxyapatite porous composites for bone – tissue engineering. I. Preparation and morphology[J]. Biomed Mater. Res. , 1999, 44(4):446 – 55.

[46] SCHUGENS C, MAGUET V, GRANDLS C, et al. Polylactide macroporous biodegradable implants for cell transplantation. 2. Preparation of polylactide foams by liquid liquid phase separation[J]. Biomed Mater. Res. , 1996,30: 449 – 61.

[47] LO H, PONTICIELLO MS, LEONG KW. Fabrication of controlled release biodegradable foams by phase separation[J]. Tissue Eng. , 1995,1:15 – 28.

[48] WHANG K, THOMAS CH, HEALY KE, et al. G. A novel method to fabricate bioabsorbable scaffolds[J]. Polymers, 1995, 36:837 – 42.

[49] Harris LD, Kim BS, Mooney DJ. Open pore biodegradable matrices formed with gas foaming[J]. J Biomed Mater Res 1998; 42: 396 – 402

[50] DUNKELMAN NS, ZIMBER MP, LEBARON RG, et al. Cartilage production by rabbit articular chondrocytes on polyglycolic acid scaffolds in a closed bioreactor system[J]. Biotechnol Bioeng, 1995,46: 299 – 305.

[51] WANG SHIXING, MINGTAI WANG, YONG LEI, et al. "Anchor effect" in poly(styrene maleic anhydride) /$TiO_2$ nanocomposites[J]. Mater. Sci. Lett,1999,18: 2 009 – 2 012.

[52] S RAMAKRISHNA, I MAYER, E WINTERMANTEL, et al. Biomedical applications of polymer – composite materials: a review. Composites Science and Technology,2001,61: 1189 – 1224.

[53] F Cèspedes, S ALEGRET, New materials for electrochemical sensing II. Rigid carbon – polymer biocomposites.[J] Trends in analytical chemistry, 2000,19(4): 276 – 285.

[54] WAN Y Z, WANG H L LUO, et al. Carbon fiber – reinforced gelatin composites. I. Preparation and mechanical properties[J]. Journal of Applied Polymer Science, 2000,75(8): 987 – 993.

[55] MIROSLAWA EI FRAY, ALDO R BOCCACCINI. Novel hybrid PET/DFA – $TiO_2$ nanocomposites by in situ polycondensation[J]. Materials Letters,2005,59: 2 300 – 2 304.

[56] JENNIFER K SAVAIANO, THOMAS J WEBSTER. Altered responses of chondrocytes to nanophase PLGA/nanophase titania composites. Biomaterials,2004,25: 1 205 – 1 213.

[57] 冯庆玲,崔福斋,张伟.纳米羟基磷灰石/胶原骨修复材料[J].中国医学科学院学报,2002,24(2):124 – 128.

[58] 陈际达,王远亮,蔡绍皙,等.纳米羟基磷灰石/胶原复合材料制备方法研究[J].生物物理学报,2001,17(4):778 – 784.

[59] MASANORI KIKUCHI, SOICHIRO ITOH, SHIZUKO ICHINOSE, et al. Self-organization mechanism in a bone-like hydroxyapatite/collagen nanocomposite synthesized in vitro and its biological reaction in vivo[J]. Biomaterials,2001,22. 1 705-1 711.

[60] 刘新晖,张锡庆,刘进炼,等.纳米相羟基磷灰石胶原复合材料与人骨髓基质干细胞体外相容性的研究[J].中华小儿外科杂志,2005,26(4):203-206.

[61] 王晓东,刘新晖,张亚,等.三种不同载体材料体外生物相容性的比较[J].江苏医药,2005,31(2):81-83.

[62] BAKOS D, SOLDAN M, HERNANDEZ-FUENTES I. Hydroxyapatite-collagen-hyaluronic acid composite[J], Biomaterials,1999,20: 191-195.

[63] 林晓艳,范红松,张兴栋.戊二醛交联纳米羟基磷灰石/胶原复合材料作用机理研究[J].四川大学学报:自然科学版,2005,42(1):93-97.

[64] GOMES M E, REIS R L, CUNHA A M, et al. Cytocompatibility and response of osteoblastic-like cells to starch-based polymers: elect of several additives and processing conditions[J]. Biomaterials,2001,22: 1 911-1 917.

[65] MARQUES A P, REISA R L, HUNT J A. The biocompatibility of novel starch-based polymers and composites[J]. In vitro studies: Biomaterials,2002,23: 1 471-1 478.

[66] VAZ C M, REIS R L, CUNHA A M. Use of coupling agents to enhance the interfacial interactions in starch-EVOH/ hydroxylapatite composites[J]. Biomaterials,2002,23: 629-635.

[67] GOMES M E, RIBEIRO A S, MALAFAYA P B. A new approach based on injection moulding to produce biodegradable starch-based polymeric scaffolds: morphology, mechanical and degradation behaviour[J]. Biomaterials,2001,22: 883-889.

[68] VIALA S, FRECHE M, LACOUT J L. Preparation of a new organic-mineral composite:chitosan-hydroxyapatite[J]. Ann. Chim. Sci. Mat,1998,23:69-72.

[69] FENG HUEI LIN, CHUN-HSU YAO, JUI-SHENG SUN, et al. Biological effects and cytotoxicity of the composite composed by trucalcium phosphate and glutaraldehyde cross-linked gelatin[J]. Biomaterials,1998,19:905-917.

[70] CHEN FEI, ZHOU CHENG WANG, CHANG-JIAN LIN.. Preparation and characterization of nano-sized hydroxyapatite particles and hydroxyapatite/chitosan nano-composite for use in biomedical materials[J]. Materials Letters,2002,57: 858-861.

[71] SILVA G A, PEDRO A, COSTA F J, et al. Soluble starch and composite starch Bioactive Glass 45S5 particles: Synthesis, bioactivity, and interaction with rat bone marrow cells[J]. Materials Science and Engineering,2005,25: 237-246.

[72] NENAL IGNJATOVIC, dRAGAN USKOKOVIC. Synthesis and application of hydroxyapatite/polylactide composite biomaterial[J]. Applied Surface Science,2004,238:314-319.

[73] NENAD IGNJATOVIC, VOJIN SAVIC, STEVO NAJMAN, et al. A study of HAp/PLLA composite as a substitute for bone powder, using FT-IR spectroscopy[J]. Biomaterials,2001, 22: 571-575.

[74] TOSHIHIRO KASUGA, YOSHIO OTA, MASAYUKI NOGAMI. Preparation and mechanical properties of polylactic acid composites containing hydroxyapatite fibers[J]. Biomaterials,2001, 22: 19 - 23.

[75] SIM C P, CHEANG P, LIANG M H. et al. Injection moulding of hydroxyapatite composites[J]. Journal of Materials Processing Technology,1997,69: 75 - 78.

[76] WANG M, DEB S, BONFIELD W. Chemically coupled hydroxyapatite - polyethylene composites: processing and characterization[J]. Materials Letters,2000,44:119 - 124.

[77] LIMING FANG, YANG LENG, PING GAO. Processing of hydroxyapatite reinforced ultrahigh molecular weight polyethylene for biomedical applications[J]. Biomaterials, 2005, 26: 3 471 - 3 478.

[78] JOSEPH R, MCGREGOR W J, MARTYN M T. et al. Effect of hydroxyapatite morphology/ surface area on the rheology and processability of hydroxyapatite filled polyethylene composites [J]. Biomaterials,2002,23: 4 295 - 4 302.

[79] 李冬梅,张盛忠,陈涛,等.羟基磷灰石/超高分子聚乙烯复合材料的组织相容性及骨传导性试验研究[J].中华整形外科杂志,2004,20(3):180 - 183.

[80] DI SILVIO L, DALBY M J, BONFIELD W. Osteoblast behaviour on HA/PE composite surfaces with different HA volumes[J]. Biomaterials,2002,23: 101 - 107.

[81] ABU BAKAR M S, CHEANG P, KHOR K A. Tensile properties and microstructural analysis of spheroidized hydroxyapatite - /poly (etheretherketone) biocomposites[J]. Materials Science and Engineering, 2003, A345:55 - 63.

[82] ABU BAKAR M S, CHEANG P, KHOR K A. Mechanical properties of injection molded hydroxyapatit - polyetheretherketone biocomposites[J]. Composites Science and Technology, 2003,63: 421 - 425.

[83] NORMA GALEGO, CHAVATI ROZSA, RUBE'N SA'NCHEZ. Characterization and application of poly(b - hydroxyalkanoates) family as composite biomaterials[J]. Polymer Testing, 2000, 19: 485 - 492.

[84] GU Y W, YAP A U J, CHEANG P, et al. Effects of incorporation of $HA/ZrO_2$ into glass ionomer cement (GIC)[J]. Biomaterials,2005,26: 713 - 720.

[85] NAVARRO M, GINERA M P, PLANELL J A. In vitro degradation behavior of a novel bioresorbable composite material based on PLA and a soluble CaP glass[J]. Acta Biomaterialia, 2005,1: 411 - 419.

[86] HOMAEIGOHAR S SH, SHOKRGOZAR M A, YARI SADI A, et al. In vitro evaluation of biocompatibility of beta - tricalcium phosphate - reinforced high - density polyethylene; an orthopedic composite[J]. Journal of Biomedical Materials Research,2005,75A(1):14 - 22.

[87] JUHASZ J A, BESTA S M BROOKS R, et al. Mechanical properties of glass - ceramic A - W - polyethylene composites: effect of filler content andparticle size [J]. Biomaterials, 2004, 25: 949 - 955.

[88] PEITL O, OREFICE R L, HENCH L L, et al. Effect of the crystallization of bioactive glass

reinforcing agents on the mechanical properties of polymer composites[J]. Materials Science and Engineering,2004,572:245 – 251.

[89] TAKERU OHKI, QUING – QING NI, NORIHITO OHSAKO. Mechanical and shape memory behavior of composites with shape memory polymer[J]. Composites: Part A,2004,35: 1 065 – 1 073.

[90] ZBIGNIEW RUSZCZAK, WOLFGANG FRIESS. Collagen as a carrier for on – site delivery of antibacterial drugs[J]. Advanced Drug Delivery Reviews,2003,55:1 679 – 1 698.

[91] DE SANTIS R, SARRACINO F, MOLLICA F. Continuous fibre reinforced polymers as connective tissue replacement[J]. Composites Science and Technology,2004,64: 861 – 871.

[92] 徐艳,张佩华,王文祖.纺织结构生物复合材料人工器官的开发[J].产业用纺织品, 2004,22(163):11 – 16.

[93] 韩可瑜,杨文婕,韩曼瑜,等.聚乙烯纤维 – 聚乳酸复合材料修复兔跟腱的研究[J].生物医学工程与临床,2005,9(1):12 – 16.

[94] JENNIE B LEACH, CHRISTINE E SCHMIDT. Characterization of protein release from photocrosslinkable hyaluronic acid – polyethylene glycol hydrogel tissue engineering scaffolds[J]. Biomaterials,2005,26: 125 – 135.

[95] CHANGREN ZHOU, ZHENGJI YI. Blood – compatibility of polyurethane/liquid crystal composite membranes[J]. Biomaterials,1999,20: 2 093 – 2 099.

[96] YEONG – TARNG SHIEH, GIN LUNG LIU, KUO CHU HWANG. Crystallization, melting and morphology of PEO in PEO/ MWNT – g – PMMA blends[J]. Polymer, 2005: 1 – 7.

[97] LADIZESKY N H, PIRHONEN E M, APPLEYARD D B, et al. Fiber reforcement of ceramic/polymer composites for a major loas – bearing bone substitute material[J]. Composites Science and Technology,1998,58: 419 – 434.

[98] LIAO SUSAN, WANG WEI, UO MOTOHIRO, et al. A three – layered nano – carbonated hydroxyapatite/collagen/PLGA composite membrane for guided tissue regeneration [J]. Biomaterials,2005,26:7 564 – 7 571.

# 第7章 生物医用材料的表面改性

生物医用材料不但要具有良好的力学性能和生物化学性能,还必须具有优异的生物相容性,即植入物与人体界面之间不会产生有害反应,包括血液反应、组织反应和免疫反应等。目前使用的各种生物医用材料中,没有一种能完全满足临床使用的各项要求。材料植入人体后,直接也是最先与组织、细胞接触和作用的是材料表面。因此,材料表面性质相当重要,它将影响细胞吸附、增殖、分化等一系列反应。

表面改性是一种只改变材料表面特性而不影响材料整体的方法,它分两种形式:一是改变材料表面的化学成分或结构;二是在原材料表面形成另外一层物质来达到改变其特性的目的。改性后的表面一般呈现"生物惰性"或"生物活性",具有更好的生物相容性、抗腐蚀性、耐磨性等。为了满足临床的需要,现已发展出了各种生物医用材料的表面改性方法,可分为机械方法、物理方法和化学方法。

## 7.1 生物医用材料的机械式表面改性

机械方法包括机械表面加工和机械表面处理,机械表面加工的目的是达到零件最终要求的尺寸、形状、精度及特性;而机械表面处理一般属于表面处理前的预备工序,主要包括喷丸处理和光亮化处理[1]。喷丸处理用于除掉金属零件表面的锈迹、氧化皮及其脏物,使零件得到均匀、粗糙而无光亮的表面。光亮化处理一般采用磨光、滚光和机械抛光。通过机械方法对生物医用材料表面进行改性可以改变材料表面的形态和粗糙度,从而影响它的生物相容性、抗腐蚀性和抗摩擦磨损性能。

对于与骨、齿等硬组织接触的植入材料来说,表面平整光滑的材料与组织接触后,周围形成的是一层较厚的与材料无结合的包囊组织。表面粗糙度增加可以增加细胞在植入材料表面的粘附、增殖和分化。另外,表面粗糙度增加使植入体与骨组织接触面积增加,机械锁合强度增加,增进长期在体内的植入材料的良性反应。研究表明,钛合金的表面粗糙度对骨细胞行为有很大影响,表面粗糙度增加有利于骨细胞粘附、增殖和分化[2~4]。然而,也有少数研究[5~6]

表明表面粗糙度增加不仅刺激而且改变了细胞功能和骨组织形成,当超过一定值时会显著提高炎症反应,降低植入物的机械性能和耐蚀性能,因此必须控制表面粗糙度在一定范围内变化。

另外,材料表面粗糙度也是影响血液相容性的一个很重要的因素。一般而言,材料表面越光滑,对血浆蛋白和血小板的吸附就越小,越不容易引起血细胞形态和构象的变化,也就越不容易破坏血液的正常流动,因此材料表面的光滑性处理是改善血液相容性颇为有效的一个措施。

喷丸处理是一种非常有效,在生物医用材料表面改性领域应用广泛的表面改性技术。喷丸处理所采用的喷丸颗粒一般化学稳定性很强,不会对植入材料有不良的生理反应,常用的喷丸颗粒有 $SiO_2$、$Al_2O_3$ 和 SiC。

Lüthen 等[7]研究了机械抛光、机械加工、玻璃球喷丸处理和 $Al_2O_3$ 球喷丸处理的纯钛表面形貌,如图 7.1 所示。机械抛光表面平整光滑;机械加工表面以沟槽和条纹为主要特征;而玻璃球喷丸处理的表面不规则,一些区域光滑平整,另一些区域则有凸起和孔洞;$Al_2O_3$ 喷丸处理的表面以尖锐的脊和棱为主要特征。研究还发现表面粗糙度对 β1 - 和 β3 - 整合素蛋白粘附、人成骨细胞、MG - 63 细胞纤维结合组织有影响。共聚焦显微镜观察表明 β1 - 和 α5 - 整合

图 7.1 不同表面处理下的纯钛表面 SEM 照片,机械抛光表面粗糙度 $Ra = 0.19\ \mu m$,机械加工表面粗糙度 $Ra = 0.54\ \mu m$,SiC 喷丸处理表面粗糙度 $Ra = 1.22\ \mu m$,$Al_2O_3$ 喷丸处理表面粗糙度 $Ra = 0.67\ \mu m$[7]

素蛋白在机械抛光、机械加工和玻璃球喷丸表面呈纤维丝状粘附,而在经 $Al_2O_3$ 喷丸处理的表面则并非如此。在机械加工表面直线列纤维丝结构的纤维结合素不但存在于基部,而且存在于端细胞表面。相反,在经 $Al_2O_3$ 喷丸处理的钛合金表面,纤维结合素呈顶尖团簇状。图 7.2 为人成骨细胞在经不同处理的钛表面上的扫描电镜照片[7],在经过机械抛光、机械加工和玻璃球喷丸处理的后,细胞在表面铺展。在 $Al_2O_3$ 表面,细胞横跨表面突起的脊。

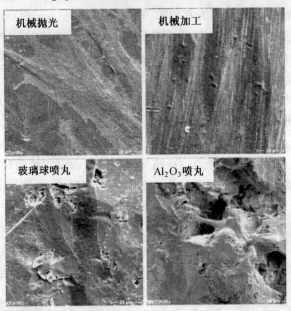

图 7.2 人成骨细胞在不同表面粗糙度的钛表表的 SEM 照片[7]

Aparicio 等[8]研究了采用 SiC 和 $Al_2O_3$ 进行喷丸处理后齿科材料的腐蚀行为。发现它们的耐腐蚀性不同,其主要原因一方面是由于表面粗糙度的不同;另一方面则是由于喷丸诱导产生的表面残余应力不同。

Grant 等[9]采用 SiC 喷丸和 N 离子注入方法对 TiNi 合金进行表面改性,并对两种方法进行了比较。发现通过上述方法进行改性后,TiNi 合金表面都呈现非晶结构,表面硬度提高和摩擦系数下降程度相当,而且对合金相变行为没有影响。

Gotz 等[10]将激光加工技术与喷丸技术相结合,有效改善了 Ti – 6Al – 4V 种植体与骨组织的结合状况,并发现加工孔径为 200 μm 的种植体经 $Al_2O_3$ 喷丸处理后,骨组织相容性得到了很大的提高。

然而,人们发现采用 $Al_2O_3$ 颗粒进行喷丸时,由于喷丸时颗粒高速冲击材料表面,使颗粒牢固粘附于被改性材料表面,即使经过超声波清洗,酸洗钝化和消毒处理也不容易去除。如果其中的一些粒子弥散于周围的组织中,它们会参与骨组织的矿化过程,或者刺激细胞的粘附和分化,产生局部中毒或感染,因此人们开始寻找生物相容性良好的喷丸颗粒代替 $Al_2O_3$ 颗粒。Citeau 等[11]用羟基磷灰石颗粒对 Ti-6Al-4V 合金表面进行喷丸处理获得了表面粗糙度为 $1.57\pm0.07~\mu m$ 生物相容性良好无毒性表面。Ishikawa 等[12]采用喷丸方法在钛表面制备了厚度约为 $2~\mu m$ 的均匀 HA 涂层,图 7.3 为其工艺过程示意图。所得到的 HA 涂层与基体结合强度大于浸渍、电泳和电化学沉积。图 7.4 为采用喷丸方法获得的 HA 涂层截面形貌。由此获得的表面改性层不但没有不良反应,而且具有很好的生物活性。

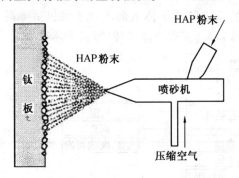 

图 7.3　喷丸方法制备 HA 涂层示意图[12]　　图 7.4　喷丸方法制备 HA 涂层截面 SEM 形貌[12]

## 7.2　生物医用材料的物理表面改性

### 7.2.1　低温等离子体表面改性

等离子体是气体经电离产生的大量带电粒子(离子、电子)和激发态的中性粒子(原子、分子)所组成的体系,因其总的正、负电荷数相同,故称为等离子体,为物质的第四态——等离子态[13]。等离子体分为高温等离子体和低温等离子体,一般等离子体表面工程用的是低温等离子体。低温等离子体表面改性作为一种经济有效的表面加工技术在生物医学领域显示出了巨大的优越性,20 世纪七八十年代起,等离子体表面改性开始蓬勃发展,目前已经形成一个独立的研究方向。

低温等离子体是指在直流电弧放电、辉光放电、微波放电、电晕放电、射频放电等条件下所产生的部分电离气体,其中由于电子质量远小于离子的质量,故电子温度可以远高于离子温度,离子温度甚至可以与室温相当。在低温等离子体中包含有多种粒子,除了电离产生的电子和离子外,有大量的中性粒子如原子、分子和自由基等。这些粒子之间的相互作用非常复杂,有电子–电子、电子–离子、离子–离子、离子–中性分子和中性分子–中性分子等。在这样一个复杂和充满化学活性的体系中,等离子体与基片材料表面之间常可以产生一些在普通情况下难以完成的化学过程[14]。

低温等离子体表面改性具有如下特点:(a) 良好的可靠性、重现性、非线性以及低成本,可以应用于各种形状的金属、聚合物、陶瓷以及复合材料;(b) 在等离子体辅助作用下易于产生活性成分,引发在常规化学反应中不能或难以实现的物理变化和化学变化;(c) 可对生物医用材料和器械表面进行消毒处理;(d) 工艺简单、操作方便、易于控制、对环境无污染。图 7.5 列出了它的主要应用范围。用于生物医用材料表面改性的低温等离子体表面改性主要包括等离子体溅射沉积、等离子体注入、等离子体聚合、等离子体接枝、等离子体喷涂等。

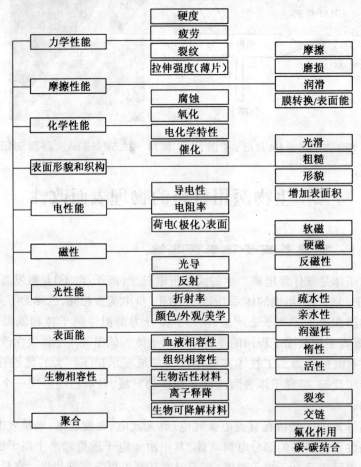

图 7.5 等离子体表面改性技术所改变的生物医用材料表面性能[13]

迄今为止,采用等离子体表面改性技术的医用植入材料和器械主要包括:整体关节替换、人工骨、牙科植入体、人造心脏瓣、血管支架、人造血管、眼内透镜、人造角膜和人造导管等。其主要目的是减小摩擦阻力,提高生物相容性,增进生物活性和生物惰性,强化抗腐蚀性等。

### 一、等离子体溅射

等离子体溅射是利用气体放电产生气体电离,其正离子在电场作用下高速轰击阴极材料,使其表面的原子被击出。在生物医用材料表面改性方面的应用主要分为溅射清洗、溅射刻蚀和溅射镀膜。

**1. 溅射清洁和溅射刻蚀**

清洁处理即剥离表面污染层,溅射清洁是等离子表面改性沉积成膜时常用的预处理方法。一般是用 Ar 离子轰击基体表面去除基体材料表面污染层和氧化物,以提高基体与薄膜的结合强度。常常在化学气相沉积(CVD)或物理气相沉积(PVD)工艺中作为前处理步骤。溅射刻蚀目的是为了改变固体表面形态、化学成分和价态,从而改变它的生物相容性。Williams 等[15]采用 $O_2$、Ar、$N_2$ 和 $NH_3$ 四种气体对医用聚二甲基乙硅醚弹性体(PDMS)进行了低能等离子体处理。经过刻蚀处理后,改变了该弹性体的表面化学性能,提高了表面润湿性能。研究表明经过 $O_2$、Ar 气处理的聚合物血液相容性下降,而经过 $N_2$ 和 $NH_3$ 处理的试样由于表面作用引起 fXII 活性显著降低。图 7.6 为未处理和经过 Ar 离子处理的 PDMS 表面 AFM 形貌。由图可见,未经处理的试样表面形貌完全不同于经过 Ar 处理的表面,未经处理的 PDMS 呈现条纹状形貌,而经过处理的样品表面为凹凸起伏形貌。经四种气体处理的样品表面粗糙度和比表面积比如表 7.1 所示。显然,经过 $O_2$、Ar 气处理的试样表面粗糙度和比表面积值较高,经 $N_2$ 和 $NH_3$ 处理的较低。

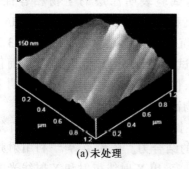
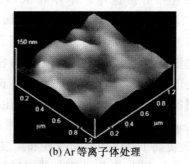

(a) 未处理　　　　　　　　(b) Ar 等离子体处理

图 7.6　低能等离子体处理前后 PDMS 的 AFM 表面形貌[15]

**表 7.1　未经处理和处理的 RMS 粗糙度值和表面积比(测量面积为 1 μm × 1 μm)**[15]

| 试样状态 | RMS 粗糙度值/nm | 表面积比 |
| --- | --- | --- |
| 未处理 | 7 ± 1.6 | 1.05 ± 0.01 |
| $O_2$ | 14 ± 4.6 | 1.18 ± 0.04 |
| Ar | 13 ± 2.0 | 1.15 ± 0.02 |
| $N_2$ | 8 ± 3.0 | 1.13 ± 0.06 |
| $NH_3$ | 8 ± 2.1 | 1.12 ± 0.06 |

**2．溅射镀膜**

溅射出的原子或分子,飞向被镀基体表面沉积成膜称为溅射镀膜。溅射镀膜的优点如下:(1) 由于溅射出来的粒子能量约为几十电子伏特,因而得到的膜/基结合力好,膜层致密;(2) 可实现大面积靶材的溅射沉积,膜层均匀;(3) 该技术可沉积金属、合金和化合物薄膜。在生物医用材料表面改性方面得到广泛应用的主要是射频溅射和磁控溅射。射频溅射的突出优点是不但可溅射金属靶材,而且可以溅射绝缘体靶材。磁控溅射是当今主流镀膜技术,较其它溅射成膜技术具有较高的沉积速率,可达 200 ~ 2 000 nm/min。

Sonoda 等[16]为了提高 TiNi 合金的生物相容性,采用直流磁控溅射技术在其表面沉积了纯钛。并研究了基体温度对钛薄膜形成的影响,发现在不同基体温度下沉积的钛膜层均匀而且与基体结合良好,所沉积的膜层为 $\alpha$ - Ti。Shtansky 等[17]通过高温合成方法制备 $TiC_{0.5}$ + 10% CaO 和 $TiC_{0.5}$ + 10% $ZrO_2$ 靶材,然后采用直流磁控溅射技术沉积 Ti - Ca - C - O - N 和 Ti - Zr - C - O - N 涂层,研究发现掺杂了 CaO 和 $ZrO_2$ 的 TiCN 复合涂层比 TiC 和 TiN 具有更低的摩擦系数和磨损速率。体外和鼠体内试验表明涂层的生物相容性良好。Thian[18]等采用磁控溅射方法在钛表面沉积了厚度为 600 nm 的 Si - HA 薄膜,其中 Si 质量分数为 0.8%。他们研究了沉积状态和经过 700℃ 热处理 3 h 试样的生物相容性。发现类人骨细胞在两种试样表面粘附和生长都很好,而且在经过热处理试样的表面有大量的细胞生长,伴有矿化现象。该项研究表明采用此方法制备的 Si - HA 膜层具有良好的生物活性,能够促进骨快速愈合。

Long 等[19]采用射频磁控溅射技术在钛合金表面沉积了 Ca - P - Ti 复合涂层,有效提高了基体的生物活性和涂层的结合力。陈俊英等[20]利用射频磁控溅射技术合成 Ta 掺杂的 $TiO_2$ 薄膜材料。采用 X 射线衍射和 X 射线光电子能谱等技术对薄膜的成分和结构进行了分析,并利用动态凝血时间测定法和血小板粘附试验研究了薄膜的血液相容性,同时对薄膜的硬度、耐磨性等力学特性进行了研究和评价。结果表明,$Ta^{5+}$ 掺杂的 $TiO_2$ 薄膜不仅具有良好的血液相容性,同时还具有较优的力学耐久性能,可望成为与血液接触的植入器械表面抗凝处理的良好选择。

Nelev 等[21]报道了用脉冲激光沉积和射频磁控溅射技术分别在 Ti–Al–Fe 合金表面沉积 HAp 的情况,并以 TiN 为中间过渡层,该过渡层是采用脉冲激光沉积方法制备的。研究发现:与采用脉冲激光沉积方法制备的涂层相比,采用磁控溅射方法获得的 HAp 涂层光滑,如图 7.7 所示,并且具有较高的硬度和弹性模量。

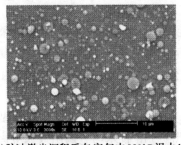 

(a)脉冲激光沉积后在空气中550℃退火1 h　　(b)射频磁控溅射沉积

图 7.7 采用不同方法制备的羟基磷灰石 SEM 形貌[21]

## 二、等离子注入

等离子注入是指将工件放在离子注入机的真空室中,在室温或较低温度下,施以几十至几百千伏的电压(离子能量在数万到数十万电子伏特),准确地将预定剂量的高能量离子,注入到材料表面预定深度,使材料表层的化学成分和微观组织结构发生显著变化,从而改善材料性能。金属、陶瓷以及高分子材料都可以通过离子注入来达到表面改性的目的。用于生物医用材料表面离子注入的元素有碳、氮、硼、氧、氖、氩、磷、钙、钽、钛等,可以是一种元素也可以是多种元素同时注入。通过离子注入可提高材料表面的硬度、强度、抗疲劳性、耐磨性、耐腐蚀性和生物相容性等。

离子注入材料表面改性主要有以下特点:

(1)离子注入基体的过程是一个非平衡过程,新合金的形成不受经典热力学和扩散力学限制,原则上可以将任何元素注入到固体中,注入元素的种类、能量和剂量均可选择,并能精确控制,无需改变整体材料特性就可形成具有理想特性表面。

(2)由于离子是在高能状态下强行挤入基体的,因此基体材料不受限制,不受传统热力学、相平衡和固溶度等物理冶金学因素的制约,可获得其它方法不能得到的新合金相。

(3)注入元素进入基体后呈高斯分布,不形成新的界面,没有因界面引起的腐蚀、开裂、起皮、剥落等其它涂层容易产生的缺陷,从而解决了许多涂层技术中存在的粘附问题和热膨胀系数不匹配问题。

(4)由于离子注入处理可以在接近室温的条件下进行,不存在热变形问题,不需对零件进行再加工或再热处理。

(5)离子注入处理是在高真空条件下进行的,不受环境影响,基体外表没有残留物,能保持原有的外廓尺寸精度和表面光洁度,特别适合于高精密部件的最后工艺。

(6)离子注入功率消耗低,以表面合金代替整体合金,节约大量稀缺金属和贵重金属,而且没有毒性,利于环保。

离子注入技术的缺点是设备一次性投资大,注入时间长、注入深度浅(0.1~0.2 μm)。传统的等离子注入技术存在视线加工等缺点,不适合复杂形态构件改性。但值得指出的是离子注入虽然成本高,但对于高附加值的生物医用材料而言,却是切实可行的。

等离子浸没离子注入(PIII)是1987年美国Conrad教授在普通视线型离子注入基础上发明的新技术。20世纪90年代初PIII技术与金属阴极弧等离子体源技术相结合,形成了金属等离子体浸没离子注入技术(MePIII)。PIII和MePIII基本原理相同,靶周围等离子体以气体等离子体为主则称之为PIII;靶周围等离子体以金属等离子体为主则称之为MePIII。PIII和MePIII技术因无视线加工限制,并克服了保持剂量问题,特别适用于体积较大、形状复杂的工件,能保证工件所有暴露表面的加工均匀性。

可以设想,利用离子注入技术,将人体所需要的离子以高能注入到材料表面深层,离子种类的选择可根据材料的原子质量和材料植入体内后组织所需要的离子,其目的均是为了能在材料表面获得生理活性物质结构,使材料的表面性质按预想的方向变化而达到生物活性的目的。离子注入几乎在生物医用材料表面改性的各个方面得到应用,下面将基体材料类型分类详细介绍。

**1. 金属生物医用材料**

对金属生物医用材料的表面进行离子注入,其目的主要是提高它的生物相容性、抗腐蚀性和耐磨性。

为了提高钛金属表面的生物活性,一般采用注P、Ca、Na和O离子[22~31],诱导磷灰石在钛及钛合金表面形成。Hanawa等[22,23]采用钙离子注入钛表面诱导钙磷的沉积,抗腐蚀实验表明钙离子注入后的钛在阳极极化过程中有点腐蚀发生。XPS分析发现表面的钙以CaO形式存在,而离子注磷的表面只有部分被氧化[24]。Krupa等[25]采用Ca、P双离子注入的方法在纯钛表面注入钙和磷。研究发现通过这种双注入的方法改善了钛的抗腐蚀性和生物活性。离子注入使表面形成了大约100 nm厚的非晶层。表面层钙离子浓度最高,次下层磷离子浓度最高。虽然 Ca 和 P 的注入剂量相同,但表面钙的浓度是磷的 4 倍。而且钙比磷具有更高的注入深度。除此之外,改性后的钛合金表面还有氧存在。为了得到连续的羟基磷灰石涂层,人们在双注入钙磷后又进行了后处理,有水热法[26]、热处理法(加热到 600℃)[27],这样处理后的涂层与基体具有良好的结合力。

提高金属表面的耐磨性能一般采用离子注 C、N、O、B、Pt、Au 等,使其表面生成硬质陶瓷层[34~46]。Schmidt 等[34,35]为了提高 Ti-6Al-4V 合金的耐磨性能,对其表面进行了离子注入处理,注入离子分别为 C、N、Pt 和 Au,研究了它们的耐磨性,以聚乙烯作为摩擦副。与未经处理的试样相比较,发现经 C、N 处理的试样磨损体积和表面损伤深度显著下降,而离子注入 Pt 和 Au 的样品,磨损体积和表面损伤深度也有明显的降低,如图 7.8 所示,说明经过这一改性能够显著提高 Ti-6Al-4V 的耐磨性。Tan 等[47]采用 PSII 技术在 TiNi 合金表面注入了 C,所采用的气体为甲烷,注入偏压为 50 kV,注入剂量为 $3\times10^{17}$ 原子/$cm^2$。发现由于表面生成了钛的氧化物、碳化物和有机化合物,TiNi 合金表面硬度有很大提高。

采用等离子注入 C、O、Mo、Ta、P 等,可以提高金属生物材料的抗腐蚀性能,抑制金属离子析出[48~54]。碳和碳化物具有非常好的生物相容性,最近 Poon 等[51,52]利用 PIII 和 PIII&D 技术将碳注入和沉积到了 TiNi 形状记忆合金表面,一方面为了提高 TiNi 合金的抗腐蚀性能和生物相容性,另一方面提高它的耐磨性。他们首先采用 PIII 技术对 TiNi 合金表面进行 C 离子注入,所采用的气体为 $C_2H_2$,脉冲偏压为 -30 kV,注入时间为 20 min。

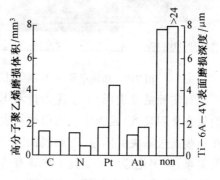

图 7.8 高分子聚乙烯的磨损体积表面损伤深度
(未注入和注入 C、N、Pt 和 Au 的 Ti-6Al-4V)[34]

然后分为两组,处理时间均为 90 min,其中一组采用 PIIID 技术沉积碳膜,所采用的射频电源功率为 500 W,脉冲偏压为 30 kV,脉冲频率为 100 Hz,脉冲宽度为 100 μs。另一组采用 PIII 技术进行处理,所采用的脉冲偏压为 40 kV,脉冲宽度为 30 μs,脉冲频率为 200 Hz。对由此获得的两组试样进行研究表明,它们的抗腐蚀性能和生物相容性都得到了提高,而且有效抑制了 Ni 离子的析出。

**2. 高分子材料**

利用离子注入改善高分子材料可以有效地提高材料表面硬度,增强表面抗磨损性能、抗腐蚀性和生物相容性[55~60]。研究表明：在离子注入过程中，具有一定能量的入射离子与聚合物分子相互作用，使聚合物分子断键或交联，注入离子与C原子发生非弹性碰撞，使C原子激发面与表面的C原子重新结合形成无定型碳结构，这种结构对提高聚合物表面强度和浸润性很有作用，特别是金属离子注入，增加了金属颗粒的沉淀，这些均可形成金属化的表面层，增强了表面硬度、弹性模量，也改善了抗腐蚀特性和生物相容性，如聚酯薄膜离子注入C、Ti 和 Si。另外 Ag 离子注入可以抑制细菌生长，增强聚酯薄膜的抗细菌感染能力[59]。

Inoue 等[60]采用 Ar 离子注入方法，有效提高了聚四氟乙烯的疏水性，如图 7.9 所示。未处理的试样水与聚四氟乙烯的接触角为 102.5°，经过离子注入后，接触角显著增大，且随加速电压增加到 30 kV 时达到 170°。

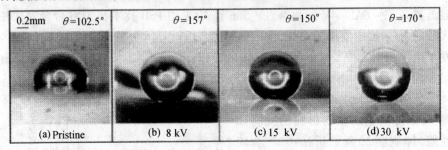

图 7.9　加速电压对 Ar 离子注入 PTFE 水接触角的影响[60]

现有实验结果表明，离子注入技术用于提高生物材料表面的生物医用相容性效果非常明显，已成为生物医用材料表面改性研究的一个新的领域。但依然存在一些尚未解决的问题，诸如表面改性机制、生物相容性与材料组织结构之间的关系、实用化等大量研究工作还有待于进一步研究。

### 三、等离子体聚合与等离子体接枝

**1. 等离子体聚合**

等离子体聚合是利用放电把有机类气态单体等离子化，高能电子及离子和自由电子、自由基的存在，提供了常规化学反应器中所没有的化学反应条件，既能使原气体中的分子分解，又可以使许多有机物单体产生聚合反应。等离子体聚合可提供无孔、超薄、均匀、耐磨的连续薄膜，而且具有较好的粘附性，一般采用射频或微波放电以获得离化率较高的等离子体。

等离子体聚合可以提高金属生物医用材料的抗腐蚀性能。Yang 等[61]采用等离子聚合方法在等原子比 TiNi 合金表面沉积了六甲基乙硅醚（PHMDSN）涂层，图 7.10 为 TiNi 基体和表面聚合该涂层的 TiNi 在 Ringer's 溶液中不同试样的 Tafel 曲线。由图可见，当沉积的直流电压为 1 000 V 时，腐蚀电流密度降低了4个数量级,点蚀电位和再钝化电位正移,有效提高了TiNi合金的抗腐蚀性能。

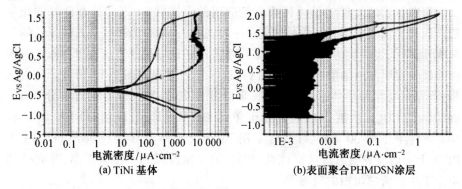

图7.10　TiNi合金表面聚合PHMDSN涂层前后在Ringer's溶液中不同试样的Tafel曲线[61]

Hayakawa等[62]采用射频方法在纯钛表面聚合成六甲基乙硅醚(HMDSO),用以提高用于钛合金的生物相容性。图7.11为不同沉积时间条件下HMDSO的傅立叶红外光谱,发现该聚合物中含有Si—H、Si—C、C—H、C=O和Si—O—Si键。研究表明涂覆了HMDSO的钛有利于吸附纤维结合素,是一种非常具有潜力的齿科材料。

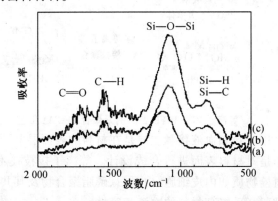

图7.11　沉积在纯钛表面的六甲基乙硅醚傅立叶红外光谱[62]

**2. 等离子接枝**

等离子体接枝是利用等离子体技术处理后,材料表面会产生一定量的活性基团如过氧基、胺基等,形成活性中心,然后与单体接触。单体可以是气相介质也可以是液相介质。利用高分子基体材料经等离子体表面处理后获得的活性自由基团,引发单体与基团表面进行接枝聚合反应。由于等离子体技术所用的能量低,改性层被严格限制在材料表面(通常几个纳米),对材料本体性能的影响小,改性条件容易改变和控制等,是提高聚合物生物相容性的一种非常有效的方法,因此被广泛用于组织工程。目前常用的等离子体有 $O_2$、$N_2$、$NH_3$ 等反应性气体以及带有特定官能团的单体。

聚四氟乙烯(PTFE)是一种被广泛应用的生物材料,因其具有良好的化学稳定性和易加工成多孔结构。但它是一种疏水性材料,为了提高聚四氟乙烯的亲水性,降低蛋白质的吸附。有人采用氩等离子诱导聚合方法在聚四氟乙烯表面接枝了聚甲基丙烯酸甲酯(PEGMA),这一工艺过程如图 7.12 所示。分为三步:首先用氢等离子体进行预处理,曝露于空气中 2 h;然后在质量分数 1% PEGMA 的 $CHCl_3$ 溶液中形成大分子单体 PEGMA 薄膜,浸渍时间为 10 s,在 50 ℃条件下干燥 30 min 后;最后采用 Ar 等离子体诱导接枝聚合 PEGMA 于 PTFE 上。研究表明通过这样改性,PTFE 的亲水性得到了很大提高,并有效地阻止了牛血清白蛋白的吸附[63]。

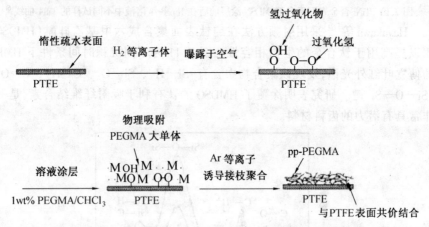

图 7.12　Ar 等离子体在 PTFE 表面诱导聚合 PEGMA 工艺规程[63]

由于生物医用材料和血液接触主要是在材料的表面层上,所以研制抗凝血材料的主要工作是对材料表面进行合成设计。等离子接枝技术可以直接在材料表面固定抗血栓物质如内皮细胞、白蛋白、磷脂聚合物及其共聚物、强疏水和强亲水性物质、肝素等,提高材料的血液相容性。

**四、等离子体喷涂**

等离子喷涂是以等离子焰流为热源的热喷涂,利用等离子枪产生的等离子流将粉末加热和加速,在熔融或接近熔融的状态下喷向基体材料表面形成涂层。等离子弧产生的温度高达 16 000 ℃,喷流速度达 300~400 m/s 因而可以喷涂各种高熔点、耐磨、耐热涂层。采用惰性材料做介质,可减少粒子飞行过程中的氧化。等离子喷涂是一种常用的生物医用材料表面改性技术,被广泛应用于钛等金属生物材料的表面改性。

## 1. 等离子喷涂 HA 涂层

等离子喷涂 HA 涂层近年来开发和应用较快并且研究广泛,工艺成熟,适合于工业化生产。它是通过直流电弧放电,把经高温加热的氩气、氮气等部分电离成离子状态,再以高速喷出而得到等离子射流。喷镀材料 HA 粉末则以气体为载体,吸入等离子射流中,经高温将 HA 粉料熔融或半熔融后以高速喷射于金属基底而形成表面陶瓷涂层的工艺。等离子喷涂法可制备出厚度大于 30 $\mu$m 的 HA 涂层材料,涂层与金属基底的结合强度大于 60 MPa。

经等离子喷涂后的 Ca–P 涂层由于在等离子喷涂过程中,HA 粉末会发生相转变,因此它的相组成由三部分构成:一为晶态的 HA,包括残留的和冷却过程中重结晶的;二是由 HA 转变而成的磷酸钙晶体;三是由于熔融产生的非晶态 HA。纯的 HA 的 Ca/P 比为 1.67,在 1 200℃以下是稳定的,不发生分解反应。在 1 200 ~ 1 400℃之间,HA 逐渐失去羟基,1 300℃左右羟基全部消失。反应方程式可表示为

$$2OH^- \rightarrow O^{2-} + H_2O \tag{7.1}$$

$$Ca_{10}(PO_4)_6(OH)_2 \rightarrow Ca_{10}(PO_4)_6O + H_2O \tag{7.2}$$

随着温度升高,反应继续进行,在 1 400 ~ 1 500℃左右,反应如下

$$2Ca_{10}(PO_4)_6O \rightarrow 2Ca_3(PO_4)_2 + Ca_2P_2O_7 + 3Ca_4P_2O_9 \tag{7.3}$$

HA 涂层与基体的界面结合状态直接关系到材料的使用性能。一般认为,金属和陶瓷界面的结合有三种类型:①机械结合:界面结合靠金属与陶瓷接触表面处金属或陶瓷颗粒与具有一定粗糙度的基体材料表面相互嵌合,形成机械锁合而相互结合;②物理结合:颗粒与基体材料表面接触紧密,使得它们之间的距离可达到原子尺度,这种结合是由范德华力或次键形成的分子或原子间的相互作用力;③化学结合:涂层与基体材料表面出现扩散和合金化现象,包括在接触面上形成金属间化合物或固溶体。这种界面是靠共价键、离子键或金属键来结合,界面结合强度较高。

由此可见,要使涂层与基体结合牢固,必须使涂层与基体界面处发生反应形成冶金或化学结合。等离子喷涂 HA 涂层和基体的结合形式是以机械结合为主,也存在冶金化学结合。Yan 等[64]采用空气等离子喷涂技术在 Ti – 6Al – 4V 表面制备了 HA 涂层,喷涂前试样先用 Al$_2$O$_3$ 颗粒进行喷丸,然后在酒精中进行超声波清洗。等离子工作气体为 N$_2$。弧电流和电压分别为 370 ~ 420 A 和 60 ~ 80 V。HA 的平均颗粒直径为 52 $\mu$m,涂层厚度为 90 ~ 200 $\mu$m。为了研究热处理对涂层的影响,对喷涂后的试样进行了 670℃,保温 2 h 的热处理。然后研究了不同状态下试样的化学不均匀性。发现未经过和经过热处理的 HA 粉末 Ca/P 比例接近,与标准 HA 中 Ca/P 比例 1.67 相当,见表 7.2。然而,未进行热

处理的涂层的 Ca/P 比例低于经过热处理涂层中的 Ca/P 比例。另外前者内外表面 Ca/P 比例相差很大,内表面 Ca 的含量较低。而后者即经过热处理的涂层 Ca/P 比例相当,说明热处理有助于改善涂层的化学均匀性。同时他们还发现对于没有进行热处理的试样,涂层的结晶度从表面到内部依次下降。

表 7.2 粉末样品和试样中不同位置的 Ca/P 比例[64]

| 等离子喷涂涂层 | | | 等离子喷涂 + 热处理涂层 | | |
| --- | --- | --- | --- | --- | --- |
| 粉末 | 外表面 | 内表面 | 粉末 | 外表面 | 内表面 |
| 1.63 ± 0.02 | 0.83 ± 0.10 | 1.14 ± 0.02 | 1.65 ± 0.03 | 2.00 ± 0.15 | 1.90 ± 0.10 |

等离子喷涂 HA 涂层具有获得涂层时间短、涂层与基体结合强度高的优点,但依然存在不足:①等离子喷涂是线形工艺,对于多孔或形状复杂的基体涂层均匀性较差;②由于 HA 与金属基体的热膨胀系数不同,制备过程中温度高,冷却时基体与涂层界面会产生很高的残余应力,致使涂层容易开裂;等离子喷涂温度极高,易使 HA 发生分解;③涂层结构的致密度较低,当植入人体后,体液会渗入基体界面,从而造成界面腐蚀,涂层剥落;④喷涂原料为高纯度的 HA 粉末,因而成本高。

**2. 等离子喷涂生物活性玻璃(BG)涂层**

自 1969 年 Hench 等发现生物玻璃以来,人们发展了多种生物玻璃和玻璃 – 陶瓷涂层,如 $CaO-SiO_2$、$Ca_2SiO_3$ 和 $CaO-MgO-2SiO_2$,它们可以与生物骨结合,赋予材料以活性。

Liu 等[65]在钛合金表面等离子喷涂了 $Ca_2SiO_3$ 用以提高钛合金的生物活性。研究发现大部分 $\gamma-Ca_2SiO_3$ 粉体在喷涂过程中转变为亚稳态的 $\beta-Ca_2SiO_3$ 和玻璃相。这是由在于等离子喷涂属于快速加热、冷却和固化过程,因此易于形成亚稳态的沉积涂层。图 7.13 为浸泡于 SBF 溶液中不同时间 $Ca_2SiO_3$ 涂层截面的组织形貌和相应的成分分析。在模拟体液(SBF)中浸泡 2 天后在 $Ca_2SiO_3$ 涂层上形成了含碳的羟基磷灰石(CHA)膜层,而且在 CHA 与 $Ca_2SiO_3$ 涂层之间存在一富硅层。随着浸泡时间的增加,CHA 层的厚度增加。表明等离子喷涂 $Ca_2SiO_3$ 涂层具有良好的生物活性。

Liu 等认为磷灰石在 SBF 溶液中于 $Ca_2SiO_3$ 涂层上形成机理与其 $CaO-SiO_2$ 基玻璃上形成机理相似。涂层中的 $Ca^{2+}$ 和模拟体液中的 $H^+$ 的交换增加了形成磷灰石离子的活性,在涂层表面形成硅的水化层,从而提供了磷灰石的形核点。同时,钙和磷离子从 SBF 中迁移到硅的水化层表面。因此,磷灰石的形核点在 $Ca_2SiO_3$ 涂层表面迅速形成,与溶液中的碳和 $OH^-$ 离子结合形成晶体 CHA,图 7.14 为这一机理的示意图。

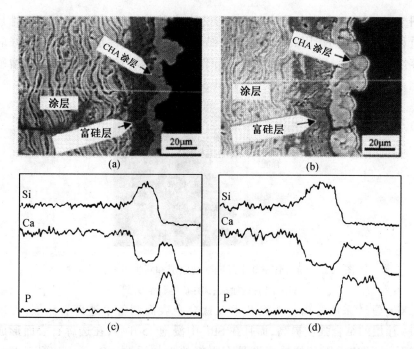

图 7.13 浸泡于 SBF 溶液中不同时间 $Ca_2SiO_3$ 涂层截面 SEM 照片和相应的 EDS 谱[65]

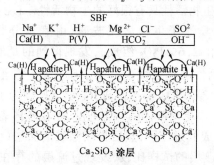

图 7.14 磷灰石在等离子喷涂 $Ca_2SiO_3$ 涂层表面形成机理示意图(SBF 溶液中)[65]

Xue[66]等发现采用等离子喷涂技术在钛表面制备的硅酸钙具有良好的生物活性,是一种良好的骨组织替换和修补材料。当植入肌肉中后,表面会形成一层类骨的磷灰石。当植入皮层质骨后,骨组织会在硅酸钙涂层表面生长,没有纤维组织。植入体内 1 个月的实验表明硅酸钙涂层比 Ti 具有更好的刺激骨形成的作用,增强了短期骨整合性能。骨组织不是直接与硅酸钙涂层结合,而是通过 Ca/P 层结合。

另外,Xue 等[66]在研究骨髓与硅酸钙涂层的相互作用情况时发现,带有硅酸钙涂层的种植体在植入骨髓中 3 个月后,有紧贴硅酸钙表面的新生骨生成,如图7.15所示。由于在骨髓中没有预先存在的骨组织,可以认为新生骨是蛋白质和骨细胞共同作用的结果。这一结果表明硅酸钙涂层不仅具有良好的骨相容性和传导性,还具有很强的骨诱导作用。通过增强骨细胞的吸附、增殖和分化,硅酸钙涂层可以诱导新生骨在其表面形成。

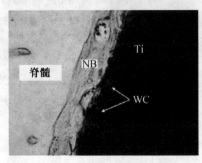

图7.15 植入骨髓3个月硅酸钙涂层和新生组织截面形貌
WC:硅酸钙涂层;NB:新生骨组织[66]

Xue等[67]采用等离子喷涂技术在钛合金表面制备了透辉石涂层,发现它比HA涂层的结合强度提高,而且在SBF中浸泡15 d后,在透辉石表面形成了磷灰石,表明这样制备的透辉石具有很好的生物活性。Polzonetti等[68]发现以$CaO-P_2O_5-SiO_2$为基的生物活性具有很好的生物活性。Lee等[69]采用等离子喷涂技术在钛合金表面喷涂了生物活性玻璃(由摩尔分数为46.1% $SiO_2$、24.4% $Na_2O$、26.9% $CaO$ 和 2.6% $P_2O_5$ 组成),发现得到的是非晶态结构涂层。浸泡于SBF中后在生物活性玻璃表面生长出了磷灰石。浸泡16 d后,扫描电镜观察发现反应层由Ca/P层和富Si层组成,Ca/P层厚度为10 $\mu m$。

Goller等[70]为了提高涂层与基体的结合强度,先在基体表面喷涂了一层由60% $Al_2O_3$ 和 40% $TiO_2$ 组成的过渡层,然后再喷涂玻璃涂层(由 $SiO_2$、$Na_2O$、$CaO$ 和 $P_2O_5$ 组成),与没有过渡层的试样比较,发现过渡层的存在显著提高了涂层的结合强度。

**3. 等离子喷涂其它涂层**

钴基合金由于具有很高的强度、良好的生物相容性和耐磨性在矫形植入物领域得到了广泛的应用,但存在问题之一就是Co和Cr离子的释放。Reclaru等[71]采用真空等离子喷涂的方法在 Co-Cr-Mo 合金表面喷涂了较为粗糙的钛涂层,目的是一方面降低离子析出,另一方面提高与骨组织的结合强度。但抗腐蚀性能研究表明喷涂样品低于没有喷涂样品,而且低于锻造的纯钛的抗腐蚀性能。不同的是,对于316L不锈钢,当以钛为过渡层,再喷涂HA涂层所得到的试样腐蚀电流密度与纯钛相当,表明这一方法可以有效地提高316L不锈钢的抗腐蚀性能,抑制Ni离子析出[72]。

目前,氧化锆和氧化铝陶瓷人造关节在全球市场占有很高比例,因为它们比金属具有更为优异的抗磨和抗腐蚀性能,另外氧化锆比氧化铝具有更高的耐磨性、弯曲强度和断裂韧性,这样的综合性能使氧化锆成为良好的关节替换材料。Yang 等[73]采用等离子喷涂方法在钛及 Co - Cr - Mo 合金表面喷涂了 $ZrO_2(4\%CeO_2)$ 和 $ZrO_2(3\%Y_2O_3)$ 涂层,该涂层为四方晶体相结构,表面粗糙、多孔而且熔融。$ZrO_2(4\%CeO_2)$ 的涂层与两种基体的结合强度大于 68 MPa,高于 $ZrO_2(3\%Y_2O_3)$ 与基体的结合强度。

**4. 等离子喷涂复合涂层和梯度涂层**

人们发现涂层与界面之间的力学不稳定性是外科手术和植入后失效的一个主要原因。这样的涂层不能用于严重受力的地方,如股骨和胫侧皮层质骨。可以考虑采取两种途径解决这一问题:其中一个方法就是制备 HA 基复合涂层,即在 HA 中添加机械性能优异的第二相;其二就是制备梯度涂层。

Gu 等[74,75]采用等离子喷涂方法在 Ti - 6Al - 4V 表面上制备了 HA/Ti - 6Al - 4V 复合涂层,研究发现涂层与基体的结合强度显著提高。另外体外实验研究表明,在模拟体液中浸泡 1 d 后钙磷层发生了明显的溶解,浸泡 14 d 后在涂层上长出含碳磷灰石生物活性膜层。

生物活性玻璃(BG)中包含氧化物如 $SiO_2$、$CaO$、$P_2O_5$ 和 $Na_2O$,它的生物传导性高于 HA。研究表明将 HA 与 BG 复合可以增强 HA 的生物传导性和机械性能[76~78]。

Chen 等[79]将质量分数为 50% $SiO_2$、25% $CaO$、10% $P_2O_5$ 和 15% $Na_2O$ 粉末进行混合、烧结、研磨和筛滤,制出粒径小于 44 $\mu m$ 的 BG。然后以 5% 的比例与 HA 混合、球磨、干燥、烧结、研磨和筛滤得到粒径为 44 ~ 149 $\mu m$ 的喷涂粉末。采用 Ti - 6Al - 4V 为基体,在丙酮中进行超声波清洗 10 min,然后用粒径为 450 $\mu m$ 的 SiC 颗粒进行喷丸处理。采用空气等离子喷涂,功率为 38 kW,等离子气体为 Ar 和 $H_2$。为了得到均匀的涂层,试样被放在旋转圆盘上,得到的涂层最终厚度大约为 100 $\mu m$。为了提高涂层质量,又将上述试样进行了 650℃ 1 h 的热处理。研究表明热处理使非晶态钙磷层发生了再结晶,并且增加了非磷灰石向磷灰石转化的比例。热处理还减少了涂层中的缺陷(图 7.16),提高了在模拟体液中试样的抗腐蚀性能。

Yang 等[80]研究发现,等离子喷涂羟基磷灰石涂层失效的原因主要是涂层内部粘结性差和涂层与基体之间结合强度不足造成的。为了解决这一问题,Chou[81,82]在钛合金表面分别喷涂了 10% $ZrO_2$ + 90% HA 复合涂层和 $ZrO_2$(15 $\mu m$)/HA(135 $\mu m$)梯度涂层,图 7.17 为所采用的 $ZrO_2$ 和 HA 粉末。研究结果表明,两种方法都有效地提高了基体与涂层之间的结合强度,他们认为 $ZrO_2$ + HA

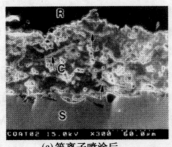 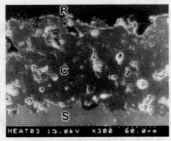

(a) 等离子喷涂后　　　　　(b) 热处理后

图 7.16　Ti-6Al-4V 合金表面等离和 HA/BG 复作层的截面 SEM 照片[79]

涂层结合强度增加主要是由于喷涂的 $ZrO_2$ 表面粗糙度增加,有利于涂层与基体之间的机械锁合,而 $ZrO_2$/HA 梯度涂层结合强度的增加是由于 HA 中加入 $ZrO_2$ 后,增加了涂层之间的粘结强度,提高了涂层与基体之间的应力匹配性。从图 7.17 可以看出 $ZrO_2$ 粉末颗粒尺寸远小于 HA 的。透射电子显微镜观察发现涂层是由 HA、非晶态钙磷化合物、TCP、$ZrO_2$ 和少量的 $CaZrO_3$ 组成。而且在等离子喷涂过程中 $ZrO_2$ 相为立方结构[83]。对于 HA/$ZrO_2$ 梯度涂层,钙离子从上层的 HA 涂层扩散到下层的 $ZrO_2$ 涂层,临近 HA/$ZrO_2$ 界面的 $ZrO_2$ 没有完全熔化,并保持粉末状,而在 $ZrO_2$/Ti 界面处的 $ZrO_2$ 是由几个完全熔化的 $ZrO_2$ 粒子聚结而成的单一晶体[84]。

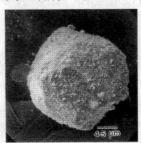 

(a) 烧结的 HA 粉末　　　　　(b) 烧结的 $ZrO_2$ 粉末

图 7.17　用于制备 $Zro_2$/HA 梯度涂层的 $ZrO_2$ 和 HA 粉末 SEM 照片

Khor 等[85]研究了以钇(质量分数 8%)为稳定剂的氧化锆添加剂(YSZ)对等离子喷涂 HA/YSZ 复合涂层相组成和化学成分的影响。研究发现,随着 YSZ 的增加,HA 在喷涂过程中分解速度下降。YSZ 含量越高,涂层中 CaO、TCP 和 TTCP 含量越低。而且,当 YSZ 质量分数为 30% 时,涂层内形成了微量的 $CaZrO_3$。800 ℃ 热处理 2 h 后,非晶态的钙磷层及大部分的 TCP、TTCP 转变为晶态的 HA,氧化锆从四方体转变为立方体。

Zheng 等[86]采用等离子喷涂的方法在钛合金表面制备了分别含 20%Ti 和

60%Ti 的 Ti/HA 复合涂层,涂层厚度为 200 μm,研究表明该涂层与基体结合强度比纯 HA 与基体的结合强度大大增加,而且涂层之间的粘结强度也增大。另外,在模拟体液中浸泡实验表明该涂层具有很好的生物活性。

采用过渡层不仅可以提高结合强度,而且还可以阻止基体与涂层直接接触,因为人们认为直接接触会加快 HA 涂层向磷酸钙,甚至 CaO 的热传递;降低基体中离子的析出和基体/涂层界面的热梯度和热膨胀系数。另外,对于愈合初期由于病人不断重复的轻微运动而使涂层产生的裂纹和剥离具有缓冲作用。Kurzweg 等[87]采用等离子喷涂方法在钛合金表面制备了(CaO)$ZrO_2$/HA、$TiO_2$ + $ZrO_2$/HA 和 $TiO_2$/HA 涂层,即以不同氧化物作为过渡层,过渡层厚度为 10 ~ 15 μm。研究发现这种结构的涂层可以增加涂层与基体之间的结合强度。与没有过渡层的 HA 涂层相比,以 $TiO_2$ + $ZrO_2$(73:27)和 $TiO_2$ 为过渡层的涂层分别增加 50% 和 100% 的剥离强度,而且具有很强的抗浸蚀能力。

### 7.2.2 激光表面处理

激光表面改性是表面改性处理的先进方法,近年来在生物医学领域中的应用也得到了较大的发展。它是利用激光的高辐射亮度、高方向性、高单色性特点,作用于金属或合金材料表面,当激光束经聚焦后,能在焦点附近产生几千度或上万度的高温,因此几乎能熔化所有的材料,显著改善材料表面性能,如硬度、强度、耐磨性和耐蚀性。用于激光表面改性加工的激光束的功率密度达到 $10^3$ ~ $10^{11}$ W/$cm^2$,它与材料相互作用,具有能量密度高、非接触式加热、热影响区小、工艺可控性好、便于实现计算机控制等优点。

**一、激光表面熔凝**

激光表面融凝是利用激光束照射到金属表面使其表面薄层熔化,在光束移开后熔化的金属快速凝固,组织得以细化,成分偏析减少,缺陷率降低,凝固组织中呈现高的压应力状态,从而大幅度提高材料表面的耐腐蚀性、耐磨性和抗疲劳强度。

Villermaux 等[88]采用激光表面熔融技术改善了 TiNi 合金的抗腐蚀性能,将腐蚀电流密度和钝化电流密度降低了两个数量级。他们认为之所以如此是因为经过激光表面处理后表面均匀性增强、硬度提高、氧化层厚度增加这些综合因素作用的结果。

Moritz 等[89]将利用溶胶-凝胶法在纯钛表面制备的 $TiO_2$ 涂层分别进行了 500℃热处理和激光表面处理,结果表明:经过热处理的试样表面 $TiO_2$ 以锐钛矿结构为主,伴有少量金红石结构。而热处理后接着进行激光表面改性试样表面 $TiO_2$ 以金红石结构为主。没有经过热处理而直接进行激光表面改性的试样

表面 $TiO_2$ 为锐钛矿和金红石混合结构。图 7.18 为不同后处理工艺的试样,在 SBF 溶液中浸泡 4 d 后表面 SEM 形貌。显然,经过激光表面处理后表面 Ca/P 层的覆盖率显著提高,均匀覆盖了整个试样表面,说明激光表面处理显著提高了钛的生物活性。

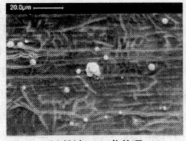
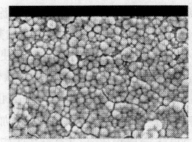

(a) 经过 500℃ 热处理　　　　　(b) 500℃ 热处理 + 20 W 激光表面处理

图 7.18　不同处理的纯钛表面 $TiO_2$ 涂层在 SBF 溶液中浸泡 4 d 后的 SEM 照片[89]

### 二、激光表面熔覆

激光表面熔覆是把所需配制设计的合金粉末,经激光熔化,成熔覆层的主体合金,熔覆层与基体金属有一薄层熔化,并构成冶金结合的一种激光表面处理技术。

自 1974 年首次实现激光熔覆以来,该技术一直是激光表面改性技术的热点。激光生物陶瓷涂层组织细小,具有一定程度的择优取向,涂层与基体之间的结合为化学冶金结合,涂层的结构和厚度容易控制,能获得致密、无裂纹和结晶细致的陶瓷涂层。

Cleries 等[91,92]采用准分子激光器技术在钛合金表面制备了 HA、ACP 和 βα-TCP 涂层,研究发现在模拟体液中,HA、ACP 和 βα-TCP 中的 β-TCP 涂层都很稳定,不易分解。HA 和 βα-TCP 涂层有利于形成择优取向为(002)方向的磷灰石相;而在钛合金基体上虽然有磷灰石沉积,但诱导时间很长。对于非晶态 Ca/P 层表面没有磷灰石沉积形成。

Cleries 等[93]研究了不同表面形貌和相结构的钙磷层的机械性能。研究发现采用准分子激光器得到的涂层是柱状结构,以剥落形式失效;而采用 ND:YAG 激光器得到的涂层是粒状结构,脱落时没有碎片或剥落。采用准分子激光器得到的涂层比采用 ND:YAG 激光器得到的涂层具有更好的结合强度,因为粒状结构的涂层没有应力。另外还发现,非晶态的涂层比晶态涂层脆,且与基体结合强度较弱。

Ball 等[94]等采用激光表面熔覆技术在钛薄膜表面制备了 HA 涂层,研究发现当激光能量为 6 和 9 $J/cm^2$ 时所得到的涂层为非晶态结构,进行退火后晶化。

在晶化的表面培养的成骨细胞非常具有活性,而且他们还有很多肌动蛋白细胞骨架和焦接面。

Alessio 等[95,96]采用激光表面熔覆技术在钛合金表面制备了生物活性陶瓷玻璃。图 7.19 为所得到涂层的表面和截面扫描电镜形貌。由图可见,涂层是由大的颗粒镶嵌于连续致密的基底涂层组成。

Antonov 等[97]采用激光表面熔覆技术不但在金属钛表面,而且在非金属聚乙烯表面制备了磷灰石涂层。

 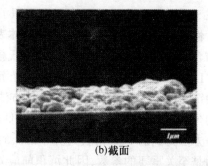

(a)表面　　　　　　　　　　　(b)截面

图 7.19　钛合金表面激光熔覆生物玻璃的 SEM 照片[95]

### 三、脉冲激光沉积

脉冲激光沉积(PLD)是利用脉冲激光照射并使生物陶瓷材料瞬间蒸发,然后沉积到基体材料表面上,以形成各种生物陶瓷涂层的技术。在钛合金表面制备活性生物陶瓷涂层如羟基磷灰石、生物活性玻璃涂层,可获得结合强度很好的生物活性层[98~108]。

不同的激光波长、能量密度、沉积温度、工作室真空度等因素都对沉积层的结构和性能有明显的影响。通过控制沉积层的化学成分和结构,可以得到不同的涂层,这也是脉冲激光沉积法的一个独特的优点。Cleries 等[98,99]通过脉冲沉积技术通过调整工艺参数在钛合金表面得到了不同晶体结构的钙磷涂层,从非晶态到混合态直至完全晶化的 HA。将该涂层浸泡于无钙的 Hank's 溶液中 5 d,发现纯的晶态 HA 保持了原有的形貌和结构,而在 HA 中的 TCP 或 $\beta$ - TCP 中的 $\alpha$ - TCP 完全溶解,形成很多孔隙。非晶态 HA 涂层完全溶解。上述结果表明,采用脉冲激光沉积技术可以得到三种不同功能的涂层:完全可吸收、部分可吸收和完全不可吸收涂层。

Ferro 等[103]采用脉冲激光沉积技术在钛表面沉积了磷酸钙和氟磷酸钙涂层,其晶体结构远离平衡态而且不同于靶材初始的磷灰石结构。这一特点不依赖于磷灰石中是否含氟。沉积层的厚度为 2.7～2.9 $\mu m$,硬度可达 21 GPa,这是由于膜层为高度无序非平衡结构而造成的。

Bigi 等[104,105]采用脉冲激光沉积技术在纯钛表面沉积了 OCP 和掺锰的

Mn-CHA涂层。在两种涂层表面培养了人的成骨细胞,21 d后研究了细胞贴附、增殖和分化行为。成骨细胞在每组实验中都表现为正常的形貌、增殖速度和活性,碱性磷酸酶活性总是高于对照组和Ti基体。7~21 d时,I型胶原蛋白产物也高于对照组和Ti基体。转化生长因子β1(TGF-β1)在3 d和7 d时较低,但在接下来的实验时间里(14 d~21 d)达到最高值。由实验结果可以看出如此得到的两种涂层都有利于成骨细胞的增殖、代谢和分化。

为了改善膜层的质量,Nelea等[108]采用了原位辅助紫外线脉冲激光沉积技术在Si和Ti-5Al-2.5Fe合金上沉积了钙磷层。因为紫外线辐照增强了气体的活性,增加了激光等离子体撞击基体表面的几率,从而使薄膜致密,并产生拉伸结合。膜层硬度可达6~8 GPa,杨氏模量为150~170 GPa。

Loir等[109]采用毫微微秒脉冲激光沉积技术在AISI316L不锈钢髋关节假体表面沉积了DLC薄膜(图7.20)。该方法可以直接在半球形的髋关节假体上得到均匀的、结合力良好且摩擦系数很低的DLC涂层,不需要采用中间过渡层。用该方法得到的DLC薄膜具有非常低的压应力。在生物医学应用中涂层的结合力是至关重要的参数,因此沉积前应先进行溅射清洗以去除表面污染物和氧化层。研究结果表明膜层具有很高的结合力(45 MPa),很低的摩擦系数(0.04~0.05)。

另外采用脉冲激光沉积技术还可以在钛合金表面沉积具有生物活性的α-硅酸钙和玻璃涂层(由$SiO_2$、$Na_2O$、$K_2O$、$CaO$、$P_2O_5$、$MgO$、$B_2O_3$组成)[110~113]。

(a)无涂层

(b)脉冲激光沉积DLC涂层

图7.20 不锈钢髋关节股骨头外观照片[109]

### 四、激光表面合金化

激光表面合金化包括两种:一是激光粉末合金化,另一是激光气体合金化。激光粉末合金化是利用高能激光束加热并熔化基体表层及添加合金元素,使其混合后迅速凝固,从而形成以原基体为基的新的表面合金层。与其它合金化方式相比,激光表面合金化速度快,可能实现合金体系范围宽、性能调节幅度大,合金与基体之间的一种冶金结合。

钛和钛合金被广泛应用于人造关节、牙齿矫正器械等医疗领域。然而,当为了提高它的生物活性而涂覆生物活性陶瓷涂层时,由于钛与氧的强烈亲合作用,引起了氧化物陶瓷涂层还原,使陶瓷涂层不稳定。为了提高它的稳定性,人们采用表面合金化或离子注入技术对其进行表面改性。Richter 等[114]采用激光表面改性技术对钛合金表面进行了 Si 合金化处理,得到了晶粒大小为 75 nm 的 $Ti_5Si_3$,它是所有 Si-Ti 系稳定相中熔点最高的化合物。

激光气体合金化中应用最多的是以钛和钛合金为基体,在氮气环境中利用激光加热在材料的表面形成氮化层,改善材料的耐磨、耐蚀和抗疲劳性能,另外还可以降低材料中有害离子的析出,提高材料的生物相容性[115]。Cui 等[90]采用激光表面氮化技术对 TiNi 合金表面进行了处理,发现经过氮化处理后在 TiNi 合金表面得到了一层连续的无裂纹的 TiN 膜层,在 Hank's 溶液中 Ni 离子析出量显著下降。

### 五、其它激光表面处理方法

最近,激光表面技术还被利用来对生物医用材料表面形貌进行改性,以提高生物材料的生物相容性、生物活性以及药物释放效果[116]。Bereznai 等[117]研究了用激光表面处理进行表面抛光和微粗糙化,并取得了良好的效果。图 7.21(a)和(b)为经过机械加工和激光表面处理的钛表面形貌,很明显经过激光表面处理后表面变得平整光滑。而图 7.21(c)为经过较大功率激光处理后的表面形貌,表面出现了很多的凹坑,粗糙度显著增加。

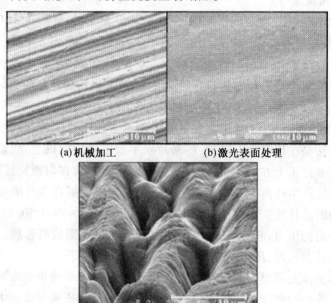

图 7.21 经过不同表面处理的钛表面 SEM 照片[117]

## 7.3 生物医用材料的化学表面改性

### 7.3.1 溶胶－凝胶法

溶胶－凝胶法是指金属有机或无机化合物经过溶液、溶胶、凝胶而固化,再经热处理而形成氧化物或其它化合物固体的方法。这种方法的特点为纯度高,均匀度好,可有效控制薄膜成分和微观结构,低温易操作,工艺设备简单,可以在各种不同形状、不同材料的基体上制备大面积薄膜,甚至可以在粉末材料的颗粒表面制备一层包覆膜等,是目前制备无机薄膜普遍采用的一种方法。

有机醇盐水解法是溶胶－凝胶技术中应用最广泛的一种方法。常采用金属醇盐为前驱体溶于溶剂(水或有机溶剂)中形成均匀的溶液,溶质与溶剂间发生水解或醇解反应,反应产物聚集成几到几十纳米左右的粒子并形成溶胶。以金属醇盐为前驱体的溶胶－凝胶过程包括水解和缩聚两个过程,反应生成物是各种尺寸和结构的胶体粒子,反应过程如下。

(1) 水解反应

$$M(OR)_n + x\ H_2O \rightarrow M(OH)(OR)_{n-x} + x\ ROH \tag{7.4}$$

(2) 缩聚反应

$$\text{脱水缩聚}: -M-OH + OH-M- \rightarrow -M-O-M- + H_2O \tag{7.5}$$

$$\text{脱醇缩聚}: -M-OR + OH-M- \rightarrow -M-O-M- + ROH \tag{7.6}$$

采用溶胶－凝胶工艺制备薄膜的方法有浸渍法、转盘法、喷涂法等。浸渍法是将洗净的基片浸入预先制备好的溶胶中,然后以精确控制的均匀速度将基片平稳地从溶胶中提拉上来,在粘度和重力作用下基片表面形成一层均匀的液膜,接着溶剂迅速蒸发,于是附着在基片表面的溶胶迅速凝胶化而形成一层凝胶膜。转盘法是在均胶机上进行,将基片水平固定于均胶机上,滴管垂直于基片并固定在基片正上方,将准备好的溶胶液通过滴管滴在匀速旋转的基片上,在均胶机旋转产生的离心力作用下溶胶迅速均匀地铺展在基片表面。喷涂法是先将洗净的基片放到专用加热炉内,加热温度通常为350~500℃,然后用专用喷枪以一定的压力和速度将溶胶喷至热的基片表面形成凝胶膜。薄膜的厚度取决于溶胶的浓度、压力、喷枪的速度和喷涂时间。

在基体上涂上薄膜后,要对凝胶进行干燥处理。干燥速度是成膜好坏的关键。干燥过快会因聚合结构中液体蒸发过快,使凝胶因膨胀承受很大压力导致破碎。采用红外及微波干燥有利于除去包裹在凝胶内部孔隙内的液体。为了减少开裂,还可采用超临界干燥、冰冻干燥以及增加凝胶强度等方法,以抵消或减少表面张力的作用。经干燥后的凝胶含有大量气孔,需要进行热处理才能获得所需要的性能。低温合成陶瓷材料由于机械强度不够而限制了其应用范围,一般通过热处理来提高其强度。热处理后,凝胶膜实现了向陶瓷膜的转化,其性能也发生了很大的变化,因此热处理是陶瓷膜制备的关键。以制备 $TiO_2$ 薄膜为例,采用溶胶-凝胶方法制备膜层的工艺过程如图 7.22 所示。包括①制备溶胶:将金属碱性氧化物与乙醇溶剂按一定比例混合;②涂覆:采用浸渍法、转盘法或喷涂法等进行涂覆;③溶剂挥发,同时伴随碱性氧化物水解;④脱水缩聚,形成 $TiO_2$ 颗粒;⑤干燥:去除有机溶剂和水溶液,使 $TiO_2$ 颗粒团聚,形成凝胶;⑥退火处理:去除残留的水和有机溶剂,使凝胶转变为陶瓷膜。

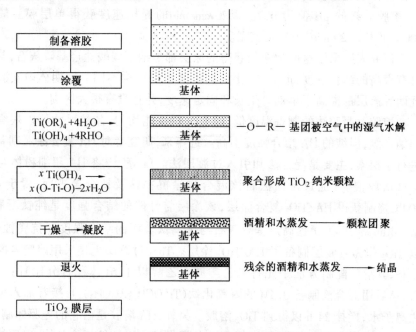

图 7.22 溶胶-凝胶法制备 $TiO_2$ 示意图[118]

溶胶-凝胶方法也存在一些缺点:①干燥过程中由于溶剂蒸发产生残余应力导致薄膜容易龟裂;②焙烧时由于有机物的挥发及聚合骨架的破坏,易导致薄膜龟裂出现裂缝,甚至脱落;③薄膜的内应力限制了薄膜的厚度;④溶胶的粘度、温度、浓度和机体的波动等因素影响薄膜的制备质量;⑤由于机体比较光滑,薄膜与机体之间作用力小,薄膜的牢固性差。

迄今为止,采用溶胶-凝胶法进行生物医用材料表面改性主要是制备钙磷活性涂层和 $TiO_2$、$SiO_2$、$ZrO_2$ 氧化物陶瓷涂层。

## 一、钙磷涂层

Gan 等[119~121]采用溶胶-凝胶法在多孔的 Ti-6Al-4V 合金表面沉积了

钙磷涂层。他们分别采用无机和有机溶剂沉积两种途径。无机途径制备的方法可简述为:四水硝酸钙和磷酸二氢氨作为 Ca 和 P 的前驱体,控制 Ca/P 摩尔比例为 1.67,用浓氢氧化氨调整溶液 pH 值为 12。提升速度为 30 cm/min,加热温度为 210℃,每次间隔为 15 min,在平面和多孔的试样表面获得 5 层薄的 CaP 层。然后在 500℃下退火 10 min,炉冷至室温。有机途径制备的方法是:用四水硝酸钙和磷酸三乙酯作为钙和磷的前驱体。先将磷酸三乙酯水解,然后将等化学计量比的四水硝酸钙溶解于无水乙醇中,滴入水解后的磷酸盐溶液中。接着将由此得到的溶液密封在 40℃水浴箱中陈化 4 d。将陈化好的溶液用脱水乙醇稀释(2 份溶胶加 1 份乙醇)。随后将稀释好的溶液在室温下再密封陈化 2 d。溶胶最终的 pH 值为 0.7。以 20 cm/min 的提拉速度获得单层膜。最后在 500℃下退火 20 min,炉冷至室温。

  研究表明采用这两种途径获得的涂层都是纳米碳酸盐羟基磷灰石,与界面具有很高的结合强度,但 Ca/P 比例和涂层组织结构不同。短期体内实验还发现两种涂层都提高了早期骨生长和固定速度,并且没有很大区别。

  溶胶-凝胶法的制备温度低,涂层材料性能均匀,晶粒尺寸可以很容易达到纳米级,但纯的 HA 结合强度不高。近年来,研究者对 HA 复合涂层制备方法进行了探索,主要是混合法和引入过渡层法。Li 等[122]将 HA 超细粉体与二氧化钛溶胶混合,通过浸渍法将该混合物涂覆在钛及钛合金表面,置于 400 ~ 600℃烧制获得 HA/$TiO_2$ 复合涂层,该涂层与骨骼的结合强度是纯钛凝胶的 2 倍。Kim 等[123]为了提高羟基磷灰石与金属钛表面的结合强度和抗腐蚀性能,以 $TiO_2$ 作为过渡层制备了 HA/$TiO_2$ 涂层。$TiO_2$ 过渡层也是采用溶胶-凝胶法制备,其溶胶配制方法是先将二乙醇胺与乙醇以 1:5(体积百分比)的比例混合,然后用混合液制备 0.5M 的丙氧化钛(Ti($OCH_2CH_2CH_3$)$_4$),接着加入少量的去离子水,搅拌 24 h 以得到 $TiO_2$ 溶胶。另外,HA 溶胶是由它的先驱体制得的,即四水硝酸钙、磷酸三乙酯、乙醇和水的混合液。以纯钛板为基体,先用转盘法制备 $TiO_2$ 膜层,转速为 3 000 r/min,转动 20 s,然后在 500℃下热处理 1 h。接着在 $TiO_2$ 表面上制备 HA 膜层,同样用转盘法,热处理温度为 400 ~ 500℃。如此所得到的 HA 和 $TiO_2$ 膜层厚度分别为 800 nm 和 200 nm。不但涂层与涂层之间,而且涂层与基体之间都具有牢固的结合,并且经过 500℃热处理后该涂层与基体之间的结合强度远高于 HA 与基体之间的结合强度,如图 7.23 所示。结合强度的增加主要是 $TiO_2$ 与 HA、Ti 基体之间的化学亲合力增大的缘故。人的成骨细胞在 HA/$TiO_2$、$TiO_2$ 和 Ti 表面增殖行为相似,但在 HA/$TiO_2$ 表面上碱性磷酸酶细胞活性表达却高于在 $TiO_2$ 和 Ti 表面。另外 $TiO_2$ 过渡层的存在显著提高了钛的抗腐蚀性能。

Kim 等[124]还采用溶胶-凝胶法在 $ZrO_2$ 基体上制备了 1 μm 厚的 FHA 膜层,所用试剂为四水硝酸钙、磷酸三乙酯和氟化氨。首先制备含磷溶液,即将一定量的磷酸三乙酯和氟化氨溶解于乙醇中,然后加入去离子水室温下搅拌 24 h。然后制备含钙溶液,即将等化学计量比的四水硝酸钙溶解于乙醇中剧烈搅拌 24 h。最后将含钙溶液缓慢倒入含磷溶液中,在室温下陈化 72 h 后再在 40℃下陈化 24 h。调节 FHA 溶胶中的 Ca/P 比为 1.67,OH/P 比为 4,P/F 比为 6。采用

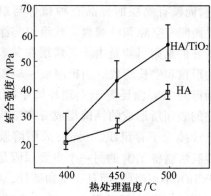

图 7.23 $HA/TiO_2$ 涂层结合强度随热处理温度变化曲线[123]

转盘法制备 FHA 膜层,转盘速度为 3 000 r/min,转动 10 s。然后在 80℃的炉中烘烤 24 h,最后进行热处理,处理温度为 400~800℃,采用低速加热和冷却(2℃/min)以得到致密均匀的涂层结构。如此得到的涂层具有非常高的热稳定性,与基体结合牢固,500℃热处理后结合强度可达 70 MPa,2FHA 的溶解速度随着热处理温度而变化,即与结晶度密切相关。FHA 的溶解速度低于 HA,暗示着有可能制备出 HA 与 FHA 组成的功能梯度涂层。MG63 细胞在 FHA 表面上的增殖情况与在 HA 上相似。

## 二、$TiO_2$ 涂层

研究表明[128~130],采用溶胶-凝胶方法制备的 $TiO_2$ 涂层比采用其它方法得到的涂层具有更好的生物活性。保留在溶胶-凝胶材料中的某些羟基基团,如 SiOH 和 TiOH 通过提供钙磷形核点而促进了羟基磷灰石的形成。溶胶-凝胶方法制备的 $TiO_2$ 凝胶吸引体液中的钙和磷,然后在表面形成与生物体相当的羟基磷灰石,换言之,钛凝胶涂层的种植体具有生物活性。

由于种植体与周围软组织的紧密结合对金属植入物非常重要,Areva 等[131]研究了不可吸收的、由溶胶-凝胶法制备的活性纳米多孔 $TiO_2$ 涂层与周围组织的作用情况。实验发现,植入鼠体内两天后软组织就贴附在涂层表面,如图 7.24 所示。而没有涂层的样品没有这一现象。有涂层的样品马上与结缔组织相

图 7.24 植入体内 2 d 后 $TiO_2$ 涂层表面骨胶纤维的 SEM 形貌[131]

连,而没有涂层的样品在种植体与组织界面间有空隙和纤维囊。软组织与涂层良好的贴附可能是由于钙磷层在其表面的形核和生长所致。当把溶胶-凝胶法制得的 $TiO_2$ 涂层置于生理环境中时,在它的表面所形成的钙磷层成分和结构都非常接近于骨组织。另外,采用溶胶-凝胶法制备 $TiO_2$ 的另一个主要原因是由于 $TiO_2$ 不可吸收,而且是生物活性,从而保证了植入体与组织直接快速的接触。而对于可吸收涂层,长期植入后其下面的惰性基体最终会曝露于生理环境中,存在安全隐患。图 7.25 为不同热处理温度下 $TiO_2$ 凝胶的 XRD 衍射谱[132],从图中可以看出,当温度不大于 500 ℃时,

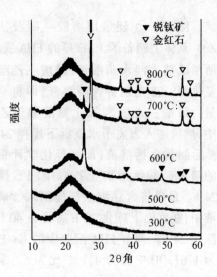

图 7.24 经不同温度热处理的 $TiO_2$ 凝胶 XRD 衍射谱[132]

$TiO_2$ 相结构为非晶态,当加热到 600 ℃时,$TiO_2$ 转变为锐钛矿结构,继续加热至 700 ℃和 800 ℃时,$TiO_2$ 又转变变为金红石结构。

图 7.26 为浸泡于 SBF 溶液中 14 d 后钛凝胶表面 SEM 形貌[132]。可以看出当温度为 300 ℃和 500 ℃时,表面没有球状微结晶磷灰石生成,当温度为 600 ℃时球状微结晶几乎覆盖了整个表面,继续升高温度到 700 ℃和 800 ℃时,球状微

图 7.26 浸泡于 SBF 溶液中 14 d 后钛凝胶表面 SEM 形貌[132]

结晶明显减少,分散分布在凝胶表面。上述结果表明通过调节热处理温度可以直接改变 $TiO_2$ 凝胶的相结构,从而影响磷灰石在其表面的形成。非晶结构的 $TiO_2$ 凝胶不能诱导磷灰石生成,而锐钛矿和金红石结构的 $TiO_2$ 凝胶能够诱导磷灰石形成,并且锐钛矿结构的钛凝胶更有利于形成磷灰石,他们认为这主要是锐钛矿晶体的平面排列与磷灰石更匹配,有利于磷灰石的外延生长[132]。

另外,溶胶的成分、pH 值、陈化时间、浸渍速度、浸渍层数对 $TiO_2$ 膜层的结构和在 SBF 中形成钙磷层也有影响[133~138]。

### 三、$SiO_2$ 涂层

采用溶胶凝胶方法还可以制备 $SiO_2$ 和 $SiO_2$ 基氧化物涂层[139~144]。Yoshida 等[139]采用溶胶-凝胶法在纯钛表面制备了 $SiO_2$ 和 $SiO_2/F$ 复合膜,这两种膜与纯钛基体具有很高的结合强度和疏水性,降低了 Ti 离子的析出量。将经过打磨、清洗除油的试样置于含有质量分数为 10% 3-氨丙基三甲氧硅烷的异丙醇溶液中,浸泡 5 min 后以 2 mm/min 速度取出,然后在室温下空气干燥 20 min,最后在 120℃下干燥 20 min,室温下储藏。$SiO_2$ 的前驱体溶液是由乙醇溶液和三甲氧硅烷低聚物配制而成。溶液 pH 值由含有质量分数为 10% 甲苯磺酸的甲醇溶液调整至 4.5。然后将预处理好的试样浸泡在该溶液中 5 min 后取出,提拉速度为 2 mm/min,室温下干燥 20 min,接着在 120℃下干燥 20 min。如此反复浸涂 10 次,得到 $SiO_2$ 膜层厚度为 0.5 $\mu m$。

Yoshida 等[140]采用同样的工艺在贵金属铸造合金 Ag-Pd-Cu-Au 上制得了结合力良好的 $SiO_2$ 薄膜,其表面光滑,疏水性强,同时降低了金属离子的溶出(192 ppb/$cm^2$)。

### 四、$ZrO_2$

由于锆的碱性氧化物与水能发生强烈的反应,因此当它与水接触后就会立刻沉积为 $Zr(OH)_4$。这样在制备 $ZrO_2$ 溶胶时必须加入烷基类溶剂、螯合剂或其它添加剂。最常用的螯合剂或络合剂,包括 β-二羰基化合物(如乙酰丙酮、乙基乙酰丙酮,有机酸(如醋酸)和乙二醇)。加入这些添加剂后可以有效地抑制碱性氧化物的水解或凝聚,其原理是 OR 活性位置被活性较差的配位体所代替,或者与碱性氧化物生成分子络合物,从而有效地阻止了水化反应进行,其中醋酸对于稳定 $ZrO_2$ 溶胶具有显著的效果。另外,为了提高膜层的柔韧性,应在溶胶中加入适量的有机交联剂。基于上述原因,Filiaggi 等[145~147]在丙氧化钛溶液中加入醋酸、二次蒸馏水和乙二醇制备了 $ZrO_2$ 溶胶,采用浸渍方法在钛合金表面制备了厚度为 100 nm 的 $ZrO_2$ 膜层,并研究了膜层的组织结构和性能。图 7.27 为他们所采用的工艺流程图。图 7.28 为浸渍法装置示意图。

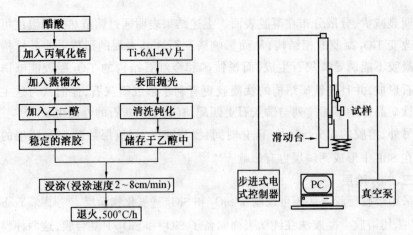

图 7.27 溶胶－凝胶法制备 $ZrO_2$ 膜流程[145]　　图 7.28 浸渍法装置示意图[145]

### 7.3.2 电化学法

采用电化学方法对生物医用材料进行表面改性主要包括电解抛光、电化学沉积法、电泳沉积法以及阳极氧化法。

**一、电解抛光(电化学抛光)**

电化学抛光是在一定电解液中金属工件作为阳极,通电后,表面上显微及宏观凸点或粗糙处的高点及毛刺区的电流密度比表面其余部分大,以较快的速度溶解,从而去除毛刺,使金属表面平整,光亮度提高。采用电化学抛光获得的表面不同于研磨或机械抛光获得的表面,该表面无划痕、不变形、无方向性且显露出金属的本色。电化学抛光过程可以去除表面原有的氧化层,形成新的、薄的化学均匀性好的氧化层。目前,该技术在金属生物医用材料表面改性方面获得了广泛的应用,显示出机械抛光及其它表面精加工技术无法比拟的优越性,如效率高、表面无加工硬化层、耐蚀、美观等。不锈钢、钛及钛合金及贵金属等都可以进行电化学抛光。

电化学抛光是金属阳极溶解的过程,受到诸多因素的影响,金属不同,电解液的组成、浓度及工艺条件也不同。在阳极上的溶解一般包括下述一种或几种反应。

(1) 金属离子溶入到电解液中

$$Me = Me^{n+} + ne \tag{7.7}$$

(2) 阳极表面生成钝化膜

$$Me + 2OH = MeO-H_2O + 2e \tag{7.8}$$

(3) 气态氧的析出

$$4OH = O_2 + 2H_2O + 4e \tag{7.9}$$

(4) 电解液中各组分在阳极表面上的氧化。

电化学抛光后的阳极表面状态主要取决于上述四种反应的强弱程度。电化学抛光后的表面粗糙度主要由抛光前的表面质量和粗糙度决定,缎状表面抛光成光亮表面是由时间、温度、电流密度所控制,这三种因素的组合,会产生低反射或缎状表面。采用延长时间、提高温度、增加电流密度可获得光亮表面。电化学抛光对金属的溶解极少,抛光厚度通常在 2.5~6.5 μm 之间,它是一项较快的操作技术,通常在 2~12 min 内完成。

Haidopoulos 等[148]采用射频辉光放电技术(RFGD)在不同抛光处理 316L 不锈钢表面沉积碳氟膜。表 7.3 为原始状态、经机械抛光和电化学抛光的 316L 不锈钢表面的三维原子力显微形貌和表面粗糙度 $Ra$ 值。由图可见,原始状态的表面是典型的层状结构,伴有较深的划痕和裂纹,表面粗糙度为 220 nm,远大于经过机械抛光和电解抛光的表面。机械抛光表面有各种凹点和划痕,大约几个纳米深,不利于等离子聚合涂层的形成。机械抛光表面与等离子聚合涂层之间的界面很宽,界面中氟含量高。因为这些缺陷的存在使膜层局部应力集中、破裂和脱落成为可能。相比之下,电化学抛光表面虽然粗糙度高于机械抛光表面,但整个表面均匀性好、光滑、缺陷少、碳污染程度低,与等离子聚合涂层之间具有良好的薄层界面。

Raval 等[149]采用激光切割技术加工成型血管支架,图 7.29 为经过激光加工后的支架表面形貌。从图中可以看出,切割处、支架的内外表面都有大量的残渣和氧化皮,表面相当粗糙,不符合临床使用要求,因此必须进行表面处理。他们先后采用酸洗、电化学抛光和钝化对其表面进行了处理。研究得到了电化学抛光 316LVM 支架的最佳工艺。其电解液成分和工艺分别如表 7.4 和表 7.5 所示。图 7.30 为经过电化学抛光后的支架表面形貌,很显然,抛光后的支架无论切割处,还是内外表面都非常光滑。

最近,Pohl 等[150]采用两种工艺分别对奥氏体状态和马氏体状态的 TiNi 合金进行了电解抛光,取得了良好的效果。TiNi 合金的成分为 Ti – 55.68Ni,C < 500 ppm,O < 500 ppm,其余为 Ti。所使用的电解液成分和主要工艺参数如表 7.6 所示。

表 7.3 经过不同表面处理的三维原子力表面形貌和表面粗糙度 $Ra$ 值[148]

| AFM analyses 原子力显微镜分析 | | |
|---|---|---|
| Topography | $Ra$($10^2$nm) | |
| 表面形貌 | 20×20 μm² | 80×80 μm² |
| 原始状态 | 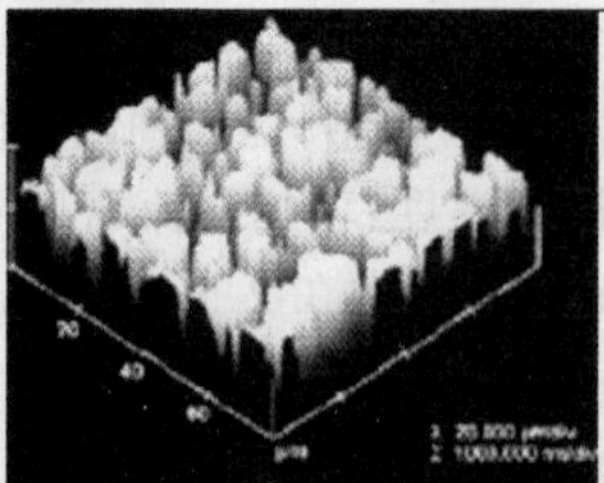 2.2 ± 0.5 | 3.7 ± 0.5 |
| 机械抛光 | 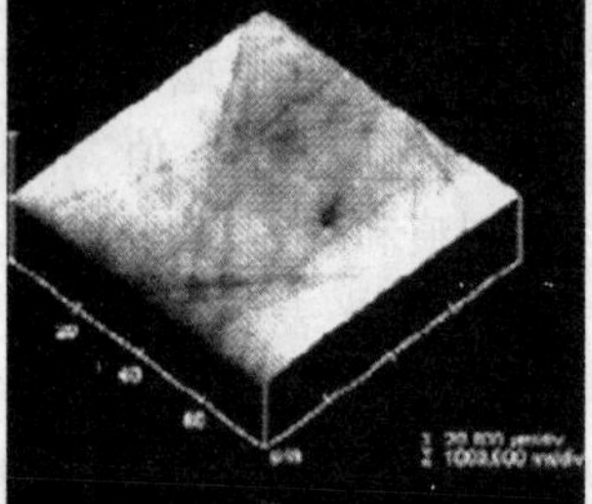 0.04 ± 0.01 | 0.12 ± 0.02 |
| 电化学抛光 | 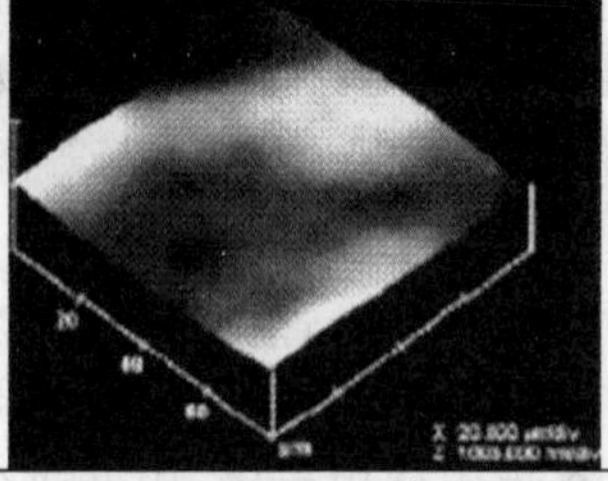 0.07 ± 0.02 | 0.26 ± 0.05 |

表 7.4 医用不锈钢电化学抛光电解液成分[149]

| 成　分 | 含　量 |
|---|---|
| $H_3PO_4$(88%) | 390 mL |
| $H_2SO_4$(98%) | 150 mL |
| 去离子水 | 60 mL |
| $Na_5O_{10}P_3$ | 1.5 g |

表 7.5 医用不锈钢电化学抛光工艺参数[149]

| 参　　数 | 数　值 |
|---|---|
| 温度/℃ | 80～90 |
| 电压/V | 8.0 |
| 电流/A | 0.4 |
| 时间/s | 80 |

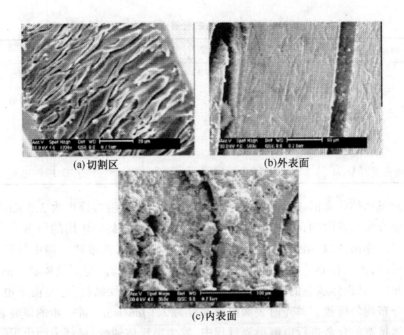

(a) 切割区　　(b) 外表面

(c) 内表面

图 7.29　激光切割后的 316LVM 支架的 SEM 照片[149]

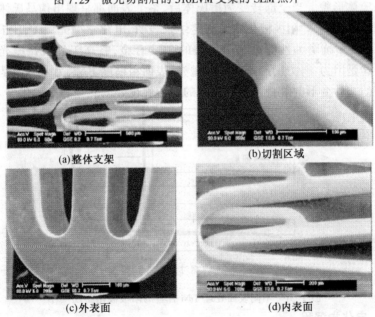

(a) 整体支架　　(b) 切割区域

(c) 外表面　　(d) 内表面

图 7.30　电化学抛光后的 316LVM 支架的 SEM 照片[149]

表 7.6　电解抛光 TiNi 合金的电解液成分和主要工艺参数[150]

| 电解液及工艺参数 | 奥氏体 | | 马氏体 | |
| --- | --- | --- | --- | --- |
| 电解液成分 | 醋酸 | 79% | 硝酸 | 33% |
|  | 高氯酸(70~72)% | 21% | 甲醇 | 67% |
| 温度/℃ | 20 | | -30 | |
| 电压/V | 10 | | 5.5 | |
| 电流密度/(A·cm$^{-2}$) | 0.05 | | 0.1 | |

对奥氏体状态的 TiNi 合金进行电解抛光时,表面溶解速度为 3.5 μm/min,随着抛光时间的增加,表面呈现波纹状。这是两方面共同作用的结果,一方面由于变形作用,材料组织为带状伸展形状,另一方面,在带状结构中材料有轻微的析出,并且在非金属夹杂处电流密度分布或高或低。与奥氏体状态的 TiNi 合金相比,马氏体状态的 TiNi 合金抛光后表面是非波纹结构,这是由于电流在表面分布均匀所致。抛光时表面溶解速度为 2.1 μm/min。进一步的研究表明:马氏体状态的合金进行电解抛光过程中,发生奥氏体转变,局部表面出现带状,为伪马氏体形貌。当全部转变为奥氏体后,整个表面都呈现出伪马氏体形貌。

图 7.32 所示的阳极极化曲线测定结果表明,电化学抛光后的 TiNi 合金在 Ring's 溶液中抗腐蚀性能远高于研磨的 TiNi 合金,略高于经机械抛光的 TiNi 合金。这是因为:一方面经过电化学抛光,表面粗糙度下降,另一方面是由于表面最初的塑性变形的氧化层被新生成的均匀性良好的氧化膜所取代。

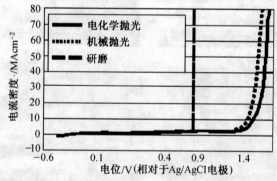

图 7.31　不同表面处理 TiNi 合金的阳极极化曲线[150]

## 二、电化学沉积

电化学沉积是一门古老的技术,早在 1840 年就已出现银和金的镀覆专利。传统的电化学沉积工艺主要用于工件表面的金属或合金的沉积,以增加工件表面的抗腐蚀能力,赋予特殊的物理和化学性能。随着科学技术的不断发展和深入,电化学沉积的研究领域不断扩展,该技术已扩展到新型薄膜和新型结构的材料制备,在微电子和生物医用材料的表面改性方面得到了广泛的应用。

采用电化学沉积方法可以在 AISI 316L 不锈钢表面沉积氧化锆膜层,用以提高其抗腐蚀性能[151]。所采用的电解液为 0.005 M 的 $ZrOCl_2 \cdot 8H_2O$。阴极电流密度为 13.3 $mA/cm^2$,沉积时间为 1.5 min。电化学沉积后分别在 400℃ 和 600℃ 下热处理 2 h。从图 7.32 中可以看出,氧化锆膜层的平均厚度约为 0.5~0.8 $\mu m$,与基体结合良好。图 7.33 为氧化锆膜层的 AFM 形貌。为了考察改性处理对不锈钢抗腐蚀性能的影响,测定了未改性和改性试样的阳极极化曲线,如图 7.34 所示。不锈钢试样的钝化区间为 -0.05~+0.15 V,电流密度为 $3 \times 10^{-3}$ $mA/cm^2$。改性后的电流密度远小于未改性的。经过 400℃ 热处理的试样钝化区间很宽,从 -0.1~+0.1 V,电流密度为 $1 \times 10^{-4}$ $mA/cm^2$。研究结果表明在 316L 不锈钢表面沉积氧化锆涂层有效地提高了它的抗腐蚀性能。

图 7.32 不锈钢表面电化学沉积氧化锆截面 SEM 照片[151]　　图 7.33 316L 不锈钢表面电化学沉积氧化锆 AFM 照片[151]

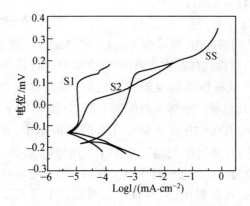

图 7.34 无涂层和有涂层(S1-400℃;S2-600℃)不锈钢试样在 Hank's 溶液中的阳极极化曲线[151]

Yen 等[152]和 Zhitomirsky[153]采用电化学方法在不锈钢、钛合金和钴基合金表面沉积了 $ZrO_2$ 涂层。所采用的典型电解液体系为 $ZrO(NO_3)_2$,其电化学反应生成 $ZrO_2$ 的机理如下:

(1) 锆盐的溶解

$$ZrO(NO_3)_2 \rightarrow ZrO^{2+} + 2NO_3^- \qquad (7.10)$$

(2) 锆离子发生水化反应

$$ZrO^{2+} + H_2O \rightarrow Zr(OH)_2^{2+} \qquad (7.11)$$

(3) 与氢氧根离子发生反应

$$Zr(OH)_2^{2+} + 2OH^- \rightarrow Zr(OH)_4 \qquad (7.12)$$

(4) 脱水反应

$$Zr(OH)_4 \rightarrow ZrO_2 + 2H_2O \qquad (7.13)$$

其中 $OH^-$ 主要来源于阴极反应,即

$$H_2O + 2e^- \Leftrightarrow H_2 + 2OH^- \text{(多数)} \qquad (7.14)$$

$$O_2 + 2H_2O \Leftrightarrow 4OH^- \text{(少数)} \qquad (7.15)$$

Zhang 等[154]将颗粒直径为 600~800 μm 的钛珠在 1 300℃下真空烧结 2 h,然后切割成 4 mm 厚的圆片,如图 7.35 所示。该样品的孔隙率为 40%,孔径为 100~300 μm。将样品分别在丙酮、乙醇和水中进行超声波清洗,在 50℃下干燥。然后将样品分为两组,一组只进行酸洗,酸洗液由 48% $H_2SO_4$ + 18HCl 组成,酸洗时间为 1 h,温度为 60℃;另一组进行酸洗 + 碱处理。酸洗同第一组,然后在 5 mol/L 的 NaOH 溶液中进行碱处理 5 h,温度为 60℃。最后将两组样品在 50℃的蒸馏水中进行超声波清洗,干燥。电化学沉积在含有三电极体系的电解槽中进行:多孔钛作为阴极,Pt 为阳极,$Hg_2SO_4/Hg$ 作为参比电极。电解液的配制方法为:将 8.00 g 的 NaCl,0.42 g 的 $CaCl_2$,0.27 g 的 $Na_2HPO_4 \cdot 2H_2O$ 溶解于 1 L 的蒸馏水中,并用三羟甲基甲胺(TRIS)和盐酸调整 pH 值为 7.4,温度为 37℃。用恒电位/恒电流仪进行阴极沉积。保持阴极电位为 -1.8 V(相对于 $Hg_2SO_4/Hg$ 参比电极)沉积 2 h,沉积温度为 37℃。从图 7.36 可以看出,两种试样表面经过电解沉积后都形成了 Ca/P 层,在内孔表面生长的厚度为 5~10 μm,外孔层厚度可达 25 μm。厚度不均匀性是由于电流在多孔电极内外表面分布不同所致。在内表面的电流密度通常低于外表面的,因此使内表面电化学反应速度较低,膜层较薄。而外表面膜层

图 7.35 球形钛粒子烧结而成多孔试样[154]

生长则与此相反。Ca/P 层为薄片状的 OCP 晶体结构。

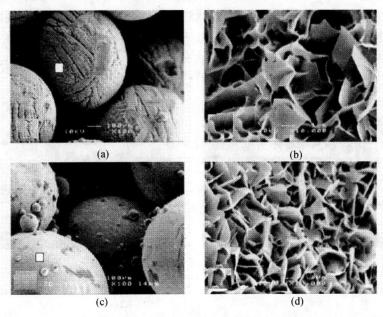

图 7.36 电化学沉积方法沉积 Ca/P 层 SEM 形貌[154]

Cheng 等[155]采用电化学辅助方法将蛋白质与 Ca/P 涂层进行了共沉积,研究表明通过电化学方法沉积的涂层蛋白质含量是普通吸附方法的 70 倍,而且释放缓慢(70 h 释放 15%),说明电化学沉积提供了一种能够在室温下使蛋白质有效地与涂层结合的方法,为金属植入材料表面携载药物制剂提供了可能。他们所采用的具体方法可分为三步。

(1) 电化学方法沉积 Ca/P 膜层

将 Ti-6Al-4V 试样用 600 号 SiC 砂纸打磨,清洗除油,作为阴极。Pt 丝为阳极,饱和甘汞电极为参比电极。电解液组成为:0.042 mol/L $Ca(NO_3)_2$ 和 0.025mol/L $NH_4H_2PO_4$ 的水溶液。pH 值为 4.2,温度为 65℃。沉积时保持阴极电流密度为 0.47 mA/$cm^2$,沉积时间为 80 min,阴极电位在 -1.0 V ~ -1.6 V 范围内变化。沉积后水洗,空气干燥待用。图 7.37 为经过这一处理后试样表面的 SEM 形貌,由图可见,表面涂层多孔,且呈现针状结晶,研究表明这一涂层是由($Ca_9HPO_4(PO_4)OH$)(CaHP)组成。

(2) 水热方法处理形成羟基磷灰石

配制浓度为 0.03 mol/L 的 $KH_2PO_4$ 和 0.03 mol/L $K_2HPO_4$ 的水溶液,用氨水调整溶液 pH 值到 8.3。将经过(1)处理的试样放入盛有该溶液的烧杯中,浸泡 1 h。然后将反应釜中倒入同样的水溶液,将试样取出放入高压反应釜中溶液的上方,进行蒸汽处理,而不是浸泡处理。加热反应釜至185℃,保持24 h,使最初的Ca/P涂层转变为HA,膜层厚度大约为50 μm。与未经过水热处理的试样相比,经过这一处理的试样表面形貌几乎没有变化,依然是多孔的针状结构,如图7.38所示。但XRD和FTIR的分析结果表明该涂层的相结构从($Ca_9HPO_4(PO_4)OH$)(CaHP)转变成了HA结构。

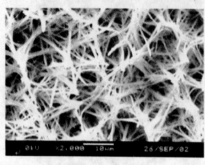

图7.37 电化学方法沉积Ca/P膜层的SEM照片[155]

图7.38 电化学方法沉积Ca/P+水热处理得到的HA涂层的SEM照片[155]

(3)电化学方法共沉积蛋白质和磷酸钙

选择牛血清白蛋白作为蛋白质(BSA),将经过(2)步骤处理的试样浸入蛋白质和磷酸的混合液中(2 mg/mL的BSA,0.1 mol/L磷酸,pH值为7.4)16 h,目的是增强蛋白质的吸附,然后取出、冲洗并干燥。然后将试样放入电解液中(2 mg/mL的BSA,0.042 mol/L $Ca(NO_3)_2$和0.025 mol/L $NH_4H_2PO_4$,pH值为4.2),首先在电流密度为0.09 $mA/cm^2$的条件下保持50 min,然后在电流密度为0.22 $mA/cm^2$的条件下保持50 min,最后在电流密度为0.47 $mA/cm^2$的条件下保持30 min,取出、干燥并冲洗。SEM照片显示在原来多孔针状表面生长出叶片状涂层,如图7.39所示。XRD和FTIR结果显示此时基体表面生长的是透钙磷石和羟基磷灰石的混合物。金属表面磷酸钙陶瓷膜层的电化学沉积是一种制备医用植入材料的新方法。它具有反应条件温和、可控制磷酸钙陶瓷膜层中的Ca/P比,能在复杂外形的表面进行沉积等优点,克服了传统的等离子喷涂时因高温而引起的羟基磷灰石的热分解和喷涂过程的非线性化学方法制备HA,通常需进行复杂的后处理,才能获得纯的HA。因而引起研究者的极大兴趣。胡仁等[156]通过控制电积溶液中钙、磷离子的浓度,直接在Ti-6Al-4V金属基底上电沉积制备出了纯的HA涂覆层。主要工艺过程为:依次用2、4、6号金相砂纸抛光Ti-6Al-4V表面,再分别用乙醇和去离子水淋洗,晾干待用。电沉积实验采用恒电流阴极电沉积,控制反应电流1~2 $mA/cm^2$,反应温度

90 ℃,溶液主要组成为:$Ca^{2+}$:$4×10^{-4}$ mol/L,$HPO_4^{2-}$:$2.5×10^{-4}$ mol/L,$NaNO_3$:0.1 mol/L,体系 pH 值为 6,反应时间 30~60 min。

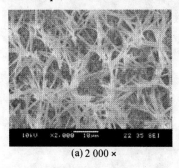
(a) 2 000×

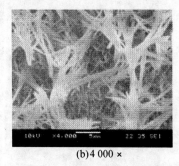
(b) 4 000×

图 7.39  电化学方法沉积 Ca/P + 水热处理 + 电化学方法共沉积含有蛋白质的 Ca/P 的 SEM 照片[155]

采用电化学方法还可以在 TiNi 形状记忆合金表面制备 HA 生物活性陶瓷涂层[157],沉积温度较低,操作简单,所得涂层均匀、致密,不含其它磷酸钙杂质相,厚度为 20 μm,与 TiNi 基体的结合强度为 12 MPa。

为了克服电化学沉积法在光滑钛表面得到的羟基磷灰石涂层存在不耐载荷,应力作用下结合界面易被破坏的缺陷,庄燕燕等[158]在溴化钠溶液中通过电化学方法对钛表面进行功能性刻蚀,表面形成一定的二级结构小孔,并在经粗糙化的钛表面上直接用电化学方法沉积纯羟基磷灰石。结果表明,钛表面经粗糙化后可改善羟基磷灰石与钛基体之间的界面状况,显著提高羟基磷灰石涂层与钛基体的结合力。而且电化学沉积可获得纳米尺度均匀致密的纯羟基磷灰石涂层,有望提高植入体的表面生物活性。

Ban 等[159]采用水热 – 电化学沉积一步合成的方法在纯钛表面沉积了羟基磷灰石,具体方法为:将纯钛作为阴极,Pt 片作为阳极,电解液中含有 137.8 mM 的 NaCl,1.67 mM 的 $K_2HPO_4$ 和 2.5 mM 的 $CaCl_2·2H_2O$,其余为蒸馏水。用 50 mM的$(CH_2OH)_3CNH_2$和盐酸调整 pH 值为 7.2。将装有 1 L 电解液的烧杯放入密封的反应釜中,电阻丝加热到 80~200 ℃。电流密度为 12.5 $A/cm^2$,沉积时间为 1 h。沉积后取出试样用蒸馏水冲洗,37 ℃下空气干燥。图 7.40 为用场发射扫描电镜观察到的不同沉积温度下 HA 形貌,显然,HA 大小随着电化学沉积温度升高而增大。所有涂层都呈现六角形的针状结构,而且,垂直于基体表面生长。

为了提高 TiNi 合金医用器件(如过滤器和支架等)的辐射不透性,Steegmueller 等[160]采用电镀的方法在 TiNi 合金表面沉积了金镀层。该方法得到的镀层孔隙率较高,氢脆倾向大。并且由于 TiNi 合金与金的电极电位相差很大,一旦镀膜破裂,容易产生电偶腐蚀。同时,在电镀过程中镀液不可避免地残存

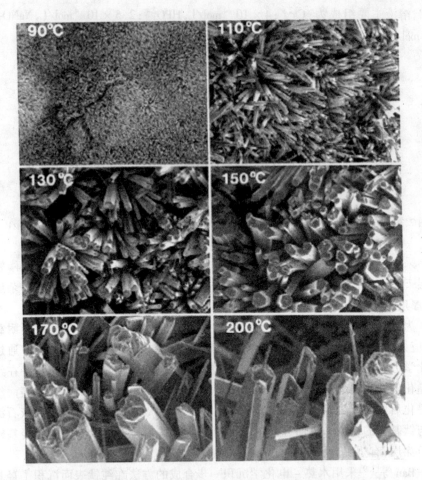

图 7.40 纯钛表面不同沉积温度下 HA 的 SEM 照片[159]

于镀层中,由于电镀溶液中含有毒性物质,从而会产生生物相容性的问题,对人体存在潜在的危害。

一般制备 DLC 膜都采用化学气相沉积和物理气相沉积方法,但气相沉积方法装置较为复杂,有人试图用电化学沉积方法制备 DLC 薄膜,并取得成功[161,162]。阎兴斌等[162]采用电化学沉积方法在硅基片上沉积了 DLC 膜。以甲醇为有机溶剂,阳极为石墨电极,阴极为单晶硅片,正负电极间距为 10 mm,直流电源电压为 1 600 V,温度为 50℃,沉积时间为 10 h。

### 三、电泳沉积

电泳沉积(EPD)是悬浮于溶液中的带电粒子在电场的作用下发生定向移动并沉积于金属基体表面的现象,几乎所有的固体颗粒都可以采用电泳方法在电极表面沉积,包括金属、陶瓷、有机材料等,可获得从小于 1 μm 至大于 500 μm

较大范围厚度的各种涂层,并能在很大程度上控制涂层厚度和形貌。电泳沉积一般分为恒电位和恒电流两种工作模式,是由电泳和沉积两个过程联合而成,具有以下显著的特点:①电泳沉积温度低,可避免采用传统高温涂覆而引起的相变和脆裂;②电泳沉积是非直线过程,其悬浮液对难以达到的表面具有很好的深涂能力,可以在形状复杂或表面多孔的金属基材表面形成均匀的沉积层,并能精确控制涂层成分、厚度和孔隙率;③电泳沉积是带电粒子的定向移动,不会因电解水溶剂时产生的大量气体影响涂层与金属基体的结合力;④所需设备简单、成本低、操作方便、沉积工艺易控制。电泳沉积工艺一般包括:①悬浮液的制备;②基体的预处理;③电泳沉积;④涂层的后续处理。

电泳沉积HA生物陶瓷涂层技术目前还处于研究阶段,但它为HA生物陶瓷涂层植入体提供了一种全新的制备方法,为金属基体的表面涂层技术的发展开拓了一个新领域。在金属基体上制备HA涂层,主要应注意以下几个方面的问题。

**1. 悬浮液的制备**

HA生物陶瓷微粒在水溶液中难以形成稳定的胶体,因此一般选择非水体系(甲醇、乙醇、异丙醇、丁醇、戊醇、乙酸酐等有机溶剂)作为电泳沉积HA生物陶瓷涂层的分散介质,并采用超声波振荡,使HA微粒尽可能分散在分散介质中,制得性能稳定的悬浮液。HA微粒均需要一定的时间才能形成稳定的悬浮液,这个时间段称为临界陈化时间。只有在临界陈化时间之后才能采用电泳方法在基体材料表面上沉积HA生物陶瓷涂层。新配制的悬浮液,通过电泳沉积均得不到HA生物陶瓷涂层。一般情况下,较短的陈化时间和较高的HA悬浮液浓度得到的涂层密度较小,陈化时间较长和HA悬浮液浓度较低所得到的涂层密度都比较大。

之所以选择有机溶剂作为分散介质,是由于水的分解电压较低,无论在恒电压还是恒电流模式下,沉积过程中都将在电极基体材料表面产生大量的气泡,得到的生物陶瓷沉积层疏松,甚至得不到完整的沉积层。而使用非水介质得到的沉积层相对致密。但若有机介质中含有少量的水,则生物陶瓷沉积层变得均匀、光滑。另外在悬浮液中还要加入适量强酸或强碱以加速HA微粒的荷电进程。

**2. 基体的预处理**

HA生物陶瓷涂层制备中,金属基体表面都必须进行预处理。基体材料表面的预处理一般采用打磨抛光或化学浸蚀等方法,然后除油自然风干或干燥箱干燥。预处理后的基体材料在电泳沉积中可以明显改善基体材料与HA电泳沉积层的结合强度。Sena等[163]研究了在钛基表面电泳沉积HA时,采用了3

种不同的表面预处理方法:①用 SiC 砂纸磨光;②先用 SiC 砂纸磨光后再用 $H_3PO_4$ 溶液电解浸蚀;③先用 $H_2O_2$ 和 HF 溶液浸蚀后再用氧化铝粉末抛光。实验结果表明:通过电泳沉积后,上述 3 种预处理钛基的表面上都生成一层均匀的薄层,且具有良好的粘合力。但用方法③预处理的电泳沉积层为缺钙 HA。

### 3. 电泳沉积

电泳过程中电压的选择是最重要的,而电流的大小与沉积速度成正比,同时也受外加电场强度的影响。在恒电流工作模式下,若悬浮液 HA 微粒的浓度保持不变及电极上不发生其它副反应,则整个沉积过程微粒的沉积速度一样,陶瓷沉积量与沉积时间存在线性关系。在恒电位工作模式下,由于驱动粒子定向移动和电极上发生氧化还原反应都需要一定电压,因此只有当端电压大于某一值,HA 带电微粒才能沉积于基体表面,此电位称为临界电位。而电泳沉积比单纯的电泳过程要复杂,随着沉积层 HA 的增加,沉积层的电阻也增加,体系的电位降大部分施加在 HA 生物陶瓷沉积层上,悬浮液中 HA 微粒的驱动力随沉积时间逐渐减小,HA 微粒运动速度随时间逐渐降低,沉积电流逐渐减小,直至最后 HA 微粒沉积速度降为零。电泳沉积是荷电悬浮液微粒在电场作用下的迁移过程(电泳)和荷电微粒在电极表面的电极反应(电化学作用)两个串联步骤组成。与电沉积相同,电泳沉积也存在着极化电流和涂层电极钝化区。

### 4. 涂层的后续处理

电泳沉积层在烧结前的相对密度一般都比较低,因此电泳沉积需要一个后续处理过程使涂层致密化,此过程称为烧结。烧结温度对涂层的性质影响很大,烧结温度低。则涂层密度低,与基体材料的结合差;烧结温度高,则引起 HA 分解和金属基体性质的恶化如氧化、相变和晶粒长大。

Cortez 等[164]在不锈钢表面通过电泳沉积技术制备了 HA 涂层,方法如下:将 5 g HA 粉末加入 400 mL 乙醇溶液中,用 20 kHz 超声波分散 30 min,悬浮液放置 4h 通过沉淀消除大颗粒。悬浮颗粒粒径范围为 0.275～4.88 $\mu m$,平均粒径大小为 1.805 $\mu m$。沉积槽容积为 500 $cm^3$,以不锈钢基体为阴极,Pt 为对电极,两电极间距为 1 cm。电泳沉积后又进行了后处理,即在 800℃条件下加热处理 2 h,升温速度为 100℃/h,冷却速度为 50℃/h。研究表明电压(200、400 和 800 V)和电泳时间(0.5 s、2 s 和 3 s)对电泳沉积 HA 有很大影响。图 7.41 和图 7.42 分别为不同电压和电泳时间条件下沉积在不锈钢表面的 HA 形貌。由图可见,随着电压的增加,沉积在基体表面的颗粒增大,从 200 V 的 0.20～0.35 $\mu m$ 增大到 800 V 的 0.80～1.20 $\mu m$。电泳时间对颗粒大小的影响也呈现出同样的规律,即随着沉积时间的增加,颗粒大小增大,从 0.35～0.57 $\mu m$ 增大到的 1.20～1.70 $\mu m$。

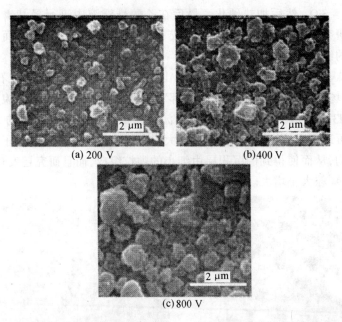

图 7.41 为电泳时间 1 s,电压不同时的 SEM 照片[164]

图 7.42 电压为 800 V,电泳时间不同时的 SEM 照片[164]

Stoch 等[165]也采用电泳沉积方法在钛表面沉积了羟基磷灰石,但为了提高涂层与基体的结合力,首先对基体进行了预处理,采用浸渍方法在纯钛表面沉

· 385 ·

积 $SiO_2$ 或 $Ca-SiO_2$,然后加热硬化。最后在乙醇悬浮液中进行羟基磷灰石的电泳沉积。研究表明中间过渡层由于形成了氧化硅和氧化钛化合物而使具有羟基磷灰石的纯钛种植体更加实用。

Zhitomirsky[166]采用电泳方法在 Ti-6Al-4V 表面沉积了羟基磷灰石,发现粉体制备、电场强度、搅拌以及溶液陈化都对悬浮液的稳定及沉积形貌有很大影响。图 7.43 为溶液未陈化和陈化后电泳沉积得到的羟基磷灰石的 SEM 形貌。从图中可以看出,陈化对沉积的粒子大小有很大影响。陈化去除了悬浮液中大的团聚物,从而使得到的沉积层由细小的颗粒组成,而且研究还发现,随着电压的增加,颗粒大小增大。

(a) 无预沉淀

(b) 有预沉淀

图 7.43 无预沉淀 a)和有预沉淀 b)电泳沉积羟基磷灰石的 SEM 照片(电压为 10V)[166]

电泳沉积后材料的抗腐蚀性能也会发生改变,图 7.44 为无涂层和在不同电压下沉积 HA 涂层的 316 L 不锈钢在 Hank's 溶液中开路电位(OCP)-时间关系曲线[167]。由图可见,没有 HA 涂层的 316 L 不锈钢的电位随浸泡时间的增加向负方向移动,经过 60 min 后达到稳定电位 -0.237 V,这是由于合金表面发生溶解造成的。电泳沉积 HA 涂层的试样的电位随时间增加向正向移动,这是由于 HA 对基体具有隔离作用。然而,由于 HA 是多孔结构,电解质会渗入,因此会导致在不同电泳电位下改性的试样的 OCP-时间曲线波动。电泳电位为 60 V,电泳时间为 3 min 的试样具有最高的稳定电位,曲线平稳,表现最好。另外,电化学循环阳极极化曲线和交流阻抗的测量结果进一步显示,电泳电位为 60 V,电泳时间为 3 min 的试样抗腐蚀性能最好。

Hamagami 等[168]采用电泳沉积和热处理相结合的方法在纯钛表面制备了高度有序的大孔 HA 涂层。首先将聚苯乙烯(直径为 3 μm 的球形颗粒)和细小的 HA 颗粒(200~300 nm 大小)均匀分散在乙醇溶液中进行电泳沉积,沉积过程中电压保持 100 V,钛板作为工作电极,不锈钢片作为对电极,两电极之间间距为 10 mm,其实验装置如图 7.45 所示。电泳沉积后取出试样,室温下干燥。电泳沉积后进行热处理,热处理分两步,首先以 45℃/min 的加热速度加热到 450℃,保持 1h 以去除聚苯乙烯。然后,以 23℃/min 的速度加热到 900℃并保

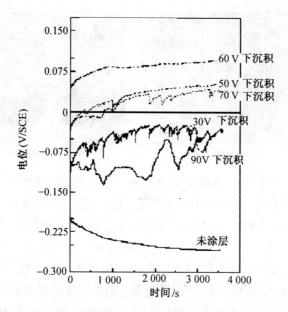

图7.44 无涂层和在不同电压下沉积 HAP 涂层的 316 L 不锈钢在 Hank's 溶液中的 OCP - 时间曲线，沉积时间为 3 min[167]

持1 h，目的是烧结 HA 涂层。图 7.46 为电泳沉积后 HA 的表面和截面 SEM 形貌。由图可见，采用上述方法制备出了高度有序大孔的 HA 涂层。孔径大小为 2.3 μm。研究表明通过改变沉积时间或电压，可以有效地控制涂层厚度，因此，电泳沉积与热处理技术相结合能够制备出大孔的陶瓷涂层。采用模拟体液进行的体外实验表明用此方法进行改性后的钛具有良好的生物相容性。

上述分析表明：电泳沉积 HA 生物陶瓷涂层的原理及其工艺虽然比较简单但

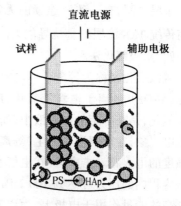

图7.45 电泳沉积高度有序大孔 HA 装置示意图[168]

其影响因素却相当复杂。电泳沉积层的性能不仅取决于悬浮液的浓度、陈化时间、酸碱的添加、极性分散介质的选择、基体材料的特性等，还与电泳电压、电流密度、电泳时间有关，并且受到悬浮液的 pH 值、沉积过程温度及基体表面预处理等因素的影响，此外电场强度和悬浮液的稳定性也对电泳沉积层产生很大的影响。从理论上讲，恒电流沉积是一种较好的电泳沉积方式，但由于恒电位工作模式的电源比较容易实现，因此以往文献通常采用恒电位电泳沉积。

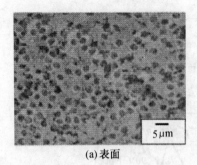 

(a) 表面　　　　　　　　(b) 截面

图 7.46　电泳沉积高度有序大孔 HA 的 SEM 照片[168]

为了得到性能更加优异的 HA 陶瓷涂层,人们已经开始研究把电泳沉积和其它表面改性技术相结合,如电泳水热技术、浸渍技术电泳法、微电弧氧化电泳法、等离子体电泳法等。所制备出的涂层以 HA 为外层,$TiO_2$ 为内层。随着对 HA 涂层研究的深入,近年来,人们开始应用电泳沉积技术结合其它涂层技术来制备 HA 复合涂层。如 Nie 等[169]用等离子辅助电泳沉积制备 HA 复合涂层,研究发现采用等离子电解法预制 HA 层,下面的 $TiO_2$ 涂层具有纳米(10~20 nm)多晶结构,可作为 HA 涂层的支撑,而且透射电子显微镜显示,在钛合金基体与 $TiO_2$ 涂层之间,有一致密连续的无定形二氧化钛层(厚度为 10 nm),可进一步提高传统 $TiO_2$ 涂层的骨诱导能力。

### 四、阳极氧化法

微弧氧化又称为等离子体电解沉积(PED)、阳极火花沉积(ASD)、火花阳极氧化(ANOF)、等离子电解液氧化(PEO)、微弧放电氧化(MOD)、等离子体微弧放电氧化,是在特定的电解液中,如果阴阳极之间的电压超过一定范围,就会发生放电现象,在电解液中产生"等离子体"。此时,在阳极上可以观察到大量不同强度的电火花。击穿区(在电解水溶液中)的局部温度可达到几千度,而电弧显微容积内的压力可达到 100 MPa,而且击穿区的局部还存在高的电场强度。如此高的能量作用于电极上,为引发和进行各种热化学反应及电化学反应,包括电解质成分的热分解,创造了有利的条件。因此,不仅电极的化学元素,而且电解质的成分都可参与在阳极表面形成阳极膜的反应。通过调节电解质的 pH 值和成分,阳极镀膜层的形成电位,就可能在足够宽的范围内改变阳极镀层的微观组织结构和性能[170~173]。

Velten 等[170]采用阳极氧化方法在纯钛和 Ti-6Al-4V 表面生成了非晶和锐钛矿结构的 $TiO_2$ 膜层,有效提高了抗腐蚀性能。他们所采用的实验装置如图 7.47 所示。所用电解液为 0.5 mol 硫酸,温度为室温。对于纯钛,当电压从 7.5~50 V 时,保持电流为 5 mA/$cm^2$,当电压为 50~100 V 时,保持电流为 10

mA/cm²;对于 Ti-6Al-4V 合金,当电压从 7.5 升高到 100 V 时,电流始终保持 2 mA/cm²。

Fini 等[172]对纯钛进行了真空退火处理,然后在 25%氢氟酸中室温下处理 20 s。用丙酮清洗除油后进行阳极氧化,阳极氧化用电解质为 0.06 mol/L 的 β-甘油磷酸酯和 0.3 mol/L 乙酸钠的混合液,电压为 250~350 V,电流密度为 50 mA/cm²,温度为 0℃。图 7.48 为当电压为 275 V 时阳极氧化表面的扫描电镜形貌。

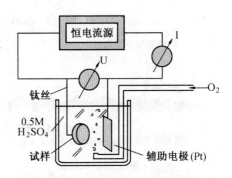

图 7.47 阳极氧化实验装置图[170]

Ishizawa 等[174]先对纯钛进行喷丸处理,然后用 HF 酸去除表层的残余的 Al₂O₃ 喷丸颗粒,接着以 0.02 mol/L β-甘油磷酸酯和 0.2 mol/L 乙酸钙混合液为电解质进行阳极氧化。最后进行水热处理,即在高压蒸汽中处理 2 h,温度为 300℃。阳极氧化和水热合成一系列处理,得到了 1 μm 厚的羟基磷灰石涂层,如图 7.49 所示。HA 呈现微晶带有尖角的柱状结构,表明 HA 是高度结晶的晶体。图 7.50 为骨组织对此方法得到的和等离子喷涂得到的 HA 涂层的反应示意图。在经该方法处理后的表面生成一层很薄的骨组织,沿整个表面生长,如图 7.50(a)所示;而对于等离子喷涂表面,新生骨从松质骨和皮层质骨向植入材料表面生长,如图 7.50(b)所示。

图 7.48 阳极氧化电压为 275 V 时的 SEM 照片[172]

图 7.49 水热法处理后沉积于 AOFCP 上的 HA 微晶[174]

Nie 等[175,176]把微弧氧化技术和电泳沉积技术结合起来,在 Ti-6Al-4V 上制备了 HA/TiO₂ 生物活性涂层。其工艺过程如下:首先采用 PED 技术对钛合金表面进行处理,表面生成 $TiO_2$。然后在磷酸盐的水溶液中添加羟基磷灰石粉体,乙二醇为分散液,超声波振荡搅拌产生均匀的悬浮液,把经过 PED 处理的试样作为阳极进行电泳沉积,在碱性溶液中,HA 可能发生如下反应

$$Ca_{10}(PO_4)_6(OH)_2 + 2OH^- \rightarrow Ca_{10}(PO_4)_6(O^-)_2 + 2H_2O \qquad (7.16)$$

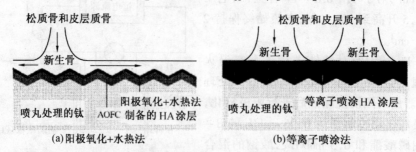

图 7.50 不同 HA 涂层表面骨反应示意图[174]

由于 HA 粉体带负电,在电场力的作用下,向阳极运动并聚集在阳极钛合金表面,电泳效果和微弧氧化共同作用,生成 HA/$TiO_2$ 复合陶瓷涂层。经复合处理的 HA 涂层多孔疏松,比 PED 单独处理的钛表面硬度低,比未经过处理的钛合金表面硬度高。

该方法制备的生物陶瓷涂层是室温条件下进行的,因此基体和涂层界面不存在热应力问题,避免了高温喷涂引起的相变和脆裂,有利于增强基体与涂层之间的结合强度。而且电化学过程是非直线过程,可以在形状复杂和表面多孔的基体上制备出均匀的陶瓷涂层。

黄平等[177]采用微弧氧化对钛合金进行表面改性,讨论了在不同条件下微弧氧化膜的形貌、结构和成分。结果表明,在钛合金表面得到一层金红石型 $TiO_2$ 和锐钛矿型 $TiO_2$ 的多孔氧化膜,且在膜中可以渗入钙、磷离子。膜层中的元素呈阶梯分布,外层的 Ca、P 含量较大,Ca/P 含量随溶液中 Ca/P 含量近似呈线性增加。在确定的电解液下表面孔隙率基本不变,但孔洞大小随反应电压的增加而增加;膜的生长速率随反应时间的延长呈先快后慢变化。这种含有 Ca、P 成分的多孔表层结构有利于骨细胞的吸附和结合。

### 7.3.3 仿生溶液法

**一、制备 Ca-P 涂层工艺**

自从 Kokubo 研究小组最早采用仿生溶液法在不同基体表面获得了磷灰石涂层。迄今为止,有关仿生溶液制备方法很多,根据预处理的方法不同可分为以下四种:①机械抛光:光滑表面和粗糙表面对 Ca-P 的异相形核影响基本相同,但对于晶粒长大却有很大影响,在光滑表面涂层局部剥离,而对于粗糙表面涂层则均匀覆盖整个基体表面,有利于 Ca-P 层的生长[178];②二氧化钛法;③自集合单层法:它是模拟自然界磷灰石矿物的形核起始于阳离子被吸收到相关生物大分子的负电荷官能团位置的矿化过程,用于完成金属表面官能化的物质有烷链硅烷、烷链硫醇、N-炔酸和烷基磷酸等的自集合单层;④在过饱和钙化溶液中加入某种玻璃,促进形核。

对于钛及钛合金研究最多、最热门的就是二氧化钛法。其基本原理是基于以下事实:首先经过表面处理的金属在溶液中 $OH^-$ 总是存在于 $TiO_2$ 表面[179];其次,处理后的金属表面会形成很多微孔使表面积增大,因此会吸附更多的 $OH^-$ 基团,而羟基基团的存在是钛凝胶生物活性的主要原因;另外,在生物矿化系统中,凹陷的表面比平的和凸起表面更有利于无机矿化相形核[180]。根据表面处理方式的不同又可将二氧化钛法分为:① 酸处理法;② 碱处理法;③ 酸-碱两步处理法;④ 双氧水处理法;⑤ 复合法。

**1. 酸处理法**

Barrère 等[181~183] 采用仿生溶液法在 Ti-6Al-4V 表面制备了钙磷层[181~183],并且研究了 $Mg^{2+}$ 和 $HCO_3^-$ 对钙磷层形成的影响。实验方法如下:首先进行表面预处理,即将基体材料在丙酮、乙醇和去离子水进行超声波清洗,然后进行酸处理,处理时间为 10 min。酸处理溶液由 2 mL 氢氟酸(40%)、4 mL $HNO_3$(66%)和 1 000 mL 水溶液组成。将处理后的试样浸泡在模拟体液中 24 h,形成薄的、非晶态的碳酸 Ca-P 层。最后把上述试样浸泡在不同浓度的模拟体液中,考察 $Mg^{2+}$ 和 $HCO_3^-$ 对钙磷层的影响。研究发现,在只含有 $Ca^{2+}$ 和 $HPO_4^{2-}$ 离子的溶液中,在基体表面外延生长出磷酸八钙(OCP)涂层,反应式如下

$$8Ca^{2+} + 6HPO_4^{2-} + 5H_2O \rightarrow Ca_8H_2(PO_4)_6 \cdot 5H_2O + 4H^+ \qquad (7.17)$$

当加入 $Mg^{2+}$ 离子后,涂层由乏钙的磷灰石晶体组成,镁离子的存在显著影响了钙磷层的晶化,几乎没有与沉积产物结合。Mg-P 络合物较 Ca-P 络合物容易形成,镁离子几乎没有进入晶格中,而是参与了 OCP 钙磷层的沉积。加入 $HCO_3^-$ 后,基体表面形成了碳酸磷灰石涂层。

Barrere 等[184] 研究了镁对于浸泡在 5 倍于体液浓度(733.5 mM NaCl + 7.5 mM $MgCl_2 \cdot H_2O$ + 12.5mM $CaCl_2 \cdot 2H_2O$ + 5 mM $Na_2HPO_4 \cdot 2H_2O$ + 21.0 mM $NaHCO_3$)的 Ti6Al4V 表面 Ca-P 层形核的影响,发现一方面 $Mg^{2+}$ 比 $HCO_3^-$ 具有更强的抑制磷灰石晶体长大的效果,另一方面它却非常有利于 Ca-P 微球的异相形核,X 射线光电子能谱分析证实在基体/涂层界面的 Mg 含量显著增加。将带有该涂层和没有涂层的试样植入羊的背部肌肉和股骨部位,发现带有该涂层的试样比没有涂层的 Ti-6Al-4V 合金具有更好的生物相容性。

**2. 碱处理法**

Wang 等[185] 采用碱处理后浸泡于模拟体液的方法在 Ti-6Al-4V 表面沉积得到了磷灰石涂层。碱处理溶液为 NaOH,浓度为 5 M,温度控制为 60℃,保

持 24 h。钙化溶液为模拟体液,研究结果表明没有经过碱处理的试样表面即使经过在模拟体液中浸泡 8 周,表面也没有磷灰石生成,而经过碱处理的表面 3 周后磷灰石已经覆盖整个表面。

文献[186]报道了在纯钛表面快速形成磷酸钙涂层的方法。采用这一方法得到的磷灰石厚度可以达到 30~40 μm。通过调整 $CaCl_2/NaH_2PO_4/NaHCO_3$ 的比例,可以获得羟基磷灰石或羟基磷灰石与二水磷酸氢钙(DCPD)的混合物。采用此方法在基体表面共沉积 HA 与 DCPD,HA + DCPD 涂层对于将来设计新一代植入材料具有很大的潜力。

冯庆玲等[187]采用 NaOH 对纯钛进行表面处理,然后在自行配制的过饱和钙化溶液中浸泡,发现在经过碱处理的试样表面首先长出 OCP,接着在它的表面长出[001]择优取向的 HA。

### 3. 酸碱处理法

Wen 等[188]采用两步化学处理方法对纯钛和 Ti – 6Al – 4V 进行了处理,通过在 Hank's 平衡盐溶液(HBSS)中浸泡证实了该方法能够有效诱导形成 Ca – P 层。具体方法为:将经过除油处理的试样在 18% HCl 和 48% $H_2SO_4$(以 1∶1 比例混合)浸泡,然后在稀释的 NaOH 溶液中煮 5 h,温度为 140℃ (3 bar)。水洗后分别在 0.5 N 的 $Na_2HPO_4$ 浸泡一夜,在 $Ca(OH)_2$ 溶液中浸泡 5 h。最后将试样浸泡在 HBSS 溶液和过饱和钙溶液(SCS)中,每 2 天更换 1 次溶液。

### 4. 双氧水 + 碱处理法

Choi 等[189,190]采用仿生溶液法在纯钛、Ti – 6Al – 4V 和 TiNi 合金表面制备了钙磷层。所采用的方法如下:先将试样在丙酮、酒精和去离子水中进行超声波清洗除油,然后在 30% $H_2O_2$ 溶液中煮沸 60 min,取出用蒸馏水清洗;接着将试样在 4 M 氢氧化钾溶液中处理 30 min,温度为 120℃(也可以在盛有饱和氢氧化钙溶液的密闭容器中处理 20 h,温度为 170℃);最后将经过上述处理的试样浸泡于过饱和钙化溶液中 24 h,过饱和钙化溶液中含有:1.8 mM $K^+$,3.0 $Ca^{2+}$,1.8 mM $H_2PO_4^-$,6.0 mM $NO_3^-$。在 TiNi 合金表面得到的钙磷层主要由 OCP 和一些羟基磷灰石组成,涂层厚度根据浸泡时间的不同在 5~20 μm 变化。涂层为相互交链的片状多孔结构,如图 7.51 所示。他们认为该结构可能是涂层与基体具有良好结合强度的主要原因,实验发现在马氏体和奥氏体相互转变过程中没有涂层破裂或剥落,涂层有非常良好的自愈合能力,当被划伤的表面再次浸泡于过饱和钙化溶液中后,缺陷处重新沉积结晶出钙磷层。该涂层提供了一个与机体更加匹配的表面,抑制了镍离子的析出,有效地提高了生物相容性。

该涂层还具有与超弹性形状记忆合金特点相似的、很强的抗弯曲性能,如图 7.52 所示。研究者认为这可能是由于空隙率很高的钙磷层能够协调拉伸和

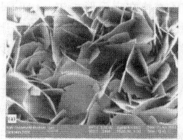 

(a)表面形貌　　　　　　　(b)截面图

(c)两次浸泡得到的钙磷涂层截面图

图 7.51　仿生溶液法制得的钙磷涂层 SEM 照片

压缩运动。当继续弯曲时(比图 7.52 中的弯曲程度大)，涂层破裂，特别是试样的尖端。

**5．复合法**

Wei 等[191]为了提高磷灰石的形成速度，采用碱处理与热处理相结合的方法。他们将试样清洗除油后，分别浸泡在 3、5、10 和 15 M 的 NaOH 溶液中 1、3 和 7 d,溶液温度分别为 60℃和 80℃。发现在 5 M,80℃的氢氧化钠溶液中浸泡 3 d 的工艺最佳。将经过这一最佳工艺处

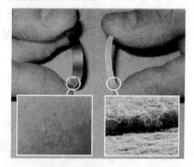

图 7.52　钙磷涂层弯曲时的力学稳定性(左图:没有涂层的 TiNi 合金;右图:有涂层的 TiNi 合金)

理过的试样分别在 500℃、600℃和 700℃下热处理 1 h 得到结合牢固的钛酸钠层以提高与基体的结合力。结果表明经过 600℃处理的试样结合强度最高，具有最佳的磷灰石沉积速率。将此试样浸泡于模拟体液中 3 d 就可以得到磷灰石涂层。只有经过 700℃热处理的试样表面没有形成磷灰石，其它试样表面的磷灰石都随着浸泡时间的增加而增多。但未经过热处理的试样表面的磷灰石颗粒相对较大。

对于上述有关结果他们做了这样的解释:在模拟体液中浸泡的试样,从基

体中释放的钠离子与模拟体液中的 $H_3O^+$ 交换在表面形成 Ti-OH 基团,这些基团诱导磷灰石形核。钛酸钠膜层越厚,释放出的钠离子越多,形核速度就越快。然而,对于经过 700℃ 热处理的试样,表面结构非常稳定,只有很少量的钠离子从基体表面释放出来,因此 Ti-OH 基团形成的数量很少。相比之下,25℃ 时在试样表面有很多 Ti-OH 基团,很容易形成较大的磷灰石,但所生成的磷灰石与钛合金基体的结合力很小。为了提高结合强度,碱处理后进行热处理。500℃ 时形成的磷灰石与基体结合强度较低,而经过 600℃ 热处理的试样具有较高的结合强度。经 500℃ 和 600℃ 处理的试样表面磷灰石颗粒较小可能归因于经过热处理后表面的 Ti-OH 基团数量降低。

传统的仿生溶液法一般浸泡时间较长,基体材料要在不断更新的仿生溶液中浸泡很长周期,因此限制了它的发展。研究表明化学处理和增加钙化溶液浓度能够降低浸泡时间。然而,模拟体液在生理 pH 值条件下是过饱和,溶液的浓度受 Ca-P 低溶解度的限制。Barrere 等[192]研究发现,当把 $CO_2$ 通入高浓度的模拟体液中会使钙磷层的沉积速度大大加快,在不超过 24 h 范围内就可以得到钙磷层。

将 $CO_2$ 通入 5 倍于模拟体液的溶液中,使溶液呈弱酸性,增加溶解度,使之稳定。然后停止通入 $CO_2$ 气体,由于气体从溶液中析出导致溶液 pH 值升高,使溶液中的钙磷盐沉积于基体表面,$CO_2$ 在溶液中的反应如下

$$CO_2 + H_2O \leftrightarrow H_2CO_3 \tag{7.18}$$

$$H_2CO_3 + H_2O \leftrightarrow HCO_3^- + H_3O^+ \tag{7.19}$$

$$HCO_3^- + H_2O \leftrightarrow CO_3^{2-} + H_3O^+ \tag{7.20}$$

当通入 $CO_2$ 时,反应依次从左向右进行,溶液呈弱酸性。当停止通入 $CO_2$ 时,上述反应依次从右向左进行,溶液 pH 值升高。溶液中磷酸盐的沉积反应为

$$(10-x)Ca^{2+} + 6HPO_4^{2-} + 2H_2O \leftrightarrow Ca_{10-x}(HPO_4)_x(PO_4)_{6-x}(OH)_{2-x} + (6-x)H^+ \tag{7.21}$$

从式(7.21)可以看出,磷酸盐的沉积会导致 pH 值下降,但这一结果会由于 $CO_2$ 的析出而得到补偿。研究发现沉积速度受离子强度和 $HCO_3^-$ 离子浓度的影响。NaCl 控制溶液的离子强度,也就是控制 $CO_2$ 的释放,从而影响溶液 pH 值。另外,离子强度延缓高浓度钙化溶液中钙磷的沉积,允许钙磷形核。而 $HCO_3^-$ 可以降低磷灰石大小,有利于增强与基体的吸附。

## 二、$TiO_2$ 法在模拟体液中形成磷灰石机理

Kim 等[193~195]通过碱处理与热处理两步方法对纯钛、Ti-6Al-4V、Ti-6Al-2Nb-Ta 和 Ti-15Mo-5Zr-3Al 进行了预处理,然后浸泡于 SBF 溶液中

得到了致密均匀的类骨磷灰石。他们提出了经过碱处理和热处理后表面结构的变化模型以及在模拟体液中形成磷灰石的机理,如图 7.53 所示。

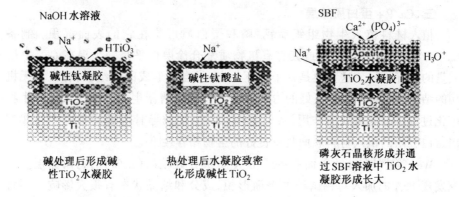

图 7.53　经过碱处理和热处理后表面结构的变化以及在模拟体液中形成磷灰石的机理[193]

纯钛表面在碱处理过程中,钛金属表面的 $TiO_2$ 由于 $OH^-$ 的作用部分被碱溶液溶解,反应式为

$$TiO_2 + OH^- \longrightarrow HTiO_3^- \tag{7.22}$$

同时 Ti 金属发生下列水合作用

$$Ti + 3OH^- \longrightarrow Ti(OH)_3^+ + 4e \tag{7.23}$$

$$Ti(OH)_3^+ + e^- \longrightarrow TiO_2 \cdot 2H_2O + \frac{1}{2}H_2 \uparrow \tag{7.24}$$

$$Ti(OH)_3^+ + OH^- \rightleftharpoons Ti(OH)_4 \tag{7.25}$$

羟基与水化的 $TiO_2$ 进一步反应生成带负电荷的水化物

$$TiO_2 \cdot nH_2O + OH^- \leftrightarrow HTiO_3^- \cdot nH_2O \tag{7.26}$$

带负电荷的物质与碱离子作用,形成碱性钛凝胶层。在热处理过程中,凝胶层脱水变得致密,形成稳定的非晶或晶化的碱性钛酸盐层。当曝露于模拟体液中时,碱性钛酸盐释放出碱离子又转换成 $TiO_2$ 凝胶。这种碱释放实际伴随着与模拟体液中 $H_3O^+$ 的交换,导致附近溶液 pH 值的升高。pH 值的升高引起离子活性增加,从而形成磷灰石,如下式所示

$$10Ca^{2+} + 6PO_4^{3-} + 2OH^- \longrightarrow Ca_{10}(PO_4)_6(OH)_2 \downarrow \tag{7.27}$$

磷灰石在模拟体液中的过饱和度的增加,诱导了磷灰石形核、长大,由此消耗了周围的钙离子和磷酸根离子。即使只经过碱处理的试样也会形成磷灰石,因为碱性钛酸凝胶也会通过碱释放很容易转化成 $TiO_2$ 凝胶。由于这样处理的碱性钛酸盐凝胶不稳定,从使用角度出发,需对其进行热处理。如此获得的磷灰石在 Ti 基体表面的成分变化从最外层到内层呈梯度分布,如图 7.54(c)所示。依次为磷灰石/$TiO_2$ 凝胶/$TiO_2$/Ti。因此可以推测不仅表面的磷灰石与基

体具有较高的结合强度,而且在植入体内后从骨到植入材料的应力呈均匀的梯度分布。

### 三、Ca/P+蛋白质涂层

植入材料植入生物组织后钙、磷和蛋白质可能在它的表面沉积。制备 Ca-P/血清白蛋白(BSA)或其它有机物质复合涂层似乎是一个提高 Ca-P 层质量的良好途径。这主要是基于以下几点:①自然形成的硬组织,有机和无机相的结合通常可以得到良好的力学性能[196];②血清派生大分子在大多数生物矿化过程中起着重要的作用,特别是在 Ca-P 层诱导骨形成反应中[197];③有白蛋白吸附的植入材料表面具有良好的生物相容性[22]。

Wen 等[198]在纯钛表面制备了 BSA 质量分数较高(15%)的钙磷涂层。研究发现 BSA 的加入对钙磷层的表面形貌、成分和结晶状态有很大影响。不含 BSA 的钙磷层是 HA 与磷酸八钙(OCl)的混合物,其中尖角的 OCP 片状晶体在上层。对于含有 BSA 的涂层,只有 HA 相存在,片状晶体具有较为圆滑的表面。浸泡于中性 PBS 溶液中的试样没有检测到释放出的蛋白质,而在酸性溶液中检测到 BSA 持续不断的释放出来,并形成了致密且结合力很强的 BSA 和 Ca-P 的复合涂层。这一研究结果为生物活性蛋白从金属表面的 Ca-P 涂层长期地、有效地释放提供了可能性。他们认为 Ca-P/BSA 涂层中,BSA 与 Ca-P 的结合为化学键合而非简单的物理吸附。对于刚刚植入生物材料的体内环境,由于炎症反应 pH 值很低,手术一周后 pH 值升为 5.19,Ca-P 层中 BSA 释放的速度在刚刚手术时很快,而后逐渐降低,因此该涂层可以作为一个长期有效的蛋白质传输体系。

Liu 等采用仿生溶液法获得了含有牛血清白蛋白的钙磷涂层[199,200],研究表明加入 BSA 后,晶体由磷酸八钙型结构变为碳酸磷灰石型结构,这一结构更接近自然矿化骨的结构。$Ca^{2+}$ 从含有 BSA 的涂层释放速度低于不含 BSA 的涂层的,同时涂层与基体的结合强度也得到提高,并随着 BSA 浓度的增加而增大。

对于白蛋白与钙和磷酸根相互作用的机制有如下观点[201,202]:在生理 pH 值条件下,白蛋白荷负电(白蛋白的等电位为 pH 4.7~4.9)。钙离子与白蛋白分子的结合有利于它向负电荷表面吸引。由于钛表面的氧化物是荷负电的,钙离子在白蛋白通过静电引力吸附于钛表面过程中起到桥梁作用。因此钙离子使吸附于钛表面的白蛋白增加。而磷酸根则抑制白蛋白的吸附,加速它的脱附。

利用仿生溶液法在钛及钛合金表面制备 Ca/P 涂层,虽然发展时间不长,但已显示出了明显的优势,仿生磷灰石的成分更接近于人体骨、不受材料形状限制,沉积温度低为共沉积蛋白质等生物大分子提供可能性,而且工艺简单,成本较低,因此具有极大的发展空间。

### 7.3.4 化学气相沉积

化学气相沉积是利用气态物质在固体表面进行化学反应,生成固态沉积物的工艺过程。它一般包括三个步骤:①产生挥发性物质;②将挥发性物质输运到沉积区;③于基体发生化学反应而生成固态产物。由此获得的涂层具有结合力高、绕镀性好等优点。但由于工作温度过高(1 000℃左右),限制了它的应用范围。等离子增强化学气相沉积(PECVD)是利用射频、直流或微波放电,使反应气体等离子化,以促进反应的方法。它具有沉积温度低、绕镀性好、结合力高等优点,具有更广泛的应用领域和前景。其主要缺点是成本较传统的化学气相沉积方法高,但并不影响其在高附加值的生物医用材料领域的应用[203]。

化学气相沉积法具有如下特点:①沉积种类多,可以沉积金属、碳化物、氮化物、氧化物和硼化物等;②能均匀涂覆几何形状复杂的零件;③涂层和基体结合牢固;④设备简单,操作方便。目前,采用化学气相沉积方法对医疗器械进行改性的薄膜主要有 DLC 和 TiN 薄膜。

**一、DLC 涂层**

DLC 涂层以其优异的耐磨、耐腐蚀性和生物相容性在生物医用材料领域得到广泛的应用,如心脏瓣膜、血管支架和整形医疗器械方面[204~208]。

Linder[209]采用射频等离子增强化学气相沉积方法在盖玻片上沉积了 DLC 膜,使用的气体为甲烷和氩气的混合气体(体积比 1.5∶98.5),膜层厚度为 70 nm。他们研究了人的原单核细胞及其分化衍生物和巨噬细胞的贴附、细胞骨架结构和活性状态。研究表明原单核细胞在有 DLC 涂层的盖玻片上有轻微贴附,数量多于没有 DLC 涂层的样品。而成熟巨噬细胞的肌动蛋白和微管细胞骨架生长正常。DLC 表面的巨噬细胞活性不受影响。因此,DLC 膜层与体外培养的血液单核细胞有很好的生物相容性。Chuong 等[210]在聚碳酸酯(PC)表面采用射频等离子体增强化学气相沉积技术沉积了 DLC 薄膜,所用气体为甲烷和氢气的混合气体。他们研究了 $CH_4/H_2$ 混合比例对 DLC 摩擦系数和耐磨性能的影响。当甲烷的质量分数高于 50% 时,摩擦系数低于 0.3,另外 DLC 膜的表面较 PC 光滑。

**二、TiN 涂层**

氮化钛是热和电的良导体,有较高的化学及热力学稳定性、优异的抗摩擦磨损性能和生物相容性,是生物医学材料表面改性的主要涂层之一,主要用于提高硬组织材料抗摩擦磨损性能。Park 等[211]在不锈钢手术器械上采用二极脉冲直流放电等离子增强化学气相沉积技术沉积了 TiN 涂层。所用气体为 $TiCl_4$、$N_2$、$H_2$ 和 Ar 气。沉积 TiN 后表面硬度达到 $2\,000\ kg/mm^2$，在 Hank's 溶液中的腐蚀速度从 $1\,300\ nA/cm^2$ 降至 $66\ nA/cm^2$。标准细胞毒性实验表明该涂层具有良好的生物相容性。

Rie 等[212]对 Ti-6Al-4V 和 Ti-5Al-2.5Fe 表面先进行等离子氮化，然后进行等离子辅助化学气相沉积，有效提高了材料的耐磨性。等离子氮化后，由于氮的扩散，材料表面形成 TiN 的多层结构，从表面到材料本体之间硬度分布连续，氮化物保证了等离子辅助沉积 TiN 涂层与基体之间具有良好的结合力，而且生物相容性良好。

## 参考文献

[1] 赵树萍，吕双坤，郝文杰. 钛合金及其表面处理[M]. 哈尔滨工业大学出版社，2003.

[2] LINCKS J, BOYAN B D, BLANCHARD C R, et al. Response of MG63 osteoblast-like cells to titanium and titanium alloy is dependent on surface roughness and composition[J]. Biomaterials, 1999,19: 2 219 – 2 232.

[3] BOYAN B D, SYLVIA V L, LIU Y, et al. Surface roughness mediates its effects on osteoblasts via protein kinase A and phospholipase A2[J]. Biomaterials, 1999,20: 2 305 – 2 310.

[4] DELIGIANNI D D, KATSALA N, LADAS S, et al. Effect of surface roughness of the titanium alloy Ti-6Al-4V on human bone marrow cell response and protein adsorption[J]. Biomaterials, 2001,22: 1 241 – 1 251.

[5] ANSELME K. Osteoblast adhesion on biomaterials[J]. Biomaterials,2000,21: 667 – 681.

[6] ANSELME K, BIGERELLE M, NOEL B, et al. Qualitive and quantitative study of human osteoblast adhesion on materials with various surface roughness[J]. Biomed. Mater. Res, 2000, 49: 155 – 166.

[7] FRANK L, REGINA L, PETRA B, et al. The influence of surface roughness of titanium on β1-and β3-integrin adhesion and the organization of fibronectin in human osteoblastic cells [J]. Biomaterials,2005,26: 2 423 – 2 440.

[8] APARICIO C, JAVIER GIL F, FONSECA C, et al. Corrosion behaviour of commercially pure titanium shot blasted with different materials and sizes of shot particles for dental implant applications[J]. 2003,24: 263 – 273.

[9] GRANT D M, GREEN S M, WOOD J V. The surface performance of shot peened and ion implanted NiTi shape memory alloy[J]. Acta. Metall. Mater, 1995,43: 1 045 – 1 051.

[10] GOTZ H E, MULLER M, EMMEL A, et al. Effect of surface finish on the osseointegration of laser-treated titanium alloy implants[J]. Biomaterials,2004,25: 4 057 – 4 064.

[11] CITEAUA, J GUICHEUX, C VINATIER, et al. In vitro biological effects of titanium rough surface obtained by calcium phosphate grid blasting[J]. Biomaterials,2005,26: 157 – 165.

[12] ISHIKAWA K, MIYAMOTO Y J, NAGAYAMA M, et al. Blast coating method: new method of

coating titanium surface with hydroxyapatite at room temperature[J]. Biomed. Mater. Res (Appl. Biomater),1997,38: 129 – 134.

[13] CHU P K, CHEN J Y, WANG L P, et al. Plasma-surface modification of biomaterials[J]. Mater. Sci. Eng R, 2002, 36: 143 – 206.

[14] 肖梅,毛福明,凌一鸣. 低温等离子体对血管内金属支架的表面改性[J]. 真空科学与技术, 2003, 23: 182 – 186.

[15] WILLIAMS R L, WISON D J, RHODES N P. Stability of plasma-treated silicone rubber and its influence on the interfacial aspects of blood compatibility[J]. Biomaterials, 2004, 25: 4 659 – 4 673.

[16] SONDA T, WATAZU A, ZHU J, et al. Structure and mechanical properties of pure titanium film deposited onto TiNi shape memory alloy substrate by magnetron DC sputtering[J]. Thin Solid Films,2004,459: 212 – 215.

[17] SHTANSKY D V, LEVASHOV E A, GLUSHANKOWA N A, et al. Structure and properties of CaO and $ZrO_2$-doped $TiCxNy$ coatings for biomedical applications[J]. Surf. Coats. Technol. 2004, 182: 101 – 111.

[18] THIAN E S, HUANG J, BEST S M, et al. Magnetron co-sputtered silicon-containing hydroxyapatite thin films-an in vitro study[J]. Biomaterials, 2005,26: 2 947 – 2 956.

[19] LONG J D, XU S, CAI J W, et al. Structure, bonding state and in-vitro study of Ca-P-Ti film depsited on Ti – 6Al – 4V by RF magnetron sputtering[J]. Mater. Sci. Eng C,2002,20: 175 – 180.

[20] 陈俊英,杨萍,冷永祥,等. 医用Ta5 + 掺杂$TiO_2$生物薄膜材料的合成与性能研究[J]. 中国生物医学工程学报,2002,21: 411 – 416.

[21] NELEA V, MOROSANU C, ILIESCU M, et al. Hydroxyapatite thin films grown by pulsed laser deposition and radio-frequency magnetron sputtering: comparative study[J]. Appl. Surf. Sci, 2004,228: 346 – 356.

[22] HANAWA T, UKAI H, MURAKAMI K, et al. Structure of surface-modified layers of calcium-ion-implanted Ti-6Al-4V and Ti-57Ni[J]. Mater. Tran. JIM, 1995,36: 438 – 444.

[23] KRUPA D, BAWANDOWSKA J, KOZUBOWSKI J A, et al. Effect of calcium-ion implantation on the corrosion resistance and biocompatibility of titanium[J]. Biomaterials, 2001,22: 2 139 – 2 151.

[24] KRUPA D, BAWANDOWSKA J, KOZUBOWSKI J A, et al. Effect of phosphorus-ion implantation on the corrosion resistance and biocompatibility of titanium[J]. Biomaterials,2002, 23: 3 329 – 3 340.

[25] PHAM M T, REUTHER H, MATZ W, et al. Surface induced reactivity for titanium by ion implantation[J]. Mater. Sci. Mater. Med, 2001,11: 383 – 391.

[26] BAUMANN H BEGHGE K, BILGER G. Thin hydroxyapatite surface layers on titanium produced by ion implantation[J]. Nucl. Inst. Meth. Phys. Res B,2002,196: 286 – 292.

[27] MAITZ M F, POON R W Y, LIU X Y, et al. Bioactivity of titanium following sodium plasma

immersion ion implantation and deposition. Biomaterials, 2005, 26: 5 465 – 5 473.

[28] MANDL S, SADER R, THRWARTH G, et al. Biocompatibility of titanium based implants treated with plasma immersion ion implantation [J]. Nuclear Instruments andMethods in Rhysics Research, 2003, 206:517 – 521.

[29] TSYGANOV I, MAITZ M F, WIESER E. Blood compatibility of titanium-based coatings prepared by metal plasma immersion ion implantation and deposition[J]. Appl. Surf. Sci, 2004, 235: 156 – 163.

[30] BRACERAS I, ALAVA J I, ONATE J I, et al. Improved osseointegration in ion implantation-treated dental implants[J]. Surf. Coats. Technol, 2002, 158 – 159: 28 – 32.

[31] MANDL S, KRAUSE D, THORWARTH G, et al. Plasma immersion ion implantation treatment of medical implants[J]. Surf. Coats. Technol, 2001, 142 – 144.

[32] MANDL S, SADER R, THORWARTH G, et al. Investigation on plasma immersion ion implantation treated medical implants. Biomol[J]. Eng, 2002, 19: 129 – 132.

[33] LOINOZ M RINNER, F ALONSO, et al. Effects of plasma immersion ion implantation of oxygen on mechanical properties and microstructure of Ti6Al4V [J]. Surf. Coats. Technol, 1998, 103 – 104: 262 – 267.

[34] SCHMIDT H, SCHMINKE A, RUCK D M. Tribological behaviour of ion-implanted Ti6Al4V sliding against polymers[J]. Wear, 1997, 209: 49 – 56.

[35] SCHMIDT H, SCHMINKE A, SCHMIEDGEN M, et al. Compound formation and abrasion resistance of ion-implanted Ti6Al4V[J]. Acta. Mater, 2001, 49: 487 – 495.

[36] TESSIER P Y, PICHON L, ILLECHISE P V, et al. Carbon nitride thin films as protective coatings for biomaterials: synthesis, mechanical and biocompatibility characterizations [J]. Diamond. Rel. Mater, 2003, 12: 1 066 – 1 069.

[37] PELLETIER H, MULLER D, MILLE P, et al. Dose effect on mechanical properties of high-energy nitrogen implanted 316L stainless steel[J]. Surf. Coats Technol, 2002, 151 – 152: 377 – 382.

[38] PELLETIER H, MULLER D, MILLE P, et al. Effect of high energy argon implantation into NiTi shape memory alloy[J]. Surf. Coats. Technol, 2002, 158 – 159: 301 – 308.

[39] PELLETIER H, MULLER D, GROB J J. Structural and mechanical charactersation of boron and nitrogen implanted NiTi shape memory alloy[J]. Surf. Coats. Technol, 2002, 158 – 159: 309 – 317.

[40] MUKHERJEE S, RAOLE P M, JOHN P I. Effect of applied pulse voltage on nitrogen plasma immersion ion implantation of AISI 316 austenitic stainless steel[J]. Surf. Coats. Technol, 2002, 137: 111 – 117.

[41] UEDA S, SILVA M M, OTANI C, et al. Improvement of tribological properties of Ti6Al4V by nitrogen plasma immersion ion implantation[J]. Surf. Coats. Technol, 2003, 169 – 170: 408 – 410.

[42] LOINAZ, RINNER M, ALONSO F, et al. Effects of plasma immersion ion implantation of oxygen

on mechanical properties and microstructure of Ti6Al4V[J]. Surf. Coats. Technol, 1998, 100 – 101: 262 – 267.

[43] RINNER M, VOLZ K, ENSINGER W, et al. Composition and microstructure of titanium nitride formed on Ti6Al4V by nitrogen plasma immersion ion implantation[J]. Surf. Coats. Technol, 1998, 100 – 101: 366 – 371.

[44] RINNER M, GERLACH J, ENSINGER W. Formation of titanium oxide films on titanium and Ti6Al4V by $O_2$-plasma immersion ion implantation[J]. Surf. Coats. Technol, 2000, 132: 111 – 116A.

[45] TAN L, CRONE W C, SRIDHARAN K. Fretting wear study of surface modified Ni-Ti shape memory alloy[J]. Mater. Sci: Mater. Med, 2002, 13: 501 – 508.

[46] TAN L, CRONE W C. Surface characterization of NiTi modified by plasma source ion implantation [J]. Acta. Materialia, 2002, 50: 4 449 – 4 460.

[47] TAN L, CRONE W C. Effects of methane plasma ion implantation on the microstructure and wear resistance on NiTi shape memory alloys[J]. Thin Solid Films, 2005, 472: 282 – 290.

[48] BUCHERE X DE, ANDREAZZA P, ANDREAZZA – VIGNOLE C, et al. Structural and chemical surface modifications of stainless steel with implanted molybdenum and carbon ions[J]. Surf. Coats. Technol, 1996, 80: 49 – 52.

[49] PEREZ F J, HIERRO M P, GOMEZ C, et al. Ion implantation as a surface modification technique to improve localized corrosion of different stainless steels[J]. Surf. Coats. Technol, 2000, 155: 250 – 259.

[50] SCHMIDT H, STECHEMESSER G, WITTE J, et al. Depth distribution and anodic polarization behaviour of ion implanted Ti6Al4V[J] Corr. Sci, 1998, 40: 1 533 – 1 545.

[51] POON R W Y, HO J P Y, LIU X Y, et al. Anti-corrosion performance of oxidized and oxygen plasma-implanted NiTi alloys[J]. Mater. Sci. Eng A, 2005, 390: 444 – 451.

[52] POON R W Y, YEUNG K W K, LIU X Y, et al. Carbon plasma immersion ion implantation of nickel-titanium shape memory alloys[J]. Biomaterials, 2005, 26: 2 265 – 2 272.

[53] CHENG Y, CIA W, GAN K Y, et al. Surface Modification of TiNi Alloys Through Tantalum Immersion Ion Implantation[J]. Surf. Coats. Technol, 2004, 176: 261 – 265.

[54] ZHAO X K, CAI W, ZHAO L C. Corrosion behavior of phosphorus ion-implanted Ni50.6Ti49.4 shape memory alloy[J]. Surf. Coats. Technol, 2002, 155: 236 – 238.

[55] COLWELL J M, WENTRUP – BYRNE E, BELL J M, et al. A study of the chemical and physical effects of ion implantation of micro-porous and nonporous PTFE[J]. Surf. Coats. Technol, 2003, 168: 216 – 222.

[56] BACAKOVA L, SVORCIK V, RYBKA V, et al. Adhesion and proliferation of cultured human aortic smooth muscle cells on polystyrene implanted with $N^+$, $F^-$ and $Ar^+$ ions: correlation with polymer surface polarity and carbonization[J]. Biomaterials, 1996, 179: 1 121 – 1 126.

[57] BACAKOVA L, MARES V, LISA V, et al. Molecular mechanisms of improved adhesion and growth of an endothelial cell line cultured on polystyrene implanted with fluorine ions[J].

Biomaterials, 2000,21: 1 173 – 1 179.

[58] SCHILLER T L, SHEEJA D, MCKENZIE D R, et al. Plasma immersion ion implantation of poly (tetrafluoroethylene)[J]. Surf. Coats. Technol,2004,178: 483 – 488.

[59] 吴瑜光,张通和. 离子束医用生物聚合物材料改性研究[J]. 北京师范大学学报(自然科学版),2002,38: 41 – 44.

[60] INOUE Y, YOSHIMURA Y, IKEDA Y, et al. Ultra-hydrophobic fluorine polymer by Ar-ion bombardment[J]. Colloids. Surf. B: Biointer,2000,19: 257 – 261.

[61] YANG M R, WU S K. DC plasma-polymerized hexamethydisilazane coatings of an equiatomic TiNi shape memory alloy[J]. Surf. Coats. Technol, 2000,127: 274 – 281.

[62] HAYAKAWA T, YOSHINARI M, NEMOTO K. Chharacterization and protein-adsorption behavior of deposited orgainic thin film onto titanium by plasma polymerization with hexamethyldisiloxane [J]. Biomaterials, 2004,25:119 – 127.

[63] ZOU X P, KANG E T, NEOH K G. Plasma-induced graft polymerization of poly(ethylene glycol) methyl ether methacrylate on poly(tetrafluoroethylene) films for reduction in protein adsorption [J]. Surf. Coats. Technol,2002,149: 119 – 128.

[64] YAN L L, LENG Y, WENG L T. Characterization of chemical inhomogeneity in plasma-sprayed hydroxyapatite coatings[J]. Biomaterials,2003,24: 2 585 – 2 592.

[65] LIU X Y, TAO S Y, DING C X. Bioactivity of plasma sprayed dicalcium silicate coatings[J]. Biomaterials,2002,23: 963 – 968.

[66] XUE W C, LIU X Y, ZHENG X B, et al. In vivo evaluation of plasma-sprayed wollastonite coating[J]. Biomaterials,2005,26: 3 455 – 3 460.

[67] XUE W C, LIU X Y, ZHENG X B, et al. Plasma-sprayed diopside coatings for biomedical applications[J]. Surf. Coats. Technol,2004,185: 340 – 345.

[68] POLZONETTI G, LUCCI G, FRONTINI, et al. Surface reactions of a plasma-sprayed CaO-PO-SiO-based glass with albumin, fibroblasts and granulocytes studied by XPS, fluorescence and chemiluminescene[J]. Biomaterials,2001,21: 1 531 – 1 539.

[69] LEE T M, CHANG E, WANG B C, et al. Characteristics of plasma-sprayed bioactive glass coatings on Ti-6Al-4V alloy: an in vitro study[J]. Surf. Coat. Technol,1996,79: 170 – 177.

[70] GOLLER G. The effect of bond coat on mechanical properties of plasma sprayed bioglass-titanium coatings[J]. Ceramic. Inter,2004,30: 351 – 355.

[71] RECLARU L, ESCHLER P Y, LERF R, et al. Electrochemical corrosion and metal ion release from Co-Cr-Mo prosthesis with titanium plasma spray coating[J]. Biomaterials. 2005, 26: 4 747 – 4 756.

[72] FATHI M H, SALCHI M, SAATCHI A, et al. In vitro corrosion behaviour of bioceramic, metallic, and bioceramicmetallic coated stainless steel dental implants[J]. Dent. Mater,2003, 19: 188 – 198.

[73] YANG Y Z, ONG J L, TIAN J. Deposition of highly adhesive $ZrO_2$ coating on Ti and CoCrMo implant materials using plasma spraying[J]. Biomaterials,2003,24: 619 – 627.

[74] GU Y W, KHOR K A, CHEANG P. In vitro studies of plasma-sprayed hydroxyapatite/Ti6Al4V composite coatings in simulated body fluid (SBF)[J]. Biomaterials,2003,24: 1 603 – 1 611.

[75] QUEK C H, KHOR K A, CHEANG P. Influence of processing parameters in the plasma spraying of hydroxyapatite/Ti-6Al-4V composite coatings[J]. Mater. Processing. Technol,1999,89 – 90: 550 – 555.

[76] DING S J, JU C P, LIN J H C. Morphology and immersion behavior of plasma-sprayed hydroxyapatite/bioactive glass coatings[J]. Mater. Sci. Mater. Med,2002,11: 183 – 190.

[77] WANG C K, LIN J H C, JU C P. Effect of doped bioactive glass on structure and properties of sintered hydroxyapatite[J]. Mater. Chem. Phys,1998,53: 138 – 149.

[78] GU Y W, KHOR K A, PAN D, et al. Activity of plasma sprayed yttrium stabilized zirconia reinforced hydroxyapatite/Ti-6Al-4V composite coatings in simulated body fluid[J]. Biomaterials. 2004,25: 3 177 – 3 185.

[79] CHEN C C, HUANG T H, KAO C T, et al. Electrochemical study of the vitro degradation of plasma-sprayed hydroxyapitite/bioactive glass composite coatings after heat treatment [J]. Electrochemica Acta,2004,50: 1 023 – 1 029.

[80] YANG Y, LIU Z, LUO C, et al. Measurements of residual stress and bond strength of plasma sprayed laminated coatings[J]. Surf. Coat. Technol, 1997,89: 97 – 100.

[81] CHOU B Y, CHANG E. Plasma-sprayed hydroxyapatite coating on titanium alloy with $ZrO_2$ second phase and $ZrO_2$ intermediate layer[J]. Surf. Coats. Technol,2002,153: 84 – 92.

[82] CHOU B Y, CHANG E. Plasma-sprayed zirconia bond coat as an intermediate layer for hydroxyapatite coating on titanium alloy substrate[J]. Mater. Sci. Mater. Med,2002,13: 589 – 595.

[83] CHOU B Y, CHANG E. Microstructural characterization of plasma sprayed hydroxyapatite-10wt% $ZrO_2$ composite coating on titanium[J]. Biomaterials,1999,20: 1 823 – 1 832.

[84] CHOU B Y, CHANG E. Interface investigation of plasma-sprayed hydroxyapatite coating on titanium alloy with $ZrO_2$ intermediate layer as a bond coat[J]. Script. Materialia, 2001, 45: 487 – 493.

[85] KHOR K A, FU L, LIM V J P, et al. The effects of $ZrO_2$ on the phase compositions of plasma-sprayed HA/YSZ composite coatings[J]. Mater. Sci. Eng,2000,A276: 160 – 166.

[86] ZHENG X B, HUANG M H, DING C X. Bond strength of plasma sprayed hydroxyapatite/Ti composite coatings[J]. Biomaterials,2000,21: 841 – 849.

[87] KURZWEG H, HEIMANN R B, TROCZYNSKI T, et al. Development of plasma-sprayed bioceramic coatings with bond coats based on titania and zirconia[J]. Biomaterials,1998,19: 1 507 – 1 511.

[88] VILLERMAUX F, TABRIZIAN M, YAHIA L'H, et al. Excimer laser treatment of NiTi shape memory alloy biomaterials[J]. Appl. Surf. Sci,1997,109 – 110: 62 – 66.

[89] MORITZ N, AREVA S, WOLKE J, et al. TF-XRD examination of surface-reactive $TiO_2$ coatings produced by heat treatment and $CO_2$ laser treatment[J]. Biomaterials.2005,26: 4 460 – 4 467.

[90] CUI Z D, MAN H C, YANG X J. Characterization of the laser gas nitrided surface of NiTi shape memory alloy[J]. Appl. Surf. Sci,2003,209 - 209: 388 - 393.

[91] CLERIES L, FERNANDEZ - PRADAS J M, MORENZA J L. Behavior in simulated body fluid of calcium phosphate coatings obtained by laser ablation[J]. Biomaterials,2000,21: 1 861 - 1 865.

[92] FERNANDEZ - PRADAS M, CLERIES L, MARTINEZ E, et al. Influence of thickness on the properties of hydroxyapatite coatings deposited by KrF laser ablation[J]. Biomaterials,2001,22: 2 171 - 2 175.

[93] CLERIES L, MARTINEZ E, FENANDEZ - PRADAS J M, et al. Mechanical properties of calcium phosphoate coatings deposited by laser ablation[J]. Biomaterials,2000,21: 967 - 971.

[94] BALL M D, DOWNES S, SCOTCHFORD C A, et al. Osteoblast growth on titanium foils coated with hydroxyapatite by pulsed laser ablation[J]. Biomaterials.2001,22: 337 - 347.

[95] D'ALESSIO L, FERRO D, MAROTTA V, et al. Laser ablation and deposition of Bioglass(r) 45S5 thin films[J]. Appl. Surf. Sci,2001,183: 10 - 17.

[96] D'ALESSIO L, FERRO D, MAROTTA V, et al. Pulsed laser ablation and deposition of bioactive glass as coating materials for biomedical applications[J]. Appl. Surf. Sci,1999,138 - 139: 527 - 532.

[97] ANTONOV E N, BAGRATASHVILI V N, POPOV V K, et al. Atomic force microscopic study of the surface morphology of apatite films deposited by pulsed laser ablation[J]. Biomaterials,1997, 18: 1 043 - 1 049.

[98] CLERIES L, FERNADEZ - PRADAS J M, SANDIN G, et al. Dissolution behaviour of calcium phosphate coatings obtained by laser ablation[J]. Biomaterials,1998,19: 1 483 - 1 487.

[99] CLERIES L, FERNANDEZ - PRADAS J M, SARDIN G, et al. Application of dissolution experiments to characterize the structure of pulsed laser-deposited calcium phosphate coatings[J]. Biomaterials,1999,20: 1 401 - 1 405.

[100] WANG C K, CHERN J H, JU C P, et al. Structural characterization of pulsed laser-deposited hydroxyapatite film on titanium substrate[J]. Biomaterials,1997,18: 1 331 - 1 338.

[101] ZENG H T, LACEFIELD W R. XPS, EDX, and FTIR analysis of pulsed laser deposited calcium phosphate bioceramic coatings: the effects of various process parameters [J]. Biomaterials,2000,21: 23 - 30.

[102] SOCOL G, TORRICELLI P, BRACCI B, et al. Biocompatible nanocrystalline octacalcium phosphate thin films obtained by pulsed laser deposition[J]. Biomaterials,2004,25: 2 539 - 2 545.

[103] FERRO D, BARINOV S M, RAU J V, et al. Calcium phosphate and fluorinated calcium phosphate coatings on titanium deposited by Nd:YAG laser at a high fluence[J]. Biomaterials, 2005,26: 805 - 812.

[104] BIGI B BRACCI, CUISINIER F, et al. Human osteoblast response to pulsed laser deposited calcium phosphate coatings[J]. Biomaterials,2005,26: 2 381 - 2 389.

[105] MIHAILESCU N, TORRICELLI P, BIGI A, et al. Calcium phosphate thin films synthesized by

pulsed laser deposition: Physico-chemical characterization and in vitro cell response[J]. Appl. Surf. Sci,2005,248: 344 – 348.

[106] ARIAS J L, MAYOR M B, POU J, et al. Micro- and nano-testing of calcium phosphate coatings produced by pulsed laser deposition[J]. Biomaterials,2003,24: 3 403 – 3 408.

[107] ARIAS J L, SANZ F J G, MAYOR M B, et al. Physicochemical properties of calcium phosphate coatings produced by pulsed laser deposition at different water vapour pressures [J]. Biomaterials,1998,19: 883 – 888.

[108] NELEA V, CRACIUN V, ILIESCU M, et al. Growth of calcium phosphate thin films by in situ assisted ultraviolet pulsed laser deposition[J]. Appl. Surf. Sci,2003,208 – 209: 638 – 644.

[109] LOIR A S, GARRELIE F, DONNET C, et al. Mechanical and tribological characterization of tetrahedral diamond-like carbon deposited by femtosecond pulsed laser deposition on pre-treated orthopaedic biomaterials[J]. Appl. Surf. Sci,2005,247: 225 – 231.

[110] FERNANDEZ – PRADAS J M, SERRA P, MORENZA J L, et al. Pulsed laser deposition of pseudowollastonite coatings[J]. Biomaterials,2002,23: 2 057 – 2 061.

[111] LISTE S, GONZALEZ P, SERRA J, et al. Study of the stoichiometry transfer in pulsed laser deposition of bioactive silica-based glasses[J]. Thin Solid Films,2004,453 – 454: 219 – 223.

[112] LISTE S, SERRA J, GONZALEZ P, et al. The role of the reactive atmosphere in pulsed laser deposition of bioactive glass films[J]. Thin Solid Films,2004,453 – 454: 224 – 228.

[113] GONZALEZ P, SERRA J, LISTE S, et al. Ageing of pulsed-laser-deposited bioactive glass films [J]. Vacuum,2002,67: 647 – 651.

[114] RICHTER E, PIEKOSZEWSKI J, PROKERT F, et al. Alloying of silicon on Ti6Al4V using high intensity pulsed plasma beams[J]. Vacuum,2001,63: 523 – 527.

[115] GARCIA I, DAMBORENEA J J. Corrosion properties of TiN prepared by laser gas alloying of Ti and Ti6Al4V[J]. Corr. Sci,1998,40: 1 411 – 1 419.

[116] QUEIROZ A C, SANTOS J D, VILAR R, et al. Laser surface modification of hydroxyapatite and glass-reinforced hydroxyapatite[J]. Biomaterials, 2004,25: 4 607 – 4 614.

[117] BEREZNAI M, PELSOCZI I, TOTH Z, et al. Fazekas, Surface modifications induced by ns and sub-ps excimer laser pulses on titanium implant material[J]. Biomaterials, 2003,24: 4 197 – 4 203.

[118] VELTEN D, BIEHL V, AUBERTIN F, et al. Preparation of TiO$_2$ layers on cp-Ti and Ti6Al4V by thermal and anodic oxidation and by sol-gel coating techniques and their characterization[J]. Biomed. Mater. Res,2002,59: 18 – 28.

[119] GAN L, WANG J, PILLIAR R M. Evaluating interface strength of calcium phosphate sol-gel-derived thin films to Ti6Al4V[J]. Biomaterials,2005,26: 189 – 196.

[120] GAN L, WANG J, TACHE A, et al. Calcium phosphate sol-gel derived thin films on porous-surface implants for enhanced osteoconductivity. Part II: Short-term in vivo studies [J]. Biomaterials,2004,25: 5 313 – 5 321.

[121] GAN L, PILLIAR R. Calcium phosphate sol-gel-derived thin films on porous-surface implants for

enhanced osteoconductivity. Part I: Synthesis and characterization[J]. Biomaterials, 2004,25: 5 303 – 5 312.

[122] LI P, GROOT K, KOBUBO T. Bioactive Ca10(PO$_4$)6(OH)2-TiO$_2$ composite coating prepared by sol-gel process[J]. Sol Gel Sci. Technol,1996,7: 27 – 34.

[123] KIM H W, KOH Y H, LI L H. Hydroxyapatite coating on titanium substrate with titania buffer layer processed by sol-gel method[J]. Biomaterials,2004,25: 2 533 – 2 538.

[124] KIM H W, KONG Y M, BAE C J, et al. Sol-gel derived fluor-hydroxyapatite biocoatings on zirconia substrate[J]. Biomaterials,2004,25: 2 919 – 2 936.

[125] HSIEH M F, PERNG L H, CHIN T S. Hydroxyapatite coating on Ti6Al4V alloy using a sol-gel derived precursor[J]. Mater. Chem. Phys,2002,74: 245 – 250.

[126] HUKOVIC M M, TKALCEC E , KWOKAL A, et al. An in vitro study of Ti and Ti-alloys coated with sol-gel derived hydroxyapatite coatings[J]. Surf. Coat. Technol,2003,165: 40 – 50.

[127] WENG W J, ZHANG S, CHENG K, et al. Sol-gel preparation of bioactive apatite films[J]. Surf. Coats. Technol,2003,167: 292 – 296.

[128] MANSO M, OGUETA S, GARCIA P, et al. Mechanical and in vitro testing of aerosol-gel deposited titania coatings for biocompatible applications[J]. Biomaterials,2002,23: 349 – 356.

[129] CORENO J, MARTINEZ A, CORENO O, et al. Calcium and phosphate adsorption as initial steps of apatite nucleation on sol-gel-prepared titania surface[J]. Biomed. Mater,2003,64A: 131 – 137.

[130] PELTOLA T, PATSI M, RAHIALA H, et al. Calcium phosphate induction by sol-gel-derived titania coatings on titanium substrates in vitro[J]. Biomed. Mater Res, 1998,41: 504 – 510.

[131] AREVA S, PALDAN H, PELTOLA T, et al. Use of sol-gel-derived titania coating for direct soft tissue attachment[J]. Biomed. Mater. Res,2003,70A: 169 – 178.

[132] UCHIDA M, KIM H M, KOKUBO T, et al. Structural dependence of apatite formation on titania gels in a simulated body fluid[J]. Biomed. Mater. Res,2003,64A: 164 – 170.

[133] PELTOLA T, JOKINEN M, RAHIALA H, et al. Effect of aging time of sol on structure and in vitro calcium phosphate formation of sol-gel-derived titania films[J]. Biomed. Mater. Res, 2000,51: 200 – 208.

[134] JOKINEN M, PATSI M, RAHIALA H, et al. Influence of sol and surface properties on in vitro bioactivity of sol-gel-derived TiO$_2$ and TiO$_2$-SiO$_2$ films deposited by dip-coating method[J]. Biomed. Mater. Res,1998,42: 295 – 302.

[135] HADDOW D B, KOTHARI S, JAMES P F, et al. Synthetic implant surfaces 1. The formation and characterization of sol-gel titania films[J]. Biomaterials,1996,17: 501 – 507.

[136] LIU J X, YANG D Z, SHI F, et al. Sol-gel deposited TiO$_2$ films on NiTi surgical alloy for biocompatibility improvement[J]. Thin Solid Films, 2003,429: 225 – 230.

[137] KIM H W, KIM H E, SALIH V, et al. Hydroxyapatite and titania sol-gel composite coatings on titanium for hard tissue implants; Mechanical and in vitro biological performance[J]. Biomed. Mater. Res Part B: Appl Biomater ,2005,72B: 1 – 8.

[138] SATO M, SLAMOVICH E B, WEBSTER T J. Enhanced osteoblast adhesion on hydrothermally treated hydroxyapatite/titania/poly ( lactide-co-glycolide ) sol-gel titanium coatings [J]. Biomaterials,2005,26: 1 349 – 1 357.

[139] YOSHIDA K, KAMADA K, SATO K, et al. Thin sol-gel-derived silica coatings on dental pure titanium casting[J]. Biomed. Mater. Res Part B: Appl Biomater,1999,48: 778 – 785.

[140] YOSHIDA K, TANGAWA M, KAMADA K, et al. Slica coatings formed on noble dental casting alloy by the sol-gel dipping process[J]. Biomed. Mater. Res,1999,46: 221 – 227.

[141] ANDRADE A L, FERREIRA J M F, DOMINGUES R Z. Surface modifications of alumina-silica glass fiber[J]. Biomed. Mater. Res Part B: Appl Biomater, 2004,70B: 378 – 383.

[142] YANG J M, SHIH C H, CHANG C N, et al. Preparation of epoxy-$SiO_2$ hybrid sol-gel material for bone cement[J]. Biomed. Mater. Res,2003,64A: 138 – 146.

[143] PELTOLA T, JOKINEN M, RAHIALA H, et al. Calcium phosphate formation on porous sol-gel-derived $SiO_2$ and $CaO-P_2O_5-SiO_2$ substrates in vitro[J]. Biomed. Mater. Res,1999,44: 12 – 21.

[144] JEON H J, YI S C, OH S G. Preparation and antibacterial effects of $Ag-SiO_2$ thin films by sol-gel method[J]. Biomaterials,2003,24: 4 912 – 4 928.

[145] FILIAGGI M J, PILLIAR R M, YAKUBOVICH R, et al. Evaluating sol-gel ceramic thin films for metal implant applications. I. Processing and structure of zirconia films on Ti6Al4V[J]. Biomed. Mater. Res (Appl Biomaterials),1996,33: 225 – 238.

[146] FILIAGGI M J, PILLIAR R M, ABDULLA D. Evaluating sol-gel ceramic thin films for metal implants applications. II. Adhesion and fatigue properties of zirconia films on Ti-6Al-4V[J]. Biomed. Mater. Res (Appl Biomaterials) ,1996,33: 239 – 256.

[147] KIRK P B, FILIAGGI M J, SODHI R N S, et al. Evaluationg sol-gel ceramic thin films for metal implant applications: III. In vitro aging of sol-gel-derived zirconia films on Ti-6Al-4V[J]. Biomed. Mater. Res (Appl Biomaterials),1999,48: 424 – 433.

[148] HAIDOPOULOS M, TURGEON S, LAROCHE G. et al. Surface modifications of 316L stainless steel for the improvement of its interface properties with RFGD-deposited fluorocarbon coating [J]. Surf. Coats. Technol,2005,197: 278 – 287.

[149] RAVAL A, CHOUBEY A, ENGINEER C, et al. Development and assessment of 316LVM cardiovascular stents[J]. Mater. Sci. Eng A,2004,386 331 – 343.

[150] POHL M, HEING C, FRENZEL J. Electrolytic processing of NiTi shape memory alloys[J]. Mater. Sci. Eng A,2004,378: 191 – 199.

[151] CABRERA I E, HERNANDEZ H O, SANCHEZ R T, et al. Synthesis of nanostructured zirconia electrodeposited films on AISI 316L stainless steel and its behaviour in corrosion resistance assessment[J]. Mater. Letters,2003,58: 191 – 195.

[152] YEN S K, GUO M J, ZAN H Z. Characterization of electrolytic $ZrO_2$ coating on Co-Cr-Mo implant alloys of hip prosthesis[J]. Biomaterials, 2001,22: 125 – 133.

[153] ZHITOMIRSKY I, PETRIC A. Electrolytic deposition of zirconia and zirconia organoceramic

composites[J]. Mater Lett,2000,46: 1 - 6.

[154] ZHANG Q Y, LENG Y, XIN R L. A comparative study of electrochemical deposition and biomimetic deposition of calcium phosphate on porous titanium. Biomaterials,2005,26: 2 857 - 2 865.

[155] CHENG X L, FILIAGGI M, ROSCOE S G. Electrochemically assisted co-precipitation of protein with calcium phosphate coatings on titanium alloy[J]. Biomaterials,2004,25: 5 395 - 5 403.

[156] 胡仁,时海燕,林理文,等. 电化学沉积羟基磷灰石过程晶体生长行为[J]. 物理化学学报,2005,21: 197 - 201.

[157] 尹燕,夏天东,赵文军,等. NiTi 表面电化学方法制备 HA 生物涂层的工艺研究[J]. 稀有金属材料与工程,2004,33: 1 229 - 1 232.

[158] 庄燕燕,胡仁,时海燕,等. 钛表面电化学刻蚀及 HAP/Ti 复合生物材料的研究[J]. 厦门大学学报,2005,44: 230 - 233.

[159] BAN S, MARUNO S. Hydrothermal-electrochemical deposition of hydroxyapatite[J]. Biomed. Res,1998,42: 387 - 405.

[160] STEEGMUELLER R, WAGNER C, FLECKENSTEIN T, et al. Gold coating of nitinol devices for medical applications[J]. Materials Science Forum,2002,394 - 395: 161 - 164.

[161] JIU J T, LI L P, CAO C B, et al. Deposition of diamond-like carbon films by using liquid phase electrodeposition technique and its electron emission properties[J]. Mater. Sci, 2001, 36: 5 801 - 5 804.

[162] 阎兴斌,徐洮,王博,等. 用 XPS 和 XAES 分析电化学沉积的 DLC 膜[J]. 无机化学学报, 2003,19: 569 - 573.

[163] SENAL A, ANDRADE M C, ROSSI A M. Hydroxyapatite deposition by electrophoresis on titanium sheets with different surface finish[J]. Biomed. Mater. Res,2002,20: 1 - 7.

[164] CORTEZ P M, GUTIERREZ G V. Electrosphoretic depositon of hydroxyapatite submicron particles at high voltages[J]. Mater. Letters, 2004,58: 1 336 - 1 339.

[165] STOCH A, BROZEK, KMITA G, et al. Electrophoretic coating of hydroxyapatite on titanim implants[J]. Moleclar. Structure, 2001,596: 191 - 200.

[166] ZHITOMIRSKY I, GAL - OR L. Electrophoretic deposition of hydroxyapatite[J]. Mater. Sci: Mater. Med,1997,8: 213 - 219.

[167] SRIDHAR T M, MUDALI U K, SUBBAIYAN M. Preparation and characterization of electrophoretically deposited hydroxyapatite coatings on type 316L stainless steel[J]. Corr. Sci, 2003,45: 237 - 252.

[168] HAMAGAMI J I, ATO Y, KANAMURA K. Fabrication of highly ordered macroporous apatite coating onto titanium by electrophoretic deposition method[J]. Solid State Ionics, 2004, 172: 331 - 334.

[169] NIE X. Effect of solution pH and electrical parameters on hydroxyapatite coatings deposited by a plasma-assisted electrophoresis technique[J]. Biomed. Mater. Res, 2001,57: 612 - 618.

[170] VELTEN D, BIEHL V, AUBERTIN F, et al. Preparation of $TiO_2$ layers on cp-Ti and Ti6Al4V

by thermal and anodic oxidation and by sol-gel coating techniques and their characterization[J]. Biomed. Mater. Res, 2002, 59: 18-28.

[171] TAKEBE J, ITOH S, OKADA J, et al. Anodic oxidation and hydrothermal treatment of titanium results in a surface that causes increased attachment and altered cytoskeletal morphology of rat bone marrow stromal cells in vitro[J]. Biomed. Mater. Res, 2000, 51: 398-400.

[172] FINI M, CIGADA A, RONDELLI G, et al. In vitro and in vivo behaviour of Ca- and P-enchriched anodized titanium[J]. Biomaterials, 1999, 20: 1 587-1 594.

[173] 关永军,夏原. 等离子电解沉积的研究现状[J]. 力学进展, 2004, 34: 237-250.

[174] ISHIZAWA H, FUJINO M, OGINO M. Histomorphometric evaluation of the thin hydroxyapatite layer formed through anodization followed by hydrothermal treatment[J]. Biomed. Mater. Res, 1997, 35: 199-206.

[175] NIE X, LEYLAND A, MATTEWS A. Deposition of layered bioceramic hydroxyapatite/$TiO_2$ coatings on titanium alloys using a hybrid technique of micro-arc oxidation and electrophoresis [J]. Surf. Coats. Technol, 2000, 125: 407-414.

[176] NIE X, LEYLAND A, MATTEWS A, et al. Effects of solution pH and electrical parameters on hydroxyapatite coatings deposited by a plasma-assisted electrophoresis technique[J]. Biomed. Mater. Res, 2001, 57: 612-618.

[177] 黄平,憨勇,徐可为. 用微弧氧化技术处理医用钛合金表面的研究[J]. 稀有金属材料与工程, 2002, 31: 308-311.

[178] FLORENCE BARRERE, MARGOT M E SNEL, CHEMENS A VAN BLITTERSVIJK, et al. Nano-scale study of the nucleation and growth of calcium phosphate coating on titanium implants [J]. Biomaterials, 2004, 25: 2 901-2 910.

[179] HEALY K E, DUCHEYNE P. Hydration and preferential molecular adsorption on titanium in vitro[J]. Biomaterials, 1992, 13: 553-561.

[180] MANN S, HEYWOOD BR, RAJAM S, et al. Molecular Recognition in Biomineralization [C]// Proceedings of the VIth International Symposium on Biomineralization. Springer-Verlag, 1991, 47-56.

[181] BARRERE F, LAYROLLE, P, BLITTERSWIJK C A VAN, et al. Blitterswijk, K. De. Groot. Biomimetic calcium phosphate coatings on Ti6Al4V: A crystal growth study of octacalcium phosphate and inhibition by $Mg^{2+}$ and $HCO_3^-$. Bone, 1999, 25: 107-111.

[182] HABIBOVIC P, LI J P, VAN DER VALK C M, et al. Biological performance of uncoated and octacalcium phosphate-coated Ti6Al4V[J]. Biomaterials, 2005, 26: 23-36.

[183] BARRERE F, LAYROLLE P, VAN BLITTERSVIJK C A, et al. Biomimetic coatings on titanium: a crystal growth study of octacalcium phosphate[J]. Journal of Materiasl Science: Materials in Medicine, 2001, 12: 529-534.

[184] BARRERE F, VAN C A, BLITTERSWIJK, GROOT K DE, et al. Nucleation of biomimetic Ca-P coatings on Ti6Al4V from a SBF × 5 solution: influence of magnesium[J]. Biomaterials, 2002, 23: 2 211-2 220.

[185] WANG C X, WANG M, ZHOU X. Nucleation and growth of apatite on chemically treated titanium alloy: an electrochemical impedance spectroscopy study[J]. Biomaterials, 2003, 24: 3 069 – 3 077.

[186] LI F, FENG Q L, CUI F Z, et al. A simple biomimetic method for calcium phosphate coating [J]. Surf. Coats. Technol, 2002, 154: 88 – 93.

[187] FENG Q L, WANG H, CUI F Z, et al. Controlled crystal growth of calcium phosphate on titanium surface by NaOH-treatment[J]. Cryst. Growth, 1999, 200: 550 – 557.

[188] CHOI J, BOGDANSKI D, KOLLER M, et al. Preparation of calcium phosphate coatings on titanium implant materials by simple chemistry[J]. Biomed. Mater. Res, 1998, 41: 227 – 236.

[189] CHOI J, BOGDANSKI D, KOLLER M, et al. Calcium phosphate coating of nickel-titanium shape-memory alloys. Coating procedure and adherence of leukocytes and platelets [J]. Biomaterials, 2003, 24: 3 689 – 3 696.

[190] BOGDANSKI D, ESENWEIN S A, PRYMAK O, et al. Inhibition of PMN apoptosis after adherence to dip-coated calcium phosphate surfaces on a NiTi shape memory alloy [J]. Biomaterials, 2004, 25: 4 627 – 4 632.

[191] WEI M, KIM H M, KOKUBO T, et al. Optimising the bioactivity of alkaline-treated titanium alloy[J]. Mater. Sci. Eng C, 2002, 20: 125 – 134.

[192] BARRERE F, VAN C A, BLITTERSWIJK, K DE, GROOT, et al. Influence of ionic strength and carbonate on the Ca-P coating formation from SBF×5 solution[J]. Biomaterials, 2002, 23: 1 921 – 1 930.

[193] KIM H M, MIYAJI F, KOKUBO T. Effect of heat treatment on apatite-forming ability of Ti metal induced by alkali treatment[J]. Mater. Sci: Mater. Med, 1997, 8: 341 – 347.

[194] KIM H M, MIYAJI F, KOKUBO T, et al. Preparation of bioactive Ti and its alloys via simple chemical surface treatment[J]. Biomed. Mater. Res, 1996, 32: 409 – 417.

[195] KIM H M, MIYAJI F, KOKUBO T, et al. Graded surface structure of bioactive titanium prepared by chemical treatment[J]. Biomed. Mater. Res, 1999, 45: 100 – 107.

[196] HEUER A H, FINK D J, LARAIA VJ, et al. Innovative materials processing strategies: a biomimetic approach[J]. Sci, 1992, 255: 1 098 – 1 105.

[197] SUZUKI O, YAGISHITA Y, YAMAZAKI M, et al. Adsorption of bovine serum albumin onto octacalcium phosphate and its hydrolyzates[J]. Cells Mater, 1995, 5: 45 – 54.

[198] KEOGN J R, VELANDER F F, EATON J W. Albumin-binding surfaces for implantable devices [J]. Biomed Mater. Res, 1992, 26: 441 – 456.

[199] WEN H B, WIJI J R, BLITTERSWIJK C A, et al. Incorporation of bovine serum albumin in calcium phosphate coating on titanium[J]. Biomed. Mater. Res, 1999, 46: 245 – 252.

[200] LIU Y, HUNZIKER E B, RANDALL N X, et al. Proteins incorporated into biomimetically prepared calcium phosphate coatings modulate their mechanical strength and dissolution rate[J]. Biomaterials, 2003, 24: 65 – 70.

[201] LIU Y, LAYROLLE P, BRUIJN J, et al. Biomimetic co-precipitation of calcium phosphate and

bovine serum albumin on titanium-alloy[J]. Biomed. Mater. Res, 2001,57: 327-335.

[202] KLINGER A, STEINBERG D, KOHAVI D, et al. Mechanism of adsorption of human albumin to titanium in vitro[J]. Biomed. Mater. Res,1997,36: 387-392.

[203] WASSELL DTH, EMBERY G. Adsorption of bovine serum albumin onto titanium powder[J]. Biomaterials,1996,17: 859-964.

[204] CHOY K L. Chemical vapour deposition of coatings[J]. Progress in Materials Science,2003,48: 57-170.

[205] AFFATATO S, FRIGO M, TONI A. An in vitro investigation of diamond-like carbon as a femoral head coating[J]. Biomed. Mater. Res.(Appl. Biomater), 2000,53: 221-226.

[206] HAUERT R, MULLER U. An overview on tailored tribological and biological behavior of diamond-like carbon[J]. Diamond and related materiasl, 2003,12: 171-177.

[207] GRIIL. Diamond-like carbon coatings as biocompatible materials-an overview[J]. Diamond and related materials, 2003,12: 166-170.

[208] SHEEJA D, TAY B K, NUNG L N. Feasibility of diamond-like carbon coatings for orthopaedic applications[J]. Diamond. Related. Mater, 2004,13: 184-190.

[209] LINDER S, PINKOWSKI W, AEPFELBACKER M. Adhesion, cytoskeletal architecture and activation status of primary human macrophages on a diamond-like carbon coated surface[J]. Biomaterials, 2002,23: 767-773.

[210] CHUONG N K, TAHARA M, YAMAUCHI N, et al. Diamond-like carbon films deposited on polymers by plasma-enhanced chemical vapor deposition[J]. Surf. Coats. Tehnol,2003, 174-175: 1 024-1 028.

[211] PARK J, KIM D J, KIM Y K, et al. Improvement of the biocompatibility and mechanical properties of surgical tools with TiN coating by PACVD[J]. Thin Solid Films,2003,435: 102-107.

[212] RIE K T, STUSKY T, SILVA R A, et al. Plasma surface treatment and PACVD on Ti alloys for surgical implants[J]. Surf. Coats. Tehnol,1995, 74-75: 973-980.

# 第8章 组织工程相关生物医用材料

## 8.1 概 述

"组织工程"一词最早由美国国家科学基金会1987年正式提出并确立。其定义为：应用生命科学和工程学的原理与技术，在正确认识哺乳动物的正常及病理两种状态下结构与功能关系的基础上，研究、开发用于修复、维护、促进人体各种组织或器官损伤后的功能和形态生物替代物的科学[1]。

组织工程一般采取如下三种方式[2]：①细胞体系：移植种子细胞，再经生物过程发展成微结构；②单纯生物降解材料的体系：仅将生物降解材料构建的支架植入体内，通过生物过程使自身细胞长入多孔支架内，经增殖、分化形成组织，同时与周围组织整合；③细胞和生物材料结合体系：将从活组织中分离的组织特异细胞，在体外扩增后种植到生物相容性良好并且可生物降解的聚合物构建的多孔支架内，体外培养一定时间后把此细胞/支架结构植入体内，进行组织缺损部位的重建。

材料作为组织工程研究的人工细胞外基质（extracellular matrix，ECM），是组织工程研究的一个重要方面，它为细胞的停泊、生长、繁殖、新陈代谢、新组织的形成提供支持。生物材料作为组织工程支架需要满足几个方面的要求[3]：①合适的表面化学性能以利于细胞粘附、分化及增生；②适当的降解率，无害的降解产物；③无细胞毒性；④足够的机械强度；⑤最小的免疫及炎症反应；⑥生产、纯化及加工的简单性；⑦满足组织的连接及血管化的孔洞。

组织工程相关生物材料的发展方向是仿生化，从材料本身仿ECM和合成生物材料表面活化，再进行仿生修饰，使人工ECM智能化。综合生物反应器培养技术、力学信号、场信号、化学信使的控制释放或将能表达蛋白质因子的基因向目标细胞释放，使其接纳、促进功能组织与器官的重建，如图8.1所示[4]。

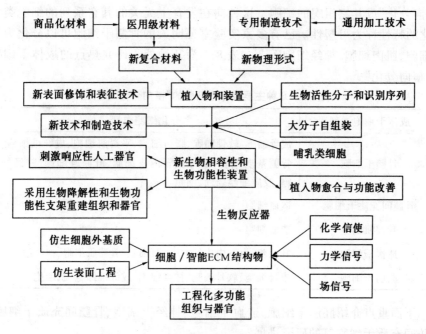

图 8.1 工程化多功能组织与器官设计框架图[4]

## 8.2 干细胞

干细胞(SC)是种子细胞的重要组成元素,它是一类具有自我更新、高度增殖和多向分化潜能的细胞群体。即这些细胞可以通过细胞分裂维持自身细胞群的大小,同时又可以进一步分化成为各种不同的组织细胞,从而构成机体各种复杂的组织器官。

干细胞具有如下特点:①干细胞是一类不成熟的母细胞或原始细胞,它可以分化成机体内任何类型的组织或器官,以实现机体内部的建构和自我康复力;②由于干细胞具有特定的分化潜能,表现其全能性、多能性和专能性,有可能将其研制成"干细胞生物制剂",用于治病和保健、减轻老化、恢复青春活力等;③干细胞能无限增殖分裂;④干细胞分裂产生的子细胞只能在两种途径中选择其一,或保持亲代特征,仍作为干细胞,或不可逆地向终末分化。

根据其发育阶段,通常将干细胞分为胚胎干细胞和成体干细胞[5]。胚胎干细胞是最早期的未分化细胞,从理论上讲,它具有"全能性",可以分化成各种组织细胞,形成各种器官。人体几乎所有组织都存在成体干细胞。成体干细胞的分化潜能较弱,如果不受外加条件的影响,一种组织的成体干细胞倾向于分化成该组织的各种细胞。然而在特定的外加条件下,一种组织的成体干细胞可以

"横向分化"成其它组织的细胞。这种向在发育上无关的其它系列的细胞类型分化的特性称为可塑性。已有多家实验室证明人的骨髓干细胞可以分化为肝脏细胞、肌肉细胞、神经细胞等[6]。表 8.1 为几种处于研究热点的成体干细胞的"横向分化"。

**表 8.1 几种主要成体干细胞的"横向分化"[6]**

| 成体干细胞类型 | 分化细胞类型 |
| --- | --- |
| 骨髓干细胞 | 成骨细胞、软骨细胞、脂肪细胞、平滑肌细胞、成纤维细胞、骨髓基质细胞、多种血管内皮细胞、肝卵圆细胞、神经细胞、胶质细胞、心肌细胞 |
| 骨髓间充质干细胞 | 造血细胞 |
| 骨骼肌细胞 | 造血细胞 |
| 造血干细胞 | 肝细胞、血管内皮细胞、心肌细胞、骨骼肌细胞、神经细胞 |
| 脂肪干细胞 | 成骨细胞、软骨细胞、神经细胞、成纤维细胞、肌细胞 |

下面重点介绍胚胎干细胞、造血干细胞、神经干细胞、骨髓间充质干细胞、脂肪间充质干细胞等的研究进展。

### 8.2.1 胚胎干细胞(ESC)

当受精卵分裂发育成囊胚时,将内细胞团分离出来进行培养,在一定条件下,这些细胞既可在体外"无限期"地增殖传代,同时还保持其全能性,可以分化成各种组织细胞,因此被称为胚胎干细胞。图 8.2 为自卵泡分离的胚胎干细胞[7]。人的胚胎干细胞的体外培养直到 1998 年才获得成功,对于临床领域产生了重要影响[8~9]。

建立 ESC 系的条件十分苛刻,既要维持细胞的未分化状态和分化潜能性,又要使其无限增殖,因此需要将其置于饲养细胞上培养。培养液中除必需的营养外,还需加入细胞分化抑制因子,如重组白血病抑制因子(LIF)、IL–6 等;同时还需要细胞生长促进因子,如干细胞因子(SCF)、碱性成纤维细胞生长因子(bFGF)等。

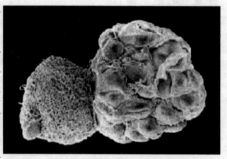

图 8.2 自卵泡分离的胚胎干细胞[7]

目前关于 ESC 向胰岛细胞分化的研究方案较多,并且在动物模型中初见成效。Lumelsky 等[10]发现在胚胎发育过程中,胰岛内分泌细胞临近神经元细胞,并且最终胰腺由紧邻脊索的内胚层单层细胞发育而来。尽管胰腺和中枢神经系统的起源和功能截然不同,但调控二者发育的机制存在相似性。在未成熟胰腺细胞的亚群中(最终分化成分泌胰岛素和胰高血糖素的细胞)也发现了神经分化早期表达的 nestin(识别神经干细胞的重要标志蛋白)。因此以 nestin 对胰岛内分泌前体细胞进行标记,对鼠 ESC(野生型 E14.1 和 B5 细胞系)进行分步培养,诱导分泌胰岛素的胰岛样细胞簇分化,最终得到许多胰岛素强阳性细胞,细胞自发形成三维细胞簇,形态上类似于正常胰岛。Soria 等[11]构建含有人胰岛素/β-geo 和 pGK-hygro(潮霉素抗性基因,用于选择转染细胞)的质粒,转染鼠 ESC-R1,所得 IB/3x-99 细胞在体外表现出依赖葡萄糖浓度调节的胰岛素分泌。将该细胞簇($1 \times 10^6$ 个细胞)移植入链脲佐菌素(STZ)诱导的糖尿病鼠体内。发现植入 ESC 组高血糖在 1 周内即得以纠正,但有 40% 的实验鼠于移植 12 周后又发生高血糖,可能与移植细胞的寿命有关。

胡安斌等[12]选用 Balb/c 小鼠胚胎干细胞进行定向诱导培养,在不同时间段分别在细胞培养基中添加酸性成纤维细胞生长因子(aFGF)、肝细胞生长因子(HGF)等细胞生长因子进行肝细胞定向诱导,经免疫细胞化学检测所得阳性细胞结构符合正常肝细胞结构特点,得到肝细胞的分化比率为 30%,如图 8.3 所示。

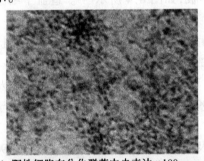
(a) 阳性细胞在分化群落中央表达 ×100

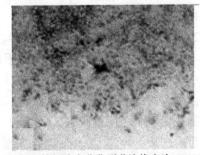
(b) 阳性细胞在分化群落边缘表达 ×100

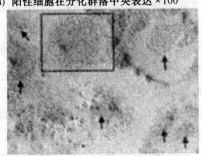
(c) 方框和箭头所示为曲型的肝细胞 ×200

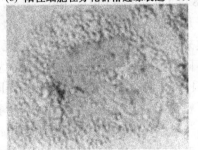
(d) (c)中方框放大后图片 ×400

图 8.3  SABC 法免疫细胞化学结果 DAB 显色后行苏木复染[12]

Dinsmore 等[13]应用 DMSO(二甲基亚砜)和 RA(维甲酸)在体外对鼠 E14TG2a 和 D3 细胞进行诱导,分别得到了高表达 GABA($\gamma$-氨基丁酸)的骨骼肌细胞和神经元。将 RA 诱导生成的神经元($1\times10^6$ 个细胞)植入亨廷顿病(一种遗传性神经元变性疾病)鼠的脑中,可获得至少 6 周的持续表达。将 MyoD(一种特异性骨骼肌转录因子)基因转染鼠胚胎干细胞,继而进行 DMSO 诱导,结果抑制了它向心肌和平滑肌细胞的分化,从而得到了纯化的骨骼肌细胞。

钱海燕等[14]用维甲酸(RA)、二甲基亚砜(DMSO)、转化生长因子-β1(TGF-β1)、激活素-A(activin-A)为分化诱导剂,采用三步法诱导鼠 ES-D3 细胞分化为心肌样细胞,结果显示各组实验用的各种诱导剂均能诱导 ESC 分化为心肌样细胞,尤以 TGF-β1(2 ng/mL)、activin-A(20 ng/mL)及 20% 胎牛血清(FCS)组成的分化培养基最高。

### 8.2.2 造血干细胞(HSC)

造血干细胞是人类研究最早、最多、最深入的干细胞之一[15]。它是具有高度自我更新能力和多向分化潜能的造血前体细胞,其基本特征是具有自我维持和自我更新能力。造血干细胞是体内各种血细胞的唯一来源,包括红细胞、粒细胞、单核-淋巴细胞、肥大细胞和血小板,如图 8.4 所示[16]。造血干细胞主要存在于骨髓、外周血、脐带血中。

20 世纪 80 年代以来,分子生物学、生物医用材料、细胞克隆和单克隆抗体等技术的发展和成熟,从而使得造血干细胞移植(HSCT)技术得到了飞速发展,成为治愈白血病、淋巴瘤、多发性骨髓瘤等血液系统恶性疾病、良性血液病及某些实体肿瘤的重要方法之一。国内在 1998 年已开始将造血干细胞移植用于治疗各种恶性和非恶性血液病。

目前已知人类造血干细胞的表型及特征包括:$CD34^+$/Thy-$1^+$(CD90)/$CD38^-$/$Lin^-$/$CD45\ RO^+$、Rh123 dull、对 5-Fu 和 4-HC 有抗性。其中 $CD34^+$ 分子是普遍认同的造血干细胞的代表性标志,目前临床和实验室多以 $CD34^+$ 富集来筛选 HSC。Becker 等[17]试验发现 $CD34^+$ 抗原在不同个体、不同组织甚至不同细胞周期的造血干细胞的表达都有所不同,其表达与 IL-3、IL-6、IL-11 和 SCF 有着密切联系。该研究同时显示造血干细胞的增殖分化与细胞因子密切相关。Urbano-Ispizua 等[18]报告 62 例 $CD34^+$ 细胞移植的经验,此种造血干细胞移植剂量约为 $4.0\times10^6$/kg,移植后有核细胞及血小板恢复,可以看出异基因 $CD34^+$ 细胞移植是可以成功的。Sato 等[19]应用 Ly5 抗原等为基因不同的大鼠品系进行竞争性长期重建发现大鼠体内存在有 $CD34^-$ 的造血干细胞群,并可分化为 $CD34^+$ 的造血干细胞。CD34 分子从无到有,然后从有到无,反

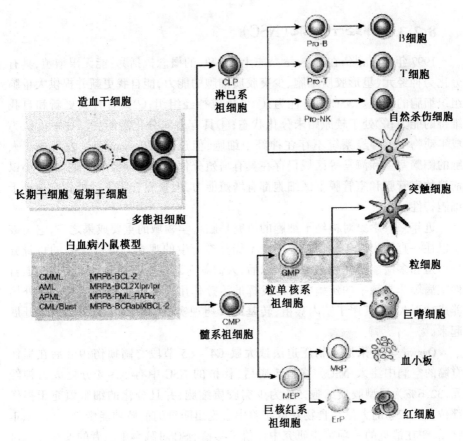

图 8.4 造血干细胞向各类血细胞的分化[16]

映了造血干细胞的产生、发育、分化和成熟。

大量实验研究发现造血干细胞不仅向各种血细胞增殖分化,还可增殖分化为一些不同的组织细胞。Petersen 等[20]发现接受骨髓移植的大鼠肝内存在骨髓来源的肝细胞,并证实肝损伤 13 d 后,约有 $10^6$ 个肝细胞源自植入的骨髓细胞,占肝细胞总数的 1/700。Ferrai 等[21]将 ML3F – nlacZ 转基因小鼠(G57/MlacZ)的骨髓干细胞注射到免疫缺陷小鼠的再生性胫骨前肌组织中,从注射后 5 天~6 周取肌肉切片检测结果表明,注入供体小鼠的骨髓干/祖细胞分化生成了肌细胞并参与肌纤维的再生,并形成完全分化的肌纤维,从而为一些肌营养不良的疾病提供了治疗手段。Eva 等[22]将雄性小鼠的骨髓注入雌性 PU – 1(在造血细胞中特异性表达的转录因子之一)基因突变的小鼠腹腔内,发现移植细胞能迁移到脑内,并能分化为表达神经元特异性核内抗原 NeuN + 的神经元样细胞,且占受体脑内 NeuN + 细胞的 0.3% ~ 2.3%。

### 8.2.3 神经干细胞(NSC)

1997年Mckay[23]在Science杂志上将NSC的概念概括为:能无限增殖,具有分化为神经元、星形胶质细胞、少突胶质细胞的能力,能自我更新并提供大量脑组织细胞的细胞。NSC的特性为:①可生成神经组织;②具有自我更新和自我维持的能力;③处于较原始未分化状态;④具有多向分化潜能。以往一度认为成年动物中枢神经系统不存在神经干细胞,但近来Chiasson等[24]发现成年人脑的侧脑室壁和海马等区域仍存在具有增殖分化能力的神经干细胞,成年小鼠前脑的室管膜和室管膜下区细胞都有增殖能力,但仅室管膜下区细胞有神经干细胞特性。

近年来科学家对神经干细胞的研究是脑科学领域的重要成果之一,它突破了以往一直认为成年动物神经细胞不能分裂再生的观念。自从NSC的自身分裂增殖和多潜能分化能力被认识以后,人们就对其在中枢神经系统损伤和退行性疾病等非常棘手的疾病中可能发挥的治疗作用充满了希望。在NSC体外培养成功不久,将其用于脑内移植、转基因及药理实验的研究也随之迅速地开展起来。

Ogawa等[25]采用重物压迫法致大鼠C4~C5节段脊髓损伤,9 d后在损伤脊髓的空洞中注入NSC。移植5周后,移植的NSC中有5.9%分化成为神经元,32.6%为星型胶质细胞,5%为少突胶质细胞,并且分化的细胞填充于损伤部位。86.7%的大鼠在食物获取实验中表现出明显的前肢功能恢复。Kondziolka等[26]在最近的一项临床研究中评价了移植NSC对脑卒中患者的安全性和可行性。他们将人的NSC体外分化为神经元并移植到12例脑卒中患者(44~75岁,梗死时间6月~6年)的基底节。通过术前、术后的神经功能和影像学检查,6例患者的神经功能明显改善,梗死部位的代谢活动增强,结果表明NSC移植是安全的。吴洪亮等[27]从Wistar新生大鼠脑室下区分离并克隆神经干细胞,标记后移植入脑出血模型大鼠脑内,移植后4 d移植细胞仍存在。侧脑室移植组中移植细胞多在侧脑室周边区存在,尾状核移植组可见移植细胞开始向对侧迁移。并证实细胞大多分化成神经元,少部分分化成胶质细胞。田增民等[28]将人胚胎的前脑细胞在体外扩增并向多巴胺能神经元转化,通过立体定向手术将其植入50例帕金森病患者的纹状体,手术后随访8至30个月,有效率为92%。证实体外长期扩增的人类神经干细胞移植治疗帕金森病是可行和有效的。

### 8.2.4 骨髓间充质干细胞(MSC)

髓隧MSC是中胚层来源具有多向分化能力的干细胞,主要存在于结缔组织和器官间质中,以骨髓组织中含量最为丰富,在一定的诱导条件下能分化为三个胚层来源的组织细胞,包括成骨细胞、成软骨细胞、神经细胞、骨骼肌细胞及心肌细胞等。因此,骨髓 MSC 成为目前备受关注的成体干细胞及组织工程的干细胞材料,对于临床骨损伤、神经细胞损伤、心肌细胞损伤的修复及基因治疗具有广阔的应用前景。

Kadiyala 等[29]将犬的骨髓 MSC 在体外培养扩增后,附载在多孔羟基磷灰石陶瓷支架上进行自体同源移植,植入犬股骨缺损处。28 d 后发现股骨缺损面与移植物之间形成了明显的连接面,有薄层状的骨填充在陶瓷孔中。经检测发现骨基质分泌较高,细胞数量扩增了 50 倍并且成骨分化加快。

Majumdar 等[30]通过单层培养分离得到兔的骨髓 MSC,转入试管中形成聚集体,在含 7 mol/L～10 mol/L 地塞米松的培养基中培养,经组织染色和免疫组化检测,有 Ⅱ 型、X 型胶原表达,表明骨髓 MSC 经诱导可分化成为软骨细胞。

侯玲玲等[31]将体外扩增并标记的人骨髓 MSC 注入帕金森病模型大鼠脑内纹状体,MSC 在伤侧纹状体内已发生迁移,散在分布,多呈梭形;经观察人骨髓 MSC 在大鼠脑内可存活较长时间(10 周以上);随着时间的延长,人骨髓 MSC 迁移范围扩大,分布于纹状体、胼胝体及皮质;同时发现,人骨髓 MSC 有的迁移到血管周围和血管内,有的则存在于血管壁,近似于血管内皮的形态和位置;免疫组化检测证实人骨髓 MSC 在大鼠脑内表达人神经丝蛋白(NF)、神经元特异性烯醇化酶(NSE),以及胶质原纤维酸性蛋白(GFAP);帕金森病大鼠的异常行为有所缓解。

Orlic 等[32]通过流式细胞术从表达增强绿色荧光蛋白的转基因小鼠中分选出 Lin - 骨髓细胞,冠脉结扎后将 Lin - c - kit$^+$ 细胞注射到新近梗死区附近。术后发现移植骨髓细胞 9 d 后,梗死区 68% 的区域被新形成的心肌细胞占据。新形成的组织包含正在扩增的心肌细胞、内皮细胞和平滑肌细胞,形成具有血管样结构的心肌,如图 8.5 所示,心功能也有明显改善。结果证明局部输注的骨髓细胞可以向心肌细胞分化,进而改善冠心病疾患的症状。

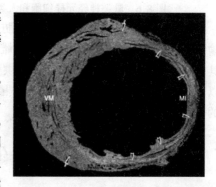

图 8.5　骨髓间充质细胞与心肌重建(箭头示重建的心肌)[32]

脂肪 MSC 是近年来从脂肪组织中分离得到的一群多能干细胞,具有向多种组织分化的潜能。目前已证实脂肪组织来源的干细胞能向脂肪细胞、成骨细胞、软骨细胞、肌肉细胞及心肌细胞定向转化,可作为组织工程的种子细胞。由于其来源广泛,取材方便,给患者带来的痛苦较小,因而日益受到研究者的重视。

Mizuno 等[33]以 IMDM 为基础培养基,用氢化考的松诱导脂肪 MSC 向骨骼肌方向转化,6 周后检测肌细胞特异性抗体 MyoD 和骨骼肌肌球蛋白重链的抗体均为阳性,并用 RT-PCR 验证诱导后的细胞有 MyoD 和骨骼肌肌球蛋白重链基因表达。从而证明了脂肪 MSC 可分化为骨骼肌细胞。

Safford 等[34]将人和鼠的脂肪 MSC 用氯化钾、丙戊酸、丁羟茴醚、氢化可的松和胰岛素等诱导后,产生类神经元样的细胞,其中鼠脂肪 MSC 24 h 后用免疫组化法检验 GFAP、nestin、NeuN 均为阳性,人脂肪 MSC 诱导 21 h 后高水平表达 IF-M、NeuN、nestin,Western Blot 检测蛋白也得到了相同的结果,如图 8.6 所示。

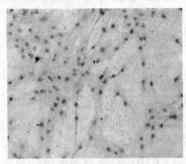 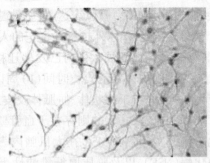

(a) 鼠类神经元样细胞　　　　　(b) 人类神经元样细胞（示 IF-M 表达）

图 8.6　鼠类神经元样细胞和人类神经元样细胞(示 IF-M 表达)[34]

Cousin 等[35]将 C57 雄性小鼠脂肪中分离出来的间充质干细胞,经尾静脉输注给经致死量(10 Gy)照射的 C57 雌性小鼠,受体小鼠造血功能完全恢复,在其骨髓、脾脏、外周血均可以检测到供体来源的细胞,阳性结果可以持续 10 周以上,证明供体来源的细胞在受体小鼠中可以稳定存在,并可能分化为不同系的血液细胞。

## 8.3　生长因子

生长因子(GF)是强有力的细胞行为的蛋白类调节剂,可调节细胞的增殖、迁移、分化及蛋白表达,对细胞增殖、组织或器官的修复和再生都有重要的促进作用,是组织工程的重要影响因素之一,也可开发成生物医用材料或生物医用材料系统的组成部分。

有研究表明[36]:体内生长因子在组织的损伤修复中发挥多效性调节功能,其中包括细胞的生长、繁殖、分化、趋化作用及细胞基质的合成等。生长因子不仅对促进移植细胞的增殖与分化有直接的作用，而且可维持它们的生物功能。

人体组织内含有多种生长因子，主要包括转化生长因子-β、成纤维细胞生长因子、血管内皮细胞生长因子、胰岛素样生长因子、血小板衍化生长因子等生长因子家族。以下对主要的几种生长因子作一简要介绍。

### 8.3.1 转化生长因子-β家族(TGF-β)

TGF-β为TGF超家族的原型成员，在哺乳类分为三种亚型：TGF-$\beta_1$、TGF-$\beta_2$、TGF-$\beta_3$分别由不同基因编码，在软骨细胞中含量最为丰富，并具有刺激成骨细胞、抑制破骨细胞、促进细胞外基质合成、参与骨与软骨的形成等作用。

陈富林等[37]在体外分离、培养、扩增兔骨髓MSC，并使之成为含$1\times10^6$个MSC的细胞团，暴露于含20 ng/mL TGF-β的培养液中7 d。28 d后其直径最大可达1.8 mm，表面光滑，亮白色，如图8.7(a)所示；HE染色显示，14 d可见大量活细胞，并有细胞外基质形成，某些局部可见细胞位于陷窝内，28 d可见较多细胞位于陷窝中，见图8.7(b)；透射电镜观察显示细胞周围有大量胶原基质形成，见图8.7(c)。表明其可以向软骨细胞定向分化，能够作为软骨组织工程的种子细胞。

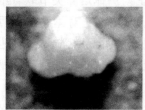 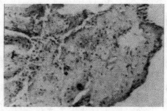 

(a) 光镜观察见直径约1.8 mm，外观为亮白色　(b) 光镜观察见软骨样组织形成　(c) 电镜观察见细胞外基质中富含胶原纤维

图8.7　兔骨髓MSC在TGF-β培养液中体外培养28 d后形成的软骨[37]

Lu等[38]采用聚乙交脂-丙交脂共聚物(PLGA)和聚乙烯二醇(PEG)的混合微粒作为TGF-$\beta_1$控释系统的载体，如图8.8所示。该因子释放后能在体外促进骨缺损处骨髓基质细胞的增生和成骨细胞的分化，包括总细胞数的增长、碱性磷酸酶活性的增强以及骨中钙沉积的增加，从而有利于诱导骨组织再生，实验发现释放的TGF-$\beta_1$在培养后21 d仍具有促进作用。

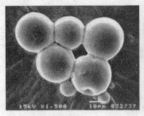 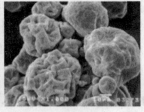 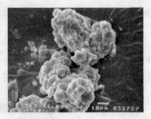

(a) 变性前　　(b) 在PBS缓冲液中孵育28 d后(pH=7.4)　　(c) 在PBS缓冲液中孵育28 d后(pH=5)

图 8.8　TGF-$\beta_1$控释系统:PLGA/PEG 微粒[38]

## 8.3.2 成纤维细胞生长因子家族(FGF)

FGF 广泛存在于各种人体组织中,在体内结合于细胞基膜,不以游离态存在,只有当以某种形式从基膜释放出来才有活性。FGF 包括酸性成纤维细胞生长因子、碱性成纤维细胞生长因子(bFGF)、FGF-3 和 FGF-4 等多个成员。其中 bFGF 主要由内皮细胞、巨噬细胞、软骨细胞及其前体细胞分泌,对胚胎发育及骨、软骨的修复起重要调节作用。bFGF 是目前已知最强的促细胞生长因子,其促进软骨细胞增殖和分化作用是通过上调 SOX9 基因表达实现的[39]。

陈昕等[40]分离培养家兔关节软骨细胞,观察 bFGF 对离体培养关节软骨细胞增殖的影响;利用创伤性关节软骨损伤动物模型,观察 bFGF 对体关节软骨细胞的作用。实验发现经 bFGF 处理的关节软骨细胞增殖明显增强,不仅促进离体培养兔关节软骨细胞增殖,在体条件下依然能有效地促进软骨细胞的增殖,从而促使关节软骨损伤后的再生修复。

Lisignoli 等[41]将骨髓 MSC 在含有 bFGF 的成骨分化液中诱导后,与支架材料($Hyaff^R$ 11)复合,植入小鼠桡骨中段 5 mm 骨缺损处,含 bFGF 诱导后骨髓 MSC 植入组第 40、80、160、200 d 的放射学评分远远高于其它对照组;试验组第 40 d 组织切片可见较多的新生骨生成,骨缺损区完全被新生骨组织填充,并可见板层骨,见图 8.9(a)~(b);第 200 d 骨缺损基本上完全修复,而对照组骨缺损还未完全被新生骨填充,见图 8.9(c)~(d)。从而表明了 bFGF 在骨组织工程方面有较大的临床应用前景。

目前应用 bFGF 治疗冠心病的临床试验已有开展。Schumacher 等[42]首次报告,于常规搭桥手术中,将 bFGF(平均 0.01 mg/kg)注射在吻合口远侧近冠状动脉前降支的心肌内,12 周后血管造影显示,注射部位及远端冠状动脉前降支供血区有明显造影剂浓集,在注射 bFGF 的部位可以看到一个由冠状动脉向周围心肌生长的毛细血管网,使狭窄的对角支得以逆显像,如图 8.10 所示。

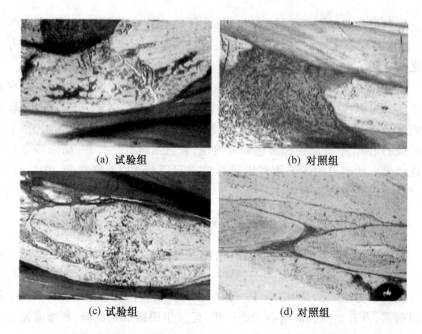

图 8.9 bFGF 诱导骨髓 MSC 植入组及其对照组第 40 d 组织切片照片[41]

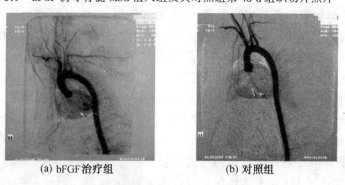

图 8.10 冠脉搭桥术后 12 周血管造影[42]

### 8.3.3 血管内皮细胞生长因子家族(VEGF)

VEGF 已被证实是一种体内潜在的、通过促进血管内皮细胞的分化来刺激血管生成的物质。它在原始血细胞的早期发展中起到了主要作用。若将 VEGF 和 bFGF 注入无血管形成的缺血组织中,可见有新生血管形成及组织灌溉。在将 VEGF cDNA 注射入缺血组织中亦可以扩大侧、副血管的形成。这是体内外工程化血管组织生成的重要方法[43]。

Elcin 等[44]使用藻酸钙微球作为 VEGF 的控释系统,研究了它对大鼠模型皮下位点局部新血管形成的促进作用。试验显示微球植入大鼠皮下 1 周后,即

· 423 ·

有一定数量的毛细血管生成,3周后新血管生成最为明显。标本免疫染色表明该 VEGF 控释系统能促进新血管生成,而且在组织工程和伤口愈合研究方面有极强的应用价值。

血管化是骨组织工程移植物体内成活和发挥生物活性的重要保证,在血管再生和骨组织再生过程中起着重要的调节作用。金丹等[45]构建 VEGF 真核细胞表达载体,利用脂质体介导转染兔 BMCs,原位杂交、免疫组化方法显示经基因转染的 BMC 中有阳性棕黄色颗粒出现,着色细胞散在分布;而未转染组呈现阴性结果。从而说明了采用基因转移技术可以将 VEGF 转染至 BMC 中,并有外源性基因和蛋白的表达。

### 8.3.4 胰岛素样生长因子家族(IGF)

IGF 是体内重要的生长因子之一,在细胞增殖、分化、程序性细胞死亡和转化中具有重要作用。IGF 又可分 IGF-Ⅰ和 IGF-Ⅱ,二者有高度的序列同源性。目前研究较多的是 IGF-Ⅰ,研究表明,其主要作用有如下两个[46]:①作为合成激素,具有类似胰岛素的代谢作用:促进组织摄取葡萄糖,刺激糖原异生和糖酵解。促进糖原合成,促进蛋白质和脂肪合成,抑制蛋白质和脂肪分解,减少血液游离脂肪酸和氨基酸的浓度;②作为刺激因子,与其它细胞周期刺激因子一起使细胞进入细胞活动周期,促进细胞的有丝分裂。刺激 RNA、DNA 的合成和细胞增殖,特别是在细胞循环周期 $G_0 \sim G_1$ 和 $G_1 \sim G_s$ 阶段有重大意义。

因此,IGF-Ⅰ对骨发育和重建以及肌肉、心血管、脑、生殖系统、脂肪组织、免疫系统、肝脏、肾脏、肾上腺、消化系统、肿瘤细胞生长等都有重要作用。

黄建荣等[47]通过分离培养人关节软骨细胞,探讨了 IGF-Ⅰ体外促进以透明质酸为支架材料的组织工程软骨形成的能力。结果显示,透明质酸支架材料加软骨细胞加 IGF-Ⅰ组在第 6 周后能形成典型的软骨组织陷窝,如图 8.11 所

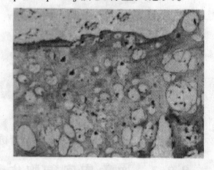

图 8.11 体外培养 6 周后 IGF-Ⅰ组的组织学观察[47]

示。RT-PCR 显示体外形成的组织表达Ⅱ型胶原能力明显增强,而Ⅰ型胶原的表达减少,表明 IGF-Ⅰ具有促进体外软骨形成的能力。

### 8.3.5 血小板衍化生长因子家族(PDGF)

PDGF 是体内重要的细胞因子之一,是一种重要的促有丝分裂剂和化学诱

导剂,可由血小板、成纤维细胞、血管内皮细胞、平滑肌细胞、单核巨噬细胞及多种肿瘤转化细胞产生和释放。PDGF具有多种生物效应,与细胞分裂、分化、迁移及胞外基质的生成均有直接作用。

刘刚等[48]以PDGF在DMEM为培养基条件下,作用于4周龄新西兰白兔的四肢关节正常软骨细胞,结果显示在较低浓度($3\ \mu g\cdot L^{-1}$)PDGF即能明显促进培养软骨细胞的增殖,且以第2 d刺激效果最明显;增加因子浓度不能进一步促进细胞增殖。该试验提示PDGF对培养软骨细胞以剂量时间依赖性方式刺激其增殖,但对细胞的分泌功能代谢无明显影响。

### 8.3.6 神经生长因子家族(NGF)

NGF是最初发现的神经营养因子,除了具有维持神经细胞生存、分化和突触形成的作用外,还是交感神经和知觉神经发生的必要因子。NGF为神经细胞特异性分泌,再与神经细胞上的特异受体结合。

张沛云等[49]采用壳聚糖套管和聚乙醇酸纤维构建人工组织神经移植物,并辅加NGF,修复大鼠的坐骨神经10 mm缺失。术后24周内,实验动物均未出现明显炎症及排斥反应。实验组的各检测指标均优于除自体神经组外的各对照组。实验组再生神经轴索较粗,外有刚形成的排列规则且电子密度较高的髓鞘,也有许多无髓神经纤维,如图8.12所示。这一实验证实了辅加NGF的人工组织神经移植物对修复缺损的神经具有良好的桥梁作用和促神经生长作用。

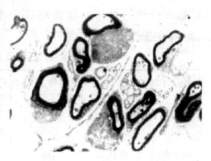

图8.12 术后24周,实验组再生神经远段情况[49]

## 8.4 组织工程支架的制备技术

用于组织工程的支架为细胞提供一个生存的三维空间,有利于细胞获得充足的养分,进行营养物的交换,并且能排除废物,使细胞在按照预先设计的三维形状支架上生长与分化,形成细胞与三维支架的活性复合体。若将此细胞材料复合活体植入人体病损部位,种植的细胞继续增殖,并按其特定功能分泌细胞外基质,形成新的与自身功能和形态相应的组织和器官[50]。

除可注射性材料以外,大多数组织工程支架必须预先制成多孔支架[51]。理想的组织工程支架应具备以下功能:①支架应为三维、多孔网络结构,具有合适的孔尺寸、高孔隙率(>90%)和相连的孔形态,以利于细胞增殖、营养物质和代谢废物传递;②良好的生物相容性,即无明显的细胞毒性、炎症反应和免疫排斥;③适当的可生物降解性,降解速率应能与新组织的生长相匹配;④高的表面积和合适的表面理化性质以利于细胞粘附、增殖和分化,以及负载生长因子等生物信号分子;⑤具有一定的生物力学性能,与所修复组织相一致,以在体内生物力学微环境中保持结构稳定性和完整性,并为植入细胞提供合适的微应力环境;⑥特定的三维外形以获得所需的组织或器官形状。

组织工程多孔支架其孔结构具有四个尺寸等级:轮廓外形和尺寸(cm)、大孔尺寸($10^2$ μm)、孔壁尺寸(μm)、孔壁内微细结构尺寸,如微纤,微孔(50~500 nm)。从制备方法上看,大孔尺寸、孔壁尺寸、孔壁内微细结构尺寸取决于致孔方法,而轮廓外形和尺寸则取决于成型方法。因而组织工程支架的制备通常分为致孔和外形成型两个层次,二者必不可少,相互结合才能制出满足要求的支架。组织工程多孔支架的制备方面主要有两个问题需要解决,即获得相连的多孔结构和合适的外形。制备高孔隙率、高比表面积的三维支架可采用多种方法,见表8.2[50]。

表8.2 三维支架制备的主要技术[50]

| 制备技术 | 加工 | 材料性能要求 | 孔径/μm | 孔隙率/% | 结构 |
|---|---|---|---|---|---|
| 纤维粘结 | 梳整、编织 | 织物 | 20~100 | <85 | 孔隙结构不规则 |
| 粒子沥滤 | 浇铸 | 溶解 | 30~300 | <90 | 球状孔隙 |
| 冷冻干燥 | 浇铸 | 溶解 | <200 | <84 | 球状孔隙 |
| 三维打印 | 固体自由成型 | 溶解 | 45~150 | <60 | 100%贯穿孔(三角、五角、蜂窝状) |
| 超临界流体 | 浇铸 | 非晶相 | 微孔<50 | 10~30 | 非贯穿孔,微孔结构 |

### 8.4.1 有机多孔支架的制备

**1. 无纺织物/纤维粘结法**

纤维支架是组织工程研究中最早采用的细胞外基质替代物之一,主要由聚乙醇酸(PGA)或其共聚物等结晶性聚合物纤维构成。由直径为 13 mm 的 PGA 纤维构成的无纺织物,一般为直径 1 cm、厚度 0.5 cm 的圆片,孔隙率为97%,比表面积高达 0.05 μm$^{-1}$,经熔融挤出、取向、切梳、针刺、热压等工序加工,易制成各种形状,在组织工程化软骨方面取得了令人满意的研究结果,目前仍广泛用于组织工程研究中的各个方面,尤其是有关生物力学模型等方面的研究[51]。然而,PGA 无纺织物的结构稳定性较低,在搅拌液中容易变形,孔的尺寸和孔隙率不可调节。

将无纺织物中互不相连的 PGA 纤维粘结起来,可使相邻纤维间形成物理连结,从而使纤维支架稳定、耐压,即纤维粘结法。可采用聚乳酸(PLLA)或聚乳酸-羟基乙酸(PLGA)溶液涂覆 PGA 无纺织物的方法[52],在 PGA 无纺纤维上直接喷洒 PLLA 或 PLGA 的氯仿溶液,待溶剂挥发后,PGA 纤维在其相交处由 PLLA 或 PLGA 粘结起来。纤维粘接法仅限于对 PGA 无纺织物的改进,并无法调节支架中孔的尺寸和孔隙率。

**2. 溶液浇注粒子沥滤法**

首先将组织工程材料和致孔剂粒子制成均匀的混合物,然后利用二者不同的溶解性或挥发性,将致孔剂粒子除去,于是粒子所占有的空间变为孔隙。致孔剂粒子可采用氯化钠、酒石酸钠和柠檬酸钠等水溶性无机盐或糖粒子,也可用石蜡粒子或冰粒子。最常用的方法是,利用无机盐溶于水而不溶于有机溶剂、聚合物溶于有机溶剂而不溶于水的特性,用溶剂浇铸法将聚合物溶液/盐粒混合物在玻璃培养皿中成膜,然后浸出粒子即得到多孔膜。这种方法的缺点是只能制备一定厚度的膜,不能形成三维结构,而对于修复重建骨等组织来说,三维结构是十分必要的,这些组织功能的恢复很大程度上依赖于其几何形状。

Widmer 等[53]将此法进行了改进,将多孔膜用溶剂溶解在一起形成三维立体结构后,结合挤出技术,可制备出 PLLA、PLGA 多孔聚合物导管,如图 8.13 所示。这种导管可用于修复神经、长骨、肠或血管等管状组织。粒子沥滤法制得的多孔支架的孔隙率可达 91%~93%,孔隙率由粒子含量决定,与粒子尺寸基本无关;孔尺寸 50~500 $\mu m$,由粒子尺寸决定,与粒子用量基本无关;孔的比表面积随粒子用量增大和粒径减小而增大,变化范围为 0.064~0.119 $\mu m^{-1}$。三者均与盐的种类和溶剂的种类基本无关。溶剂浇铸/粒子沥滤法制备多孔支架时易形成致密的皮层,若浇注后不断地振动至大部分溶剂挥发,可防止粒子沉降,抑制表面皮层的形成。

Robert 等报道了用 PLGA 和羟基磷灰石(HA)来制备复合多孔支架的粒子滤沥方法。将 PLGA 溶于氯仿,加入 HA 粉末和造孔剂(NaCl)。混合物经 24 h 自然蒸发后再经 24 h 真空干燥,去除其中的有机溶剂,然后加热到 80℃。加热时间为 45 min,使混合物扩散均匀。冷却后将混合体浸泡于 25℃的去离子水中 28 h,大约每 6 h 换一次水,滤除造孔剂。此项技术中材料的孔特征与粒子滤沥中所得的结果相似,孔隙率在 45%~90% 内,孔径最大可达到 500 $\mu m$;并且它们都可由加入 NaCl 的量及颗粒大小来得到控制。该技术的优点是材料力学性能有了较大的改善,当 PLGA 与 HA 质量比为 7:6 时,抗压强度约为 2.82 MPa,弹性模量约为 82 MPa,而纯 PLGA 支架的抗压强度只有 0.95 MPa,弹性模量只有 40 MPa。由于该技术中采用的是无机物与有机物的结合，HA 颗粒在 PLGA 溶液中容易发生团聚，因此改善基体的界面结合性能将成为该技术的关键。

溶液浇注/粒子沥滤法简单、适用性广，孔隙率和孔尺寸易独立调节，是一个通用的方法，得到了广泛的应用，但致孔和离子洗出时往往需用到有机溶剂和水，这严重阻碍了水溶性生物活性剂与支架材料的结合。

图 8.13 通过挤出技术制备的 PLGA 多孔聚合物导管(直径 150~300 μm)[53]

### 3. 相分离/冷冻干燥法

相分离法是指将聚合物溶液、乳液或水凝胶在低温下冷冻，冷冻过程中发生相分离，形成富溶剂相和富聚合物相，然后经冷冻干燥除去溶剂而形成多孔结构的方法。因而，又称为冷冻干燥法。按体系形态的不同可简单地分为乳液冷冻干燥法、溶液冷冻干燥法和水凝胶冷冻干燥法。

Whang 等[55]将水与聚合物溶液一起均化得到油包水乳液，并浇铸到模具中，冷冻干燥脱除水分和溶剂，得到多孔支架。支架孔隙率 90%~95%，大孔尺寸达 200 μm，溶剂挥发还会形成 0.01 μm 以下的微孔，孔表面积达 58~102 $m^2$/g，为相连的孔结构。孔结构的影响因素主要有油水比和聚合物分子量。该法避免了高温，有利于生物活性分子如蛋白质生长因子或分化因子的引入和控制释放，孔比表面积大，易操作，可制作厚的器件(>1 cm)，但孔尺寸偏小。

SundarajanV 等[56]用相分离方法制备了壳聚糖多孔支架，主要过程是将壳聚糖溶于 200 mol/L 的醋酸溶液中，将得到的溶液装在平底玻璃器皿中用液氮冷冻(冷冻温度为 -78℃)干燥后除掉醋酸。经测试所制得的多孔膜支架孔径为 40~250 μm，见图 8.14 所示。通过改变冷冻温度和壳聚糖溶液的浓度可以有效地改善支架的孔形态。用这种方法制得的多孔结构易于控制孔的形态，并具有良好的化学性质，合适的力学性能以及生物活性。

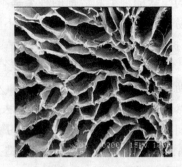

图 8.14 多孔膜支架的截面 SEM 照片[56]

**4. 气体发泡法**

采用超临界气体技术制备多孔支架能够避免使用有机溶剂。该法将聚合物压成片,浸泡在高压 $CO_2$ 中至饱和,甚至超临界状态,然后降至常压,气体的热力学不稳定性导致气泡成核并增长,形成多孔支架,但此孔为闭孔结构。若将发泡法与粒子浸出法相结合,则可制得相连的开孔结构的孔支架,这样形成的多孔支架的孔隙率约为 95%,见图 8.15[57]。若将聚合物粉末和致孔剂粒子混合物在室温下模压制取圆片,则可避免使用高温,有利于在温和的条件下引入生长因子。将血管内皮生长因子(VEGF)结合到此法制备的 PLGA 支架上,70 d 内,观察到 VEGF 持续释放,见图 8.16。释放的生长因子 90% 以上生物活性被保留下来。发泡法中影响孔隙率和孔结构的因素主要有聚合物结晶性和相对分子质量、平衡时间、放气速率等。结晶性聚合物 PLLA 和 PGA 难以发泡,无定型聚合物 PLGA 则容易发泡;聚合物相对分子质量越高越难发泡,孔隙率越低;在高压气体中平衡时间越长,孔隙率越高。放气速率对孔隙率影响较小。

图 8.15 应用气体发泡/粒子浸出法所得 PLG 支架的典型结构(PLG/NaCl 比例为 85∶15,在压力为 850 Pa 且释放率为 340 Pa/min 的 $CO_2$ 中发泡 1 h 后,经蒸馏水沥滤所得)[57]

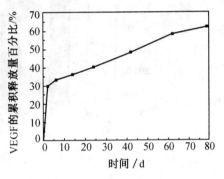

图 8.16 在 PLGA 支架上结合的 VEGF 的释放[57]

除了上述的物理发泡法外,也可用化学发泡法来制备多孔支架,采用的化学发泡剂主要为碳酸盐类化合物。将聚合物溶液/碳酸氢铵粒子混合物加入到模具中,待溶剂部分挥发后直接浸入热水中发泡,最后经冷冻干燥可得到多孔支架[58]。该法得到的多孔支架孔隙率超过 90%,孔相连性好,孔尺寸约 100~500 μm,并避免了表面皮层的形成,其肝细胞种植效率高达 95%。

**5. 烧结微球法**

将可降解聚合物微球加入模具中,加热至玻璃化温度以上,保持一定时间后冷却、脱模可制得烧结微球支架[59]。热处理时微球相互接触处由于链运动而连结在一起,冷却至室温后该结构被固定下来,因而得到多孔的烧结微球支架。微球紧密堆积产生的孔隙成为支架的孔,孔尺寸范围为 37～150 μm,与微球尺寸成正比,孔隙率则随微球尺寸增大略有增加,为 31%～39%,孔相连性很好。支架压缩模量为 241～349 MPa,见图 8.17。该支架的孔隙率与松质骨中组织分数(30%)相近,力学性能也与松质骨相当,因而可作为松质骨修复的"负"模板,修复完成后孔的部分成为组织,聚合物微球部分降解后成为松质骨的空隙。该法的优点在于孔相连性好,孔尺寸易调控,力学强度大,缺点则在于孔尺寸偏小,孔隙率亦低。

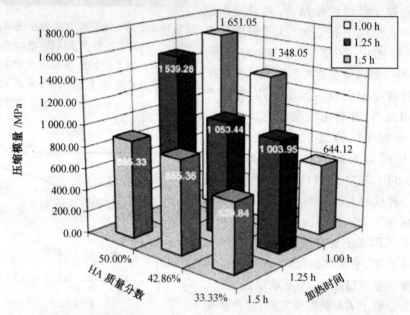

图 8.17 烧结微球的压缩模量与加热时间、羟基磷灰石浓度的关系[59]

### 6. 快速原形技术(RP)

快速原形技术其特征在于可同时完成致孔和外形的成型,一步得到具有一定外形的三维多孔支架。它主要应用离散/堆积原理,其基本原理和成型过程是:先由 CAD 软件设计出所需三维多孔支架的计算机三维曲面或实体模型,即电子模型;然后根据工艺要求,将其按一定厚度进行分层,把原来的三维电子模型变成二维平面信息(截面信息);再将分层后的数据进行一定的处理,加入加工参数,生成数控代码;在计算机控制下,数控系统以平面加工方式有顺序地连续加工出每个薄层模型并使它们自动粘接而成型。这样就把复杂的三维成型问题变成了一系列简单的平面成型问题,如图 8.18 所示[60]。

RP 不同于传统的在模腔(型腔)内成型——"受迫成型",如铸、锻、挤压等;也不同于切削掉毛坯上的余量而成型——"去除成型",如车、铣、钻等。作为一种新型成型方法,RP技术能快速地制造几乎任意复杂的原形或零件,而且零件的复杂程度对成型工艺难度、成型质量、成型时间影响不大。三维打印(3-DP)、熔融堆积成型(FDM)和选择性激光烧结(SLS)是目前用于多孔支架制备的三种主要快速成型方法。

三维打印技术主要有喷墨式三维打印和粉末选择粘结三维打印两种加工方式。其中粉末选择粘结三维打印由于整个操作简便易行,对工作环境无特殊要求,室温下即可进行,可用于多种粉末材料如聚合物和陶瓷的加工成品,价格较低,是迄今为止在支架制备中应用最广的一种RP技术[61]。Sachlos等[3]在经三维打印技术预先制备的Proto Build™立体模具中注入低温胶原乙酸溶液,利用乙醇溶解模具后,将胶原支架在液态二氧化碳中干燥,最终得到了保持生物活性的胶原支架,如图8.19所示。这表明三维打印技术在制备能控释生物或药物大分子的支架方面极具潜力。

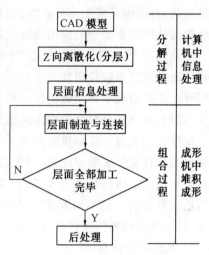

图8.18 快速原形原理和成型过程[60]

FDM采用计算机控制的三轴定位装置,利用电压控制喷嘴中聚合物的沉积。由于采用机械设计和层层之间适宜的熔融铺设方式,FDM制备的支架具有良好的结构完整性。采用不同的铺设方式,如聚合体沉积的角度、沉积的宽度以及聚合体之间的距离等可构建具有不同层状结构和不同孔形态的支架 用于多种类型的组织和组织界面的再生[62]。

陈中中等[63]研制出了气压式熔融沉积快速成型系统,并用于细胞载体-改性乳化糖骨负型支架的制作。该系统制作的人工骨外形与被替代骨一样,内部具有模拟真实骨组织微管系统的三维网架结构。

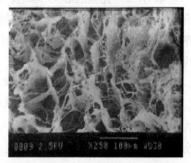

图8.19 应用三维打印技术制成的胶原支架,其中的最小孔径约为135 $\mu m$[3]

SLS常采用$CO_2$激光束选择性烧结聚合物或者聚合物/生物陶瓷的复合材料粉末来形成材料层。因为在烧结成新的材料层时粉末承受较低的压力,所以SLS制造的支架通常多孔。支架的强度较低,而且表面粗糙。尽管SLS不使用有机溶剂,对周围环境无不良影响,但烧结所引起的高温使得该方法在制备载有生物活性物质支架中的应用受到限制。

朱晓瑜等[64]根据下颌骨螺旋CT断层图像数据进行计算机三维重建后,用选择性激光烧结方法设定加工参数,控制层厚0.15 mm激光烧结精铸蜡粉制作下颌骨。结果得到了下颌骨蜡质实物模型,其形态、结构及大小与下颌骨标本基本一致。其精度符合口腔临床应用要求,可用于术前辅助诊断和设计。

快速成型法可一步形成支架的外形和相连的多孔结构,是一种一体化制备方法。其优点在于成型时间短,利于自动化大规模生产;可根据个体的不同,迅速制备出具有个体特征的三维多孔支架;可制备各个部位具有不同孔结构的支架以适应复合组织的不同要求。其不足之处在于支架孔隙率偏低,通常小于80%,目前外形成型精度尚有待提高。

**7. 超临界流体技术**

一般而言,处在临界温度($T_c$)和临界压力($P_c$)之上的流体被称作超临界流体。超临界流体不但具有与液体相近的溶解能力和传热系数,而且具有与气体相近的粘度系数和扩散系数。除此之外,在超临界附近,压力的微小变化可以导致密度的巨大变化,而密度又与粘度、介电常数、扩散系数和溶解能力相关,因此可以通过调节超临界流体的压力来改变它的物化性质。

超临界二氧化碳($SCCO_2$)兼具气体和液体的性质,是一种特殊的聚合物加工介质,它不仅无毒、无污染、不易燃、易挥发,而且能萃取出材料中的残留有机溶剂和其它小分子杂质,最终制品中无残留溶剂。因此,是生物医用材料制备与加工的理想方法之一。

张润等[65]在$SCCO_2$条件下制备了生物相容性良好的聚乳酸(PLA)多孔材料。结果发现,$SCCO_2$对PLA能产生溶胀作用,并且在减压除去二氧化碳以后,PLA出现了孔洞结构,用扫描电镜进行观察发现,与盐析法制孔相比,PLA的孔洞分布均匀,且孔隙率很高,而且在大的孔洞(直径200~300 $\mu m$)之间还分布着更小的孔洞(10~20 $\mu m$),但表面粗糙。该结构最大的优点是有利于细胞的吸附生长和营养物质的输送及排泄物的输出。由此可见,超临界二氧化碳技术将为组织工程多孔支架材料的制备提供一条新的途径。

### 8.4.2 无机多孔支架的制备方法

**1. 煅烧天然骨**

一般采用健康成年牛的松质骨,经脱脂、脱蛋白、煅烧等工艺制成煅烧骨载体。这种方法制备的多孔生物支架的主要成分是羟基磷灰石(HA),纯度高,钙磷原子比为1:1.67,接近人体骨的钙磷比值,有较好的生物相容性。它保持了原骨的骨小梁、小梁间隙,孔隙率为80%,孔径大小为450 $\mu m$,适合细胞的长入和组织的分化生长,并具有良好的细胞界面,有利于细胞贴附、细胞营养成分渗入和细胞代谢产物的排出。但主要成分是 HA 的自然骨多孔支架在体内过于稳定,不易降解。

可采用一定的方法将自然骨内的 HAP 部分转化为 $\beta-TCP$。Lin[66]等采用 $Na_4P_2O_7 \cdot 10H_2O$ 溶液浸泡自然骨来改善降解性能。具体方法是将牛股骨在清水中煮沸 12 h,除去污染杂质后,在 70℃ 干燥 72 h,然后在 800℃ 煅烧,升温速率 10℃/min,恒温 6 h。将煅烧的骨浸泡于 0.05 mol/L 的 $Na_4P_2O_7 \cdot 10H_2O$ 水溶液中。用 XRD 对煅烧处理后的骨和原骨进行相组成对比分析,发现经 $Na_4P_2O_7 \cdot 10H_2O$ 溶液处理后的骨相成分中出现了 $\beta-TCP$,还有少量的 $NaCaPO_4$。研究表明具有 $30\% \beta-TCP$ 的 HA 生物医用材料在骨缺损修复中比纯 HA 材料效果更佳。

**2. 颗粒烧结**

生物陶瓷颗粒堆积后烧结可形成多孔结构。这种多孔支架的气孔率一般较低,为 20%~30% 左右。为了提高气孔率,也可在原料中加入成孔剂。成孔剂是指在坯体内占有一定体积,但烧成、加工后又能够除去,使其占据的体积成为气孔的物质,如碳粒、碳粉、纤维等。也可用难熔化易溶解的无机盐类作为成孔剂,它们能在烧结后通过溶剂浸蚀作用除去。此外,可以通过粉体粒度配比和成孔剂等控制孔径及其它性能。

Tancred 等[67]报道了用此方法来合成骨移植材料。采用颗粒大小为 2.16 $\mu m$ 的羟基磷灰石粉末和颗粒大小为 0.97 $\mu m$ 磷酸钙粉末,按 31:1 混合,加入 3% 的聚乙烯短纤维作为成孔剂,将混合物装入试管,在混合机上慢速旋转 5 d,使原料混合均匀。然后在烧结炉中 1200℃ 条件下烧结 3 h,升温和降温速率都控制在 4℃/min。通过上述方法得到了与人体骨形态相似的多孔材料,孔隙率达到 90% 以上,孔径为 10~200 $\mu m$。

**3. 有机泡沫浸渍法**

采用聚氨酯等有机泡沫浸渍工艺来制备多孔材料是组织工程中骨细胞支架制备的一种好方法,工艺过程如图 8.20 所示[68]。把 HA 或 $\beta-TCP$ 粉末与一定量的粘结剂混合,加入 30% 的水配成浆料,为了防止浆料中发生颗粒团聚,并有效地改善浆料的悬浮性,将制得的浆料球磨 3 h(转速为 100 r/min)。然后把经预处理后的有机泡沫浸入浆料,反复挤压使泡沫充满浆料,去除表面多余浆料,将所得样品在 60℃ 条件下烘干,最后在高温下烧结成型,有机泡沫在高温下分解,得到多孔状 HA 或 $\beta-TCP$ 支架。由于 HA 及 $\beta-TCP$ 与人体骨的无机成分相似,故制得的支架有良好的生物相容性。

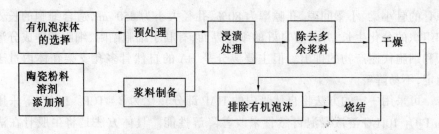

图 8.20 有机泡沫浸渍工艺流程图[68]

Tampieri 等[69]采用具有不同结晶粒度的 HA 粉末,加入 1%~6%的分散剂分别制成浆料,然后进行超声波振动处理,使浆料混合均匀。用三种不同规格的有机泡沫在具有不同结晶粒度的浆料中浸渍,当泡沫充分吸附浆料后把三种样品叠合在一起,30%烘干 72 h,然后在 1 250℃烧结,恒温时间为 1 h,充分去除有机泡沫。得到的支架孔结构呈梯度分布,最小处孔径小于 50 $\mu m$,最大处为 200~500 $\mu m$,孔隙率大于 66%,抗压强度为 36~45 MPa。该技术制备的骨支架能基本上满足组织工程的要求,具有较好的实用性,如图 8.21 所示。植入的骨支架紧邻骨组织生长,其接触面无炎症反应和排异反应。

图 8.21 植入的骨支架与正常骨组织[69]

**4. 气体发泡法**

在制备好的料浆中加入发泡剂,如碳酸盐或醋酸等,通过化学反应等能够产生大量细小气泡,以及烧结时通过在熔融体内发生放出气体的反应能得到多孔结构[70]。气体发泡技术采用气体作为致孔剂,所得支架的孔隙率可高达93%,孔直径可达 100 $\mu m$[71]。该技术的优点是不需滤除过程,也避免了使用有机溶剂,但在形成的泡沫中的孔与孔之间大多数是非连通的。支架形成过程中所需高温限制了细胞或生物活性分子的引入,非连接性的孔结构使得细胞在支架中的种植和移动变得困难。

Nam 等[72]将聚乳酸(PLLA)聚合物溶于 $CH_2Cl_2$ 或 $CHCl_3$ 溶液中,然后加入碳酸氢铵,得到的混合物十分粘稠,可通过手工或模具成型。待溶剂挥发后,将混合物真空干燥或浸入到热水中。真空干燥使碳酸氢铵升华,而浸入温水中可使气体放出和粒子滤出同时进行。采用该技术制备的支架材料的孔隙率达90%,孔直径在 200~500 $\mu m$ 范围内,如图 8.22 所示。

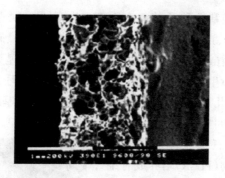

图 8.22 经气体发泡法制备的 PLLA 支架[72]

## 8.5 结构类组织工程相关生物医用材料

### 8.5.1 硬组织工程

硬组织工程材料是组织工程材料的重要组成部分,要求既具有良好的生物学性能,又能满足力学性能的要求。其中最重要和最主要的是骨组织工程材料,如图 8.23 给出常用的人造骨[73]。

作为组织工程骨支架材料要求具有与人体硬组织匹配的力学性能,即低弹性模量、高断裂韧性和抗拉强度,且质量要轻,无毒副作用,其表面植入体内后可与生物组织形成骨性键合而达到良好的结合。材料表面应是多孔的,孔径不小于 150 μm,且相互通连,以有利于骨细胞及生物组织长入,提高植入物与组织的结合强度。

骨组织工程研究的重点是寻求能够作为细胞移植与引导新骨生长的支架材料,以作为细胞外基质(ECM)的替代物。这种材料需具有以下特点:①骨诱导性;②生物相容性;③可塑性、易加工性和可

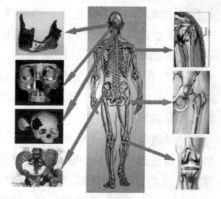

图 8.23 7 类主要人造骨(从上到下,左边依次为颌面、下颌骨、颅骨、半骨盆,右边依次为肩关节、髋关节、膝关节)[73]

消毒性;④骨引导性;⑤生物降解性及降解的可调节性;⑥多孔性;⑦合适的强度及力学性能。

骨组织工程支架材料主要有三类:一类是高分子材料,采用人工技术加工

合成,如聚乳酸、聚羟基乙酸及其复合物 PLGA 等;另一类是陶瓷材料,如生物活性玻璃陶瓷(BGC)、羟基磷灰石(HA)、磷酸三钙(TCP)、磷酸钾钠钙、钙磷陶瓷即羟基磷灰石和磷酸三钙(HA/TCP)及珊瑚转化的羟基磷灰石(CHA)等;还有一类是天然生物衍生材料:由天然生物组织经一系列理化方法处理而得,如胶原、珊瑚、藻酸盐、几丁质、氨基葡聚糖、脱钙骨基质、骨基质明胶和经物理、化学及高温处理的动物骨等。

Attawia 等[74]用三维立体的多孔聚乳酸-乙醇酸共聚物(PLGA)培养成骨细胞,12 h 后有 80%的细胞粘附在复合材料上,24 h 后细胞已经增殖达到 145%。

Ishang 等[75]用孔隙率 90%的 PLGA 泡沫支架培养鼠颅骨成骨细胞。培养 24 h 后,75%的种植细胞吸附和增殖;3 d 后细胞密度可达 $22.1 \times 10^5/cm^2$,如图 8.24 所示;56 d 时能完全吸附。

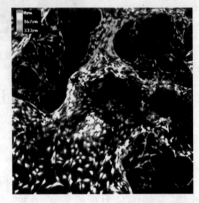

图 8.24 颅骨成骨细胞在 PLGA 泡沫支架中培养 3 d 后[75]

Yoshikawa 等[76]将鼠骨髓成骨细胞与多孔 HA 体外复合培养 2 周后植入鼠皮下,1 周后即有新骨生成,如图 8.25 所示。黑色区域是残余的 HA,白色区域是多孔处新骨生成,以后逐渐增多。可见,采用组织培养技术将成骨细胞置于多孔 HA 中培养后形成的复合物在体内能很快发挥成骨作用。

龙厚清等[77]将来源于兔骨髓的成骨细胞与新法制备的 HA/TCP 双相陶瓷材料复合培养 2 周,扫描电镜显示材料表面和孔隙内均有成骨细胞生长,有良好增殖活动性和稳定细胞表型;自体异位植入体内 6 周后见内植物有新骨形成,

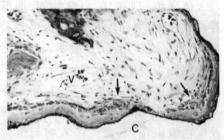

图 8.25 骨髓成骨细胞/多孔 HA 植入体内 1 周后(C 是脱钙作用产生,V 是脉管系统)[76]

多位于内植物表面,可见成骨细胞、骨细胞、髓腔样结构、板层样骨基质等正常骨组织结构。

Mizuno 等[78]将骨髓基质细胞接种于胶原上体外复合培养的研究发现Ⅰ型胶原能诱导骨髓基质细胞分化为成骨细胞,随后植入体内后能诱导成骨而无软骨形成;而Ⅱ、Ⅲ、Ⅳ型胶原则不具有这种能力。该研究表明Ⅰ型胶原能为成骨

细胞提供较好的成骨环境,从而发挥其成骨作用。

陈富林等[79]体外分离、培养、扩增兔颅骨成骨细胞,将细胞接种于直径 8 mm、厚 1 mm 的盘状多孔珊瑚中,然后植入兔背部皮下组织。结果表明培养的兔成骨细胞可以在珊瑚表面良好生长,12 周时板层骨形成,扫描电镜观察见材料的边缘已有吸收,珊瑚表面可见大量圆形成骨细胞位于束状排列的胶原基质中,孔洞中也可见大量的骨组织,如图 8.26 所示。

图 8.26 植入 12 周时,珊瑚孔洞中有板层骨形成[79]

陆伟等[80]以骨髓基质成骨细胞作为种子细胞,经系统处理的煅烧骨做支架材料于体外培养。7 d 后,细胞紧密贴附于煅烧骨网架上,形态为扁平状的多角形、菱形和三角形。细胞间通过伪足接触融合,互相形成网状,充分伸展。细胞迅速分化增殖,可见细胞间有部分重叠生长,并分泌大量条索状胶原纤维和矿化结节。

### 8.5.2 软组织工程

软组织工程材料主要用于皮肤、肌肉、血管、神经、软骨等软组织的修复与重建。

作为软组织工程材料,除了具有一般组织工程材料的生物相容性要求外,还应具备以下条件:①易于加工成三维多孔支架;②支架要有一定的力学强度以支持新生组织的生长,并能自行降解;③低毒或无毒;④能够释放药物或活性物质。

**1. 皮肤组织工程**

用组织工程的原理与方法构建或预制皮肤组织是人类由来已久的梦想,而且也是解决大面积烧伤患者皮源缺乏的有效方法和根本途径。人造生物皮肤是世界上第一种获得美国 FDA 批准的组织工程产品。理想的组织工程化皮肤应能够阻止细菌入侵、能够及时提供、能存放较长时间、能防止体液丢失、在创面长期存活、无抗原性、容易获得且价格适中、随身体发育而生长、应用方便。

根据组织工程皮肤的结构不同,可将其分为表皮替代物、真皮替代物和全皮替代物。表皮替代物由生长在可降解基质或聚合物膜片上的表皮细胞组成;真皮替代物为含有活细胞和不含细胞成分的基质结构,用来诱导成纤维细胞的迁移、增殖和分泌细胞外基质;全皮替代物包含上述 2 种成分(既有表皮结构,又有真皮结构)。

(1) 表皮替代物

在表皮细胞-生物医用材料复合物的培养过程中涉及角肮细胞供皮区、生物医用材料、细胞因子、培养环境以及培养方法的选择。其中生物医用材料是种植、支持、转运角肮细胞的三维支架,它既是角肮细胞的附着场所,又是良好的创面覆盖物。目前常用的生物医用材料主要有以下几种:聚乌拉坦、透明质酸、纤维蛋白胶和脱细胞真皮。

徐林海等[81]利用组织工程方法,将人表皮细胞接种到胶原海绵上。培养3 d后移植到裸鼠创面上,表皮细胞继续增殖分化,形成一层新生表皮。与无接种细胞的纯胶原海绵对照组相比,创面闭合早且收缩程度小,表皮成熟早且分层较多,基底膜形成较早,表皮下胶原纤维较少,抗人HLA-I型抗原免疫组织化学染色呈阳性,证明新生表皮由移植的人表皮细胞形成,而不是来源于伤口边缘鼠自体细胞。

Horch等[82]利用纤维密封剂将自体同源的角肮细胞移植到患者的慢性创面上,结果发现所有经过移植的病人创面得到了有效的修复,移植前后的照片见图8.27。纤维密封剂可以有效地作为底物支持表皮细胞的生长,细胞贴附到创面后,可以移行到创床,继续增殖、分化以形成新生表皮。从而证明了纤维密封剂能有效地用于慢性溃疡创面的临床治疗。

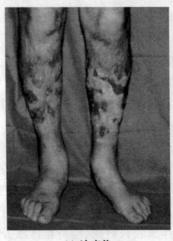
(a) 治疗前

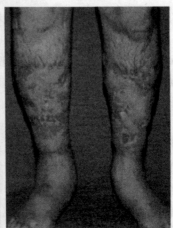
(b) 4 周后

图 8.27 一位患自身免疫疾病且无自愈倾向的病人经角肮细胞/纤维密封剂移植[82]

(2) 真皮替代物

真皮替代物在皮肤重建过程中具有重要作用,可增加创面愈合后的皮肤弹性、柔软性及机械耐磨性,减少瘢痕增生,控制痉挛,而且有些真皮替代物中存在的活性成纤维细胞可促进表皮生长分化，诱导基底膜形成。真皮替代物基本分为两大类，即天然真皮与人工合成真皮。

天然真皮替代物具有完整的胶原三维结构，生物相容性好，在组织成分上与自体皮肤最相近，在皮肤重建中具有较高的应用价值。主要包括两类：去除表皮层的异体真皮和无细胞真皮。去除表皮层的异体真皮是将异体皮植入到创面后去除表皮层，再植入自体厚皮或体外培养的自体表皮细胞膜片可重建皮肤。无细胞真皮指通过酶消化、高渗盐浸泡等去除异体（种）皮中的表皮层和真皮细胞成分，而保留正常的胶原三维结构及基质的真皮支架。

人工真皮是采用各种材料制成的真皮基质，与天然替代物相比其组成成分及交联物质可改变，以增加对胶原酶的耐受性，且可大量生产，长期贮存。目前，人工合成真皮主要采用胶原－氨基葡聚糖、胶原凝胶、聚羟基乙酸/聚乳酸网、尼龙网等作为真皮支架，结合成纤维细胞、表皮细胞培养成皮肤替代物，并初步试用于临床取得一定效果。目前已有5种商品化的人工真皮问世。

①Integra[83]：是该类材料应用最早的一种，是由 Yannas 和 Burke 于1980年研制的一种胶原类真皮替代品，后由 Life Science 公司开发生产，1995年被 FDA 批准应用于烧伤患者。它是由牛胶原与6-硫酸软骨素复合交联而成，其上覆有一层硅胶膜的真皮替代物，呈多孔状结构，孔径($50 \pm 20$) μm，当植入创面后毛细血管及成纤维细胞可浸润生长形成新的真皮组织。上层硅胶膜的作用与表皮相当，可控制水分蒸发，防止细菌感染。它的主要特点是多孔洞性，且能在冻干交联的过程中，通过控制基质中冰晶的形态控制孔洞的大小。植入创面约2周后新的真皮组织形成，此时，去除硅胶膜，再以极薄的自体皮片或培养的自体表皮细胞膜片覆盖。但该产品对创面的要求较高，对出血、感染抵御能力差，影响了成功率，而且最终还需二次植皮方能覆盖创面，延长了患者的住院时间，增加了治疗费用。

②Biobrane：过去长期以来在临床上被用作一种临时性敷料来覆盖大面积烧伤创面。它是双层膜状物，外层为薄的硅胶膜，内层为大量胶原颗粒，硅胶膜允许创面生理性水分丢失，防止蛋白等大分子丢失和细菌入侵。

③Dermagraft－TM：将从新生儿包皮中获取的成纤维细胞接种于聚乳酸网架上，数日后，成纤维细胞大量增殖并分泌胶原、纤维连接蛋白、蛋白多糖、生长因子等，形成由成纤维细胞、细胞外基质和可降解生物医用材料构成的人工真皮。其纤维连接素高水平表达并接近胎儿皮肤中的水平，这对于真皮替代品具有重要意义，纤维连接素促进上皮细胞的生长爬行，促进基底膜的装配。在人工真皮上移植网状皮片可获得良好的贴附和血管化，并通过上皮化闭合创面。

Marston 等[84]用 Dermagraft－TM 治疗130例糖尿病人足部溃疡，并随访12

周。结果表明用 Dermagraft – TM 治疗的病人 6 周后溃疡处出现了显著的临床改善,其痊愈率为 12.30%,疗效满意,且并发症较少。

④Dermagraft – TC:将新生儿包皮的成纤维细胞接种到 Biobrane 上制成人工真皮,见图 8.28[85]。这种膜由一层硅胶薄膜和与之相贴的尼龙网组成。硅胶薄膜可防止创面水分丢失和环境中细菌侵入。尼龙网眼中来源于新生儿包皮的成纤维细胞在几周后形成致密的细胞层,并可分泌多种 ECM 蛋白及各种生长因子,其中成纤维细胞生长因子、角化细胞生长因子、转化生长因子等的 mRNA 水平接近于新生儿皮肤,而具有高度生物活性。由于新生儿成纤维细胞免疫原性很低,可用来做异体移植一种临时的真皮替代物。Dermagraft – TC 易于操作,可以规模化制备,冻存待用。在冻存时,供者及其母亲可被重复检测有无感染,从而使得种植物携带病毒的可能性几乎为零。Dermagraft – TC 已于 1996 年获美国 FDA 批准用于临床。

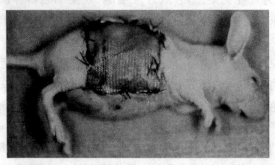

图 8.28 在对裸鼠进行表皮移植之前使用 Dermagraft – TC 覆盖创面[85]

Biobrane 和 Dermagraft – TC 均为不可降解性的合成复合膜,在人体烧伤创面中只能起到暂时性创面覆盖物作用,而且由于硅膜的存在,很难改变网膜的厚度,使其临床应用受到了限制。

⑤AlloDerm:是一种商品化的脱细胞真皮基质,将新鲜尸体皮在 1 mol/L NaCl 中处理 15 h 后撕去真皮,然后在室温下于 5%SDS 中连续振摇 1 h 去除细胞成分,PBS 清洗后,冻干保存备用。

(3) 复合皮肤替代物

理想的创面覆盖物应为包含自体表皮与真皮的复合移植物,从而达到永久性修复创面的目的。在表皮层下增加真皮成分,可有效地提高其机械性能和移植物接受率,促进创面愈合。同时,在创面愈合过程中,由于间充质 – 表皮的相互作用,表皮 – 真皮复合移植物可缩短真皮机化时间、限制瘢痕形成并促进皮肤再生等。

目前最成熟的人工皮肤是 Apligraf[86],它是一种包含异体上皮细胞和成纤维细胞的双层组织工程皮肤,其细胞成分均来源于新生儿包皮,经体外培养所得,移植后受体接受率达100%。移植后可见连续的基底膜形成,表皮细胞分化良好。

王旭等[87]利用新鲜尸体制成大的真皮组织,经乙酸提取胶原,NaCl盐析纯化,冷冻干燥成固体胶原膜。将异体表皮细胞和成纤维细胞分别种植在膜的两面,经培养形成纤维母细胞－胶原膜－表皮细胞夹心式人工复合皮。该复合皮具有一定的机械强度和柔韧性,不易碎裂,便于手术操作。培养后移植于10例深度烧伤创面,如图8.29所示,未发现明显排斥现象,成活7例,随访一年效果满意。

以上这些复合皮肤替代物虽然包含了表皮与真皮两层结构,但存在一个共同的问题:即缺乏毛囊、汗腺和皮脂腺等皮肤附属器。在非毛发区,毛囊的作用显得并不重要,但汗腺、皮脂腺的缺失,使皮肤丧失分泌和排泄功能,在炎热的季节,散热困难,而在寒冷干燥的季节,皮肤会发生皲裂。

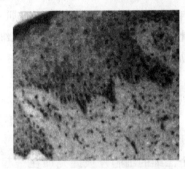

图8.29 复合皮移植在削痂创面60 d的组织切片[87]

**2. 肌组织工程**

(1) 骨骼肌组织工程

目前认为,骨骼肌组织工程中有功能的生物医用材料除了应当具备一般生物医用材料所应有的特点外,还需要有能选择性控制肌肉祖细胞(卫星细胞)粘附、形态和增殖的特性。

Okano等[88]将成肌细胞混合于Ⅰ型胶原溶液中,并置于37℃孵箱内,形成含成肌细胞的Ⅰ型胶原凝胶。在凝胶过程中,根据不同的模型铸成盘状、管状或片状结构。体外培养发现成肌细胞仍能在凝胶铸形中分化形成肌小管。后来的实验[89]发现,在以Ⅰ型胶原为支架构建组织工程骨骼肌时,在细胞与生物材料复合物的两端施以一定的间断机械应力,通过这种方法培养出来的骨骼肌在细胞密度和方向性上与正常的骨骼肌组织非常相近,管形结构的胶原与成肌细胞能沿管的轴线排列,并能行使一定的功能。

Saxena等[90]把成肌细胞种植到聚羟基乙酸(PGA)网络中,用来在体内生成三维组织工程化骨骼肌。这种细胞多聚体结构经过6周形成良好的血管化三维结构,能够产生新的肌肉样组织,如图8.30所示。

(2) 心肌组织工程

由于心肌细胞是代谢率高的终末分化细胞,在体外培养难以诱导其增殖,因此心肌组织工程相对于其它组织工程是一个较新的、难度较大的领域。构建组织工程化心肌时,需要特定三维的立体支架,使接种的细胞能够定位、贴附、局域化生长和增殖。

Zimmermann 等[91]将胚胎鼠心肌细胞和液态的Ⅰ型胶原相混合,并添加一种基质蛋白复合物 Matrigel,37℃时混合物可形成凝胶样组织,之后再经过体外被动拉伸训炼,5~7 d 后就培养出了具有自发性的、同步收缩功能的心肌组织,且此组织工程心肌中幼稚的心肌细胞可

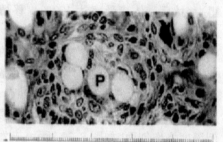

图 8.30 骨骼肌多聚体和其中的脉管系统(P 为多聚体)[90]

逐渐分化成熟,而且细胞之间产生了有效的电学联接。将其植入同源的小鼠体内,发现该组织工程化心肌可以至少存活 8 周,保持收缩功能,在形态上和原位心肌整合在一起。

Shimizu 等[92]将心肌细胞种植于聚合物聚异丙基丙烯酰胺(pIPAAm)表面,彼此融合形成二维的细胞片。改变温度后,细胞片和培养装置的表面分离,将多个二维的细胞片彼此叠加在一起,即形成了三维的组织工程化心肌;将此组织工程化心肌移植入裸鼠的皮下,3 d 后肉眼可见同步跳动的组织,该移植物植入后可存活 1 年以上;形态学观察发现,数日后就可见新生血管形成,1 周内就可见血管网形成,见图 8.31。

Polonchuk 等[93]用二氧化钛作细胞支架,用于体外构建工程心肌组织。研究表明,二氧化钛表面的微环境有助于保持体外心肌细胞组织样结构;也有助于心肌细胞表达粘着斑蛋白,对心肌细胞起着连接细胞外基质中的整合蛋白受体与胞浆纤维的作用,且有助于维持心肌细胞的形态。

**3. 血管组织工程**

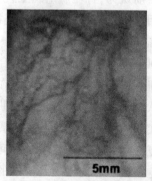

图 8.31 移植的心肌组织可见血管网形成[92]

利用组织工程的方法,构建组织相容性好、具有生长潜能、不易钙化和血栓形成、不易感染的组织工程血管的研究近年来获得了很大的进展,为提供完美的血管移植物开辟了一条新的来源。图 8.32 为泰尔茂公司开发的三层结构组织工程血管[94]。

(1) 无生理活性的血管移植物

用脱细胞的天然生物医用材料制成的血管移植物植入体内,通过受者血管

的平滑肌细胞、内皮细胞等的迁移和增殖,整合产生新的功能血管。其优点为:①技术简单,设备及实验要求低;②材料可提前制作,可冷冻保存备用,制备周期短。但这种材料人的自身来源有限,而用动物胶原制备的血管移植物属于异种材料,其免疫性和强度不令人满意。

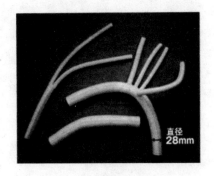

图 8.32 人造血管[94]

Huynh 等[95]用猪小肠粘膜下层脱细胞胶原基质作为支架,制成一内径约 4 mm 的管道,腔面用牛胶原纤维包被,并经肝素化抑制凝血反应,将其作为血管替用品进行兔血管旁路移植术。术后检查发现移植物表现出良好的力学性能,经一定时间的观察,管道通畅,内腔有内皮细胞生长,并对血管活性药物有生理性反应,表明近期效果良好。3 个月后,掺合受者细胞的胶原重建成血管,能对血管活性药物有收缩反应。

(2) 有生理活性的血管移植物

通过血管壁细胞的体外培养技术,构筑具有一定力学特性和生理活性的,能自我更新、修复、生长的血管移植物。

Berglund 等[96]用双层的胶原胶膜片构筑组织工程血管,支撑胶原层主要由 I 型胶原制成,进行特殊的化学交联以增加其强度和延展性,另一胶原层则作为细胞接种和培养的支架。两层胶原层的抗张裂强度分别达到 650 mmHg (1 kPa = 7.5 mmHg) 和 100 mmHg。通过这种方法构建的血管移植物,具有较为完整的接近天然的血管壁环层结构。且胶原胶具有良好的细胞贴附性能,并提供所需的细胞信号。

L'Heureux 等[97]分别用血管 SMCs(平滑肌细胞) 和人皮肤 FBs 进行培养,细胞和 ECM 融合成膜片状物。将 FBs 膜片制成无细胞基质,套在 ePTFE 多孔管轴外,裹上 SMCs 膜片(相当于血管的中膜),再裹上 FBs 膜片(相当于血管的外膜)。待管壁细胞和 ECM 成熟后,再脱去 ePTFE 管轴。最后在腔内接种 ECs(内皮细胞,相当于血管的内膜),培育出有生理活性的天然环层结构血管,如图 8.33(a) 和 (b) 所示。其测试结果表明:该血管壁的 SMCs 和 ECs 都表现出分化状态;在体外试验中表现出很强的抗血小板粘附能力;中层含有多种 ECM 蛋白;对血管活性药物有反应;能耐受 200 mmHg 的静水压;动物试验显示易于手术操作,缝合性能良好。

Niklason 等[98]以 PGA 为支架制备了小口径(小于 6 mm)组织工程血管。在静态下将牛的 SMCs 悬液注入管形支架中贴壁。8 周后在 PGA 降解同时,SMCs

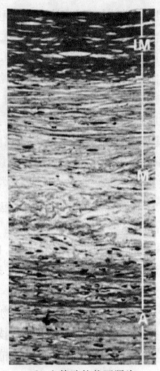
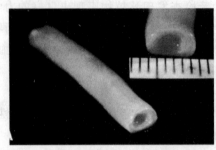

(a) 外膜成熟9周的大体标本照片　　(b) 血管壁的截面照片

图8.33　成熟组织工程血管的[97]

迁入支架并产生 ECM 替代 PGA。再接种 ECs,8 周后制成组织工程血管。比较以往的方法他们作了两方面的改进:①采用了搏动性灌注培养系统;②在培养液中加入了抗坏血酸、铜离子及一些必须氨基酸等以促进原蛋白的生成及交联,增强管壁的机械强度。在此种物理环境和优化培养液中培养出来的血管力学性能优于以往任何一种组织工程血管:抗张裂强度大于 2 000 mmHg(人自体大隐静脉能耐受的压力为 1 680 ± 307 mmHg),缝合固持度达 90 g,胶原含量超过 50%;细胞具有良好的分化状态,对药物作用有反应。

Hoerstrup 等[99]在 PGA 多孔支架上修饰以聚羟丁酸(pP4HB)层,通过热焊接技术,制成管形支架,见图 8.34。该组织工程血管达到了一定的抗张裂强度和缝合固持度,基本符合外科手术的要求。

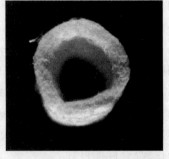

图 8.34　PGA/P4HB 复合材料制成的组织工程血管[99]

Matsumura 等[100]将骨髓干细胞作为

细胞来源,将聚乙交酯和丙交酯/己内酯共聚物为原料制成生物可降解支架,形成了组织工程血管,进行了22例临床试验,没有发生管道的血栓形成和狭窄以及因该项技术而导致的患者死亡。

**4. 神经组织工程**

理想的神经组织工程材料除了具备一般生物医用材料都应具备的属性外,还应具备以下的组成、性能和结构要求[101]:①应适时地在体内降解和被机体吸收,即材料的降解速度和代谢吸收速度应与神经再生修复的速度相匹配;②应保证神经修复所需的三维空间,具有理想的双层结构:外层为大孔结构,可提供必要的强度,并保证毛细血管和纤维组织可以长入以提供营养;内层为可起到屏障作用的紧密结构,防止结缔组织长入;③应保证神经修复所需的营养供应,即提供受损神经再生所需的可起到调节神经细胞生长、分化并促进神经修复和组织再生的神经生长因子。

神经组织工程可分为周围组织神经工程和中枢神经组织工程两大类。

(1) 周围神经组织工程

组织工程化周围神经的主要内容是将经体外培养扩增的许旺细胞种植在具有三维支架结构、可生物吸收、半渗透性的神经导管内,桥接周围神经缺损。组织工程化人工神经所需要的神经导管一般可生物降解吸收并具有半渗透性。可生物降解神经导管在神经再生过程中被人体逐步降解吸收,不需二次取出,而且避免了神经导管对再生神经轴突的慢性卡压。神经导管的半渗透性有利于神经再生过程中营养物质的摄取和代谢产物的排出。此外,神经导管应具有良好的生物相容性,能较快引导周围血管长入,为神经生长微环境提供充足的营养。应用组织工程技术构建神经导管,为修复长段周围神经缺损提供了新的方法和思路。这项研究的核心是模拟周围神经天然结构,将许旺细胞与生物支架材料有机结合成为类似 Büngner 带的结构,为再生神经提供良好的生长环境,充分发挥许旺细胞对再生神经的营养、诱导作用,从而促进神经的再生。图8.35 为利用 PLA 中空纤维制成的神经再生引导管照片[102]。

戴传昌等[103]将培养的高密度许旺细胞分次滴注在聚羟基乙酸(PGA)纤维表面,使许旺细胞吸附在材料表面。他们发现许旺细胞不仅能贴附在材料表面,而且能分裂迁移形成细胞链,同时分泌层粘蛋白等细胞基质,沉积在纤维表面形成了纵向的、类似变性神经的结构模式的神经再生引导通道,见图 8.36。

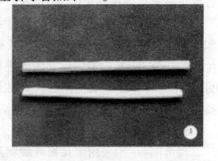

图 8.35 PLA 中空纤维神经再生引导管[102]

戴传昌等[104]制备了PGA支架,在其上接种体外培养扩增的许旺细胞,形成新型的、非管状的、具有三维纵向细胞排列和层粘蛋白通道的组织工程化神经桥接物,用于修复大鼠1.5 cm的坐骨神经缺损,术后结果与自体神经移植组相似,并且没有缺血或炎性表现,无瘢痕形成。

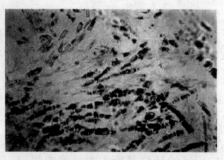

Matsumoto等[105]制成内有胶原纤维丝的PGA导管,应用其成功修复了80 mm长的狗腓总神经缺损。植入4~16月组织切片显示切口处的再生神经组织已有滋养血管长入,且其功能与自体神经植入后比较无明显差异。

图8.36 许旺细胞接种在PGA支架上两周,免疫组化染色示纤维表面吸附着大量免疫阳性的粘蛋白,纤维之间纵形排列着大量许旺细胞[103]

Mosahebi等[106]用聚羟基丁酸戊酯导管将同种异体许旺细胞移植到大鼠坐骨神经的10 mm缺损处,发现在6周时同种异体许旺细胞的长入情况与同源细胞移植相似,并且没有导致有害的免疫反应。

Kiyotani等[107]应用干湿相旋转纺丝法将PGA制成中空纤维管,将胶原高温交连于其表面制成可浸透的中空纤维管,管内注入含有NGF的凝胶,修复25 mm长的神经缺损,术后6个月组织学及电生理检测恢复良好。

(2) 中枢神经组织工程

由于大脑及脊髓的组织结构相对周围神经组织结构要复杂得多,故其组织工程发展仍处于起步阶段。

为研究许旺细胞和生物支架复合体是否促进神经轴突生长,Steuer等[108]将背根神经节接种在种植有许旺细胞的多孔聚乳酸(PLA)纤维表面,或接种在无许旺细胞但经血浆处理的PLA纤维表面,结果发现前者表面神经轴突的爬行生长显著得到提高。

Holmes等[109]报道了由赖氨酸、丙氨酸、天冬氨酸形成的(RAD)16肽的1型和2型自制生物支架,该种肽支架具有促进各类神经细胞的粘附、分化和广泛生长的特性,见图8.37(a);且能促进神经元细胞间的突触形成,见图8.37(b);另外,也可将神经干细胞种植在支架上,在特定的条件下,让干细胞分化成各种类型的神经细胞。

**5. 软骨再生**

周勇刚等[110]采用多孔聚乳酸膜片作载体,与骨骺软骨细胞共培养,3周后组织学与电镜观察均显示软骨细胞可以在载体上生长,并且分泌基质。体内试

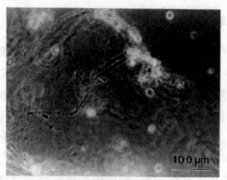
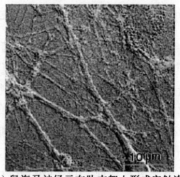

(a) 鼠小脑颗粒细胞在肽支架上广泛生长　　(b) 鼠海马神经元在肽支架上形成突触连接

图 8.37　鼠小脑颗粒细胞在肽支架上广泛生长形成突触连接[109]

验显示;聚乳酸在体内可以不断降解,组织相容性较好。为探索组织工程骺软骨治疗骨骺早闭的新方法奠定了基础。

孙安科等[111]取乳兔肋软骨细胞,接种于 PGA 支架材料上,经体外培养、体内皮下种植或修复软骨缺损,一定时间取材。观察一定设计的三维生物可降解材料聚羟基乙酸无纺网在组织工程化软骨形成中的降解性。结果显示软骨细胞 – PGA 复合物体外培养 1 周,可见基质产生,未见纤维降解迹象;体内种植或修复软骨缺损 4 周后,新生软骨内仍有较多 PGA 纤维;8 周时 PGA 纤维已基本消失;12 周软骨细胞成熟,基质分泌丰富,未见任何 PGA 残留现象。说明其在组织工程化软骨形成过程中适合其生物降解性要求。

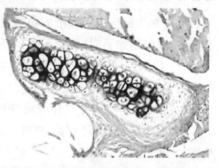

Lohmann 等[112]将 PGA 浸在 1% 的 图 8.38　软骨细胞/支架植入体内 8 周后[112]
PLA 溶液中形成无纺网状材料制成基质支架,将牛软骨细胞接种在上面,植入裸鼠皮下 8 周后取出样品,结果表明有新的软骨生成,如图 8.38 所示。提示该材料的性质不影响软骨形成。

## 8.6　代谢类组织工程相关生物医用材料

同结构类组织工程一样,代谢类组织工程研究主要集中在三个方面:即种子细胞、可降解支架材料、生长和分化因子。除此之外,又有其特殊的地方即代谢类组织工程植入物需将移植细胞或组织以半透膜包囊,防止免疫排斥。其研究的复杂性对当代科学家提出了新的挑战。

### 8.6.1 免疫隔离与微包囊

免疫隔离技术是通过一个人造半透膜屏障将移植物与受体的免疫系统隔离开。作为移植用隔离装置必须具备两个基本条件:①半透膜应能隔离一定分子量的大分子物质,允许小分子的物质通过。这样,该膜保证小分子的营养物及移植组织细胞的分泌物、代谢物能自由扩散出入膜,而大分子的免疫活性物(抗体、免疫活性细胞)则不能透过膜。②半透膜材料本身对机体无毒性,有良好的生物相容性,免疫原性极弱,不易引起宿主的反应。目前所发展的免疫隔离装置主要有三种:中空纤维管、弥散小室和微包囊,在组织细胞移植中以微包囊技术发展较为成熟。

微包囊是指包载有效成分的微米尺度的容器,其主要功能是为内包物质与外部环境隔离起保护作用,或调节内包物质向外部释放。微包囊膜材料主要有藻酸盐、多聚赖氨酯、琼脂糖、脱乙酰几丁质、聚丙烯胺及羟甲基纤维素钠等。目前以海藻酸钠-聚赖氨酸-海藻酸钠(APA)微包囊发展最为成熟。APA具有较低的细胞毒性和较好的细胞粘附性、长期的稳定性和较高的生物相容性等优点。

微包囊化细胞能否移植成功与微包囊性能关系很大,影响微包囊性能的因素很多,现归纳如下[113]:

(1) 膜的厚度,是微包囊强度的主要决定因素,反应时间 2~7 min 内,膜的厚度随着海藻酸、PLL、$CaCl_2$ 的浓度增加而增厚;

(2) 材料的纯度,未纯化的海藻酸制备的微包囊形态不规则,有尾状物和条带,表面粗糙,机械强度差,移植后易破裂,囊周细胞浸润增加,易和周围发生粘连;

(3) 海藻酸成分,古罗糖醛酸在海藻酸中比例高时粘度大,易于成囊,含量为 40%~45% 时微包囊生物相容性较好,移植于免疫总能强的动物体内可明显减轻免疫排斥反应;

(4) 多聚赖氨酸分子量,一般来说,分子量高的多聚赖氨酸制备的微包囊孔径大。当分子量一定时,多聚赖氨酸浓度达到一定程度(0.01%)后,进一步增加浓度不改变膜的通透性;

(5) pH 值,pH 值为 5.5 时,制备的微包囊强度最高;用不同种类和不同 pH 值的缓冲液处理微囊发现,磷酸盐缓冲液处理的微包囊机械强度最差,pH 值为 3 的硼酸缓冲液相对较好,而 pH 值 8~9 的 Trizma 碱溶液处理后的微包囊机械强度最好;

(6) 微包囊的存在状态,包埋在液化藻酸盐-琼脂糖微包囊中的杂交瘤细胞比生活在固化藻酸盐-琼脂糖微囊中的细胞生长形态更正常,产生的抗体更多,生命力更强。

张阳德等[114]用二步法胶原酶门-腔静脉灌注法分离 Wistar 大鼠肝细胞,用 Percoll 梯度分离液纯化、海藻酸钠-氯化钡法微囊化包裹肝细胞,分别行腹腔注射移植。移植后第 4 d 开始,微囊周围出现纤维增生现象。该实验提示微包囊可为移植的肝细胞提供免疫屏蔽作用从而提高肝细胞移植的存活率,并且微囊周围纤维增生可影响肝细胞的存活率。

Yin 等[115]最近以甲基化胶原为核,被覆甲基丙烯酸甲酯(MMA)、甲基丙烯酸(MAA)、甲基丙烯酸羟乙酯(HEMA)三元聚合物制成微包囊进行肝细胞培养,发现微囊化肝细胞功能增强。同时还发现,该三元聚合物的分子量对微囊膜厚、血清蛋白的渗透及尿素合成和细胞色素 P450 的代谢功能等都无明显影响。

汤小东等[116]于兔大腿肌肉内注射 $1 \times 10^8$/mL VX2 肿瘤细胞悬液,建立肢体肉瘤模型,之后经股动脉给予阿霉素海藻酸钠-壳聚糖微包囊栓塞治疗。结果显示治疗后肿瘤血供明显减少,肿瘤组织广泛坏死,肿瘤细胞凋亡率明显高于对照组。从而说明通过微包囊栓塞肿瘤供血动脉,局部释放化疗药物,可以提高兔 VX2 肢体肉瘤模型的化疗效果。

薛毅珑[117]将 APA 微包囊化牛肾上腺髓质嗜铬细胞(BCC)移植入偏侧帕金森样大鼠和猴脑纹状体内,结果表明植入的 APA 微包囊化 BCC 能够在异种脑内存活,分泌多巴胺等单胺类物质,并使模型动物脑内多巴胺类物质含量升高,可迅速纠正动物的异常行为。微囊包裹具有免疫保护作用,可明显地延长移植细胞在宿主体内存活和发挥功能的时间。APA 微包囊化 BCC 移植 10 个月时,大鼠脑组织切片,HE 染色见囊壁完整、呈淡红色;囊内细胞散在分布或成团、胞核呈蓝紫色、胞浆呈淡粉色,囊外无明显胶质细胞增生。实验观察其作用持续已 23 个月以上,生理生化指标正常。该研究组[118]又将 APA 微包囊化 BCC 植入正常大鼠脊髓蛛网膜下腔,使受试鼠对急性疼痛耐受性提高,镇痛作用持续时间超过 270 d;他们将同样的移植物植入恶性肿瘤引起的顽固性疼痛患者的脊髓蛛网膜下腔内,能在数小时内迅速缓解疼痛,患者可少用或停止使用止痛药,作用时间持续 60 d 以上,且未见明显副作用。

### 8.6.2 生物反应器

生物反应器为组织工程提供了有力的工具,在种子细胞的增殖、体外组织构建方面发挥着极其重要的作用。理想的生物反应器能控制 pH、氧张力、机械应力、营养及代谢物等条件,因而能为细胞的生存和发育分化提供最适宜的环境。

一般而言,应用于组织工程的生物反应器应满足以下一些基本要求[119]:

(1) 生物反应器的型式和结构应便于培养介质的均匀混合,提供精确的传质控制,使营养组分的浓度及介质的 pH 值能在时间和空间上尽量维持恒定,并使其梯度尽量减小;

(2) 能方便而精确地控制恒温,以利细胞生长;

(3) 培养介质的混合方式应使剪切力对细胞造成的损伤降到最低;

(4) 对于某些种类的细胞而言,还要求反应器能提供一定的机械应力刺激;

(5) 生物反应器应能与细胞及组织培养所用的人工基质完美地整和。

**1. 灌注式生物反应器**

灌注生物反应器是将种植了细胞的支架悬吊于灌注系统内,培养液以恒定流量被泵送到反应器里,再连续地收集到反应器废液瓶中。所以灌注反应器克服了机械混合产生的剪切应力,可以对细胞的周围环境包括 pH 值、温度、培养液的营养成分、代谢产物更为精确的监测和控制,因而培养细胞的密度及质量可以得到很大提高。该反应器一般用于三维支撑骨架培养体系。

李祥等[120]构建灌注式生物反应器系统,如图 8.39 所示,支架镶嵌在硅橡胶密封圈内,培养液只能从支架内部微管道中流过;实现氧气和营养物质的大量输送的同时,产生一定流体剪应力,调节细胞功能的发挥。

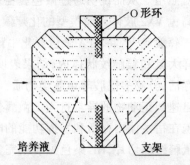

图 8.39 灌注式生物反应器示意图[120]

**2. 机械搅拌式生物反应器**

机械搅拌式生物反应器的主要原理是通过叶轮或桨式搅拌器搅动培养液增加传质能力,确保细胞培养的氧浓度和培养液养分均匀,达到大规模培养细胞的目的。它能使组织工程细胞或复合体新陈代谢的各种参数维持在正常生理范围内,并可使组织工程细胞或复合体内细胞培养密度增加,有利于外部供氧及保持细胞的天然形态。其结构如图 8.40 所示[121]。

图 8.40 搅拌式生物反应器[121]

### 3. 膜式生物反应器

膜式生物反应器主要特点是有一个起传质作用的透析性膜。它的主要优点是细胞或组织留在反应器内,反应器连续灌流。使用膜包埋技术,对于培养容易受到剪应力破坏的动物细胞是很合适的,加上它可以降低血清的使用量,又能连续长时间无菌操作,因此被认为最有希望应用于人体组织的培养。膜生物反应器中膜件的结构形式很多,有平板式、螺旋卷绕式、管式及中空纤维式等,其中中空纤维式应用最多,因为它的表面积较大,能生产高密度的细胞。

王英杰等[122]采用中空纤维编织法研制三维立体型生物反应器。中空纤维半透膜材料为聚醚酯,半透膜微孔直径 $0.15\sim0.18~\mu m$,将中空纤维半透膜交叉编织成三维立体结构,其间用数层100目尼龙膜相隔,共同对肝细胞立体培养起支撑作用。纤维编织物放置于立方形有机玻璃壳内,聚氨酯封各端纤维口,安装中空纤维腔流入、流出接头,见图8.41。制作的反应器由中空纤维分隔出

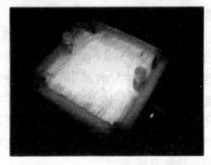

图 8.41 设计与制作的中空纤维编织型生物反应器[122]

三个腔。其中,编织中空纤维与玻璃外壳之间为反应器外腔,用于三维立体培养肝细胞;中空纤维内部自然构成两个独立的反应器内腔,分别用于循环培养液和血液。对反应器进行物质传输试验后,将分离的新生实验小型猪肝细胞接种于中空纤维支架上,用培养液循环式人工毛细管培养系统进行培养。结果表明该反应器内培养的肝细胞保持较好的细胞活力,具有生物合成与转换功能,符合生物人工肝的基本要求。

### 4. 旋转壁式生物反应器

旋转壁式生物反应器是目前组织工程领域应用最为广泛的生物反应器。1990年Kleis等首先研制了该生物反应器,随后美国国家航空与宇宙航行局(NASA)对此进行改进并应用到组织培养领域,其结构如图8.42所示[123]。由于它独特的设计和优点,而被广泛应用,并在十几年里得到了相当快的发展。它的主要特点就是培养器在动力带动下绕水平轴或垂直轴旋转,带动容器内培养液和培养物作旋转运动,通过气液两相

含一个可重复使用的RCM生物

图 8.42 NASA的旋转壁式生物反应器[123]

膜进行气体交换,以无菌注射器换液来补充养分。在此种反应器内由于细胞所受剪切力极低,而且细胞之间有三维联系的机会,因而所培养的细胞的功能更接近于自然细胞,并且可形成更接近自然的组织。

Qiu等[124]在旋转壁式生物反应器中进行了以生物陶瓷微球载体作为支架来构建三维组织工程骨的研究,分别使用大鼠骨髓基质干细胞和骨肉瘤细胞结合中空微载体在该反应器内构建三维组织工程骨,并且在三维聚合体上生成了细胞外基质和矿化结节,结果证明这种中空的生物陶瓷微球体可以用来体外构建三维组织工程骨。

宋克东等[125]利用微载体悬浮培养法在旋转壁式生物反应器内大规模扩增成骨细胞,检测其组织形态和生物功能后,作为接种到支架材料上并于反应器内三维环境中培养组织工程骨的种子细胞。结果显示成骨细胞在生物反应器中培养后,微载体大都通过细胞基质粘附在一起,呈现明显的搭桥现象;并且每代可以扩增十倍以上,同时经过倒置相差显微镜、SEM 以及 ALP 和 MTT 等生物学性能检测后,发现在旋转壁式生物反应器中三维培养的成骨细胞各种生物指标性能良好。

刘霞等[126]在体外模拟微重力条件下构建心肌细胞-多孔胶原复合体,复合体在旋转生物反应器中进行培养,培养 7 d 后,心肌细胞-胶原复合体的组织学染色表明,其外层区域细胞较致密,细胞间相互接触,形成连续的三维组织样结构,复合体的中心区域细胞较少。这说明培养的复合体内的细胞具有心肌细胞的特殊超微结构,与静止培养的复合体细胞相比,细胞代谢更加旺盛。

### 8.6.3 人工肝

肝脏十分复杂,它具有许多功能,有的至今仍不清楚,因此目前还不能使用正常人的肝细胞进行试验,必须利用异体肝细胞(如猪肝细胞)。肝组织工程研究中的最大问题是免疫排斥反应。由于肝组织是代谢性软组织,其对材料的力学性能要求与骨组织相比要低得多,而对细胞外基质蛋白的生物活性及微环境仿生要求更高。

目前人工肝脏根据其组成和性质可分为如下三类:

(1) 非生物型,又称物理型,主要通过物理或机械的方法和(或)借助化学的方法进行治疗,包括血浆置换(PE)、全血或血浆胆红素、氨及药物灌流吸附(DHP/PA)、血液滤过(HF)等;

(2) 生物型,将生物部分(如同种及异种肝细胞)与合成材料相结合组成特定的装置,患者的血液或血浆通过该装置进行物质交换和解毒转化等,包括以往的离体肝灌流、人与哺乳类动物交叉灌流、初期体外生物反应器(内含肝组织

均浆、新鲜肝脏切片、肝酶或人工培养的肝细胞等);

(3) 杂合型,由生物与非生物部分结合组成的具有两者功能的人工肝支持系统。生物人工肝问世以后,人们发现它虽能较好地替代肝脏的解毒与生物合成转化功能,但肝衰竭患者体内积累的大量代谢产物及毒性物质难以在有限的交换中由培养的肝细胞来解毒,反过来还可能对培养的肝细胞的存活及生物学功能产生不利影响。如将血液透析滤过、血浆置换、血液灌流等偏重于解毒作用的人工肝支持方法与之相结合,组成混合型生物人工肝,可使人工肝的生物合成转化功能及解毒作用更加完善。目前杂合型人工肝脏已进入临床试验阶段。

### 1. 微管平板式生物人工肝

微管平板式生物人工肝是在微孔平板模式生物反应器基础上构建的一种实验型体外装置。该反应器由聚碳酯构成,形似拉长的六角形盒子,内嵌膜式氧合器。一种气体弥散性聚氨基甲酸乙酯膜被支撑于反应器中间,从而将由顶部通入的气体和培养液分隔于上下两侧,约 $1.5 \times 10^7$ 个猪肝细胞以传统单层贴壁方式培养于被覆有鼠尾胶原的平板玻璃上,系统中主要有血浆分离器、蠕动泵及管路。

Shito 等[127]在体外评价该系统反应器的蛋白合成功能之后,又进行了体内评价猪肝细胞白蛋白合成的实验研究。反应器及体外循环系统预先灌注无菌、肝素化鼠血浆,以保障体外循环的有效血浆量,同时保证实验鼠自身平稳的血液动力学状态。灌流开始时给实验鼠注射 100U 肝素,然后将动、颈脉插管与生物人工肝系统相连,并以 $0.8 \sim 1.2$ mL/min 的速度循环鼠动脉血,经血浆分离器回到颈静脉,由血浆分离器分离的血浆再以 $0.1$ mL/min 的流速通过生物反应器。分别用含猪肝细胞的生物人工肝装置和无细胞装置进行 30 min 的体外循环灌流,定时抽血标本,ELISA 法检测猪白蛋白的含量及其变化。结果显示,在空白无细胞对照组的鼠血浆中未检出猪白蛋白,而含细胞生物人工肝实验组,在不同时期均检出猪白蛋白,其峰值出现于灌流循环 10 h,量达 5 $\mu$g,15 h后下降至 2 $\mu$g,维持该水平至 24 h。

### 2. 透析器型生物人工肝

Cuerva 等[128]用透析器型生物人工肝对 70%肝切除和 1 h 肝动脉断流建立的肝衰竭模型动物进行了肝支持实验,反应器内装 $0.6 \times 10^9$ 个冻存复苏的同种肝细胞,16 只动物每天治疗 4 h 直到肝功能恢复或死亡,另外 25 只动物作为对照。14 d 后治疗组有 44%的动物存活并从肝衰竭中恢复,而对照组的存活率为 22%。所有动物未发现有血小板、白细胞、红细胞计数异常,也没有血压和心电图方面的改变。

### 3. 中空纤维型生物人工肝

中空纤维型生物人工肝系统是目前研究与应用最广泛的生物人工肝装置之一,其技术相对最为成熟,不仅完成了大量的动物实验,而且已成功应用于临床应用研究。近年来,这一类型的生物人工肝的研究主要集中于中空纤维内细胞培养微环境的改进和完善,使之具有更理想的人工肝支持作用。

Nagaki 等[129]用肉瘤胶(EHS 胶)包裹猪肝细胞型反应器建立了生物人工肝系统装置,见图 8.43。共有 $5\times10^9$ 个肝细胞被 EHS 胶包裹并形成凝胶固定状态,置入中空纤维型生物反应器,与血浆分离器、人工肺等组合成生物人工肝支持装置。人工肝支持始于急性肝缺血模型建立后 8 h,直至动物死亡。治疗组存活时间明显延长,血氨在 15 h 左右下降,而对照组血氨持续升高或一直保持在高水平,呈现进展性高氨血症。支持组血液中的 $HCO_3^-$ 水平于治疗开始后立即升高,酸中毒好转,血乳酸水平改善,血液动力学稳定,提示 EHS 胶包裹肝细胞型生物人工肝亦可起到良好的效果。但由于猪肝细胞分泌的白蛋白可从 EHS 胶漏出,因此有潜在的免疫反应可能。

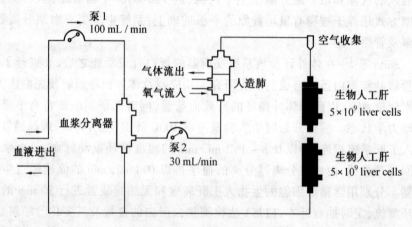

图 8.43 生物人工肝支持系统[129]

### 4. 非编织形聚酯织物型生物人工肝

非编织聚酯织物(NWF)是专为细胞培养设计的具有三维立体结构的基质材料,呈网络样固定并支持肝细胞以较小的聚集体形式培养,培养肝细胞的总量可达 $2\times10^{10}$。将 NWF 螺旋状缠绕成圆柱反应器,并辅以培养液、氧气输送和 $CO_2$ 去除管道,共同放置于聚砜膜透析仓内组成生物反应器。

Naruse 等[130]设计出 200 mL 容量的辐流型 NWF 反应器,在容量为 1 L 的贮存池内装有含溶解氧的猪肝细胞悬液,将该贮存池通过蠕动泵、硅管胶与 NWF 反应器相连并进行循环,24 h 后贮存池内多达 $1\times10^{10}$ 的肝细胞被固定于反应器上,再与氧合器、溶解氧计量器、水浴加热器、蠕动泵和血路管等共同组成生物人工肝系统。选择 15～22 kg 急性肝缺血猪为试验对象。试验发现,对照组动物术后一直保持不动状态,生物人工肝支持动物在治疗后均清醒、活动、欲站立,存活时间明显长于对照组。试验中血氨水平和总胆汁酸水平均明显下降,证明了该生物人工肝系统具有较高的代偿肝脏代谢功能的能力,而血糖的升高,则反映出其代偿肝脏合成功能的能力。

### 5. 填充式生物人工肝

填充式生物人工肝是一类以填充材料为支架,固定支持肝细胞培养,并共置于一定形状的反应容器内,血液或血浆直接灌注入的生物人工肝装置。该类生物人工肝大多尚处于试验研究阶段,仅部分开始进行动物试验。

Miyashita 等[131]用基因重组的 HepG2 细胞与循环流式反应器构成了一种新的生物人工肝,见图 8.44。体外试验发现,HepG2 导入 GS 基因后氨代谢能力显著增强。为进一步观察其去氨能力,采用猪急性肝缺血模型进行试验研究。试验所用的反应器大至可容纳 $10^9$ 以上 GS - HepG2 细胞,在动物肝衰竭模型建立后 3 h 开始试验。GS - HepG2 生物人工肝治疗动物的存活时间延长,血氨水平明显低于对照组,激活凝血时间(ACT)、促凝血酶原激酶部分激活时间(APTT)一直保持在较低水平。由于 GS - HepG2 细胞只能产生少量的血浆蛋白,因而实验动物凝血机制的改善,可能与血浆灌流反应器,消耗凝血因子较少有关,同时凝血机制的提高也与动物存活时间延长有一定的关系。

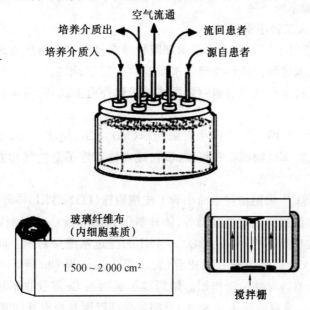

图 8.44 循环流式反应器略图[131]

### 8.6.4 人工肾

随着细胞治疗和组织工程学的兴起,人们设想用特定的细胞和生物合成膜,运用组织工程技术构建一个既具有肾小球滤过功能又有肾小管重吸收功能的装置,即生物人工肾(BAK),并且可植入到患者体内,成为全能肾脏供体器官,完成肾脏的全部功能替代。

目前,BAK的研究分为生物人工肾小球和生物人工肾小管两个部分。前者使用人工生物膜包裹具有活性的内皮细胞,以使移植的细胞逃避宿主的排异,通过转基因技术,并能合成分泌多种肾源性物质;后者具有再生、分裂、分化、分泌的功能。

**1. 生物人工肾小球**

传统的血液透析或血液滤过技术就是非植入式的人工肾小球,通过弥散或对流的原理清除水和溶质来替代肾小球的滤过功能,但存在使用抗凝剂引起出血、蛋白质沉积于膜上或膜内血栓形成带来滤过率的下降、大量的超滤同时需要补充大量的置换液等问题,影响发挥长时间的替代作用。植入式人工肾小球是基于对流的原理,将自身不同组织来源的内皮细胞种植于血液滤过器的内表面,血液与自身内皮细胞直接接触,改善了滤过器的生物相容性。应用基因转染的方法使植入的内皮细胞表达抗凝因子,解决了中空纤维内的凝血问题,同时避免了超滤率的下降。

**2. 生物人工肾小管(RAD)**

生物人工肾小管是将活的组织细胞种植在具有水和溶质通透性的中空纤维膜上,在细胞培养介质和细胞外基质等的支持下,细胞生长融合成分化的单层细胞,然后将含有培养细胞的装置连接于体外血液循环,实现肾小管的相应功能。

Humes 等[132]用犬肾近曲小管细胞株(MD-CK)构建 RAD,先后进行了体外功能测定、整体动物试验和临床试验,成功地治疗了急性肾功能衰竭重症患者。

应旭旻等[133]采用猪肾近曲小管上皮细胞株(LLC-PK1)体外培养,然后植入 FH66 血液滤过器内腔继续培养,体外制作 RAD 系统。他们测定了 $Na^+$、$Cr$、$Glu$ 的重吸收功能,并与未植入 LLC-PK1 的滤过系统做对照。同时观察哇巴因($Na-K-ATP$ 酶抑制剂)、根皮苷(肾小管上皮细胞 Glu 转运的特异性抑制剂)对重吸收的特异性抑制作用。结果显示试验组 Cr 重吸收率较对照组明显降低,$Na^+$、Glu 重吸收率大于 85%,且明显受哇巴因及根皮苷抑制,祛除药物抑制因素后,重吸收率又能恢复,与阴性对照组比较有明显差异。

### 8.6.5 人工胰脏

人工胰脏是模拟人体胰脏调节血糖功能,使糖尿病患者血糖保持在接近生理水平的装置,可防止小血管疾病及其它并发症的发生和发展。人工胰脏可分为机械型和生物型两大类。

**1. 机械型人工胰**

机械型人工胰又称人工胰岛素释放系统,是模拟人体的胰岛素对血糖反应而释放的系统,模拟了人体对血糖浓度的高低而产生的胰岛素分泌反馈性环。它通常由血糖浓度监测、胰岛素泵以及泵控制三个子系统组成。血糖浓度监测系统通过微透析采样法或 Ferrocene 介导的针样葡萄糖传感器进行。胰岛素泵能够皮下注入短效的胰岛素拟似物。

**2. 生物型人工胰**

生物型人工胰主要是采用胰腺材料,并对胰组织采取免疫隔离技术后移植入受体,使植入的胰岛或其它生物医用材料免受受体免疫系统的攻击。

目前的胰腺材料主要是胰岛,也包括胰块和 β 细胞等。在来源上有人体、猪、猴、鼠等。采用的免疫隔离技术包括微囊、中空纤维、弥散仓等,其中研究最多的为微囊化胰岛移植。

张梅等[134]分别将游离胰岛和微囊化胰岛移植于链脲佐菌素(STZ)诱导的糖尿病大鼠肾包膜下及腹腔内,在试验终点取各组大鼠脾细胞,观察胰岛移植后大鼠脾脏 T 淋巴细胞对同种异体胰岛的应答能力。结果表明,微囊化胰岛移植组糖尿病大鼠和游离胰岛移植组糖尿病大鼠胰岛有功能存活时间分别大于 6 周和 $(6.6 \pm 2.07)$ d,微囊化胰岛移植组的刺激指数(SI)与正常对照组比较差异无显著性,游离胰岛移植组刺激指数和细胞因子活性显著高于微囊化胰岛移植组和正常对照组。

Soon – Shiong 等[135]采用海藻酸钠 – 聚赖氨酸微包囊包裹同种胰岛,行经腹腔注射自发性糖尿病狗移植试验,术后维持正常血糖水平、不依赖外源性胰岛素达 172 d,见图 8.45,为Ⅰ型糖尿病的治疗开拓了广阔的前景。

Sun 等[136]进行了自发性糖尿病猴的异种微包囊化胰岛移植治疗试验。将 APA 微包囊化猪胰岛(图 8.46(a))以腹腔注射的途径植入自发性糖尿病猴,分 3

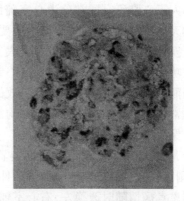

图 8.45 微包囊化的犬胰岛[135]

次进行,每次植入 30 000~70 000 个微包囊化胰岛,未使用免疫抑制剂。在 9 只接受移植的猴中,有 7 只分别在 2~7 d 内血糖恢复正常,并维持 120~803 d,不再需要使用胰岛素,血糖正常后 3 个月取出的微包囊化猪胰岛的外观如图 8.46(b)所示。

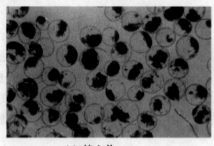
(a) 植入前

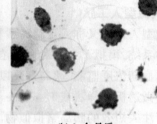
(b) 3 个月后

图 8.46 植入前和植入和 3 个月后取自受体的微包囊化猪胰岛外观[136]

日本学者[137]以治疗糖尿病为目的研制出一种埋入式人工胰脏。这种人工胰脏是一个直径 4 cm、厚 5 mm 的圆盘。他们把鼠胰脏细胞和培养成分一同与琼脂混合装入这个圆盘,然后用有许多微孔的高分子覆盖物覆盖圆盘表面,使胰脏细胞分泌的胰岛素可以溢出容器外,而能引起排斥反应的抗原分子不能通过。将此人工胰脏埋入到丧失胰脏功能的试验鼠体内,发现胰岛素分泌可达 1 年以上,血糖值被控制在正常范围。

### 8.6.6 人工心脏

所谓人工心脏,是一种可植入在功能上完全代替或部分代替自然心脏、用人工材料制造的机械心脏,暂时辅助或永久工作推动血液循环。目前,人工心脏已在各国临床应用,大量试验研究证实了人工心脏的安全性和有效性。

人工心脏研究通常分为心室辅助和全人工心脏两大类。心室辅助保留患者的天然心脏,而全人工心脏一般要把患者的衰竭心脏切除,由一个全人工心脏置换,两者相比,各有特点。全人工心脏体积小,结构紧凑,能完全替代整个心脏功能,而且能合理调节左、右心室输出量的平衡,对心脏(左、右心室)严重衰竭而濒于死亡患病者是十分有效的,但因结构和技术复杂,价格甚高,运行故障也常会发生。心室辅助相对结构简单,造成出血的危险较小,费用相对较低,由于保留患者的自体心脏,装置万一失灵也不至于完全停止循环;若是可逆性心衰,心功能改善后可撤除辅助装置,转而选用其它治疗措施;对于终末期心衰,则可创造良好的血流动力学条件,以保证随后的心脏移植获得成功;此外可根据患者病情随时改换左、右心室辅助或双心室辅助。

全人工心脏及心室辅助基本上可以分为血泵、监测与控制系统、驱动装置和能源供给四个组成部分。用于全人工心脏和心室辅助的各种血泵的研究始于20世纪50年代,最初旨在替代生理心脏的泵血功能,在近50年的研制过程中,血泵从材质、结构、制作工艺、功能和使用寿命等方面均取得了显著的进展。血泵的动力学设计遵循Starling定律,所形成的血流方式更加接近生理心脏,如脉动血流。

以下对心室辅助和全人工心脏装置分别进行介绍。

**1. 心室辅助**

心室辅助分左心室辅助、右心室辅助和双心辅助三类,以左心室辅助为主,约占80%。较轻型心衰患者可采用主动脉内气囊反搏,而重症者应该选择心室辅助。90年代以来,多种脉动型和离心型的心室辅助装置已成为商品,40%~50%濒临死亡的患者经心室辅助可重获生机,而且存活者的心功能和生活质量亦较满意。

(1) Novacor 左心辅助装置,如图8.47所示[138]。其血室是一个无缝光滑的聚氨酯囊,两边固定在两片对称的推板上,血泵外壳是玻璃纤维增强的聚酯材料,进出口分别装上25 mm和21 mm猪心瓣膜。该装置的工作原理是由螺线管通电后,相互吸引而带动双推板相向移动,挤压血囊产生排血,当螺线管没有电流时由弹簧的恢复原位使血囊产生充盈。血泵可实现与心电同步、固定频率以及由Hall传感器触发的可变充排模式驱动。心室体积为70 mL,泵输出量约8 L/min。血泵植入位置处于病人腹腔左上方,进口与左心室心尖相连,出口接升主动脉,血泵的管线在腹部经皮引出连接到体外的控制系统。

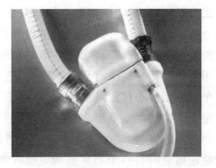

图8.47 Novacor左心辅助装置[138]

(2) HeartMate 左心辅助装置,如图8.48所示[139]。其血泵直径11 cm,厚4 cm,质量为0.453 6 kg,外壳由金属钛制成,内表面由钛微珠经高温烧结而成,隔膜由聚氨酯制造,经结构化处理成丝绒表面。临床实践证明,血室内层这样的结构有利于形成一层假内膜,防止血栓形成。血泵的进出口装有生物瓣。HeartMate可以实现由心电QRS波触发的同步模式,也可以用固定速率模式以

图8.48 HeartMate左心辅助装置[139]

及 Hal 传感器触发的可变充排模式进行驱动,心室体积 83 cm³,泵输出量 8 L/min。与 Novacor 相似,血泵植入位置处于腹腔左上方,进口与左心室心尖相连,出口接升主动脉,血泵的管线在病人腹部经皮引出连接到体外的驱动系统。

### 2. 全人工心脏

全人工心脏(TAH)指能完全替代整个自然心脏循环功能的机械装置,植入在病人心腔内(原位)。植入方式与心脏移植很相似,其结构要求为:①必须具备精密的控制系统;②能够平衡两个心室的心排出量;③生理需要时可改变心排出量。

全人工心脏分为气动式 TAH 和电动式 TAH,气动式 TAH 现较少使用,且只有经 FDA 批准方可作心脏移植前的过渡使用。电动式 TAH 在 20 世纪 90 年代初成功地植入实验动物体内,近期应用于临床。

CC-N 全人工心脏[140]采用体外电源经皮转换电能驱动来推动两个隔膜式血泵,心室间隔的间隙有控制泵的电子装置,开口于充满气体的顺应性腔室。血泵用碳纤维-环氧聚合物树脂的复合材料制成,室隔膜是用 Goodyear Fire 橡胶公司生产的有高度屈曲寿命的聚合物做成。心室内面及隔膜与血液的接触面用生物医用材料涂有含戊二醛交联、明胶基质的明胶层,流入道及流出道的三个瓣膜用牛心包膜缝制成,基本可避免抗凝治疗。心室泵采用推板隔膜式挤压位于中央的水压室形式,连续不断的直流电驱动齿轮泵,交替压迫密封的血流而驱动心室,驱动活塞使心室交替搏出血液,来回冲击 13.2 mm,可使一个心室被压搏血时另一个心室被动地吸入血液,其速率由相应的动脉压及马达的速率决定。经离体模拟循环试验证明仿真性很强,血流动力学指标满意,达到美国国家心、肺和血液研究所提出的可永久替代心脏移植的要求,但达到临床应用水平还需进一步研究。

AbioCor 全人工心脏,如图 8.49 所示[141],质量约 1 kg,由钛、塑料和环氧树脂构成。它由金属钛制成心脏本体,微型锂电池和操纵系统植入腹腔,外接电池组在体内,通过安装在腹部表皮下的插座向植入微型锂电池充电。AbioCor 全人工心脏实际上是两个套在一起的球,位于心脏中心的液压泵将液体在两层球膜之间来回挤压,促使血流轮流流入左右心室腔体,引起脉搏。它的特点是可植入体内,没有通过皮肤外接导线或导管;心脏由电子控制,根据人体需要调节心跳速度及泵出的血液流量。2001 年美

图 8.49 成功植入病人体内的首个完整的人工心脏[141]

国使用 AbioCor 全人工心脏为病人植入全球第一个不需要通过管线与外部电流连接的人工心脏。

## 参 考 文 献

[1] LANGER R, VACANTI JP. Tissue engineering[J]. Science, 1993, 260: 920 – 926.
[2] WINTERMAN E, MAYER I, BLUM J, et al. Tissue engineering scaffold superstructures[J]. Biomaterials, 1996, 17(2): 83 – 91.
[3] SACHLOS N, REIS C, AINSLEY B, et al. Novel collagen scaffolds with predefined internal morphology made by solid freeform fabrication[J]. Biomaterials, 2003, 24: 1 487 – 1 497.
[4] 姚康德,王向辉,侯信. 组织工程相关生物材料[J]. 天津理工学院学报, 2000, 16(4): 1 – 5.
[5] 李凌松. 干细胞生物工程研究展望[J]. 中国生物化学与分子生物学报, 2001, 17(3): 275 – 279.
[6] ALISON M R, POULSOM R, JEFFERY R, et al. Hepatocytes from non-hepatic adult stem cell[J]. Nature, 2000, 406: 257.
[7] 卵泡分离的胚胎干细胞[J/OL]. http://www.stemcell.com.cn/basic/basic.html.
[8] THMSON J A, ITSKOVITZ – ELDOR JOSEPH, SHAPIRO SS, et al. Embryonic stem cell lines derived from human blastocysts[J]. Science, 1998, 282: 1 145 – 1 147.
[9] Shamblott M J, AXELMAN J, WANJ SP, et al. Derivation of pluripotent stem cells from cultured human primordial germ cells[J]. Proc Nat Acad sci, 1998, 95: 13 726 – 13 731.
[10] LUMELSKY N, BLONDEL O, LAENG P, et al. Differentiation of embryonic stem cells to insulin-secreting structures similar to pancreatic islets[J]. Science, 2001, 292: 1 389 – 1 394.
[11] SORIA B, ROCHE E, ERAN G, et al. Insulin-secreting cells derived from embryonic stem cells normalize glycemia in streptozotocin-induced diabetic mice[J]. Diabetes, 2000, 49: 157 – 162.
[12] 胡安斌,蔡继业,郑启昌,等. 胚胎干细胞向肝细胞定向诱导分化的体外实验研究[J]. 中华医学杂志, 2003, 83: 1 592 – 1 596.
[13] DINSMORE J, RATLIFFJ, DEACON T, et al. Embryonic stem cells differentiated in vitro as a novel source of cells for transplantation[J]. Cell Transplant, 1996, 5: 131 – 143.
[14] 钱海燕,李庚山,徐红新,等. 不同诱导条件对小鼠胚胎干细胞分化为心肌细胞的实验研究[J]. 心脏杂志, 2004, 16(4): 297 – 300.
[15] WEISSMAN IL. Translating stem and progenitor cell biology to the clinic: barriers and opportunities[J]. Science, 2000, 287: 1 442 – 1 446.
[16] http://immuneweb.xxmc.edu.cn/wenzhai/0008.htm.
[17] BECKER P S, NILSSON S K, LI Z, et al. Adhesion reception alexpression by hematopoietic cell lines and murine progenitors: Modulation by cytokines and cell status[J]. Exp Hematol, 1999, 27: 533 – 541.
[18] URBANO – ISPIZUA A, SOLANO C, BRUNET S, et al. Allogeneic transplantation of selected CD34 + cells from peripheral blood: experience of 62 cases using immunoadsorption or immuno-

magnetic technique[J]. Bone Marrow Transplant,1998,22: 519 – 525.

[19] SATO J, LAVER H, OGAWA M. Reversible expression of CD34 by murine hematopoietic stem cells[J]. Blood, 1999,94(8):2 548 – 2 554.

[20] PETERSEN B E, BOWEN W C, PATRENE K D, et al. Bone marrow as a potential source of hepatic oval cells[J]. Science,1999,284:1 168 – 1 170.

[21] FERRARI G, CUSELLA-DE ANGELIS G, COLETTA M, et al. Muscle regeneration by bone marrow-derived myogenic progenitors[J]. Science,1998,279:1 528 – 1 530.

[22] EVA M, CHANDROSS K J, HARTA G, et al. Turning Blood into Brain: Cells Bearing Neuronal Antigens Generated in Vivo from Bone Marrow[J]. Science,2000,290:1 779 – 1 782.

[23] MCKAY R. Stem cells in the central nervous system[J]. Science, 1997,276 (5 309):66 – 71.

[24] CHIASSON B J, TROPEPE V, MORSHEAD C M, et al. Adult mammalian forebrain ependymal and subependymal cells demonstrate proliferative potential, but only subependymal cells have neural stem cell characteristics[J]. Neuroscience,1999,19(11):4 462 – 4 471.

[25] OGAWA Y, SAWAMOTO K, MIYATA T, et al. Transplantation of in vitro-expanded fetal neural progenitor cells result in neurogenesis and functional recovery after spinal cord contusion injury in adult rats[J]. Neurosci Res,2002,69:925 – 933.

[26] KONDZIOLKA D, WECHSLER L, GOLDSTION S, et al. Transplantation of cultured human neuronal cells for patients with stroke[J]. Neurol,2000,55: 565.

[27] 吴洪亮,褚倩,王芙蓉,等.脑出血大鼠脑内神经干细胞移植的研究[J].卒中与神经疾病,2004,11(5):283 – 285.

[28] 田增民,刘爽,李士月,等.人神经干细胞临床移植治疗帕金森病[J].第二军医大学学报,2003,24(9):957 – 959.

[29] KADIYALA S, YOUNG R G, THIDE M A. Culture expanded canine mesenchymal stem cells possess osteochon drogenic potential in vivo and in vitro[J]. Cell Transplant,1997,6:123 – 134.

[30] MAJUMDAR M K, VALEERIT B, PDUSO D P, et al. Isolation, characterization, and chondrogenic potential of human bone marrow-derived multipotential stromal cells[J]. Cell Physiol,2000, 185(1):98 – 106.

[31] 侯玲玲,郑敏,王冬梅,等.人骨髓间充质干细胞在成年大鼠脑内的迁移及分化[J].生理学报,2003,55(2):153 – 159.

[32] ORLIC D, KAJSTURA J, CHIMENTI S, et al. Bone marrow cells regenerate infarcted myocardium[J]. Nature,2001,410:701 – 705.

[33] MIZUNO H, ZUK P A, ZHU M, et al. Myogenic Differentiation by Human Processed Lipoaspirate Cells[J]. Plast Reconstr Surg,2002,109:199 – 209.

[34] SAFFORD K M, HICOK K C, SAFFORD S D, et al. Neurogenic differentiation of murine and human adipose-derived stromal cells[J]. Biochemical and Biophysical Research Communications, 2002,294:371 – 379.

[35] COUSIN B, ANDRE M, ARNAUD E, et al. Reconstitution of lethally irradiated mice by cells isolated from adipose tissue[J]. Biochemical and Biophysical Research Communications, 2003,

301:1 016 - 1 022.

[36] VAN VREESWIJK C, SOMPOLINSKY H. Chaos in neuronal net works with balanced excitatory and inhibitory activity[J]. Science,1996,274:1 724 - 1 726.

[37] 陈富林,毛天球,丁桂聪,等. 转化生长因子-β诱导骨髓基质细胞团体外形成软骨的观察[J]. 华西口腔医学杂志,21(2):92 - 94.

[38] LU L, YASZEMSKI M J, MIKOS A G. TGF-beta l release from biodegradable polymer microparticles: its effects on marrow stromal osteoblast function[J]. Bone Joint Surg Am,2001,83(Suppl1 Pt2):S82 - 89.

[39] MURAKAMI S, KAN M, MCKEEHAN W L, et al. Up-regulation of the chondrogenic Sox9 gene by fibroblast growth factors is mediated by the mitogen-activated protein kinase pathway[J]. Proc Natl Acad Sci USA, 2000,97 (3):1 113 - 1 118.

[40] 陈昕,赵雷,闫晓明,等. 碱性成纤维细胞生长因子对离体和在体关节软骨细胞影响的实验研究[J]. 中国实验诊断学,2004,8(4):398 - 401.

[41] LABORATORIO G, FINI M, GIAVARESI G, et al. Osteogenesis of large segmental radius defects enhanced by basic fibroblast growth factor activated bone marrow stromal cells grown on non-woven hyaluronic acid-based polymer scaffold[J]. Biomaterials, 2002,23:1 043 - 1 051.

[42] SCHUMACHER B, PECHER P, VON - SPECHT B U, et al. Induction of Neoangiogenesis in Ischemic Myocardium by Human Growth Factors: First Clinical Results of a New Treatment of Coronary Heart Disease[J]. Circulation, 1998,97(7):645.

[43] SOKER S, MACHADO M, ATALA A. Systems for the rapeutic angiogenesis in tissue engineering [J]. World J Urol, 2000,18(1):10 - 18.

[44] ELCIN Y M, DIXIT V, GITNICK G. Extensive in vivo angiogenesis following controlled release of human vascular endothelial cell growth factor: implications for tissue engineering and wound healing[J]. Artif Organs,2001,25(7):558 - 565.

[45] 金丹,周忠江,裴国献,等. 血管内皮细胞生长因子(VEGF)基因转染骨髓间充质干细胞的表达[J]. 中华创伤骨科杂志,2004,6(6):666 - 668.

[46] CLEMMONS D R, MOSES A C, MCKAY M J, et al. The combination of insulin-like growth factor I and insulin-like growth factor-binding protein-3 reduces insulin requirements in insulin-dependent type 1 diabetes: evidence for in vivo biological activity[J]. Clin Endocrinol Metab, 2000, 85(4):1 518 - 1 524.

[47] 黄建荣,刘尚礼,宋卫东,等. 胰岛素样生长因子-Ⅰ促进体外组织工程软骨形成[J]. 中国修复重建外科杂志,2004,18(1):49 - 52.

[48] 刘刚,胡蕴玉,韩一生. 血小板源性生长因子对体外兔关节软骨细胞的生物学行为的影响[J]. 骨与关节损伤杂志,2001,6:438 - 441.

[49] 张沛云,顾晓松,王晓冬,等. 人工组织神经移植物辅加神经生长因子修复大鼠坐骨神经缺损[J]. 中华显微外科杂志,2005,25(2):126 - 128.

[50] 张涤生. 组织工程学简介[J]. 中华整形烧伤外科杂志,1998,14(3):218 - 224.

[51] HUTMACHER D W. Scaffolds in tissue engineering bone and cartilage[J]. Biomaterials, 2000,

21:2 529 – 2 543.

[52] MOONEY D J, MCNAMARA K, HERN D, et al. Stabilized polyglycolic acid fiber-based tubes for tissue engineering[J]. Biomaterials, 1996, 17:115 – 124.

[53] WIDMER MS, GUPTA P K, LU L, et al. Manufacture of porous biodegradable polymer conduits by an extrusion process for guided tissue regeneration[J]. Biomaterials, 1998, 19:1 945 – 1 955.

[54] ROBERT C, MICHAEL J, MIKOS G, et al. Hydroxyapatite fiber reinforced poly (α-hydroxy esterr) foams for bone regeneration[J]. Biomaterials, 1998, (19):1 935 – 1 943.

[55] WHANG K, LOLDSTICK T K, HEALY K E. A biodegradable epolymer scaffold for delivery of osteotropic factors[J]. Biomaterials, 2000, 21:2 545 – 2 551.

[56] SUNDARARAJAN V, HOWARD W. Porous chitosan scaffolds for tissue engineering[J]. Biomaterials, 1999, (20):1 133 – 1 142.

[57] SHERIDAN M H, SHEA L D, MOONEY D J, et al. Bioabsorbable polymer scaffolds for tissue engineering capable of sustained growth factor delivery[J]. Controlled Release, 2000, 64: 91 – 102.

[58] NAM YS, YOON J J, PARK T G. A novel fabrication method of macroporous biodegradable polymer scaffolds using gas foaming salt as a porogen additive [J]. Biomed Mater Res, 2000, 53 (1): 1 – 7.

[59] BORDEN M, ATTAWIA M, LAURENCIN CT, et al. Tissue engineered microsphere-based matrices for bone repair:design and evaluation[J]. Biomaterials, 2002, 23:551 – 559.

[60] 颜永年,郭弋. 快速原形(RP)技术[J]. 家用电器科技,1998,(4):34 – 36.

[61] GIOVANNI Z, CHRISTOPHER F, ARTI A, et al. Fabrication of PLGA scaffolds using soft lithography and microsyringe deposition[J]. Biomaterials,2003,24:2 533 – 2 540.

[62] HUTMACHER D W, SCHANTZ T, ZEIN I, et al. Mechanical properties and cell cultural response of polycaprolactone scaffolds designed and fabricated via fused deposition modeling[J]. Biomed Mater Res, 2001,55 (2):203 – 216.

[63] 陈中中,早热木,李涤尘,等. 利用快速成型技术制造人工生物活性骨[J]. 西安交通大学学报,2003,37(3):273 – 275.

[64] 朱晓瑜,王忠义,高勃,等. 应用选择性激光烧结快速成型方法复制下颌骨三维实体模型[J]. 牙体牙髓牙周病学杂志,2005,15(3):144 – 147.

[65] 张润,邓政兴,李立华,等. 用超临界 $CO_2$ 法制备聚乳酸三维多孔支架材料[J]. 材料研究学报,2003,17(6):665 – 672.

[66] LIN FENG-HUEI, LIAO CHUN-JEN, CHEN KO-SHAO, et al. Preparation of a biphasic porous bioceramic by heating bovine cancellous bone with Na4P2O7·10H$_2$O addition[J]. Biomaterials, 1999,(20):4 754 – 4 784.

[67] TANCRED D, MCCORMACK B, CARR A, et al. A synthetic bone implant macroscopically identical to cancellous bone[J]. Biomaterials,1998,(19):2 303 – 2 311.

[68] 朱新文,江东亮. 有机泡沫浸渍工艺——一种经济实用的多孔陶瓷制备工艺[J]. 硅酸

盐通报,2000,(3):45-51.

[69] TAMPIERI A, CELOTTI G, SPRIO S, et al. Porosity-graded hydroxyapatite ceramics to replace natural bone[J]. Biomaterials,2001,(22):1 365-1 370.

[70] 段曦东.多孔陶瓷的制备、性能及应用[J].陶瓷研究,1999,14(3):12-17.

[71] MOONEY D, BALDWIN D, SUH N, et al. Novel approach to fabricate porous sponges of poly (D,L- lacticcogly - co- licacid) without the use of organic solvents[J]. Biomaterials, 1996, (17):1 417-1 422.

[72] NAM Y, YOON J, PARK T. A novel fabrication method of macroporous biodegradable polymer scaffolds using as foaming salt as a porogen additive[J]. Journal of Biomed Mater Res,2000, (53):1-7.

[73] http://tech.tom.com/1121/1122/2005418-182192.html.

[74] ATTAWIA M A, HERBERT K M, LAURENCIN C T. Osteoblast-like cell adherence and migration through 3-Dimensional porous polymer matrices[J]. Biochemical and Biophysical Research Communications,1995,213(2):639-344.

[75] ISHANG-RILEY S L, LRANE-KRUGER G M, YASZEMSKY M J, et al. Three-dimensional culture of rat calvarial osteoblasts in porous biodegradable polymers[J].Biomaterials, 1998, 19(15): 1 405-1 412.

[76] YOSHIKAWA T, OHGUSHI H, TAMAI S. Immediate bone forming capability of prefabricated osteogenic hydroxyapatite[J]. Biomed Mater Res,1996,32(3):481-492.

[77] 龙厚清,李佛宝,王迎军,等.新型双相陶瓷材料复合成骨细胞构建人工骨及其体内成骨的观察[J].骨与关节损伤杂志,2003,18(6):391-394.

[78] MIZUNO M, SHINDO M, KOBAYASHI D, et al. Osteogenesis by bone marrow stromal cells maintained on type I collagen matrix gels in vivo[J]. Bone,1997,20(2):101-107.

[79] 陈富林,毛天球,杨维东,等.培养成骨细胞接种于天然珊瑚中再造骨组织的研究[J].实用口腔医学杂志,1999,15(5):386.

[80] 陆伟,陶凯,毛天球,等.骨髓基质成骨细胞与煅烧骨联合培养的实验研究[J].中国临床康复,2003,7(2):214-216.

[81] 徐林海,焦向阳,季正伦,等.以胶原海绵为载体培养的人表皮细胞移植[J].中国修复重建外科杂志,2001,15(2):118-121.

[82] HORCH R E, BANNASCH H, STARK G B. Transplantation of cultured autologous keratinocytes in fibrin sealant biomatrix to resurface chronic wounds[J]. Transplant Proc, 2001,33 (1-2): 642-644.

[83] JONES I, JAMES SE, RUBIN P, et al. Upward migration of cultured autologous keratinocytes in Integra artificial skin: a preliminary report[J]. Wound Repair Regen,2003,11 (2):132-138.

[84] MARSTON WA, HANFT J, NORWOOD P, et al. The efficacy and safety of dermagraft in improving the healing of chronic diabetic foot ulcers[J]. Diabetes Care, 2003,26 (6): 1 701- 1 705.

[85] RENNEKAMPF H O, KIESSIG V, JOHN F, et al. Current concepts in the development of cul-

tured skin replacements[J]. Surg Res, 1996, 62 (2): 288 – 295.

[86] EAGLSTEIN W H, ALVAREZ O M, AULETTA M, et al. Acute excisional wounds treated with a tissue-engineered skin (Apligraf)[J]. Dermatol Surg, 1999, 25 (3):195 – 201.

[87] 王旭,王甲汗,吴军,等. 复合皮的制作与临床应用[J]. 中国修复重建外科杂志,1997, 11: 100 – 102.

[88] OKANO T, MATSUDA T. Hybrid muscular tissues: Preparation of skeletal muscle cell- incorporated collagen gels[J]. Cell transplant,1997,6(2):109 – 118.

[89] OKANO T, MATSUDA T. Tissue engineered skeletal muscle: preparation of highly dense, highly oriented hybrid muscular tissues[J]. Cell transplant,1998,7:71 – 82.

[90] SAXENA A K, WILLITAL G H, VACANTI J P. Vascularized three-dimensional skeletalmuscle tissue-engineering[J]. Biomed Mater Eng,2001,11:275 – 281.

[91] ZIMMERMANN W H, DIDIE M, WASMEIER G H, et al. Cardiac Grafting of Engineered Heart Tissue in Syngenic Rats[J]. Circulation,2002,106(12 suppl):1 151 – 1 157.

[92] SHIMIZU T, YAMATO M, KIKUCHI A, et al. Cell sheet engineering for myocardial tissue reconstruction[J]. Biomaterials, 2003, 24:2 309 – 2 316.

[93] POLONCHUK L, ELBEL J, ECKERT L, et al. Titanium dioxide ceramics control the differentiated phenotype of cardiac muscle cells in culture[J]. Biomaterials, 2000,6:539 – 550.

[94] http://www.biotech.org.cn/news/news/show.php? id = 18955.

[95] HUYNH T, ABRAHAM G, MURRAY J, et al. Remodeling of anacelular collagen graft into a physiologically responsive neovessel[J]. Nat Biotechnol,1999,17(11):1 083 – 1 086.

[96] BERGLUND J D, MOHSENI M M, NEREM R M, et al. A biological hybrid model for collagen-based tissue engineered vascular contructs[J]. Biomaterials, 2003,24(7):1 241 – 1 254.

[97] HEUREUX L N, PAQUET S, LABBE R, et al. A completely biological tissue-engineered human blood vessel[J]. FASEB J,1998,12 (1):47 – 56.

[98] NIKLASON L E, GAO J, ABBOTT W M, et al. Functional arteries grown in vitro[J]. Science, 1999, 284(5413):489 – 493.

[99] HOERSTRUP S P, ZUND G, SODIAN R, et al. Tissue engineering of small caliber vascular grafts[J]. Eur J Cardiothorac Surg,2001,20 (1):164 – 169.

[100] MATSUMURA G, HIBINO N, IKADA Y, et al. Successful application of tissue engineered vascular autografts: clinical experience[J]. Biomaterials,2003,24(13):2 303 – 2 308.

[101] 李强,李民. 神经组织工程研究进展[J]. 中国矫形外科杂志,2003,11(3-4):264 – 266.

[102] http://win365.net/pic/30/15/11/14/030.htm.

[103] 戴传昌,曹谊林,王炜,等. 许旺细胞在聚羟基乙酸纤维上三维定向培养[J]. 中华显微外科杂志,2000,23: 286 – 289.

[104] 戴传昌,商庆新,王炜,等. 用组织工程方法桥接周围神经缺损的实验研究[J]. 中华外科杂志,2000,38(5):388 – 390.

[105] MATSUMOTO K, OHNISHI K, KIYOTANI D, et al. Peripheral nerve regeneration across an 80-mm gap bridged by a polyglycolic acid (PGA)-collagen tube filled with laminin- coated colla-

gen fibers: a histological and electrophysiological evaluation of regenerated nerves[J]. Brain Res,2000,868:315-328.

[106] MOSAHEBI A, FULLER P, WIBERG M, et al. Effect of Allogeneic Schwann Cell Transplantation on Peripheral Nerve Regeneration[J]. Exp Neurol,2002,173(2):213-223.

[107] KIYOTANI T, TERAMACHI M, TAKIMOTO Y, et al. Nerve regeneration across a 25-mm gap bridged by a polyglycolic acid-collagen tube: a histological and electrophysiological evaluation of regenerated nerves[J]. Brain Res,1996,740:66-74.

[108] STEUER H, FADALE R, MULLER E, et al. Biohybride nerve guide for regeneration: degradable polylactide fibers coated with rat Schwann cells[J]. Neurosci Lett, 1999,277: 165-168.

[109] HOLMES T C, LACALLE S D, SU X, et al. Extensive neurite outgrowth and active synapse formation on self-assembling peptide scaffolds[J]. Proc Natl Acad Sci USA, 2000, 97(12): 6 728-6 733.

[110] 周勇刚,卢世璧,王继芳,等. 聚乳酸载体在组织工程骺软骨研究中的应用[J]. 中国临床康复,2002,6(12):1 742-1 743.

[111] 孙安科,陈文弦,李东军,等. 聚羟基乙酸无纺网设计在软骨组织工程中的适用研究[J]. 现代康复,2001,5(3): 38-39.

[112] LOHMANN C H, SCHWARTZ Z, NIEDERAUER G G, et al. Pretreatment with platelet derived growth factor-BB modulates the ability of costochondral resting zone chondrocytes incorporated into PLA/PGA scaffolds to form new cartilage in vivo[J]. Biomaterials, 2000,21:49-61.

[113] 刘红云,张才乔. 细胞微囊化免疫隔离技术在移植医学中的应用[J]. 细胞生物学杂志,2004,26:455-458.

[114] 张阳德,许毓敏,彭健. 微囊化大鼠肝细胞移植的组织学研究[J]. 中华器官移植杂志,2001,22(3):161-163.

[115] YIN C, CHIA S M, QUEK C H, et al. Microcapsules with improved mechanical stability for hepatocyte culture. Biomaterial, 2003, 24:1 771-1 780.

[116] 汤小东,郭卫,郭义,等. 阿霉素海藻酸钠-壳聚糖微囊治疗兔VX2肢体肉瘤模型的实验研究[J]. 中华外科杂志,2003,41(12):940-943.

[117] 薛毅珑,何立敏,李新建. 微囊化牛肾上腺嗜铬细胞脑内移植治疗偏侧帕金森病样大鼠及猴的实验研究[J]. 解放军医学杂志,1999,24(4):238-241.

[118] 何立敏,薛毅珑,黎立. 微囊化牛嗜铬细胞移植于脊髓蛛网膜下镇痛作用的研究[J]. 解放军医学杂志,1999,24(4):245-250.

[119] 李效军,陈立功,姚康德. 生物反应器在组织工程中的应用[J]. 化学工业与工程,2002,19(1):133-136.

[120] 李祥,李涤尘,王林,等. 可控多孔结构支架制备及灌注式体外培养[J]. 生物工程学报,2005, 21(4):579-583.

[121] 宋克东,刘天庆,崔占峰,等. 生物反应器在组织工程中的应用进展[J]. 中国临床康复, 2004,8(32):7252-7254.

[122] 王英杰,郭海涛,刘鸿凌,等. 新型中空纤维编织型生物人工肝反应器的初步构建[J].

第三军医大学学报,2003,25(6):469-471.

[123] RCCS.旋转细胞培养系统[J/OL]. http://www.equl.com/products/info/RCCS.pdf.

[124] QIU Q Q, DUCHEYNE P, AYYASWAMY P S. Fabrication, characterization and evaluation of bioceramic hollow microspheres used as microcarriers for 3-D bone tissue formation in rotating bioreactors[J]. Biomaterials, 1999, 20:989-1001.

[125] 宋克东,刘天庆,崔占峰,等.成骨细胞在旋转壁式生物反应器内的大规模扩增[J].中国生物医学工程学报,2005,24(2):134-139.

[126] 刘霞,王常勇,郭希民,等.生物反应器内再造组织工程化心肌的实验研究[J].中国医学科学院学报,2003,25(1):7-12.

[127] SHITO M, KIM N H, BASKARAN H, et al. In vitro and in vivo evaluation of albumin synthesis rate of porcine hepatocytes in a flat-plate bioreactor[J]. Artif Organs, 2001 25 (7):571-578.

[128] CUERVAS-MONS V, COLAS A, RIVERA J A, et al. In vivo efficacy of a bioartificial liver in improving spontaneous recovery from fulminant hepatic failure: a controlled study in pigs[J]. Transplantation, 2000, 69:337-344.

[129] NAGAKI M, MIKI K, KIM Y I, et al. Development and Characterization of a Hybrid Bioartificial Liver Using Primary Hepatocytes Entrapped in a Basement Membrane Matrix[J]. Dig Dis Sic, 2001, 46:4 046-4 056.

[130] NARUSE K, NAGASHIMA I, SAKAI Y, et al. Efficacy of a bioreactor filled with porcine hepatocytes immobillzed on nonwoven fabric for ex-vivo direct hemoperfusion treatment of liver failure in pigs[J]. Artif Organs, 1998, 22:1 031-1 037.

[131] MIYASHITA T, ENOSAWA S, SUZUKI S, et al. Development of a bioartificial liver with glutamine synthetase-transduced recombinant human hepatoblastoma cell line, HepG2[J]. Transplant Proc, 2000, 32:2 355-2 358.

[132] FISSELL WH, HUMES HD. Cell therapy of renal failure[J]. Transplant Proc, 2003, 35 (8): 2 837-2 842.

[133] 应旭旻,王笑云,沈霞.生物人工肾小管体外构建的研究[J].南京医科大学学报,2001,1(3):63-265.

[134] 张梅,刘超,刘翠萍,等.海藻酸钠-氯化钡微囊在大鼠同种异体胰岛移植中免疫隔离效应的研究[J].现代免疫学,2005,25(3):248-252.

[135] SOON-SHIONG P, FELDMAN E, NELSON R, et al. Long-term reversal of diabetes by the injection of immunoprotected islets[J]. Proc Natl Acad Sci USA, 1993, 90:5 843-5 847.

[136] SUN Y L, MA X J, ZHOU D B, et al. Normalization of diabetes in spontaneously diabetic cynomologus monkeys by xenografts of microencapsulated porcine islets without immunosuppression[J]. Clin Invest, 1996, 98:1 417-1 422.

[137] 迟宁 译.埋入式人工胰脏[J].日本医学介绍,1999,20(1):43.

[138] Products[J/OL]. http://www.worldheart.com/products/novacor_lvas.cfm

[139] HeartMate(r) LVAS[J/OL]. http://www.thoratec.com/ventricular-assist-device/heartmate_lvas.htm.

[140] 王一山.克利夫兰诊所-尼勃斯(CC-N)全人工心脏的设计及离体实验功能[J].国外医学心血管疾病分册,1995,22(4):217-218.
[141] http://www.xiaoduweb.com/Html/Dir0/19/74/74.htm.

# 第9章 纳米生物医药材料

## 9.1 概　　述

目前,纳米材料在生物医药领域的应用已经进入迅速发展的阶段,尽管成果斐然,仍存在着很大的空间需要科学工作者进行更深入的研究。在自然界,天然纳米材料早就存在,自然界的蛋白质就有许多纳米微孔,像生物体的骨骼、牙齿等都发现有纳米结构如纳米磷灰石的存在;贝类、甲壳虫、珊瑚等天然材料具有特异的力学性能,它们是由被某种有机粘合剂连接的有序排列的纳米碳酸钙颗粒构成的。而将处于纳米量级的天然材料和人工合成材料应用于生物医学领域,主要是由于它们更容易接触生物体单元,如细胞($10\sim100~\mu m$),病毒($20\sim450~nm$),蛋白质($5\sim50~nm$),或是一个基因($2~nm$ 宽,$10\sim100~nm$ 长)等,可以通过可控的方法对纳米医药材料进行操作,达到生物医用目的。

纳米生物医药材料包括纳米生物医用材料、纳米药物及药物的纳米化技术。纳米生物医用材料是对生物体进行诊断、治疗和置换损坏的组织、器官或增进其功能的具有纳米尺度的材料。纳米药物实际上是纳米复合材料,或称纳米组装体系,是按照人类意志组装合成的纳米结构体系。纳米药物与常规药物相比具有稳定性好、对肠胃刺激性小、毒副作用小、药物利用度高、可靶向给药、有缓释作用等优点,因此将纳米技术用于药物的研究开发是现代药学发展的重要方向。纳米生物材料在医学上主要用作药物控释材料和药物载体。

纳米生物材料从物质性质上可分为金属纳米颗粒、无机非金属纳米颗粒和高分子纳米颗粒;从形态上可以将纳米生物材料分为纳米脂质体、固体脂质纳米粒、纳米囊(纳米球)和聚合物胶束。

传统的氧化物陶瓷是一类重要的生物医用无机材料,纳米陶瓷的问世,将氧化物陶瓷医用带进了一个新的阶段。纳米碳材料在医学上获得了广泛的应用。纳米微孔玻璃也是一种新型的无机纳米生物材料,近年来多用作功能性基体材料。纳米 $SiO_2$ 微粒很容易将怀孕 8 星期左右妇女的血样中极少量的胎儿细胞分离出来,并能准确地判断是否有遗传缺陷。$Fe_3O_4$ 纳米颗粒经淀粉表面改性后与抗肿瘤药物托蒽醌(MTX)结合,在磁场导向下作为药物载体治疗癌症。

纳米高分子生物材料是生物医药材料的重要部分,应用极为广泛,在生物医学上已经应用的就有90多个品种、1 800余种制品。而且高分子材料与其它材料可合成复合纳米材料,扬长避短,相互促进,使其性能更接近生物体自然组织与结构,应用于临床。

纳米科技在生物医学方面的研究应用大致可包括这样几个方面:纳米观测技术在生物大分子结构与性质方面的研究;纳米器件在生物医学检测中的应用;纳米药物体系;纳米材料与技术在临床诊治中的应用,亦包括在康复医学中的重要应用等。其中利用纳米微粒标记、纳米荧光探针、纳米靶基因与纳米生物传感器,可促进癌和其它疾病的早期发现及早期诊治,纳米靶基因及纳米药物输运技术的发展,可定向治疗肿瘤、心脏病、糖尿病、前列腺炎等疾病,减少副作用。纳米生物医用材料制成的人造器官和人造组织,可在人类康复工程中发挥重要作用。解决临床对高性能组织修复、器官替换和疾病诊断与治疗方面的迫切需求。

## 9.2 无机纳米生物医药材料

无机纳米生物医用材料是生物医用材料和纳米科技的一个重要研究领域,其研究主要包括三个方面:一是系统地研究无机纳米生物医用材料的性能,微结构和生物学效应,通过和常规材料对比,找出其特殊的规律;二是发展新型的无机纳米生物医用材料;三是进行应用研究开创新的产业[1]。

### 9.2.1 纳米陶瓷材料

纳米陶瓷是达到显微结构组成纳米级水平的新型陶瓷材料,是20世纪80年代中期发展起来的先进材料,已成为当前材料科学、凝聚态物理研究的前沿热点领域,是纳米科学技术的重要组成部分,它的晶粒尺寸、晶界宽度、第二相分布、气孔尺寸、缺陷尺寸等都只限于100 nm量级的水平。纳米陶瓷所具有的小尺寸效应、表面与界面效应使纳米陶瓷呈现出与传统陶瓷显著不同的独特性能。纳米陶瓷的超塑性是其最引人注目的成果。除了超塑性,陶瓷材料的强度、硬度和韧性都得到提高。因此,在人工器官制造、临床应用等方面,纳米陶瓷材料将比传统陶瓷有更广泛的应用和前景[2]。纳米羟基磷灰石($Ca_{10}(PO_4)_6(OH)_2$,HA)是纳米生物陶瓷中最具代表性的生物活性陶瓷,本节主要介绍纳米羟基磷灰石晶体的制备及其在生物医学上的应用。

### 1. 纳米羟基磷灰石晶体的制备

自然骨主要是由有机胶原和无机矿物相组成,其无机矿物主要成分是纳米羟基磷灰石晶体,在骨中约占 60%~65%(质量),包含少量的 $OH^-$、$CO_3^{2-}$、$Na^+$、$HPO_4^{2-}$ 等离子[3]。模拟天然骨磷灰石晶体,可制备出纳米量级的类骨磷灰石晶体,它是一种纳米尺寸的针状结晶,如图 9.1 所示[4]。其化学组成接近于生物体骨质的无机成分,对生物体无毒,与机体有着良好的亲合性,植入生物体后易与机体组织及新生骨紧密结合,具有极好的生物相容性和生物活性。因此从生物相容性及机械性能的角度考虑,羟基磷灰石是人体硬组织置换种植体最适合的陶瓷材料[5]。由于合成方法、合成条件、反应的前驱物等不同,得到的纳米磷灰石晶体的形貌、尺寸、结晶度等也不一样。

表 9.1 列出了几种常用制备纳米量级 HA 的方法及特点。此外,还有醇盐水解法和溶剂挥发分解法等。也有人将两种或多种方法结合起来制备纳米 HA 晶体,如 Cao 等[16]以 $Ca(NO_3)_2$ 和 $NH_4H_2PO_4$ 为反应物,尿素为沉淀剂,通过化学沉淀与超声波辐射结合的方法制备了针状纳米 HA 晶体,并且发现随反应温度的升高和反应时间的延长,HA 的生成量就会增加,尿素的加入也至关重要,这是一种新型制备方法。

图 9.1 纳米 HA 晶体的 TEM 照片[4]

总的说来,纳米羟基磷灰石的制备工艺已经很成熟,方法多样,条件可控,产率较高,为纳米羟基磷灰石的生物医学应用提供了基础。

### 2. 纳米羟基磷灰石晶体的生物医学应用

纳米羟基磷灰石作为一种新型高性能纳米生物陶瓷,在组织工程化人工器官、人工植入物等方面的应用前景越来越受到各国科学家的关注。它在生物和医学中已成功用于细胞分离、细胞染色、疾病诊断等。目前纳米羟基磷灰石的生物医用研究主要在硬组织修复材料、药物载体和抗肿瘤活性等方面。

(1) 硬组织修复材料

纳米羟基磷灰石一般与高分子材料形成复合支架,或作为不锈钢、钛镍合金的涂层材料,主要应用在骨修复、骨替代等人工骨材料方面。人工骨材料通过单独使用或几种材料复合使用来促进骨愈合,其作用原理包括 3 个方面:

**表 9.1 纳米量级 HA 常用制备方法及特点**

| 制备方法 | 制备过程 | 形状及尺寸/nm | 特 点 | 文献 |
|---|---|---|---|---|
| 化学沉淀法 | 向含有一种或多种离子的可溶性盐溶液中加入沉淀剂(如 $OH^-$、$C_2O_4^{2-}$、$CO_3^{2-}$ 等),或与一定温度下使溶液发生水解,形成水不溶性的氢氧化物或盐类从溶液中析出,经热分解剂得到所需的纳米粒。$10Ca(NO_3)_2 + 6(NH_4)_2HPO_4 + 8NH_3 \cdot H_2O \rightarrow Ca_{10}(PO_4)_6(OH)_2 + 20NH_4NO_3$ | 颗粒 40~100 | 小粒径,单分散,纯度较高 | [6,7] |
| 微波烧结法 | 先单向施加压力将 HA 粉末压制成圆片,再用冷等静压法压制一段时间,然后用微波炉烧结 | 颗粒 | 在温度高于 900 ℃时,该粉末能和微波有效地耦合。其密度能达到理论值的 97%,且其晶粒尺寸为纳米级 | [5] |
| 喷雾烘干法 | 利用喷嘴将磷酸钙溶液以薄雾的形式喷向流动的热空气,溶液中的水蒸发后,用静电沉淀剂收集 HA 纳米颗粒 | 颗粒 ~5 | 晶粒小 | [8] |
| 超声波自组装法 | 向 $Ca(NO_3)_2$ 和 EDTA 混合溶液中加入 $Na_2HPO_4$ 溶液,再用 NaOH 调节溶液的 pH 值至 9~13。将调好的溶液置于微波炉中反应 30 min | 纳米棒 $d=40$ $l=400$ | 不需要任何模板基体,可制备连续的二维和三维 HA 纳米晶体结构 | [9] |
| 模板辅助合成法 | 先通过湿化学法制备 HA 前驱体,再利用阳极氧化铝(AlO)模板在前驱体溶液中组装生成 HA 纳米管 | 纳米管 $d=160$ | 与生物体内骨生成过程相似,生长方向相同,可用作组织修复材料 | [10,11] |
| 溶胶-凝胶法 | 先制备 Ca 和 P 的先驱体溶液,在搅拌下将两者混合,制成溶胶并静置 3~24 h,然后经水解得到凝胶,加热或冷冻干燥后得到纳米粒子 | 颗粒 ~100 nm | 制备过程可控,工艺周期长,颗粒易团聚 | [12,13] |
| 水热合成法 | 在高温高压下,在水(水溶液)或蒸汽等流体中进行有关化学反应 | 针状颗粒 <100 | 粒径达几个纳米,控制制备条件可得到纳米针晶 | [14,15] |

①骨生成作用：骨生成材料中包括了具有分化成骨潜能的活细胞，具有骨形成作用；②骨传导作用：植入材料通过促进宿主骨与移植材料表面的结合，引导骨形成；③骨诱导作用：其材料通过提供一种生物刺激，诱导局部细胞或移植的细胞分化形成成熟的成骨细胞。纳米羟基磷灰石作为人工骨材料具有天然的优越性，其由与自然骨相似的晶体结构和元素组成，可以满足植入体的生物活性与生物相容性，能与自然骨形成牢固的骨性结合，具有骨传导的作用[17]。

冯庆玲等[18]通过仿生溶液法制备了生物降解的纳米羟基磷灰石/胶原(NHAC)复合骨修复材料，其成分和微结构与天然骨类似，晶粒尺寸为纳米量级。将复合材料压制成圆柱状植入到兔子股骨的骨髓腔中，发现界面层可发生溶解－再沉积的动态快速更新过程。巨噬细胞可在种植体表面或渗入种植体内部通过吞噬和胞外降解方式吸收种植体材料。种植体表面及内部被吸收后，伴随有新骨的沉积，这一现象类似骨组织的重塑过程，因此纳米羟基磷灰石/胶原复合材料可用作骨修复的种植体，使种植体与骨组织形成界面化学键合。王学江等[14]合成了针状纳米 HA/PA66 复合颗粒，通过测试其化学与物理性能发现合成的纳米颗粒晶体与自然骨磷灰石在大小、相组成和晶体结构上很相似，并且纳米 HA 晶体与聚合基体形成氢键或羧基键合，在基体上均匀地分布，占65%，与自然骨接近。Wei 等[4]通过结合共沉淀法与常压下水热处理制备了一种新型的组织工程支架，针状 n－HA/PA 三维大孔连通的复合材料。此复合材料性能均匀，含 n－HA 量高(65%)，并且具有高的生物活性。机械性能与自然骨接近，可用于组织工程和骨修复或替代，如图 9.2 所示。

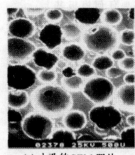  

(a) 大孔的 SEM 照片　　(b) 大孔中的微子 SEM 照片　　(c) 支架材料实物照片

图 9.2　n－HA/PA 三维大孔隙复合材料[4]

另外，针对金属及其合金的骨科植入物植入人体后易被体液腐蚀等相容性差的缺点，人们采用纳米羟基磷灰石对其表面进行处理，增加其生物相容性和生物活性，诱导骨生成。纳米羟基磷灰石涂层制备的主要方法有溶胶－凝胶法、涂覆－烧结法、模拟体液法、等离子喷涂、电沉积技术和电泳沉积技术、激光熔覆以及磁控溅射等。Li 等[19]采用浸渍的方法在 Ti 金属的表面涂上一层羟基磷灰石纳米晶,作为狗股骨移植材料,试验结果表明,经纳米羟基磷灰石晶涂覆的材料与组织的结合强度比未涂材料高两倍。Guo 等[20]将 Ti 分别浸渍在有机溶胶－凝胶和无机溶胶中,在一定温度下加热得到纳米 HA 晶体的涂层,其中 HA 晶体尺寸分别为 25～40 nm 和 100 nm,涂层厚度为 2 $\mu$m 和 5 $\mu$m,从而提高了 Ti 的生物相容性与表面机械行为。其表面和截面形貌如图 9.3 所示。

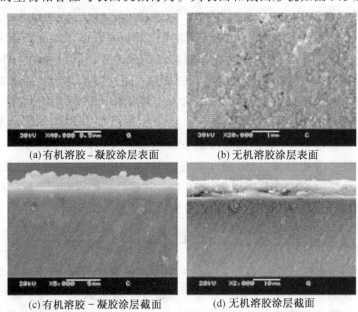

(a) 有机溶胶－凝胶涂层表面　　(b) 无机溶胶涂层表面

(c) 有机溶胶－凝胶涂层截面　　(d) 无机溶胶涂层截面

图 9.3　400℃保温 2 h 的钛表面纳米 HA 薄涂层表面形貌和截面涂层和钛界面 SEM 照片[20]

在其它硬组织修复方面,纳米羟基磷灰石也有广泛的应用。纳米羟基磷灰石/聚酰胺复合材料修复牙槽嵴缺损具有良好的可操作性和可塑性。将纳米羟基磷灰石/聚酰胺复合材料制成与骨缺损部位相符的修复体后,用于犬的下颌皮质骨缺损的修复。术区伤口愈合良好,未见明显的排斥反应和植入体的裸露,软组织覆盖良好。材料有很好的生物相容性,修复组织为膜性成骨,材料与骨组织形成骨性结合。此外,纳米羟基磷灰石复合材料也应用于防治骨质疏松和骨折方面[3]。

(2) 药物载体

纳米羟基磷灰石陶瓷具有良好的生物相容性、再吸收性以及多孔性,可以作为药物的载体材料。其中由羟基磷灰石纳米粒子制备的陶瓷微球是研究较多的一种可作为药物载体的生物活性陶瓷材料。Ijntema 等[21]采用共沉淀法将蛋白类药物 BSA 包裹于纳米 HA 晶粒中获得了具有缓释功能的药物释放体系。体外缓释试验结果表明:药物的释放速率由 HA 的溶解过程控制。Aoki[22]等将羟基磷灰石纳米微晶用作药物载体,对其吸附和释放药物的性能进行了细致的研究。体外动物细胞培养试验证明,粒子大小为 40 nm×15 nm×10 nm 的纳米羟基磷灰石溶液对阿霉素的最大吸附量为 0.12~1 mg;阿霉素和阿霉素-羟基磷灰石对癌细胞均有抑制作用,但阿霉素-羟基磷灰石的抑制作用明显长于阿霉素。

(3) 抗肿瘤活性

Aoki[22]采用体外细胞培养的方法研究发现纳米羟基磷灰石对正常细胞增殖基本无影响。唐胜利等[23]从羟基磷灰石纳米粒子诱导肝癌 BEL27402 细胞凋亡的角度探讨了其抑制癌细胞生长的机制。通过细胞毒性试验以及荧光显微镜和透射电镜观察了 50 nm 的羟基磷灰石纳米粒子作用癌细胞后,对癌细胞有较强的抑制作用,诱导癌细胞凋亡。夏清华等[24]采用流式细胞技术测定羟基磷灰石微晶对 W-256 癌肉瘤细胞 DNA 含量及细胞周期的影响,结果发现羟基磷灰石微晶可抑制 W-256 癌肉瘤细胞 DNA 合成,影响其增值分化过程,使癌细胞分化受阻于 $G_2$ 期。因此纳米羟基磷灰石是一种很有前景的癌症治疗药物,为纳米粒子在肿瘤治疗方面的应用拓展了新的思路。

### 9.2.2 纳米磁性医用材料

磁性纳米颗粒兼备磁性和纳米尺寸两方面的优势,具有优于块体材料或块体材料没有的独特性能,如超顺磁性[25]、磁量子隧道效应[26]等。磁性纳米颗粒在生物医学的疾病诊断已经得到广泛认可,但在疾病的治疗方面正在积极地研究中[27]。用于生物医学的磁性纳米颗粒首先应满足一些基本要求[28]:①无毒性;②在生物环境中有足够的化学稳定性;③在血液中有合适的循环时间;④生物降解产物无害。另外,对其磁学性能也有一定的要求:①具有高磁化率,使材料的磁性较强[29],一般为铁磁性纳米颗粒;②颗粒尺寸为 6~15 nm[30](当颗粒直径小于 15 nm 时,就变为单磁畴磁体而具有超顺磁性,并且饱和磁化强度很高[31]);③具备超顺磁性[32]等。

磁性纳米颗粒不仅可以通过制备方法控制合成条件,达到上述要求,而且还可以通过表面改性来满足。磁性纳米颗粒一般都要经过表面改性。现已广泛应用于各个领域,如磁流体,彩色成像,磁记录材料以及生物医学[33~37]。

**1. 磁性纳米颗粒的制备**

磁性纳米颗粒的制备技术已经日趋成熟,可以控制颗粒尺寸的大小、分布,成分组成,甚至性能。磁性纳米颗粒可用物理方法制备,如气相沉积法与电子束平版印刷术等[38,39],但这两种方法都不能轻易地控制尺寸[31]。大多数纳米颗粒通过化学方法制备。表 9.2 列出了一些较常用的纳米颗粒制备方法、特征及其优缺点。

**表 9.2 纳米磁性颗粒常用制备方法及特点说明**

| 制备方法 | 基本原理 | 合成颗粒 | 平均尺寸/nm | 颗粒形貌 | 磁性能 | 文献 |
|---|---|---|---|---|---|---|
| 共沉淀法 | 在铁和亚铁离子的混合溶液中加入碱,使溶液的pH值上升,伴随机械搅拌沉淀出纳米颗粒 $Fe^{2+} + 2Fe^{3+} + 8OH^- \rightarrow Fe_3O_4 + 4H_2O$ | $\gamma - Fe_2O_3$ $Fe_3O_4$ | 3～20 | 球形 | 20～50 emu/g 超顺磁性 | [26, 40～44] |
| 溶胶-凝胶法 | 在以有机或无机铁盐为原料,在有机介质中进行水解、缩聚反应,使溶液经溶胶-凝胶过程得到凝胶,凝胶经加热(或冷冻)干燥、煅烧得到颗粒 | $\gamma - Fe_2O_3$ $Fe_3O_4$ | 4～50 | 球形 | 10～40 emu/g 超顺磁性 | [45～48] |
| 微乳剂法 | 在水/油(W/O)微乳剂系统中,水合相微滴截流在连续油相中的表面活性剂分子里。稳定的表面活性剂分子的微孔(大约为10 nm)限制了颗粒的形核、长大与团聚 | $\gamma - Fe_2O_3$ $Fe_3O_4$ | 4～15 | 立方体或球形 | >30 emu/g 超顺磁性 | [49～52] |
| Polyol 法 | 根据金属前驱体在液体多羟基化合物中溶解度的变化,当搅拌或加热溶液到某一温度(沸点)时,沉淀纳米颗粒 | $\gamma - Fe_2O_3$ $CoFe_2O_4$ $Fe - Co$ $Fe - Ni$ | 5～100 | 类球形或球形 | $H_c^0 \sim 530$ Oe 超顺磁性 | [53～57] |
| 高温分解法 | 将本体溶液通过喷雾喷入反应室,浮质小液滴在反应室中经历溶剂蒸发溶质浓缩,在高温下干燥和热分解沉淀纳米颗粒 | $\gamma - Fe_2O_3$ $Fe_3O_4$ | 4～20 | — | 超顺磁性 | [58,59] |
| 电弧熔化法 | 通过电弧对块体材料激发得到纳米颗粒 | Ni Gd - C | 10～50 | 球形 | <100 Oe $T_c = 298$ K | [60,61] |
| 机械合金化法 | 将 Cu 粉与 Ni 粉按配比混合后球磨两小时,放入氧化铝坩埚中加热至1 465℃保温 3 h。始终通入 $N_2$ 气。在湿环境下进一步研磨 3～7 d | Cu - Ni | 300～400 | 球形 | 46～47℃ 超顺磁性 | [62,63] |

在化学方法中最常用的是化学共沉淀法。$Fe_3O_4$磁性纳米颗粒多用此法制备，但此法制出的纳米颗粒容易团聚，而且含有杂质，纯度不高。

溶胶-凝胶法也是目前应用较多的方法之一，它制备的纳米颗粒粒径小，尺寸分布均匀，能够控制颗粒形貌，可制备混合纳米颗粒。但成本较高，工艺周期长，颗粒表面容易携带凝胶基体组织的成分。

微乳剂法是一种简便的制备方法，无需高温长期等条件，纳米颗粒粒径分布较窄，性能一致，但颗粒表面附着活性剂难以除去，产量较少。

Polyol法是一种很有前景的制备均匀纳米颗粒的方法。这种方法中，多羟基化合物液体(Polyol)起到金属前驱体的溶剂和还原剂的作用，有时也作金属阳离子的络合剂。制备过程中形核与长大两个阶段完全分开，所以获得的纳米颗粒形貌完好、尺寸均匀且无团聚[32]。

高温分解法和电弧熔化法的工艺要求较高，需要高温和电弧放电，对于某些纳米颗粒比较合适。此法制出纳米颗粒的纯度高，分散性好，粒径大小、分布可控。电弧熔化法可用于纯金属磁性纳米颗粒的制备。

机械合金化法是一种物理制备方法，这种方法可制备合金磁性纳米颗粒，虽颗粒尺寸较大，但分布较好，能观察到超顺磁性，可控制居里温度等性能，因此可用于开发新型磁性纳米医用材料。

除上述多种方法进行组合或改进外，还有一些较为特殊的方法。Grainne等[64]将溶胶-凝胶法和超声技术结合在一起，以一种新的二价铁醇盐为前驱体分别制备$19 \pm 2$ nm的$Fe_3O_4$和$9 \pm 2$ nm的棕色针状$\gamma - Fe_2O_3$纳米颗粒。Haik等[65]利用非溶剂媒—温度控制—诱导结晶伴随超声波作用的方法制备磁性纳米颗粒，这种方法高效、简单，制得的颗粒有球形和椭球形两种形状，粒径尺寸在50～500 nm，且能观察到超顺磁性；Alivisatos等[66]采用一种非水解单前驱体方法制备金属氧化物纳米颗粒，如$\gamma - Fe_2O_3$；Gedanken等[67]利用金属有机物前驱体(如$Fe(CO)_5$和$Fe(II)$的醋酸盐等)通过超声化学方法制备$Fe_3O_4$纳米颗粒。

## 2. 磁性纳米颗粒表面改性

由于纳米颗粒的表面疏水性及大的体表比，它在生物体内容易团聚，吸附血浆蛋白，容易被网状内皮系统(RES)清除[68]，所以需要对纳米颗粒进行表面改性，增大亲水性，延长循环半衰期[69]。表面涂层不仅能增加颗粒的稳定性，还可以与多种生物配位体结合[36]。可用于表面改性的物质很多，一般为有机物，也有无机物和蛋白质或抗体等，具体如表9.3所示。

**表 9.3  用于磁性纳米颗粒表面改性的聚合物/分子及其优点与应用**

| 聚合物/有机体物质 | 纳米颗粒 | 优点 | 应用 | 文献 |
|---|---|---|---|---|
| 聚乙二醇 | 超顺磁性 $Fe_3O_4$ 颗粒 | 增加生物相容性,减少 RES 吞噬与蛋白质吸附,改善特殊细胞吸收其靶向性 | 癌症的诊断与治疗 | [67] |
| 叶酸 | 同上 | 增加生物相容性,抗蛋白质吸附,改善特殊细胞吸收及靶向性 | 同上 | [67] |
| 葡聚糖 | $Fe_3O_4$  8~15 nm | 提高在血液中的循环时间,增加稳定性 | 特定部位药物输送 | [41] |
| 白蛋白 | 同上 | 可与多种亲脂性化合物结合 | 同上 | [41] |
| 支链淀粉 | 超顺磁性 $Fe_3O_4$ 颗粒 | 增加稳定性,无毒性,提高细胞吸收,形成亲水性外壳 | 药物输送基因治疗 | [70] |
| 聚甲基丙烯酸 β-羟乙酯 | $CrO_2$、$Fe_3O_4$、$\gamma-Fe_2O_3$ | 热稳定性很好,亲水性极好 | 生物磁分离 | [71,72] |
| 聚乙烯/抗生物素蛋白 | 超顺磁性 $\gamma-Fe_2O_3$ | 增加稳定性,可与多种蛋白质结合 | 细胞分离免疫测定 | [65] |
| 聚丙烯酸 | $NiFe_2O_4$ | 增加稳定性与生物相容性,有助于生物粘附 | 细胞分离 | [68] |
| 聚氧乙烯油烯基醚 | 超顺磁性 $Fe_3O_4$ 颗粒 | 防止团聚,增加稳定性,增进蛋白质或抗体的结合 | MR 成像 | [69] |
| 聚丙烯酰胺 | $Fe_3O_4$ 颗粒 | 防止团聚,增加稳定性,亲水性好 | — | [73] |
| 淀粉 | 超顺磁性 $Fe_3O_4$ 颗粒 | 防止团聚,增加生物相容性 | MR 成像 | [44] |
| 聚丙交酯 | $Fe_3O_4$ | 增加生物相容性,降低毒性 | 药物输送 | [74] |
| 聚乙烯醇 | $Fe_3O_4$ ~ 20 nm | 防止团聚,增加单分散性 | | [63] |

**3. 磁性纳米颗粒在生物医药领域的应用**

磁性纳米颗粒在生物医学领域的应用归因于:①纳米颗粒的尺寸使它与生物体单元大小相近,具有可比性。并且经表面改性后的颗粒能与生物体结合或发生反应;②磁性纳米颗粒可在生物体内通过外加磁场进行操作;③磁性纳米颗粒与外加磁场之间能够相互作用,能被加热到一定温度[36]。

目前较为成熟,发展较快的应用主要是:①磁靶向制剂;②细胞分离;③肿瘤细胞的过热治疗;④MRI 造影。

(1)磁靶向制剂

磁靶向给药系统(MTDDS)由药物、磁性纳米颗粒及骨架材料组成,在外磁场作用下通过口服给药或直接注射等途径有选择性地到达并停留在肿瘤区,药物释放并作用于肿瘤细胞,而对正常组织无影响或影响较小。一般当磁性颗粒的直径为 10~30 nm 时,靶向定位作用较好。

Zimmermann 等[75]报道了将大约 10 nm 的磁性纳米颗粒用于药物输送。Garheng 等[76]利用热疗促进纳米颗粒的肿瘤靶向药物输送。Alexiou 等[77]报道了 $Fe_3O_4$ 纳米颗粒经淀粉表面改性后与抗肿瘤药物托蒽醌(MTX)结合,制成磁流体,通过动脉注射到已长大的 VX-2 鳞状细胞癌片断的兔体内,在肿瘤区施加外磁场,一段时间后发现肿瘤得到完全、永久性地缓解,而没有任何毒副作用。纳米载药粒子将毒杀癌细胞的药物送进癌瘤中而不影响健康细胞的方法示意,如图 9.4 所示。

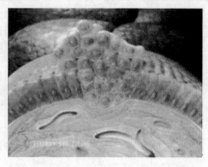

图 9.4 纳米颗粒运载药物到癌瘤中而不影响健康细胞示的意图[78]

Goodwin 等[79]以猪为模型,使用放射性物质标定后的铁炭复合物即磁性靶向载体(MTC)通过动脉注入,对其在病变部位(包括肝或肺叶)的定位和选择性滞留位点做了详细的研究。他们在 MTC 上标记了 Tc 99 并用 C2 成像检测。图 9.5(b)为 30 min 后,活性物质在磁场作用下靶向性地处于右肝叶内,图 9.5(c)为在第一次注射 30min 后,再向同一侧肝叶注入 $25mg^{99}Tc-MTC$,在磁场分别作用下,活性物质分别处于左侧肝叶的两个区域。无磁场定位时,肝脏部位的信号密度仅为有磁场定位时的 40%,并且几乎分布于所有的组织器官中;MTC 被外加磁场定位于肝部时,该部位发出信号的密度是其它部位(如膀

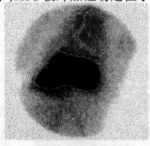 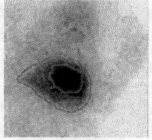 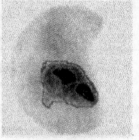

(a) 在未施加磁场时注入 $50 mg^{99}Tc-MT$ 粒子,60 min 后,活性物质扩散到整个肝脏(包括左、右两个肝叶)和心脏中
(b) 在外加电磁场下注入 $^{99}Tc-MT$ 粒子
(c) 在外加电磁场下注入 $^{99}Tc-MT$ 粒子

图 9.5 将 $^{99}Tc-MTC$ 粒子注入小鼠腹腔后的伽玛照相图像[79]

胱、甲状腺、唾液腺等)的6倍;改变磁场位置再次注入MTC,可以在肝的同一叶片处得到两处高信号密度的MTC影像。可见,靶向给药可减少用药剂量,增强药物对靶组织定位的特异性,提高疗效和减少药物的毒副作用。

(2)细胞分离

细胞分离是磁性颗粒与高分子复合微球作为不容性载体,在其表面接枝具有生物活性的吸附剂或其它配体等活性物质,利用它们与特定细胞的特异性结合,在外加磁场作用下将细胞分离、分类并研究。

利用铁磁性/顺磁性物质标识细胞,可以通过MRI探测出来。具体细胞标识方法有两种:一种是将纳米颗粒固定在细胞上;另一种是通过细胞摄入纳米颗粒实现胞内化[36]。以包覆聚苯乙烯氧化铁纳米粒子为例,说明细胞分离的原理,如图9.6所示[80]。首先从羊身上取出抗小鼠FC抗体(免疫球蛋白),然后与上述磁性粒子的包覆物相结合。将小鼠带有正常细胞和癌细胞的骨髓液取出,加入小鼠杂种产生的抗神经母细胞瘤(尚未彻底分化的癌化神经细胞)单克隆抗体,此抗体只与骨髓液中的癌细胞结合。最后将抗体和包覆层的磁性粒子放入骨髓液中,它只与携带抗体的癌细胞相结合,从而利用磁分离装置将癌细胞从骨髓中分离出来,分离度可达99.9%以上。

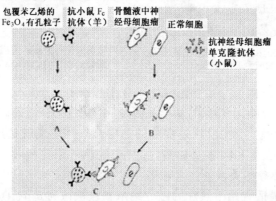

图9.6 包覆聚苯乙烯氧化铁纳米粒子分离小鼠骨髓液中癌细胞示意图[80]

Friedl等[81]利用改性的磁性微球成功地对人体CD4、CD8、CD19、CD34等细胞进行了分离,分离效率达99.9%以上。Hilger等[82]将尺寸约为65 nm的、涂覆葡聚糖的$\gamma-Fe_2O_3$纳米颗粒与白鼠的内皮细胞结合,进行标识,并分析了细胞标识的效率。Gupta等[83]观察了用乳铁传递蛋白和血浆铜蓝蛋白修饰的尺寸小于20 nm的立方体超顺磁性纳米颗粒与人皮肤纤维原细胞的相互作用方式及特点,发现裸纳米颗粒由于胞吞而被摄入到细胞内,导致细胞壁破裂和细胞骨架解体。而经蛋白质修饰的纳米颗粒没有发生胞吞现象,而是附着于细胞壁成为细胞受纳体。

### (3) 肿瘤细胞的过热治疗

过热治疗是基于磁热物理作用治疗肿瘤和癌症的一种模式,能避免化疗与放疗的副作用。基本过程是将磁流体直接注入病灶区,在外加高频交变磁场的作用下,产生磁滞热效应,导致病灶区局部温度升高,当升至42℃以上时,就能破坏癌细胞,抑制其生长,达到治疗癌症的目的。

Moroz等[84]根据治疗方式的不同将热疗分为动脉栓塞热疗,直接注射热疗,细胞内热疗和间隙植入热疗等几类。Hilger[28]则根据温度范围将磁性纳米颗粒的热疗应用分为两类,一类是过热作用,即加热到42℃中等温度时热疗,它需要与其它的治疗手段(通常是放疗或化疗)相结合才能使肿瘤细胞最终凋亡。另一类是热消融作用,其加热温度在42℃以上,旨在通过热力破坏所有的恶性细胞。图9.7是磁性纳米颗粒的肿瘤过热治疗示意图[85]。

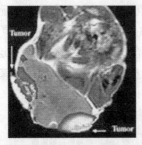 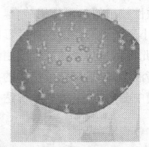

(a)小鼠体内两肿瘤区用纳米颗粒加热,而没有影响到其它组织　　(b)磁场能使得肿瘤区的磁性纳米颗粒活跃,并迅速加热

图9.7　磁性纳米颗粒的肿瘤过热治疗示意图[85]

磁性纳米颗粒用于热疗的基本关键参量有[28]:①合适的磁性纳米颗粒;②外加磁场的相关参量;③治疗过程中的参量。具体地说就是纳米颗粒的磁性能、外加磁场的强度和频率及加热时间,产生热量用比吸收率(SAR)来表征。表9.4列出了热疗相关参量。

虽然目前最适宜用于热疗的磁性纳米颗粒被认为是 $Fe_3O_4$ 和 $\gamma - Fe_2O_3$ 颗粒,但 Chatterjee 等[62]通过化学方法合成的 Cu - Ni 合金纳米颗粒具有超顺磁性,其饱和磁感应强度为 45 emu/gm,经 PEG 改性后居里温度下降到 47~57℃这是最适宜热疗的居里温度区间。

磁流体热疗已经取得了较大进展,但对人体安全的各个参量。还需要进行大量临床试验来确定。Matsuoka 等[87]用 $Fe_3O_4$ 纳米颗粒(10 nm)的阳离子脂质体作为热疗的媒介,将 0.4 mL 的脂质体皮下注入到鼠的骨肉瘤区域,然后将鼠麻醉后置于磁场线圈内,使肿瘤区位于线圈中心,$f = 118$ kHz,$t = 30$ min,一共进行三次,每次间隔 24 h。结果显示,热疗对正常组织没有损害,直肠内温度为 37~39℃,而骨肉瘤在加热 10 min 后就升到 42℃。观察热疗 12 天后的鼠,发现鼠体内的肿瘤体积只有初始时的 1/1 000。三个月后没有再次发现肿瘤。因此得出结论,这种热疗方法适合骨肉瘤的治疗。Atkinson 等[88]认为外加电磁场的参量 $H \cdot f \leq 4.85 \times 10^8 \text{ A} \cdot \text{m}^{-1} \text{s}^{-1}$ 是安全的,且人体可耐受的。

表 9.4 用于热疗的磁性纳米颗粒相关参量

| 纳米颗粒 | 尺寸 /nm | 矫顽力 /K·A/m | 外加交变磁场 强度 $H$ /(A/M) | 外加交变磁场 频率 $f$ /kHz | 表面改性物质 | 载体 | 比吸热率 SAR /(W·g$^{-1}$) | 参考文献 |
|---|---|---|---|---|---|---|---|---|
| Fe$_3$O$_4$ | >350 | 3 | 6.5 K | 400 | 无 | 去离子水<br>液体琼脂<br>固体琼脂 | ~74<br>~51<br><8 | |
| Fe$_3$O$_4$ | 3~10 | 0 | 6.5 K | 400 | 淀粉 | 去离子水<br>液体琼脂<br>固体琼脂 | ~84<br>~73<br>>93 | [3] |
| Fe$_3$O$_4$ | ~50 | 12 | 4.7 K | 100 | 无 | 去离子水 | 41 | [86] |
| Fe$_3$O$_4$ | ~10 | 0 | — | 118 | 脂肪膜 | 动物体内 | 42 | [87] |

(4) MRI 造影剂

应用于临床 MRI 的磁性纳米颗粒主要是超顺磁性纳米氧化铁颗粒(30~1 000 nm)和超小超顺磁性纳米氧化铁颗粒(30~50 nm)。SPIO 除了对 $T_2$ 有弛豫作用,对 $T_1$ 也有显著的弛豫作用。其物理特性为在足够浓度时,弛豫作用不受磁化率影响,提高重 $T_1$ 加权图像信号强度,同时其血浆半衰期明显延长。

Kim 等[72]利用经聚氧乙烯油烯基醚改性的 Fe$_3$O$_4$ 纳米颗粒(6 nm)作为 MRI 的诊断示踪物,并由动物试验证明了 Fe$_3$O$_4$ 纳米颗粒在鼠脑中作 MRI 衬度增强剂的可行性。有关纳米造影材料在下节详细介绍。

(5) 其它应用

磁性纳米颗粒在生物医学领域其它方面还有许多应用,如固定化酶、磁控血管内磁性微球栓塞、亲合提纯、DNA 技术等。

近年来磁性纳米颗粒无论制备、改性还是应用都取得了很大进步,但尤其需要进一步发展磁性纳米颗粒的应用潜力。一方面在制备过程中发掘磁性纳米颗粒的特殊性能,发现其应用新领域;另一方面根据应用需要,设计磁性纳米颗粒的制备与表面改性的新方法,从而将制备、改性和应用发展成为一个完整的纵向体系。还应开发合成多种新型复合磁性纳米材料,如铁磁微晶纳米陶瓷材料等,进行横向发展,使磁性纳米颗粒拥有更广阔的前景。

### 9.2.3 纳米医学造影材料

医学影像技术通常是采用一定的能量束或外磁场作用于生命体,通过收集这些与生命体作用后的信号改变来反映生命体的结构以及其它性质。很多时候为了扩大这种信号差别,经常采用一些明显影响信号大小,以及与不同组织或器官有特异结合的材料注入体内(或者是进行成像的部位),增加组织之间、组织与病变之间的对比度,帮助获得很好质量的图像。这些材料一般称为医学对照剂或医学造影剂[3]。

磁共振成像(MRI)是继断层扫描及超声波等之后的又一新的影像诊断方法。与其它医学影像技术相比,具有无电离辐射性、高组织分辨力和空间分辨力、无硬性伪信号及游离辐射的优点。同时使用不同造影剂,可测量血管及心脏的血流变化,辨别肿瘤与周围正常组织,广泛应用于临床[22]。下面主要介绍磁共振成像原理与参数,以及应用于 MRI 医学造影的一些纳米材料。

**1. 磁共振成像基本原理与主要参数**

磁共振研究的主要对象是人体组织中浓度很高的氢质子,通常的核磁共振成像就是氢质子的空间分布图像。

每个氢质子的自旋会产生一定的磁场。人体中存在着大量的带磁性的自旋质子,但由于这些自旋质子杂乱分布,没有一致的取向,磁矩互相抵消,使得宏观磁矩表现为零,但是人体处于外加磁场 $B_0$ 时,氢质子就会顺着和逆着磁力线方向进行排列。与外磁场 $B_0$ 方向一致的氢质子占多数,处于低能态,而逆着 $B_0$ 方向的排列一般占少数,处于高能态。处于低能态的氢质子数比处于高能态的氢质子数略多,两种状态氢质子数之比约为 10 000 000∶10 000 007,即 1 000 万个质子中只有 7 个质子的差别。正是这些细微的差别构成了 MRI 的基础[3]。

用与质子振动频率相同的射频脉冲(RFP)作用于置于外磁场 $B_0$ 中的人体,人体内自旋质子将吸收射频能量由低能态跃迁到高能态。当停止 RFP 作用后,处于高能态的自旋质子将吸收的能量,以电磁波(磁共振信号)的形式释放出来,重新回到低能态,即所谓的平衡状态[3]。

磁共振成像的参数包括欲成像区域单位体积内质子的密度、弛豫率、弛豫时间相关效应等基本成像参数,以及磁化传递(MT)、扩散加权成像(DWT)、灌注成像等对比度改进参数。其中纵向与横向弛预是较为重要的两项参数[3]。

**2. 纳米造影材料**

由磁共振成像的原理可知,磁共振信号的强弱取决于组织内水分子中质子的弛豫时间,一些成分中的未成对电子自旋产生的局部磁场能够缩短或增加临近水分子质子的弛豫时间,从而增大邻近区域的磁共振信号强度,提高影像的对比度。因此当造影剂或对比剂进入人体组织靠近共振的氢质子时,能有效地改变氢质子所处的磁场环境,从而造成弛预率、弛豫时间的改变。

在应用过程中,可以从不同角度进行多种分类,如表9.5所示[89]。

表 9.5 造影剂的分类

| 分类标准 | 物质磁化率 | 对 $T_1$ 或 $T_2$ 作用 | 对信号强度的影响 | 在体内的生物分布情况 |
| --- | --- | --- | --- | --- |
| 类别 | 顺磁性物质、逆磁性物质 | $T_1$ 加权造影剂 | 增强:阳性造影剂 | 非特异性造影剂 |
| 类别 | 超顺磁性造影剂、铁磁性造影剂等 | $T_2$ 加权造影剂 | 减弱:阴性造影剂 | 特异性造影剂 |

国内外目前开发的医学造影剂以纳米铁氧体类型材料居多。主要有超顺磁性氧化铁颗粒(30~1 000 nm)、钆基造影剂和富勒烯及其衍生物纳米造影剂。

目前最常被使用的低磁化率顺磁性造影剂为含钆的螯合物,如 gadolinium Bopta(商品名:MultiHance)应用于肝脏及脾脏造影,经静脉注射后,可快速分布至细胞外液,代谢途径主要是原型药品直接由肾小球滤出,最后再经由尿液排出。由于钆离子本身具有高毒性,合成无毒性钆造影剂需特别小心,另外其目前市场价格很高[89]。

近几十年超顺磁性纳米氧化铁造影剂一直被广泛地研究,其主要特性为超顺磁性,即在外加磁场下产生方向相同的强磁场,一旦外磁场除去,其磁性也随之消失,因此能减少伪信号的产生,增加造影的准确性和灵敏度。而不同粒度的纳米氧化铁造影剂具有不同的物理化学性能,适用于不同的器官与组织,因此具有广泛的临床应用[89]。

一般地,超顺磁性纳米氧化铁造影剂依据颗粒大小和使用方法的不同可分为口服超顺磁性氧化铁造影剂(Oral SPIO)、标准超顺磁性氧化铁造影剂(SSPIO)、超小超顺磁性氧化铁造影剂(USPIO),以及单晶体氧化铁纳米粒子(MION)四种,如表9.6和9.7所列出。其中前三种已有商品通过了美国 FDA 的检测上市或处于临床试验阶段,而单晶氧化铁纳米粒子尚处于试验开发中[90]。

口服 SPIO 颗粒较大,其外表面涂覆有不可降解、不溶性的涂层(AMI – 121 涂层为硅氧烷,OMP 为聚苯乙烯),分散在粘度逐渐增加的药剂中(通常以可食性物质为基体,如淀粉或纤维素)。口服 SPIO 颗粒是一种阴性造影剂,能够减少横向弛预率 W 影像的信号。AMI – 121 由大约 10 nm 的单晶核构成,经表面修饰后尺寸约为 300 nm,横向弛预率与纵向弛豫率分别为 72 和 3.2 L/(m mol·s)。口服 SPIO 分散剂可以被患者很好地接受,铁粒子未被吸收,不会造成肠粘膜刺激。

表 9.6 已公开的超顺磁性氧化铁造影剂种类及概况[90]

| 造影剂 | 分类 | 通称 | 商品名 | 所属公司 | 目前状况 |
|---|---|---|---|---|---|
| AMI-121 | Oral SPIO | Ferumoxsil | Lumirem | Guerbet | 已核准 |
| | | | Gastromark | Advanced Magnetics | 已核准 |
| OMP | Oral SPIO | | Abdoscan | Nycomed | 已核准 |
| AMI-25 | SSPIO | Ferumoxide | Endorem | Guerbet Berlex | 已核准 |
| | | | Feridex IV | Laboratories | 已核准 |
| SHU 555A | SSPIO | | Resovist | Schering | 第三阶段完成 |
| AMI-277 | USPIO | Ferumoxtran | Sinerem | Guerbet | 第三阶段 |
| | | | Combidex | Advanced Magnetics | 第三阶段 |
| NC100150 | USPIO | | Clariscan | Nycomed | 第三阶段 |

表 9.7 超顺磁性氧化铁造影剂颗粒大小及使用方法[90]

| 造影剂 | 颗粒大小 | 目标组织 | 剂量 | 使用方法 |
|---|---|---|---|---|
| AMI-121 | 300 nm | 消化道 | 1.5~3.9 mmolFe/400~600 mL | 口服 |
| OMP | 3 500 nm | 消化道 | 0.5 g/L 400~600 mL | 口服 |
| AMI-25 | 80~150 nm | 肝脏/脾脏 | 15 μmol Fe/kg | 慢速注射 |
| | | 肝脏/脾脏 | 8 μmol Fe/kg | 静脉注射 |
| SHU 555A | 62 nm | 灌注造影 | 4~16 μmol Fe/kg | 静脉注射 |
| | | 血管造影 | 10 μmol Fe/kg | 静脉注射 |
| AMI-277 | 20~40 nm | 淋巴结 | 30~45 μmol Fe/kg | 慢速注射 |
| | | 血管造影 | 14~30 μmol Fe/kg | 慢速注射 |
| NC100150 | 20 nm | 灌注造影 | 7 μmol Fe/kg | 静脉注射 |
| | | 血管造影 | 50~100 μmolFe/kg | 静脉注射 |

标准超顺磁性氧化铁造影剂通过静脉导入后,能够很容易地被肝脏和脾的网状内皮(RES)细胞吸收。SSPIO 造影剂有很高的 $T_2$ 和 $T_1$ 弛豫时间比。目前 AMI-25 已经用于临床,SHU 555A 业已完成了第三阶段试验,不久也会投入临床应用。AMI-25 表面涂覆右旋糖苷,铁氧体核大约是 4.5~5.6 nm,整体尺寸为 80~150 nm。横向与纵向弛豫率分别为 98.3 和 23.9 L/(m mol·s)。铁的峰值浓度在肝中 2 h 后出现,在脾中 4 h 后出现。由于会有心血管内副作用以及

腰椎疼痛,AMI-25制剂一般不通过注射给药。

超小超顺磁性氧化铁造影剂(USPIO)颗粒直径为$11.4\pm6.3$ nm。横向与纵向弛豫率分别为44.1和21.6 L/(m mol·s)。比值约为2,比SSPIO要低。由于尺寸小和在血液中半衰期长使得这种造影剂的颗粒能够穿过毛细血管壁,广布于各种组织中,并能够被淋巴结和骨髓的RES系统大量吸收。目前有两种USPIO造影剂,AMI-227和NC100150,处于临床试验第三阶段。AMI-227由4~6 nm的铁氧体核与葡聚糖涂层构成,整个颗粒的大小为20~40 nm。AMI-227颗粒在人体中,血浆半衰期大于24 h,正是由于其较长的血液半衰期和显著的弛豫增强作用,AMI-227用于血液造影和体内RES的检测,特别是淋巴结。AMI-227是缓慢(30 min)地注射到体内,以避免低血压反应或急性腰椎疼痛。NC100150用于MR造影与灌注显影研究。其铁氧体核直径为5~7 nm,表面涂覆聚乙烯乙二醇,整个颗粒尺寸为20 nm。横向与纵向弛豫率分别为35和20 L/(m mol·s)。它的血液半衰期与剂量相关,在3~4 h范围内。

单晶体氧化铁纳米粒子(MION)与其它几种铁氧体造影剂不同,其尺寸很小,为$2.8\pm0.9$ nm,极容易在细胞间通透移动,适用于带有特定分子的细胞组织造影。MION技术仍属于试验研发阶段,其应用将会扩大造影诊断范围,提高准确度及可靠性[90]。

## 3. 纳米造影材料在生物医学中的应用

从1988年第一个MRI造影剂Gd-DTPA(钆-二乙烯三胺五乙酸)投入市场以来,对MRI造影剂的研究越来越广泛,逐渐开始研究具有组织或器官靶向的造影剂[91]。商品名为菲立磁(Feridex),是研究最广泛、应用较早的超顺磁性造影剂之一,于1996年在美国获准临床使用,并于1999年进入中国销售。其核心是6 nm左右的超顺磁性氧化铁,主要化学成分是纳米级的$Fe_3O_4$,外层包裹有右旋糖酐,整个颗粒大小约50~100 nm,平均80 nm。菲立磁颗粒以抗体形式存在血液中,与可溶性蛋白补体结合,主要被肝、脾的网状内皮系统(主要是枯否氏细胞)吞噬降解。静脉注射菲立磁2 h后,肝脏峰值可达89%。因此在诊断肝脏局灶性病变具有显著优势[92]。

Kim等[72]通过共沉淀法制备出表面涂覆有聚氧乙烯油烯基醚的$Fe_3O_4$纳米粒子(2~10 nm),制成悬浮液,将1 mL注入到小鼠脑中,然后置于MR下进行观察。通过造影图显示出,用经过表面改性的$Fe_3O_4$纳米粒子作为小鼠脑中MRI的造影剂是可行的。

Mack等[93]进行了临床试验。30个患有癌症的病人分别在无造影剂和有造影剂的情况下进行MRI观察,并与组织切片结果进行比较。结果显示在27

人中 MR 诊断正确的有 26 人,只有一个在癌症转移阶段的诊断上与组织切片不一致。超顺磁性造影剂弛豫增强能更好地区分良性和恶性淋巴结,对手术的程度有很重要的影响,并且与切片样品具有很高的复合度。

Allkemper 等[94]研究了粒径和弛豫作用对超顺磁性和超小超顺磁性铁氧体纳米粒子作为血管内造影剂的影响,将不同尺寸(21、33、46 和 65 nm)、不同剂量(10、20 和 40 μmol 每千克体重)的改性铁氧体纳米颗粒通过静脉注射注入到兔子的腹腔动脉、肾和肠动脉中进行造影。多张造影图的对比结果表明,铁氧体的粒径越小,增强信号效果越好。

Verdaguer 等[95]利用高温分解法制备生物相容性很好的 $\gamma\text{-}Fe_2O_3$ 纳米粒子用作 MR 造影剂,并从化学结构、磁学性能、弛豫时间和生物动力学等方面分析了 $\gamma\text{-}Fe_2O_3$ 胶体分散液作为 MRI 造影剂的可行性。通过向小鼠体内注入后观察造影图,发现纳米粒子靶向性地集中到肝脏(L 所指)和肾脏(S 所指),B 表示脑吸收,如图 9.8 所示。这表明 $\gamma\text{-}Fe_2O_3$ 胶体是一种很有前景的造影材料。

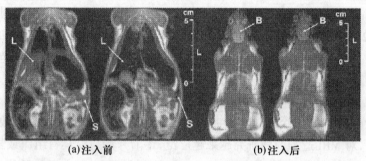

(a)注入前　　　　　　　(b)注入后

图 9.8　$\gamma\text{-}Fe_2O_3$ 胶体注入前与注入后冠状 $T_2$ 增强造影图[95]

## 9.3　高分子纳米生物医药材料

纳米高分子材料也可以称为高分子纳米粒,粒径尺度在 1~10 nm 范围内,纳米高分子材料主要通过微乳液聚合的方法得到。这种超微粒子具有巨大的比表面积,具有一些普通微米材料所不具有的新性质和新功能。

近十年来,人们对高分子纳米粒作为载药系统给予了极大关注,研究热点涉及可生物降解的高分子纳米粒作为药物载体和脂质纳米粒药物载体。本节主要介绍这两方面的内容。

### 9.3.1 生物降解性高分子纳米材料

在可生物降解的高分子药物载体中,药物被溶解、包埋或吸附在纳米粒基体上,采用这种方法可制备纳米粒、纳米囊。纳米囊是一个多孔体系,药物通过单一的聚合物膜被包在膜囊中;而纳米粒基本上是一个均相体系,药物能均匀地分散在其中。

纳米高分子材料制成的药物载体与各类药物,无论是亲水性的、疏水性的或者是生物大分子的制剂,都有良好的相容性,在负载或包覆多种药物的同时可以有效地控制药物的释放速度。

**1. 制备**

传统的高分子纳米粒的制备方法主要有两大类:一是将现成的高分子进行分散;二是在单体聚合过程直接制备纳米粒。表9.8给出了一些高分子纳米粒的制备方法[96,97]。从表中可以看出不同的高分子纳米颗粒适用于不同的制备方法。以上制备高分子纳米粒的方法也适用于制备高分子纳米囊。Rhaese等[112]以人血浆白蛋白(HAS-聚乙烯亚胺(PEI))纳米粒作为DNA载体,纳米粒的形成与HAS、PEI、DNA三种物质的组成密切相关,纳米粒形成后需要用适当的交联剂固化。

**2. 应用**

纳米高分子材料的应用已涉及免疫分析、药物控制释放载体及介入性诊疗等许多方面。现在免疫分析已作为一种常规的分析方法在对蛋白质、抗原、抗体乃至整个细胞的定量分析中发挥着巨大的作用。在免疫分析中,载体材料的选择十分关键。纳米高分子粒,尤其是某些具有亲水性表面的粒子,对非特异性蛋白的吸附量很小,因此已被广泛地作为新型标记物载体来使用。纳米高分子颗粒还可以用于某些疑难病的介入性诊断和治疗。由于纳米颗粒尺寸小,可以在血液中自由运动,因此可以注入各种对机体无害的纳米颗粒到人体的各部位,检查病变和进行治疗。据报道,动物实验结果表明,将载有地塞米松的乳酸-乙醇酸共聚物的纳米颗粒,通过动脉给药的方法送入血管内,可以有效治疗动脉再狭窄;在药物控制释放方面,纳米聚合物颗粒也有重要的应用价值。人们用某些生物可降解的高分子材料对药物进行保护并控制药物的释放速度,这些高分子材料通常以微球或微囊的形式存在。药物经过载体运送后,药效损伤很小,而且药物还可以有效地控制释放,延长了药物的作用时间[2]。下面介绍的是高分子纳米粒作为药物载体的应用。

表9.8 高分子纳米粒的常用制备方法

| 制备方法 | | | 制备过程 | 高分子纳米粒 | 文献 |
|---|---|---|---|---|---|
| 现成高分子进行分散 | 乳化蒸发法 | | 将聚合物的有机溶剂加入到水溶液中进行乳化形成水包油体系,通过升温、减压或不断搅拌以蒸发有机溶剂 | 聚乙交酯/丙交酯(PLGA) | [98]~[100] |
| | 自乳化/溶剂扩散法 | | 水溶性溶剂与不溶于水的有机溶剂均匀混合作为有机相,使聚合物形成微粒并使粒径降低 | 聚乙交酯/丙交酯(PLGA)、PEO | [101][102] |
| | 凝聚法 | | 先将聚合物溶解于适当的有机溶剂中,然后加入聚合物的不良溶剂,虽聚合物溶解度降低,分离出高浓度聚合物相并包裹在颗粒核心的周围 | 聚十六烷基腈基丙烯酸酯 | [103] |
| | 乳化扩散法 | | 是上述方法的改进,控制有机溶剂用量,减少其危害 | 聚乳酸(PLA)、PVAL | [104][105] |
| | 超临界流体技术 | 超临界流体快速膨胀法 | 将聚合物溶于一种超临界流体中,溶液经喷嘴快速喷出,聚合物因超临界流体溶解能力的急剧降低而沉降,沉降的聚合物中不会有溶剂残留 | 聚氰丙烯酯 | [106] |
| | | 超临界反溶剂法 | 将聚合物溶解在适宜的溶剂,溶液经导管快速引入一种超临界流体中,此超临界流体可以完全提取溶解聚合物的溶剂从而使聚合物沉积,形成极细微粒 | 聚乳酸(PLA) | [107] |
| 单体聚合法 | 微乳液聚合 | | 将单体、引发剂与乳化剂混合成溶液进行聚合反应,在进行纯化和分离使高分子纳米颗粒凝集析出 | 聚苯乙烯、聚烷基腈基丙烯酸酯、聚甲基丙烯酸甲酯 | [108][109] |
| | 胶束化法 | 嵌段共聚物的胶束法 | 两亲性嵌段共聚物的亲水、亲油嵌段的溶解性存在极大差异,在水性环境中能组装形成亚观尺寸的聚合物胶束,其疏水嵌段从水性的外部环境中凝聚形成内核并被亲水性链段构成的栅栏所包围 | 聚乙二醇(PEG)、聚氯-异丙基丙烯酸铵 | [110] |
| | | 非共价键的胶束化法 | 对于存在特殊相互作用的聚合物A和B,在共同溶剂中通过氢键作用形成"接枝络合物",然后再使之与一种选择性溶剂混合,同样可以形成A-B胶束 | — | [111] |

药物负载在纳米粒载体上通常采取两种方式:一是药物在纳米粒形成的同时与之结合,称为包埋法;二是纳米粒形成以后,在药物溶液中通过等温吸附与

药物结合,称为吸附法。大多数药物是采用前一方法与高分子纳米粒载体结合。此外,对包囊药物来说,需要选择最佳聚合单体的用量[1]。对于不同的药物要选择不同的载药方式,如脂溶性药物、水溶性药物以及蛋白、肽、核酸类药物。药物的释放与高分子纳米粒的性能有很大关系。还有一种"自包装"的纳米粒结合药物的方式,如图 9.9 所示。图中的纳米胶囊壁是选择性开放的,可以将带荧光标记的药剂分子包裹在胶囊内。

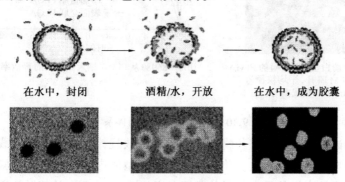

图 9.9 "自包装"纳米粒工作原理示意图[78]

Song 等[98]研究了 PLGA 纳米粒上负载不同药物的控制释放行为用来评估高分子纳米粒在血管内运送药物治疗血管再狭窄的可行性。他们通过油/水乳剂的乳化蒸发法制备了负载有 U-86983(U-86)、U-74389G(U-74)、U-61431F(U-61)和地塞米松药物的 PLGA 纳米颗粒,还通过双乳剂系统制备了载有牛血清白蛋白(BSA)的 PLGA 纳米粒,如图 9.10 所示。然后分别进行了体外试验和间接体内试验,在磷酸盐缓冲溶液中测试了药物的释放和在间接体内试验装置中分析了狗的颈动脉片断吸收的药量。结果显示,PLGA 共聚物纳米粒载体与多种药物无论是亲水性的、疏水性的小分子药物或是亲水性的大分子制剂都有相当好的相容性和结合性。体外药物释放实验证明药物释放与负载的药物有关,间接体内系统的动脉血管壁吸收模型则证明血管壁对小尺寸粒子与较低药物负载量的留存是特殊的决定性因素。因此 PLGA 纳米粒药物载体在血管内运送药物进行治疗是一种很有前景的方法。

段明星等[113]用凝胶层析法分离纳米包裹颗粒和游离的胰岛素,结合 RTA 法、放射标记示踪以及自己设计的"抗体捕捉"试验对氰基丙烯酸异丁酯包裹胰岛素的机制进行了一系列的体外研究,结果发现 80%胰岛素分子与形成的纳米包裹颗粒紧密相连,与氰基丙烯酸异丁酯聚合物是以共价的方式结合,能被抗胰岛素抗体捕获。从而得到稳定有效的口服胰岛素制剂。

常津等[114~116]研究了纳米高分子材料在抗癌药物控释方面的应用。他们制备了 $O_2$ 羧基甲壳胺甲氨喋呤毫微粒和阿霉素免疫磁性毫微粒,并进行体外

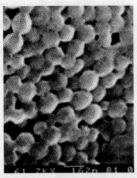 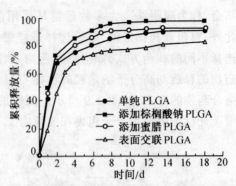

(a) 载有牛血清白蛋白(BSA)的 PLGA 纳米粒 SEM 照片,平均粒径为 150±38 nm,BSA负载率为17.0%

(b) U-86983 从 PLGA 纳米颗粒上的释放率曲线图

图 9.10　PLGA 纳米粒载药体系

和动物体内试验考查了抗癌药物纳米载体的释放规律。证实了纳米载药系统多功能生物导弹的实际功效。并且进行的兔模型体内磁靶向定位试验证明了阿霉素免疫磁性毫微粒具有较强的磁靶向定位功能,为靶向治疗肿瘤奠定了坚实的基础。

Gaspar 等[100]利用水/油/水溶剂蒸发法制备了包埋有左天冬酰胺酶的 PLGA 纳米粒,通过体外实验观察到 PLGA 纳米载药粒子的延长药物释放时间,且 PLGA 链末端官能团对左天冬酰胺酶负载量及其活性有很大影响。

Potineni 等[102]合成了经 PEO 改性的聚氨酯载有紫杉醇药物的对 pH 值敏感的纳米药物控释系统,通过细胞培养实验考察了紫杉醇释放规律,经 PEO 改性的聚氨酯纳米粒在细胞培养液中放置 4 h 后,溶解于 pH 值较低的核内体/溶酶体,并在细胞内完全释放掉染色剂,而不是形成不连续的碎片,如图 9.11 所示。对于肿瘤靶向给药,更需要对低 pH 值敏感的纳米粒,因为固体肿瘤内核通常显酸性(pH = 6.0)。此种经表面修饰后的高分子纳米粒更适合在肿瘤组织处释放药物,带有靶向性,可用于肿瘤的治疗。

纳米控释系统在眼科药物方面也有很广泛的应用[117]。Desai[118]与 Zimmer 等[119]分别用界面聚合法和乳液聚合法制备了载有匹罗卡品的聚氰丙烯酸异丁酯纳米颗粒,都通过兔动物模型试验分析了高分子纳米载体在运载缩瞳剂用于眼疾病治疗的优势。结果发现此控制系统的作用时间和强度都大大提高,同时发现在低药物浓度时,载药纳米粒子能显著延长药物作用时间。

Matchal-Henssler 等[120]对载有卡替洛尔药物的聚 ε-己丙酯纳米粒作用于高眼压的兔模型进行了研究,结果表明,此种纳米粒比市售的卡替洛尔药物滴眼液能显著地降低眼压,而心血管方面的副作用却明显减少。

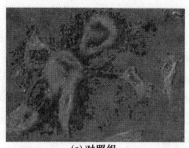
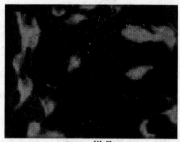

(a) 对照组　　　　　　　　　　　(b) PU 样品

图 9.11　用若丹明 123 标示的可控的和 PEO 修饰的聚氨酯纳米粒在人的乳癌细胞 BT-20的吸收和细胞内分布的荧光共焦图像[102]

### 9.3.2　脂质纳米材料

脂质纳米粒是以生物相容性的脂质材料为载体,将药物或其它的生物活性物质溶解或包裹于脂质核或者是吸附、附着于纳米粒表面的新型载药系统。脂质纳米粒能够改善药物吸收,改变药物体内过程,具有缓释、控制、提高药物稳定性,增强疗效降低毒副作用等方面的优越性,同时在生物体内及储存过程中较稳定。现已广泛应用于基因药物、抗肿瘤药、蛋白质和多肽等药物的载体系统。使用途径很广,既可口服、注射,也可以局部应用。现已有脂质体、固体脂质纳米粒、胶束、药质体和脂肪乳等系列供临床使用。本节主要对固体脂质纳米粒进行介绍。

**1. 概述**

固体脂质纳米粒(SLN)是一种新型毫微粒类给药系统,以固态的天然或合成的类脂,如卵磷脂、三酰甘油等为载体,将药物包裹于类脂核中制成粒径约为 50~1 000 nm 的固体胶粒给药体系。与乳剂、脂质体相似,SLN 采用生理相容耐受性好的类脂材料为载体,可采用高压乳匀法进行工业化生产,同时,固体基质又使它具有高分子纳米粒的优点,如可以控制药物的释放、避免药物的降解或泄漏以及良好的靶向性等,主要适合于亲脂性药物,亦可将亲水性药物通过酯化等方法制成脂溶性强的前驱体药物后,再制备 SLN。SLN 的水分散系可以进行高压灭菌或 γ 辐射灭菌,具有长期的物理化学稳定性,也可通过冻干或喷雾干燥制成固体粉末。SLN 主要用于静脉给药,达到靶向或控释作用,也用于口服给药,以控制药物在胃肠内的释放,亦可用于局部或眼部给药等[121]。

**2. SLN 的制备**

SLN 的制备工艺包括 SLN 的载体材料制备、SLN 的乳化剂制备、SLN 胶体分散系的制备、灭菌以及干燥等过程。

(1) SLN 的载体材料制备

SLN 的基质为具有生物相容性的可生物降解的天然或合成类脂,包括甘油酯类如三月桂酸甘油酯(dynasan 112)、三棕榈酸甘油酯(dynasan 116)、三硬脂酸甘油酯、三肉豆蔻酸甘油酯(dynasan 114)、单硬脂酸甘油酯(imwitor 900)、二十二酸单、双、三甘油酯的混合物(compritol 888);脂肪酸类有硬脂酸、棕榈酸、癸酸、二十二酸等;类固醇类如胆固醇;蜡质类如鲸蜡醇十六酸酯(dynasan 118)等。不同的基质在 SLN 中的存在形式不一样。

(2) SLN 的乳化剂制备

常用的有磷脂类如大豆磷脂(LS 75,LS 100)、蛋黄磷脂(LE 80)、卵磷脂(epikuron 200);非离子表面活性剂类如泊洛沙姆 188、182、407、908、泰洛沙姆;胆酸盐类如胆酸钠、甘胆酸钠、牛磺胆酸钠、去氧牛磺胆酸钠;短链醇类如丁醇、丁酸等。乳化剂的选择依赖于给药途径,对于非肠道给药的体系,乳化剂的选择更受限制[122]。

(3) SLN 胶体分散系的制备方法

① 高压乳匀法。高压乳匀是目前制备 SLN 的经典方法,其工作原理是利用高压(10~200 MPa)推动液体通过一个狭窄的管道(几个微米),液体通过很短的距离而获得了很大的速度(超过 1 000 km/h),产生的高剪切力和空穴作用力使粒子分裂成纳米级的小粒子。此法的优点是可避免使用对人体有害的附加剂和有机溶剂,尤其适用于对热不稳定的药物。所制得的纳米粒粒径小且分布范围窄,操作简便,易于控制,适于进行工业化生产。Souto 等[123]通过高压乳匀法制备了含有一种新型遮光剂的 SLN,并分析了其物理化学性能。

② 微乳法。微乳是由油相、乳化剂和辅助乳化剂及水所组成的澄清或带有微弱蓝色乳光的热力学稳定的分散体系。微乳的制备方法是用低熔点的脂肪酸(如硬脂酸)、乳化剂、辅助乳化剂和水在 65~70℃搅拌制成的透明混合液。再在搅拌下向热微乳中加冷水(2~3℃),一般微乳和水的比率为 1:25 到 1:50,其稀释程度取决于微乳的组成,为了使微乳中的油相在室温下是固体,需要在制备时使体系的温度高于脂质的熔点。微乳制备十分简单,无需特殊设备,其粒径已足够小,分散过程不需要额外的能量即可获得亚微米范围的颗粒。但若采用有机溶剂为助乳化剂,则随其迁移到外水相的药物在有机溶剂挥尽后,会呈结晶析出。

③ 溶剂乳化蒸发法。将药物或药物与类脂混合物溶于适当的有机溶剂中,加入到含有乳化剂的水相中乳化,蒸去有机溶剂,类脂在水性介质中沉淀而得到 SLN。该法不需加热,制得的 SLN 粒径小,可通过 0.2 μm 滤膜过滤灭菌,但残留的有机溶剂有潜在毒性,而且从技术角度来讲要完全除去溶剂是很困难

的。

④ 溶剂分散凝聚法。这种方法不需要蒸发有机溶剂,而是通过调节 pH 值改变粒子的 Zeta 电位,使其发生凝聚达到与有机溶剂分离的目的。Hu 等[124,125]将药物和甘油 – 硬脂酸酯溶于 50℃丙酮和乙醇中,然后在室温机械搅拌下将混合溶液倒入到含有 1% PVA 的酸溶液中(pH = 1.10),负载有药物的 SLN 很快形成并通过离心很容易地将之分离出来。

此外,制备 SLN 的方法还有高剪切乳匀和超声分散法、注入法、复乳法、冷却 – 匀质法等。

(4)灭菌

注射给药需要灭菌。常用灭菌的方法有湿热蒸汽灭菌法、滤过灭菌法和射线灭菌法等。灭菌过程不能改变样品的物理稳定性、化学稳定性和药物释放动力学性质。滤过灭菌要求加压操作并且样品的直径不能大于 $0.25~\mu m$,这对 SLN 来讲是比较困难的。湿热蒸汽灭菌法是一种常用且可靠的灭菌方法,它曾经用于脂质体的灭菌。研究发现加温导致样品物理稳定性的下降,经灭菌后都出现了不同程度的团聚。灭菌的温度越高,粒子的团聚越明显。乳化剂的正确选择对样品在高温下的稳定性至关重要。γ 射线照射适用于对温度敏感的样品。粒径增大的幅度比 γ 射线照射的要小。射线照射法由于射线的能量很高,在照射过程中会产生自由基,这些自由基与没有经过修饰的样品重新结合或发生副反应而使样品的结构发生化学改变[1]。

(5)干燥

将 SLN 分散液干燥能够提高其化学和物理稳定性,防止粒子团聚及粒径变大,阻止 Ostwald 熟化和避免水解。另外,SLN 分散液干燥后,将药物制成固体制剂如片剂、胶囊等,可以增加药物给药方式和给药途径。一般常用的干燥法有冷冻干燥和喷雾干燥。

**3. SLN 的性质**

以下几个参量对 SLN 的稳定性及其药物释放动力学有直接作用:①粒径和 Zeta 电位;②结晶度和脂质晶型;③其它胶体结构的共存(包括胶束、脂质体、过冷态熔融物、药质纳米粒)和动力学现象[126]。一般来说,带电荷尤其是具有较高 Zeta 电位的粒子很少发生离子聚集,但是这一规则并不适用于含空间稳定剂的 SLN 分散体系,因为稳定剂在空间的吸附会降低粒子的 Zeta 电位。对 SLN 的粒径分析是必须的,但并不足以说明 SLN 的质量。结晶度和脂质晶型两个参量应引起高度重视,因为它们与药物的包封率和释放速率密切相关。脂质结晶的完全程度及晶型转化与药物的包装和释放有密切的联系。按以下的顺序,热力学稳定性依次增加,脂质的密度依次增加,药物的包封率依次降低

$$过冷熔融物 > α-晶型 > β'-晶型 > β-晶型$$

凝胶化现象、粒径增长和药物析出是 SLN 在储存过程中影响稳定性的三个最主要的问题[122]。SLN 稳定性与给药途径也有一定的关系。

SLN 是以毒性低、生物相容性好的脂质材料为载体,同高分子纳米粒相比,SLN 的毒性大大降低,并且经过表面改性的 SLN 静脉给药时,可降低 RES 的吞噬作用。

固体脂质纳米粒载药方式具有以下三种模型(图 9.12):①固态溶液。冷匀法没有采用表面添生剂或采用对药物没有增溶作用的表面活性剂,制得的脂质纳米粒是一种固态溶液(即药物以分子分散于脂质基质中)。②壳-核结构,药物富集于壳中。当药物的沉淀速度小于脂质结晶的速度,这时会形成一个药物富集的壳;③核-壳结构,药物富集于核中。药物溶解在脂质熔融物中的量达到或接近于它的饱和药物量时,冷却时药物的沉淀先于脂质的结晶,就会形成一个药物富集的核。纳米乳的冷却会导致药物在脂质中产生过饱和现象,进而药物先于脂质沉淀下来,进一步的冷却会使脂质重新结晶,包围含药的核形成膜的结构。脂质膜的药物浓度等于结晶温度时脂质中药物的溶解度。这样形成的脂质纳米粒具有一个脂质壳和药物富集的核。

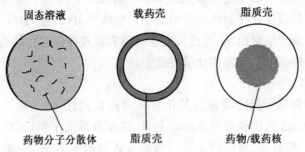

图 9.12  药物在 SLN 中的分布模型图[126]

**4. SLN 的应用**

SLN 的应用基本上是作为载药系统,很多外在因素影响其应用,下面结合给药途径介绍其应用。SLN 的给药途径较灵活,包括胃肠道和非胃肠道的。但研究最多的还是静脉注射,口服给药主要是通过派尔结进入体循环,需要考虑纳米粒在胃肠道中的稳定问题。此外,SLN 还可以局部给药和肺部给药[1]。

(1)注射给药

SLN 主要被制成胶质溶液或冻干粉后静注,可达到缓释、延长体循环时间、靶向等目的[127]。陈大兵等[128]通过乳化蒸发-低温固化法用 Brij78 制备了硬脂酸纳米粒,小鼠尾静注后发现用 Brij78 对硬脂酸纳米粒表面修饰后大大提高对肾、心、肺和脾的靶向性,延长了药物在体内的释放时间。Göppert 等[129]通过静脉注射的方式研究了 SLN 在体内各器官组织分布的影响因素,并得出结论经表面修饰的 SLN 在体内相容性极好,经静脉注射后是一种有潜力的特定位置靶向给药系统。2003 年日本首次合成开发了能在体内进行靶向给药的脂质体。在脂质体表面偶联糖链配位体,注射到眼睛发炎的小鼠体内,发现在纳米脂质粒积聚在发炎组织处,因此可知此种经过表面修饰的纳米脂质粒能够携载药物进行体内靶向给药治疗或进行病症诊断。载药脂质纳米粒在体内给药的途径如图 9.13 所示[130]。

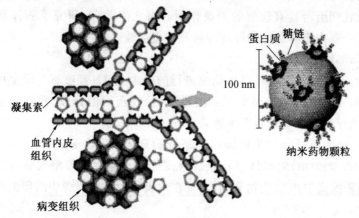

图 9.13　表面偶联糖链配位体的纳米脂质粒注射后靶向给药示意图[130]

(2) 口服给药

SLN 可以液体形式口服,或制成常用剂型,如片剂、丸剂、胶囊、软胶囊和粉剂等。SLN 口服后,利用纳米粒的粘附性可增加载药粒子在药效部位或药物吸收部位的停留时间和接触面积,提高生物利用度,减少不规则吸收。SLN 还可替代赋形剂改善药物在胃肠道中的分布,控制药物从脂质基质中的释放,保护多肽类药物免受胃肠道消化酶的降解,并可能通过其它转运途径促进吸收[131]。Garci'a - Fuentes 等[132]通过 W/O/W 复乳化法制备了三棕榈酸甘油酯脂质纳米粒,并用 PEG 进行了表面修饰。PEG 涂层不仅降低了其 Zeta 电位,防止其团聚,还使得三棕榈酸甘油酯脂质纳米粒在胃肠液中稳定性增加,大大减少了在胃肠溶液中的降解,从而使此种 SLN 作为口服给药制剂成为可能。

(3) 透皮给药

SLN 由人体耐受性好的辅料制成,由于粒径很小可粘附在皮肤表面形成一层膜,对皮肤有闭合作用,增进水合,使角质层肿胀疏松。其最突出的优点在于它具有固态基质,这样可以保护化学性质不稳定的物质不被分解破坏,并可以调节药物的释放。Wissing 等[133]研究了 SLN 在化妆品方面的应用,通过体外实验资料可知 SLN 对皮肤的闭合作用源自颗粒形成的薄膜;体内实验表明在 O/

W 的面霜里加入 4% 的 SLN,在 4 周后可以观察到人皮肤的水合作用提高了 31%,并且 SLN 对遮光剂有促进作用,因此载有遮光剂的 SLN 制剂,与传统乳剂相比具有相同的保护作用,但遮光剂浓度下降了 50%。Sivaramakrishnan 等[134]将倍他米松(BMV)制成 SLN 制剂用于表皮靶向给药治疗过敏性湿疹,取得良好效果。Mei 等[135]将具有消炎、免疫抗增生且抗肿瘤功能的药物雷公藤内脂醇(TP)制成最佳组成的 SLN 分散体,其中含 5% 硬脂酸甘油酯,1.20% 大豆卵磷脂,3.60% 聚乙二醇(PEG)。在小鼠爪瘤线体透皮给药后发现 SLN 分散体比微乳剂给药具有较强的消炎作用。梅之南等[136]研究了固体脂质纳米粒作为雷公藤内脂醇载体的经皮渗透及抗炎活性。

(4)肺部给药

目前,有关 SLN 肺部给药的研究进行的较少。SLN 经喷雾干燥也可制成粉末吸入剂。SLN 在肺部有良好的耐受性,可控制药物的释放,并靶向于肺部巨噬细胞,治疗肺部巨噬细胞系统感染。

此外,SLN 还可以作为眼部给药系统的载体,如 Cavalli 等[137]研究了 SLN 作为托普霉素(TOB)的载体进行眼部透皮给药。通过兔模型实验发现 TOB-SLN 能显著提高 TOB 的生物利用率,并在角膜表面和解膜囊中滞留的时间明显延长。

## 9.4 分子凝胶纳米生物医药材料

### 9.4.1 概述

分散体系是一种或几种物质以一定分散度分散在另一种物质中形成的体系。以颗粒分散状态存在的不连续相称为分散相,这种分散的颗粒称为分散质;分散质所处的介质为连续相,也称为分散介质。而分散质在某个方向上的线度介于 1~100 nm 的分散体系则称为胶体。凝胶是由溶胶转化得到的,是一种介于固体和液体之间的形态。凝胶虽然含有大量的溶剂介质,但不具有流动性,呈半固体状态。通常人们对凝胶进行的研究是高分子聚合物为分散质的凝胶,称为高分子凝胶。近年来,人们发现某些小分子有机化合物能在很低的浓度下(甚至低于质量分数 1%)使大多数有机溶剂凝胶化,使整个体系形成类似粘弹性液体或固体的物质,称为有机凝胶(或分子凝胶)。这类小分子有机化合物被称为凝胶因子。最近的研究发现,某些凝胶因子不仅能使有机溶剂凝胶化,还能使水凝胶化。由于水不是有机溶剂,故称分子凝胶更为恰当。

分子凝胶表现出的物理化学性质,不但具有类似溶液中的表面活性剂的性质,如能够形成胶束、结晶、分子聚集、自组装、分子识别等,而且具有类似聚合物溶液的性质,如溶胀和微观质量运动等,故引起人们的极大关注。大多数分子凝胶是二元体系。其制备方法是将凝胶因子在有机溶剂加热溶解,再冷却至室温。在冷却过程中,凝胶因子在溶剂中通过氢键力、静电力、疏水力以及 π-π 相互作用等凝胶化的驱动力,形成三维网络体系,并使液体成分静止,形成凝胶(图

图 9.14 水分子凝胶的 TEM 照片 14 400×)[138]

9.14 为水分子凝胶在透射电子显微镜下的观察结果)。凝胶因子所形成的有序高级结构是一类超分子结构,可作为分子平台、包囊、螯合客体分子。研究这种超分子作用对于研究催化与底物、蛋白、遗传物质的转录、抗体与抗原的作用等具有较大意义。

药物分子在凝胶体系中的粒径一般在纳米量级,即 1~100 nm,这意味着分子凝胶载药系统属于纳米粒载药体系。它不仅可包囊脂溶性药物,还可包囊水溶性药物以及以微乳的形式存在的药物[1]。

### 9.4.2 分子凝胶的制备

**1. 形成分子凝胶的物理条件**

凝胶因子能在溶剂中自发地聚集、组装成有序结构,进而使整个体系凝胶化。许多有机小分子在溶剂中能够自组装、聚集,例如水溶液中的表面活性剂分子的聚集,获得球状、棒状、圆盘状胶束。其聚集作用的驱动力是疏水相互作用。有机溶剂中凝胶因子的聚集、堆积过程的驱动力来源于分子极性基团间的相互作用。由于聚集引起了熵减少,聚集状态与非聚集状态之间标准自由能也发生了变化,两个因素结合起来导致了聚集体的分布形状具有物理依赖性。

**2. 凝胶因子**

凝胶因子能在溶剂中通过氢键力、静电力、疏水力以及 π-π 相互作用等凝胶化驱动力作用下,自发地聚集、组装成有序结构,构成一个空间的三维网络体系,形成凝胶。目前凝胶因子的研究主要限于小分子有机化合物,这也是因小分子易于聚集,自我组装之故。

形成分子凝胶的凝胶因子具有结构可设计性。凝胶因子极具化学修饰性,可根据需要合成结构上带有可反应点和带电荷基团,使之更具分子识别功能,这是形成超分子结构的基础。目前,凝胶因子的研究主要限于对小分子有机化

合物的研究,但这类亚稳态分子凝胶的稳定性和机械性能较差。通过在凝胶中引入可聚合的不饱和基团,使凝胶因子聚集体原位聚合,可以改善这类分子凝胶的稳定性,得到比较坚硬、力学性能好、能长期稳定存在的分子凝胶。

此外,凝胶因子在有机溶剂所形成的凝胶具有热可逆性,也就是说,分子凝胶可以在一定条件下(如温度)由凝胶状态转变回溶胶状态。

凝胶因子按结构及性质的不同可分为以下几类:脂肪酸衍生物、蒽基衍生物、氨基酸残基衍生物、简单的叔胺及其季胺盐可与有机溶剂形成热可逆凝胶、二脲型凝胶因子、甾族衍生物、带有甾基的蒽及蒽醌型凝胶因子、金属有机化合物、环糊精衍生物以及可聚合凝胶因子体系等。

**3. 分子凝胶的制备方法**

黎坚等[139]合成了一种以二胺为基础的可聚合凝胶因子4,4'-二(α-甲基丙烯酸酰氧基-1,3-亚乙氧基羰基)二苯甲烷(BMDM),以此凝胶因子在特定结构区域的非共价键相互作用自组装形成有序的三维纤维网络,使有机溶剂凝胶化,并利用紫外光引发聚合,"锁定"凝胶网络,形成稳定的有序高级结构。光聚合后,分子凝胶的稳定时间从几天延长到超过1年。Lescanne等[140]以DDOA(2,3-di-n-decyloxyanthracene)为凝胶因子,DMF为有机溶剂在外加剪切力的作用下形成了三维定向纤维网络分子凝胶,这是一种简便的方法,为提高有机材料的机械性能、磁学性能或电学性能奠定了基础。Ihara等[141]以含有芘基官能团的L-谷氨酸衍生物为凝胶因子,将之溶于有机溶剂环己胺中,从70℃缓慢降至20℃形成分子凝胶。Koshima等[142]以苯甲酮为凝胶因子,通过光致发光反应在不同溶剂中合成了分子凝胶。

### 9.4.3 分子凝胶的应用

由于凝胶在微观结构上的显著分散性、热可逆性、对溶剂的化学敏感性,以及聚集体的结构特殊性(界面极性、手性)使得它在未来的应用领域中具有广阔前景。其中一个重要应用前景是用于药物载体、大分子分离、蛋白质结晶等。

利用分子的锥形结构开发分子孔隙的二维定向网络,利用凝胶取代液体体系,其优点在于许多化学物质被定位,流体动力学对流减少。这些特点对各种化合物的缓慢结晶是很重要的。

另一个重要的应用前景是可用凝胶因子作模版制备纳米结构材料。Love等[143]以超分子有机凝胶为纳米粒子稳定剂制备了13 nm的金纳米颗粒。美国Georgetown大学的Weiss研究组通过凝胶模版滤取工艺,制备了含有纳米尺寸孔洞的膜。在凝胶模版滤取工艺中,在含有交联剂的甲基丙烯酸酯或苯乙烯等可聚合溶剂中加入凝胶因子,制得凝胶。基质聚合后,用适合的溶剂将凝胶因子除去,分子凝胶纤维网络就被刻在交联聚合物基质中,得到含有纳米尺寸通道的多孔性膜。

Kantaria 等[144]研究了具有导电性的微乳/分子凝胶制备,其中含有天然明胶的药物如水杨酸钠,结果发现肉豆蔻酸异丙脂(IPM)是最合适的油类,而磺酸基琥珀酸钠(AOT)则是最有效的表面活性剂,因此二者可形成带有药物的微乳/分子凝胶,用于透皮给药。kantaria 等还以 Tween85 为表面活性剂,以 IPM 为油,制备了携带有电离子透入疗法药物的微乳/分子凝胶,进行猪模型的表皮给药试验。发现微乳/分子凝胶作为载体的给药系统具有较高的连续释放率,并且比水合溶液或水凝胶抗菌性要好。Pénzes 等[145]报道了甘油脂肪酸酯用于分子凝胶具有良好的皮肤耐受性,携载吡罗昔康(Px)药物后能进行皮肤渗透给药。在小鼠爪上进行药物渗透给药的消炎作用测试,发现此给药系统与瘤腺体具有很高的结合性。与其它分子凝胶载药基体相比,甘油脂肪酸酯分子凝胶的生物利用率较高。Motulsky 等[146]制备了以 L-丙氨酸衍生物为凝胶因子的生物相容性很好的分子凝胶用于皮肤渗透给药,他在药物油中以 L-丙氨酸衍生物为凝胶因子原位自组装制备了分子凝胶。将含有 7.5%SAM 或 10%SAE 和 10%NMP 的红花油,直接注入到小鼠前爪掌,静止 3 s 使分子凝胶形成。8 周后

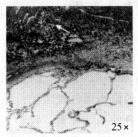
(a)注入3天后,在凝固胶周围出现一些白细胞的单核,观察到一些小脉管形成(箭头所指)

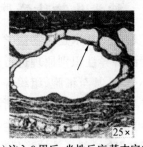
(b)注入8周后,炎性反应基本完成

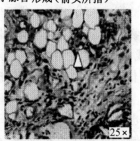
(c)高倍数显示一些 PMN 和 FBGC 开始形成(箭头所指)

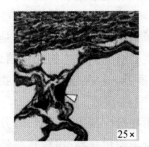
(d)残留液泡被增生纤维分离(箭头)

图 9.15  含 7.5%SAM 的红花油注入处的光学照片[146]

观察显示了此分子凝胶与周围组织相当好的生物相容性。这种原位自组装分子凝胶植入式药物输送为活性化合物药物的持续释放提供了一种新型简单且安全给药途径,如图9.15所示。

## 9.5 生物传感相关纳米材料

纳米材料和技术应用于生物传感和医学检测与诊断领域,使人们在纳米尺度甚至单细胞内单分子水平上获取生命过程生物化学信息,以及进行实时、动态、活体和原位分析检测成为现实;为研制灵敏度高、选择性好、使用寿命长、尺寸小的生物传感器件创造了新的机遇。纳米生物传感技术是指采用纳米技术的生物传感,旨在通过纳米技术来改善和提高传感器的性能,使其性能满足更广泛的应用需要。通常,在生物传感中采用的纳米技术主要包括基于纳米粒尺寸效应的促进作用、基于纳米放大的分子识别信息的转换技术和具有荧光示踪性质的量子点标记技术。纳米生物传感器的关键是制备纳米尺寸的功能单元,即敏感单元,其中作为敏感分子的选择、组装等是最重要的研究内容之一。

### 9.5.1 纳米生物传感原理、器件及分类

生物化学传感技术是生物医学领域中主要的分析检测技术之一,是利用生物分子极强的特异性识别原理进行生物组分(包括核酸、蛋白质、酶、糖类、各种生物活性小分子,甚至细胞、组织等)及能被生物组织识别的无机物的检测分析技术。基于生物分子的识别原理所设计制作的检测器件及生物传感器,是能选择性、连续可逆感受并传递、处理生物化学信息的系统装置。我们所讨论的"纳米生物传感器"除一部分是纳米尺度的生物探针外,大多是指为提高性能而采用了纳米材料的生物传感器。

生物传感器一般由感受器、换能器和检测器三部分组成。感受器又称为敏感器或分子识别元件,其主要功能是进行生物化学分子识别。换能器的主要功能是将感受器感受到的生物化学信息转换成易检测的物理化学信号,如光、电、磁、热和浓度等。检测器将得到的物理化学信号进行监测、记录处理和显示结果。

纳米生物传感器的种类很多,分类方法也各不相同。按生物分子识别组分的不同可分为酶传感器、组织传感器、免疫传感器、微生物传感器、基因传感器等;按检测手段可分为基于磁学测量的纳米生物传感器、基于力学测量的纳米生物传感器、基于光学测量的纳米生物传感器、基于电学测量的纳米生物传感器、基于DNA的(分子)纳米器件等;按生物分子识别组分与被测物的结合性

质,纳米生物传感器又可分为催化型生物传感器和亲合性生物传感器两类。不同的生物识别组分与不同的换能器组合构成不同类型的生物传感器[1]。这里从应用于生物传感器的不同纳米材料与技术,举例介绍一些纳米生物传感器的研究进展。

### 9.5.2 生物传感相关纳米材料

#### 1. 零维纳米材料在生物传感器上的应用

用于生物传感器的纳米材料主要是纳米颗粒。纳米颗粒在生物传感上具有多方面的应用,如磁、声波、光学、电化学生物传感器[147]。应用的颗粒大体可分为三类:单一纳米颗粒溶胶;复合纳米颗粒;核-壳型结构纳米颗粒。

唐芳琼等[148~151]在利用纳米颗粒增强酶传感器方面进行了深入的研究。报道了憎水与亲水 Au 纳米颗粒、憎水 $SiO_2$ 纳米颗粒、Au 和 $SiO_2$ 混合纳米颗粒、憎水纳米银-金复合颗粒、Ag、Pt、$SiO_2$ 纳米颗粒及金属-无机复合纳米颗粒,与聚乙烯醇缩丁醛(PVB)构成复合固酶膜基质,用溶胶-凝胶法固定葡萄糖氧化酶(GOD),组成葡萄糖传感器。实验结果表明,纳米颗粒增强后相应浓度的响应电流显著增加,固定化酶的催化活性得到大幅度提高。因此纳米颗粒固定酶电极既具有良好的传递电子能力、催化能力,又具有纳米颗粒表面的强吸附和为反胶团固酶提供优良的微环境,有效地改善了生物传感器的敏感性与抗干扰性。Zhang 等[152]将葡萄糖氧化酶共价交联到经金纳米颗粒单层修饰的金电极表面,实验发现组装的金纳米颗粒能够促进被测物与电极之间的电子转换,并且此传感器显示了众多优点:高敏感性、低检测极限、葡萄糖的高亲合性、良好的再现性与存储稳定性等。

纳米颗粒在组织传感器方面也有所应用。Liu[153]与 Lei 等[154]分别以金和碳陶瓷为电极制备了过氧化氢生物传感器。在修饰后的金电极上再通过浸渍涂覆纳米金颗粒(约 20 nm)单层,随后固化山葵过氧化物酶(HRP)。在实际样品上进行试验,结果表明金纳米颗粒不仅能够固化 HRP,还能有效地保持其生物活性。固化 HRP 的生物传感器具有极好的接触反应性、高敏感性、快速响应和良好的稳定性。Zhou 等[155]将血色素固化在 CdS 纳米颗粒上,再固定于热解石墨电极上,观察其电化学反应与蛋白质的过氧化物酶行为。结果发现 Hb 与纳米颗粒结合后显示了对过氧化氢良好的催化活度,得到了还原电流峰值与 $H_2O_2$ 浓度的线性关系,可在此基础上发展一种新型的组织传感器。

Wang 等[156]描述了表面负载有金纳米颗粒的聚合物球做为放大单元的信号放大生物测定,将金纳米颗粒预富集在聚合物球上,多倍的纳米颗粒增强了接触反应,如图 9.16 所示。

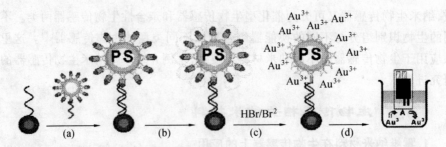

图 9.16 DNA 杂交的扩大生物电测定,通过聚合物微球负载多倍的金纳米颗粒示踪,
扩大了金纳米颗粒的催化作用和电信号转换[156]

目前人们广泛研究的核-壳型结构纳米粒是量子点用于生物检测技术。量子点又可称为半导体纳米微晶体,其半径小于或接近激子玻尔半径,是一种由ⅡB-ⅥA族或ⅢB-ⅤA族组成的纳米颗粒(表9.9)[157]。

表 9.9 不同种量子点[157]

| 族 | 量 子 点 |
| --- | --- |
| ⅡB-ⅥA | MgS, MgSe, MgTe, CaS, CaSe, CaTe, SrS, SrSe, SrTe, BaS, BaSe, BaTe, ZnS, ZnSe, ZnTe, CdS, CdSe, CdTe, HgS, HgSe |
| ⅢB-ⅤA | GaAs, InGaAs, InP, InAs |

现在研究较多的主要是 CdX(X = S、Se、Te)。量子点由于粒径很小(约 1~100 nm),电子和空穴被量子限域,连续能带变成具有分子特性的分立能级结构,因此具有特殊优良的可见光区荧光发射性质。单独的量子点颗粒容易受到杂质和晶格缺陷的影响,荧光量子产率很低。但当以其为核心,用另一种半导体材料包覆,形成核-壳结构后,如图 9.17 所示[157],就可将量子产率提高到约 50%,甚至更高,并在消光系数上有数倍的增加,因而有很强的荧光发射[158],有望成为一类新型的生化探针和生物传感器。

ⅡB-ⅥA族量子点的合成方法很多,根据所采用原料和工艺不同,大致可分为无机合成方法和金属-有机物合成方法。目前,量子点的制备发展较快,有很多研究者利用不同的方法合成了各种组成、不同粒径的量子点。这里不再赘述,主要介绍一下量子点在生物检测方面的应用。

量子点有望替代无机荧光探针检测主要是由于自身的几大优点:(1) 宽的光谱吸收使得在单光源下图像也能清晰地呈现;(2) 异常的耐光性可进行长期的研究;(3) 窄发散光谱和对称发散光谱受到量子点粒径和材料组成的控制。这些独特的性质使不同尺寸的量子点在同一外加光源下同时受到激发,发散出不同颜色的光[157],如图 9.18 所示[157]。

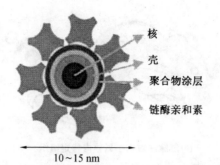

图 9.17 量子点的核/壳结构：核决定纳米晶的颜色；壳大大提高颜色亮度；聚合物涂层使纳米晶稳定且溶于水和缓冲溶液；链霉亲和素或其它生物分子共价交联到聚合物涂层[157]

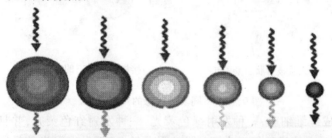

(a)不同尺寸的量子点在同一光源下受激发,并发散出不同颜色的光

(b)六种不同的量子点溶液在长波紫外线照射下受激发光[157]

图 9.18 不同尺寸的量子点在同一光源下发散出不同颜色的光示意图[157]

  KAUL 等[159]模仿无机荧光探针的方法用量子点(Qdot$^{TM}$ 605 Streptavidin Conjugate)给正常细胞和癌细胞着色,得到的图像与无机荧光探针图像相比,稳定性大大提高。Åkerman 等[160]采用 CdSe/ZnS 的核/壳结构量子点研究了半导体量子点在体内靶向性。分别在核/壳型量子点表面接枝肺靶向肽、肿瘤组织的血液组织和淋巴组织肽,在小鼠身体上静脉注射后发现量子点聚集在靶向组织。并在量子点表面涂覆聚乙二醇防止了量子点在内皮系统的非选择性聚集,使之具有很好的水溶性和分散性。结果说明这种复杂的纳米结构量子点具有疾病检测和药物输送等作用,如图 9.19 所示。

  Alivisatos 等[161]报道可以通过静电引力、氢键作用或特异的配体受体相互作用将生物分子结合在量子点的表面。他们采用两种大小不同的量子点标记

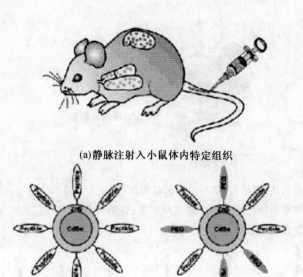

(a)静脉注射入小鼠体内特定组织

(b)只接枝有肽的量子点　　(c)接枝肽和PEG的量子点

图9.19　不同表面状态的量子点[159]

3T3小鼠的成纤维细胞,一种发射绿色荧光,一种发射红色荧光,并且将发射红色荧光的量子点特异地标记在F-肌动蛋白丝上,而发射绿光的量子点与尿素和乙酸结合,这样的量子点与细胞核具有高亲合力,并且可以同时在细胞中观察到红色和绿色的荧光,如图9.20所示。

**2. 一维纳米材料在生物传感器中的应用**

一维纳米结构材料,如碳纳米线、半导体或导电聚合物纳米管是目前颇具吸引力的生物探测材料。比如采用硅纳米线(SiNWs)可以提高生物传感器的电化学检测灵敏度。Bauer等[162]通过抗原-抗体或蛋白-受体结合等方法在导电材料表面固定纳米金属颗粒团,由于纳米颗粒反射偶极子的相互作用,引起反射光的共振增强,通过检测共振信号即可探知待检测物质。

图9.20　双标记细胞样品的荧光显微照片[161]

免疫传感器是指用于检测抗原抗体反应的传感器,而光纤纳米免疫传感器是在其基础上将敏感部分制成纳米级,既保留了光学免疫传感器的诸多优点,又使之能适用于单个细胞的测量。Dinh等[163]成功地研制出一种用于检测BPT的光纤纳米免疫传感器,传感器头部的生物探针上结合了特异性单克隆抗体,通过抗原抗体特异性结合,能够检测单个细胞内的生物化学物质环境。

还有一种探测单个活细胞的纳米传感器,探头尺寸仅为纳米量级,当它插入活细胞时,可探知会导致肿瘤的早期 DNA 损伤。

为了模仿暴露于致癌物质,将细胞浸入含有苯并吡(BaP)的代谢物的液体中。苯并吡是城市污染空气中普遍存在的致癌物质。在一般暴露情况下,细胞摄取苯并吡,并代谢掉。苯并吡和细胞 DNA 的代谢反应形成一种可水解的 DNA 加合物 BPT(benzo(a)pyrene tetrol)。纳米探针是一支直径 50 nm,外面包银的光纤,并传导一束氦-镉激光。它的尖部贴有可识别和结合 BPT 的单克隆抗体。325 nm 波长的激光将激发抗体和 BPT 所形成的分子复合物产生荧光。此荧光进

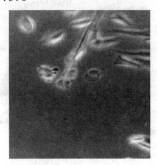

图 9.21 载激光束(蓝色)的纳米传感器探针穿过活细胞,以检测该细胞是否曾置于致癌物质下[164]

入探针光纤后,由光探测器接收。Tuan Vo-Dinh 等认为此种高选择和高灵敏的纳米传感器,可以用于探测很多细胞化学物质,可以监控活细胞的蛋白质和其它感兴趣的生物化学物质。此传感器还可以探测基因表达和靶细胞的蛋白生成,用于筛选微量药物,以确定哪种药物能够最有效地阻止细胞内致病蛋白的活动。随着纳米技术的进步,最终实现评定单个细胞的健康状况,具体如图 9.21 所示。

Willner 等[166]将边缘固化有葡萄糖氧化酶的单壁纳米碳管连接到电极的表面上(图 9.22)。将酶固化在碳纳米管的一端,有效地将酶固化在电极的一段距离处,因此电子就会沿着碳纳米管传递,可调节碳纳米管的长度来控制电子传递与响应时间,实现生物传感功能。

**3. 二维纳米材料在生物传感器中的应用**

用于生物传感器。因为碳纳米管能够提供很强的电催化作用和使传感器表面的污物最少。碳纳米管用于生物传感器有两种形式:①使碳纳米管和酶一起固化在电极表面(如图 9.22);②可控密度阵列的碳纳米管用于制作纳米电极阵列。

第二种应用形式中,纳米电极阵列含有数百万个竖直排列的碳纳米管,每个碳纳米管都是一个单独的电极。已有研究者证明碳纳米管能促进过氧化氢和二磷酸吡啶核苷酸的氧化还原反应。

纳米孔径的多孔硅在室温下具有可见发光特性,可应用于构建生物传感

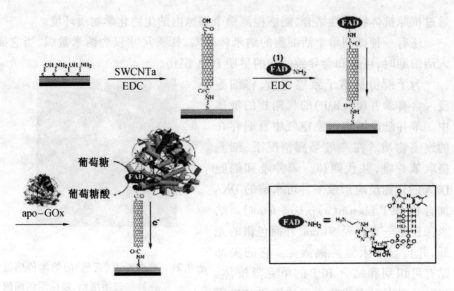

图 9.22 组装单壁碳纳米管电触点葡萄糖氧化酶电极:电极表面连接单壁碳纳米管,在单壁碳纳米管端部用 FAD 修饰,再重组合酶器[166]

器。它的发光能力源于其介于 2 nm 到微米尺度的小孔隙。而且,它具有高比表面积($500 m^2/cm^3$),使其很容易地通过物理作用固定大量敏感分子。多孔硅便于各种形式的微加工和大规模生产。多孔硅的表面固定寡核苷酸、生物素或者抗体等识别分子,通过检测光干涉和折射率的变化,从而能构建一种新型的免标记生物传感器,该传感器可用于 cDNA 的检测,灵敏度可达 194.2 f·mol/L[167],如图 9.23 所示。Reddy 等[169]将脂肪酶固化在多孔硅孔隙表面构建一种新的酶传感器。

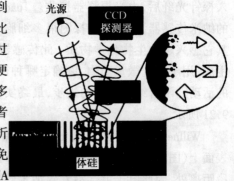

图 9.23 纳米多孔硅用于光干涉检测示意图[168]

其它的多孔材料也可以用于生物传感器。Takhistov[170]用纳米多孔氧化铝作为酶传感器的酶底物,在其孔隙表面吸附青霉素酶。因为增大了活性区域,固化酶的数量也增加了,从而改进了电极的敏感性。

**4. 三维纳米材料用作生物传感**

芯片化生物传感器是随着"人类基因组计划"的进展而发展起来的,以芯片化为结构特征的生物芯片系统不仅是当前生物传感器的一个重要的组成部分,而且是未来生物传感技术发展的一个重要方向[171]。生物芯片是基于生物技术并通过表面微机-电-化加工技术构建的生物化学微分析系统,以实现对核酸、蛋白质、细胞及其它生物组分的高速、高效(大信息量)、准确、低耗费的集成分析和检测。生物芯片的出现使得大规模生物信息的同时存储与处理成为现实[1]。

生物芯片主要包括两大类:微阵列芯片和芯片实验室。微阵列芯片包括基因芯片(DNA芯片)、蛋白质芯片、细胞芯片、组织芯片等,其原理是基于生物组分微阵列的特异性反应(识别)而进行大规模的平行分析。芯片实验室是将生化分析操作的全过程(甚至整个实验室的操作流程),包括采样、样品前处理、生化反应、分离、检测等功能单元集成在数平方厘米甚至更小的基片上所构成的微分析系统,可进行微体积复杂生物样品的直接、快速、自动分析[1]。

基因芯片是生物芯片技术中发展最早和最成熟的产品[171],是采用原位固相合成(照相平版印刷术)技术或机械点样偶联/交联法在固体基片上所构建的高密度的寡核苷酸或基因探针阵列。图9.24(a)所示为基因表达的微阵列图,以两种颜色的荧光标记来自于两种细胞的样品,杂交后,对微阵列的每一位点进行荧光扫描。每一位点的光强度正比于它所结合的荧光cDNA的量。光强越强,样品中该基因的表达水平越高。如微阵列的位点无荧光,说明两种细胞均不表达该基因。如某一位点显示一种荧光,说明该标记的基因只在此细胞样品中表达。同一位点显示两种荧光,说明该基因在两种细胞样品中均表达。蛋白质芯片以蛋白质代替DNA作为检测靶物,它的研究时间较短,但已出现比较成熟的技术,如中科院的多元蛋白质芯片,如图9.24(b)所示,按顺时针方向分别表示为:①在格式化的改性表面上,固定配基;②含配基的芯片与蛋白溶液相互作用,蛋白特异性结合形成蛋白复合物;③对芯片进行检测以确定蛋白间的

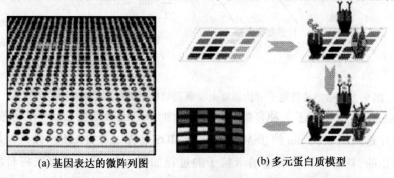

(a) 基因表达的微阵列图　　　(b) 多元蛋白质模型

图9.24　基因芯片和蛋白质芯片[171]

相互作用。

纳米技术在生物芯片上之所以具有广阔的应用前景,纳米材料的优点自不赘言,生物芯片本身是在很小几何尺度的表面积上,同时检测和研究不同生物细胞、生物分子和 DNA 的特性,以及它们之间的相互作用,因此生物芯片处于微观量级,与纳米材料和技术合作匹配。纳米技术在基因芯片上的应用研究较多。Graham 等[172]设计了一种新型磁阻生物芯片,将具有超顺磁性的 $Fe_3O_4$ 纳米粒子用作可检测的标记物和生物分子的载体。这种基因芯片表面有与铝制电线结合的高敏感性的旋转电子管传感器,电线直径从 150 $\mu m$ 变化到 50 $\mu m$,还有 DNA 探针和固化有靶向 DNA 的磁性纳米粒子。电线中通入电流后直径变化可产生磁场梯度,使得磁性粒子标记的靶向 DNA 与探针上的 DNA 杂交。当 20 mA 电流通过传感器(中间)两边的电线时,产生的磁场梯度导致磁力 $F_1$ 产生,吸引磁性纳米标记物至电线较窄的区域。当足够数量的磁性标记物集中在电线窄区后,切断电流,磁性标记物又会被磁力 $F_2$ 吸引到附近的传感器上。因此高浓度的磁性标记的靶向 DNA 迅速地与传感器相连的 DNA 探针接触,如图 9.25 所示。

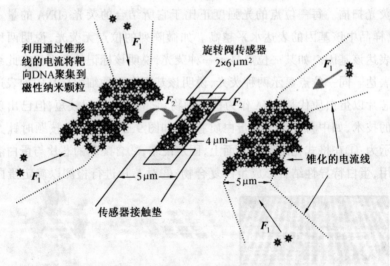

图 9.25 磁阻旋转电子管传感器上变断面结构电线操作原理示意图[172]

Cheng 等[173]报道了一种自组装的多层金纳米粒用微阵列 CMOS 生物芯片。生物芯片是采用 0.35 $\mu m$ 的 TSMC 标准的 CMOS 过程以及后 CMOS 微机械加工过程制作的,具体构建多层金纳米粒子的过程如图 9.26 所示。首先将自组装的金纳米粒子单层用碳链固化在两微电极之间的缝隙中,碳链能使金纳米粒子连接到 SiO$_2$ 的外表面上,然后经硫醇修饰的单链寡核苷酸(图中标为 cDNA),加入到纳米缝隙中,固化在金纳米粒的上表面。在样品溶液中,选择性结合发生在固化的寡核苷酸、悬挂探针的寡核苷酸(pDNA)和靶寡核苷酸(tDNA)之间。最后,在加入金纳米粒子前用 PBS 溶液漂洗测量点。采用多层金纳米粒子传导和扩大电信号,提高了基因芯片的灵敏度与准确度。

纳米颗粒在蛋白质芯片上也广泛应用。如在蛋白质微阵列芯片中用纳米金粒子标记生物分子,通过表面细胞质基因共振与特定分子而使光学检测的信号放大[174]。还有采用直径小于 100 nm 的 SiO$_2$ 纳米粒子的蛋白质芯片[175]。

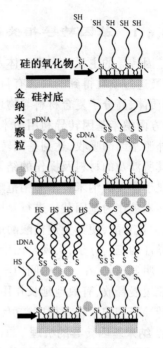

图 9.26 多层自组装金纳米粒子构建步骤[173]

## 9.6 基因转导相关纳米材料

基因转导是在分子水平上对基因进行遗传操作的一种手段。一个基因经标记、定位并被克隆后,人们总希望将其导入不同的细胞中,以研究外源基因的整合、调控、表达的遗传规律以及分离其特定的基因产物等。目前基因转导已经取得了一定的成功,应用纳米材料实现了目标基因在受体细胞中的转化、整合及表达。基因转导主要是以质粒的形式进行,而质粒的构建是通过限制性内切酶和连接酶等现代分子生物学手段完成,质粒的大量扩增则是通过细菌的大量培养和繁殖来实现。基因转导的辅助元件是整个基因转导过程中非常重要的一个环节,包括促进和实现定向遗传转导的质粒或基因的载体,如金粒、脂质体、高分子纳米粒以及其它已经在纳米基因转导中应用或具有潜在应用价值的纳米粒。在基因转导过程中,为了研究基因的结构与功能的关系,就必须利用以上的辅助元件,建立有效的 DNA 导入细胞方法。整个基因转导过程就是纳米技术的应用过程。纳米基因转导在生物医学中有着重要且多方面的应用[1]。

### 9.6.1 基因转导相关基础知识

基因转导的主元件有染色体及其片断、裸露的基因、以质粒形式存在的基因，以及通过质粒得到的只含有目的基因的 DNA 片断；基因转导辅助元件为金粒、脂质体、高分子复合材料等物理、生物及化学的纳米材料。在基因转导过程中，一方面纳米基因转导利用纳米级的载体携带外源基因，以实现或促进靶细胞对外源基因的吸收，达到基因转导的目的；另一方面基因转导外源 DNA 的过程因其所涉及的材料及操作的结果均为纳米级，所以大多数的基因转导技术本身也属于广义的纳米技术应用范畴。

纳米粒作为基因载体进行基因转导有其自身的优势：①纳米粒能包裹、浓缩、保护核苷酸，使其免遭核酸酶的降解；②具有生物亲合性，易于在其表面耦联特异性的靶向分子，实现基因治疗的特异性；③在循环系统中循环时间较普通颗粒明显延长，在一定时间内不会被吞噬细胞清除，提高基因转导效果；④使核苷酸缓慢释放，有效地延长作用时间，并维持有效的核苷酸浓度，提高转导效率和转导产物的生物利用度；⑤代谢产物少，副作用小，无免疫排斥反应等。

**1. 纳米基因转导的机理**

纳米粒作为基因载体实现外源基因导入靶细胞的机制有受体介导、细胞吞噬和纳米载体直接穿膜三种方式。第一种机制是在纳米粒上连接特殊配基，通过细胞表面的受体与之结合而将基因导入特异的靶细胞。目前常用的配体有去唾液酸糖蛋白或半乳糖化蛋白与肝细胞的糖蛋白受体结合；甘露糖化的多聚赖氨酸与巨细胞上的甘露糖受体结合；或利用抗体与抗原决定簇特异性结合的特性[176]。与后面两种机制相比第一种机制有以下几个优点[177]：①它能利用组织器官特有的受体建立一个专一的高效导入系统，并根据需要而设计；②基因并非一定要整合入受体的基因组中，因此在分化与非增殖细胞中都可适用；③转导系统无导入的外源 DNA 长度的限制；④此技术可避免一些潜在性的感染因素。第二种机制则特指吞噬细胞对纳米粒的摄入是通过吞噬作用实现的。网状内皮细胞尤其是其中的枯否细胞对纳米粒有吞噬作用，并利用这一特性实现药物对肝和脾等的网状内系统主要器官的靶向性。第三种机制纳米粒直接穿膜在纳米药物载体和纳米基因载体中都起着重要作用。通过卵磷脂作为细胞膜模拟体系实验发现，当纳米粒以适当带电状态存在时，能够进入囊泡，具有穿透细胞膜的能力[1]。

纳米基因转导的机理不仅与纳米材料的性能有关，还与外导入细胞的种类和性能有关。

**2. 基因转导相关纳米材料**

基因转导过程中所用的载体材料按成分划分，主要有天然高分子纳米材料、合成高分子纳米材料、两者的复合纳米材料、无机纳米材料等。天然高分子材料主要有脂质体、阳离子脂质体、蛋白质类等；人工合成高分子主要有聚氰基丙烯酸烷基酯类、聚甲基丙烯酰胺类、聚乳酸、聚乙烯二醇、葡萄糖、聚赖氨酸等；无机纳米载体主要有金、硅、磷酸钙等。

基本上所有的纳米基因载体都具有尺寸足够小,表面带正电荷等特征。首先纳米基因转导的应用与纳米粒的尺寸有很大的关系。一般认为纳米粒可以改变膜的运转机制,增加生物膜的通透性,有利于外源基因突破细胞膜的障碍进入细胞膜内,提高转导效率。Pang 等[178]报道了合成高分子纳米粒作为基因转导载体时,转染效率随着 DNA 数量的增加以及纳米粒载体与 DNA 复合物的尺寸减小而增大。按照前述的纳米基因转导三种机制,受体介导和穿膜机制必然要求较小的粒径,尤其是穿膜机制,纳米粒径越小越容易实现穿膜。

纳米粒的表面电荷影响纳米粒与细胞膜的相互作用,同时也会影响其承载外源 DNA 或 RNA 等能力。首先核酸分子由于带有负电荷而容易与带正电荷的载体相结合,因此阳离子载体要比阴离子载体有较大的承载外源基因的能力,相对的基因转导率也要高。另外,细胞膜上磷脂是主要成分,而磷脂中又以带负电荷的成分居多,因此,细胞膜表面的基团带负电荷的较多,从而导致具有正电性的纳米粒更易靠近。Pang 等[178]为了研究提高转染率的因素,采用了四种表面电荷密度不同的 PS/DMAEM 纳米颗粒,发现 DNA 与纳米粒间的相互作用之一是静电力,因此随纳米粒表面阳性电荷增加,纳米粒表面吸收的 DNA 数量增加,而转导率随 DNA 数增加而增大。在纳米粒与细胞相互作用时,纳米粒的正电状态也是有利的。同时也有一些现象值得注意,当纳米粒不带电或带负电时,许多这样的纳米粒也能够进入细胞,因此纳米粒表面荷电状态与被细胞吸收的能力的关系还需进一步研究。

用于基因转导的纳米载体的其它物理、化学、生物及结构等方面的性能对于成功地实现转导也会产生影响。纳米粒的表面修饰,结构的改变,复合纳米粒,或一些其它物理性能,如磁性、温度与 pH 值敏感性,纳米粒的形状等,都对纳米基因转导有影响,有待更深入的研究。

**3. 基因转导与细胞种类和性能的关系**

受体细胞的类别和性能是影响纳米基因转导效率的重要因素。根据生物类别,基因转导的受体细胞来源于微生物、植物和动物的细胞。这三种细胞各不相同,且同一类细胞又各自不同,含有众多分支。如动物本身的细胞差别就很大,有上皮细胞、成纤维细胞、肌细胞、神经细胞等,并且不同动物的组织细胞、结构、特性和功能也不相同。动物细胞没有细胞壁,最适用于纳米基因载体实现基因转染。但在动物转基因过程中,首先必须考虑它的功能部位,有些基因只在特定的组织器官中表达并行使其功能,因此必须将基因准确送达该种组织或器官,也可将转基因细胞载体外培养后,再植入功能部位。可将目的基因送入该种组织或器官,随着个体的发育,目的基因会按一定的时空顺序来表达。细胞的结构对基因转导有很大的影响,如细胞膜的流动性、细胞的活力、细胞所处的周期时相等都影响纳米粒导入细胞的机制,如穿膜作用,因此导致不同的基因转导效率。

## 9.6.2 纳米基因转导的常用方法

现在已有多种方法利用纳米技术将 DNA 直接或间接地导入细胞,这些方法可分为物理方法、化学方法、生物方法与生物物理方法。这些方法大多都是借助纳米载体协助完成基因转导过程。

**1. 物理方法——基因枪法**

基因枪转导法是将载有外源 DNA 片段(基因)的金或钨等纳米粒加速后,在真空状态下射入受体细胞中的一种遗传物质在物种间或物种内的转导技术。加速的动力通常是通过高压气体、高压放电或火药爆炸加在粒子上的瞬时冲量等。查园园等[179]研究了基因枪经小鼠皮肤转移基因的效率、被转基因的表达量、表达时间以及对小鼠肿瘤的治疗效果。结果发现基因枪法能有效地将外源基因转到体外培养的细胞和经皮肤转导至动物皮下,并能得到较长时间的表达。证明了基因枪法是一种简单、安全、有效的转移基因工具。

基因枪法所使用的外源基因载体为金属微粒如钨粒和金粒等,其中金粒更为常用。基因枪法转导需要比较昂贵的特殊设备,转导过程费用较高,操作过程对目标组织有一定的伤害,且一般情况下转化体的整合拷贝数较高,但基因枪法的优点是十分明显的:它具有较高的转化频率,试验结果具有较好的可重复性,此外,由于基因枪法转导是一个物理过程,对外源基因的导入不受生物种属的限制。基因枪法转导式外源基因的导入过程相对简单,一般不需要制备原生质体。

**2. 化学方法——聚乙二醇(PEG)介导法、磷酸钙介导法**

聚乙二醇介导的基因转导是将原生质体悬浮于含有外源基因(DNA)的介质中,通过 PEG 处理干细胞膜的通透性而使受体原生质体处在易于进行遗传转化的状态。Zhou 等[180]用 PEG 介导法实现了诸葛菜的外源基因的转化,并使转基因植物再生长。这种方法常用于植物的基因转导。

磷酸钙介导法是目前真核细胞转导的最常用方法,其原理是利用 DNA 与磷酸钙形成的抗 DNA 酶的羟基-磷酸钙复合物粘附于细胞表面,经热冲击处理后促进细胞对外源 DNA 的吸收。一般认为,是利用磷酸钙纳米粒作为载体与外源 DNA 形成复合物后携带外源 DNA 进入靶细胞。磷酸钙可诱导和促进细胞的吞噬作用,达到促进 DNA 进入受体细胞的目的。Roy 等[181]报道了超低尺寸、高单分散性的掺杂有 DNA 的纳米磷酸钙颗粒,直径大约为 80 nm(图 9.27)。DNA 被包裹在纳米颗粒内部,与外面的脱氧核糖核酸酶环境隔绝,可以安全地在体内或体外环境中进行基因转导。作者还证明了对磷酸钙纳米粒进行表面修饰可以在体内用于将基因靶向转导到肝脏器官组织中。

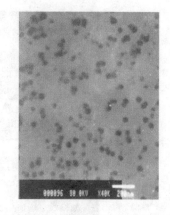

图 9.27 DNA 掺杂在磷酸钙纳米颗粒中的 TEM 照片

### 3. 生物方法——脂质体介导转化法和电击法

由于脂质体的特殊结构使其能够携带各种亲水的、疏水的和两亲的外源物质,且经脂质体包裹的外源基因具有高效、无潜在感染及能使目标基因定向转移到特定组织的优势。黄倩等[182]比较了腺相关病毒和逆转录病毒与脂质体介导 GFP 基因转移,发现脂质体介导的 GFP 质粒 DNA 转染可以获得较高的转导效率,在 50% 以上。

Tabatt 等[183]比较了用于基因转导的阳离子固体脂质纳米粒和脂质体的结构、性能和基因表达。结果发现阳离子脂质合成物体外转染要比胶质结构具有优势,如图 9.28 所示。因此阳离子固体脂质纳米粒是一种非常有效的非病毒性转染剂。

电击法利用高压电脉冲使细胞膜发生瞬间的可逆穿孔,孔径在纳米级,从而游离的外源基因穿过细胞膜而转移到细胞中去。电穿孔本身是一种物理过程,在电击法转化中,DNA 进入受体细胞虽然受外加电压的影响,但主要是由外源 DNA 与受体细胞共同完成的,因而是典型的生物物理过程。Chang 等用快速冰冻蚀刻揭示了细胞电穿孔的动力学过程。结果显示电穿孔触发细胞通透性增加的初始过程发生在数毫秒内,电击孔洞的直径约为 20~40 nm,接着引发细胞内物质外喷,在 20 ms 内形成了边界约为 20~100 nm 的膜孔洞,并在数秒内保持不变[1],如图 9.29 所示。

电击穿孔操作对受体细胞产生的副作用小,能够保持活细胞的正常生理条件。电穿孔的脉冲系数和过程容易控制,强度适当的电脉冲不会使 DNA 和受体细胞受到任何损害,因此电击法是一种很有前途的基因转导方法。这种方法操作简单,转化率高,没有细胞种属的限制,对各种类型的细胞都具有高效率、

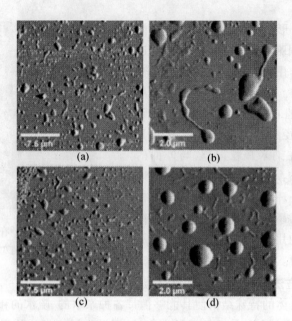

图9.28 不同脂质体介导转化情况下的 AFM 照片[183] (a)、(b)：DNA 与 DLTR 形成的复合物，在 DMEM + 10% FCS 中，DOTAP/DNA 比为 3∶1；(c)、(d) DNA 与 Escortk 形成的复合物，在 DMEM + 10% FCS 中，DOTAP/DNA 比为 7.5∶1

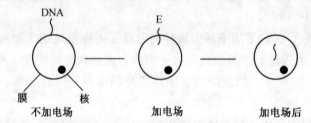

图9.29 电击法基因转移模式图[184]

低毒性、普遍性和可控性的优点。

此外还有激光穿孔法、离子束介导法、超声波法等，不同的介导方法适用于不同的外源基因和受体细胞以及介导机制。

### 9.6.3 纳米材料载体在基因转导中的应用

在基因转导过程中外源基因及其构建体多为纳米尺度的基因分子，因此这种转导实际上大多涉及纳米技术。随着对基因转导机理研究的不断深入，用于外源基因转导的新系统包括纳米基因转化介导系统不断出现，目前，许多研究者正致力于探索纳米粒作为基因转运载体，进行包括肿瘤在内的各种疾病的基因治疗的可行性。基因治疗是对生物体组织器官中损坏的或缺失的正常 DNA

链进行修补或改善，对疾病组织恶性 DNA 进行遏制的一种医疗手段。受损 DNA 如图 9.30 所示，使细胞行为发生变异。

人们在该领域已经进行了不少研究，主要用以天然的或者具有生物相容性、生物可降解的高聚物纳米粒作为载体介导外源基因分子的转导。

**1. 天然高分子纳米基因载体**

Li 等[185]将 DNA 负载到壳聚糖纳米颗粒上合成了壳聚糖纳米复合物，用于哺乳动物细胞的转导。与其它两种商用转染剂相比，壳聚糖纳米粒无毒副作用，具有持续的基因表达，可达大约 10 天。张磊等[186]用阳离子脂质体包裹人

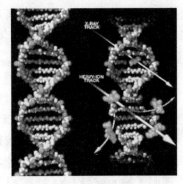

图 9.30 完好的与受损的 DNA 链，使细胞行为发生变异[78]

γ - IFN DNA，并直接注射入肝纤维化大鼠的肝实质内，3 周后用酶联免疫吸附试验(ELISA)法检测血内 γ - IFN 水平，结果显示，肝内注射脂质体 γ - IFN DNA 复合物的大鼠下腔静脉血中检测到了 γ - IFN 的表达。并且注射了脂质体复合物的大鼠在基因转导前后，肝纤维化程度轻于对照组。因此得出结论：脂质体 - DNA 复合物进行肝内注射是预防或改善肝纤维化有效途径。李东复等[187]采用脂质体介导 IL22cDNA、TNF2αcDNA 联合基因转导体内抗肿瘤，利用裸鼠肝癌动物模型在荷瘤部位将脂质体包裹的 IL22cDNA 和 TNF2αcDNA 直接注入瘤体中，观察发现这两种基因联合治疗，使肿瘤生长明显受到抑制，抗肿瘤效果明显。李剑平等[188]研究了半乳糖基化壳聚糖(GC)在狗体内的肝靶向性作用，GC 与质粒 pEGFP - N1 混和制备成纳米微囊复合物，体外转染 SMMA - 7721 细胞。将之注入到狗体后观察发现 7721 细胞中有绿荧光蛋白的表达，体内 GC 组干组织中有绿荧光蛋白表达，其它脏器组织中仅有微量表达。说明半乳糖基化壳聚糖在体内有较高的转染率，在大动物体内有肝靶向性作用。Zwiorek 等[189]将生物可降解的低细胞毒性的阳离子明胶纳米颗粒用作基因转导的载体，并在明胶纳米颗粒上共价交联上季胺乙醇，使得纳米粒能负载更多的 DNA 质粒。然后将此纳米基因复合物转导入 B16 F10 细胞中，与 PEI 纳米基因复合物相比，阳离子明胶纳米基因复合物的基因转导率仅比金本位制的 PEI 阳离子纳米载体的转导率小一个数量级。而明胶纳米粒作为基因载体的优势不仅在于毒性小，还在于其操作简单，易于进行表面修饰。

**2. 合成高分子纳米基因载体**

Ma 等[190]针对基因治疗神经错乱时由于神经系统中细胞的多样而无法进

行靶向治疗的问题,合成了一种以缩氨酸为基的重组体作为基因载体。将低分子量的聚乙烯亚胺(PEI)组合到包裹 DNA 质粒的缩氨酸纳米粒上,转导到 PC12 细胞中,其转染效率很高,基因表达要比五缩氨酸的 DNA/PEI 复合物提高了 5 600 倍。因此缩氨酸为基的重组体是一种很有潜力的靶向治疗神经疾病的基因转导载体。

### 3. 无机纳米粒

无机纳米颗粒可通过表面改性,改变其表面反应性及表面电压成为 DNA 转导的运载系统。CsÖWgö 等[191]选用 $SiO_2$ 纳米粒作为基因转导的无机纳米粒,将其表面进行不同烷氧基和胺物质的修饰,得到不同的表面基团和表面电压,结果发现 DNA 完全固化在纳米颗粒表面,纳米粒/DNA 质量比在 2~15 之间。证明了纳米粒与 DNA 间的相互作用与纳米粒表面的改性分子数量有关。Chowdhury 等[192]合成了一种无机纳米颗粒用于基因转导。将 $Mg^{2+}$ 加入到磷灰石颗粒中,控制颗粒生长,使其处于纳米量级,从而大大增加细胞对纳米颗粒携载基因的吸收率,因此最终的基因表达是传统的磷酸钙共沉淀基因转导法的 10 倍多。

纳米技术在 RNA 转导中的应用也很广泛,与在 DNA 转导中的应用较为类似,主要是利用载体与 RNA 形成纳米微粒实现外源 RNA 的导入。

### 9.6.4 纳米基因转导技术的展望

纳米粒作为基因转运载体在基因转染与基因治疗中的研究已经取得了较大的进展。然而,纳米技术在基因治疗领域的应用刚刚开始,目前仍处在动物试验和体外试验阶段。由于纳米粒 – DNA 复合物中的 DNA 形态与结构尚未完全明了,纳米粒的结构与转染活性间的关系及纳米粒基因转运作用机制尚未彻底阐明,因此纳米载体的设计仍然相当困难,DNA 与纳米粒的结合技术仍然非常复杂,开发安全、高效、靶向的纳米基因转运载体任重而道远。但是,我们有理由相信,随着纳米生物技术的迅猛发展,新一代的具有优良性能的纳米基因载体必将涌现,以纳米载体进行的基因治疗终将成为临床治疗的常规手段,为肿瘤等难治性疾病提供新的希望,为纳米医学的发展及人类健康做出贡献。

### 参 考 文 献

[1] 徐辉碧.纳米医药[M].北京:清华大学出版社,2004.
[2] 许海燕,孔桦,杨子彬.纳米材料及其在生物医学工程中的应用[J].国外医学生物医学工程分册,1998,21(5):262 – 266.
[3] 李玉宝.纳米生物医药材料[M].北京:化学工业出版社,2003.
[4] WEI JIE, LI YUBAO. Tissue engineering scaffold material of nano-apatite crystals and polyamide

composite[J]. European Polymer Journal,2004,40: 509 – 515.

[5] 张志成,张小珍,王裕芳.纳米羟基磷灰石生物陶瓷的微波烧结[J].山东陶瓷,2003,26(1):22 – 25.

[6] 李亚军,阮建明.聚乳酸/羟基磷灰石复合型多孔状可降解生物材料[J].中南工业大学学报,2002,33(3):261 – 265.

[7] WANG Q L, GE S R, ZHANG D K. Highly bioactive nanohydroxyapatite/Partially stabilized zirconia ceramics[J]. Journal of Bionics Engineering,2004,1(4): 215 – 220.

[8] CHOW L C, SUN L, HOCKEY B. Properties of Nanometer Sized Hydroxyapatite Prepared by Spray Drying Methods[J]. Journal of Dental Research (Special Issue A), IADR CD-ROM Abstract, 2004,83:3 492.

[9] LIU J B, LI K W, WANG H. Self-assembly of hydroxyapatite nanostructures by microwave irradiation[J]. Nanotechnology,2005,16: 82 – 87.

[10] LI J H, ZHANG Y J, ZHOU L H. Template-assisted synthesis of Hydroxyapatite Nano-wires[C]// Advanced Nanomaterials and Nanodevices, IUMRS-ICEM 2002, Xi'an, China, 10-14 June, 2002.

[11] YAO J, TJANDRA W, CHEN Y Z. Hydroxyapatite nanostructure material derived using cationic surfactant as a template[J]. Mater. Chem., 2003, 13: 3 053 – 3 057.

[12] GREEN D D, KANNANGARA GSK, MILEV A, et al. Characterisation of a new alkoxide sol-gel hydroxyapatite [C]// Proceedings of the AINSE99 – NTANSA,11th Conference, Locas Heights, 24 – 25th,1999:186 – 188.

[13] 袁媛,刘昌胜.溶胶 – 凝胶法制备纳米羟基磷灰石[J].中国医学科学院学报,2002,24(2):129 – 133.

[14] WANG J, LI Y B, WEI J. Development of biomimetic nano-hydroxyapatite/poly (hexamethylene adipamide) composites[J]. Biomaterials,2002,23: 4 787 – 4 791.

[15] LI YB, WEI J, KLEIN C P A T, et al. Preparation and characterization of nanograde osteoapatite-like rod crystals[J]. Journal of Material Science :Material in Medicine, 1994, 5(5):252 – 257.

[16] CAO LI YUN, ZHANG CHUAN BO, HUANG JIAN FENG. Synthesis of hydroxyapatite nanoparticles in ultrasonic precipitation[J]. Ceramics International, 2005, 31(8):1 041 – 1 044. http://www.elsevier.com/locate/ceramint.

[17] 孙昌,孙康宁,刘爱红.羟基磷灰石基人工骨的研究进展[J].生物骨科材料与临床研究,2004,1(2):46 – 48.

[18] 冯庆玲,崔福斋,张伟.纳米羟基磷灰石/胶原骨修复材料[J].中国医学科学院学报,2002,24(2):124 – 128.

[19] LI TUANTUAN, JUNHEE L, KOBAYASHI T. HAP coating by dipping method and bone bonding strength[J]. Journal of Materials Science:Materials in Medicine, 1996, 7(6): 355 – 357.

[20] GUO LINGHONG, LI HUI. Fabrication and characterization of thin nano-hydroxyapatite coatings on titanium[J]. Surface & Coatings Technology,2004,185: 268 – 274.

[21] HEUVELSLAND W J, DIRIX C A. Hydroxyapatite microcarriers for biocontrolled release of protein drugs[J]. International Journal of Pharmacy, 1994,112(3):215-224.

[22] HIDEKI A, MASATAKA O. Effects of Adriacin-adsorbing HAP-sol on Ca-9 cell Growth[J]. Repots of the Institute for Medical and Dental Engineering,1993,27:4-39.

[23] 唐胜利,刘志苏,艾中立,等.羟基磷灰石纳米粒子诱导人肝癌细胞凋亡的研究[J].中华实验外科杂志,2004,21(10):1 269.

[24] 夏清华,陈道达,林华,等.HASM 对 W-256 细胞系 DNA 含量及细胞周期的影响[J].武汉工业大学学报,1999,21(2):5-6.

[25] BERRY C C. Possible exploitation of magnetic nanoparticles-cell interaction for biomedical applications[J]. Mater. Chem., 2005,15:543-547.

[26] KIM D, ZHANG Y, et al. Synthesis and characterization of surfactant-coated superparamagnetic monodispersed iron oxide nanoparticles[J]. Magn. Magn. Mater., 2001, 225, 30-36.

[27] I HILGER, FRUHAUF K, ANDR W, et al. Heating potential of iron oxides for therapeutic purposes in interventional radiology[J]. Acad. Radiol, 2002,6:198-202.

[28] HILGER I, HERGT R, KAISER W. Use of magnetic nanoparticle heating in the treatment of breast cancer[J]. IEE Pro.-Nanobiotechnol, 2005,152(1):33-39

[29] JORDAN A, REGINA S, KLAUS M, et al. Presentation of a new magnetic field therapy system for the treatment of human solid tumors with magnetic fluid hyperthermia[J]. Magn. Magn. Mater., 2001,225:118-126.

[30] GUPTA A K, GUPTA M. Synthesis and surface engineering of iron oxide nanoparticles for biomedical applications[J]. Biomaterials,2005, 26:3 995-4 021.

[31] CHATTERJEE J, HAIK Y, CHEN C. Size dependent magnetic properties of iron oxide nanoparticles[J]. Magn. Magn. Mater., 2003,257:113-118.

[32] TARTAJ P, MORALES M, VINTEMILLAS S, et al. The preparation of magnetic nanoparticles for applications in biomedicine[J]. Phys. D: Appl. Phys, 2003, 36:182-197.

[33] RAJ K, MOKOWITZ B, CASCIARI R. Advances in ferrofluid technology[J]. Magn. Magn. Mater., 1995,149: 174-180.

[34] POPPLEWELL J, SAKHNINI L. The dependence of the physical and magnetic properties of magnetic fluids on particles size[J]. Magn. Magn. Mater., 1995,149: 72-78.

[35] WHITE R L, NEW R F, PEASE R F. Patterned media: a viable route to 50 Gbit/in2 and up for magnetic recording[J]. IEEE Trans. Magn, 1997,33: 990.

[36] PANKHURST Q A, CONNOLLY J, JONES S K, et al. Applications of magnetic nanoparticles in biomedicine[J]. Phys. D: Phys, 2003,36:167-181.

[37] BERRY C C, CURTIS A G. Functionalisation of magnetic nanoparticles for applications in biomedicine[J].Phys.D:Phys, 2003,36: 198-206.

[38] KODAS T T, HAMPDEN SMITH M. Aerosol processing of materials[M]. New York: Wiley-VCH, 1999.

[39] LEE C S, LEE H, WESTERVELT RM. Microelectromagnets for the control of magnetic nanopar-

ticles[J]. Appl. Phys. Lett, 2001,79(20):3 308 – 3 310.

[40] CHATTERJEE J, HAIK Y, CHEN C J. A biocompatible magnetic film: synthesis and characterization[J]. BioMagnetic Research and Technology, 2004,2:2.

[41] BERRY C C, WELLS S, CHARLES S, et al. Dextran and albumin derivatised iron oxide nanoparticles: influence on fibroblasts in vitro[J]. Biomaterials,2003, 24: 4 551 – 4 557.

[42] CHATTERJEE J, HAIK Y, CHEN C J. Biodegradable magnetic gel: synthesis and characterization[J]. Colloid Polym Sci.,2003, 281:892 – 896.

[43] QU S C, YANG H B, REN D W, et al. Magnetic nanoparticles prepared by precipitation from partially reduced ferric chloride aqueous solutions[J]. Colloid Interface Sci., 1999,215: 2 – 190.

[44] KIM D, VOIT W, ZAPKA W, et al. Biomedical application of ferrofluids containing magnetite nanoparticles[J]. Mat. Res. Soc. Symp. Proc 676.

[45] PREDOI D, KUNCSER V, FILOTI G, et al. Magnetic properties of $\gamma$-$Fe_2O_3$ nanoparticles[J]. Opt. Adv. Mate.,2003,5(1): 211 – 216.

[46] DORMAN J, FIORANI D, TRONC E. Magnetic relaxation in fine-particle systems[J]. Adv. Chem. Phys., 1997, 98: 283.

[47] SILVA N, AMARAL V, CARIOS L. Magnetic properties of Fe-doped organic-inorganic nanohybrids[J]. Appl. Phys, 2003,93:6 978 – 6 980

[48] AMARAL V S, CARLOS L D, O SILVA N J, et al. Mat. Res. Soc. Symp. Proc., 2002, 726, Q6:26.

[49] GUPTA AK, WELLS S. Surface-modified superparamagnetic nanoparticles for drug delivery: preparation, characterization, and cytotoxicity studies[J]. IEEE Trans Nanobiosci, 2004,3(1): 66 – 73.

[50] IGARTUA M, SAULNIER P, HEURTAULT B. Development and characterization of solid lipid nanoparticles loaded with magnetite[J]. Int J Pharm 2002, 233: 57 – 149.

[51] FELTIN N, PILENI M P. New Technique for Synthesizing Iron Ferrite Magnetic Nanosized Particles[J]. Langmuir, 1997,13:3 927.

[52] BOUTONNET M, KIZLING J, STENIUS P. The preparation of monodisperse colloidal metal particles from microemulsions[J]. Colloids A Surf,1982, 5:209.

[53] SOHN B, COHEN R, PAPACEFTHYMIOU G. Magnetic properties of iron oxide nanoparticles within microdomains of block copolymers[J]. Magn. Magn. Mater., 1998, 182:216 – 224.

[54] AHMED S, KOFINAS P. Controlled room temperature synthesis of $CoFe_2O_4$ nanoparticles through a block copolymer nanoreactor route[J]. Macromolecules, 2002,35:3 338 – 3 341.

[55] AHMED S, OGALE S, KOFINAS P. Magnetic properties and morphology of block copolymer templated ferromagnetic $CoFe_2O_4$ nanoparticles[J]. IEEE Trans. Magn, 2003, 39(5): 2 198 – 2 200.

[56] VIAU G, FIEVET – VICENT F, FIEVET F. Nucleation and growth of bimetallic CoNi and FeNi monodisperse particles prepared in polyols[J]. Solid State Ion., 1996, 84: 259.

[57] LIN H, WATANABE Y, KIMURA M, et al. Preparation of magnetic poly(vinyl alcohol) (PVA) materials by In Situ synthesis of magnetite in a PVA matrix[J]. Appl. Poly. Sci., 2003, 87: 1 239 – 1 247.

[58] ROCKENBERGER J, SCHER E C, ALIVISATOS A P. A New Nonhydrolytic Single-Precursor Approach to Surfactant-Capped Nanocrystals of Transition Metal Oxides[J]. Am. Chem. Soc., 1999, 121:11 595.

[59] HYCON T, LEE S S, PARK J. Synthesis of highly crystalline and monodisperse maghemite nanocrystallites without a size-selection process[J]. Am Chem Soc., 2001, 123: 12 798 – 12 801.

[60] KLUG K L, DRAVID V P, JOHNSON D L. Silica-encapsulated magnetic nanoparticles formed by a combined arc evaporation/chemical vapor[J]. Mater. Res., 2003,18(4):988 – 993.

[61] MOHITE VIRENDRA. Self controlled magnetic hyperthermia[J]. The Florida State University College of Engineering, 2004,10(8): 98.

[62] CHATTERJEE J, BETTGE M, HAIK Y. et al. Synthesis and characterization of polymer encapsulated Cu-Ni magnetic nanoparticles for hyperthermia applications[J]. Magn. Magn. Mater., 2005,293(1):303 – 309.

[63] BETTGE M, CHATTERJEE J, HAIK Y. Physically synthesized Ni – Cu nanoparticles for magnetic Hyperthermia[J]. BioMagnetic Research and Technology, 2004,2:4.

[64] BIDDLECOMBE G, GUNKO Y, KELLY J, et al., Preparation of magneticles and their assemblies using a new Fe($\mathrm{II}$) alkoxide precursor[J].. Mater. Chem., 2001, 11: 2 937 – 2 939.

[65] CHATERJEE J, HAIK Y, CHEN C J. Polyethylene magnetic nanoparticles: a new magnetic material for biomedical applications[J]. Magn Magn Mater, 2002, 246, 382 – 391.

[66] VIJAYAKUMAR R, KOLTYPIN Y, FELNER I, et al. Sonochemical synthesis and characterization of pure nanometer-sized $Fe_3O_4$ particles[J]. Mater. Sci. Eng. A, 2000, 286: 101.

[67] ZHANG Y, KOHLER N, ZHANG M. Surface modification of superparamagnetic magnetite nanoparticles and their intracellular uptake[J]. Biomaterials,2002, 23:1 553 – 1 561.

[68] GUPTA A K, GUPTA M. Cytotoxicity suppression and cellular uptake enhancement of surface modified magnetic nanoparticles[J]. Biomaterials,2005 ,26:1 565 – 1 573.

[69] HORAK D, LEDNICKY F, PETRAVSKY E, et al. Magnetic characteristics of ferromagnetic microspheres prepared by dispersion polymerization[J]. Macromol.Mater.Eng., 2004, 289:341 – 348.

[70] HORAK D, BOHA EK J, UBRT J. Magnetic poly2-hydroxyethyl methac[J]. Polym. Sci., Part A: Polym. Chem., 2000,38:1 161.

[71] SHI DONGLU, HE PENG. Surface modifications of nanoparticles and nanotubes by plasma polymerization[J], Rev. Adv. Mater. Sci., 2004, 7: 97 – 107.

[72] KIM D, ZHANG Y, KEHR J, et al. Characterization and MRI study of surfactant-coater superparamagnetic nanoparticles administered into the rat brain[J]. Magn. Magn. Mater., 2001, 225: 256 – 261.

[73] XU Z Z, WANG C C, YANG W L, et al. Encapsulation of nanosized magnetic iron oxide by polyacrylamide via inverse miniemulsion polymerization[J]. Magn. Magn. Mater., 2004, 277: 136 – 143.

[74] GOMEZ – LOPERA S, PLAZA R, DELGADO A. Synthesis and characterization of spherical magnetite/biodegradable polymer composite particles[J]. Col. Int. Sci., 2001, 240: 40 – 47.

[75] ZIMMERMANN U, VIENKEN J, PILWAT G. Development of drug carrier systems: Electrical field induced effects in cell membranes[J]. Bioelectrochem Bioenerg, 1980, 7(3): 553 – 574.

[76] KONG G, BRAUM R, DEWHIRST M. Hyperthermia enables tumor-specific nanoparticle delivery: effect of particle size[J]. Cancer Research, 2000, 60: 4 440 – 4 445.

[77] ALEXIOU C, ARNOLD W, KLEIN R. Locoregional Cancer Treatment with Magnetic Drug Targeting[J]. Cancer Research, 2000, 60: 6 641 – 6 648.

[78] 纳米手术的旅程[M/OL]. http://www.cnread.net/cnread1/net/zpj/b/baimeiweng/000/033.htm.

[79] SCOTT GOODWIN, CARYN PETERSON, CARL HOH, et al. Targeting and retention of magnetic targeted carriers (MTCs) enhancing intra-arterial chemotherapy[J]. Journal of Magnetism and Magnetic Materials, 1999, 194: 132 – 139.

[80] 洪元佳,洪光言,牛春吉.纳米技术在生物领域中的应用[J].化学通报,2002,65:1 – 9.

[81] FRIEDL P, NOBLE P B, ZANKER K S. T lymphocyte locomotion in a three-dimensional collagen matrix. Expression and function of cell adhesion molecules[J]. Immunol, 1995, 154: 4 973.

[82] HILGER I, KIEβLING A, ROMANUS E, et al. Magnetic nanoparticles for selective heating of magnetically labeled cells in culture: preliminary investigation[J]. Nanotechnology, 2004, 15: 1 027 – 1 032.

[83] GUPTA AK, CURTIS ASG. Lactoferrin and ceruloplasmin derivatized superparamagneticiron oxide nanoparticles for targeting cell surface receptors [J]. Biomaterials, 2004, 25 (15): 3 029 – 3 040.

[84] MOROZ P, JONES S, GRAY B. Magnetically mediated hyperthermia: current status and future directions[J]. Int. J. Hyperthermia., 2002, 18(4): No.4, 267 – 284.

[85] Starups seek perfect particles to search and destroy cancer[M/OL]. heep:// www. Samalltimes. com.

[86] KAWASHITA M, TANAKA M, KOKUBO T, et al. Preparation of ferrimagnetic magnetite microspheres for in situ hyperthermic treatment of cancer[J]. Biomaterials, 2005, 26: 2 231 – 2 238.

[87] MATSUOKA F, SHINKAI M, H H ONDA, et al. Hyperthermia using magnetite cationic liposomes for hamster osteosarcoma[J]. BioMagnetic Research and Technology, 2004, 2:3.

[88] ATKINSON W J, BREZOVICH I A, CHAKRABORTY D P. 1984 Usable frequencies in hyperthermia with thermal seeds[J]. IEEE Trans. Biomed. Eng. BME, 31: 70 – 75.

[89] 江佩馨.超顺氧化铁显影剂与磁振造影诊断医学上之技术发展及产业概况[R].工业技术研究院报告.

[90] YI XIANG J. WANG, SHAHID M HUSSAIN, GABRIEL P KRESTIN. Superparamagnetic iron

oxide contrast agents: physicochemical characteristics and applications in MR imaging[J]. Eur. Radiol, 2000,11:2 319 – 2 331.

[91] 林红霞,陈骐.磁共振成像造影剂的研究进展[J].沈阳药科大学学报,2002,19(2):118.

[92] 赵彩蕾,党双锁.菲立磁诊断肝脏局灶性病变的研究进展[J].实用放射学杂志,2004,20(12):1 141 – 1 144.

[93] MARTIN G MACK, J RN O BALZER, RALF STRAUB, et al. Superparamagnetic Iron Oxide-enhanced MR Imaging of Head and Neck Lymph Nodes[J]. Radiology, 2002, 222:239 – 244.

[94] ALLKEMPER T, BREMER C, MATUSZEWSKI L, et al. Contrast-enhanced blood-pool MR angiography with optimized iron oxides: effect of size and dose on vascular contrast Enhancement in Rabbits[J]. Radiology, 2002, 223:432 – 438.

[95] VERDAGUER S V, MORALES M P, et al. Colloidal dispersions of maghemite nanoparticles produced by laser pyrolysis with application as NMR contrast agents[J]. Phys. D: Appl. Phys., 2004,37: 2 054 – 2 059.

[96] 徐晖,姬雅菊,王绍宁,等.聚合物纳米颗粒的制备及其应用(Ⅰ)通过聚合反应制备纳米颗粒[J].中国药剂学杂志,2003,1(3):124.

[97] 徐晖,姬雅菊,王绍宁,等.聚合物纳米颗粒的制备及其应用(Ⅱ)利用合成聚合物或天然大分子制备纳米颗粒[J].中国药剂学杂志,2004,2(4):91.

[98] SONG C X, LABHASETWAR V, MURPHYH. Formulation and characterization of biodegradable nanoparticles for intravascular local drug delivery[J]. Journal of Controlled Release, 1997,43: 197 – 212.

[99] PAN Y, ZHAO H, XU H, et al. Effect of experimental parameters on the encapsulation of insulin-loadedPoly (lactide-co-glycolide) nanoparticles prepared by a double emulsion method[J]. Chin Pharm Sci, 2002, 11 (1):38 – 41.

[100] GASPAR MM, BLANCO D, CRUZ MEM, et al. Formulation of L-asparaginase-loaded poly(lactic-co-glycolide) nanoparticles: influence of polymer properties on enzyme loading, activity and in vitro release[J]. Controlled Release, 1998, 52 (1):53 – 62.

[101] MURAKAMI H, YOSHINO H, MIZOBE M, et al. Preparation of poly (D,L-lactide-co-glycolide) latex for surface modifying material by a double coacervation method[J]. Intern Symp Control Rel Bioact Mater, 1996,23: 361 – 362.

[102] POTINENI A, LYNN DM, LANGER R, et al. Poly(ethylene oxide)-modified poly (β-amino ester) nanoparticles as a pH-sensititive biodegradable system for paclitaxel delivery[J]. Controlled Release, 2003, 86 (2-3): 223 – 234.

[103] BRIGGER I, CHAMINADE P, MARSAUD V, et al. Tamoxifen encapsulation within polyethylene glycol-coated nanosphere. A new antiestrogen formulation[J]. Int J Pharm, 2001, 214(1): 37 – 42.

[104] QUINTANAR G D, GANEM Q A, ALLEMANN E, et al. Influence of the stablilizer coating layer on the purification and freeze drying of poly (D, L-lactic acid) nanoparticles prepared by emulsification diffusion technique[J]. Microencapsulation, 1998, 5:107 – 119.

[105] ALLEMAN R, GURNY R, DOELKER E. Preparation of aqueous polymeric nanodispersions by a reversile salting-out process: influence of process parameters on particle size[J]. Int J Pharm, 1992, 87 (1-3): 247 - 253.

[106] MISHIMA K, MATSUYAMA K, TANABE D, et al. Microencapsulation of proteins by rapid expansion of supercritical solution with a non-solvent[J]. AICHE J, 2000, 46 (4):857 - 865.

[107] COUVCUR P, KANTE B, ROLAND M, et al. Polycyanoacrylate nanocapsules as potential lysosomotropic carriers: preparation, morphology and sorptive properties[J]. Pharm Pharmacol, 1979, 31(5):331 - 332.

[108] 贾世军,陈柳生,倪明.寡链聚苯乙烯纳米颗粒的制备及其凝聚态特征[J].中国科学(B辑),1999,29(1):72 - 82.

[109] SEIJO B, FATTAL E, ROBLOT-TRENPEL L. et al. Design of nanoparticles of less than 50 nm diameters: preparation, characterization and drug loading[J]. Int J Pharm, 1990, 62 (1): 1 - 7.

[110] KATAOKA K, HARADA A, NAGASAKI Y. Block copolymer micelles for drug delivery: design, characterization and biological significance [J]. Adv Drug Deliv Rev, 2001, 47 (11):113 - 131.

[111] ZHU HUI, YUAN XIAOFENG, ZHAO HANYING, et al. Non-covalent bond micellization: a new approach to macromolecular self-assembly[J]. Chi J Appl Chem, 2001, 18 (5): 336 - 341.

[112] RHAESE S, VON BRIESEN H, RUBSAMEN-WAIGMANN H, et al. Human serum albumin-polyethylenimine nanoparticles for gene delivery[J]. Controlled Release, 2003, 92 (1-2): 199 - 208.

[113] 段明星,乐志操,马红.氰基丙烯酸酯包裹胰岛素纳米颗粒的结构[J].中国药学杂志,1999,34(1),23 - 26.

[114] 常津.纳米高分子材料在抗癌药物控释方面的应用——$O_2$羧甲基甲壳胺甲氨喋呤毫微粒的制备及体外控释研究[J].中国生物医学工程学报,1996,15(2):102 - 106.

[115] 常津.具有复合靶向抗癌功能的纳米高分子材料——阿霉素免疫磁性毫微粒的制备及体外试验[J].中国生物医学工程学报,1996,15(2):97 - 101.

[116] 常津.具有靶向抗癌功能的纳米高分子材料——阿霉素免疫磁性毫微粒的体内磁靶向定位试验[J].中国生物医学工程学报,1996,15(4):354 - 359.

[117] 赵巍.约物纳米控释系统在眼科的应用研究[J].眼科研究,2002,20(12):186 - 189.

[118] DESAI S D, BLANCHARD J. Pluronic F127-Based Ocular Delivery System Containing Biodegradable Polyisobutylcyanoacrylate Nanocapsules of Pilocarpine[J]. Drug Delivery. 2000, 7:201 - 207.

[119] A ZIMMER, E MUTSCHLER, LAMBRECHT G, et al. Pharmacokinetic and pharmacodynamic aspects of an ophthalmic pilocarpine nanoparticle-delivery-system[J]. Pharm. Res., 1994, 11(10):1 435 - 1 442.

[120] MATCHAL L-HENSSLER, SIRBAT D, HOFFMAN M, et al. Poly(ε-Caprolactone) nanocap-

sules in carteolol ophtjalmic delivery[J]. Pharm Res, 1993, 10(3): 386 – 390.

[121] 王建新,张志荣.固体脂质纳米粒的研究进展[J].中国药学杂志,2001,36(2),73 – 76.

[122] 周小菊,杨蓓,王庭贤.固体脂质纳米粒的制备与应用[J].医药导报,2003,22(11): 814 – 816.

[123] SOUTO E B, ANSELMI C, CENTINI M. Preparation and characterization of n-dodecyl- ferulate-loaded solid lipid nanoparticles (SLN(R))[J]. International Journal of Pharmaceutics, 2005, 295: 261 – 268.

[124] HU F Q, YUAN H, ZHANG H H, et al. Preparation of solid lipid nanoparticles with clobetasol propionate by a novel solvent diffusion method in aqueous system and physicochemical characterization[J]. Int J Pharm, 2002, 239:121 – 128.

[125] HU F Q, HONG Y, YUAN H. Preparation and characterization of solid lipid nanoparticles containing peptide[J]. Int J Pharm, 2004, 273: 29 – 35.

[126] RAINER H MUELLER, KARSTEN MAEDER. Sven Gohla. Solid lipid nanoparticles (SLN) for controlled drug delivery- a review of the state of the art[J]. Eur J Pharm Biopharm, 2000, 50: 161 – 177.

[127] 陈玲,周建平.固体脂质纳米粒研究新进展[J].药学进展,2003,27(6):354 – 358.

[128] 陈大兵,王杰,张强.Brij 78 表面修饰对硬脂酸固态脂质纳米粒体内组织分布的影响[J].北京大学学报(医学版),2001,33(3):233 – 237.

[129] TORSTEN M G PPERT, RAINER H MULLER. Protein adsorption patterns on poloxamer- and poloxamine-stabilized solid lipid nanoparticles (SLN).[J/OL] Eur J Pharm Biopharm[2005 – 01 – 12]. http://www.elsevier.com/locate/ejpb

[130] The World's First Successful in vivo Attempt to Produce Active Targeting DDS Nanoparticles for Missile Drugs[J/OL]. www.aist.go.jp.

[131] 陈洁,涂秋榕.固体脂质纳米粒的研究进展[J].国外医学药学分册,2002,8(29):241 – 245.

[132] GARC M A – FUENTES, TORRES D, ALONSO M J. Design of lipid nanoparticles for the oral delivery of hydrophilic macromolecules[J]. Colloids and Surfaces B: Biointerfaces, 2002, 27: 159 – 168.

[133] SYLVIA A WISSING, RAINER H MULLER. Cosmetic applications for solid lipid nanoparticles (SLN)[J]. International Journal of Pharmaceutics, 2003, 254: 65 – 68.

[134] SIVARAMAKRISHNAN R, NAKAMURA C, MEHNERT W. Glucocorticoid entrapment into lipid carriers - characterization by parelectric spectroscopy and influence on dermal uptake[J]. Journal of Controlled Release, 2004, 97: 493 – 502.

[135] ZHIANG MEI, HUABING CHEN, TING WENG. Solid lipid nanoparticle and microemulsion for topical delivery of triptolide[J]. Eur J Pharm Biopharm, 2003, 56: 189 – 196.

[136] 梅之南,杨祥良,杨亚江,等.雷公藤内酯醇固体脂质纳米粒经皮渗透及抗炎活性的研究[J].中国药学杂志,2003,38(11):854 – 857.

[137] ROBERTA CAVALLI, ROSA GASCO M, PATRIZIA CHETONI. Solid lipid nanoparticles

(SLN) as ocular delivery system for tobramycin[J]. International Journal of Pharmaceutics, 2002,238: 241 - 245.

[138] 黎坚,杨亚江.水分子凝胶聚集态的 DSC 和 AFM 研究[J].化学学报,2003,61(2):213 - 217.

[139] 黎坚,崔文瑾,殷以华,等.自组装分子凝胶的原位光聚合及其聚合物研究[J].化学学报,2002,60(9):1 700 - 1 706.

[140] MARION LESEANNE, ANNIE COLIN, OLIVIER MONDAIN-MONVAL. Organogel: mechanism of gelation under and without shear stress [M].1998.

[141] IHARA H, YAMADA T, NISHIHARA M. Reversible gelation in cyclohexane of pyrene substituted by dialkyl L-glutamide: photophysics of the self-assembled fibrillar network[J]. Journal of Molecular Liquids,2004,111: 73 - 76.

[142] HIDEKO KOSHIMA, WATARU MATSUSAKA, HAITAO YU. Preparation and photoreaction of organogels based on benzophenone[J]. Journal of Photochemistry and Photobiology A: Chemistry,2003,156: 83 - 90.

[143] CHRISTINE S LOVE, VICTOR CHECHIK, DAVID K SMITH, et al. Synthesis of gold nanoparticles within a supramolecular gel - phase network[J]. Chem. Commun., 2005, 1 971 - 1 973.

[144] SHIPLA KANTARIA, GARETH D REES, M JAYNE LAWRENCE. Formulation of electrically conducting microemulsion-based organogels[J]. International Journal of Pharmaceutics, 2003, 250: 65 - 83.

[145] PENZES T, BLAZSO G, AIGNER Z. Topical absorption of piroxicam from organogels-in vitro and in vivo correlations[J]. International Journal of Pharmaceutics,2005,298: 47 - 54.

[146] MOTULAKY A, LAFLEUR M, COUFFIN-HOARAU A, et al. Characterization and biocompatibility of organogels based on L-alanine for parenteral drug delivery implants[J]. Biomaterials, 2005,26: 6 242 - 6 253.

[147] CHEN JIANRONG, MIAO YUAING, HE NONGYUE, et al. Nanotechnology and biosensors [J]. Biotechnology Advances,2004,22: 505 - 518.

[148] 唐芳琼,孟宪伟,陈东等.纳米颗粒增强的葡萄糖生物传感器[J].中国科学(B 辑), 2000,30(2):119 - 124.

[149] 任湘菱,唐芳琼.超细银 - 金复合颗粒增强酶生物传感器的研究[J].化学学报,2002, 60(30):393 - 397.

[150] 孟宪伟,冉均国,苟立,等.金属与非金属纳米颗粒增强葡萄糖生物传感器[J].材料科学与工艺,2004,12(2):163 - 167.

[151] 任湘菱,唐芳琼.纳米铜颗粒——酶 - 复合功能敏感膜生物传感器[J].催化学报, 2000,21(5):455 - 458.

[152] ZHANG SUXIA, WANG NQ, YU HUIJUN. Covalent attachment of glucose oxidase to an Au electrode modified with gold nanoparticles for use as glucose biosensor[J]. Bioelectrochemistry, 2005,67: 15 - 22.

[153] LIU ZHIMIN, YANG YU, WANG HUA, et al. A hydrogen peroxide biosensor based on nano-

Au/PAMAM dendrimer/cystamine modified gold electrode[J]. Sensors and Actuators B, 2005, 67: 394-400.

[154] CUN XI LEI, SHUN QIN HU, NA GAO, et al. An amperometric hydrogen peroxide biosensor based on immobilizing horseradish peroxidase to a nano-Au monolayer supported by sol-gel derived carbon ceramic electrode[J]. Bioelectrochemistry, 2004, 65: 33-39.

[155] ZHOU HUI, GAN XIN, LIU TAO, et al. Effect of nano cadmium sulfide on the electron transfer reactivity and peroxidase activity of hemoglobin[J]. Biochem. Biophys. Methods, 2005, 64: 38-45.

[156] A KAWD J, WANG. Amplifiecl electrical transduction of DNA hybridization bared on polymeric beads Loaded with multiple gold nanoparticle tags[J]. Electroanalysis, 2004, 16: 101~107.

[157] The NanoBiotechnology Forum April 8[J/OL]. www.Qdots.com, 2003.

[158] 谭翠燕, 梁汝强, 阮康成. 量子点在生命科学中的应用[J]. 生物化学与生物物理学报, 2002, 34(1): 1-5.

[159] ZEENIA KAUL, TOMOKO YAGUCHI, SUNIL C KAUL, et al. Mortalin imaging in normal and cancer cells with quantum dot immunoconjugates[J]. Cell research, 2003, 13(6): 503-507.

[160] MARIA E KERMAN, WARREN C W CHAN, et al. Nanocrystal targeting in vivo[J]. PNAS, 2002, 99(20): 12 617-12 621.

[161] MARCEL BRUCHEZ JR, MARIO MORONNE, PETER GIN, et al. Semiconductor nanocrystals as fluorescent biological labels[J]. Science, 5 385.

[162] BAUER G, PITTNER F, SCHALKHAMMER T H. Metal nano-cluster biosensors[J]. Mikrochim Acta, 1999, 131: 107-114.

[163] DINH T V, ALARIE J P, CULLUM B M, et al. Antibody—based nanoprobe for measurement of a fluorescent analyte in a single cell[J]. Nat Biotechnol, 2000, 18: 764-767.

[164] 纳米生物工程[M/OL]. www.casnano.ac.cn.

[165] LIN Y, WANG J, TU Y, et al. Biosensors based on conductive nanomaterials[R]. September/October 2003-EMSL Report.

[166] FERNANDO PATOLSKY, YOSSI WEIZMANN, ITAMAR WILLNER. Long-range electrical contacting of redox enzymes by SWCNT connectors[J]. Angew. Chem. Int. Ed., 2004, 43: 2 113-2 117.

[167] LIN V S, MOTESHAREI K, DANCIL K S, et al. A porous silicon-based optical interferometric biosensors[J]. SCIENCE, 1997, 278: 840-843.

[168] 邹志青, 赵建龙. 纳米技术与生物传感器[J]. 传感器世界, 2004(12): 6-11.

[169] REDDY R, BASU I, BHATTACHARYA E, et al. Estimation of triglycerides by a porous silicon based potentiometric biosensor[J]. Current Applied Physics, 2003(3): 155-161.

[170] PAUL TAKHISTOV. Electrochemical synthesis and impedance characterization of nano-patterned biosensor substrate[J]. Biosensors and Bioelectronics, 2004(19): 1 445-1 456.

[171] 李燕. 生物传感器在医学上的应用[J]. 世界最新医学信息文摘, 2004, 3(5): 1 285-1 287.